紧固件检测手册
Fastener Testing Handbook

主编　冯德荣
副主编　高学敏　许永春

国防工业出版社
·北京·

内 容 简 介

本书针对紧固件检测，围绕"紧固件的检测、安装、失效、管理"主题进行了探讨。全书分为15章，其中前2章为紧固件的概述，分别是紧固件概念、标准体系、紧固件分类、材料分类；第3章~第9章为紧固件检测，分别是紧固件外观尺寸检测、涂镀层检测、化学成分检测、冶金性能检测、力学性能检测、无损检测、环境可靠性试验；第10章为紧固件安装，主要是新型紧固件的安装要求；第11章为紧固件失效分析，主要是紧固件在材料、制造、安装过程中产生失效的机理分析；第12~15章为紧固件管理要求，主要是紧固件试验过程控制和管理、试验数据处理、统计过程控制及检测数据信息化管理、检测体系管理。

本书可供军品、民品的紧固件研究和生产，航空航天等主机厂所的设计、安装技术、装配技术等人员使用，可作为紧固件企业、科研院所专业培训教材及大中专院校相关专业的教科书，也可作为各行业理化技术人员的参考书籍。

图书在版编目(CIP)数据

紧固件检测手册 / 冯德荣主编 . —北京：国防工业出版社，2024.8.--ISBN 978-7-118-13438-4

Ⅰ.TH131-62

中国国家版本馆 CIP 数据核字第 2024ER4232 号

※

国防工业出版社出版发行

（北京市海淀区紫竹院南路23号　邮政编码100048）
北京虎彩文化传播有限公司印刷
新华书店经售

*

开本787×1092　1/16　印张32　字数751千字
2024年8月第1版第1次印刷　印数1—1500册　定价228.00元

（本书如有印装错误，我社负责调换）

国防书店:(010)88540777　　　书店传真:(010)88540776
发行业务:(010)88540717　　　发行传真:(010)88540762

《紧固件检测手册》编审人员名单

顾问委员会名单

主　　任　焦光明
副 主 任　王宇宏　李文生
委　　员　李祥军　姚建革　徐　琳　贺连栋　张兰兰　沈　鹏

审查委员会名单

主　　任　程全士
副 主 任　殷小健　石大鹏
委　　员　周　杰　张钦莹　胡庆宽　孙晓军　李旭健　许彦伟
　　　　　林忠亮　刘　燕　刘海涛　殷银银　关　悦　郭　柱
　　　　　付建建　金　宏　谢茂阳　柳思成　朱利军　梁新福
　　　　　徐　浩　蒋忠伦　黄　帅　余维林　李　超　胡　杰
　　　　　郑文斌　夏斌宏　张晓玲　隋会源

编写委员会名单

主　　编　冯德荣
副 主 编　高学敏　许永春
委　　员　王诗成　潘伦云　王亚妹　胡云鹏　周　帅　刘前峰
　　　　　董晨曦　康　元　高　伟　张文静　程东松　张钦莹
　　　　　吴　文　杨冬梅　马菁清　李常业　周亚雯　马建华
　　　　　刘振飞　邓艳红　曾庆宇　王慧娉　孔明旭　范静婷
特邀委员　刘娅婷

序

紧固件产品量大面广、种类繁多，是国家工业基础能力的重要标志。我国航空航天型号、武器装备每年高端紧固件需求总量近10亿件，在火箭、卫星、宇宙飞船、星际探测器等各型装备中，大量采用紧固件的机械连接方法将其组成的零件、组件、部件、系统连接成整体，紧固件"数以万计、类以群分、连结构、接系统、小物大为"，是装备实现连接功能的最基本单元，在装备中起到了连接结构、传递载荷、密封气液等关键功能，扮演着至关重要的角色。

航空航天领域各类装备紧固件单机用量少则几万件，多至几百万件。据统计，飞机所用紧固件的重量可占飞机总重量的6%左右，价值比例从2%到12%。一架飞机每个碳纤维尾翼段大约需要9000个螺栓，一架典型的双通道飞机机身和机翼大约有40万个紧固件，一架中型飞机的各类紧固件可达200~300万件。这些起着连接作用的紧固件分布在机身各个部位，每一个部位的形状结构、受力情况和服役环境各不相同，紧固件设计、制造、安装和服役需要符合相关标准规范，以确保产品的质量和性能达到要求。这些标准和规范包括外观、尺寸公差、力学性能、耐候性等多个方面，只有符合这些要求的紧固件才能确保产品的质量和安全性。检测数据的真实、可靠和有效是紧固件性能检测提出的基本要求。然而影响紧固件性能检测数据真实性、可靠性和有效性的因素很多，主要涉及测试人员、测试设备、测试工装、测试方法、测试环境、测量溯源及试样状态等方面。其中测试人员既是从事测试工作的主体，也是保证检测数据真实性、可靠性和有效性的第一因素，更是控制其他6个方面因素的实践者。测试人员对测试标准和方法的认知程度、对检测设备的掌握程度等，对检测工作的质量会产生重大的影响。因此，编写一套完整的、统一的紧固件检测手册就显得尤为重要。

中国航天科工集团有限公司标准紧固件研究检测中心（以下简称：中心）依托河南航天精工制造有限公司，多年来一直致力于航空航天、轨道交通领域紧固件研究开发、检测和评定、失效分析、入厂（所）复验、检测技术服务，积累了大量紧固件检测、安装数据资源，在国防装备制造业具有较高的知名度和认可度。航天精工股份有限公司是国家制造业航空航天紧固件单项冠军，在紧固件设计、制造、检测、安装领域具有深厚的基础，组织中心专家和公司科技人员编写的《紧固件检测手册》，旨在介绍紧固件检测相关原理及要求，系统总结紧固件检测技术、可靠性技术、失效分析技术、安装技术。作为航天精工在紧固件和紧固连接技术领域系列书籍的一部分，希望此书的出版能成为紧固件产业高质量发展的助推器，为我国高端紧固件产业的技术进步和人才培养做出有价值的贡献。

航天精工股份有限公司董事长：

2024年7月

前　言

紧固件素有"工业之米"之称，是各行各业广泛使用的关键基础件。特别是在航空航天领域，国家重点装备上仍大量采用紧固件的机械连接方法将其组成的零件、组件、部件连接成整体，形成的紧固连接系统，铸就的钢筋铁骨，保障了装备型号的质量可靠性。随着国家航空、航天、轨道交通等高端装备向自主化、智能化、高端化发展，高端装备性能的提高越来越依赖于先进材料。先进材料中的钛合金、复合材料等，由于其强度高，耐高温、耐腐蚀、高模量、质量轻、无蠕变、热膨胀系数小、抗疲劳性能优异等显著特点，已广泛运用于航空航天领域。可以说，一个国家钛合金、先进复合材料的使用量，代表了其装备制造的先进程度。

随着先进材料紧固件的广泛应用，同时为满足航空航天装备对耐高低温、疲劳、振动、冲击、湿热、盐雾、防松、腐蚀等不同工况的要求，保障装备的可靠性，检测技术作为"科学研究的先行者""工业的倍增器"和"社会的物化法官"，紧固件检测技术的应用与推广显得愈发重要。俄罗斯伟大的化学家德米特里·伊万诺维奇·门捷列夫说过："科学是从测量开始的"。检测技术的发展和完善推动着现代科学技术的进步，检测手段的水平决定着科学研究的深度和广度。

中国航天科工集团有限公司标准紧固件研究检测中心（以下简称：中心），作为中国航天科工集团有限公司唯一的标准紧固件研究检测机构，先后承担了卫星、载人航天工程、探月工程、大型军用运输机、X代歼击机、民用客机等国家重点工程和型号的配套研制任务，为实现国家"高新工程""载人航天工程"等重大专项工程提供了有力的试验保障，具有40余年的紧固件设计、加工、试验等经验，有着丰富的技术积累，具备设计、仿真、制造、检测、安装、失效分析等全生命周期的研究基础。为了推动行业检测技术水平、管理水平的进步，加速行业的人才培养，并为从事紧固件及材料检测研发的广大科技工作者提供一本比较系统的紧固件检测技术参考书，特邀请了行业专家加盟成立了编写组，将本书的编撰作为一项重要的技术基础工作积极推动。

本书共15章：第1章由高学敏、曾庆宇编写；第2章由董晨曦、冯德荣编写；第3章由王诗成、李常业、马菁清编写；第4章由许永春、周帅编写；第5章由周帅、康元、范静婷、许永春编写；第6章由许永春、程东松编写；第7章由高学敏、王亚妹、胡云鹏、高伟、张文静共同编写；第8章由潘伦云、吴文编写；第9章由杨冬梅、王亚妹、胡云鹏、高学敏共同编写；第10章由刘前峰、高学敏、马建华、孔明旭编写；第11章由许永春、程东松编写；第12章由冯德荣、邓艳红、王慧娉编写。第13章由冯德荣、刘振飞、周亚雯编写；第14章由冯德荣、周亚雯编写；第15章由冯德荣、邓艳红、王慧娉编写。石大鹏、孙晓军、胡庆宽、许彦伟、沈鹏、殷银银、李旭建、关悦、刘燕、林忠亮等科技委成员参与了本书的各种协调及审定。

本书由冯德荣担任主编，高学敏、许永春担任副主编，负责总策划和总修改；程全士、殷小健、石大鹏担任主审，负责书稿的最终审定；由周帅负责书稿的汇总和整理。航天精工股份有限公司董事长焦光明、总经理王宇宏、副总经理李文生和李祥军，以及河南航天精工制造有限公司执行董事姚建革参与了本书的策划和审查，不仅为本书的编写构思给予指导与规划，在本书体系结构的最终形成和各部分内容的完善等方面也给予了极大支持。在本书的编写过程中，得到了来自中国航天科工集团有限公司标准紧固件研究检测中心、航天精工股份有限公司、河南航天精工制造有限公司等单位技术和资金上的支持。

编辑组成员非常善于学习和总结，而且具有高度的社会责任感。本书的编审人员都来自重点实验室的科研一线，总结了自己从事的紧固件检测、生产和使用的经验，消化吸收了当前国内外紧固件检测行业的最新成果，内容基本涵盖了紧固件科研、生产、使用、管理、检验检测的相关知识、基础理论和基本方法，有一定的广度和深度，既有实用性和实践性，又有完整性和先进性。可作为紧固件企业、科研院所专业培训教材及大中专院校相关专业的教科书，也可作为各行业理化技术人员的参考书籍。

由于编者水平及经验所限，书中难免会有不妥和错误之处，恳请读者批评指正。

《紧固件检测手册》编写组
2024年6月

目 录

第1章 紧固件概述 ... 1
1.1 紧固件的概念 ... 1
1.2 紧固件的标准体系 ... 3
1.2.1 国外标准体系 ... 4
1.2.2 国内标准体系 ... 5
1.3 紧固件分类 ... 6
1.4 紧固件材料 ... 6
1.4.1 结构钢 ... 7
1.4.2 不锈钢 ... 7
1.4.3 高温合金 ... 8
1.4.4 钛及钛合金 ... 9
1.4.5 铝及铝合金 ... 11
1.4.6 铜及铜合金 ... 11
1.4.7 橡胶 ... 12
1.4.8 树脂及其复合材料 ... 12
1.4.9 陶瓷 ... 12

第2章 紧固件抽样原则 ... 13
2.1 紧固件验收抽样检验 ... 13
2.1.1 术语定义 ... 13
2.1.2 紧固件验收种类 ... 14
2.1.3 紧固件检验种类 ... 15
2.2 紧固件验收标准 ... 16
2.2.1 鉴定检验 ... 16
2.2.2 质量一致性检验 ... 16
2.2.3 入厂复验 ... 18
2.2.4 外观检验 ... 20
2.2.5 几何尺寸检验 ... 21
2.2.6 性能检验 ... 21
2.3 国内紧固件验收常用标准 ... 21
2.3.1 《紧固件 验收检查》(GB/T 90.1—2002) ... 21
2.3.2 《计数抽样检验程序及表》(GJB 179A—1996) ... 24
2.4 国外紧固件验收抽样检验程序 ... 26
2.4.1 德国紧固件验收检查方案 ... 26
2.4.2 日本紧固件验收检查方案 ... 26

2.4.3 美国紧固件验收检查方案 … 27
2.4.4 英国紧固件验收检查方案 … 29

第3章 紧固件外观尺寸检测 … 30

3.1 紧固件外观尺寸检测概述 … 30
3.2 紧固件外观介绍及检测 … 30
3.2.1 表面粗糙度概述 … 30
3.2.2 表面粗糙度的评定参数 … 31
3.2.3 表面粗糙度的检测 … 33
3.2.4 紧固件常见外观缺陷检测 … 34
3.3 几何尺寸及检测 … 42
3.3.1 尺寸的术语定义 … 42
3.3.2 尺寸偏差和公差的术语定义 … 43
3.3.3 几何尺寸检测 … 45
3.4 形位公差及检测 … 67
3.4.1 形位公差的项目及符号 … 67
3.4.2 形位公差的定义、标注和解释 … 68
3.5 螺纹的简介及检测 … 74
3.5.1 螺纹的形成及加工方法 … 74
3.5.2 螺纹的要素 … 75
3.5.3 螺纹的种类 … 77
3.5.4 普通螺纹的标记方法 … 81
3.5.5 普通螺纹的几何参数 … 82
3.5.6 螺纹的检测 … 87
3.6 检测量器具应用介绍 … 93

第4章 紧固件涂镀层检测 … 94

4.1 概述 … 94
4.2 厚度检测 … 94
4.2.1 金相显微镜法 … 94
4.2.2 阳极溶解库伦法 … 98
4.2.3 X射线光谱法 … 100
4.2.4 磁性法 … 103
4.2.5 涡流法 … 105
4.2.6 溶解称重法 … 107
4.2.7 尺寸转换法 … 109
4.2.8 计时液流法 … 110
4.3 结合力试验 … 112
4.3.1 剥离试验 … 113
4.3.2 划线和划格试验 … 113
4.3.3 高温试验 … 113

		4.3.4	落锤试验	114
		4.3.5	弯曲试验	114
		4.3.6	摩擦抛光试验	114
		4.3.7	喷丸试验	114
		4.3.8	深引试验	115
		4.3.9	阴极试验	115
		4.3.10	耐流体试验	115
		4.3.11	耐脱漆剂试验	115
		4.3.12	耐热性试验	116
	4.4	膜层耐蚀性试验		116
		4.4.1	盐雾试验	116
		4.4.2	防变色试验	118
		4.4.3	湿热试验	118
		4.4.4	应力腐蚀试验	119

第5章 紧固件化学成分检测 122

	5.1	概述		122
		5.1.1	化学成分检测分类	122
		5.1.2	化学成分检测趋势	123
	5.2	高频感应炉燃烧红外吸收法		123
		5.2.1	方法简介	123
		5.2.2	方法原理	123
		5.2.3	常用标准	124
		5.2.4	典型标准对比	125
	5.3	惰性气体熔融-热导/红外法		126
		5.3.1	方法简介	126
		5.3.2	方法原理	126
		5.3.3	常用标准	128
		5.3.4	典型标准对比	129
	5.4	电感耦合等离子体发射光谱法		131
		5.4.1	方法简介	131
		5.4.2	主要特点	132
		5.4.3	方法原理	132
		5.4.4	常用标准	134
		5.4.5	典型标准对比	135
	5.5	火花放电原子发射光谱法		139
		5.5.1	方法简介	139
		5.5.2	方法原理	140
		5.5.3	常用标准	141
		5.5.4	典型标准对比	141

5.6 X射线荧光光谱法 ……………………………………………………… 143
   5.6.1 方法简介 ……………………………………………………… 143
   5.6.2 X射线荧光光谱法的特点 ……………………………………… 143
   5.6.3 方法原理 ……………………………………………………… 144
   5.6.4 常用标准 ……………………………………………………… 145
   5.6.5 典型标准对比 ………………………………………………… 146

第6章 紧固件冶金性能检测 …………………………………………… 147
6.1 试样制备 …………………………………………………………… 147
   6.1.1 取样位置 ……………………………………………………… 147
   6.1.2 截取方法 ……………………………………………………… 148
   6.1.3 试样镶嵌 ……………………………………………………… 148
   6.1.4 试样磨制 ……………………………………………………… 149
   6.1.5 试样抛光 ……………………………………………………… 149
   6.1.6 试样显微组织显示 …………………………………………… 151
6.2 宏观组织 …………………………………………………………… 155
   6.2.1 金属流线 ……………………………………………………… 155
   6.2.2 偏析 …………………………………………………………… 158
6.3 微观组织 …………………………………………………………… 159
   6.3.1 过热、过烧 …………………………………………………… 159
   6.3.2 脱碳、增碳 …………………………………………………… 162
   6.3.3 晶粒度评级 …………………………………………………… 163
   6.3.4 带状组织 ……………………………………………………… 164
   6.3.5 磨削烧伤 ……………………………………………………… 165
   6.3.6 合金贫化 ……………………………………………………… 166
   6.3.7 不连续性 ……………………………………………………… 166
   6.3.8 晶间腐蚀（晶间氧化）………………………………………… 167

第7章 紧固件力学性能检测 …………………………………………… 169
7.1 螺栓、螺钉、螺柱类力学性能检测 ……………………………… 169
   7.1.1 拉伸试验 ……………………………………………………… 169
   7.1.2 保证载荷试验 ………………………………………………… 180
   7.1.3 剪切试验 ……………………………………………………… 181
   7.1.4 疲劳试验 ……………………………………………………… 189
   7.1.5 硬度试验 ……………………………………………………… 194
   7.1.6 楔负载、缺口敏感及头部坚固性试验 ……………………… 210
   7.1.7 扭矩试验 ……………………………………………………… 213
   7.1.8 应力持久试验 ………………………………………………… 216
   7.1.9 应力断裂试验 ………………………………………………… 218
   7.1.10 氢脆试验 …………………………………………………… 221
7.2 螺母类力学性能检测 ……………………………………………… 223

7.2.1 非自锁螺母 ... 223
7.2.2 自锁螺母 ... 231
7.2.3 高锁螺母 ... 254
7.2.4 螺套 ... 260
7.3 垫圈类性能检测 ... 265
7.3.1 硬度 ... 265
7.3.2 弹性 ... 266
7.3.3 韧性 ... 267
7.3.4 氢脆性试验 ... 268
7.4 挡圈类性能检测 ... 268
7.4.1 弹性试验 ... 269
7.4.2 缝规检测 ... 269
7.4.3 氢脆性试验 ... 270
7.5 铆钉类性能检测 ... 270
7.5.1 普通铆钉性能检测 ... 271
7.5.2 抽芯铆钉性能检测 ... 278
7.5.3 螺纹空心铆钉性能检测 ... 282
7.5.4 环槽铆钉性能检测 ... 283
7.6 销类性能检测 ... 285
7.6.1 硬度 ... 286
7.6.2 韧性 ... 286
7.6.3 剪切 ... 286
7.7 螺纹抽芯铆钉类性能检测 ... 287
7.7.1 预紧力 ... 287
7.7.2 拉伸强度 ... 288
7.7.3 双剪强度 ... 289
7.7.4 锁紧力矩 ... 289
7.7.5 拉伸疲劳 ... 290
7.7.6 振动耐久性 ... 290

第8章 紧固件无损检测 ... 292
8.1 概述 ... 292
8.1.1 无损检测的常用方法 ... 292
8.1.2 紧固件中常存在的缺陷 ... 292
8.1.3 无损检测常用方法适用性和局限性的比较 ... 293
8.1.4 无损检测常用方法的标准 ... 294
8.2 荧光渗透检测 ... 294
8.2.1 概述 ... 294
8.2.2 荧光渗透检测的基本原理 ... 295
8.2.3 渗透检测的常见方法标准 ... 296

XIII

		8.2.4	标准对比分析	297
		8.2.5	常见试验问题及建议	299
	8.3	磁粉检测		299
		8.3.1	概述	299
		8.3.2	磁粉检测的基本原理	300
		8.3.3	磁粉检测的常见方法标准	305
		8.3.4	标准对比分析	306
		8.3.5	常见试验问题及建议	308
	8.4	涡流检测		308
		8.4.1	概述	308
		8.4.2	涡流检测的基本原理	309
		8.4.3	涡流检测的常见方法标准	310
		8.4.4	标准对比分析	311
		8.4.5	常见试验问题及建议	312
	8.5	射线检测		312
		8.5.1	概述	312
		8.5.2	射线检测的基本原理	312
		8.5.3	射线检测的常见方法标准	315
		8.5.4	标准对比分析	316
		8.5.5	常见试验问题及建议	317
	8.6	超声波检测		317
		8.6.1	概述	317
		8.6.2	超声波检测的基本原理	318
		8.6.3	超声波检测的常见方法标准	321
		8.6.4	标准对比分析	322
		8.6.5	常见试验问题及建议	323
第9章	紧固件环境可靠性试验			324
	9.1	高温试验		324
		9.1.1	概述	324
		9.1.2	试验原理	324
		9.1.3	常用试验标准	324
		9.1.4	标准对比分析	325
		9.1.5	高温试验注意事项	326
	9.2	低温试验		326
		9.2.1	概述	326
		9.2.2	试验原理	326
		9.2.3	常见试验方法标准	326
		9.2.4	标准对比分析	327
		9.2.5	常见试验问题及建议	327

9.3 霉菌试验 ... 327
9.3.1 概述 ... 327
9.3.2 试验原理 ... 327
9.3.3 常见试验方法标准 ... 328
9.3.4 标准对比分析 ... 328
9.3.5 常见试验问题及建议 ... 329

9.4 温度冲击试验 ... 329
9.4.1 概述 ... 329
9.4.2 试验原理 ... 329
9.4.3 常见试验方法标准 ... 330
9.4.4 标准对比分析 ... 330

9.5 盐雾试验 ... 331
9.5.1 概述 ... 331
9.5.2 试验原理 ... 331
9.5.3 常用试验标准 ... 331
9.5.4 标准对比分析 ... 332
9.5.5 盐雾试验注意事项 ... 332

第10章 紧固件安装 ... 333
10.1 高锁系列 ... 333
10.1.1 高锁螺栓夹层厚度的选择 ... 333
10.1.2 高锁螺母的选择 ... 334
10.1.3 安装孔的要求 ... 334
10.1.4 安装及检测工具 ... 339
10.1.5 安装 ... 339
10.1.6 安装后的检验 ... 341
10.1.7 质量控制要求 ... 345
10.1.8 移除和代替 ... 345

10.2 抽钉系列 ... 345
10.2.1 环槽铆钉的铆接 ... 345
10.2.2 螺纹空心铆钉的铆接 ... 348
10.2.3 抽芯铆钉的铆接 ... 351

10.3 铆钉系列 ... 355
10.3.1 技术要求 ... 355
10.3.2 铆钉长度的选择 ... 356
10.3.3 工艺方法 ... 357

10.4 带键螺桩螺套系列 ... 358
10.4.1 安装流程 ... 358
10.4.2 制孔和制内螺纹 ... 359
10.4.3 拧入带键自锁螺套或带键螺桩 ... 361

10.4.4 压入销键 ……………………………………………………………… 361
10.4.5 维修方式 ……………………………………………………………… 362
10.4.6 质量控制要求 ………………………………………………………… 362
10.4.7 移除和代替 …………………………………………………………… 363
10.5 无耳托板螺母系列 …………………………………………………………… 363
10.5.1 安装工艺流程 ………………………………………………………… 363
10.5.2 制孔 …………………………………………………………………… 363
10.5.3 锪窝 …………………………………………………………………… 364
10.5.4 安装无耳托板螺母 …………………………………………………… 365
10.6 粘接螺母系列 ………………………………………………………………… 370
10.6.1 安装工艺流程 ………………………………………………………… 370
10.6.2 制孔 …………………………………………………………………… 370
10.6.3 表面准备 ……………………………………………………………… 370
10.6.4 混胶 …………………………………………………………………… 371
10.6.5 涂胶 …………………………………………………………………… 372
10.6.6 穿孔 …………………………………………………………………… 372
10.6.7 固化 …………………………………………………………………… 372
10.6.8 制孔粘接接头检验 …………………………………………………… 372
10.7 轻型钛合金自锁螺母系列 …………………………………………………… 373
10.7.1 安装 …………………………………………………………………… 373
10.7.2 检验安装质量 ………………………………………………………… 374
10.7.3 涂密封胶 ……………………………………………………………… 375

第11章 紧固件失效分析 …………………………………………………………… 376
11.1 失效分析基本概念 …………………………………………………………… 376
11.2 失效分析方法 ………………………………………………………………… 377
11.2.1 宏观形貌分析 ………………………………………………………… 377
11.2.2 电子显微镜分析 ……………………………………………………… 378
11.2.3 金相分析 ……………………………………………………………… 379
11.2.4 化学成分分析 ………………………………………………………… 379
11.2.5 力学性能测试 ………………………………………………………… 380
11.2.6 无损检测 ……………………………………………………………… 380
11.2.7 残余应力测试 ………………………………………………………… 381
11.3 材料质量造成的常见缺陷 …………………………………………………… 381
11.3.1 裂纹缺陷 ……………………………………………………………… 381
11.3.2 折叠缺陷 ……………………………………………………………… 382
11.3.3 疤痕缺陷 ……………………………………………………………… 382
11.3.4 脱碳缺陷 ……………………………………………………………… 382
11.3.5 原材料表面粗晶环 …………………………………………………… 382
11.3.6 原材料残余缩孔 ……………………………………………………… 382

11.3.7 原材料夹杂缺陷 … 383
11.3.8 疏松缺陷 … 384
11.3.9 偏析缺陷 … 384
11.3.10 气泡（气孔）缺陷 … 385
11.3.11 白点缺陷 … 385
11.4 成型工艺造成的常见缺陷 … 385
11.4.1 成型工艺不当所致的粗晶或混晶 … 385
11.4.2 成型工艺不当所致的流线分布不顺或穿流 … 386
11.4.3 螺纹滚压工艺不当造成的缺陷 … 386
11.4.4 加工工艺不当造成的缺陷 … 386
11.4.5 成型工艺不当导致的裂纹或过烧缺陷 … 387
11.4.6 锻造过程出现的热剪切 … 387
11.5 安装造成的常见缺陷 … 388
11.5.1 咬死 … 388
11.5.2 过载 … 388
11.6 常见失效模式与特征 … 389
11.6.1 过载断裂 … 389
11.6.2 应力腐蚀 … 391
11.6.3 疲劳断裂 … 393
11.6.4 氢脆断裂 … 396
11.6.5 腐蚀失效 … 396
11.6.6 高温断裂 … 398
11.6.7 冷焊（咬死） … 398
11.6.8 回火脆性断裂 … 398
11.6.9 其他 … 399
11.7 典型失效案例 … 399
11.7.1 ML25六角头螺钉过载断裂 … 399
11.7.2 45钢旋转调整螺栓锥面裂纹分析 … 403
11.7.3 0Cr17Ni4Cu4Nb不锈钢轴和轴套咬死分析 … 407
11.7.4 0Cr12Mn5Ni4Mo3Al不锈钢自锁螺母开裂失效分析 … 412
11.7.5 35CrMnSiA双头螺柱开裂分析 … 417

第12章 紧固件试验过程控制与管理 … 422
12.1 试验管理目的 … 422
12.2 管理主要项目和内容 … 422
12.2.1 试验人员 … 422
12.2.2 试验设备的管理（包括溯源管理） … 423
12.2.3 试验工装的管理 … 427
12.2.4 试验标样的管理 … 428
12.2.5 试验方法的管理 … 429

        12.2.6 试验样件管理 431
        12.2.7 试验环境条件管理 432
        12.2.8 质量监控 432
        12.2.9 试验合同、委托单的评审 435
        12.2.10 原始记录管理 437
        12.2.11 产品试验报告管理 438
        12.2.12 产品试验结果管理 440
        12.2.13 试验安装的经验分享 442

第13章 紧固件试验数据处理 443
    13.1 试验数据的采集与记录 443
        13.1.1 定义 443
        13.1.2 紧固件数据的记录和处理 443
    13.2 试验数据处理 443
        13.2.1 数据有效位数和判定 443
        13.2.2 试验数据处理方法 444
    13.3 试验数据的检查与处理 448
        13.3.1 数据趋势 448
        13.3.2 异常数据 449
        13.3.3 试验失败的分析与判定 449
    13.4 试验数据的修约 450
    13.5 测量不确定度的评定 451
        13.5.1 定义与表示符号 451
        13.5.2 报告给出测量不确定度的条件 453
        13.5.3 测量不确定度评价步骤及内容 453
        13.5.4 测量不确定度的评定实例 457

第14章 紧固件统计过程控制及检测数据信息化管理 467
    14.1 统计过程控制 467
        14.1.1 统计学的概念 467
        14.1.2 质量管理中常用的统计方法 468
        14.1.3 控制图的制作及应用案例 476
    14.2 实验室信息化管理系统 478
        14.2.1 实验室信息化管理系统的应用背景 479
        14.2.2 实验室信息化管理系统的功能模块 479
        14.2.3 实验室信息化管理系统在紧固件行业的应用优势 481

第15章 紧固件检测体系管理 483
    15.1 术语和定义 483
    15.2 实验室体系过程控制与管理的要求 483
        15.2.1 紧固件行业的实验室管理体系 483
        15.2.2 实验室体系介绍 483

  15.2.3　各实验室体系的区别 …………………………………………………… 488
15.3　实验室内部审核和管理评审 ……………………………………………………… 489
  15.3.1　综述 ………………………………………………………………………… 489
  15.3.2　内部审核和管理评审的区别 ………………………………………………… 490
参考文献 ………………………………………………………………………………… 491

第1章 紧固件概述

1.1 紧固件的概念

紧固件是将两个或两个以上的零件（或构件）紧固连接成为一件整体时所采用的一类机械零件的总称，它是国民经济各领域应用范围最广、使用数量最多的机械基础件，素有"工业之米"之称，在各种火箭、导弹、飞机、卫星、机械设备、车辆船舶、铁路桥梁、建筑结构、工具器械、仪器仪表和生活用品等上面都使用了各种各样、数量可观的紧固件。譬如在航空航天领域，紧固件发挥着尤为重要的作用，被盛赞为"数以万计、类以群分、连结构、接系统、小物大为"。据统计，单发运载火箭约有几十万件紧固件，单架飞机所需的紧固件少则几十万件、多则几百万件；不仅用量很大，而且性能的优劣直接决定装备的性能水平。紧固件的特点是品种规格繁多、性能用途各异，而且标准化、系列化、通用化程度极高，因此也有人把已有国家标准的一类紧固件称为标准紧固件，或简称为标准件。

和其他科技发明一样，紧固件也是人类发明的产物，是人类智慧的结晶，是人们在认识自然、改造自然的过程中逐步产生和发展起来的，是人类生产生活实践的直接产物。据相关资料显示，公元前3世纪前后，希腊科学家阿基米德第一次提出了螺旋线的描述。

16世纪前后，制钉工人开始生产带螺旋线的钉子，这些钉子能够更牢固地进行连接。

1780年前后，螺丝刀（螺纹旋具）在伦敦出现。工匠们发现用螺丝刀旋紧螺钉固定比用榔头敲打得更好，遇上细牙螺钉时更是如此。

1797年，"车床之父"——亨利·莫兹利在英国发明了全金属制造的精密螺纹车床；1781年，威尔金逊在美国制成了螺母和螺栓制造机。这两种机器都能生产通用的螺栓和螺母。可见螺栓和螺母作为紧固件在当时已经相当普及。1936年，美国的亨利·飞利浦申请了十字螺钉钉头专利，这标志着紧固件技术有了重大进展。

紧固件的发展经历了漫长的历程，还有很多记载需要进一步考证。

有文字显示，大约在公元前3000年，世界上的第一辆战车就在美索不达米亚（西南亚地区）出现了。是否可以推断，那时候已经有了初期的紧固件呢？这些问题，就留给有兴趣的读者去解决吧！可以肯定的是，一些比螺栓、螺钉、螺母更简单的紧固件（如销钉、实心铆钉等）一定可以追溯到更早的历史时期。

随着科学技术的进步和紧固件用量的增加，人们逐渐认识到，很多紧固件产品可以为不同行业、不同系统通用。采用通用化、系列化和组合化的方式开展紧固件设计并以专业化的方式组织其生产，不仅有利于整合利用社会资源、降低紧固件产品的科研生产成本，而且有利于提高产品的质量和可靠性，更好地满足使用要求。于是，紧固件领域开始分化。大多数紧固件产品，以通用化、系列化和组合化的方式开展设计，以专业化的方式组织生产，出现了专业从事紧固件科研生产的行业，形成了多行业、多系统通用的紧固件产品及相应标准；少数专业性很强、不能或暂时不能通用化的紧固件产品仍由相关的专业厂家按专用零部件的方式组织设计和生产，通常没有标准。将已经制定了标准的紧固件称为标准紧固件，把没有制定标准的紧固件称为非标准紧固件。这一分化逐渐形成了非标准紧固件和标准紧固件共存的产品格局，使社会分工进一步细化，社会资源又一次得到了优化组合。

从非标准紧固件产生分化开始，标准紧固件就成了整个紧固件行业发展的旗舰。非标准紧固件不断地转化为标准紧固件。标准紧固件产品和紧固件标准的种类、数量越来越多，标准化和标准的技术水平越来越高。标准化体系的发展历程从侧面反映了紧固件行业的发展状况。

紧固件通常被分为螺栓、螺柱、螺钉、螺母、自攻螺钉、木螺钉、垫圈、挡圈、销、铆钉、组合件和连接副、焊钉等12个大类，同时有些大类还可根据其用途、使用材质、强度等级、形状、表面处理方式等再进行分类。

螺栓是指由头部和螺杆（带有外螺纹的圆柱体）两部分组成的一类紧固件，需与螺母配合使用，用于紧固连接两个带有通孔的零件，这种连接形式称为螺栓连接。如把螺母从螺栓上旋下，可以使这两个零件分开，故螺栓连接属于可拆卸连接。

螺柱是指没有头部的、仅有两端均外带螺纹的一类紧固件。连接时，它的一端必须旋入带有内螺纹孔的零件中，另一端穿过带有通孔的零件中，然后旋上螺母，就是使这两个零件紧固连接成一件整体。这种连接形式称为螺柱连接，也是属于可拆卸连接。主要被用于连接零件之一厚度较大、要求结构紧凑，或因拆卸频繁、不宜采用螺栓连接的场合。

螺钉是指由头部和螺杆两部分构成的一类紧固件，按用途可以分为3类，即机器螺钉、紧定螺钉和特殊用途螺钉。机器螺钉主要用于一个紧定螺纹孔的零件，与一个带有通孔的零件之间的紧固连接，不需要螺母配合（这种连接形式称为螺钉连接，属于可拆卸连接；也可以与螺母配合，用于两个带有通孔的零件之间的紧固连接）。紧定螺钉主要用于固定两个零件之间的相对位置。特殊用途螺钉如有吊环螺钉等供吊装零件用。

螺母是指带有内螺纹孔，形状一般呈现扁六角柱形，也有呈扁方柱形或扁圆柱形的，配合螺栓、螺柱或螺钉，用于紧固连接两个零件，使之成为一个整体。

自攻螺钉是指与机器螺钉相似，但螺杆上的螺纹为专用的自攻螺钉用螺纹。用于紧固连接两个薄的金属构件，使之成为一个整体，构件上需要事先制出小孔，由于这种螺钉具有较高的硬度，所以可以直接旋入构件的孔中，使构件中形成相应的内螺纹。

木螺钉是指与机器螺钉相似，但螺杆上的螺纹为专用的木螺钉用螺纹，可以直接旋入木质构件（或零件）中，用于把一个带通孔的金属（或非金属）零件与一个木质构件紧固连接在一起，这种连接也属于可以拆卸连接。

垫圈是指形状呈扁圆环形的一类紧固件。置于螺栓、螺钉或螺母的支撑面与连接零件表面之间，起着增大被连接零件接触表面面积，降低单位面积压力和保护被连接零件表面不被损坏的作用；另一类弹性垫圈，还能起到阻止螺母回松的作用。

挡圈是指供装在机器、设备的轴槽或轴孔槽中，起着阻止轴上或孔上的零件左右移动作用的一类紧固件。

销主要供零件定位之用，有的也可供零件连接、固定零件、传递动力或锁定其紧固件使用。

铆钉是指由头部和杆部两部分构成的一类紧固件，用于紧固连接两个带孔的零件（或构件），使之成为一个整体。这种连接形式称为铆钉连接，简称铆接。属于不可拆卸连接，若是连接在一起的两个零件分开，必须破坏零件上的铆钉。

组合件和连接副：组合件是组合供应的一类紧固件，如将某种机器螺钉（或螺栓、自供螺钉）与平垫圈（或弹簧垫圈、锁紧垫圈）组合供应；连接副是指将某种专用螺栓、螺母和垫圈组合供应的一类紧固件，如钢结构所用的高强度大六角头螺栓连接副。

焊钉是指由杆部和头部（或无钉头）构成的一类紧固件，用焊接方法把其固定连接在一个零件（或构件）上面，以便再与其他零件进行连接。

随着我国2001年加入世界贸易组织（WTO）并步入国际贸易大国的行列，我国紧固件产品大量出口到世界各国，世界各国的紧固件产品也不断涌入中国市场。紧固件作为我国进出口量较大的产品之一，实现了与国际的接轨，对推动中国紧固件企业走向世界，促进紧固件企业全面参与国际合作与竞争，都具有重要的现实意义和战略意义。每个具体的紧固件产品，其规格、尺寸、公差、重量、性能、表面情况、标记方法以及验收检查、标志和包装等项目都有具体要求，目前全球紧固件主要用于汽车工业、电子工业和建筑及维修工业。其中，汽车工业是最大的用户，需求量约占紧固件总销量的23.2%；其次是维修工业和建筑工业，约占紧固件总销量的20%；第三是电子工业，约占紧固件总销量的16.6%。

从行业归属来看，紧固件行业在2002年之前是单独的行业小类，但从2003年开始按照新的《国民经济行业分类》执行，"紧固件、弹簧制造"合并成为一个行业小类，由于弹簧制造企业的数量和经济总量都比较小，将其从紧固件行业中加以剔除的技术难度较大，所以在实际分析紧固件行业的发展情况时，某些数据不将弹簧制造企业加以剔除。"紧固件、弹簧制造"所对应的行业中类是"通用零部件制造及机械修理"，对应的行业大类是"通用设备制造业"。随着我国振兴装备制造业进程的不断推进，产业升级速度不断加快，我国紧固件行业与世界各国经济的融合不断加速，这对我国紧固件行业的产品质量、技术水平提出了越来越高的要求，紧固件行业是否能够不断提升其整体水平，不仅关系到能否缩短我国汽车、重大技术装备与国外先进水平的总体差距，还关系到包括人民生活在内的整个国民经济的发展水平。

1.2 紧固件的标准体系

紧固件标准是标准化程度最高、最完善、最基础的产品标准之一。

紧固件国际标准和各国标准一方面通过标准化追求简化；另一方面又因质量要求的不断提高和追求技术进步，势必有更多的产品、更新的技术、更高的质量条款和配套更严密的基础技术标准产生,从而趋于复杂化。贸易双方都希望国际和各国的紧固件标准能趋向统一,确保通用性和提高互换性。

但是,由于英制和公制的计量体系存在差异,因此现行国际上两大标准体系间不能互换,尤其紧固件的形式尺寸和基础技术条件不能完全统一;又由于如美制紧固件产品标准与基础技术标准错综复杂的关系、标准套标准、各协会的基础技术标准又相互交错,标准内容和米制标准是完全不一样的。

1.2.1 国外标准体系

国际上各国的紧固件产品和基础技术标准都规定了十分详细的要求和条款,已形成十分完善的、系列化的标准体系。国际上紧固件产品有米制标准和英制标准两套相对独立的标准体系。英制标准体系又可分为两类,主要以英制为主的国家,即美国和英国也包括澳大利亚、中东地区。这两大标准体系(米制紧固件和英制紧固件)的标准,从形式和内容上不能统一、不能互换、相对独立,只能相互借鉴参考。国际紧固件标准体系分类如表1-2-1所列。

表1-2-1 国际紧固件标准体系分类

序号	标准体系	主要标准	标准归类
1	米制标准体系	国际(ISO)、欧共体(EN)、德国(DIN)、法国(NF)、日本(JIS)、澳大利亚(AS)、意大利标准(UNI)	米制标准——欧洲流派
2	英制标准体系	ANSI、ASME、ASTM、IFI美国标准	美制标准——美洲流派
3		英国(BS)、澳大利亚标准(AS)	英制标准——英澳流派

美国工业紧固件协会(Industrial Fastener Institution,IFI)于2011年4月推出了第8版《IFI英制紧固件标准汇编手册》(俗称《IFI-8版英制美标》)。这次推出的IFI-8版汇编手册与IFI-7版相比较,IFI-8手册中有超过50%的内容得到了更新,有些还是重大更新,手册版本也完全改观,它收集了美国ASTM、ASME、SAE和IFI的各协会颁发的所有最新紧固件标准,有效地指导了美制紧固件生产、技术和质量检验,美国人奉之为"紧固件圣经"。

德国、美国紧固件标准数量繁多,仅依靠紧固件企业收集和整理各国标准显然既不经济也不现实。本书主要从最新的欧美紧固件标准中收集整理,简单叙述紧固件标准中有关形式尺寸、形位公差、螺纹检验、力学性能、测试方法、检验程序、表面缺陷、表面处理等技术质量和标准间的相互关系,推荐给从事紧固件生产、科研、检验、出口贸易、管理的同行参考。

国际标准化组织(ISO)和EN欧共体协调标准尽可能通过标准来统一和协调各标准的一致性。目前,在米制紧固件的产品和基础技术标准体系上已经得到统一,所有采用米制的国家一般将ISO标准直接引用,或不加更改,或略作修改,就转化为本国的标准。我国紧固件标准是基本等效采纳或等同采用ISO标准的代表国家。

1.2.2 国内标准体系

从我国现有的紧固件标准范畴看，几乎所有标准都采用了国际标准，包括等同采用和修改采用。其中，修改采用国际标准的紧固件标准是绝大多数。这种情况表明，我国现有紧固件标准体系已与国际接轨，虽然紧固件产品质量与国际水准相比还有一定距离。

国内紧固件标准包括国家标准、行业标准和企业标准三个层级：国家标准为第一层级，是在全国范围内对技术要求所做的统一规定，由国务院标准化行政主管部门制定；行业标准为第二层级，是在某个行业范围内对技术要求所做的统一规定，由国务院有关行政主管部门制定；企业标准为第三层级，是在某个企业范围内对技术要求所做的统一规定，由企业自己制定。

对上级标准已有规定的条款，国家鼓励制定严于上级标准的下级标准。下级标准的要求不得低于上级标准对相同内容的规定。

我国国家军用标准（GJB）和国家标准处于相同的层级，由国务院国防科技工业委员会发布。

我国紧固件的行业标准有航天标准（QJ）、航空标准（HB）、机械工业部标准（JB）和汽车标准等。

我国紧固件的企业标准包括各研究院所的院局级标准和其他企业的企业标准。

现有紧固件标准体系的不足主要是整体性不强，表现在以下3个方面。

（1）缺乏整体性构思。现有紧固件标准体系缺乏整体性构思，总体状态是重视产品标准，重视具体细部标准，对整体性的基础标准重视不够。事实上，如果紧固件基础标准不够完善，产品标准和基础标准的覆盖面就不全面、不系统，标准体系就不严密，细部技术标准协同就不够有力，各项标准之间的关系有时不够明确。例如，紧固件产品标准缺少许多品种的标准，没有明确的几何精度测量方法规定，紧固件力学性能规定有重叠现象等。

（2）条理不够清晰。由于缺乏整体性构思，因而，基础标准板块没有清晰的条理，名称杂乱不够统一，不方便归纳整理，紧固件产品标准板块也没有完整的型谱，整个体系没有清晰的框架。

此外，条理不清晰情况也造成紧固件标准体系不严谨、逻辑性不强，基础标准的规定方面有所缺失。

例如，《机械制图螺纹及螺纹紧固件表示法》（GB/T 4459.1—1995）和《紧固件标记方法》（GB/T 1237—2000）等紧固件表达方面标准的相互关系，《紧固件圆柱头用沉孔》（GB/T 152.3—1988）等基本尺寸规定方面的标准与《紧固件、螺栓、螺钉、螺柱及螺母尺寸代号和标注》（GB/T 5276—2015）等的逻辑关系，《紧固件质量保证体系》（GB/T 90.3—2010）和《内六角量规》（GB/T 70.5—2008）、《螺栓和螺钉用内六角花形》（GB/T 6188—2008）、《紧固件用六角花形 E 型》（GB/T 6189—1986）之间的联系等，都有值得商榷之处。

（3）各个标准之间的协同性不强。虽然，对产品标准来说，引用标准、技术条件都已经是标准正文的组成部分和必备条款，但都在具体应用层面，在整个紧固件标准体系中，特别是基础标准板块，各单项标准之间协同不足。

例如，《螺栓和螺钉用内六角花形》（GB/T 6188—2008）和《紧固件用六角花形E型》（GB/T 6189—1986）都是紧固件产品基本尺寸方面的规定，也都是针对六角花形，但从名称看互有交叉。螺栓和螺钉在紧固件范围之内，而E型六角花形、内六角花形又不在同一层次。再如，《紧固件铆钉用通孔》（GB/T 152.1—1988）和《紧固件沉头用沉孔》（GB/T 152.2—2014）也有类似现象，铆钉也有沉头铆钉，沉头铆钉也需要通孔。

诚然，由于需要和国际标准接轨，我国标准不能自成体系，越来越多的单项标准也因此会等同采用国际标准。但这并不意味着我国紧固件标准体系不能具有整体性、先进性，并优于国际标准体系。

紧固件产品标准，应该鼓励等同采用国际标准，完全与国际标准接轨。这样有利于提高我国紧固件行业的总体水平和产品质量，有助于开拓国际市场。

在国际标准尚未颁布的紧固件分类、紧固件术语、紧固件标准体系组成等领域局部技术，我国应先行制定有关标准，并努力使之成为国际标准。

1.3　紧固件分类

根据不同的使用领域，国际上将紧固件分为两大类：一类是一般用途紧固件；另一类是航空航天紧固件。

一般用途紧固件就是常用的普通紧固件，这类紧固件的标准在国际上由国际标准化组织/紧固件标准化技术委员会（ISO/TC2）制定并归口，各国则以国家标准或者标准化协会标准出现。我国紧固件国家标准由全国紧固件标准化技术委员会（SAC/TC85）制定并归口。这类紧固件采用普通螺纹和力学性能等级制度，广泛用于机械、电子、交通、电力、建筑、化工、船舶等领域，也可用于航空航天地面产品和电子产品。力学性能等级制度能够反映紧固件的综合力学性能，但主要反映承载能力。该制度一般只限定材料类别和成分，不限定具体材料牌号。

航空航天紧固件是专为航空航天飞行器设计的紧固件，这类紧固件的标准在国际上由国际标准化组织/航空航天器标准化技术委员会/航空航天紧固件技术委员会（ISO/TC20/SC4）制定并归口。我国的航空航天紧固件标准由紧固件国家军用标准、航空标准、航天标准共同构成。航空航天紧固件的主要特点如下：

（1）螺纹采用MJ螺纹（米制）、UNJ螺纹（英制）或MR螺纹；
（2）采用强度分级和温度分级；
（3）强度高、重量轻，强度等级一般在900MPa以上，可达1800MPa甚至更高；
（4）精度高、防松性能好、可靠性高。

1.4　紧固件材料

目前市场上紧固件用材料主要有碳钢、不锈钢、高温合金、钛及钛合金、铝及铝合金、铜及铜合金、橡胶、树脂及其复合材料、陶瓷等。

1.4.1 结构钢

结构钢是机械装备上使用的重要结构材料,按其特性和用途大致可分为优质碳素钢、渗碳钢和渗氮钢、调质高强度钢、超高强度钢、弹簧钢、防弹钢、轴承钢、铸钢八大类。结构钢的类型及主要牌号见表1-4-1。

紧固件行业常用钢铁产品主要有碳素结构钢、低合金结构钢、优质碳素结构钢、硫系易切削钢、合金结构钢、合金弹簧钢、不锈钢和耐热钢。

(1) 碳素结构钢牌号有Q195、Q215、Q235及Q275等,产品主要是一些低强度的螺母、垫圈和开口销,这些牌号主要在早期的标准中有选用,现已被逐渐淘汰,由优质碳素结构钢和铆螺钢替代。

(2) 优质碳素结构钢在紧固件行业使用较多,如08F、10、15、20、25、45、50等,产品种类和规格都很多,但由于碳钢的回火脆性、氢脆以及耐腐蚀性差等问题,已逐渐被高性能的不锈钢等材料取代。

(3) 硫系易切削钢在紧固件行业被少量使用,牌号为Y12、Y20等,由于硫含量过高会对材料性能造成较大影响,因此不推荐紧固件选用易切削钢。

(4) 合金结构钢和合金弹簧钢是紧固件行业使用比较多的常规材料,主要包括16CrSiNi、30CrMnSiA、40CrNiMoA、60Si2MnA、65Mn等几个牌号,产品种类和规格也较多样,但结构钢同样由于有回火脆性等一些风险,逐渐被高端材料取代。

(5) 碳素工具钢在紧固件行业常用的牌号有T7、T8、T9、T10等,产品有中高硬度的螺栓和销子,目前已经较少选用。

表1-4-1 结构钢的类型及主要牌号

类型	主要牌号
优质碳素钢	08、10、15、20、45、20Mn2A
渗碳钢和渗氮钢	12CrNi3A、12CrNi4A、14CrMnSiNi2MoA、18Cr2Ni4WA、16Ni3CrMoA/E、18CrNi4A、32Cr3MoVA、38CrMoAlA、5Ni12Mn5Cr3Mo、30Cr3MoA
高强度钢	15CrMnMoVA/E、18Mn2CrMoBA、20CrNi3A、25CrMoA、30CrMoA、30CrMnSiA、30Ni4CrMoA、37CrNi3A、38CrA、40CrNiMoA
超高强度钢	30CrMnSiNi2A、35Ni4Cr2MoA/E、38Cr2Mo2VA、40CrMnSiMoVA、40CrNi2Si2MoVA、16Co14Ni10Cr2MoE、23Co14Ni12Cr3Mo(A-100)
弹簧钢	70、85、65Mn、60Si2MnA、50CrVA
防弹钢	32Mn2Si2MoA、32CrNi2MoTiA
轴承钢	GCr15、Cr41Mo4V
铸钢	ZG22CrMnMo、ZG25CrMnSiMo、ZG28CrMnSiNi2、ZG35CrMnSi、ZG35CrMoA

1.4.2 不锈钢

不锈钢主要分为普通不锈钢和沉淀硬化不锈钢。

普通不锈钢主要分为奥氏体型、马氏体型和铁素体型,紧固件行业只使用奥氏体型和马氏体型不锈钢,铬含量较低的马氏体型不锈钢强度较高,可进行热处理强化,主要用于生产重要承力件,低碳含量不锈钢普遍用作400℃以下工作的承力结构件,高碳含量不锈钢用作耐热耐磨的零件。普通不锈钢常见的牌号主要有302(1Cr18Ni9)、304(0Cr18Ni9)、316(0Cr17Ni12Mo2)、1Cr18Ni9Ti、12Cr13、20Cr13、30Cr13、1Cr17Ni2、13Cr11Ni2W2MoV、14Cr12Ni2WMoVNb等,不锈钢的类型及主要牌号如表1-4-2所列。

沉淀硬化不锈钢可分为马氏体型沉淀硬化不锈钢、奥氏体型沉淀硬化不锈钢和半奥氏体型沉淀硬化不锈钢。马氏体型沉淀硬化不锈钢基体组织是低碳马氏体,典型牌号如17-4PH;奥氏体型沉淀硬化不锈钢基体组织是奥氏体,典型牌号如A286,该牌号也是一种高温合金;半奥氏体型沉淀硬化不锈钢在固溶状态下是不稳定的奥氏体组织,便于机械加工,加工完成后通过调整热处理将基体组织转变为马氏体,典型牌号如17-4PH。沉淀硬化不锈钢常见牌号主要有17-7PH(0Cr17Ni7Al)、17-4PH(0Cr17Ni4Cu4Nb)、15-5PH(0Cr15Ni5Cu4Nb)、PH13-8Mo(04Cr13Ni8Mo2Al)、69111(07Cr12Mn5Ni4Mo3Al)。

表1-4-2 不锈钢的类型及主要牌号

类型	主要牌号
抗氧化钢	12Cr13、12Cr13Ni、20Cr13、Y25Cr13Ni2、30Cr13、40Cr13、40Cr10Si2Mo
马氏体不锈钢	14Cr17Ni2、13Cr11Ni2W2MoV、14Cr12Ni2WMoVNb、05Cr17Ni4Cu4Nb、07Cr15Ni7Mo2Al
控制相转变不锈钢	07Cr17Ni7Al、07Cr12Ni4Mn5Mo3Al
双相不锈钢	14Cr18Ni11Si4AlTi、12Cr21Ni5Ti
奥氏体不锈钢	06Cr18Ni9、12Cr18Ni9、022Cr18Ni10N、022Cr19Ni10、12Cr18Mn8Ni5N、20Cr13Mn9Ni4、45Cr14Ni14W2Mo
高硬度不锈钢	95Cr18、102Cr17Mo、158Cr12MoV
铸造不锈钢	ZG14Cr17Ni2、ZG30Cr13A、ZGl3Cr11Ni2W2MoV、ZG05Cr17Ni4Cu4Nb、ZG12Cr18Ni9Ti

1.4.3 高温合金

高温合金又称热强合金、耐热合金或超合金,按合金元素成分可分为铁基合金、镍基合金和钴基合金,铁基高温合金实质上是铁-镍-钴基。使用和研究最多的是镍基合金,其次是铁基高温合金,钴基合金由于价格昂贵,因此使用最少。用于生产紧固件的高温合金都是变形高温合金,以铁基、镍基材料为主,钴基较少,大多数是沉淀强化型,少量固溶强化型。高温合金常见牌号主要有A286、GH2696、GH3030、Incone1718(GH4169)、GH4698、Waspaloy(GH738)、GH141、GH80A、MP159(GH159)、MP35等。高温合金的类型及主要牌号如表1-4-3所列。

表1-4-3 高温合金的类型及主要牌号

按成型工艺分类	按基体或特性分类	主要牌号
变形高温合金	铁基变形高温合金	GH1015、GH1016、GH1035A、GH131、GH1140、GH2036、GH2132、GH2150、GH2302、GH2696、GH2761、GH2903、GH2907

续表

按成型工艺分类	按基体或特性分类	主要牌号
变形高温合金	镍基变形高温合金	GH3030、GH3039、GH3044、GH3128、GH3536、GH3625、GH4033、GH4037、GH4049、GH4099、GH4133、GH4169、GH4220、G4698、GH4080A、GH4090、GH4093、GH4105、GH4141、GH4145、GH4163、GH4169、GH4500、GH4586、GH4648、GH4708、GH4710、GH4738、GH4742
	钴基变形高温合金	GH5188、GH6159、GH5605
铸造高温合金	等轴晶铸造高温合金	K213、K403、K405、K406、K406C、K409、K417、K417G、K417L、K418、K418B、K419、K423、K423A、K424、K438、K438G、K441、K477、K480、K491、K4002、K4169、K4537、K640、K825
	定向凝固柱晶铸造高温合金	DZ404、DZ405、DZ417G、DZ422、DZ422B、DZ438G、DZ640M、DZ4125、DZ4125L
	定向凝固单晶铸造高温合金	DD403、DD404、DD406、DD408、DD402
	金属间化合物基铸造高温合金	JG4006、JG4006A

1.4.4　钛及钛合金

钛合金是广泛应用于航空航天技术领域的高性能材料，重量轻、强度高、韧性好、耐腐蚀是其最显著的特点。钛合金紧固件是唯一同时具有高强度、低密度，极好的抗疲劳和耐腐蚀性能，以及较低弹性模数的材料。可以说，一个国家钛合金、先进复合材料的使用量，代表了其飞机制造的先进程度。钛合金紧固件的拉伸强度一般为1000~1500MPa，与30CrMnSiA钢调质后的强度相当，钛紧固件的抗剪强度与合金钢也属同一级别，但密度仅为钢的58%。因此，在国外先进飞机上，30CrMnSiA钢紧固件已基本上由钛紧固件代替。由于比强度较高（可达到高强铝合金的比强度）、耐温达400℃、电位较低、抗疲劳、抗切口敏感性好、热膨胀系数小、无磁性等特点，所以钛紧固件在飞机的铝合金结构、钛合金结构、复合材料结构上都可以大量采用。

钛合金按退火状态相的组成可分为3类，即α型、α+β型和β型。在退火状态下基体组织为单相α的称为α钛合金，其主要优点是组织稳定、耐蚀、易焊接，可在较高温度下使用；缺点是强度低，压力加工性差。在室温下有α相和β相的是α+β型钛合金，这类钛合金具有良好的综合性能，可热处理强化，切削加工性能和压力加工性能良好，同时具有良好的低温性能和耐腐蚀性能。退火态基体主要为β相的是β型钛合金，这类钛合金强度高，具有良好的压力加工和焊接性能，可热处理强化，但生产工艺较复杂，组织稳定性差。钛合金常见牌号主要有TA15、TC4（Ti-6Al-4V）、TC6、TC16、TB2、TB3、TB8、TB9、TB2、Ti45Nb等。钛合金的类型及主要牌号如表1-4-4所列。

表 1-4-4　钛合金的类型及主要牌号

按成型方法分类	按基体结构分类	牌号	名义化学成分	工作温度/℃	强度水平/MPa
变形钛合金	α	TA1	Ti	300	≥280
	α	TA2	Ti	300	≥370
	α	TA3	Ti	300	≥440
	α	TA4	Ti	300	≥540
	α	TA7	Ti-5Al-2.5Sn	500	≥785
	α	TA13	Ti-2.5Cu	350	≥610
	近α	TC1	Ti-2Al-1.5Mn	350	≥590
	近α	TC2	Ti-4Al-1.5Mn	350	≥685
	近α	TA11	Ti-8Al-1Mo-1V	500	≥895
	近α	TA12	Ti-5.5Al-4Sn-2Zr-1Mo-1Nd-0.25Si	550	≥980
	近α	TA15	Ti-6.5Al-1Mo-1V-2Zr	500	≥930
	近α	TA18	Ti-3Al-2.5V	320	≥620
	近α	TA19	Ti-6Al-2Sn-4Zr-2Mo-0.1Si	500	≥930
	α-β	TC4	Ti-6Al-4V	400	≥895
	α-β	TC6	Ti-6Al-1.5Cr-2.5Mo-0.5Fe-0.3Si	450	≥980
	α-β	TC11	Ti-6.5Al-3.5Mo-1.5Zr-0.3Si	500	1030
	α-β	TC16	Ti-3Al-5Mo-4.5V	350	≥1030
	α-β	TC17	Ti-5Al-2Sn-2Zr-4Mo-4Cr	430	≥1120
	α-β	TC18	Ti-5Al-4.75Mo-4.75V-1Cr-1Fe	—	≥1080
	α-β	TC21	Ti-6Al-2Mo-1.5Cr-2Zr-2Sn-2Nb	—	≥1100
	β	TB2	Ti-5Mo-5V-8Cr-3Al	300	≥1100
	β	TB3	Ti-3.5Al-10Mo-8V-1Fe	300	≥1100
	β	TB5	Ti-15V-3Al-3Cr-3Sn	290	≥1080
	近β	TB6	Ti-10V-2Fe-3Al	320	≥1105
铸造钛合金	α	ZTA1	Ti	300	≥345
	α	ZTA2	Ti	300	≥440
	α	ZTA3	Ti	300	≥540
	α	ZTA7	Ti-5Al-2.5Sn	500	≥760
	α-β	ZTC3	Ti-5iAl-2Sn-5Mo-0.3Si-0.02Ce	500	≥930
	α-β	ZTC4	Ti-6Al-4V	350	≥835
	α-β	ZTC5	Ti-5.5Al-1.5Sn-3.5Zr-3Mo-1.5V-1Cu-0.8Fe	500	≥930

1.4.5 铝及铝合金

铝及铝合金具有耐腐蚀性好、比强度高等显著特点，同时拥有较好的抗疲劳性能，在各行各业都有广泛应用，目前铝合金在飞机上的使用量占60%~80%。近年来，由于钛合金以及复合材料的崛起，铝合金用量有一定减少，但由于铝资源丰富、成本低廉、加工便捷，铝合金在航空工业仍有不可取代的地位。

铝合金按加工方式可分为变形铝合金和铸造铝合金，紧固件行业只使用变形铝合金，产品大多集中在铆钉和螺母这两类。铝合金按特性可分为硬铝合金、超硬铝合金、锻铝合金、防锈铝合金和高纯高韧铝合金，紧固件基本只使用前4种类型的铝合金。铝合金常见牌号主要有纯铝（L系列）、防锈铝（LF系列）、硬铝（LY系列）、超硬铝（LC系列）、锻铝（LD系列）、4位数字体系铝合金牌号（如2024、7050、7075等）等，铝合金的类型及主要牌号如表1-4-5所列。

表1-4-5 铝合金的类型及主要牌号

按成型方法分类	按特性或基体分类	主要牌号
变形铝合金	工业纯铝	1035、1050A、1200、8A06
	硬铝合金	2017A、2024、2A01、2A02、2A10、2A11、2A12、2A16、2B16
	超硬铝合金	7075、7A04、7A09
	锻铝合金	2A14、2014、2214、2618A、2A50、2B50、2A70、6A02
	防锈铝合金	3A21、5A02、5A03、5A05、5A06、5B05、7A33
	高纯高韧铝合金	2124、7475、7050、7B50、7175
	铝锂合金	8090
铸造铝合金	铝-硅合金	ZL101A、ZL102A、ZL104、ZL105A、ZL114A、ZL116、ZL112
	铝-铜合金	ZL201A、ZL203、ZL204A、ZL205A、ZL206、ZL207、ZL208
	铝-镁合金	ZL301、ZL303、ZL305
	铝-锌合金	ZL401、ZL402

1.4.6 铜及铜合金

铜及铜合金具有高的导电性、导热性、抗腐蚀性、耐磨性以及低的摩擦系数和良好的加工成型性，易连接，易光亮加工。通过适当的合金化、热处理和冷加工技术，可获得很广的力学性能范围，在各行各业都具有广泛应用。

铜及铜合金按制造方法可以分为变形合金和铸造合金，紧固件行业仅使用变形铜合金。按合金成分可分为工业纯铜、黄铜、青铜和白铜，紧固件行业中除白铜外其他都有使用。工业纯铜表面常带有玫瑰紫色的氧化膜，故也称紫铜，紫铜规定最小铜质量分数不小于99.3%，以字母T表示；黄铜是以锌为主要添加元素的铜合金，含有或不含有其他少量元素，以字母H表示；白铜是以镍为主要添加元素的铜合金，以字母B表示；青铜是以除锌和镍以外的其他元素为主要添加元素的铜合金，以字母Q表示。铜合金常见牌号主要有纯铜、H62、HPb59-1、QAl10-3-1.5、蒙乃尔合金（NCu28-2.5-1.5）等。

1.4.7 橡胶

橡胶紧固件在大的变形下能迅速有力地恢复其变形，对减震、降噪有明显的效果。使用橡胶较多的卡箍在飞机、发动机和宇航装备上可用于各类线路和管路的集束、支撑和固定，并具有耐磨、减震、降噪等功能，对所固定的线路、管路起到保护作用。紧固件常用的橡胶材料主要有丁腈橡胶、氯丁橡胶、乙丙橡胶、硅橡胶及氟硅橡胶。

1.4.8 树脂及其复合材料

树脂是一类天然或合成的有机高分子材料，在其中加入增强剂、增塑剂、填料、纤维、润滑剂、固化剂、抗静电剂、稳定剂、着色剂等，可制成不同特性的工程材料，广泛应用于航空航天、船舶、机械制造、电子电器、医疗、体育用品等工业领域。

树脂可分为热固性树脂和热塑性树脂两大类。热固性树脂有环氧树脂、酚醛树脂、不饱和聚酯、呋喃、聚硅醚等材料，它们具有耐热性高、受热不易变形等特点。典型的热塑性树脂有聚乙烯、聚四氟乙烯、聚碳酸酯、聚丙烯等。热塑性树脂具有良好的电绝缘性，易于二次或多次成型加工，但耐热性较低，易于蠕变，其蠕变程度随承受负荷、环境温度、溶剂、湿度的变化而变化。树脂及其复合材料可以通过注塑成型、热压成型、冲压成型、拉挤成型以及机械加工等方式制成紧固件，其典型产品主要有塑料螺钉、塑料螺栓、气密托板自锁螺母、尼龙卡箍、密封垫圈和衬套等。

1.4.9 陶瓷

陶瓷紧固件具有机械强度高，绝缘电阻大，硬度高，耐磨、耐腐蚀及耐高温等一系列优良性能，主要应用在建筑、家装和普通机械等领域，对力学性能要求不高。为满足以航空航天紧固件为代表的高端产品，陶瓷紧固件主要向以陶瓷为基体的复合材料紧固件方向发展，即陶瓷基复合材料（CMC），是以氧化铝、氧化锆、碳化硅、氮化硅陶瓷为基体，纤维、晶须、颗粒等为增强剂制备而成的复合材料。

第2章 紧固件抽样原则

每个紧固件都应符合相应标准的全部规定，但在大量生产中却并非都能如此。如果对产品进行全数检验，则时间和费用成本较高，并且不适用破坏性检验项目。鉴于全数检验存在的缺点，抽样检验就成为了一种非常有效的检验方式。

紧固件的生产（供应）及使用是紧固件生产中的两大系统，而且是保证紧固件质量的关键部门，各方必须履行各自的质量责任，实施必要的检验手段以保证紧固件的质量。按照ISO9001的要求，对紧固件产品的质量进行全过程控制，并对售出的产品质量负全面责任。具体地讲，制造厂至少要做到以下4点。

（1）交付验收的检验批须是同一生产批。

（2）交付的产品与质量证明文件一致，质量证明文件包括紧固件的标记和生产批号或其他可用来追溯的代号。

（3）提供所交付紧固件的全部质量信息，包括紧固件材料的化学成分、热处理要求、形式尺寸、力学性能以及表面处理等。

（4）建立质量档案，以保证所有交付紧固件可追溯性文件的完整性。

紧固件使用单位应根据ISO9001关于质量体系的要求，建立紧固件分承包制度。所需的紧固件产品必须向已经认可的生产厂家采购。同时，在订货合同中应明确写明所购紧固件的全部特性，包括紧固件的标准号、材料或性能等级、规格和表面处理等。如果所购紧固件的某些要求超出了所选标准的内容，都应当在采购合同中注明。

2.1 紧固件验收抽样检验

2.1.1 术语定义

（1）抽样检验：从批量为N的一批产品中随机抽取其中的一部分单位产品组成样本，然后对样本中的所有单位产品按产品质量特性逐个进行检验，根据样本的检验结果判断产品批合格与否的过程。

（2）检查批：从同一供方一次接收的相同标记、一定数量的紧固件。

（3）批量（N）：一批中包含的紧固件数量。

（4）样本（n）：从一个检查批中随机抽取（即该批紧固件有均等的机会被抽到）一个或多个紧固件。

（5）样本大小：样本中所包含的紧固件数量。

（6）特性：规定了极限范围的尺寸要素、力学性能或其他可标识的产品性能，如头部高度、杆部直径、抗拉强度或硬度等。

（7）缺陷：特性偏离了特定的技术要求。

（8）不合格紧固件：有一个或多个缺陷的紧固件。

(9)合格判定数（A_c）：在任一给定的样本中，同一特性所允许的最大缺陷数，如超出，则拒收该批产品。

(10)抽样方案：根据方案抽取一个样本，以获得信息并确定一个批的可接收性。

(11)合格质量水平（AQL）：一个抽样方案中，同一高的接收概率相对应的质量水平。

(12)极限质量（LQ）：一个抽样方案中，同一低的接收概率相对应的质量水平。

(13)生产者风险：实际质量水平达到规定的AQL值时，在一个抽样方案中一批产品仍被拒收的概率。

(14)接收概率（P）：对一个已知质量的批，在给定的抽样方案中判定该批可接收的概率。

由于抽样检验程序涉及国家及多行业标准，包含的各类名词术语较多，下文内容均指出了标准引用出处，受篇幅限制，本章节仅列出了常见术语，未定义术语详见引用标准。

2.1.2 紧固件验收种类

1. 鉴定检验

鉴定检验就是新研制、转产等紧固件的定型检验。检验的目的是验证紧固件制造条件是否能够全面满足相应产品标准的要求。鉴定检验和试验由产品的供应者负责实施，必要时需要得到有关的鉴定机构认可，以此作为判定能否进行批量生产的依据。因此，应对标准规定的全部要求进行检验和试验。鉴定检验应在紧固件正式批生产之前进行。当制造紧固件的材料、紧固件的结构尺寸、主要工艺和生产条件等发生变化，以及停产一段时间后又恢复生产时，都应重新进行鉴定检验。鉴定检验时，鉴定检验的样本应从试制批中随机抽取，样本数量一般都是固定的，由相应标准规定。由于鉴定检验并不针对具体的生产批，不能用于判定检验批的合格性，所以检验结果不存在对检验批接收或拒收的问题。

2. 质量一致性检验

质量一致性检验又称交收检验、出厂检验。检验的目的是尽可能简便地使用一种既经济又能反映实际使用情况的方法，随机抽样检查紧固件是否符合相应的产品标准，以此作为该批可否接收的判定依据。一般来说，质量一致性检验的项目要比鉴定检验少，但对于检验项目比较少而且试验比较简单的紧固件来说，这两种检验的项目可以完全相同。在这种情况下，可以用质量一致性检验代替鉴定检验。

质量一致性检验由紧固件制造厂负责实施，制造厂对紧固件的质量负责。虽然对某些项目标准规定只进行鉴定检验而不进行质量一致性检验，但制造厂仍然应该对这些项目的合格性负责。

为了确保检验结果的代表性，必须对生产批和检验批进行限定。所谓生产批是一次投入或产出的成品紧固件。这些紧固件必须由同一炉批号材料制造、制造工艺相同、同炉热处理，紧固件的形式和规格相同。检验批是为了实施抽样检验而汇集起来的一定数量的成品紧固件。对于需热处理的紧固件来说，一个检验批必须来自同一生产批，由生产方一次提交检验。一个生产批可以分为若干个检验批，也可以作为一个检验批。

3. 入厂复验

入厂复验是用户对外购紧固件质量进行监督性的抽样检验。按照一般质量管理体系的要求，凡外购产品（不包括自制产品）都必须经过复验，否则不能验收入库。入厂复验的一般内容包括质量证明文件、外观、尺寸复验和基本性能复验。质量证明文件复验主要是检查紧固件的合格证，特别要关注紧固件的批次号或出厂日期，以保证紧固件的可追溯性。另外，还要检查紧固件的包装、标志及数量，以保证接收的产品与合同书的一致性。外观和尺寸复验主要是检查紧固件的表面质量、涂覆层以及重要尺寸，如螺纹紧固件的螺纹精度、抗剪紧固件的直径等。有些领域对紧固件的入厂复验做了标准性要求。例如，航天系统的《航天产品用标准紧固件入厂（所）复验规定》（QJ 3112A—2008），该标准规定的复验项目是保证紧固件基本使用功能的项目，但这并不等于未检项目可以不合格。用户可以根据自己的经验或使用目的对所关心的项目进行复验，任何一项不合格都可以成为拒收的理由。复验是紧固件用户的责任，用户可以自己复验，也可以委托复验。

不管是鉴定检验、质量一致性检验还是入厂复验，一般都是抽样检验，因此存在风险，不能保证产品百分之百合格。

2.1.3 紧固件检验种类

1. 外观检验

外观检验是一种靠手摸、目视检查的检验方法，用以发现裂纹、条痕、凹（凸）痕、皱纹、切痕、损伤、毛刺等缺陷。紧固件类常引用《螺栓、螺钉和螺桩通用规范》（HB1-218—2011）、《MJ螺纹合金钢及不锈钢螺栓、螺钉通用规范》（GJB 3376—1998）、《紧固件表面缺陷 螺栓、螺钉和螺柱一般要求》（GB/T 5779.1—2000）、《紧固件表面缺陷 螺母》（GB/T 5779.2—2000）、《紧固件表面缺陷 螺栓、螺钉和螺柱特殊要求》（GB/T 5779.3—2000），其中验收检查抽样程序按《紧固件 验收检查》（GB/T 90.1—2002）标准执行（详见2.3.1节）。

2. 几何尺寸检验

紧固件的几何尺寸包括长度、宽度、深度、高度、直径、圆角半径、中心距、角度及锥度，以及同轴度、垂直度、跳动等形位公差，测量仪器仪表涉及游标卡尺、千分尺、百分表/千分表、投影仪、表面轮廓测量仪、三坐标测量仪等，紧固件类常引用《紧固件测试方法 尺寸与几何精度 螺栓、螺钉、螺柱和螺母》（JB/T 9151.1—1999），其中验收检查抽样程序按《紧固件 验收检查》（GB/T 90.1—2002）标准执行（见2.3.1节）。

3. 性能检验

紧固件的性能检验包括力学性能、金相分析、化学分析、环境试验等，测量仪器涉及拉力计、硬度计、金相显微镜、直读光谱仪等测试设备。紧固件类性能检验抽样常用标准有《紧固件机械性能 螺栓、螺钉和螺柱》（GB/T 3098.1—2010）、《紧固件机械性能 螺母》（GB/T 3098.2—2015）、《螺栓、螺钉技术条件》（GJB 123—1986）、《螺栓、螺钉和螺桩通用规范》（HB1-218—2011）等。

2.2 紧固件验收标准

2.2.1 鉴定检验

常见的国家标准中对鉴定检验没有明确的检验抽样要求。对鉴定检验抽样有规定的常见标准有《MJ螺纹合金钢及不锈钢螺栓、螺钉通用规范》（GJB 3376—1998）中的4.3.1条款、《螺栓、螺钉和螺桩通用规范》（HB1-218—2011）中的4.3.2条款等，具体鉴定检验抽样数量详见表2-2-1。

常用标准差异比对：GJB 3376—1998较HB1-218—2011更细化了项目，明确了表面粗糙度、表面处理、拉伸疲劳、头部晶粒流线、螺纹部位晶粒流线项目的鉴定检验数量（表2-2-1中未将细化项目补充，具体鉴定检验抽样数量见GJB 3376—1998中表7）。

表2-2-1 标准中鉴定检验的抽样数量

序号	项目	鉴定检验 （GJB 3376—1998）	鉴定检验 （HB1-218—2011）
1	尺寸	20	22
2	外观	25	—
3	标志	25	25
4	材料	—	
5	镀层检查	5	3
6	镀层防腐性	5	
7	镀层厚度	5	—
8	表面粗糙度	5	3
9	表面不连续性	5	25
10	显微组织	5	4
11	破坏拉力	5	5
12	破坏剪力	5	5
13	硬度	5	4

2.2.2 质量一致性检验

常见的涉及质量一致性检验抽样的标准有《紧固件 验收检查》（GB/T 90.1—2002）（见2.3.1节）、《螺栓、螺钉技术条件》（GJB 123—1986）中7.3、7.4条款、《MJ螺纹合金钢及不锈钢螺栓、螺钉通用规范》（GJB 3376—1998）4.3.1条款、《螺栓、螺钉和螺桩通用规范》（HB1-218—2011）中4.3.2条款等国标、军用标准以及部分行业标准。具体质量一致性检验抽样数量详见表2-2-2、表2-2-3和表2-2-4，较鉴定检验比较，质量一致性检验抽样数量明显减少，针对部分表面处理的周期性试验项目，以及材料环境特性类的试验项目质量一致性检验中均不进行。

表2-2-2 缺陷分类（摘自HB1-218—2011）

类别	合格质量水平AQL/%	特性
严重缺陷	0.065	裂纹检查
严重缺陷	1.0	螺纹尺寸 光杆直径 光杆长度 头下圆角变形量 表面粗糙度 毛刺及工具压痕 表面镀层 产品标志 旋具槽深度 螺纹形状 螺纹收尾 头部支承面对光杆轴线的垂直度
重缺陷	2.5	总长 头部直径 沉头角度 头部凹坑直径及深度 钻孔位置及直径 扳拧处尺寸 头部外径对光杆轴线的同轴度 螺纹中径对光杆轴线的同轴度
轻缺陷	4.0	螺纹倒角 六角头倒角 头部高度 其他

表2-2-3 目测检查抽样方案（摘自HB1-218—2011）

生产批数量	样本量	可接收质量水平（AQL）、合格判定数A_c和极限质量LQ_{10}							
		AQL 0.065%		AQL 1%		AQL 2.5%		AQL 4%	
		A_c	LQ_{10}/%	A_c	LQ_{10}/%	A_c	LQ_{10}/%	A_c	LQ_{10}/%
<91	13	↓	↓	0	16.0	↓	↓	1.0	27.0
91~150	20	↓	↓	↑	↑	1.0	18.0	2.0	25.0
151~280	32	↓	↓	↓	↓	2.0	16.0	3.0	20.0
281~500	50	↓	↓	1.0	7.6	3.0	13.0	5.0	18.0
501~1200	80	↓	↓	2.0	6.5	5.0	11.0	7.0	14.0
1201~3200	125	↓	↓	3.0	5.4	7.0	9.4	10.0	12.0
3201~10000	200	0	1.2	5.0	4.6	10.0	7.7	14.0	10.0
10001~35000	315	↑	↑	7.0	3.7	14.0	6.4	21.0	9.0

续表

生产批数量	样本量	可接收质量水平（AQL）、合格判定数A_c和极限质量LQ_{10}							
		AQL 0.065%		AQL 1%		AQL 2.5%		AQL 4%	
		A_c	LQ_{10}/%	A_c	LQ_{10}/%	A_c	LQ_{10}/%	A_c	LQ_{10}/%
35001~150000	500	↑	↓	10.0	3.1	21.0	5.6	↑	↑
≥150001	800	↑	0.49	14.0	2.5	↑	↑	↑	↑

注：1. ↑表示用箭头上面的第一个抽样方案，↓表示用箭头下面的第一个抽样方案。
2. 如样本量不小于生产的数量，则100%抽取。

表 2-2-4 机械特性和冶金特性检查抽样（摘自 HB1-218—2011）

批量	样本大小		合格判定数A_c
	非破坏性试验	破坏性试验	
≤500	8	3	0
501~3200	13	5	0
3201~35000	20	5	0
≥35000	32	8	0

常用标准差异比对：由于《螺栓、螺钉技术条件》（GJB 123—1986）年代较久，相对《螺栓、螺钉和螺桩通用规范》（HB1-218—2011）和《MJ螺纹合金钢及不锈钢钉通用规范》（GJB 3376—1998）两份标准在样本量不大于280和不小于10001时未进行细分，其余样本量3份标准抽样数量及方案基本一致。

2.2.3 入厂复验

目前国内各大主机生产厂对紧固件均有入厂复验要求，部分主机厂自行入厂复验，受螺纹结构复验所需特制工、量具限制，部分主机生产厂采用委托至第三方专业检测机构进行复验的方式开展。由于各大主机生产厂型号涉及的标准化不统一，目前仅有航天企业标准中有关于紧固件明确的入厂复验规定，许多单位采用技术协议的方式开展入厂复验，具体抽样特性涵盖关键功能性尺寸、外观检查等。《航天产品用标准紧固件入厂（所）复验规定》（QJ 3112A—2008）详细规定了入厂复验的抽样数量及特性，详见表2-2-5、表2-2-6和表2-2-7。

表 2-2-5 外观与尺寸复验项目及 AQL（摘自 QJ 3112A—2008）

复验项目	AQL									
	螺栓、螺钉、螺柱		螺母	铆钉	钢丝螺套	平垫圈	弹簧垫圈	弹性垫圈	锁紧垫圈	弹性挡圈	销
	抗拉	抗剪									
裂纹	0.065	0.065	0.065	0.065	0.065	0.065	0.065	0.065	0.065	0.065	0.065
毛刺	1.0		1.0	1.0	1.0	1.0	1.0	1.0	1.0	1.0	1.0
有无锈蚀	1.0		1.0	1.0	1.0	1.0	1.0	1.0	1.0	1.0	1.0

续表

复验项目	AQL 螺栓、螺钉、螺柱 抗拉	AQL 螺栓、螺钉、螺柱 抗剪	螺母	铆钉	钢丝螺套	平垫圈	弹簧垫圈	弹性垫圈	锁紧垫圈	弹性挡圈	销
有无镀/涂层	1.0	1.0	1.0	1.0	1.0	1.0	1.0	1.0	1.0	1.0	1.0
螺纹检验	1.0	1.0	—	—	—	—	—	—	—	—	1.0[a]
光杆直径	—	1.0	—	1.0	—	—	—	—	—	—	1.0
支承面与螺纹轴线的垂直度或者支承面全跳动	1.0	1.0	1.0	—	—	—	—	—	—	—	—
对边宽度	1.0	1.0	1.0	—	—	—	—	—	—	—	—
头部直径	2.5	—	—	2.5	—	—	—	—	—	—	—
头部高度	1.0	—	—	1.0	—	—	—	—	—	—	—
厚度	—	—	1.0	—	—	1.0	1.0	1.0	1.0	1.0	—
扳拧槽深度	1.0	—	—	—	—	—	—	—	—	—	—
外径	—	—	—	—	2.5	1.0	—	—	—	1.0[b]	—
内径	—	—	—	—	1.0	1.0	1.0	1.0	1.0	1.0[c]	—
圈数	—	—	—	—	1.0	—	—	—	—	—	—
断径槽直径[d]	—	—	—	1.0	—	—	—	—	—	—	—
有无锁紧机构[e]	—	—	1.0	—	1.0	—	—	—	—	—	—
有无金属丝孔	1.0	1.0	—	—	—	—	—	—	—	—	—
有无开口销孔	1.0	—	—	—	—	—	—	—	—	—	—

注：a 适用于螺纹销；b 适用于孔用弹性挡圈；c 适用于轴用弹性挡圈和开口挡圈；d 适用于环槽铆钉和抽芯铆钉；e 适用于自锁螺母和锁紧型钢丝螺套。

表 2-2-6　外观与尺寸复验用的抽样方案（摘自 QJ 3112A—2008）

批量 N	样本量 n/%	合格判定数 A_c AQL=0.065	合格判定数 A_c AQL=1.0	合格判定数 A_c AQL=2.5
≤50	100	—	—	—
51~90	13	↓	0	↓
91~150	20	↓	↑	1
151~280	32	↓	↓	2
281~500	50	↓	1	3
501~1200	80	↓	2	5
1201~3200	125	↓	3	7
3201~10000	200	0	5	10
1001~35000	315	↑	7	14
≥35001	500	↑	10	21

注：↑或↓表示用箭头上面或下面的第一个抽样方案。

表2-2-7 性能复验抽样方案（摘自QJ 3112A—2008）

试验项目	适用品种（参考）	抽样方案 样本量 n 批量 $N \leq 500$	抽样方案 样本量 n 批量 $N > 500$	可接收判定数 A_c
拉伸试验	螺栓、螺钉、螺柱、螺母、抗拉环槽铆钉	3	5	0
剪切试验	抗剪螺栓、铆钉、抗剪环槽铆钉	3	5	0
硬度试验	螺栓、螺钉、螺柱、螺母、平垫圈、销	3	5	0
破坏扭转试验	螺栓、螺钉	3	5	0
氢含量检查	钛合金螺栓、螺钉	1	1	0
保证载荷或轴向载荷	螺母	3	5	0
锁紧性能试验	自锁螺母、锁紧型钢丝螺套、高锁螺母	3	5	0
铆接性能试验	铆钉	3	5	0
型面综合检查	钢丝螺套	2	3	0
弹性试验	不锈钢弹簧垫圈 鞍形、波形弹性垫圈 锯齿、齿形锁紧垫圈弹性挡圈	5	8	0
扭转试验	不锈钢弹簧垫圈	5	8	0
韧性试验	锯齿、齿形锁紧垫圈，开口挡圈	5	8	0
韧性试验	开口销	3	5	0
氢脆性试验（抗氢脆）	经电镀的锯齿、齿形锁紧垫圈	50	80	0
氢脆性试验（抗氢脆）	经电镀的鞍形、波形弹性垫圈	—	—	100%检查，筛选
氢脆性试验（抗氢脆）	经电镀的弹性挡圈	—	—	100%检查，筛选

2.2.4 外观检验

外观检验抽样的标准涉及国家标准、国家军用标准及行业标准，其中国家军用标准及行业标准与2.2.2节质量一致性检验内容一致，此处不再详述。针对没有明确引用具体标准的，目前基本以《紧固件表面缺陷 螺栓、螺钉和螺柱 一般要求》（GB/T 5779.1—2000）、《紧固件表面缺陷 螺母》（GB/T 5779.2—2000）、《紧固件表面缺陷 螺栓、螺钉和螺柱 特殊要求》（GB/T 5779.3—2000）为依据，具体抽样样本详见表2-2-8和表2-2-9，其中破坏性试验为先按非破坏性检查出不合格品，将有最严重缺陷的产品组成第二样本，并通过缺陷的最大深度处取一个垂直于缺陷的截面进行检查，AQL=0。

表 2-2-8 目测和非破坏性检查抽样样本大小（摘自 GB/T 5779.1—2000）

批量 N	样本大小 n
$N \leqslant 1200$	20
$1201 \leqslant N \leqslant 10000$	32
$10001 \leqslant N \leqslant 35000$	50
$35001 \leqslant N \leqslant 150000$	80

表 2-2-9 破坏性试验抽样第二样本大小（摘自 GB/T 5779.1—2000）

批量 N	第二样本大小 n
$N \leqslant 8$	2
$9 \leqslant N \leqslant 15$	3
$16 \leqslant N \leqslant 25$	5
$26 \leqslant N \leqslant 50$	8
$51 \leqslant N \leqslant 80$	13

2.2.5 几何尺寸检验

几何尺寸检验抽样的标准涉及国家标准、国家军用标准及行业标准，抽样标准与 2.2.1 节、2.2.2 节质量一致性检验内容一致，此处不再详述。

2.2.6 性能检验

性能检验抽样的标准涉及国家标准、国家军用标准及行业标准，抽样标准与 2.2.1 节、2.2.2 节质量一致性检验内容一致，此处不再详述。

2.3 国内紧固件验收常用标准

2.3.1 《紧固件 验收检查》（GB/T 90.1—2002）

紧固件国家标准使用的"抽样方案"规定在《紧固件 验收检查》（GB/T 90.1—2002），其方案等同于 ISO/TC2 制定的《紧固件 验收检查》（ISO 3269：2000）。

1. 适用范围

如果供需双方在订货合同中没有对验收提出其他附加要求，就应按该标准的规定进行验收。如果用户在合同中就提出交货验收的其他附加条件，且生产方可以接受这些要求，则可按合同规定进行验收。《紧固件 验收检查》（GB/T 90.1—2002）只适用于螺栓、螺钉、螺柱、螺母、销、垫圈、盲铆钉和其他相关的紧固件。对特殊紧固件产品，供需双方也可按照产品的技术条件，参照该标准给出的验收检查程序作出补充规定。该标准适用于成品紧固件的检验，不适用于生产过程的检验。

2. 基本规则

（1）《紧固件 验收检查》（GB/T 90.1—2002）使用的抽样方案是依据"每百单位产

品的缺陷数"来定义合格判定数的。各合格判定数A_c的定义是："在任一给定的样本中，统一特性所允许的最大缺陷数，如超出，则拒收该批产品。"根据这一原则，对紧固件的每一特性都要进行单独评定。检验时，需要针对每一特性从检验批中随机抽取样本，逐项进行检验，并记录不合格紧固件的件数。如果缺陷数不超过相应的合格判定数（A_c），则接收该批产品；否则整批拒收。

（2）《紧固件 验收检查》（GB/T 90.1—2002）给出了多个抽样方案，便于供需双方选用。标准给出的所有方案，都是最经济的抽样方案，生产方风险均不大于5%。如果用户认为有必要加严，即可从表2-3-1中任意选定，但在合同中应注明。

例如，对螺栓螺纹的检验，标准规定的AQL=1.0。用户可从表2-3-1中选用（80,2）、（125,3）、（200,4）和（250,5）等多个方案。该表中的所有方案都不会增大用户风险，可以直接选取。样本量大的方案，会使用户风险略有减小，但检验工作量和检验成本会明显加大。所以，不是样本量越大越好，还要考虑验收的经济合理性。

（3）在验收检验的过程中，强调并着重考虑产品是否符合预期功能。只有当紧固件的缺陷损害了紧固件的预期功能或使用要求时，才可提出拒收。例如，商品紧固件的螺纹一般都要给电镀层留有一定的余量，镀前外螺纹的中径公差通常为6g，用6g通止规检验合格，镀后螺纹用6h通规检查合格，该批判为合格供需双方都不会有异议。如果用户发现镀前螺纹用6g环规检验通不过，同时这些缺陷件的螺纹实际尺寸没有超过镀后的最大值，即用6h通规检验合格，而且用户也不打算对这批产品进行镀层处理，在这种情况下，就可以认为该螺纹的缺陷没有影响产品的使用功能，就不能提出拒收或申诉。

因此，标准规定："所有检验并非都要进行"。也就是说，并不是产品标准中规定的所有特性都要进行检验。但是"对以后的使用功能尚不能确定者（如库存零件），则对任何不符合规定公差的情况均应作为损害功能或使用要求而记录备案"。

表2-3-1 GB/T 90.1—2002的抽样方案示例

合格判定数	合格判定数AQL									
	0.65		1.0		1.5		2.5		4.0	
	样本量 n	极限质量 LQ_{10}	样本量 n	极限质量 LQ_{10}	样本量 n	极限质量 LQ_{10}	样本量 n	极限质量 LQ_{10}	样本量 n	极限质量 LQ_{10}
0	8	25	5	37	3	54	—	—	—	—
1	50	7.6	32	12	20	18	13	27	8	42
2	125	4.3	80	6.5	50	10	32	17	20	25
3	200	3.3	125	5.4	100	6.6	50	13	32	20
4	315	2.6	200	3.9	125	6.2	80	9.6	50	15
5	400	2.4	250	3.7	160	5.8	100	9.3	—	—
6	—	—	315	3.4	200	5.2	125	8.4	80	13
7	—	—	400	3.0	250	4.7	160	7.3	100	11.5

续表

合格判定数	合格判定数 AQL									
	0.65		1.0		1.5		2.5		4.0	
	样本量 n	极限质量 LQ_{10}	样本量 n	极限质量 LQ_{10}	样本量 n	极限质量 LQ_{10}	样本量 n	极限质量 LQ_{10}	样本量 n	极限质量 LQ_{10}
8	—	—	—	—	315	4.2	200	6.6	125	10
10	—	—	—	—	400	3.9	250	6.0	160	9.5
12	—	—	—	—	—	—	315	5.6	200	8.8
14	—	—	—	—	—	—	400	5.0	250	8.0
18	—	—	—	—	—	—	—	—	315	7.8
20	—	—	—	—	—	—	—	—	400	7.3

注：对所有抽样方案的生产方风险均不大于5%。

（4）标准规定的抽样方案是一次抽样方案，经检验判为不合格而被拒收的检验批，不能通过二次抽样来仲裁该批的合格性。标准明确规定："已拒收的紧固件批，除非对缺陷经过修整或分类，否则不能提交复检"。希望通过再次抽检进行闯关的做法不符合标准的规定，不管再次抽样采用的方案与第一次抽样的方案相同，还是比第一次的加严（如样本量加倍），都不符合标准规定。既然采用一次抽样，就不应该用第二次抽样的结果去仲裁第一次的结果。应该相信一次抽样方案的科学性，把合格品误判成不合格品的可能性只有5%。如果产品经过一次抽检没有通过，就说明该批产品质量没有达到合格质量水平的要求。被判为不合格的产品，可以通过诸如分选、整理或者修复等措施，才能再次进行检验。

（5）同时使用量规检验和测量仪器检验时，如果紧固件的尺寸和性能均在规定的极限范围内，就应判为产品合格。就是说，如果适用两种以上的检具检验，只要其中的一个合格，就应判为产品合格。如果仍有争议，应以直接测量为准。但这一原则不适用于螺纹检验，因为用量规检验螺纹是决定性的、唯一的，不能用三针或螺纹千分尺测得的结果去否定螺纹量规的检验结果。

（6）整批合格的产品，表示其质量水平达到了标准规定的AQL值，但并不表示该批产品100%都是合格品，也不意味生产方可以故意提供有缺陷的产品。生产方应该尽量使产品质量提高到最高水平，在不过高地增大生产成本的情况下，剔除不合格紧固件是理所当然的。在实际操作中，如果订货方发现批中有不合格产品，并提出更换要求，生产厂也应给予更换或补偿，但绝不是赔偿，因为整批的合格性已经符合合同的规定。

3. 抽样检验的基本程序

各类紧固件的尺寸特性及其AQL值在标准中都有明确规定（尺寸特性见《紧固件 验收检查》（GB/T 90.1—2002）表1~表4，其他特性见《紧固件 验收检查》（GB/T 90.1—2002）表6~表9，检验的基本程序如下。

（1）查出相应检验项目的AQL值，如螺纹通规检验的AQL=1.0，螺纹紧固件的力学性能AQL为1.5。

（2）根据AQL值，从《紧固件 验收检查》（GB/T 90.1—2002）表5（表2-3-1）中选

择适当的极限质量LQ_{10}及其对应的抽样方案（n，A_c）。选择抽样方案需考虑以下因素。

①产品的质量记录：如果以往的产品质量一直比较稳定，而且已知是采用连续生产控制，可以选取LQ_{10}较大的方案；如果以往产品质量不稳定，则应选取LQ_{10}较小的方案。

②对产品的功能要求：使用要求高者，尽量选用LQ_{10}较小的方案。

③对于力学性能试验，特别是破坏性试验，宜采用小样本、合格判定数为零的方案。

④产品批量较大时，尽量选用LQ_{10}较小的方案。

⑤用户可以使用标准以外的、被认为是对用户更合适的抽样方案，但需要在合同中认定。

（3）对每一特性随机抽取样本，进行检验，并记录不合格紧固件的件数，如果缺陷数不大于合格判定数A_c，判该批合格；否则判为不合格。

（4）出现整批拒收时，生产方应对该批产品进行适当的修整，再与订货方协商解决。

（5）检验时，尽量先进行非破坏性检验，后进行破坏性检验。

（6）表面缺陷分为破坏性检验和非破坏性检验两类。目测检查等非破坏性检验项目，很难给出缺陷的种类和尺寸，而确切的判断往往依靠的是破坏性检验的结果。

2.3.2 《计数抽样检验程序及表》（GJB 179A—1996）

航天紧固件用的一次计数抽样方案按《计数抽样检验程序及表》（GJB 179A—1996）规定执行，这个标准源于美国军用标准《计数抽样检验程序及表》（MIL-STD-105）。外观和尺寸的抽样方案一般采用"一般检验水平Ⅱ"，典型的抽样方案见表2-3-2。

表2-3-2 外观和尺寸检验常用的抽样方案示例

生产批的数量	样本量/%	合格AQL、合格判定数A_c和极限质量LQ_{10}							
		AQL=0.065		AQL=1		AQL=2.5		AQL=4	
		A_c	LQ_{10}/%	A_c	LQ_{10}/%	A_c	LQ_{10}/%	A_c	LQ_{10}/%
<50	100	—	—	—	—	—	—	—	—
51~90	13	↓	↓	0	16.2	↓	↓	1	26.8
91~150	20	↓	↓	↑	↑	1	18.1	2	24.5
151~280	32	↓	↓	↓	↓	2	15.8	3	19.7
281~500	50	↓	↓	1	7.56	3	12.9	5	17.8
501~1200	80	↓	↓	2	6.52	5	11.3	7	14.3
1201~3200	125	↓	↓	3	5.27	7	9.24	10	12.1
3201~10000	200	0	1.14	5	4.59	10	7.60	14	9.97
10001~35000	315	↑	↑	7	3.71	14	6.33	21	8.84
35001~150000	500	↑	↓	10	3.06	21	5.60	↑	↑
150001~500000	800	↑	0.485	14	2.51	↑	↑	↑	↑

注：↑表示用箭头上面的第一个抽样方案，↓表示用箭头下面的第一个抽样方案。

与《紧固件 验收检查》(GB/T 90.1—2002)不同,航天紧固件标准的抽样方案是依"每百单位产品的不合格品数"来计算合格判定数的。就是在平均每100个紧固件中发现的不合格紧固件的数量,如果没有超过合格判定数,即判整批合格。不管一个产品上是有一个缺陷还是有多个缺陷,都是一个"不合格品"。不合格品的定义是"有一个或一个以上缺陷的单位产品"。

1. 极限质量LQ_{10}

LQ(limiting quality)表示极限质量。《计数抽样检验程序及表》(GJB 179A—1996)给出定义:"对于某一抽样方案,与订货方风险相对应的批百分不合格品率或每百单位产品缺陷数。"本标准规定的订货方风险为5%或10%。LQ_{10}表示订货方风险为10%时的极限质量,就是OC曲线上对应于$\beta=10\%$时的批质量水平。例如,$LQ_{10}=6.52$表示:当产品的质量水平最坏达到6.52(不合格品率为6.52%)时被误判而接收的概率为10%。但连续批的抽样方案不考虑极限质量,只有在需要控制每批的质量而采用孤立批抽样方案时,才考虑极限质量。在标准中通常给出此值,并不是抽样程序的需要,而是要告诉订货方,采用该方案的风险。极限质量与合格质量水平AQL、样本量n和订货方风险有关。例如,紧固件的AQL=1.0、样本量为80、合格判定数为2时,订货方风险为10%。从《计数抽样检验程序及表》(GJB 179A—1996)中可以查出,此时的极限质量为6.52。表示采用(80,2)方案抽样时,极限质量为6.52时的接收概率为10%;如果订货方风险取5%,则该批的极限质量为7.66时的接收概率为5%,即$LQ_5=7.66$。

2. 性能检验常用的抽样方案

性能检验包括力学性能检验和冶金性能检验,检验的成本很高。为了降低检验成本,性能检验都采用小样本的特殊检验水平;对于破坏性检验来讲,检验样本量则更少。当然,样本越小,订货方风险越大。在《计数抽样检验程序及表》(GJB 179A—1996)中,特殊检验水平共有4个,即S-1、S-2、S-3和S-4。其中,S-1的样本最少,S-4的样本最多。在螺母和螺栓标准中,一般破坏性试验常用S-1检验水平,非破坏性试验常用S-3检验水平,见表2-3-3。

表2-3-3 紧固件性能检验常用的抽样方案

批量大小N	样本量n		合格判定数A_c
	破坏性试验(S-1)	非破坏性试验(S-3)	
2~15	2	2	0
16~50	2	3	0
51~150	3	5	0
151~500	3	8	0
501~3200	5	13	0
3201~35000	5	20	0
35001~500000	8	32	0

2.4 国外紧固件验收抽样检验程序

由于紧固件的生产批量大,检验项目多,不可能进行百分之百的全数检验,否则要花费很高的检验费用,尤其是破坏性试验,要实施全数检验是根本不可能的。为此,许多国家都制定了相应的紧固件验收检查标准,尤其是紧固件进出口贸易较大的美国、德国、日本、英国、澳大利亚及中国等,都颁布了相应的紧固件检查验收标准或行业协会的验收规范。国际标准化组织也于1988年首次发布了《紧固件验收检查》(ISO 3269:1988)标准。

2.4.1 德国紧固件验收检查方案

德国在1988年发布了《紧固件交货技术条件—接收检验》(DIN267/T5—1988)标准,其等效采用《紧固件验收检查》(ISO 3269—1988)标准,代替《紧固件验收检查》(DIN267/T5—1984)。现行标准为《紧固件—验收检查》(DIN EN ISO 3269—2019)(等同ISO 3269:2019)代替:DIN ISO 3269及DIN267-5。但在以下方面有些变化。

(1)标准中采用的AQL并不按产品等级和强度等级来区分,因为产品的公差大小和强度等级的力学性能极限值已在各个标准中做了具体规定。

(2)涉及尺寸项目的AQL与《紧固件验收检查》(ISO 3269:2000)并不完全一致。同时,新标准增加头下圆角尺寸为主要项目,见表2-4-1。

(3)取消了《紧固件验收检查》(DIN267/T5)旧版本的既按单项缺陷检验,又按缺陷件检验的双重检验方法。本标准明确按《紧固件验收检查》(ISO 3269—2000)单项缺陷一次抽样检验进行判定。

表2-4-1 质量特性项目与AQL的关系

质量项目	产品特性	AQL
主要项目	螺纹通止规、装配尺寸、头下圆角尺寸	1.0
次要项目	长度(螺栓长度;螺纹长度)、形位公差、支承面、高度、直径	1.5

2.4.2 日本紧固件验收检查方案

日本紧固件工业协会于1990年参照美国IFI和国际ISO紧固件抽样检验标准,提出了行业的紧固件抽样检验方案,包括OMFS和IFI两种。

1. OMFS方式

OMFS方式是一种新的抽样方案,它比较直观,可操作性强,既适合生产工序间检验,又适合成品检验。

抽样数量根据OMFS抽样数量表中生产效率和生产批量所对应的样本,在工序中每间隔1h随机抽取。样本大小由检查水平A、B、C、D或重缺陷、轻缺陷决定,见表2-4-2、表2-4-3和表2-4-4。

例如，生产效率250件/min；生产批量50000件。

非破坏性检验——检查水平中A项的检查件数是25件/h。

破坏性检验——检查水平中B项的检查件数是9件/h。

表2-4-2 工序检查的抽样件数

检查水平	抽样件数		检查水平	抽样件数	
	非破坏性检验	破坏性检验		非破坏性检验	破坏性检验
A	25	8	C	3	2
B	9	4	D	1	1

表2-4-3 首检和交接班时的检查数

检查水平	检查件数	检查水平	检查件数
A	25	C	10
B	15	D	5

表2-4-4 成品检验的非破坏性检验和破坏性检验

检查水平	批量	非破坏性检验		破坏性检验	
		抽样个数	合格判定数A_c	抽样个数	合格判定数A_c
A	5001~250000	100	2	8	0
B		32	1	4	0
C		8	0	1	0

2. IFI方式

日本IFI方式的抽样检验和抽样方案与美国IFI第5版紧固件协会抽样检验完全一致。用户在接收产品时也按此标准执行。

日本在2003年又等同采用《紧固件验收检查》（ISO 3269：2000）标准，制定了《紧固件验收检查》（JIS B1091：2003）。从此改变了日本没有紧固件质量检验国家标准的历史。

2.4.3 美国紧固件验收检查方案

美国的紧固件抽样检验标准的方法与内容完全有别于DIN和ISO标准，根据美国紧固件标准和贸易的习惯，由美国国家标准协会ANSI和美国机械工程师协会ASME发布，如表2-4-5所列。

表 2-4-5　美国紧固件质量保证标准

标准	用途	判断	批量
ANSI/ASME B18.18.1M	一般用途紧固件	生产过程中产品质量控制，也适用交货检验	≤250000
ANSI/ASME B18.18.2M	高强度紧固件检验和质量保证	原材料、炉号、生产产品质量过程控制检验，也适用交货检验	≤250000
ANSI/ASME B18.18.3M	特殊用途紧固件生产过程控制紧固件	原材料、分炉号生产过程产品质量控制检验，也适用交货检验	≤250000
ANSI/ASME B18.18.4M	特殊用途高强度，分炉号材料、生产过程中控制紧固件	原材料、分炉号生产过程产品质量控制检验，也适用交货检验	≤250000

下面以《一般用途紧固件检验和质量保证》（ASME B18.18.1M）为例进行叙述。

（1）适用范围。一般用于内、外螺纹紧固件生产过程质量控制、检验。适用于产品包装后出厂和用户接收检验时，用来判断产品合格性的检验方案。适用检验批量不大于250000件。

（2）检查水平。该标准规定了 A、B、C 3个检查水平。A检查水平一般指关键的产品质量特性或生产过程出现质量问题后纠正又较困难的质量特性项目。该水平的尺寸和力学性能检验样本也最多。B、C水平质量特性重要性递减。

（3）各检查水平的质量特性项目如表2-4-6和表2-4-7所列。

表 2-4-6　尺寸检验项目

检查水平	外螺纹项目	内螺纹项目
A	外观	外观
B	对边、长度、螺纹长度、夹紧长度、大径	对边、小径
C	螺纹、杆径、头高、对角、垂直度	螺纹、厚度、对角、垂直度

表 2-4-7　破坏性试验项目

检查水平	外螺纹项目	内螺纹项目
A	硬度、韧性、氢脆	硬度、氢脆
B	楔负载、镀层、渗碳	保证载荷、镀层
C	保证载荷、脱碳	脱碳

（4）抽样方案。根据受检产品质量特性确定检查水平，再从抽样方案表中查出样本大小和可接收数，按规定的方法进行检验，找出缺陷项目和缺陷件，与检查水平A、B或C所对应可接收数进行比较，作出合格与否的判定结论，如表2-4-8所列。

表2-4-8 抽样方案

批量 N	检查水平	尺寸试验		破坏性能试验	
		样本数（不大于）	可接收数	样本数 n	可接收数
0~250000	A	100	2	8	0
	B	32	1	4	0
	C	8	0	1	0

2.4.4 英国紧固件验收检查方案

英国在1985年提出《紧固件 抽样检查》（BS 6587—1985）标准。2003年等同采用《紧固件 验收检查》（ISO 3269：2000）标准。英国采用ISO国际标准和欧盟的标准《紧固件 接收检验》（BS EN ISO 3269：2001），即与《紧固件 验收检查》（GB/T 90.1—2002）标准一致。

第3章 紧固件外观尺寸检测

3.1 紧固件外观尺寸检测概述

紧固件外观尺寸检测主要包括紧固件表面粗糙度、常见外观缺陷、几何尺寸、形位公差、螺纹尺寸等检测。表面粗糙度反映的是零件被加工表面上的微观几何形状误差，它主要是由加工过程中刀具和零件表面间的摩擦、切屑分离时表面金属层的塑性变形以及工艺系统的高频振动等原因造成的。尺寸是指用特定单位表示长度值的数字，包括长度、直径、半径、宽度、深度、高度和中心距等。

3.2 紧固件外观介绍及检测

3.2.1 表面粗糙度概述

表面粗糙度不同于主要由机床几何精度方面的误差引起的表面宏观几何形状误差；也不同于在加工过程中主要由机床、刀具、工件系统的振动、发热、回转体不平衡等因素引起的介于宏观和微观几何形状误差之间的表面波度，而是指加工表面上具有的较小间距和峰谷所组成的微观几何形状特性。

表面粗糙度对零件使用性能的影响主要有以下几个方面。

（1）对摩擦和磨损的影响。零件实际表面越粗糙，摩擦系数就越大，两相互运动的表面磨损就越快。

（2）对配合性质的影响。表面粗糙度会影响到配合性质的稳定性。对于间隙配合会因表面微观不平度的峰尖在工作过程中很快磨损而使间隙增大。对于过盈配合会因粗糙表面轮廓的峰顶在装配时被挤平，导致实际有效过盈减小，降低了连接强度。

（3）对疲劳强度的影响。表面越粗糙，表面微观不平度的凹谷一般就越深，应力集中就会越严重，零件在交变应力的作用下，其疲劳损坏的可能性就越大，疲劳强度也就越低。

（4）对耐腐蚀性能的影响。粗糙的表面易使腐蚀性物质附着于表面的微观凹谷，并渗入至金属内层，造成表面锈蚀。

不仅如此，表面粗糙度对零件结合面的密封性能、外观质量和表面涂层的质量等都有很大影响。在设计零件时提出表面粗糙度的要求，是几何精度设计中必不可少的一个参数。

3.2.2 表面粗糙度的评定参数

1. 高度特征参数——主参数

1) 轮廓算术平均偏差 Ra

轮廓算术平均偏差是指在取样长度内,被测实际轮廓上各点至基准线距离 y_i 的绝对值的算术平均值(图3-2-1),可用下式表示,即

$$Ra=\frac{1}{l}\int_0^l |y(x)|dx \qquad (3\text{-}2\text{-}1)$$

也近似为

$$Ra=\frac{1}{l}\sum_{i=1}^n |y_i||y(x)|dx \qquad (3\text{-}2\text{-}2)$$

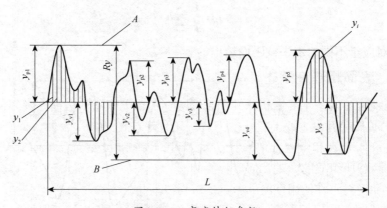

图 3-2-1 高度特征参数

A—轮廓峰顶线;B—轮廓谷底线。

2) 微观不平度十点高度 Rz

微观不平度十点高度是指在取样长度内,被测实际轮廓上5个最大轮廓峰高的平均值与5个最大轮廓谷深的平均值之和(图3-2-1),用下式表示,即

$$Rz=\frac{1}{5}\left(\sum_{i=1}^5 y_{pi}+\sum_{i=1}^5 y_{vi}\right) \qquad (3\text{-}2\text{-}3)$$

式中:y_{pi} 为第 i 个最大轮廓峰高;y_{vi} 为第 i 个最大轮廓谷深。

3) 轮廓最大高度 Ry

轮廓最大高度 Ry 是指在取样长度内,轮廓峰顶线与轮廓谷底线之间的距离,轮廓峰顶线和轮廓谷底线是指在取样长度内,平行于基准线并通过轮廓最高点和最低点的线(图3-2-1)。

2. 间距特征、形状特征参数——附加参数

1) 轮廓微观不平度的平均间距 S_m

在取样长度内,轮廓微观不平度的间距 S_m 的平均值用下式表示,即

$$S_m = \sum_{i=1}^{n} \frac{S_{mi}}{n} \tag{3-2-4}$$

式中：S_{mi}（$i=1,2,3,\cdots,n$）为轮廓不平度的间距，是指含有一个轮廓峰和相邻轮廓谷的一段中线长度，见图3-2-2。

2）轮廓的单峰平均间距 S

轮廓的单峰平均间距是指在取样长度内，轮廓的单峰间距 S_i 的平均值，用下式表示，即

$$S = \sum_{i=1}^{n} \frac{S_i}{n} \tag{3-2-5}$$

式中：S_i（$i=1,2,3,\cdots,n$）为轮廓的单峰间距，是指两相邻轮廓单峰最高点在中线上的投影长度，见图3-2-2。

3）轮廓支承长度率 t_p

轮廓支承长度率是指在取样长度内，一平行于中线的线与轮廓相截所得到的各段截线长度 b_i（图3-2-2）之和与取样长度的比值，用下式表示，即

$$t_p = \frac{1}{l} \sum_{i=1}^{n} b_i \tag{3-2-6}$$

式中：t_p 为对应于不同的水平截距而给出的。

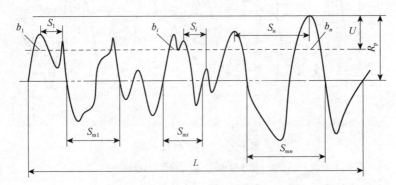

图3-2-2　附加评定参数

在以上3个附加评定参数中，S_m 和 S 属于间距特征参数，t_p 属于形状特征参数。

3. 评定参数的选择

零件表面粗糙度对其使用性能的影响是多方面的。因此，在选择表面粗糙度评定参数时，应能充分合理地反映表面微观几何形状的真实情况。《表面粗糙度参数及其数值》（GB/T 1031—1995）中规定，表面粗糙度参数应从高度特征参数 Ra、Rz 和 Ry 中选取。附加评定参数只有在高度特征参数不能满足表面功能要求时才附加选用。

评定参数 Ra 较能客观地反映表面微观几何形状的特征，而且所用检测仪器的测量方法比较简单，能连续测量，测量效率高。因此，在常用的参数值范围内（$Ra=0.025\sim6.3\mu m$，$Rz=0.10\sim25\mu m$），标准推荐优先选用 Ra。

选用表面粗糙度的评定参数值 Ra 时，应按国家标准《表面粗糙度参数及其数值》（GB/T 1031—1995）规定的参数值系列选取，见表3-2-1，选用时应优先采用第一系列的参数值。

表面粗糙度参数值的选用原则：首先满足功能要求，其次顾及经济合理性，在满足功能要求的前提下，参数的允许值应尽可能大。

表3-2-1 轮廓算术平均偏差的数值（摘自GB/T 1031—1995）

第一系列	第二系列	第一系列	第二系列	第一系列	第二系列
0.20		1.6		12.5	
	0.25		2.0		16
	0.32		2.5		20
0.40		3.2		25	
	0.50		4.0		32
	0.63		5.0		40
0.8		6.3		50	
	1.00		8.0		63
	1.25		10.0		100

3.2.3 表面粗糙度的检测

目前，表面粗糙度常用的检测方法有比较法和轮廓法，检测时还要注意不要把表面缺陷（如沟槽、碰伤、划伤、气孔、裂缝等）包括进去。

1. 比较法

比较法是指被测表面与已知其高度参数值的粗糙度样板（图3-2-3）相比较，通过人的视觉或触觉，也可借助放大镜来判断被测表面粗糙度的一种比对检测方法。在使用比较法时，所用的表面粗糙度样板的加工方法应与被测表面相同，这样可以减少检测误差，提高判断准确性。

比较法简单易行，适合在车间现场使用。缺点是评定的可靠性在很大程度上取决于检验人员的经验。

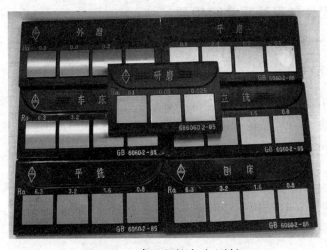

图3-2-3 表面粗糙度对比样板

2. 轮廓法

轮廓法是一种接触式测量表面粗糙度的方法，最常用的仪器是电子轮廓仪，又叫表面粗糙度仪、表面光洁度仪、表面粗糙度检测仪、粗糙度测量仪、粗糙度计、粗糙度测试仪等（图3-2-4），首先由国外研发生产，后来才引进国内。粗糙度仪测量工件表面粗糙度时，将传感器放在工件被测表面上，由仪器内部的驱动机构带动传感器沿被测表面做等速滑行，传感器通过内置的锐利触针感受被测表面的粗糙度，此时工件被测表面的粗糙度引起触针产生位移，该位移使传感器电感线圈的电感量发生变化，从而在相敏整流器的输出端产生与被测表面粗糙度成比例的模拟信号，该信号经过放大及电平转换之后进入数据采集系统。

这种方法具有测量精度高、测量范围宽、操作简便、便于携带、工作稳定等特点，可以广泛应用于各种金属与非金属加工表面的检测，该仪器是传感器主机一体化的袖珍式仪器，具有手持式特点，更适宜在生产现场使用。其外形采用拉铝模具设计，坚固耐用，抗电磁干扰能力显著，符合当今设计趋势。

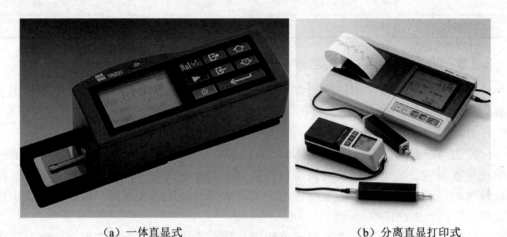

（a）一体直显式　　　　　　　　（b）分离直显打印式

图3-2-4　表面粗糙度仪器

3.2.4　紧固件常见外观缺陷检测

紧固件常见外观缺陷有裂缝（裂纹）、凹痕、切痕、皱纹、毛刺、多余物、损伤等。

1. 裂缝

裂缝（裂纹）是一种清晰的沿金属晶粒边界或横穿晶粒的断裂，并可能含有其他元素的夹杂物。裂缝通常是在锻造或其他成型工序或热处理的过程中，由于金属受到过高的应力而造成的。

1）锻造裂缝

（1）形成原因：锻造裂缝可能在切料或锻造过程中，由于工艺不当（材料成型的镦锻比、材料强度、模具结构、变形速度）或原材料固有的缺陷而产生。

（2）外观：锻造裂缝外观见图3-2-5。

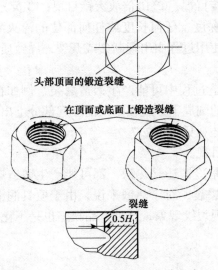

图 3-2-5　紧固件各部位锻造裂缝外观

（3）检测方法：①直接目视；②10倍放大镜目视；③荧光探伤。

（4）注意事项：这种锻造裂缝虽然存在于螺栓、螺钉的头部，但是这种裂缝也是不允许存在的，特别是对于发动机产品，这种裂缝在震动的过程中会造成裂纹扩张，从而导致产品失效或断裂。

2）淬火裂缝

（1）形成原因：在热处理过程中，过高的热应力和应变都有可能产生淬火裂缝，淬火裂缝通常是不规则相交，无规律方向地呈现在紧固件表面。

（2）外观：淬火裂缝外观见图3-2-6。

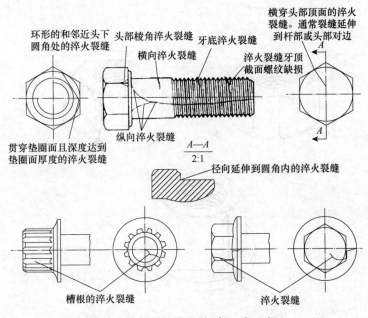

图 3-2-6　紧固件各部位淬火裂缝外观

（3）检测方法：①直接目视；②10倍放大镜目视；③荧光探伤。

（4）注意事项：任何深度、任何长度或任何部位的淬火裂缝都不允许存在，因为这种裂缝可能造成产品在使用过程中出现断裂或开裂，导致质量事故的出现。

3）锻造爆裂

（1）形成原因：在锻造过程中可能产生锻造爆裂，例如在六角头的对边平面或对角上，或在法兰面或圆头的圆周上，或在凹穴的隆起部分上出现。

（2）外观：锻造爆裂外观见图3-2-7。

（3）检测方法：直接目视。

（4）注意事项：无论是冷锻还是热锻，都可能产生锻造爆裂，不锈钢十字槽螺钉在冷锻过程中更容易出现爆裂；对于热锻来说，由于模具润滑及镦锻比不合适，也会造成六角法兰面的外缘出现裂纹现象，这种产品缺陷也是不允许存在的。

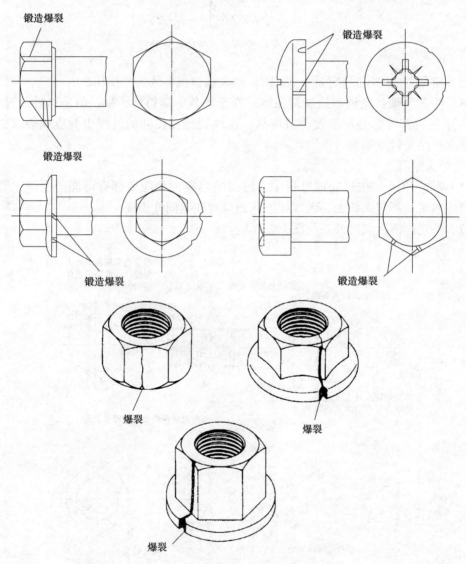

图3-2-7 紧固件各部位锻造爆裂外观

4）剪切爆裂（滑移）

（1）形成原因：在锻造过程中可能产生剪切爆裂（滑移），例如在圆头或法兰面的圆周上出现，也可能产生在六角头的对边平面上，通常和产品轴心线约成45°。

（2）外观：剪切爆裂见图3-2-8。

（3）检测方法：直接目视。

（4）注意事项：此类缺陷是剪切过程中的切剪撕裂造成，影响产品的外观质量和易形成多余物（通常指边角处毛刺），多余物对于精密产品产生的危害较大（如造成油路堵塞、电子产品的线路短路等）。

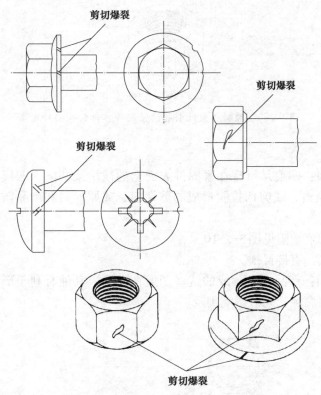

图3-2-8 紧固件各部位剪切爆裂外观

5）原材料的裂纹或条痕造成的缺陷

（1）形成原因：原材料的裂纹或条痕通常是沿紧固件螺纹、光杆或头部纵向延伸的一条细直线或光滑曲线，通常由于制造紧固件的原材料中固有的缺陷而造成。

（2）外观：原材料的裂纹或条痕造成的缺陷见图3-2-9。

（3）检测方法：直接目视。

（4）注意事项：此类缺陷在原材料加工过程中因加工变形会造成部分掩盖，目视检查较难以识别，常会把条痕判为裂纹，造成误判，而在产品加工过程中会扩大或延伸（镦锻、热处理、挤压变形等），造成缺陷加剧，在检查产品质量时，民用产品允许此类缺陷存在一定部位或控制在一定程度；而对于军用产品，不同客户对此类缺陷接受的判定准则不同。

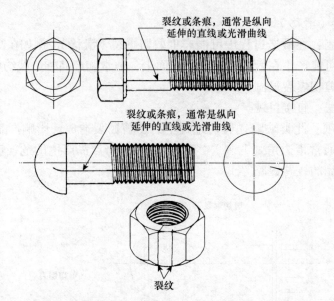

图 3-2-9 原材料裂纹引起的紧固件各部位缺陷外观

2. 凹痕

（1）形成原因：凹痕是呈现在紧固件表面上的浅坑或凹陷，凹痕是由切屑进入模型腔挤压形成的压痕，或剪切拉脱形成的剪切痕，或原材料和产品防护不当而产生的锈蚀斑痕。

（2）外观：凹痕缺陷见图3-2-10。

（3）检测方法：直接目视。

（4）注意事项：产品表面形成的这些凹痕在潮湿或其他有利于形成电解池的环境中会加快产品表层腐蚀，同时影响美观。

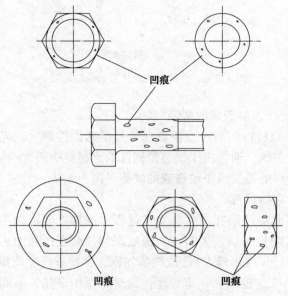

图 3-2-10 紧固件各部位凹痕外观

3. 切痕

（1）形成原因：切痕是纵向或圆周方向的浅的沟槽，切痕是由于工具在紧固件表面上的运动而产生的。

（2）外观：切痕缺陷见图3-2-11。

（3）检测方法：直接目视。

（4）注意事项：以上缺陷对产品的功能不会产生影响，但产品的任何型面都有粗糙度（微观）要求，而这些缺陷已经是宏观缺陷，对产品几何型面（轮廓）产生影响，包括影响美观（轮廓的完整性）或者几何尺寸检测。

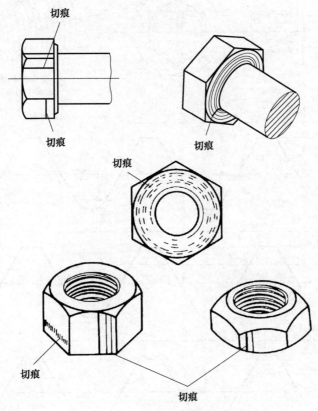

图3-2-11　紧固件各部位切痕外观

4. 皱纹（折叠）

（1）形成原因：皱纹是在锻造或辗制螺纹的冷成型过程中呈现在紧固件表面的金属折叠，在锻造的成型过程中或辗制螺纹的成型过程中，由于材料的位移而产生皱纹，通常在材料流向变化的部位出现。

（2）外观：皱纹缺陷见图3-2-12。

（3）检测方法：直接目视、金相检测。

（4）注意事项：这些缺陷的存在，常会造成产品加工过程中的残留物清洗不尽，造成产品表面的污染层不能去除，也是易形成应力腐蚀的原因之一，特别是对污染敏感的材料，如钛合金。

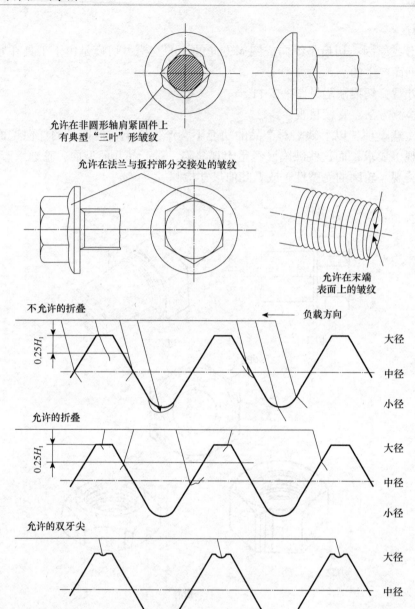

图 3-2-12 紧固件皱纹外观

5. 毛刺

（1）形成原因：毛刺是机械加工中由于刀具磨损或机械设备限制而在零件的边缘部位产生的刺状物。

（2）外观：毛刺缺陷见图 3-2-13。

（3）检测方法：直接目视、微小毛刺用细纱手套触摸不刮带。

（4）注意事项：毛刺对产品的外形和使用都有很大影响，特别是针对发动机紧固件，毛刺在机体中掉落是很大的安全隐患，加工过程中应尽量避免；在无法避免时，要有后续的去毛刺工艺，以保证产品美观、实用。

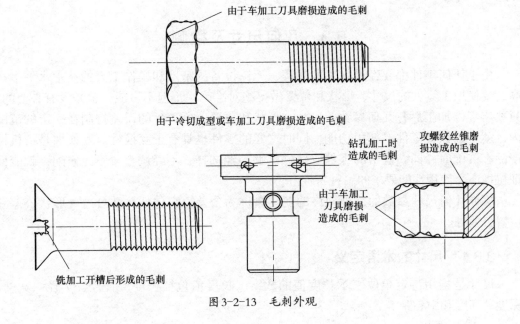

图 3-2-13 毛刺外观

6. 多余物（外来物）

（1）形成原因：多余物（外来物）是零件在生产制造过程中由于清洗不干净造成的多余附着物，通常会产生在保险丝孔、一字槽及十字槽、内六角孔、螺纹牙底等部位。

（2）外观：多余物（外来物）示意图见图 3-2-14。

（3）检测方法：直接目视。

（4）注意事项：多余物对产品的外形和使用都有很大影响，特别是针对发动机紧固件，多余物在机体中掉落是很大的安全隐患，加工过程中应尽量避免；在无法避免时，要有后续的挑选工艺，以保证产品美观、实用。

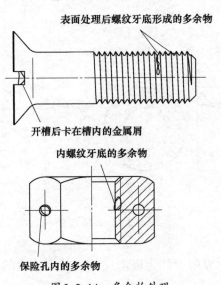

图 3-2-14 多余物外观

3.3 几何尺寸及检测

由于任何零件都要经过加工的过程，无论设备的精度和操作工人的技术水平多么高，要使加工零件的尺寸、形状和位置做得绝对准确，不但不可能，也是没有必要的。只要将零件加工后各几何参数（尺寸、形状和位置）所产生的误差控制在一定的范围内，就可以保证零件的使用功能，同时这样的零件也具有了互换性。互换性是指机械产品在装配时，同一规格的零件或部件能够不经选择、不经调整、不经修配，就能保证机械产品使用性能要求的一种特性。

零件几何尺寸参数的这种允许的变动量称为公差，它包括尺寸公差、形状公差和位置公差等。

3.3.1 尺寸的术语定义

尺寸是指用特定单位表示长度值的数字。长度值包括长度、直径、半径、宽度、深度、高度和中心距等。

1. 基本尺寸

设计给定的尺寸称为基本尺寸（孔—D、轴—d）。

设计时，根据使用要求，一般通过强度和刚度计算或出于机械结构等方面的考虑来给定尺寸。基本尺寸一般应按照标准尺寸系列选取（见《标准尺寸》(GB/T 2822-2005)）。

2. 实际尺寸

通过测量所得的尺寸称为实际尺寸。由于测量过程中不可避免地存在测量误差，同一零件的相同部位用同一量具重复测量多次，其测量的实际尺寸也不完全相同，因此实际尺寸并非尺寸的真实值。另外，由于零件形状误差的影响，同一轴向截面内，不同部位的实际尺寸也不一定相等，在同一横向截面内，不同方向上实际尺寸也可能不相等，如图3-3-1所示。

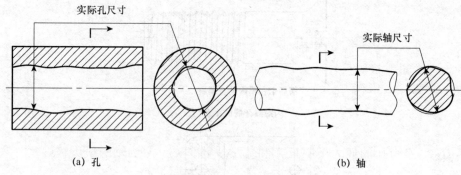

(a) 孔　　　　　　　　　　(b) 轴

图3-3-1 实际尺寸

3. 极限尺寸

允许尺寸变化的两个界限值称为极限尺寸。其中较大的称为最大极限尺寸，较小的称为最小极限尺寸。

极限尺寸是根据设计要求而确定的,其目的是限制加工零件的尺寸变动范围。若完工零件任一位置的实际尺寸都在此范围内,即实际尺寸不大于最大极限尺寸、不小于最小极限尺寸的零件为合格品,否则为不合格品。

4. 实体状态和实体尺寸

实体状态可分为最大实体状态和最小实体状态。

最大实体状态和最大实体尺寸是指孔或轴在尺寸公差范围内,允许占有材料最多时的状态,在该状态下的尺寸为最大实体尺寸。对于孔为最小极限尺寸,对于轴为最大极限尺寸,如图3-3-2所示。

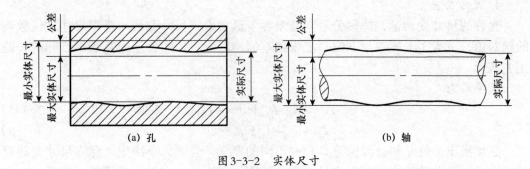

图 3-3-2　实体尺寸

最小实体状态和最小实体尺寸的概念与最大实体状态和最大实体尺寸相反。

3.3.2　尺寸偏差和公差的术语定义

1. 尺寸偏差

某一尺寸减去基本尺寸所得的代数差称为尺寸偏差(简称偏差)。孔用 E 表示,轴用 e 表示。偏差可能为正或负,也可为零。

2. 实际偏差

实际尺寸减去基本尺寸所得的代数差称为实际偏差。

由于实际尺寸可能大于、小于或等于基本尺寸,因此实际偏差可能为正、负或零,不论是书写还是计算,必须带上正号或负号。

3. 极限偏差

极限尺寸减去基本尺寸所得的代数差称为极限偏差。

上偏差:最大极限尺寸减去基本尺寸所得的代数差称为上偏差。孔用 ES 表示,轴用 es 表示,即

$$ES=D_{max}-D \quad (3\text{-}3\text{-}1)$$

$$es=d_{max}-d \quad (3\text{-}3\text{-}2)$$

式中:D_{max}、D 为孔的最大极限尺寸和基本尺寸;d_{max}、d 为轴的最大极限尺寸和基本尺寸。

下偏差:最小极限尺寸减其基本尺寸所得的代数差称为下偏差。孔用 EI 表示,轴用 ei 表示,即

$$EI=D_{min}-D \quad (3\text{-}3\text{-}3)$$

$$ei = d_{\min} - d \qquad (3\text{-}3\text{-}4)$$

式中：$D_{\min}$、D 为孔的最小极限尺寸和基本尺寸；$d_{\min}$、d 为轴的最小极限尺寸和基本尺寸。

上、下偏差都可能为正、负或零。因为最大极限尺寸总是大于最小极限尺寸，所以，上偏差总是大于下偏差。由于在零件图上采用基本尺寸带上、下偏差的标注，可以直观地表示出公差和极限尺寸的大小，加之对基本尺寸相同的孔和轴，使用上、下偏差来计算它们之间的相互关系比用极限尺寸更为简便，因此在实际生产中极限偏差应用较广泛。

4. 尺寸公差

允许的尺寸变动量，简称公差。公差等于最大极限尺寸与最小极限尺寸之代数差的绝对值，也等于上偏差与下偏差之代数差的绝对值。孔的公差用 T_D 表示，轴的公差用 T_d 表示。

其关系为

$$T_D = |D_{\max} - D_{\min}| = |ES - EI| \qquad (3\text{-}3\text{-}5)$$

$$T_d = |d_{\max} - d_{\min}| = |es - ei| \qquad (3\text{-}3\text{-}6)$$

必须指出，公差和极限偏差是两种不同的概念。公差大小决定了允许尺寸变动范围的大小，若公差值大，则允许尺寸变动范围大，因而要求加工精度低；相反，若公差值小，则允许尺寸变动范围小，因而要求加工精度高。极限偏差决定了极限尺寸相对基本尺寸的位置。如图3-3-3所示，轴的最大极限尺寸和最小极限尺寸都小于基本尺寸，所以上、下偏差都为负值。

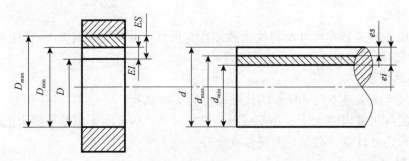

图3-3-3　基本尺寸、极限尺寸与极限偏差

5. 尺寸公差带

表示零件的尺寸相对其基本尺寸所允许变动的范围，称为公差带。用图表示的公差带，称为公差带图（图3-3-4）。

在公差带图中，零线（0-D）是确定极限偏差的一条基准线，极限偏差位于零线上方，表示偏差为正，位于零线下方，表示偏差为负，当与零线重合时，表示偏差为零。上、下偏差之间的宽度表示公差带的大小，即公差值，此值由标准公差确定。公差带相对零线的位置由基本偏差确定。所谓基本偏差，一般为公差带靠近零线的那个偏差（当公差带位于零线的上方时，基本偏差为下偏差；当公差带位于零线的下方时，基本偏差为上偏差），如图3-3-5所示。

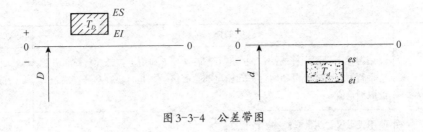

图 3-3-4 公差带图

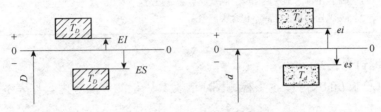

图 3-3-5 基本偏差示意图

需特别指出,国标规定的个别基本偏差也有不遵守以上分布规律的。

3.3.3 几何尺寸检测

紧固件的几何尺寸包括长度、宽度、深度、高度、直径、圆角半径、中心距、角度及锥度等。

1. 长度尺寸

1) 螺栓总长 L

螺栓总长 L 的尺寸图示、检测图示、检具、检测方法等内容见表3-3-1。

表 3-3-1 螺栓总长 L 图示及检测方法

尺寸图示	
检测图示	

续表

检具	游标卡尺、投影仪	适用类型
检测方法	使用游标卡尺测深杆的缺口面（避开螺栓头下R圆角）与螺栓杆贴合并保持平行，然后轻轻滑动游标与螺栓尾部端面接触，此时轻轻拿开产品，并读取测量值	普通检测
	使用投影仪"测量或检测"产品总长	仲裁检测
注意事项	①当螺栓尾部为不规则面时，测量起点为最长边 ②凸头螺栓的总长一般不包含头部帽厚	

2）沉头螺钉总长 L

沉头螺钉总长 L 的尺寸图示、检测图示、检具、检测方法等内容见表3-3-2。

表3-3-2 沉头螺钉总长 L 图示及检测方法

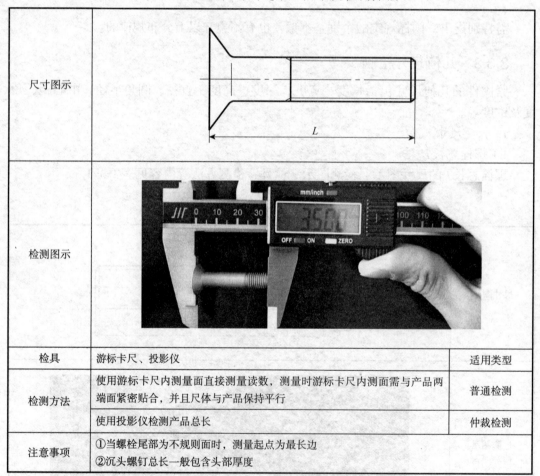

检具	游标卡尺、投影仪	适用类型
检测方法	使用游标卡尺内测量面直接测量读数，测量时游标卡尺内测面需与产品两端面紧密贴合，并且尺体与产品保持平行	普通检测
	使用投影仪检测产品总长	仲裁检测
注意事项	①当螺栓尾部为不规则面时，测量起点为最长边 ②沉头螺钉总长一般包含头部厚度	

3）铆钉总长 L

铆钉总长 L 的尺寸图示、检测图示、检具、检测方法等内容见表3-3-3。

表3-3-3 铆钉总长 L 图示及检测方法

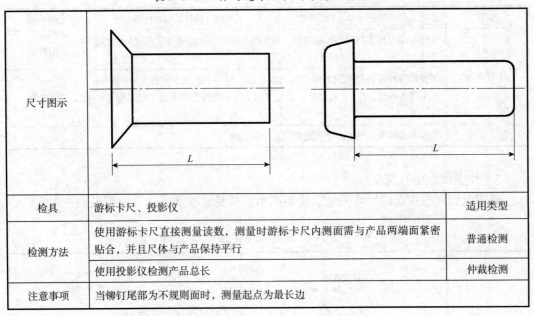

检具	游标卡尺、投影仪	适用类型
检测方法	使用游标卡尺直接测量读数,测量时游标卡尺内测面需与产品两端面紧密贴合,并且尺体与产品保持平行	普通检测
	使用投影仪检测产品总长	仲裁检测
注意事项	当铆钉尾部为不规则面时,测量起点为最长边	

4) 外螺纹有效长度 b 或夹层长度 L_g

外螺纹有效长度 b 或夹层长度 L_g 的尺寸图示、检测图示、检具、检测方法等内容见表3-3-4。

表3-3-4 外螺纹有效长度 b 或夹层长度 L_g 图示及检测方法

尺寸图示	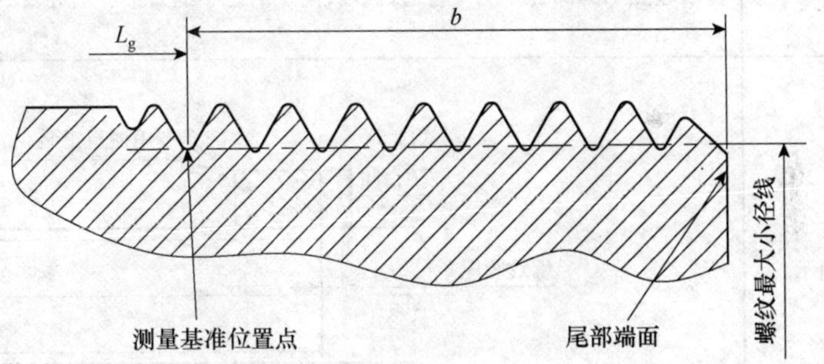 外螺纹有效长度:螺纹旋入端端面到完整螺纹最后一个牙底(最大小径处)的距离(见《普通螺纹收尾、肩距、退刀槽、引导及倒角》(HB 5829—1983))
检测图示	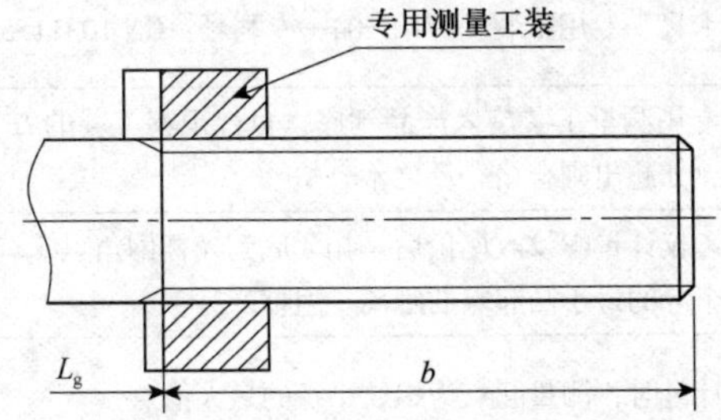

续表

检具	游标卡尺、专用工装（JYGZ-04—专利号：CN 103115544 A）、投影仪	适用类型
检测方法	使用专用测量工装旋入产品到底，再用游标卡尺直接测量螺纹长度 b 及夹层长度 L_g	普通检测
	用投影仪计量完整螺纹收尾最后一扣牙底（最大小径点）到螺纹末端长边的距离为螺纹长度 b，到螺栓头部支撑面（沉头螺钉头部端面）的距离为夹层长度 L_g	仲裁检测
注意事项	当螺栓尾部为不规则面时，测量起点为最长边	

5）外螺纹收尾长度 X

外螺纹收尾长度 X 的尺寸图示、检测图示、检具、检测方法等内容见表3-3-5。

表3-3-5 外螺纹收尾长度 X 图示及检测方法

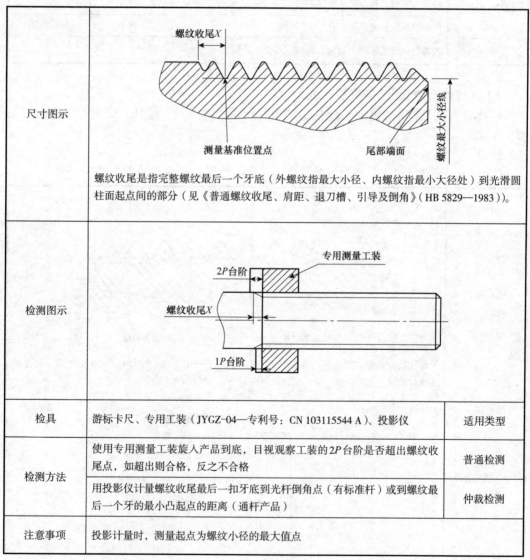

检具	游标卡尺、专用工装（JYGZ-04—专利号：CN 103115544 A）、投影仪	适用类型
检测方法	使用专用测量工装旋入产品到底，目视观察工装的2P台阶是否超出螺纹收尾点，如超出则合格，反之不合格	普通检测
	用投影仪计量螺纹收尾最后一扣牙底到光杆倒角点（有标准杆）或到螺纹最后一个牙的最小凸起点的距离（通杆产品）	仲裁检测
注意事项	投影计量时，测量起点为螺纹小径的最大值点	

6）内螺纹有效长度 T

内螺纹有效长度 T 的尺寸图示、检测图示、检具、检测方法等内容见表3-3-6。

表3-3-6 内螺纹有效长度 T 图示及检测方法

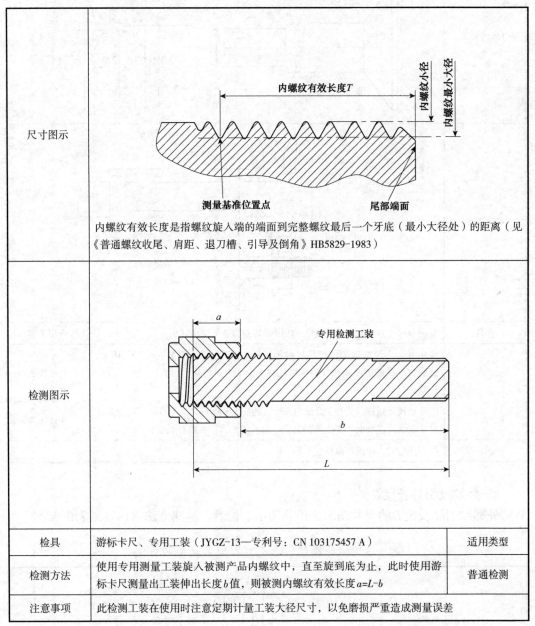

尺寸图示	内螺纹有效长度是指螺纹旋入端的端面到完整螺纹最后一个牙底（最小大径处）的距离（见《普通螺纹收尾、肩距、退刀槽、引导及倒角》HB5829-1983）	
检测图示		
检具	游标卡尺、专用工装（JYGZ-13—专利号：CN 103175457 A）	适用类型
检测方法	使用专用测量工装旋入被测产品内螺纹中，直至旋到底为止，此时使用游标卡尺测量出工装伸出长度 b 值，则被测内螺纹有效长度 $a=L-b$	普通检测
注意事项	此检测工装在使用时注意定期计量工装大径尺寸，以免磨损严重造成测量误差	

7）YXX型螺栓的标准杆长度 l 及跨度

YXX型螺栓的标准杆长度 l 及跨度的尺寸图示、检测图示、检具、检测方法等内容见表3-3-7。

表3-3-7 YXX型螺栓的标准杆长度l及跨度图示及检测方法

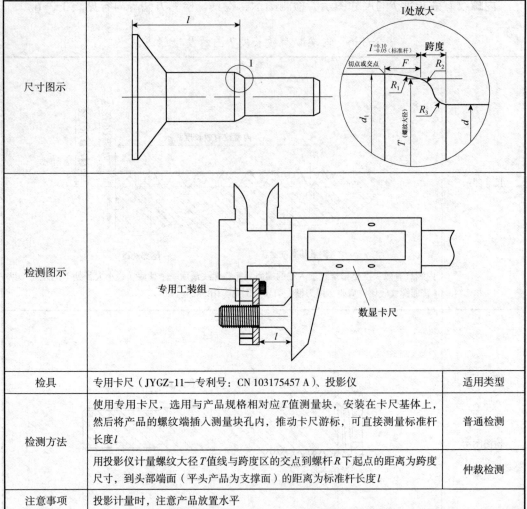

检具	专用卡尺（JYGZ-11—专利号：CN 103175457 A）、投影仪	适用类型
检测方法	使用专用卡尺，选用与产品规格相对应T值测量块，安装在卡尺基体上，然后将产品的螺纹端插入测量块孔内，推动卡尺游标，可直接测量标准杆长度l	普通检测
	用投影仪计量螺纹大径T值线与跨度区的交点到螺杆R下起点的距离为跨度尺寸，到头部端面（平头产品为支撑面）的距离为标准杆长度l	仲裁检测
注意事项	投影计量时，注意产品放置水平	

8）外螺纹引导长度C

外螺纹引导长度C的尺寸图示、检测图示、检具、检测方法等内容见表3-3-8。

表3-3-8 外螺纹引导长度C图示及检测方法

尺寸图示	

续表

检测图示	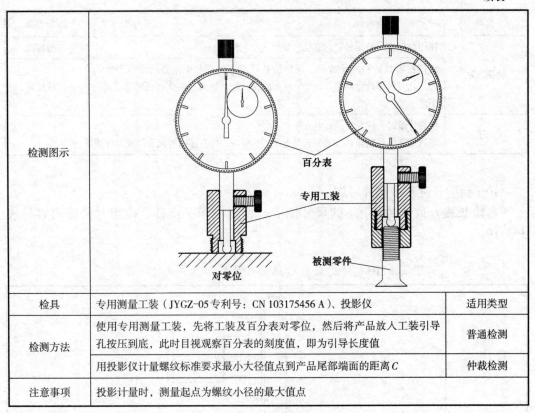	
检具	专用测量工装（JYGZ-05专利号：CN 103175456 A）、投影仪	适用类型
检测方法	使用专用测量工装，先将工装及百分表对零位，然后将产品放入工装引导孔按压到底，此时目视观察百分表的刻度值，即为引导长度值	普通检测
	用投影仪计量螺纹标准要求最小大径值点到产品尾部端面的距离C	仲裁检测
注意事项	投影计量时，测量起点为螺纹小径的最大值点	

9）尾部倒角长度C

尾部倒角长度C的尺寸图示、检测图示、检具、检测方法等内容见表3-3-9。

表3-3-9 尾部倒角长度C图示及检测方法

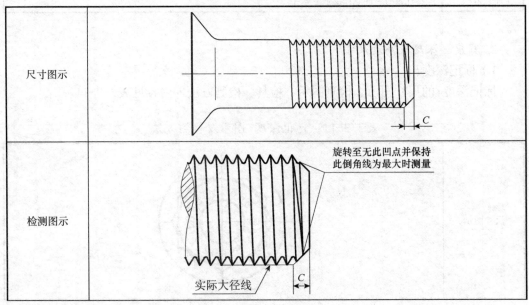

续表

检具	游标卡尺、投影仪	适用类型
检测方法	使用游标卡尺测深杆进行直接测量	普通检测
	使用投影仪,将产品放平,缓慢旋转产品,使产品倒角处的凹点慢慢消失,此时投影计量倒角C长度(从实际大径线与倒角线的交点到尾部端面的距离)	仲裁检测
注意事项	投影计量时,注意产品放置水平; 当测量螺坯杆倒角长度时,若公差大于0.5mm,可直接用游标卡尺测深杆测量	

10)台阶长度L_1或垫片厚度h

台阶长度L_1或垫片厚度h的尺寸图示、检测图示、检具、检测方法等内容见表3-3-10。

表3-3-10 台阶长度L_1或垫片厚度h图示及检测方法

尺寸图示	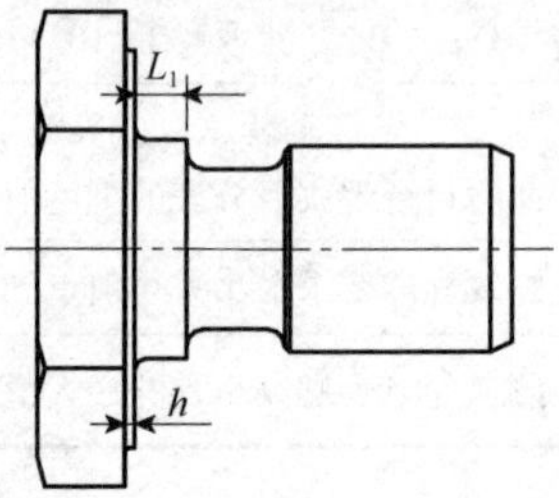	
检具	游标卡尺、投影仪	适用类型
检测方法	使用游标卡尺直接测量	普通检测
	使用投影仪检测,将产品放平,投影计量台阶长度L_1或垫片厚度h	仲裁检测
注意事项	投影计量时,注意产品放置水平	

2. 宽度、深度及高度尺寸

1)标记深度t

标记深度t的尺寸图示、检测图示、检具、检测方法等内容见表3-3-11。

表3-3-11 标记深度t图示及检测方法

尺寸图示	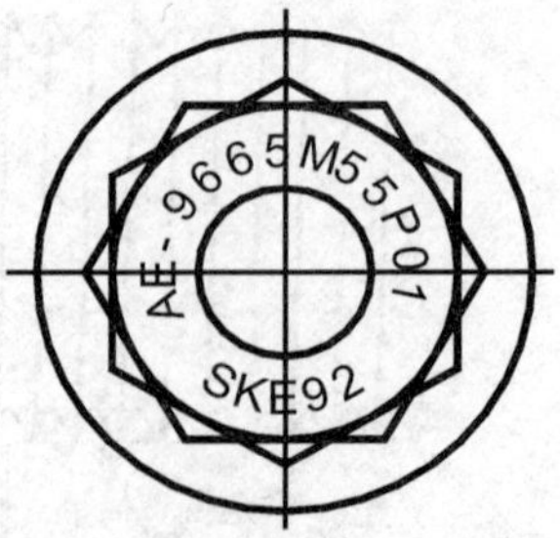

检具	车床、平面磨床、游标卡尺或千分尺	适用类型
检测方法	假设标准要求标记深度尺寸为0.03~0.15mm，测量时将产品在车床或平面磨床上车（磨）去标记处0.03mm，此时观察所有标记清晰可见，然后再车（磨）去0.15mm，此时观察所有标记完全不见，则合格；否则不合格	机床参数验证检测
注意事项	在车床上车加工时，需找正标记端面	

2）一字槽宽度n及深度t

一字槽宽度n及深度t的尺寸图示、检测图示、检具、检测方法等内容见表3-3-12。

表3-3-12　一字槽宽度n及深度t图示及检测方法

尺寸图示	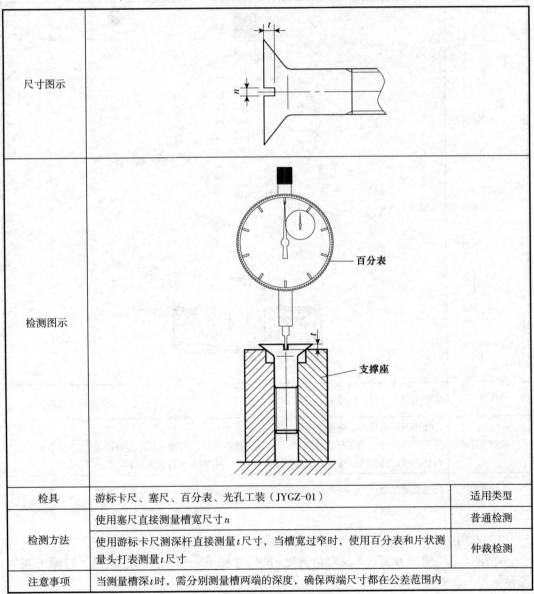	
检测图示		
检具	游标卡尺、塞尺、百分表、光孔工装（JYGZ-01）	适用类型
检测方法	使用塞尺直接测量槽宽尺寸n	普通检测
	使用游标卡尺测深杆直接测量t尺寸，当槽宽过窄时，使用百分表和片状测量头打表测量t尺寸	仲裁检测
注意事项	当测量槽深t时，需分别测量槽两端的深度，确保两端尺寸都在公差范围内	

3）紧定钉一字槽宽度n及深度t

紧定钉一字槽宽度n及深度t的尺寸图示、检测图示、检具、检测方法等内容见表3-3-13。

表3-3-13 紧定钉一字槽宽度n及深度t图示及检测方法

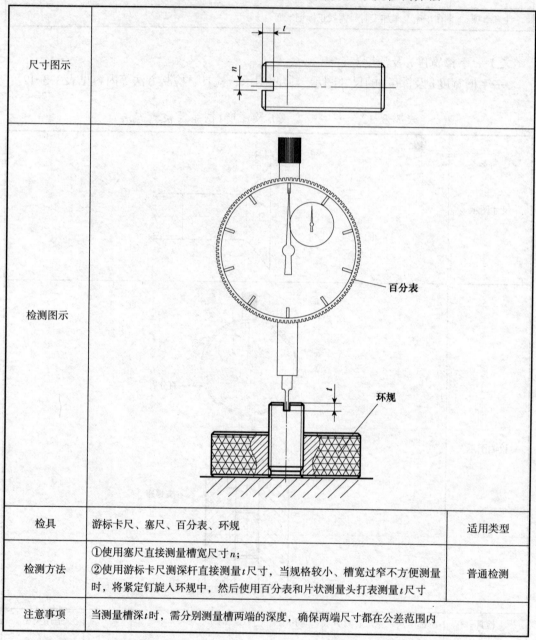

检具	游标卡尺、塞尺、百分表、环规	适用类型
检测方法	①使用塞尺直接测量槽宽尺寸n； ②使用游标卡尺测深杆直接测量t尺寸，当规格较小、槽宽过窄不方便测量时，将紧定钉旋入环规中，然后使用百分表和片状测量头打表测量t尺寸	普通检测
注意事项	当测量槽深t时，需分别测量槽两端的深度，确保两端尺寸都在公差范围内	

4）六角、十二角对方宽度S及对角宽度e

六角、十二角对方宽度S及对角宽度e的尺寸图示、检测图示、检具、检测方法等内容见表3-3-14。

表3-3-14 六角、十二角对方宽度S及对角宽度e图示及检测方法

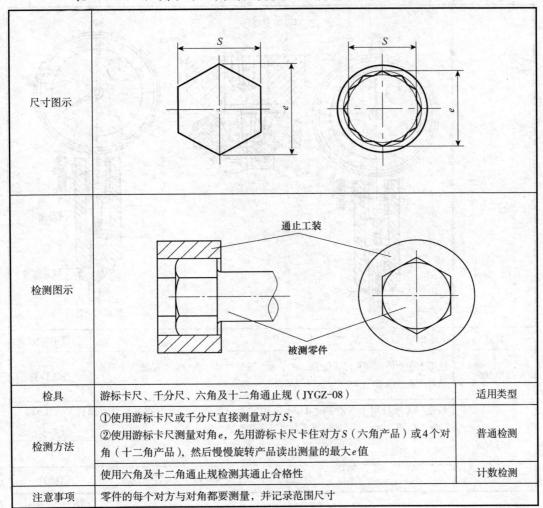

检具	游标卡尺、千分尺、六角及十二角通止规（JYGZ-08）	适用类型
检测方法	①使用游标卡尺或千分尺直接测量对方S； ②使用游标卡尺测量对角e，先用游标卡尺卡住对方S（六角产品）或4个对角（十二角产品），然后慢慢旋转产品读出测量的最大e值	普通检测
	使用六角及十二角通止规检测其通止合格性	计数检测
注意事项	零件的每个对方与对角都要测量，并记录范围尺寸	

5）十字槽深度t

十字槽深度t的尺寸图示、检测图示、检具、检测方法等内容见表3-3-15。

表3-3-15 十字槽深度t图示及检测方法

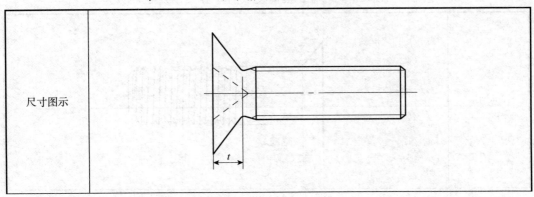

续表

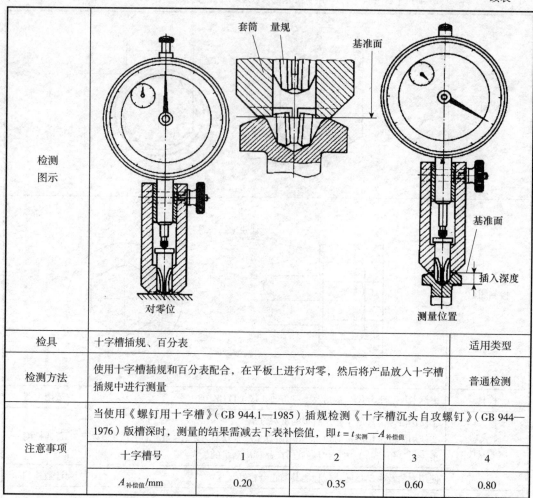

检具	十字槽插规、百分表				适用类型
检测方法	使用十字槽插规和百分表配合,在平板上进行对零,然后将产品放入十字槽插规中进行测量				普通检测
注意事项	当使用《螺钉用十字槽》(GB 944.1—1985)插规检测《十字槽沉头自攻螺钉》(GB 944—1976)版槽深时,测量的结果需减去下表补偿值,即 $t = t_{实测} - A_{补偿值}$				
	十字槽号	1	2	3	4
	$A_{补偿值}$/mm	0.20	0.35	0.60	0.80

6) 沉头螺栓 P 值高度及帽厚 H

沉头螺栓 P 值高度及帽厚 H 的尺寸图示、检测图示、检具、检测方法等内容见表 3-3-16。

表 3-3-16 沉头螺栓 P 值高度及帽厚 H 图示及检测方法

尺寸图示	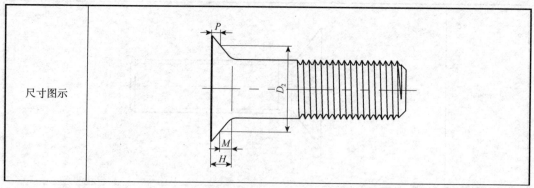

续表

检测图示	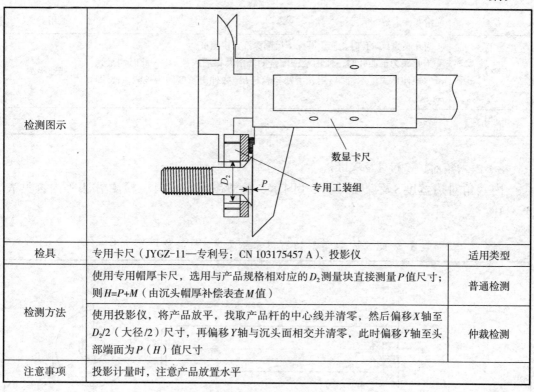	
检具	专用卡尺（JYGZ-11—专利号：CN 103175457 A）、投影仪	适用类型
检测方法	使用专用帽厚卡尺，选用与产品规格相对应的D_2测量块直接测量P值尺寸；则$H=P+M$（由沉头帽厚补偿表查M值）	普通检测
	使用投影仪，将产品放平，找取产品杆的中心线并清零，然后偏移X轴至$D_2/2$（大径/2）尺寸，再偏移Y轴与沉头面相交并清零，此时偏移Y轴至头部端面为P（H）值尺寸	仲裁检测
注意事项	投影计量时，注意产品放置水平	

7）光孔深度t

光孔深度t的尺寸图示、检测图示、检具、检测方法等内容见表3-3-17。

表3-3-17 光孔深度t图示及检测方法

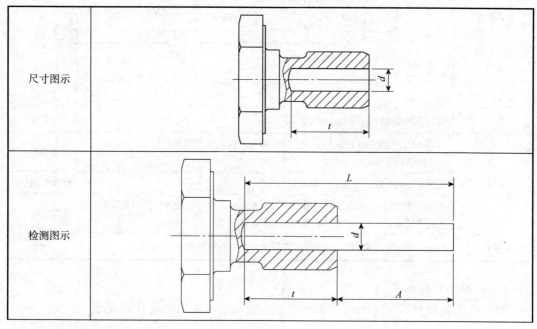

续表

检具	光滑塞棒、游标卡尺	适用类型
检测方法	①当孔底为台阶孔时,使用游标卡尺测深杆直接测量; ②当孔底为锥面孔时,使用紧密配合的光滑塞棒插入孔 d 中,此时测量光滑塞规伸出长度 A,然后用光滑塞棒总长 L 减去伸出长度即为被测值 t,即 $t=L-A$	普通检测
注意事项	—	

8)内六角对边宽度 S 及深度 t

内六角对边宽度 S 及深度 t 的尺寸图示、检测图示、检具、检测方法等内容见表 3-3-18。

表 3-3-18　内六角对边宽度 S 及深度 t 图示及检测方法

尺寸图示	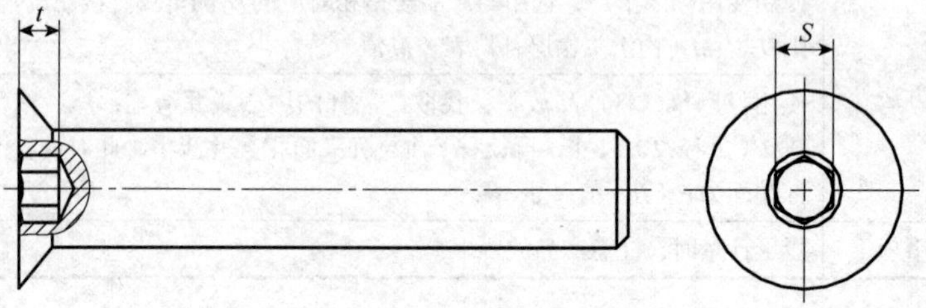
检测图示	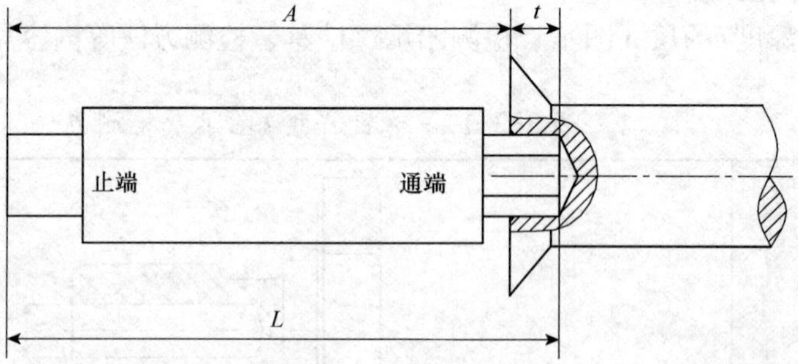
检具	六方通止规(JYGZ-03)、游标卡尺	适用类型
检测方法	当对方 S 公差大于 0.1mm 时,可使用游标卡尺内测爪直接测量对方,测深杆可直接测量深度 t	普通检测
	使用六方通止规,测量内六角通止	计数检测
	测量深度 t 时,将六方通止规通端插入六方孔中,测量量规伸出产品长度 A,然后用量规总长 L 减去伸出长度即为 t 值尺寸	普通检测
注意事项	当用卡尺测量深度 t 时,测深杆需紧靠六方对角处往下测量	

9)波形垫圈高度 H

波形垫圈高度 H 的尺寸图示、检测图示、检具、检测方法等内容见表 3-3-19。

表 3-3-19　波形垫圈高度 H 图示及检测方法

尺寸图示	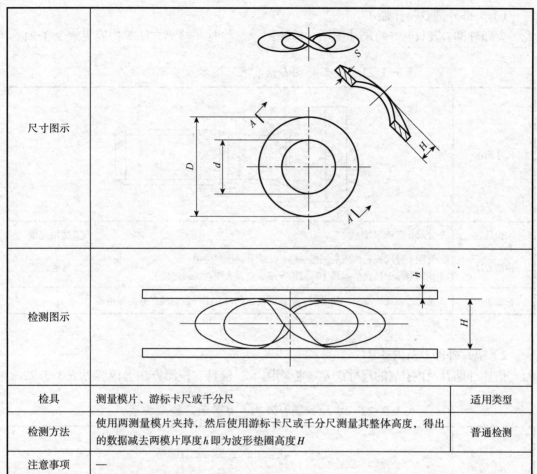	
检测图示		
检具	测量模片、游标卡尺或千分尺	适用类型
检测方法	使用两测量模片夹持，然后使用游标卡尺或千分尺测量其整体高度，得出的数据减去两模片厚度 h 即为波形垫圈高度 H	普通检测
注意事项	—	

10）螺母高度 H

螺母高度 H 的尺寸图示、检测图示、检具、检测方法等内容见表 3-3-20。

表 3-3-20　螺母高度 H 图示及检测方法

尺寸图示		
检具	千分尺、游标卡尺	适用类型
检测方法	①使用千分尺沿圆周测量一周，记录其范围尺寸值；②使用游标卡尺沿圆周测量一周，记录其范围尺寸值	普通检测
注意事项	测量时，需旋转测量产品一周，防止圆周上的尺寸不一致造成产品局部超差	

3. 直径、圆角半径及中心距

1）头部外圆 D 及杆径 d

头部外圆 D 及杆径 d 的尺寸图示、检测图示、检具、检测方法等内容见表3-3-21。

表3-3-21　头部外圆 D 及杆径 d 图示及检测方法

尺寸图示	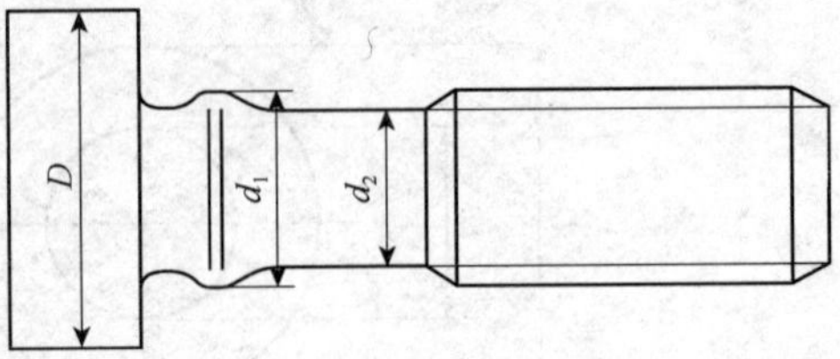	
检具	千分尺、游标卡尺	适用类型
检测方法	①使用千分尺旋转按圆周测量一周，记录其范围尺寸值； ②使用游标卡尺直接测量（一般情况下，公差大于0.2mm使用）	普通检测
注意事项	测量时，需旋转测量产品一周，防止圆周上的尺寸不一致造成产品局部超差	

2）垫片外圆 D 及内孔 d

垫片外圆 D 及内孔 d 的尺寸图示、检测图示、检具、检测方法等内容见表3-3-22。

表3-3-22　垫片外圆 D 及内孔 d 图示及检测方法

尺寸图示	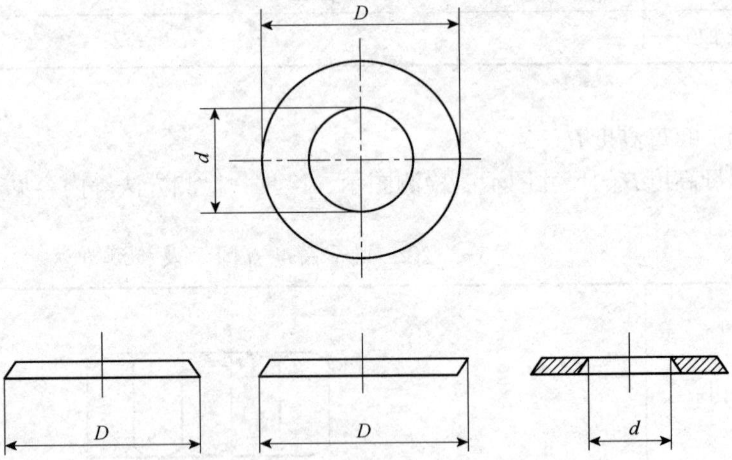	
检具	游标卡尺	适用类型
检测方法	使用游标卡尺直接测量外圆尺寸 D 与内孔尺寸 d	普通检测
	使用投影仪计量外圆尺寸 D 与内孔尺寸 d	仲裁检测
注意事项	外圆检测时按上图要求检测最大端面值，内孔检测为小孔端面值	

3）孔径 d

孔径 d 的尺寸图示、检测图示、检具、检测方法等内容见表3-3-23。

表3-3-23　孔径 d 图示及检测方法

尺寸图示	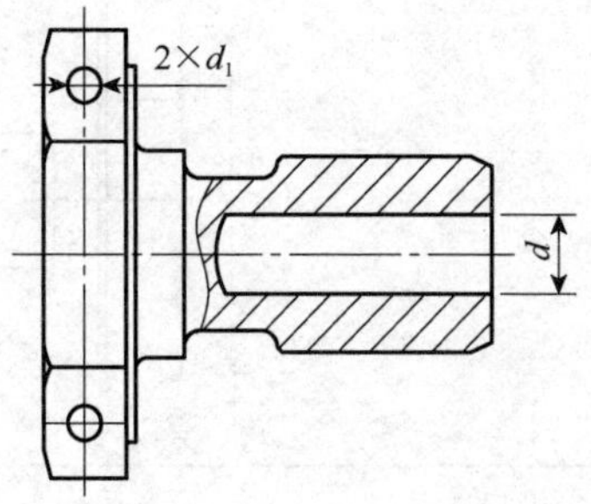	
检具	光滑塞规、游标卡尺、内径千分尺	适用类型
检测方法	使用上下极限偏差的光滑塞规检测孔通止	计数检测
	使用游标卡尺直接测量（一般情况下，公差大于0.2mm使用）	普通检测
	使用内径千分尺进行测量	仲裁检测
注意事项	使用游标卡尺及内径千分尺测量时，需旋转测量产品孔径一周，防止圆周上的尺寸不一致造成产品局部超差	

4）头下垫片直径 D

头下垫片直径 D 的尺寸图示、检测图示、检具、检测方法等内容见表3-3-24。

表3-3-24　头下垫片直径 D 图示及检测方法

尺寸图示	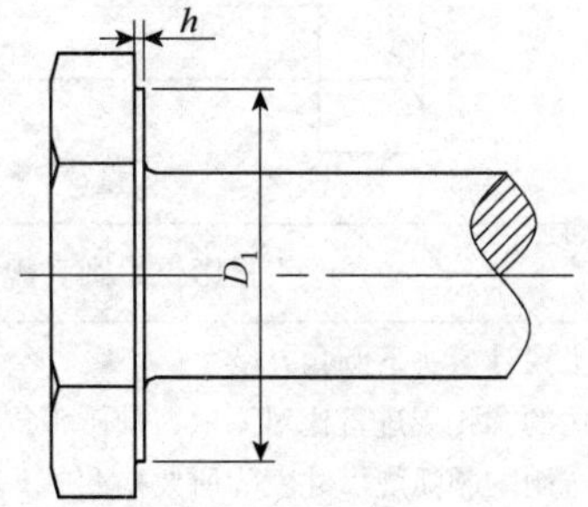	
检具	游标卡尺、投影仪	适用类型
检测方法	使用游标卡尺沿产品圆周测量一周，记录其范围值	普通检测
	使用投影仪计量	仲裁检测
注意事项	当垫片厚度小于0.5mm时，因垫片外圆上有刀具圆弧半径，需使用投影仪进行测量	

5）倒角圆直径 D_1

倒角圆直径 D_1 的尺寸图示、检测图示、检具、检测方法等内容见表3-3-25。

表3-3-25　倒角圆直径 D_1 图示及检测方法

尺寸图示	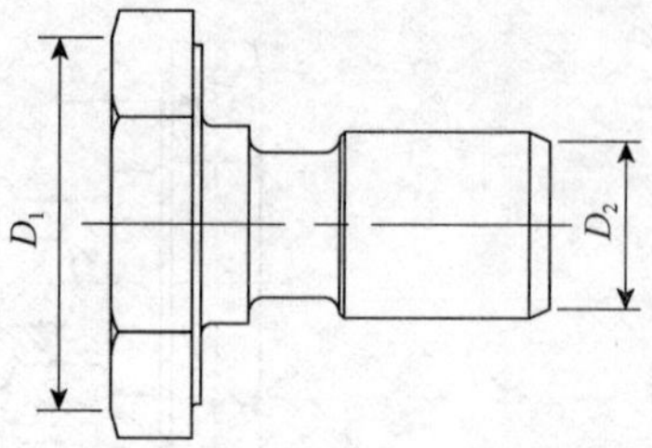	
检具	游标卡尺、投影仪	适用类型
检测方法	使用游标内测量爪卡尺比对测量	普通检测
	使用投影仪计量，取倒角线与端面的交点，测量两交点间的距离，即为倒角圆直径	仲裁检测
注意事项	因本尺寸为斜面相交形成，一般情况下公差大于0.5mm时，采用游标卡尺测量；小于0.5mm需要使用投影仪计量	

6）头下圆角半径 R

头下圆角半径 R 的尺寸图示、检测图示、检具、检测方法等内容见表3-3-26。

表3-3-26　头下圆角半径 R 图示及检测方法

尺寸图示	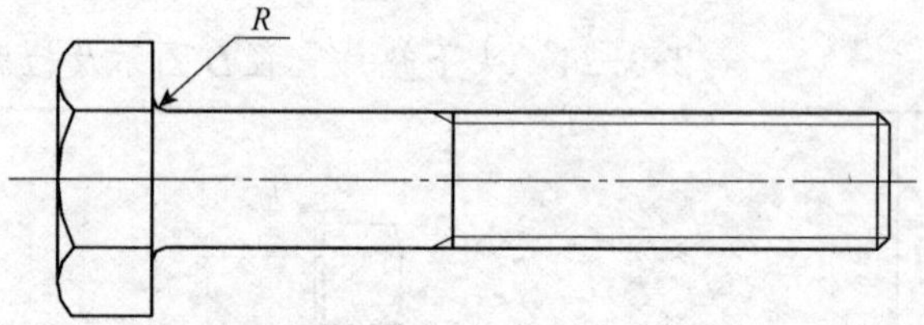	
检具	投影仪、圆弧规	适用类型
检测方法	①使用投影仪计量头下圆角 R 尺寸； ②选用合适的圆弧规进行比对测量，使圆弧规能够完全与零件圆角 R 紧密贴合，则所选用的圆弧规尺寸就为所要检测的头下圆角 R 尺寸	普通检测
	使用万能工具显微镜进行测量	仲裁检测
注意事项	一般情况下，使用投影仪测量，当尺寸公差大于0.5mm时可采用圆弧规测量，而需要仲裁时使用万能工具显微镜测量	

7）圆锥销两端圆弧 R

圆锥销两端圆弧 R 的尺寸图示、检测图示、检具、检测方法等内容见表3-3-27。

表 3-3-27　圆锥销两端圆弧 R 图示及检测方法

尺寸图示	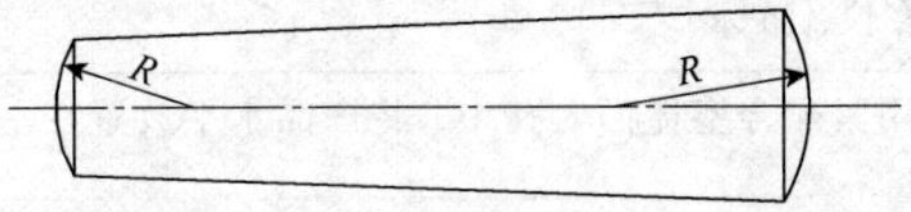	适用类型
检具	投影仪、圆弧规	适用类型
检测方法	选用合适的圆弧规进行比对测量，使圆弧规能够完全与零件圆角 R 紧密贴合，则所选用的圆弧规尺寸就为所要检测的圆角 R 尺寸	普通检测
	使用投影仪计量	仲裁检测
注意事项	一般情况下，使用投影仪测量，当尺寸公差大于 0.5mm 时可采用圆弧规测量	

8）内球面 R

内球面 R 的尺寸图示、检测图示、检具、检测方法等内容见表 3-3-28。

表 3-3-28　内球面 R 图示及检测方法

尺寸图示	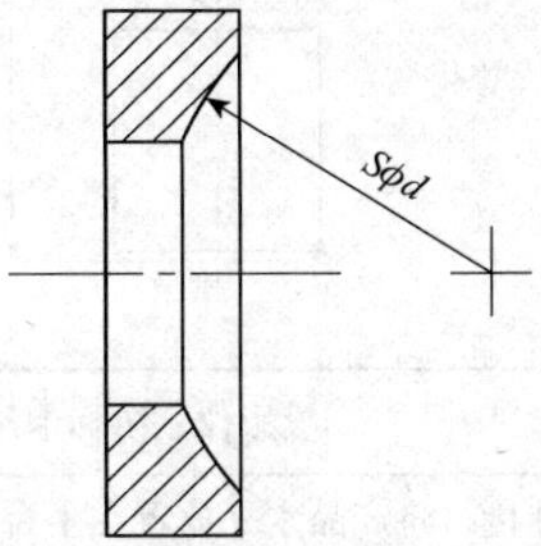	适用类型
检具	球面着色规、轮廓仪	适用类型
检测方法	使用球面着色规，将着色规表面蘸取液体印油，然后与内球面 R 配合压紧，慢慢再分开，看是否有轻微的吸力，分开后观察内球面表面是否全部被间断染色。有吸力并被不间断染色则合格，否则不合格	普通检测
	使用轮廓仪进行检测	仲裁检测
注意事项	当使用球面着色规检测时，不允许有超过 1mm 的断裂带	

9）保险孔中心距 L

保险孔中心距 L 的尺寸图示、检测图示、检具、检测方法等内容见表 3-3-29。

表 3-3-29　保险孔中心距 L 图示及检测方法

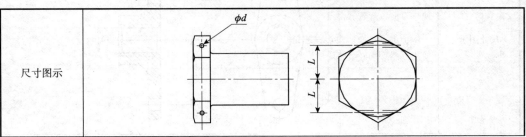

续表

检具	投影仪、游标卡尺、塞棒	适用类型
检测方法	使用紧配合塞棒插入孔中,将产品水平放置在平台上,用投影仪进行计量	仲裁检测
	使用紧配合塞棒插入孔中,再使用游标卡尺测量	普通检测
注意事项	使用投影仪计量时,注意测量塞棒的中心至中心的距离	

10）端面到孔中心距 L

端面到孔中心距 L 的尺寸图示、检测图示、检具、检测方法等内容见表3-3-30。

表3-3-30　端面到孔中心距 L 图示及检测方法

尺寸图示	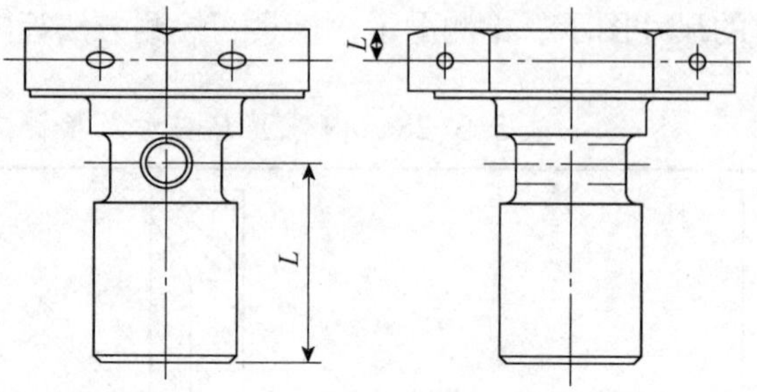	
检具	投影仪、游标卡尺、塞棒	适用类型
检测方法	使用投影仪计量,将产品水平放置在平台上,孔轴线与台垂直,然后计量孔中心到端面的距离 L	仲裁检测
	使用紧配合塞棒插入孔中,再使用游标卡尺测量端面至塞棒边缘的距离加上塞棒尺寸的一半,即为被测尺寸 L	普通检测
注意事项	使用投影仪计量时,产品孔轴线需要与台面垂直	

11）托板螺母孔中心距 L

托板螺母孔中心距 L 的尺寸图示、检测图示、检具、检测方法等内容见表3-3-31。

表3-3-31　托板螺母孔中心距 L 图示及检测方法

尺寸图示	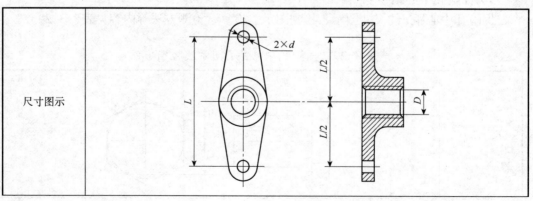

续表

检具	投影仪、游标卡尺	适用类型
检测方法	使用投影仪计量,将产品水平放置在平台上,投影选取3个孔,然后计量其距离 L 及 $L/2$	仲裁检测
	使用游标卡尺直接卡持两端小孔,测量得出结果加上孔直径 d,即为 L 尺寸	普通检测
注意事项	使用投影仪计量时,产品孔轴线需要与台面垂直	

4. 角度及锥度

1) 沉头面角度 α

沉头面角度 α 的尺寸图示、检测图示、检具、检测方法等内容见表3-3-32。

表3-3-32 沉头面角度 α 图示及检测方法

尺寸图示		
检具	投影仪	适用类型
检测方法	使用投影仪选取两沉头面素线,然后计量其角度	普通检测
注意事项	投影计量时,产品要水平放置,以避免造成测量误差	

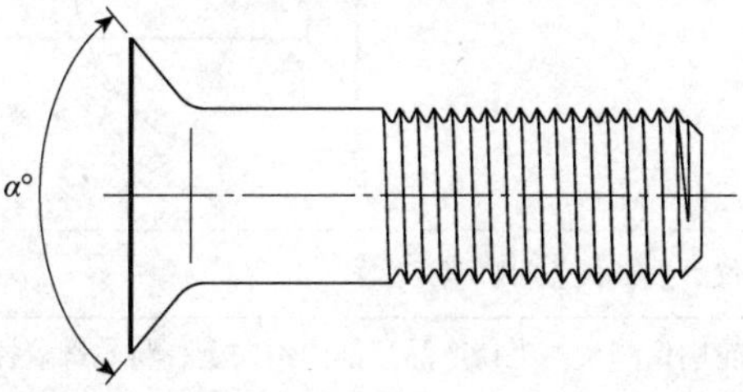

2) 螺纹倒角角度 α

螺纹倒角角度 α 的尺寸图示、检测图示、检具、检测方法等内容见表3-3-33。

表3-3-33 螺纹倒角角度 α 图示及检测方法

尺寸图示		
检具	投影仪	适用类型

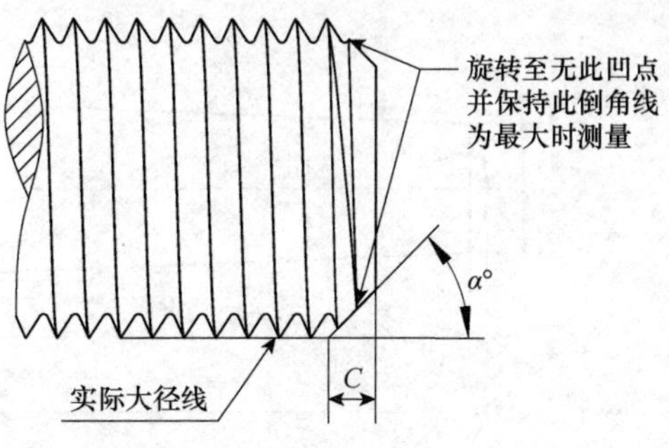

续表

检测方法	使用投影仪,将产品放平,缓慢旋转产品,使产品倒角处的凹点慢慢消失,此时投影计量倒角角度 α	普通检测
注意事项	投影计量时,产品要水平放置,以避免造成测量误差	

3)内锥角度 α

内锥角度 α 的尺寸图示、检测图示、检具、检测方法等内容见表3-3-34。

表3-3-34　内锥角度 α 图示及检测方法

尺寸图示	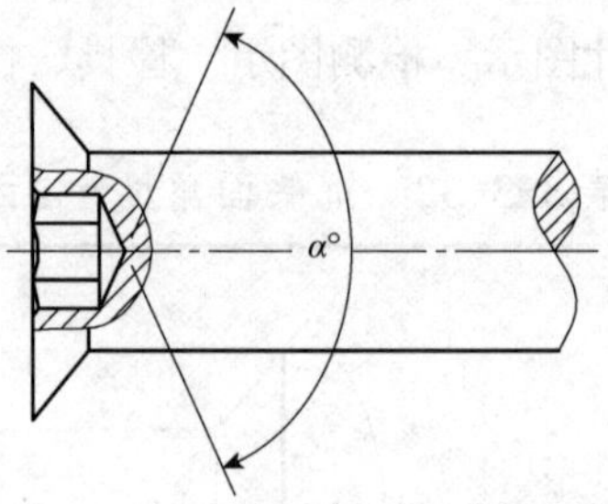	
检具	轮廓仪、投影仪、打样膏	适用类型
检测方法	使用轮廓仪测量,夹持产品杆部内锥向上,将轮廓仪探针放入内锥面一端,并调整至中心,进行测量	仲裁检测
	沿内锥中心剖开,然后投影计量其角度	普通检测
	使用打样膏进行打样印模,然后投影计量其角度	仲裁检测
注意事项	使用轮廓仪进行测量时,测针需要打在内锥中心线上	

4)圆锥销锥度 C

圆锥销锥度 C 的尺寸图示、检测图示、检具、检测方法等内容见表3-3-35。

表3-3-35　圆锥销锥度 C 图示及检测方法

尺寸图示	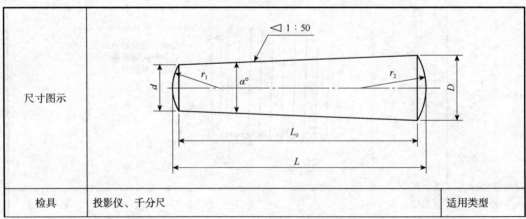	
检具	投影仪、千分尺	适用类型

续表

检测方法	锥度C是指两个垂直圆锥轴线截面的圆锥直径D和d之差与该两截面之间的轴向距离L_0之比,使用千分尺测量D与d,$C=(D-d)/L_0$		普通检测	
	使用投影仪测量角度$α$、锥度C与锥角$α$之间的关系为:$C=2\tan(α/2)$ $=1:1/2\cot(α/2)$		仲裁检测	
	常用锥度C与锥角$α$对照表			
	锥度C	锥角$α$	锥度C	锥角$α$
	1:5	11°25′28″	1:30	1°54′35″
	1:10	5°43′29″	1:50	1°8′45″
	1:20	2°51′51″	1:100	0°34′23″
注意事项	—			

3.4 形位公差及检测

零件在加工过程中不仅有尺寸误差,而且还会产生形状误差和位置误差,即形位误差。形位误差对机械产品工作性能的影响不容忽视。例如,紧固件支撑面对杆的垂直度误差会使紧固件安装后与基体不能紧密配合造成基体松动;圆柱形零件的圆度、圆柱度误差会使配合间隙不均,加剧磨损等。

3.4.1 形位公差的项目及符号

为限制机械零件几何参数的形状误差和位置误差,提高机器设备的精度,延长寿命,保证互换性生产,我国已制定形状和位置公差国家标准《产品几何技术规范(GPS)几何公差形状、方向、位置和跳动公差标注》(GB/T 1182—2008)。该标准中规定了14个形位公差项目,各项目的名称、符号及附加符号见表3-4-1和表3-4-2。

表3-4-1 形位公差项目符号

公差		特征项目	符号	有无基准要求
形状	形状	直线度	—	无
		平面度	▱	无
		圆度	○	无
		圆柱度	⌭	无
形状或位置	轮廓	线轮廓度	⌒	有或无
		面轮廓度	⌒	有或无
位置	定向	平行度	∥	有
		垂直度	⊥	有
		倾斜度	∠	有

续表

公差		特征项目	符号	有无基准要求
位置	定位	同轴（心）度	◎	有或无
		对称度	=	有
		位置度	⊕	有
	跳动	圆跳动	↗	有
		全跳动	↗↗	有

表 3-4-2 附加符号

符号	名称	符号	名称	符号	名称
A / A	基准要素	Ⓛ	最小实体要求	MD	大径
⌀2/A1	基准目标	Ⓕ	自由状态条件	PD	中径
20	理论正确尺寸	Ⓔ	包容要求	LD	小径
Ⓟ	延伸公差带	⌀—	全周（轮廓）	NC	不凸起
Ⓜ	最大实体要求	CZ	公共公差带	ACS	任意横截面

3.4.2 形位公差的定义、标注和解释

1. 形状公差

形状公差是指单一实际要素的形状所允许的变动量。形状公差带是限制实际被测要素变动的一个区域，具体见表3-4-3。

形状误差是被测实际要素的形状对其理想要素的变动量。

表3-4-3 形状公差带定义、标注及解释

特征	公差带定义	标注和解释
直线度	在给定平面内，公差带是距离为公差值 t 的两平行直线之间的区域 	被测圆柱面与任一素线必须位于在该平面内距离为0.02mm的两平行直线内 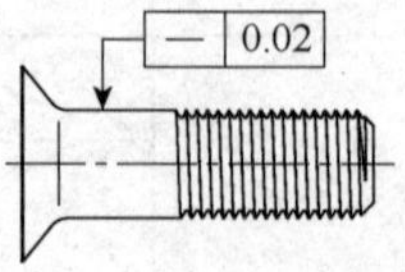 — 0.02

续表

特征	公差带定义	标注和解释
直线度	如在公差值前加注 ϕ，则公差带是直径为 t 的圆柱面内的区域 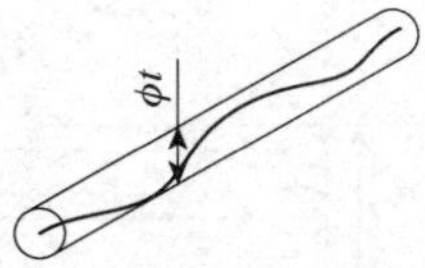	被测圆柱体的轴线必须位于直径为 $\phi 0.08$mm 的圆柱面内 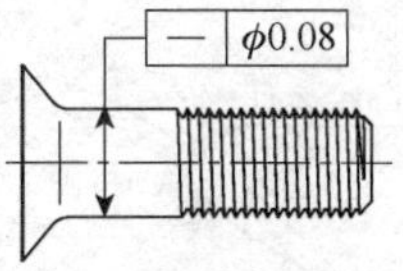
平面度	公差带是距离为公差值 t 的两平行平面之间的区域 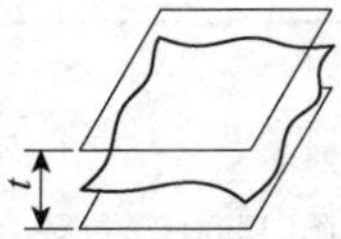	被测表面必须位于距离为公差值 0.08mm 的两平行平面内 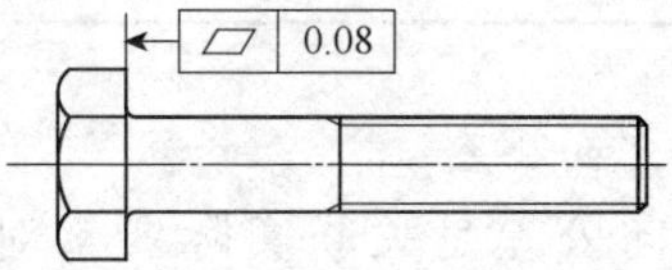
圆度	公差带是在同一截面上，半径差为公差值 t 的两同心圆之间的区域 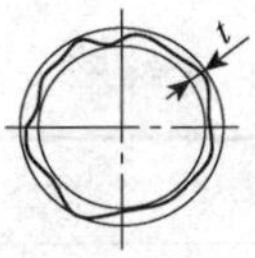	被测圆或圆柱面任一截面的圆周必须位于半径差为 0.20mm 的两同心圆之间 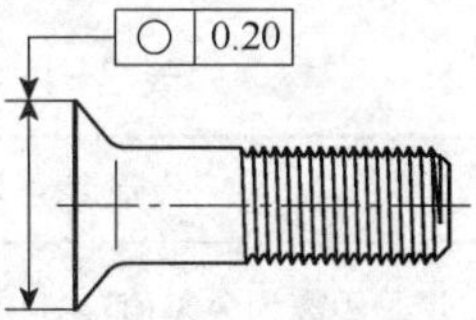
圆柱度	公差带是半径差为公差值 t 的两同轴圆柱面之间的区域 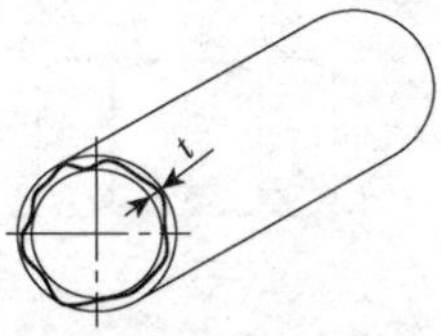	被测圆柱面必须位于半径差为公差值 0.10mm 内的两同轴圆柱面之间 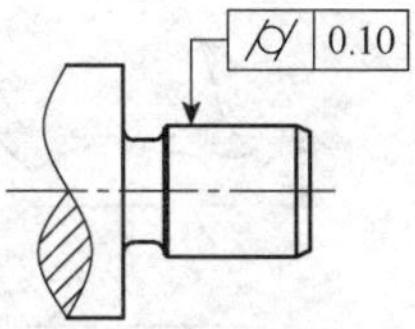
线轮廓度	公差带是包括一系列直径为公差值 t 的圆的两包络线之间的区域，各圆心在理想轮廓上 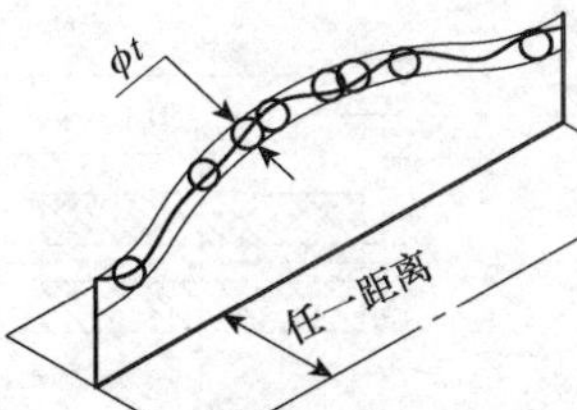	被测表面轮廓线必须位于公差值为 $\phi 0.05$mm 的圆的两包络线之间。在图上，理想轮廓必须用带□的理论正确尺寸表示出来 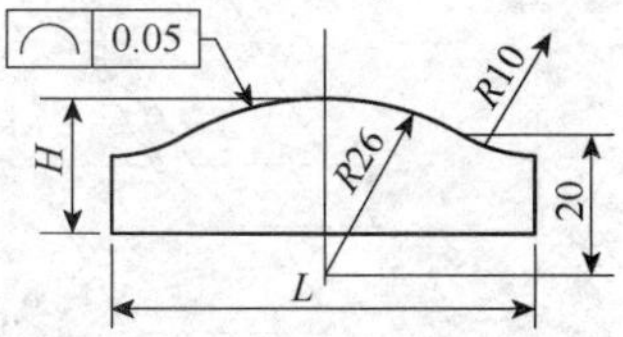

续表

特征	公差带定义	标注和解释
面轮廓度	公差带是包括一系列直径为公差值t的球的两包络面之间的区域,各球的球心在理想轮廓面上 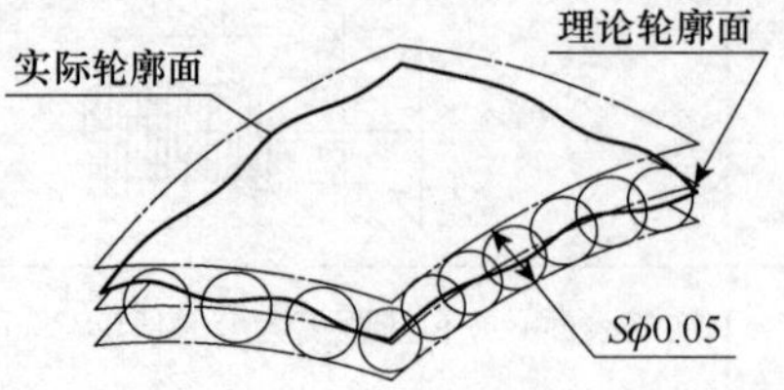 （图示：理论轮廓面、实际轮廓面、$S\phi 0.05$）	被测表面轮廓面必须位于公差为$S\phi 0.05$mm的球的两包络面之间 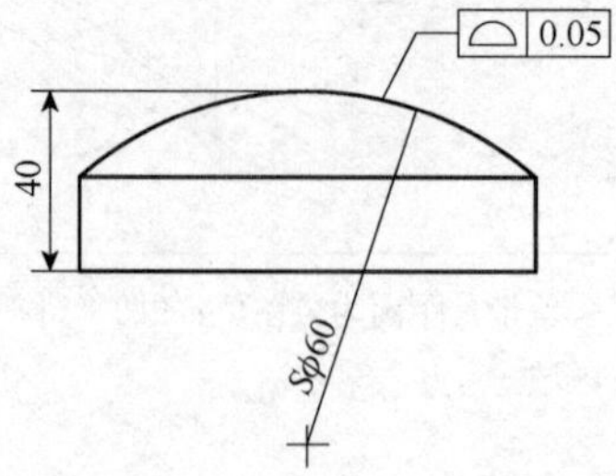 （图示：40、$S\phi 60$、⌒ 0.05）

2. 定向公差

定向公差是关联实际要素对其具有确定方向的理想要素的允许变动量（表3-4-4）。理想要素的方向由基准及理论正确尺寸或角度确定。当理论正确角度为0°时,称为平行度公差;为90°时,称为垂直度公差;为其他任意角度时,称为倾斜度公差。

表3-4-4 定向公差带定义、标注及解释

特征	公差带定义	标注和解释
平行度（面对面）	公差带是距离为公差值t,且平行于基准平面的两平行平面之间的区域 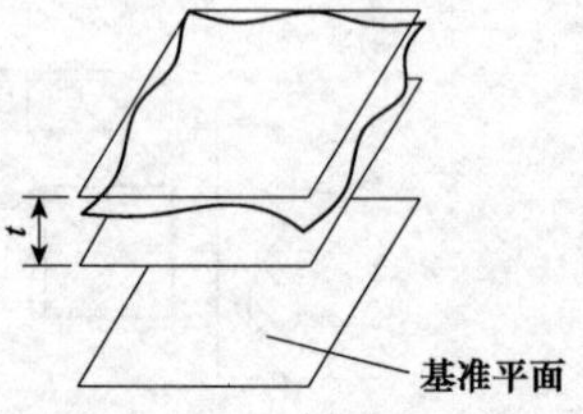 （图示：t、基准平面）	被测表面必须位于距离为公差值0.10mm,且平行于基准面A的两平行平面之间 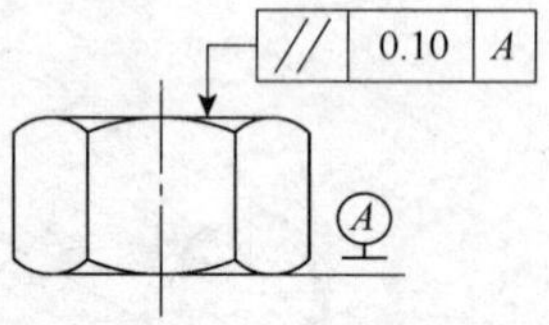 （图示：∥ 0.10 A）
平行度（线对面）	公差带是距离为公差值t,且平行于基准平面的两平行平面之间的区域 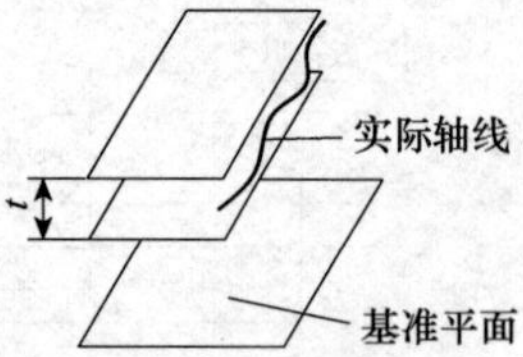 （图示：t、实际轴线、基准平面）	被测轴线必须位于距离为公差值0.10mm,且平行于基准面A的两平行平面之间 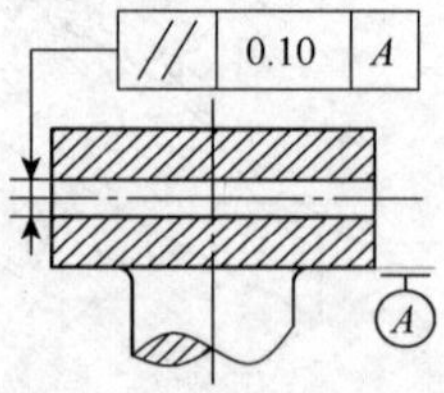 （图示：∥ 0.10 A）

续表

特征	公差带定义	标注和解释
平行度（线对线）	公差带是直径为公差值t，且平行于基准轴线的圆柱面内的区域 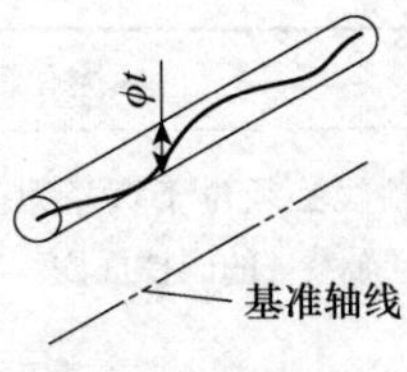	被测轴线必须位于直径为公差值0.1mm，且平行于基准轴线的圆柱面内 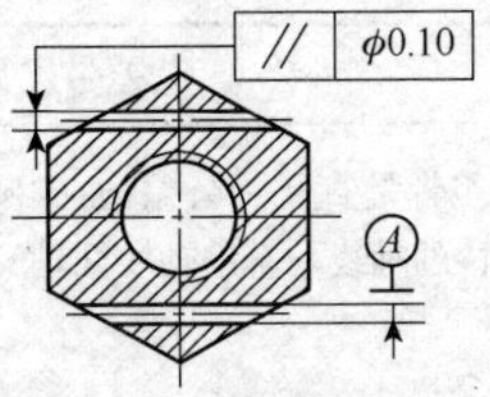
垂直度（面对线）	公差带是距离为公差值t，且垂直于基准轴线的两平行平面之间的区域 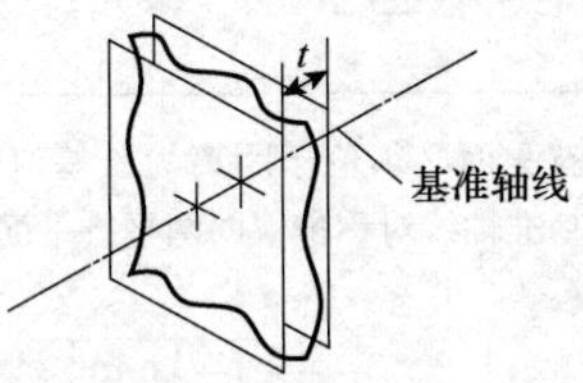	被测平面必须位于距离为公差值0.1mm，且垂直于基准线A的两平行平面之间 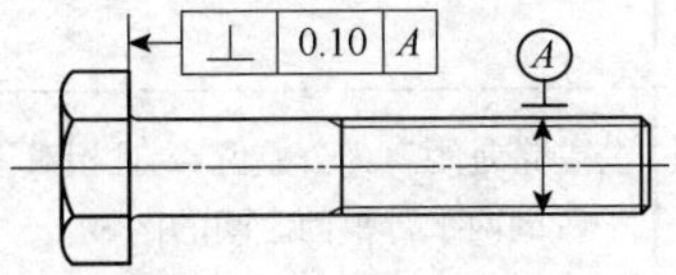
垂直度（面对面）	公差带是距离为公差值t，且垂直于基准平面的两平行平面之间的区域 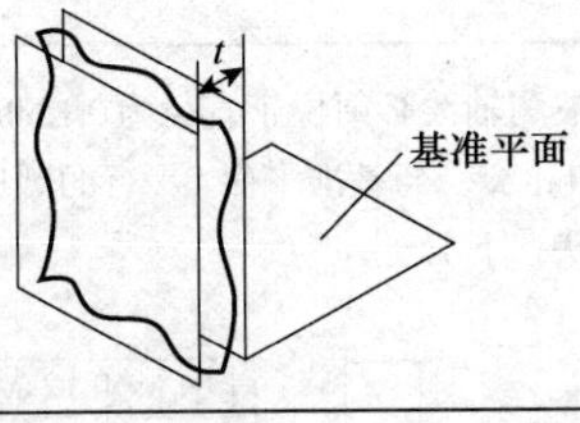	被测面必须位于距离为公差值0.1mm，且垂直于基准面A的两平行平面之间 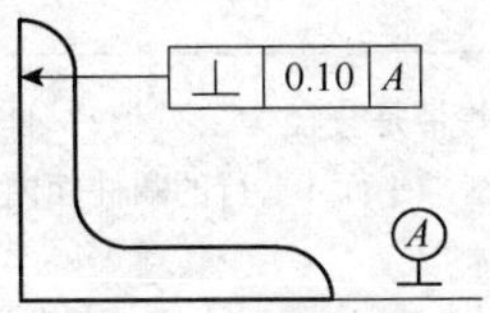
倾斜度	公差带是距离为公差值t，且与基准线成一定角度α的两平行平面之间的区域 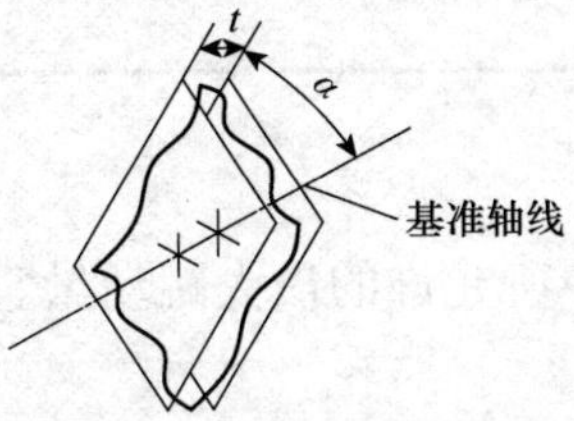	被测表面必须位于距离为公差值0.1mm，且与基准线A成理论正确角度75°的两平行平面之间 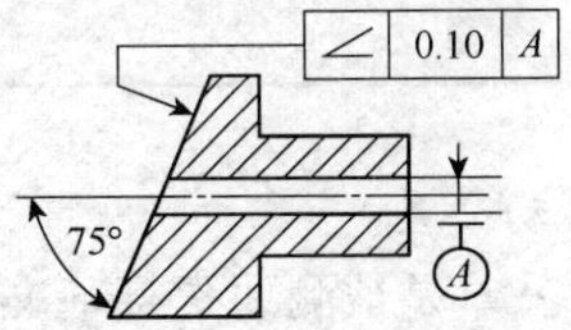

3. 定位公差

定位公差是关联实际要素对其具有确定位置的理想要素的允许变动量。理想要素的位置由基准及理论正确尺寸确定。当理论正确尺寸为零，且基准要素和被测要素均为轴线时，称为同轴度公差；当理论正确尺寸为零，基准要素或被测要素为其他中心要素时，称为对称度；在其他情况下均称为位置度公差。定位公差带的定义、标况及解释见表3-4-5。

表3-4-5 定位公差带定义、标注及解释

特征	公差带定义	标注和解释
同轴度	公差带是直径为公差值 t 的圆柱面内的区域，该圆柱的轴线与基准轴线同轴 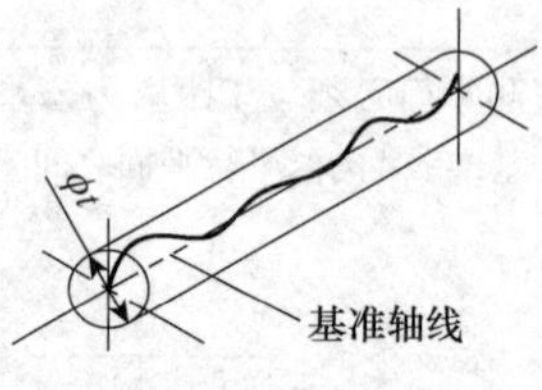	被测轴线必须位于直径为公差值0.1mm，且同轴于基准轴线 A 的圆柱面内 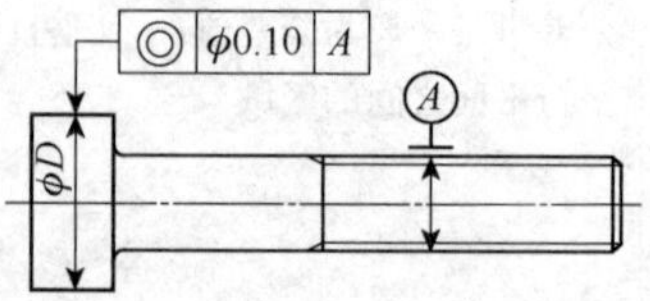
对称度	公差带是距离为公差值 t，且相对于基准轴线对称配置的两平行平面之间的区域 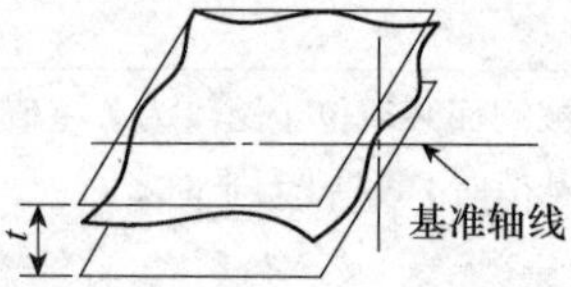	被测面必须位于距离为公差值0.1mm，且相对于基准轴线对称配置的两平行平面之间 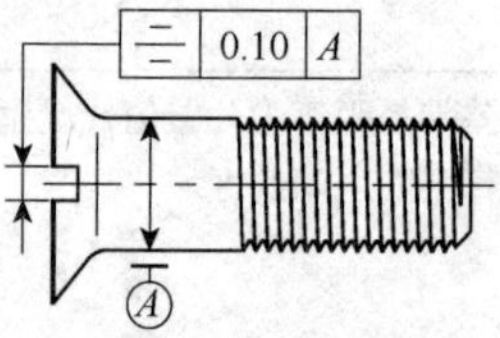
位置度	公差带是直径为公差值 t，且与基准轴线 B 相交，与基准平面 A 平行的圆柱面内的区域 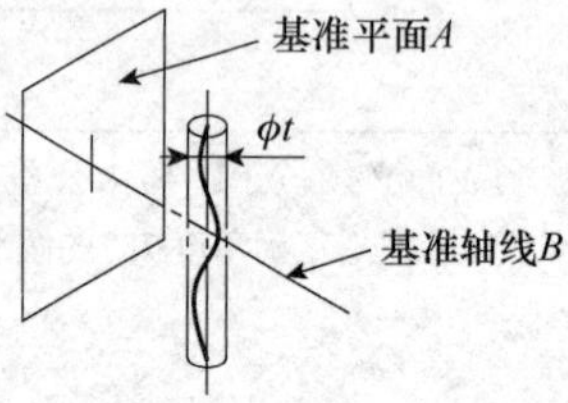	被测轴线必须位于直径为0.12mm，且与基准轴线 B 相交，与基准平面 A 平行的圆柱面内（最大实体状态下） 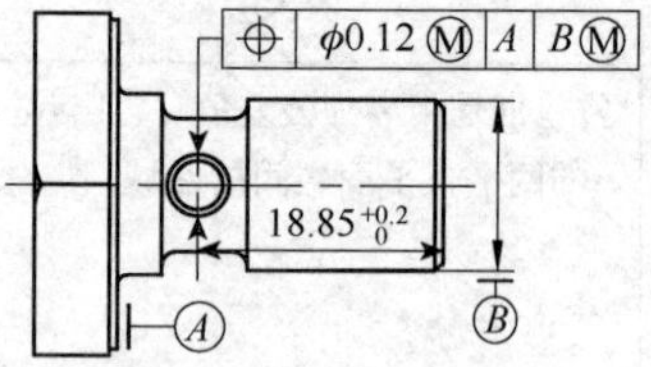

4. 跳动公差

跳动公差是被测要素绕基准要素回转过程中所允许的最大跳动量。跳动公差分为圆跳动公差和全跳动公差。

圆跳动公差是控制被测要素在某个测量截面内相对于基准轴线的变动量。圆跳动公差又分为径向圆跳动公差、端面圆跳动公差和斜向圆跳动公差。全跳动公差是控制整个被测要素在连续测量时相对于基准轴线的跳动量。全跳动公差分为径向全跳动公

差和端面全跳动公差。跳动公差带的定义、标况及解释见表3-4-6。

表3-4-6 跳动公差带定义、标注及解释

特征	公差带定义	标注和解释
圆跳动（径向）	公差带是在垂直于基准轴线的任意测量平面内半径差为公差值t，且圆心在基准轴线上的两个同心圆之间的区域 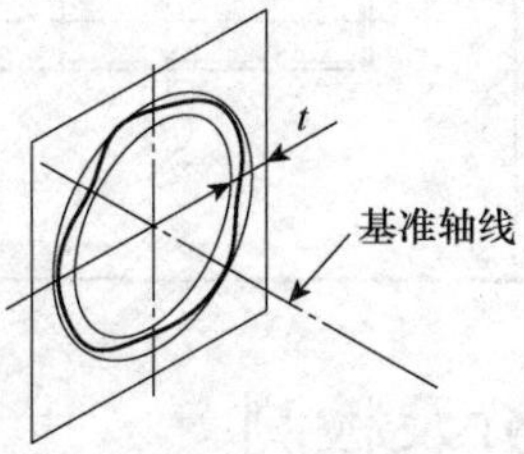	被测要素围绕基准线A旋转一周时（无轴向移动），在任一测量平面内的径向圆跳动量均小于0.10mm 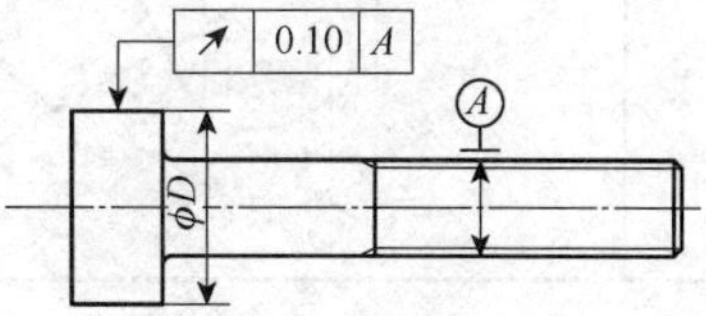
圆跳动（端面）	公差带是在与基准同轴的任一半径位置测量圆柱面上距离为t的圆柱面区域 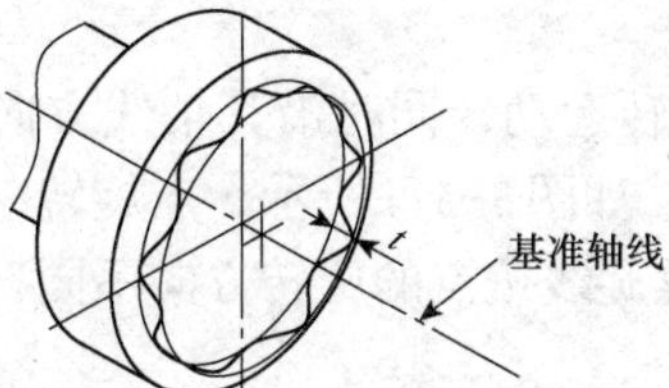	被测面绕基准线A旋转一周时（无轴向移动），在任一测量圆周线上的轴向跳动量均小于0.10mm 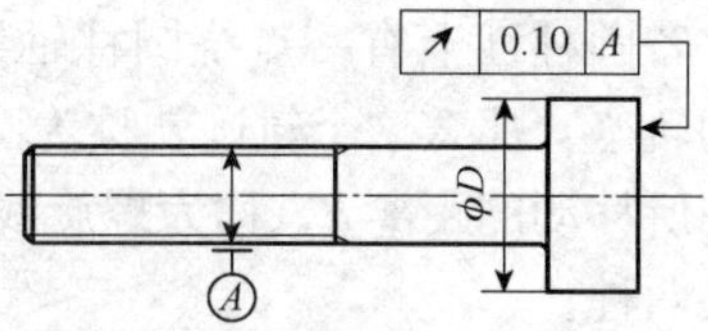
圆跳动（斜向）	公差带是在与基准轴线同轴的任一测量面上距离为t的两圆之间的区域。除非另有规定，其测量方向应与被测面垂直 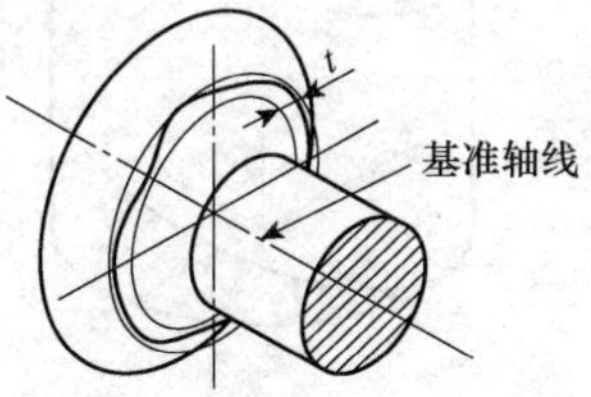	被测面绕基准线旋转一周时（无轴向移动），在任一测量圆锥面上的跳动量均不得大于0.10mm 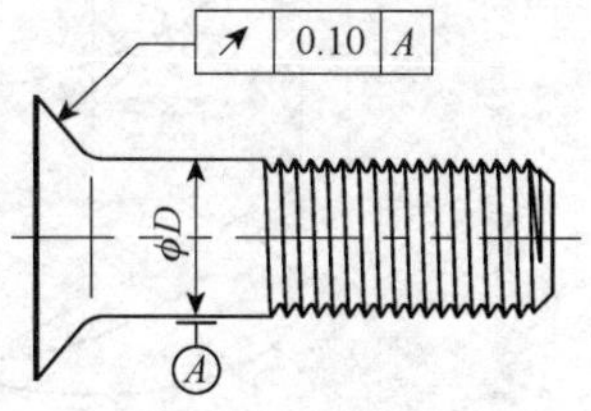
全跳动（径向）	公差带是半径差为公差值t，且与基准同轴的两圆柱面之间的区域 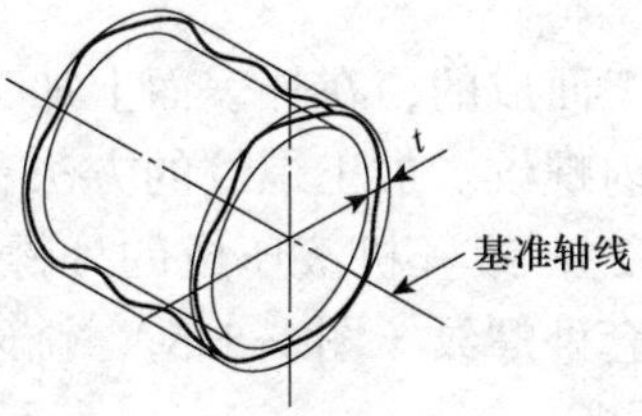	被测要素围绕基准线A连续旋转，且零件做轴向移动，此时在被测要素上的各点读数差均小于0.1mm 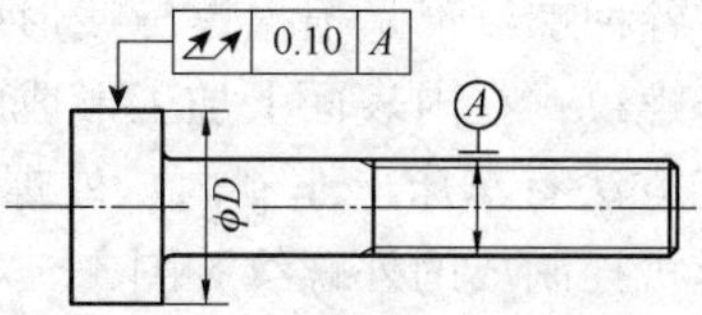

续表

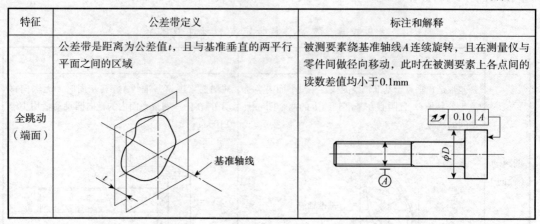

特征	公差带定义	标注和解释
全跳动（端面）	公差带是距离为公差值t，且与基准垂直的两平行平面之间的区域	被测要素绕基准轴线A连续旋转，且在测量仪与零件间做径向移动，此时在被测要素上各点间的读数差值均小于0.1mm

3.5 螺纹的简介及检测

3.5.1 螺纹的形成及加工方法

1. 螺纹的形成

若圆柱面上有一点绕圆柱轴线做等速旋转运动，同时沿其轴线方向做等速直线运动的轨迹，那么这个轨迹就称为圆柱螺旋线，如图3-5-1所示。点旋转一周沿圆柱轴线方向所移动的距离P，称为螺旋线的导程。螺旋线按点的旋转方向不同，可分为右旋与左旋两种。

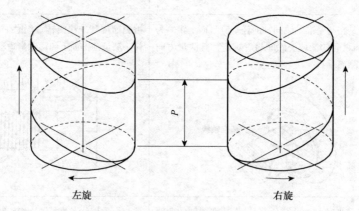

图3-5-1　圆柱螺旋线的形成

2. 螺纹的加工方法

各种螺纹都是根据螺旋线形成的原理加工而成的，在外表面上加工形成的螺纹称为外螺纹；在内表面上加工形成的螺纹称为内螺纹。加工螺纹的方法有多种，常见的加工方法有车床上车制内、外螺纹（图3-5-2），滚丝机滚压成的外螺纹（图3-5-3），挫丝机挫制成的外螺纹（图3-5-4），用板牙套外螺纹（图3-5-5），铣床铣制的内、外螺纹，用丝锥攻的内螺纹等。

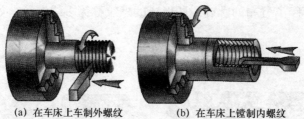

(a) 在车床上车制外螺纹　　(b) 在车床上镗制内螺纹

图 3-5-2　在车床上加工内、外螺纹

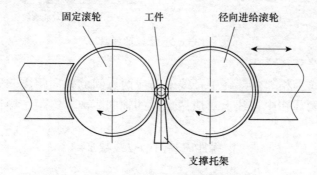

图 3-5-3　滚压外螺纹

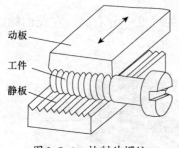

图 3-5-4　挫制外螺纹

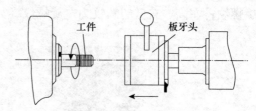

图 3-5-5　板牙套外螺纹

3.5.2　螺纹的要素

螺纹的要素包括牙型、直径、螺距、线数和旋向，只有螺纹的所有要素都相同的外螺纹和内螺纹才能相互旋合。

1. 牙型

在通过螺纹轴线的剖视图上，牙齿的轮廓形状称为牙型。常见的牙型有三角形、梯形、锯齿形和矩形等。螺纹的牙型不同，其用途也不相同。

2. 直径

螺纹的直径分为大径、中径、小径，外螺纹的大径和内螺纹的小径也称为顶径，螺纹的大径又称为公称直径。

3. 线数（n）

螺纹有单线螺纹和多线螺纹。沿一条螺旋线所形成的螺纹称为单线螺纹，沿两条或多条可在轴向等距离分布的螺旋线所形成的螺纹称为多线螺纹，如图3-5-6所示。

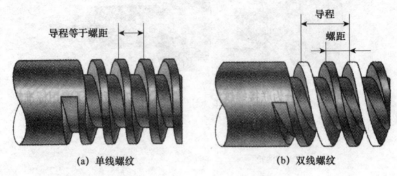

(a) 单线螺纹　　　　　　　　(b) 双线螺纹

图3-5-6　螺纹的线数

4. 螺距P和导程P_h

螺距是指螺纹上相邻两牙在中径线上对应两点间的轴向距离。导程是指在同一条螺旋线上的相邻两牙在中径线上对应两点间的轴向距离。螺距、导程和线数三者之间的关系为

$$螺距 P = 导程 P_h / 线数 n$$

5. 旋向

螺纹旋向分为右旋和左旋。内、外螺纹旋合时，顺时针旋转旋入的螺纹为右旋螺纹；逆时针旋转旋入的螺纹为左旋螺纹。

旋向判定方法：将外螺纹轴线竖直放置，螺纹的可见部分右高、左低的螺纹为右旋螺纹；左高、右低的螺纹为左旋螺纹，如图3-5-7所示。

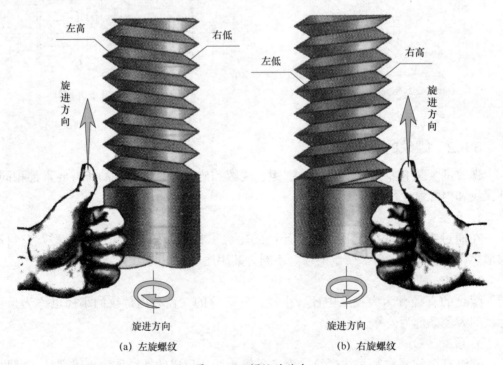

(a) 左旋螺纹　　　　　　　　(b) 右旋螺纹

图3-5-7　螺纹的旋向

3.5.3 螺纹的种类

1. 按螺纹在母体位置分类

按其在母体所处位置分为外螺纹、内螺纹两种，如图3-5-8所示。

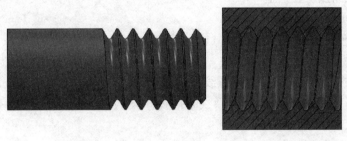

(a) 外螺纹　　　　　　(b) 内螺纹

图3-5-8　圆柱螺母外螺纹与内螺纹

2. 按母体形状分类

按其母体形状分为圆柱螺纹（图3-5-8）和圆锥螺纹（图3-5-9）。

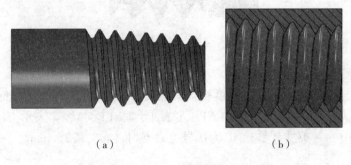

(a)　　　　　　(b)

图3-5-9　圆锥螺纹

3. 按螺纹的牙形分类

按牙型可分为三角形螺纹、梯形螺纹、矩形螺纹、锯齿形螺纹（图3-5-10）。

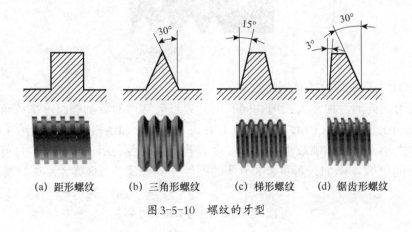

(a) 距形螺纹　　(b) 三角形螺纹　　(c) 梯形螺纹　　(d) 锯齿形螺纹

图3-5-10　螺纹的牙型

4. 按螺纹线数分类

按螺纹线数分类，可分为单线螺纹和多线螺纹（图3-5-6）。

5. 按螺纹旋入方向分类

按螺纹旋入方向可分为左旋螺纹和右旋螺纹两种（图3-5-7），右旋不标注，左旋加LH表示，如M24×1.5LH。

6. 按螺纹用途不同分类

1）国际公制标准螺纹（图3-5-11）

我国国家标准 CNS 采用的螺纹。牙顶为平面，易于车削，牙底则为圆弧形，以增加螺纹强度。螺纹角为60°。此种螺纹可分为普通螺纹（规格以M表示）、MJ螺纹（规格以MJ表示）。公制螺纹可分粗牙及细牙两种。表示方法如 M8×1.25（M为代号，8为公称直径，1.25为螺距）。

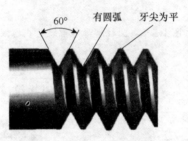

图3-5-11 公制标准螺纹

2）美国标准螺纹（图3-5-12）

螺纹顶部与根部皆为平面，强度较佳。螺纹角也为 60°，规格以每英寸牙数表示。此种螺纹可分为粗牙（NC）、细牙（NF）、特细牙（NEF）3级。表示方法如 1/2-10NC（1/2为外径；10为每英寸牙数；NC为代号）。1英寸（in）是25.4mm。

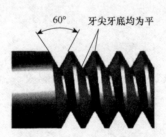

图3-5-12 美国标准螺纹

3）三统一标准螺纹（英制螺纹）

由美国、英国、加拿大三国共同制定，为目前常用的英制螺纹。螺纹角也为60°。此种螺纹可分为粗牙（UNC）、细牙（UNF）、特细牙（UNEF）和抗疲劳（UNJ）。英制螺纹的大小，通常以螺纹上每英寸长度有若干螺纹数表示，简称"每英寸牙数"，等于螺距的倒数。例如，每英寸8个牙的螺纹，其螺距为1/8英寸。英制螺纹的表示法为

LH 2N 5/8×3-13UNC-2A

其中：LH为左螺纹（RH为右螺纹，可省略）；2N表示双线螺纹；5/8表示英制螺纹，外径为5/8英寸；3表示螺栓长度为3；13表示螺纹每英寸牙数为13个牙；UNC统一标准螺纹粗牙；2表示2级配合，外螺纹（3为紧配合，2为中配合，1为松配合）；A表示外螺纹（可省略）（B为内螺纹）。

4）V形螺纹（图3-5-13）。

V形螺纹的顶部与根部均呈尖状，强度较弱，不常使用。螺纹角为60°。

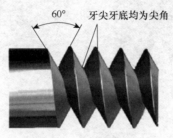

图3-5-13　V形螺纹

5）惠式螺纹（图3-5-14）

惠式螺纹是英国国家标准采用的螺纹。螺纹角为55°，表示符号为"W"，适用于滚压法制造，表示法如W1/2-10（1/2为外径，10为每英寸牙数，W为代号）。

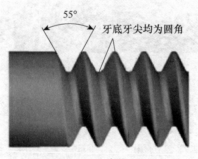

图3-5-14　惠式螺纹

6）圆螺纹（图3-5-15）

圆螺纹为德国DIN所制定的标准螺纹，适用于灯泡、橡皮管的连接，表示符号为"Rd"。

图3-5-15　圆螺纹

7）管用螺纹（图3-5-16）

管用螺纹为防止泄漏用的螺纹，经常用于气体或液体的管件连接。螺纹角为55°，可分为直管螺纹（代号为"P.S.、N.P.S."）和锥管螺纹（代号为"N.P.T."），其锥度为1∶16，即每尺3/4寸。

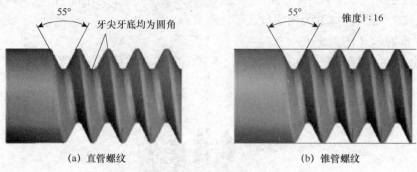

图3-5-16 管用螺纹

8）方螺纹（图3-5-17）

方螺纹的传动效率大，仅次于滚珠螺纹，而其缺点是磨损后无法用螺帽调整。一般用于虎钳的螺杆及起重机的螺纹。

图3-5-17 方螺纹

9）梯形螺纹（图3-5-18）

梯形螺纹又称为爱克姆螺纹。传动效率较方螺纹稍小，但磨损后可用螺帽调整。公制的螺纹角为30°；英制的螺纹角为29°。一般用于车床的导螺杆，表示符号为"Tr"。

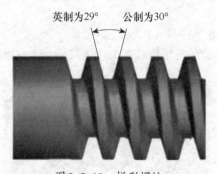

图3-5-18 梯形螺纹

10）锯齿形螺纹（图3-5-19）

锯齿形螺纹又称为斜方螺纹，只适于单方向传动，如螺旋千斤顶、加压机等，表示符号为"Bu"。

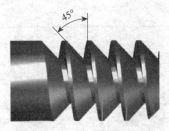

图 3-5-19　锯齿形螺纹

11）滚珠螺纹（图 3-5-20）

滚珠螺纹是传动效率最好的螺纹，但制造困难，成本极高，通常用于精密机械上，如数控机床的导螺杆。

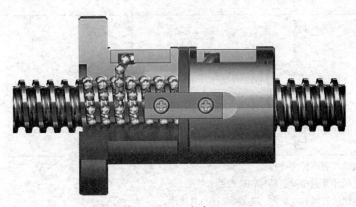

图 3-5-20　滚珠螺纹

3.5.4　普通螺纹的标记方法

由于各种不同规格螺纹的画法都是相同的，螺纹的要素和制造精度等无法在图中表示出来，所以要通过标注螺纹代号或标记来说明。

普通螺纹的完整标记为

$$\text{螺纹代号-公差带代号-旋合长度代号}$$

其中螺纹代号的内容和格式为

$$\text{特征代号公称直径} \times \text{螺距或导程}(P\text{螺距})\text{-旋向}$$

普通螺纹标记示例见表 3-5-1。

表 3-5-1　普通螺纹标记示例

类型	标注示例	说明
粗牙螺纹	M10-5g6g	表示公称直径为10mm的粗牙普通外螺纹，螺纹旋向为右旋，中、大径公差代号分别为5g6g，中等旋合长度

续表

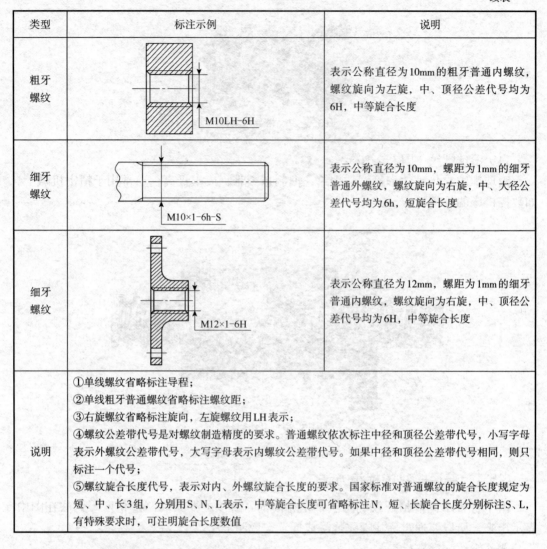

类型	标注示例	说明
粗牙螺纹	M10LH-6H	表示公称直径为10mm的粗牙普通内螺纹，螺纹旋向为左旋，中、顶径公差代号均为6H，中等旋合长度
细牙螺纹	M10×1-6h-S	表示公称直径为10mm，螺距为1mm的细牙普通外螺纹，螺纹旋向为右旋，中、大径公差代号均为6h，短旋合长度
细牙螺纹	M12×1-6H	表示公称直径为12mm，螺距为1mm的细牙普通内螺纹，螺纹旋向为右旋，中、顶径公差代号均为6H，中等旋合长度
说明	①单线螺纹省略标注导程； ②单线粗牙普通螺纹省略标注螺纹距； ③右旋螺纹省略标注旋向，左旋螺纹用LH表示； ④螺纹公差带代号是对螺纹制造精度的要求。普通螺纹依次标注中径和顶径公差带代号，小写字母表示外螺纹公差带代号，大写字母表示内螺纹公差带代号。如果中径和顶径公差带代号相同，则只标注一个代号； ⑤螺纹旋合长度代号，表示对内、外螺纹旋合长度的要求。国家标准对普通螺纹的旋合长度规定为短、中、长3组，分别用S、N、L表示，中等旋合长度可省略标注N，短、长旋合长度分别标注S、L，有特殊要求时，可注明旋合长度数值	

3.5.5 普通螺纹的几何参数

1. 原始三角形高度（H）

原始三角形高度是指原始三角形的顶点到底边的距离。原始三角形为等边三角形，H与螺距P之间的关系为

$$H=\sqrt{3}P/2 \tag{3-5-1}$$

2. 大径（D、d）

螺纹大径的基本尺寸也是螺纹的公称直径，是在基本牙型上与外螺纹牙顶（内螺纹牙底）相重合的假想圆柱的直径，如图3-5-21所示。内、外螺纹的大径分别用D、d表示。外螺纹的大径又称为外螺纹的顶径。

3. 小径（D_1、d_1）

螺纹的小径是指在螺纹基本牙型上，与内螺纹牙顶（外螺纹牙底）相重合的假想

圆柱的直径，如图3-5-21所示。内、外螺纹的小径分别用D_1、d_1表示。

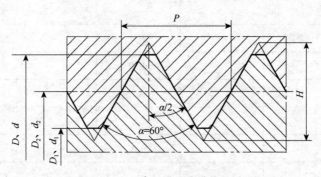

图3-5-21　普通螺纹的基本尺寸

4. 中径（D_2、d_2）

螺纹的中径是一个假想圆柱的直径，该圆柱的母线通过螺纹牙型的沟槽与凸起宽度相等的地方，如图3-5-21所示。内、外螺纹的中径分别用D_2、d_2表示。

5. 螺距（P）

在螺纹中径圆柱面的母线（中径线）上，相邻两同侧牙侧面间的一段轴向长度称为螺距，如图3-5-21所示。国家标准《普通螺纹直径与螺距系列》（GB/T 193—2003）中规定了普通螺纹的直径与螺距系列，如表3-5-2所列。

6. 单一中径

单一中径是指螺纹的牙槽宽度等于基本螺距一半处所在的假想圆柱的直径。

7. 牙型角α

螺纹的牙型角是指在螺纹牙型上，相邻两个牙侧面的夹角，如图3-5-21所示，米制普通螺纹的基本牙型角为60°。

8. 牙型半角α/2

螺纹的牙型半角是指在螺纹牙型上，牙侧与螺纹轴线垂直线间的夹角，如图3-5-21所示，米制普通螺纹的基本牙型半角为30°。

表3-5-2　普通螺纹的公称直径与螺距（摘自GB/T 193—2003）

公称直径D、d			螺距P	
第一系列	第二系列	第三系列	粗牙	细牙
1			0.25	0.2
1.2			0.25	0.2
	1.4		0.3	0.2
1.6			0.35	0.2
2			0.4	0.25
2.5			0.45	0.35

续表

公称直径 D、d			螺距 P	
第一系列	第二系列	第三系列	粗牙	细牙
3			0.50	0.35
4			0.7	0.5
5			0.8	0.5
6			1.0	0.75
	7		1	0.75
8			1.25	1、0.75
		9	1.25	1、0.75
10			1.5	1.25、1、0.75
		11	1.5	1、0.75
12			1.75	1.5、1.25、1
	14		2	1.5、1.25、1
16			2	1.5、1
	18		2.5	2、1.5、1
20			2.5	2、1.5、1
	22		2.5	2、1.5、1
24			3	2、1.5、1
30			3.5	2、1.5、1
36			4	3、2、1.5

我国常用的螺纹标准及与国际标准的关系见表3-5-3，国内外常用英制螺纹代号、名称和标准参见表3-5-4。

表3-5-3 我国常用的螺纹标准及与国际标准的关系

类别	标准名称	标准号	与国际标准关系
普通螺纹	普通螺纹基本牙型	GB/T 192—2003	与ISO 68等效
	直径与螺距系列	GB/T 193—2003	与ISO 261等效
	基本尺寸	GB/T 196—2003	与ISO 724等效
	公差与配合	GB/T 197—1981	与ISO 965/1等效
	偏差表	GB/T 2516—2003	与ISO 965/3等效

续表

类别	标准名称	标准号	与国际标准关系
普通螺纹	商品紧固件的普通螺纹选用系列	JB/T 7912—1999	与 ISO 262 等效
	商品紧固件的中等精度普通螺纹极限尺寸	GB/T 9145—2003	与 ISO 965/2 等效
	管路旋入端用普通螺纹尺寸系列	GB/T 1414—2003	—
光学螺纹	光学仪器特种细牙螺纹	ZBN30006—1988	—
	光学仪器用目镜螺纹	JB/T8204—1995	—
	光学仪器用短牙螺纹	JB/T5450—2007	—
紧配合螺纹	过渡配合螺纹	GB/T 1167—1996	—
	过盈配合螺纹	GB/T 1181—1998	—
小螺纹	小螺纹牙型	GB/T 15054.1—2018	与 ISO 1501 等效
	小螺纹直径与螺距系列	GB/T 15054.2—2018	—
	小螺纹基本尺寸	GB/T 15054.3—2018	—
	小螺纹公差	GB/T 15054.4—2018	—
	小螺纹极限尺寸	GB/T 15054.5—2018	—
MJ螺纹	MJ螺纹基本牙型	GJB/T 3.1	与 ISO 5855 等效
	MJ螺纹螺栓与螺母螺纹的尺寸与公差	GJB 3.2—2003	—
	MJ螺纹管路件螺纹的尺寸与公差	GJB 3.3—2003	—
	MJ螺纹结构件的尺寸与公差	GJB 3.4—2003	—
	MJ螺纹计算公式	GJB 3.5—2003	—
	MJ螺纹首尾	GJB 52—1985	—
梯形螺纹	牙型	GB/T 5796.1—1986	与 ISO 2901 等效
	直径与螺距系列	GB/T 5796.2—1986	与 ISO 2902 等效
	基本尺寸	GB/T 5796.3—1986	与 ISO 2904 等效
	公差	GB/T 5796.4—1986	与 ISO 2903 等效
	极限尺寸	GB/T 12359—1990	—
	螺纹丝杠、螺母技术条件	JB/T 2886—2008	—
锯齿形螺纹	（3°、30°）螺纹牙型	GB/T 13576.1—1992	—
	（3°、30°）直径与螺距系列	GB/T 13576.2—1992	—
	（3°、30°）螺纹基本尺寸	GB/T 13576.3—1992	—
	（3°、30°）螺纹公差	GB/T 13576.4—1992	—
	水压机45°锯齿形螺纹牙型与基本尺寸	JB 2076—1984	—

续表

类别	标准名称	标准号	与国际标准关系
管螺纹	螺纹密封的管螺纹	GB/T 7306—1987	与ISO 7/1等效
	非螺纹密封的管螺纹	GB/T 7307—2001	与ISO 228/1等效
	60°圆锥管螺纹	GB/T 12716—2002	—
锥螺纹	米制锥螺纹	GB/T 1415—1992	—
—	通用基准螺纹术语	GB/T 14791—1993	与ISO 5408等效

表3-5-4　国内外常用英制螺纹的代号、名称和标准号

标记代号	名称（或用途）	国别及标准号	备注
B.S.W.	标准惠氏粗牙系列圆柱螺纹	英国标准 BS84	牙型角为55°的英制螺纹
B.S.F.	标准惠氏细牙系列圆柱螺纹		
Whit.S	附加的惠氏可选择系列，一般用途圆柱螺纹		
Whit	惠氏牙型的非标准螺纹		
UN	恒定螺距系列的统一螺纹	美国标准 ANSIB1.1	标准牙型（牙底是平的或随意倒圆的）的内、外螺纹
UNC	粗牙系列的统一螺纹		
UNF	细牙系列的统一螺纹		
UNEF	超细牙系列的统一螺纹		
UNS	特殊系列的统一螺纹		
UNR	圆弧牙底恒定螺距系列螺纹		圆弧牙底的UNR、UNRC、UNRF、UNREF、UNRS，只用于外螺纹而没有内螺纹
UNRC	圆弧牙底粗牙系列统一螺纹		
UNRF	圆弧牙底细牙系列统一螺纹		
UNREF	圆弧牙底超细牙系列螺纹		
UNRS	圆弧牙底特殊系列统一螺纹		
NPT	一般用途的锥管螺纹	美国标准 ANSIB1.20.1	牙型角为60°的管螺纹 我国的60°圆锥管螺纹GB/T 12716—1991与之等效
NPSC	管接头用直管螺纹		
NPTR	导杆连接用锥管螺纹		
NPSM	机械连接用直管螺纹		
NPSL	锁紧螺母用直管螺纹		
NPSH	软管连接用直管螺纹		
NPTF	干密封标准型锥管螺纹	美国标准 ANSIB1.20.3	Ⅰ型
PTF-SAE SHORT	干密封短型锥管螺纹		Ⅱ型
NPSF	干密封标准型燃油用直管内螺纹		Ⅲ型
NPS1	干密封标准型一般用直管内螺纹		Ⅳ型

续表

标记代号	名称（或用途）	国别及标准号	备注
ACME	一般用途的梯形螺纹	美国标准 ANSIB1.5	牙型角为29°的传动螺纹，ACME 螺纹包括一般用途的和定心的两种配合的梯形螺纹，其中一般用途者与我国标准GB/T 5796规定的梯形螺纹的性能相类同

3.5.6 螺纹的检测

1. 螺纹的综合检测

螺纹的综合检测是使用螺纹通止量规进行检验产品螺纹的通止符合性。螺纹量规分为螺纹环规和螺纹塞规，环规由通规和止规组成，塞规由通端和止端组成。螺纹量规的通规（通端）用于检测外、内螺纹的作用中径及底径的合格性，螺纹量规的止规（止端）用于检测外、内螺纹的单一中径的合格性。

螺纹量规是按极限尺寸判断原则设计的，螺纹通规体现的是最大实体牙型边界，具有完整的牙型，若被检测螺纹的作用中径未超过螺纹的最大实体牙型中径，且被检螺纹的底径也合格，那么螺纹通规就会与被检螺纹顺利旋合。螺纹量规的止规用于检验被检螺纹的单一中径，为了避免牙型半角误差及螺距累积误差对检验的影响，止规的牙型通常做成截短型牙型，以使止端只在单一中长处与被检螺纹的牙侧接触，并且止端牙扣只做出几牙。若被检螺纹的单一中径合格，螺纹量的止规（止端）不应通过被检螺纹，但允许旋进最多2~3扣。

针对紧固件螺纹通规（T）、止规（Z）检验，如果用户验收用螺纹通或止不合格时，需要按《普通螺纹量规 技术条件》（GB/T 3934—2003）中的附录C的规定进行处理。

2. 外螺纹尺寸检测

1）外螺纹大径尺寸 d

外螺纹大径尺寸 d 的尺寸图示、检测图示、检具、检测方法等内容见表3-5-5。

表3-5-5 外螺纹大径尺寸 d 图示及检测方法

尺寸图示		
检具	千分尺、专用通止卡规	适用类型
检测方法	使用千分尺沿螺纹圆周均匀分布至少测量两次，沿螺纹轴向方向均匀分布至少测量3次，将测量结果记录为最小最大范围值	普通检测
	使用专用通止卡规测量外螺纹大径通止	计数检测
注意事项	使用通止卡规时，注意量规的合格性，是否进行过计量认定	

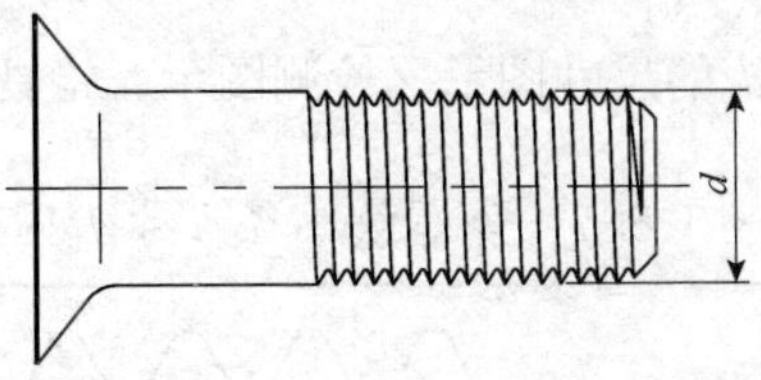

2）外螺纹单一中径尺寸 d_2

外螺纹单一中径尺寸 d_2 的尺寸图示、检测图示、检具、检测方法等内容见表3-5-6。

表3-5-6　外螺纹单一中径尺寸 d_2 图示及检测方法

尺寸图示	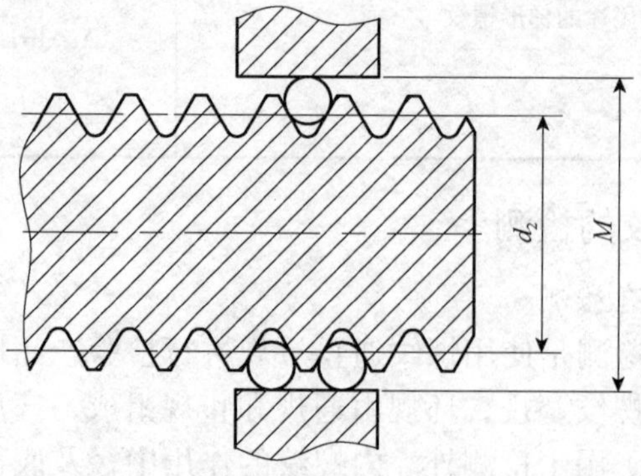	
检具	千分尺、三针、中径千分尺	适用类型
检测方法	①使用三针法测量，按被测螺纹的螺距选择合适的量针直径，按图示位置放在螺纹牙槽内，然后使用千分尺测量得到 M 值，则中径 $d_2=M-A$（A 值通过查表得到）； ②使用专用螺纹千分尺，选用对应螺距的测量头，可直接测量得出中径值	普通检测
注意事项	部分螺纹中径最佳三针直径及 A 值表	

	螺距 P	三针直径	A 值		螺距 P	三针直径	A 值
公制	0.7	0.402	0.5998	英制	18牙	0.796	1.1650
	0.8	0.461	0.6902		20牙	0.724	1.0722
	1.0	0.572	0.8500		24牙	0.572	0.7995
	1.25	0.724	1.0890		28牙	0.511	0.7474
	1.50	0.866	1.2990		32牙	0.461	0.6957
	1.75	1.008	1.5085		36牙	0.433	0.6880

3）外螺纹小径尺寸 d_1

外螺纹小径尺寸 d_1 的尺寸图示、检测图示、检具、检测方法等内容见表3-5-7。

表3-5-7　外螺纹小径尺寸 d_1 图示及检测方法

尺寸图示	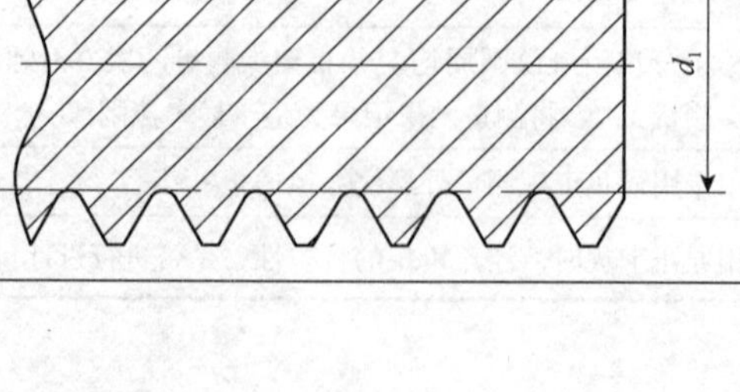

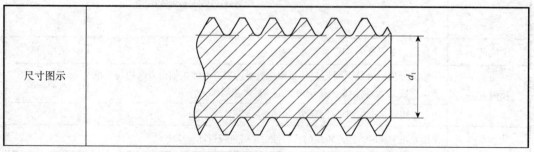

续表

检具	投影仪、工具显微镜	适用类型
检测方法	使用投影仪计量外螺纹小径尺寸	普通检测
	使用工具显微镜检测外螺纹小径尺寸	仲裁检测
注意事项	投影计量前,要清洁产品表面,以免产生测量误差	

4）外螺纹螺距 P

外螺纹螺距 P 的尺寸图示、检测图示、检具、检测方法等内容见表3-5-8。

表3-5-8　外螺纹螺距 P 图示及检测方法

尺寸图示		
检具	螺纹环规、投影仪、工具显微镜	适用类型
检测方法	使用相同规格螺纹环规综合测量	计数检测
	使用投影仪或工具显微镜计量外螺纹螺距尺寸	仲裁检测
注意事项	投影计量前,要清洁产品表面,以免产生测量误差	

5）外螺纹牙型角 α 及牙型半角 $\alpha/2$

外螺纹牙型角 α 及牙型半角 $\alpha/2$ 的尺寸图示、检测图示、检具、检测方法等内容见表3-5-9。

表3-5-9　外螺纹牙型角 α 及牙型半角 $\alpha/2$ 图示及检测方法

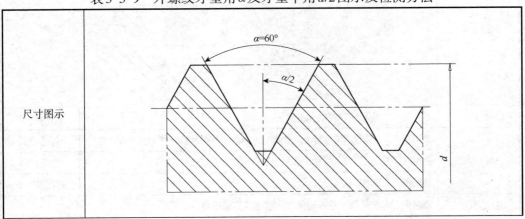

		续表
检具	投影仪、工具显微镜	适用类型
检测方法	使用投影仪计量外螺纹牙型角及牙型半角尺寸	普通检测
	使用工具显微镜检测螺纹牙型角及牙型半角	仲裁检测
注意事项	投影计量前，要清洁产品表面，以免产生测量误差	

6）MJ外螺纹牙底圆弧 r

MJ外螺纹牙底圆弧 r 的尺寸图示、检测图示、检具、检测方法等内容见表3-5-10。

表3-5-10 MJ外螺纹牙底圆弧 r 图示及检测方法

尺寸图示	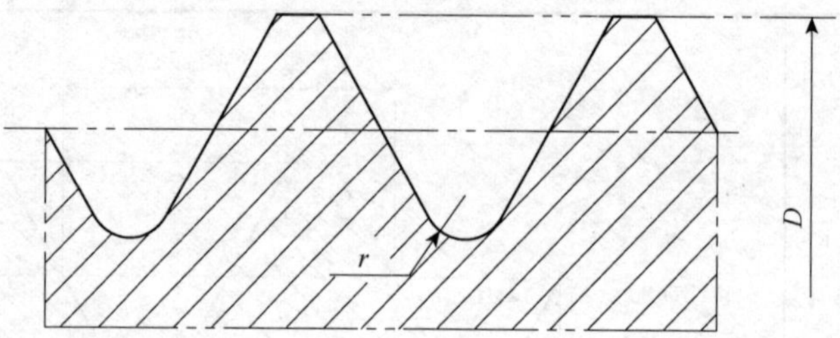	
检具	投影仪、工具显微镜	适用类型
检测方法	使用投影仪检测螺纹牙底圆弧尺寸	普通检测
	使用工具显微镜计量螺纹牙底圆弧尺寸	仲裁检测
注意事项	投影计量前，要清洁产品表面，以免产生测量误差	

3. 内螺纹尺寸检测

1）内螺纹小径尺寸 D_1

内螺纹小径尺寸 D_1 的尺寸图示、检测图示、检具、检测方法等内容见表3-5-11。

表3-5-11 内螺纹小径尺寸 D_1 图示及检测方法

尺寸图示	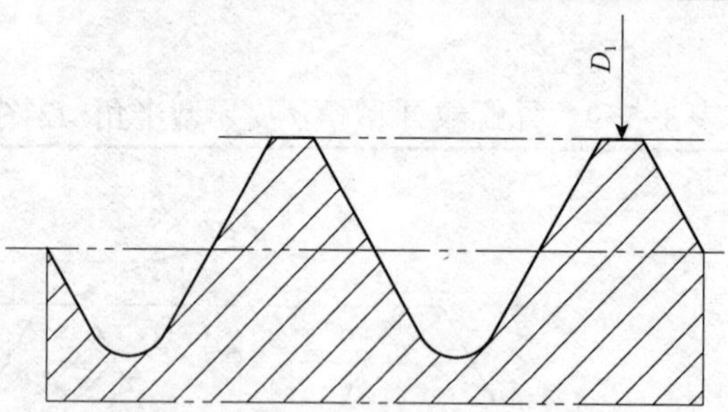	
检具	游标卡尺、内径千分尺、光滑塞规	适用类型
检测方法	使用游标卡尺内径测量爪测量，测量时至少沿内径圆周均匀分布旋转测量3次	普通检测
	使用内径千分尺测量，测量时至少沿内径圆周均匀分布旋转测量3次	仲裁检测
	使用光滑塞规测量其通止	计数检测
注意事项	测量内径时应转旋测量不同位置，防止其局部超差	

2）内螺纹中径尺寸 D_2

内螺纹中径尺寸 D_2 的尺寸图示、检测图示、检具、检测方法等内容见表3-5-12。

表3-5-12　内螺纹中径尺寸 D_2 图示及检测方法

尺寸图示	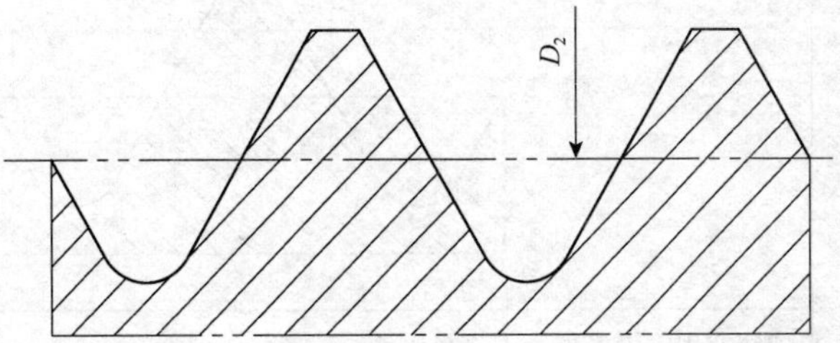	
检具	螺纹检测仪、测长仪、打样膏及投影仪	适用类型
检测方法	使用螺纹检测仪，选用对应的测量头直接测量内螺纹中径尺寸	普通检测
	①使用测长仪，在计量室进行计量； ②使用打样膏制模后得到内螺纹的模型，然后在投影仪上计量螺纹的中径尺寸	仲裁检测
注意事项	投影计量前，应清洁产品表面，以免产生测量误差	

3）内螺纹大径尺寸 D

内螺纹大径尺寸 D 的尺寸图示、检测图示、检具、检测方法等内容见表3-5-13。

表3-5-13　内螺纹大径尺寸 D 图示及检测方法

尺寸图示	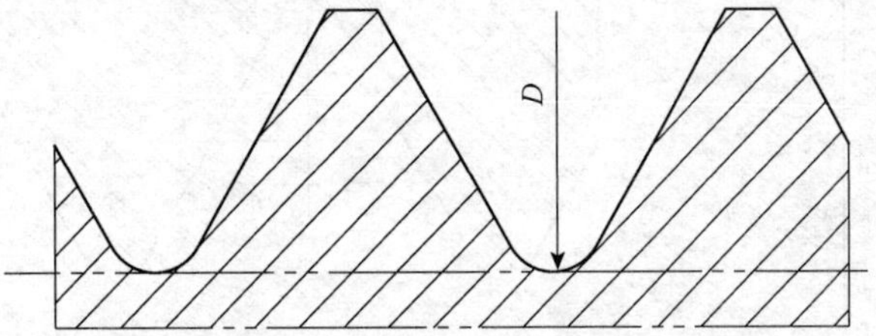	
检具	专用内螺纹大径通止塞规、打样膏及投影仪	适用类型
检测方法	使用专用内螺纹大径通止规检测大径尺寸的通止合格性	普通检测
	使用打样膏制模后得到内螺纹的模型，然后在投影仪上计量螺纹的大径尺寸	仲裁检测
注意事项	投影计量前，应清洁产品表面，以免产生测量误差	

4）内螺纹螺距 P

内螺纹螺距 P 的尺寸图示、检测图示、检具、检测方法等内容见表3-5-14。

表 3-5-14　内螺纹螺距 P 图示及检测方法

尺寸图示	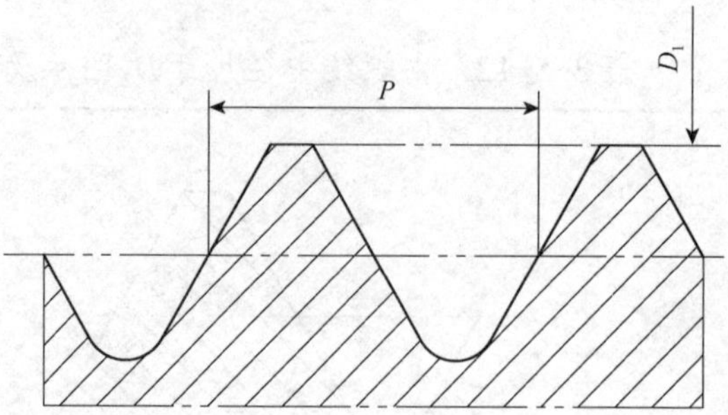	适用类型
检具	螺纹塞规、投影仪、工具显微镜	适用类型
检测方法	使用相同规格螺纹塞规综合测量	计数检测
	先在线切割机床上从零件中心剖开，然后使用投影仪或工具显微镜计量外螺纹螺距尺寸	仲裁检测
注意事项	投影计量前，应清洁产品表面，以免产生测量误差	

5）内螺纹牙型角 α 及牙型半角 $\alpha/2$

内螺纹牙型角 α 及牙型半角 $\alpha/2$ 的尺寸图示、检测图示、检具、检测方法等内容见表 3-5-15。

表 3-5-15　内螺纹牙型角 $\alpha/2$ 及牙型半角 $\alpha/2$ 图示及检测方法

尺寸图示	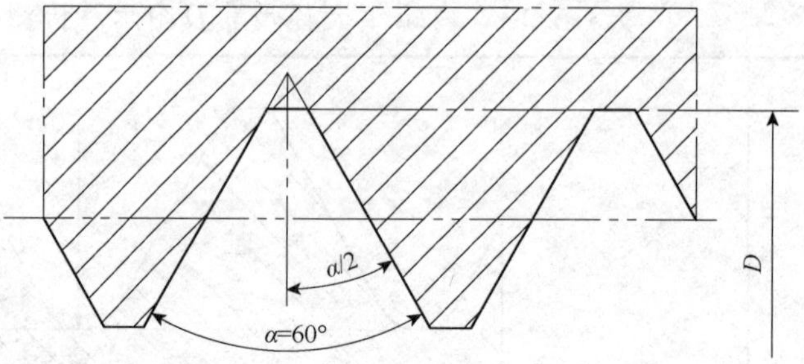	适用类型
检具	投影仪、工具显微镜、打样膏	适用类型
检测方法	先在线切割机床上从零件中心剖开，然后使用投影仪或工具显微镜计量内螺纹的牙型角及牙型半角尺寸	普通检测
	使用打样膏制模后得到内螺纹的模型，然后使用投影仪或工具显微镜计量模型的牙型角及牙型半角尺寸	仲裁检测
注意事项	投影计量前，应清洁产品表面，以免产生测量误差	

6）MJ 内螺纹牙底圆弧 r

MJ 内螺纹牙底圆弧 r 的尺寸图示、检测图示、检具、检测方法等内容见表 3-5-16。

表3-5-16 MJ内螺纹牙底圆弧r图示及检测方法

尺寸图示	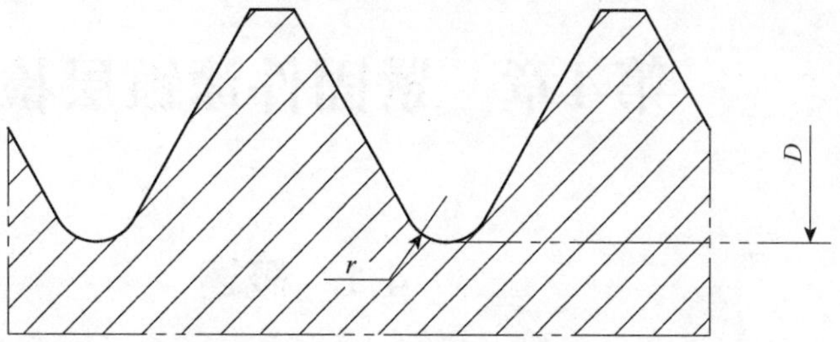	
检具	投影仪、工具显微镜、牙样膏	适用类型
检测方法	使用线切割机床从内螺纹中心切剖开,然后使用投影仪或工具显微镜检测螺纹牙底圆弧尺寸	普通检测
	使用牙样膏制模,然后使用投影仪或工具显微镜计量模型的螺纹牙顶圆弧尺寸	仲裁检测
注意事项	投影计量前,应清洁产品表面,以免产生测量误差	

3.6 检测量器具应用介绍

检测器具通常分为通用检测量具、专用检测量具以及检测仪器,紧固件检测量器具的应用见表3-6-1。

表3-6-1 紧固件检测量器具应用

类别	检测项目	检测量器具名称
紧固件外观	包含毛刺、飞边、裂纹、磕碰伤、饱满度、槽偏、模具掉块和爆裂引起的缺陷、杆部麻坑、螺旋纹、台阶、漏加工、混杂品、漏镀、色泽、挂痕、黑斑、起泡等	直接目视或放大镜
	表面粗糙度	粗糙度对比块
紧固件几何尺寸	线性尺寸	游标卡尺、千分尺、百分表、通止卡规、测量仪等
	圆弧尺寸	圆弧规、测量仪、比对仪、万工显等
	角度尺寸	测量仪、万工显等
紧固件形位公差	直线度、平面度、圆度、圆柱度、轮廓度、平行度、垂直度、倾斜度、同轴(心)度、对称度、位置度等	测量仪、万工显、三坐标、一键检测仪等
螺纹检测	螺纹通止	环规、塞规
	大径尺寸	游标卡尺、千分尺等
	中径尺寸	三针、检测仪、中径千分尺等
	小径尺寸	检测仪
	牙型角	检测仪

第4章 紧固件涂镀层检测

4.1 概述

紧固件作为工业基础件，在各行各业均大量应用。由于使用广泛，使用环境多样性，对紧固件表面性能要求越来越多。紧固件表面处理方式也呈现出多样性特征，除镀Zn、磷化、氧化（发黑）、镀Cd、镀Co、镀Ag、镀Ni、热浸锌及渗锌等常规的电镀层外，近年来还衍生了喷涂、离子气相沉积等新表面处理方法。紧固件表面涂镀层一般具备防腐蚀、润滑、耐磨和装饰作用。

紧固件表面涂镀层是提高紧固件使用寿命的一个重要因素，因此在较为苛刻的使用环境中，涂镀层质量就显得尤为重要。本章主要从紧固件涂镀层厚度、结合力和膜层耐蚀性等方面对紧固件涂镀层检测方法进行介绍和说明。

4.2 厚度检测

4.2.1 金相显微镜法

1. 试验原理

金相显微镜法测定镀层厚度就是把试样断面进行镶嵌、抛光和腐蚀，将腐蚀过的试片放在具有一定放大倍率的显微镜下，检查被测试样的断面，并通过内置标尺来测量金属镀层及氧化物覆盖层的局部厚度和平均厚度。金相显微镜法测涂镀层厚度具有精度高、重现性好等特点，但操作过程复杂。

金相显微镜法测涂镀层厚度是一种破坏性试验方法。通常作为涂镀层厚度的精确测量，也被人们作为镀层厚度测量方法中的仲裁方法。金相显微镜成像原理见图4-2-1。

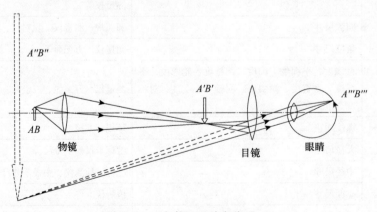

图4-2-1 金相显微镜成像原理

2. 常见试验方法标准

（1）《紧固件试验方法金属覆盖层厚度》（GJB 715.6—1990）是国家军用标准系列中紧固件试验方法中的金属覆盖层厚度检测方法，标准规定了外螺纹、内螺纹、空心铆钉及其他类型紧固件产品覆盖层厚度测量位置和400倍以上带有测微目镜的金相显微镜进行测量。未对试验过程及具体注意事项详加说明。

（2）《金属和氧化物覆盖层厚度测量显微镜法》（GB/T 6462—2005）是国家推荐使用的金属和氧化物覆盖层厚度测量显微镜法通用标准，详细介绍了适用范围、试验原理、厚度测量影响因素、试样制备、测量过程及测量的不确定度评定等，内容较为翔实，对试验操作具有指导意义。

（3）《紧固件测试方法金属涂层厚度》（NASM 1312-12（2020））是美国军用标准系列中紧固件金属镀层厚度的检测方法，与《紧固件试验方法金属覆盖层厚度》（GJB 715.6—1990）相似，规定了各种类型紧固件镀层厚度的测量位置，显微镜法放大倍数不小于400倍及测量误差应不大于2%，在测量之前应附加其他金属镀层，以确保测量结果的准确性。

（4）《通过横截面显微镜检查测量金属和氧化物涂层厚度的标准测试方法》（ASTM B487-20（2020））是美国材料试验协会制定的测量横截面金属和氧化物厚度的显微镜法试验标准，与《金属和氧化物覆盖层厚度测量显微镜法》（GB/T 6462—2005）相似，也是一种通用的金属镀层厚度测量方法。本标准规定了适用范围、定义、测量结果影响因素、试样制备、检测过程等，对实际试验操作具有指导意义。

3. 标准对比分析

对《紧固件试验方法金属覆盖层厚度》（GJB 715.6—1990）、《金属和氧化物覆盖层厚度测量显微镜法》（GB/T 6462—2005）、《紧固件测试方法金属涂层厚度》（NASM 1312-12（2020））及《通过横截面显微镜检查测量金属和氧化物涂层厚度的标准方法》（ASTM B487-20（2020））标准对比分析，四者相似处及不同点如下。

1）标准相似处

《紧固件试验方法金属覆盖层厚度》（GJB 715.6—1990）试样制备和试验过程参照《金属和氧化物覆盖层厚度测量显微镜法》（GB/T 6462—2005）进行；《紧固件测试方法金属涂层厚度》（NASM 1312-12（2020））试样制备及试验过程引用《通过横截面显微镜检查测量金属和氧化物涂层厚度的标准方法》（ASTM B487-20（2020））相关要求。《金属和氧化物覆盖层厚度测量显微镜法》（GB/T 6462—2005）与《通过横截面显微镜检查测量金属和氧化物涂层厚度的标准方法》（ASTM B487-20（2020））均通用显微镜法金属镀层厚度检测方法，由此可知，4个标准相同处包括试验制备及试验过程，具体如下。

试样制备应按照《金属显微组织检验方法》（GB/T 13298—2015）和《金相试样制备标准指南》（ASTM E3-11（2017））等试验方法，试样制备过程包括切割、镶嵌、磨制、抛光及腐蚀等步骤。

（1）切割。试样切割可采用线切割和精密切割等方式，切割过程应注意冷却和保持被测表面的垂直度。

（2）镶嵌。为了防止涂镀层断面边缘倒角，应支撑涂镀层的外表面，以使涂镀层与支撑物之间不留间隙。常用试样镀敷硬度与涂镀层硬度相近的一种金属作为附加镀层，厚度至少为10μm。对于硬的、脆的覆盖层（如氧化膜或铬镀层），镶嵌前可将试样紧紧地裹上一层软铝箔。如果涂镀层较软，附加更软的金属镀层将使抛光更为困难，因为金属越软越容易抛掉。镶嵌时，应选用保边性较好的镶嵌料，对于垫圈等薄片类镶嵌，应采用试样夹，以保证涂镀层的垂直度。

（3）磨制和抛光。保持镶嵌的平面和涂敷层的垂直度最为关键。镶嵌后的试样，应选用适当的砂纸进行磨制。各实验室应根据自己的条件选择合适的砂纸。磨制初期通常采用120目水磨砂纸，除去切割过程中产生的热影响区和变形层；然后依次通过400目、800目和1200目砂纸，每张砂纸使用时间不宜超过30~40s；手工磨制时，每换一张砂纸应更改磨制方向90°；通常采用机械抛光，对于钢类、不锈钢、高温合金类紧固件，抛光剂可采用金刚石微粉，钛合金可选用硅胶悬浮液，铝合金可用氧化铝粉，抛光时应选用短毛抛光布，以免造成涂镀层脱落现象。

（4）腐蚀。为了提高涂镀层与基体金属间的对比度，除去金属遮盖痕迹并在覆盖层边界处显示一条清晰的细线，常对试样进行腐蚀。一些典型的腐蚀剂如表4-2-1所列。

表4-2-1　典型腐蚀剂

序号	腐蚀剂	应用
1	硝酸溶液（ρ=1.42g/mL）：5mL； 乙醇溶液（体积分数95%）：95mL	用于钢铁上的Ni和铬镀层，浸蚀钢铁，这种浸蚀剂应是新配制的
2	六水合三氯化铁（$FeCl_3 \cdot 6H_2O$）：10g； 盐酸溶液（ρ=1.16g/mL）：2mL； 乙醇溶液（体积分数95%）：98mL	用于钢铁、Cu及铜合金上的Au、Pb、Ag、Ni和Cu敏层，浸蚀钢、Cu及Cu合金
3	硝酸溶液（ρ=1.42g/mL）：50mL； 冰醋酸溶液（ρ=1.16g/mL）：50mL	用于钢和Cu上的多层镍镀层的单层厚度测量，通过显示组织来区分每一层Ni，浸蚀Ni，过度腐蚀Cu和Cu合金
4	过硫酸铵：10g； 氢氧化铵溶液（ρ=0.88g/mL）：2mL； 蒸馏水：93mL	用于Cu及Cu合金上的Sn和Sn合金镀层，浸蚀Cu及Cu合金，本浸蚀剂须是新配制的
5	硝酸溶液（ρ=1.42g/mL）：5mL； 氢氟酸溶液（ρ=1.14 g/mL）：2mL； 蒸馏水：93mL	用于Al及铝合金上的Ni和Cu镀层，浸蚀Al及Al合金
6	铬酐（CrO_3）：20g； 硫酸钠：1.5g； 蒸馏水：100mL	用于锌合金上的Ni和Cu镀层，也适用于钢铁上的锌和铬镀层，浸蚀Zn、Zn合金和铬
7	氢氟酸溶液（ρ=1.14 g/mL）：2mL； 蒸馏水：98mL	用于阳极氧化的Al合金，浸蚀Al及其合金

2)标准不同点

《紧固件试验方法 金属覆盖层厚度》(GJB 715.6—1990)和《紧固件测试方法 金属涂层厚度》(NASM 1312-12(2020))为紧固件镀层厚度专用检测标准,规定了检测部位和放大倍数,各种类型紧固件镀层厚度取样部位如下。

(1)外螺纹紧固件。涂镀层厚度的测量部位,对于有光杆的紧固件,其测量部位是螺纹尾部附近光杆上的一点。对于长度不小于$4d$的螺纹紧固件,在头部结构允许进行精确测定的情况下,其测量部位应是头部周围的表面,也可以在距离紧固件末端$2d$的螺纹中径上进行测量,若紧固件长度小于$4d$,则在紧固件全长的1/2处进行测量,具体测量部位如图4-2-2所示。

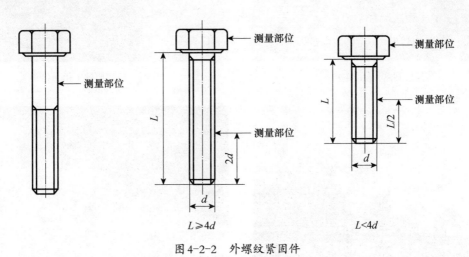

图4-2-2 外螺纹紧固件

(2)内螺纹紧固件。内螺纹紧固件涂镀层厚度测量应在试样支承面的平均半径上进行,具体测量部位如图4-2-3所示。

(3)空心铆钉型和其他类型的紧固件。零件的长度与外径之比小于4时,其涂镀层应在紧固件全长中点的外表面上进行;当紧固件长度与外径之比不小于4时,其涂镀层厚度应在距离任意末端等于d的外表面上进行测量,其测量部位如图4-2-4所示。

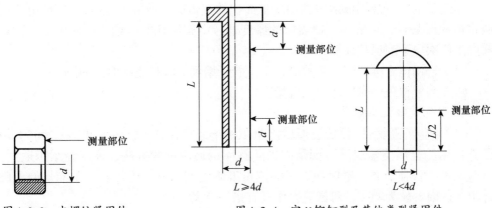

图4-2-3 内螺纹紧固件　　　图4-2-4 空心铆钉型及其他类型紧固件

4. 常见试样问题

常见制样缺陷如图4-2-5所示。

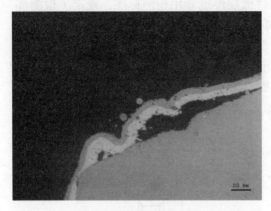

（a）涂层剥离（500倍）

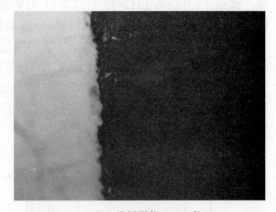

（b）涂层脱落（1000倍）

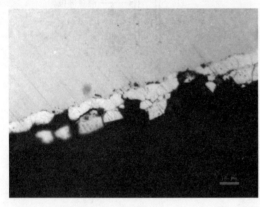

（c）镀层开裂（1000倍）

（d）保护层覆盖镀层（1000倍）

图4-2-5 常见镀层制样缺陷

4.2.2 阳极溶解库伦法

1. 试验原理

用适当的电解液阳极溶解精确限定面积的覆盖层（镀层）。通过电解池电压的变化测定覆盖层是否完全溶解。覆盖层的厚度通过电解所耗的电量（以库伦计）计算，所耗电量依次由下列项数计算：

（1）若用恒定电流密度溶解时，由试验开始到试验终止的时间间隔；

（2）溶解覆盖层时累计所耗电量。

2. 常见试验方法标准

（1）《金属覆盖层 覆盖层厚度测量阳极溶解库伦法》（GB/T 4955—2005）是国家推荐使用的金属覆盖层厚度测量阳极溶解库伦通用试验方法，详细介绍了适用范围、试验原理、仪器设备、电解液、影响测量准确度的因素、操作程序及测量的不确定度评定等，内容较为翔实，对试验操作具有指导意义。

（2）《用库伦法测量金属涂层厚度的标准试验方法》（ASTM B504-90（2017））是美国材料试验协会制定的库伦法测量金属镀层厚度标准试验方法，该方法介绍了适用范围、概述、影响测量准确性的因素、设备校准及测量过程等内容，对实际试验操作具有指导意义。

3. 标准对比分析

对《金属覆盖层　覆盖层厚度测量阳极溶解库伦法》（GB/T 4955—2005）及《用库伦法测量金属涂层厚度的标准试验方法》（ASTM B504-90（2017））标准进行对比分析，两者相似处及不同点如下。

1）标准相似处

测试原理相同，操作程序相似，影响测量结果准确性的因素包括以下几个。

（1）用库伦法测镀层厚度，常用的测量范围如表4-2-2所列。

表4-2-2　可用库伦法测试的镀层和基体的典型组合

镀层	基体（底材）							
	铝①	铜和铜合金	镍	Ni-Co-Fe合金	银	钢	锌	非金属
镉	√	√	√	—	—	√	√	√
铬	√	√	√	√	—	√	—	√
铜	√	仅在黄铜和铍铜合金上	√	—	—	√	—	√
金	√	√	√	√	√	√	—	—
铅	√	√	√	—	√	√	—	√
镍	√	√	—	√	√	√	—	√
化学镀镍②	√	√	√	√	—	√	—	√
银	√	√	√	—	—	√	—	√
锡	√	√	√	—	—	√	—	√
锡-镍合金		√	—	—	—	√	—	√
锡-铅合金③	√	√	√	√	—	√	—	√
锌	√	√	√	—	—	—	—	√

注：①对于某些铝合金，可能难以检测到电解池的电压变化；
②这些镀层的磷或硼含量在一定限度内才能使用库伦法；
③本方法对合金组成敏感。

（2）电流变化。采用恒定电流和计时测量技术的仪器，电流变化会引起误差，使用电流-时间积分器的仪器，电流变化太大可能改变阳极电流效率或干扰终点而导致误差。

（3）面积变化。厚度测量的准确度不会高于已知测量面积的准确度。由于密封圈的磨损、密封圈压力等引起的面积变化可能会带来测量误差。

（4）搅拌。在大多数库伦测量中，采用较高的阳极电流密度来缩短测试时间。有时必须搅动电解液以保持恒定的阳极电流效率。当需要搅拌时，搅拌不足可能导致标本的极化，从而导致过早和错误的终点。

（5）镀层的纯度。与镀层金属共沉积的物质可以改变镀层金属的有效电化学当量、阳极电流效率和镀层密度。

（6）测试表面的状态。油、脂、漆层、腐蚀产物、抛光配料、转化膜、镍覆盖层的钝化等会干扰测试。

（7）镀层和基体间的合金层。库伦法测量镀层厚度一概假设镀层和基体间存在着界限分明的界面。如果镀层和基体间存在着合金层，如热浸得到镀层的情况，库伦法的终点可能发生在合金层内的某一点，以致给出比没有镀层厚度更高的厚度值。

（8）镀层材料的密度。由于库伦法实质上是测量单位面积上的镀层质量，因此镀层金属的密度偏离正常值会引起线性厚度测量相应的偏差，合金成分正常波动会引起合金密度和电化学当量很小但很明显的变化。

2）标准不同点

两种标准之间的不同之处如表4-2-3所列。

表4-2-3 标准不同点

序号	不同点	GB/T 4955—2005	ASTM B504-90（2017）
1	测量面积	电解池密封圈所包围的面积	约0.1cm^2
2	测量范围	0.2~50 μm	1~50 μm
3	测试后检查	绝大部分镀层溶掉，可留下可见的、影响很小的部分镀层残留物	如果镀层未完全溶解，测量结果应舍弃，并重新测量

4.2.3 X射线光谱法

1. 试验原理

覆盖层单位面积质量和二次辐射强度之间存在一定的关系。对于仪器系统，该关系首先由已知单位面积质量的覆盖层校正标准块校正确定。若覆盖层材料的密度已知，同时又给出了实际的密度，则这样的标准块就能给出覆盖层线性厚度。荧光强度是元素原子序数的函数，如果表面覆盖层、中间覆盖层（如果存在）以及基体是由不同元素组成或一个覆盖层由不止一个元素组成，则这些元素会产生各自的辐射特征。可调节适当的检测器系统以选择一个或多个能带，使此设备既能测量表面覆盖层又能同时测量表面覆盖层和一些中间覆盖层的厚度和组成。X射线测厚仪工作原理如图4-2-6所示。

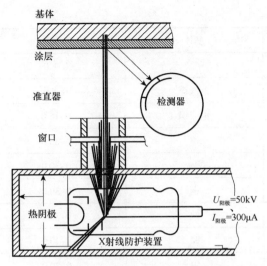

图 4-2-6 X射线测厚仪工作原理

2. 常见试验方法标准

（1）《金属覆盖层　覆盖层厚度测量X射线光谱法》（GB/T 16921—2005）是国家推荐的金属覆盖层厚度测量X射线光谱方法。本方法规定了标准适用范围、术语和定义、试验原理、试验仪器、影响测量结果因素、操作规程、测量不确定度等内容，具有很好的实际指导意义。

（2）《通过X射线光谱法测量涂层厚度的标准测试方法》（ASTM B568—98（2021））是美国材料试验协会制定的X射线光谱测量镀层厚度标准试验方法。本方法规定了标准使用范围、方法简介、准确度影响因素、设备校准、仲裁试验、试验程序等内容。

3. 标准对比分析

对《金属覆盖层　覆盖厚度测量X射线光谱法》GB/T 16921—2005 及《通过X射线光谱法测量涂层厚度的标准测试方法》ASTM B568-98（2021）标准做对比分析，两者相似处及不同点如下所述。

1）标准相似处

两者测试原理相同，操作程序相似，具体参见标准规范，不一一赘述。影响测量结果准确性因素的相同点如下。

（1）测量范围，具体测量范围参见表4-2-4。

表4-2-4　测量范围

覆盖层	基体	近似厚度/μm	近似厚度/in
铝	铜	0~100.0	0~0.004
镉	铁	0~60.0	0~0.0024
铜	铝	0~30.0	0~0.0012
铜	铁	0~30.0	0~0.0012
铜	塑料	0~30.0	0~0.0012

续表

覆盖层	基体	近似厚度/μm	近似厚度/in
金	陶瓷	0~8.0	0~0.00032
金	铜或镍	0~8.0	0~0.00032
铅	铜或镍	0~15.0	0~0.0006
镍	铝	0~30.0	0~0.0012
镍	陶瓷	0~30.0	0~0.0012
镍	铜	0~30.0	0~0.0012
镍	铁	0~30.0	0~0.0012
钯	镍	0~40.0	0~0.0016
钯-镍合金	镍	0~20.0	0~0.008
铂	钛	0~7.0	0~0.00028
铑	铜或镍	0~50.0	0~0.0020
银	铜或镍	0~50.0	0~0.002
锡	铝	0~60.0	0~0.0024
锡	铜或镍	0~60.0	0~0.0024
锡-铅合金	铜或镍	0~40.0	0~0.016
锌	铁	0~40.0	0~0.016

注：1. 在整个范围内测量不确定度不是恒定的，而且靠近每个范围两端会增大；

2. 所给定的范围是近似的，而且主要取决于可接受的测量不确定度；

3. 如果同时测量表面层和中间层，由于荧光X射线光束的各种相互作用，即表面层会吸收中间层的荧光，那么各覆盖层材料可测厚度范围会发生变化，例如，测量在铜上的金和镍时，若覆盖层厚度超过2.0μm，则无足够的荧光保证镍层高精度测量；

4. 当进行厚度大于0（如铜或镍上的金为±0.005μm）的覆盖层厚度测量时，测量仪显示仪器规定的测量不确定度，这时就必须了解测量范围的下限。

（2）测量面的尺寸。为了在较短计数周期内得到满意的统计计数，应选择一个与试样形状和尺寸相称的准直器孔直径，以得到尽可能大的测量面。在大多数情况下，被测的有关或有代表性的面积要大于准直器光束的面积（测量表面的准直器光束面积不一定和准直器孔径尺寸相同）。然而，在有些情况下，被测面积可以比光束面积小。这种情况下被测面积的变化必须充分校正。一定要注意测量面积是否产生饱和计数或超过检测器的能力（有些商用仪器会自动限制计数率，但这应经过有关厂商的检验）。

（3）表面清洁度。表面上的外来物质会导致测量不精确，保护层、表面处理或油脂也会导致测量不精确。

（4）基体成分。如果采用发射方法，那么在以下情况下基体组成差别可忽略不计：基体发射的荧光X射线不侵入覆盖层能量的特征能带（如果发生侵入，则需采取措施消除其影响）；基体材料的荧光X射线不能激发覆盖层材料。如果采用吸收方法或强度比率方法，校正标准块的基体成分应和试样的基体成分相同。

（5）基体厚度。用X射线发射方法测量时，双面覆盖层试样的基体应足够厚，以防止任何反面材料的干扰；用X射线吸收方法或强度比率方法测量时，基体厚度应不小于其饱和厚度，如果不符合此标准，则必须用相同基体厚度的参考标准校正仪器。

（6）试样曲率。如果测量必须在曲面上进行，那么应选择合适的准直器或光束限制孔，使表面曲率影响最小。测试时选择比表面曲率更小尺寸的准直器，以降低表面曲率的影响。如果用与试样同样尺寸或形状的标准块进行校正，则可消除试样表面曲率的影响，但这种测量一定要在相同的位置、相同的表面和相同测量面积上进行。这时，有可能使用面积大于测试试样的准直器孔。

2）标准不同点

两种标准之间的不同点如表4-2-5所列。

表4-2-5　标准不同点

序号	不同点	GB/T 16921—2005	ASTM B568-98（2021）
1	设备外加电压	25~50 kV	35~50 kV
2	覆盖层厚度	在曲线的近似30%~80%的饱和状态的相对精度最高	曲线中在0.25~7.5μm时的精度最高
3	校准曲线	在所有情况下，测量的最好或最灵敏范围在0.3~0.8的特征技术率标度之间	未明确具体参数

4.2.4　磁性法

1. 试验原理

磁性测厚仪测量永久磁铁和基体金属之间的磁引力，该磁引力受覆盖层存在的影响，或者受测量穿过覆盖层与基体金属的磁通路的磁阻影响。磁性测厚仪的工作原理如图4-2-7所示。

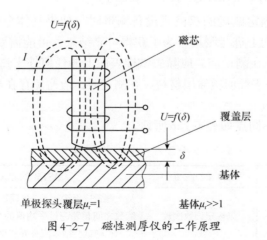

图4-2-7　磁性测厚仪的工作原理

2. 常见试验方法标准

（1）《磁性基体上非磁性覆盖层 覆盖层厚度测量磁性法》（GB/T 4956—2003）是国家推荐的磁性基体上非磁性覆盖层厚度测量方法磁性法的标准。本方法规定了标准适用范围、术语和定义、试验原理、试验仪器、影响测量结果因素、操作规程、测量不确定度等内容，具有很好的实际指导意义。

（2）《用磁性法测量磁性基底金属非磁性镀层厚度的标准测试方法》（ASTM B499-09（2014））是美国材料试验协会制定的磁性材料上的非磁性镀层磁性法厚度测量标准方法。本方法规定了标准使用范围、方法简介、准确度影响因素、设备校准、仲裁试验、试验程序等内容。

3. 标准对比分析

对《磁性基体上非磁性覆盖层 覆盖层厚度测量磁性法》（GB/T 4956—2003）及《用磁性法测量磁性基底金属非磁性镀层厚度的标准试验方法》（ASTM B499—09（2014））标准做对比分析，两者相似处及不同点如下。

1）标准相似处

两者测试原理相同，操作程序相似，具体参见标准规范，不一一赘述。影响测量结果准确性因素相同点如下。

（1）基体金属厚度。检查基体金属厚度是否超过临界厚度，保证已经采用具有与试样相同厚度和磁性能的校准片进行过设备校准。

（2）边缘效应。不要在靠近不连续的部位（如靠近边缘、空洞和内转角等处）进行测量，除非为这类测量所做的校准有效性已经得到证实。

（3）曲率。不要在试样的弯曲表面上进行测量，除非为这类测量所做的校准有效性已经得到了证实。

（4）读数的次数。由于设备的正常波动性，因而有必要在每一测量面内取数个读数。覆盖层厚度的局部差异可能也要求在参比面内进行多次测量；表面粗糙时更是如此。磁引力类设备对振动敏感，应当舍弃过高的读数。

（5）机械加工方向。如果机械加工方向明显地影响读数，则在试样上进行测量时应使测头的方向与在校准时该测头所取的方向一致。如果不能做到这样，则在同一测量面内将测头每旋转90°，增做一次测量，共做4次。

（6）剩磁。使用固定磁场的双极式设备测量时，如果基体金属存在剩磁，则必须在互为180°的两个方向上进行测量。为了获得可靠结果，可能需要消去试样的磁性。

（7）表面清洁度。在测量前，应除去试样表面上的任何外来物质，如灰尘、油脂和腐蚀产物等；但不能除去任何覆盖层材料。在测量时，应避免存在难以除去的明显缺陷。

2）标准不同点

两种标准之间的不同点如表4-2-6所列。

表4-2-6 标准不同点

序号	不同点	GB/T 4956—2003	ASTM B499-09（2014）
1	读数次数	未规定读数次数	每次测量应至少记录3个读数和平均值，如果任意两个读数之间相差超过平均值的5%或2μm，两者之间取较大者；则试验结果应舍弃并重新测量

续表

序号	不同点	GB/T 4956—2003	ASTM B499-09（2014）
2	试样表面粗糙度	未规定	试样表面粗糙度超出镀层粗糙度的10%时，对测量结果影响较大
3	镀层的导电性	未规定	产生交流磁场200Hz的磁性检测设备能产生涡流，高电导率的镀层受到影响

4.2.5 涡流法

1. 试验原理

涡流测厚仪器测头装置中产生的高频电磁场，将在置于测头下面的导体中产生涡流，涡流的振幅和相位是存在于导体和测头之间的非导电覆盖层厚度的函数。涡流法测量镀层厚度的原理如图4-2-8所示。

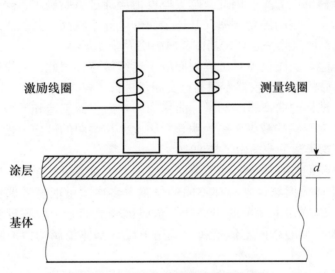

图4-2-8 涡流法测量镀层厚度的原理

2. 常见试验方法标准

（1）《非磁性基体金属上非导电覆盖层 覆盖层厚度测量涡流法》（GB/T 4957—2003）是国家推荐的非磁性基体金属上非导电覆盖层厚度测量涡流试验标准方法。本方法规定了标准适用范围、术语和定义、试验原理、试验仪器、影响测量结果因素、操作规程、测量不确定度等内容，具有很好的实际指导意义。

（2）《用磁场或涡流（电磁）试验方法测量涂层厚度的标准实施规程》（ASTM E376-11）是美国材料试验协会制定的磁场或涡流测量镀层厚度的标准试验方法。本方法规定了标准使用范围、方法简介、准确度影响因素、设备校准、仲裁试验、试验程序等内容。

3. 标准对比分析

对《非磁性基体金属上非导电覆盖层 覆盖层厚度测量涡流法》（GB/T 4957—2003）及《用磁场或涡流（电磁）试验方法测量涂层厚度的标准实施规程》（ASTM E376-11）

标准做对比分析，两者相似处及不同点如下。

1）标准相似处

两者测试原理相同，操作程序相似，具体参见标准规范，不再赘述。影响测量结果准确性因素的相同点如下。

（1）覆盖层厚度。对于薄覆盖层测量的不确定度是恒定值，与覆盖层厚度无关，对于每一单次测量而言，至少是 $0.5\mu m$。对于厚度约大于 $25\mu m$ 的覆盖层，测量的不确定度等于某一近似恒定的分数与覆盖层厚度的乘积。

（2）金属基体的电性能。用涡流仪器测量厚度会受基体金属电导率的影响，金属的电导率与材料的成分及热处理有关。电导率对测量的影响随仪器的制造和型号不同而有明显的差异。

（3）基体金属的厚度。每一台仪器都有一个基体金属的临界厚度，大于这个厚度，测量将不受基体金属厚度增加的影响。由于临界厚度既取决于测头系统的测量频率，又取决于基体金属的电导率。因此，临界厚度值应通过试验确定，除非制造商对此有规定。通常，对于一定的测量频率，基体金属的电导率越高，其临界厚度越小；对于一定的基体金属，测量频率越高，基体金属的临界厚度越小。

（4）边缘效应。涡流仪器对试样表面的不连续敏感。因此，太靠边缘或内转角处的测量将是不可靠的，除非仪器专门为这类测量进行了校准。

（5）曲率。试样的曲率影响测量。曲率的影响因仪器制造和类型的不同有很大差异，但总是随曲率半径的减少而更为明显。因此，在弯曲的试样上进行测量是不可靠的，除非仪器为这类测量专门做了校准。

（6）表面粗糙度。基体金属和覆盖层的表面形貌对测量有影响。粗糙表面既能造成系统误差又能造成偶然误差；在不同的位置上多次测量能降低偶然误差。如果基体金属粗糙，还需要在未涂覆的粗糙基体金属试样上的若干位置校验仪器零点。如果没有适合的未涂覆的相同基体金属，应用不浸蚀基体金属的溶液除去试样上的覆盖层。

（7）外来附着尘埃。涡流仪器的测头必须与试样表面紧密接触，因为仪器对妨碍测头与覆盖层表面紧密接触的外来物质十分敏感。应该检查测头前端的清洁度。

（8）测头压力。使测头紧贴试样所施加的压力影响仪器的读数。因此，压力应该保持恒定，可以借助一个合适的夹具来实现。

（9）测头的放置。仪器测头的倾斜放置会改变仪器的响应。因此，测头在测量点处应该与测试表面始终保持垂直，可借助一个合适的夹具来实现。

（10）试样的变形。测头可能使软的覆盖层或薄的试样变形。在这样的试样上进行可靠的测量可能是做不到的，或者只有使用特殊的测头或夹具才可能进行。

（11）测头的温度。由于温度的较大变化会影响测头的特性，所以应该在与校准温度大致相同的条件下使用测头测量。

2）标准不同点

两种标准之间的不同之处如表 4-2-7 所列。

表 4-2-7 标准不同点

不同点	GB/T 4957—2003	ASTM E376-11
基体金属磁性	未规定相关内容	在厚度固定的情况下，测厚仪受磁性变化的影响。在AISI1005-1020低碳钢中磁性变化对测量结果无显著影响；为了避免严重的或局部的热处理、冷加工影响，设备需要用参考标准试样，参考试样应与被测试样具有相同的磁性性能，或者是被测试样在电镀之前截取的一部分
镀层和基体的组织和化学成分	未规定相关内容	涡流设备对组织、化学成分和其他影响导电性和磁性的镀层和基体因素的变化较为敏感。例如，一些设备对不同金属敏感：①Al合金；②不同温度下放置的镀Cr层；③有机涂层包含多种金属颜料
金属基体的剩余磁性	未规定相关内容	基体金属的剩余磁性可能影响涡流设备的读数

4.2.6 溶解称重法

1. 试验原理

用感量为0.1mg的分析天平，以试样经溶液溶解退除覆盖层前后的重量差来确定金属覆盖层的质量，然后根据覆盖层的质量、密度和面积计算其平均厚度。

2. 常见试验方法标准

（1）《紧固件试验方法 金属覆盖层厚度》（GJB 715.6—1990）是国家军用标准，规定了紧固件金属覆盖层厚度的试验方法，本方法规定了标准适用范围、试验原理、试验仪器、退镀溶液及计算公式等内容，具有很好的实际指导意义。

2）《紧固件试验方法 金属涂层厚度》（NASM 1312-12（2020））是美国国家航空标准关于紧固件镀层厚度检测的标准试验方法。本方法规定了标准使用范围、试验原理、计算公式及试验程序等内容。

3. 标准对比分析

对《紧固件试验方法 金属覆盖层厚度》（GJB 715.6—1990）及《紧固件试验方法 金属涂层厚度》（NASM 1312—12）标准做对比分析，两者相似处及不同点如下。

1）标准相似处

两者测试原理相同，操作程序相似，具体参见标准规范，不一一赘述，两者相同点如下：

（1）称量带覆盖层的紧固件重量；

（2）退除覆盖层所用溶液见表4-2-8；

表 4-2-8 退除覆盖层所用溶液

镀层	基体金属或底层覆盖层金属	溶液序号	溶液成分	化学分子式	溶液成分含量	工作温度	覆盖层重量测定方法
锌	钢	1	盐酸（密度1.18g/cm^3）三氧化锑	HCl Sb$_2$O$_3$	1000mL 20g	室温	称重法
镉	钢	2	硝酸铵	NH$_4$NO$_3$	饱和溶液	室温	称重法

续表

镀层	基体金属或底层覆盖层金属	溶液序号	溶液成分	化学分子式	溶液成分含量	工作温度	覆盖层重量测定方法
钢和铜合金	钢	3	铬酸酐 硫酸铵	CrO_3 $(NH_4)_2SO_4$	275g/mL 110g/mL	室温	称重法
镍	钢	4	发烟硝酸（含量70%以上）	HNO_3	—	室温	化学分析
	镍、钢和铜合金						称重法
铬	镍、铜和铜合金	5	盐酸（密度1.18g/cm³）、蒸馏水	HCl H_2O	体积比 1:1	20~40℃	称重法
铬	钢	6	盐酸（密度1.18g/cm³） 三氧化锑	HCl Sb_2O_3	1000mL 20g	室温	称重法
银	钢、铜及铜合金	7	硫酸（密度1.84g/cm³） 硝酸铵	H_2SO_4 NH_4NO_3	1000mL 50g	50℃	称重法
锡	钢	8	盐酸（密度1.18g/cm³） 三氧化锑	HCl Sb_2O_3	1000mL 20g	室温	称重法
锡	铜和铜合金	9	蒸馏水 盐酸（密度1.18g/cm³） 硝酸铵	H_2O HCl NH_4NO_3	100mL 10mL 20g	室温	称重法
氧化膜	铝和铝合金	10	磷酸 铬酐	H_3PO_4 CrO_3	52mL/L 20g/L	90~100℃	称重法

（3）冲洗并干燥零件；
（4）称退除覆盖层后紧固件的重量；
（5）计算覆盖层的近似厚度；
（6）精确计算紧固件的表面积，内外表面积应单独计算，所谓内表面积是指在两个相邻零件上彼此不能接触的那些面积，如孔、凹槽和内螺纹等；
（7）按式（4-2-1）计算厚度，即

$$T = \frac{W}{K_g A_g + K_1 A_1} \quad (4\text{-}2\text{-}1)$$

式中：T 为覆盖层厚度（μm）；W 为覆盖层质量（g）；A_g 为外表面积（cm²）；A_1 为内表面积（cm²）；K_g 和 K_1 为各种金属覆盖层的外表面和内表面所用的常数。

下面列出某些常见的金属覆盖层的 K_g 和 K_1 值（表4-2-9）。

表4-2-9 常见金属的 K_g 及 K_1 值

金属	K_g	K_1
锌	7.14×10^{-4}	5.36×10^{-4}
镉	8.65×10^{-4}	6.49×10^{-4}
铜	9.0×10^{-4}	6.75×10^{-4}
镍	8.91×10^{-4}	2.94×10^{-4}
银	10.52×10^{-4}	7.9×10^{-4}

2)标准不同点

两种标准之间的不同点如表4-2-10所列。

表4-2-10 标准不同点

序号	不同点	GJB 715.6—1990	NASM 1312-12（2020）
1	退除覆盖层厚度所用溶液	具体溶液配比见表4-2-8	具体溶液配比如ASTM B767中附录A1中表A1.1所列
2	常见金属k_g及k_1值	具体溶液配比见表4-2-9	具体参见NASM 1312-12中5.1.7条

4.2.7 尺寸转换法

1. 试验原理

用镀前、镀后螺纹量规测量覆盖层厚度，需要检测数据时，则采用作用中径读数规进行测量。

2. 常见试验方法标准

（1）《紧固件试验方法 金属覆盖层厚度》（GJB715.6—1990）是国家军用标准，规定了紧固件金属覆盖层厚度的试验方法，本方法规定了标准适用范围、试验原理、试验仪器及计算公式等内容，具有很好的实际指导意义。

（2）《紧固件试验方法 金属涂层厚度》（NASM 1312-12（2020））是美国国家航空标准关于紧固件镀层厚度检测的标准试验方法。本方法规定了标准使用范围、试验原理、计算公式及试验程序等内容。

3. 标准对比分析

对《紧固件试验方法 金属覆盖层厚度》（GJB 715.6—1990）及《紧固件试验方法》（NASM 1312-12（2020））标准做对比分析，两者相似处及不同点如下。

1）标准相似处

两者测试原理相同，操作程序相似，具体参见标准规范，不一一赘述，两者相同点如下：

（1）在规定的零件测量部位的外径上测量近似等距离的三点，以确定覆盖层试样的螺纹作用中径，记录作用中径值和每个试样的平均值；

（2）用化学溶液退除试样螺纹表面的金属覆盖层，冲洗并干燥试样；

（3）测量并记录已退除覆盖层试样的螺纹作用中径；

（4）覆盖层厚度约等于退除覆盖层前后平均作用中径测量之差的1/4；

（5）测定圆柱面或平行面覆盖层厚度时，测量并记录有覆盖层的零件尺寸，溶解退除覆盖层；冲洗并干燥零件，测量并记录退除覆盖层后的零件尺寸；覆盖层厚度等于退除覆盖层前后零件尺寸之差的1/2。

2）标准不同点

两种标准之间的不同点如表4-2-11所列。

表 4-2-11 标准不同点

序号	不同点	GJB 715.6—1990	NASM 1312-12（2020）
1	螺纹类型	未作明确规定	60°三角形外螺纹

4.2.8 计时液流法

1. 试验原理

计时液流法属于化学方法，其工作原理是以一定成分的试液，按一定流速，呈细流状流向局部被测涂层表面，涂层在溶液的作用下被溶解，在直接观察的情况下，直至被测涂层溶解完毕，出现底层金属颜色为终点，根据受检部分涂层溶解完毕时所费时间来计算涂层的厚度。该方法一般适用于金属基体上的防护性涂层的检测。计时液流法测定镀层厚度的仪器如图 4-2-9 所示。

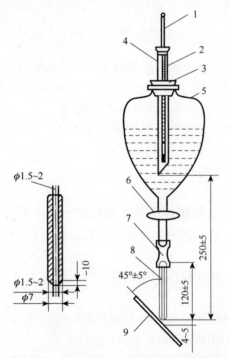

图 4-2-9 计时液流法测定镀层厚度的仪器
1—温度计；2—在 4 上的小孔；3—橡皮塞；4—玻璃管；5—500~1000mL 分液漏斗；
6—活塞；7—橡皮管；8—毛细管；9—被测试样。

2. 常见试验方法标准

（1）《轻工产品金属镀层的厚度测试方法计时液流法》（GB/T 5927—1986）是国家推荐的轻工产品金属镀层的厚度测试方法——计时液流法，本方法规定了标准适用范围、术语和定义、试验原理、试验仪器、影响测量结果因素、操作规程、测量不确定度等内容，具有很好的实际指导意义。

（2）《用点滴试验法测量电解沉积金属镀层厚度的标准指南》（ASTM B555—86

(2013))是美国材料试验协会制定的金属镀层厚度的标准试验方法。本方法规定了标准使用范围、方法简介、准确度影响因素、设备校准、仲裁试验、试验程序等内容。

3. 标准对比分析

对《轻工产品金属镀层的厚度测试方法计时液流法》(GB/T 5927—1986)及《用点滴试验法测量电解沉积金属镀层厚度的标准指南》(ASTM B555-86(2013))标准做对比分析,两者相似处及不同点如下。

1)标准相似点

两者测试原理相同,操作程序相似,具体参见标准规范,不一一赘述,两者相同点如下。

(1)表面清洁度。在试样表面的一些外来物也被测试到,包括油漆、油脂、腐蚀产物及转换镀层等都影响测试结果,应被去除;污点和转换镀层可用橡皮擦去除。

(2)试验溶液的浓度。不断变化的浓度将引起偏差,只有将这些偏差纠正,试验溶液才能重新使用。

(3)温度。影响厚度测量的因素还有溶液温度,试验时应给出试验温度,在试验之前,试样应达到室温。

(4)流速。流速同样是影响厚度测量的一个因素,流速应达到100滴/min,并保持在95~105滴/min的范围内。

(5)溶液排出。试样被检表面应与水平线呈45°角。

(6)液滴尺寸。液滴尺寸的改变将影响渗透的速率。滴管尖端的尺寸应符合标准要求并保持清洁。

(7)合金层。在镀层和基体金属界面出现的合金层(打底层),可能影响最终点和产生不确定度,计算时应把打底层计算在内。

(8)计算公式。镀层局部厚度按式(4-2-2)计算,即

$$h=h_t t \tag{4-2-2}$$

式中:h 为被测镀层的局部厚度(μm);h_t 为在一定温度下,每秒钟被液流所溶解的镀层厚度(μm);t 为液流溶解镀层所消耗的时间(s)。

2)标准不同点

两种标准之间的不同点如表4-2-12所列。

表4-2-12 标准不同点

不同点	GB/T 5927—1986	ASTM B555-86(2013)
溶液成分	所用试剂应是化学纯级,溶液成分按标准中表1进行	所用试剂见标准中第8条款试验溶液部分
计时液流法测定镀层厚度时的 h_t 值	计时液流法测定镀层厚度的 h_t 值如标准中表2所列	未见明确规定
适用范围	适用于2μm以上的镀层厚度测量,否则误差会大于±10%	未见明确规定

4.3 结合力试验

涂镀层结合力是涂镀层与基体材料体系中的一项重要力学性能指标，在实际工程应用中，涂镀层的寿命很大程度上可以决定整个零部件或设备的寿命。在产品服役过程中，由于涂镀层与基体材料在力学、热学等性能上存在着差异，因此在机械、热等各种载荷的作用下，两种材料会出现应力、应变上的失配，最终导致涂镀层材料的失效。典型的失效模式为涂镀层从基体上脱落。为了验证涂镀层与基体材料的附着性能，常用的结合力试验方法有剥离试验、划线和划格试验、高温试验、落锤试验、弯曲试验、摩擦抛光试验、喷丸试验、深引试验、阴极试验、耐流体试验、耐脱漆剂试验及耐热性试验等，试验方法为《金属基体上的金属覆盖层 电沉积和化学沉积附着强度试验方法评述》（GB/T 5270—2005）及《金属层涂层定性附着性测试的标准实施规程》（ASTM B571-18）。具体各种试验类型适用范围如表4-3-1所列。

表4-3-1 适用于各种金属镀层的附着强度试验

附着强度试验	覆盖层金属									
	镉	铬	铜	镍	镍+铬	银	锡	锡-镍合金	锌	金
摩擦抛光	·	·	·	·	·	·	·	·	·	·
钢球磨光	·	·	·	·	·	·	·	·	·	·
剥离（钎焊法）			·	·		·	·			
剥离（粘结法）	·		·	·		·	·		·	
锉刀			·	·	·			·		
凿子		·	·	·	·			·		
划痕	·	·	·	·	·	·	·		·	
弯曲和缠绕		·	·	·	·			·		
磨与锯			·	·	·			·		
拉力									·	
热震										
深引（埃里克森）			·	·		·	·			
深引（凸缘帽）			·	·		·				
喷钢丸			·	·						
阴极处理			·	·						

注："·"表示覆盖层所适用的试验方法。

4.3.1 剥离试验

对于紧固件，剥离试验利用的是一种纤维黏胶带，其每25mm宽度的附着力值约为8N。利用一个固定重量的辊子把胶带的黏附面贴于要试验的覆盖层，并要仔细地排除掉所有的空气泡。间隔10s以后，在带上施加一个垂直于覆盖层表面的稳定拉力，以把胶带拉去。若覆盖层的附着强度高，则不会分离覆盖层。

4.3.2 划线和划格试验

用淬硬钢工具在工件上划出3条或更多条的平行线或者划出一个矩形网格。淬硬钢工具是磨光或刀尖为30°，所划刻的平行线之间的距离大约为名义涂层厚度的10倍，最小距离为0.4mm。在划线时，应使用足够的压力在单个行程内穿过涂层来切割，直至切割到基材。如果划线之间的任何涂层部分从基材上脱离，则认为附着性不合格；当表明附着性明显合格时，则用手指将压敏胶带（胶带的胶黏剂黏强度至少为$45g/mm^2$）按压在干净的网格区域上，确保没有残留因划刻导致的任何松散涂层颗粒。随后再抓住胶带的自由端，立刻快速（不是猛拉）拉开胶带，拉开时自由端应尽可能与表面呈180°。如果胶带上沾有从划刻线区域内脱落的涂层，则涂层的附着性不合格。不考虑与划刻相连的沉积涂层。胶带的供应商应注明胶带具有足够的胶黏剂黏接强度。胶带应足够宽，从而能够覆盖划刻区域中3条或3条以上的平行线。一般来说，厚的沉积涂层不适宜用此种试验来评价。

4.3.3 高温试验

在烘箱内加热已涂敷工件一段足够的时间，使零件心部达到表4-3-2内所列的温度。保持烘箱温度在名义温度的±10℃之内。如果涂层或基材对氧化敏感，则宜在一种惰性气氛或还原气氛或一种合适液体内加热。然后在室温下将零件放入水中或其他合适的液体中进行淬火。

表4-3-2 高温试验温度

基体金属	镀层金属	
	铬，镍，镍+铬，铜和锡·镍	锡
钢	300℃	150℃
锌合金	150℃	150℃
铜和铜合金	250℃	150℃
铝和铝合金	220℃	150℃

沉积涂层的脱离或剥落是附着性不合格的证据。当在基材表面点蚀或空隙内滞留了电镀槽液，且电镀溶液通过沉积涂层建立桥梁联系时，可能出现起泡。如果在起泡周围区域内的沉积涂层不可剥落或不会从基体上分离，则这些起泡外观不宜解释为附着性低劣的证据。

金属的扩散和随后合金化可以提高电沉积层的黏接强度。在某些情况下，相关材料可导致生成一层脆性膜，该脆性膜导致因断裂而产生剥落，而不是导致差的附着性。这将不能给出电镀后黏接强度的正确指标。如果试验程序不会对零件产生不期望的影响，则本试验是无损的。

4.3.4 落锤试验

使用一个锤子或其他冲击仪并外加一种适当的支撑块来支撑被测试工件，然后锤击试样使其变形。用适当改进的冲击仪可以更加容易地获得再现的结果，其中在适当改进过的冲击仪内，力是可再现的，同时冲击头轮廓是一个直径为5mm的球，并通过一个降落重物或摆锤重量来冲击加载。本试验的严重度可以通过改变负载和球直径来改变。压痕内和压痕周围涂层的脱落或起泡是附着性不合格的证据。

本试验的结果有时难以解释，软和延性的涂层通常不适宜采用本试验来评价。

4.3.5 弯曲试验

在一根芯轴上弯曲零件，让带涂层的表面向外，直到零件的两边平行。芯轴的直径宜是试样厚度的4倍。在低放大倍数（如4倍）下目视检查已变形区域是否有涂层从基材上脱落或剥落，脱落或剥落是附着性差的证据。如果涂层破裂或起泡，则可用锋利的刀片尝试能否将涂层从基材上分离。对于硬的或脆的涂层，通常在弯曲部位内出现开裂。这些裂纹可能会或可能不会蔓延至基材之内。无论哪些情况，出现裂纹并不表示附着性差，除非用锋利的工具能够将涂层剥离。

前后重复地弯曲零件180°的角度，直到基材发生断裂。在低放大倍数（如10倍）下观察此区域涂层是否出现分离或剥落。用锋利的刀片从基材上撬开分离涂层，则表明此涂层的附着性不合格。

4.3.6 摩擦抛光试验

用一个具有光滑端部的工具在约5cm的涂层区域上刮擦大约15s。适当的工具是具有一个半球状端部的，且直径为6mm的钢棒。每个行程应采用足够的压力来擦光涂层，但是压力不能太大以至将钢棒戳进到涂层之内。不宜出现起泡、隆起或剥落。一般来讲，不可以满意地评价厚沉积涂层。

4.3.7 喷丸试验

利用重力或压缩空气，把铁球或钢球喷于受试验的表面上，钢球的撞击导致沉积层发生变形。如果覆盖层的附着强度差，则会发生鼓泡。一般来讲，引起非附着覆盖层起皮的喷丸强度随着覆盖层的厚度变化而改变，薄覆盖层比厚覆盖层需要的喷丸强度小。

用长度150mm、内径为19mm的管子将喷嘴与发射铁或钢丸（直径约0.75mm）的容器相连进行此试验，把压力为0.07~0.21MPa的压缩空气送入上述装置中，喷嘴和试样之间的距离为3~12mm。

另一种方法最适用于检查电镀生产中厚度为100~600μm的电镀层的附着强度，

它采用一种标准气动箱来喷钢丸。如果银镀层的附着强度差，则会延展或滑动而鼓泡。

4.3.8 深引试验

最常用于镀覆金属薄板的深引试验是埃里克森杯凸试验和罗曼诺夫凸缘帽试验。它们是借助几种柱塞使沉积层和基体金属发生杯状或凸缘帽状的变形。在埃里克森试验中，采用适当的液压装置把一个直径为20mm的球形柱塞以0.2~6mm/s的速度推进试样中，一直推到所需要的深度为止。

附着强度差的沉积层经几毫米的变形，便从基体金属上呈片状剥离。然而，由于冲头的穿透作用，即使基体金属已发生开裂，附着良好的沉积层仍不会出现剥离。

罗曼诺夫试验仪器是由一般冲床和附有一套与凸缘帽配合使用的可调模具所组成。其凸缘直径为63.5mm，帽的直径为38mm，帽的深度在0~12.7mm内可以调节。一般把试样测试到使帽发生断裂的程度为止。深引件的未损伤部分说明深引效应影响沉积层的结构。这些方法特别适用于较硬金属的沉积层，如镍或铬。

在所有的情况下，必须仔细分析所得到的结果，因为它包括了沉积层和基体金属的延展性。

4.3.9 阴极试验

将镀覆的试件在溶液中作为阴极，在阴极上仅有氢析出。由于氢气通过一定覆盖层进行扩散时，在覆盖层与基体金属之间的任何不连续处积累产生压力，致使覆盖层发生鼓泡。

在5%的氢氧化钠（密度为1.054g/mL）溶液中，以电流密度10A/dm^2、温度90℃处理试样2min。在覆盖层中附着强度差的点便形成小的鼓泡。如果在经过15min之后，镀层仍无鼓泡发生，则可以认为覆盖层的附着强度良好。另外，可以采用硫酸（5%质量分数）溶液，在60℃、电流密度为10A/dm^2、经5~15min后，附着强度差的覆盖层会发生鼓泡。

电解试验只限于可透过阴极释放氢的镀层。镍或镍-铬镀层的附着强度差时，用此试验比较适宜。像Pb、Su、Zn、Cu或Cd之类的金属镀层，则不适用于这种试验方法。

4.3.10 耐流体试验

耐流体试验主要考核紧固件膜层在油类等流体中抗腐蚀的能力。常见试验方法是将涂覆后试件按相关技术条件要求浸在煤油等流体中，在一定温度下保持一段时间（根据相关标准而定），试样干燥后涂层应无气泡，有些技术条件要求再进行结合力试验，其结果应满足相关技术条件要求，有些技术条件还规定用铅笔法（可参照《色漆和清漆铅笔法测定漆膜硬度》（GB/T 6739—2006））测量涂层硬度，经耐流体浸泡后的试样与未经浸泡的试样相比，硬度差应符合相关技术条件要求。

4.3.11 耐脱漆剂试验

耐脱漆剂试验主要考核紧固件膜层在脱漆剂等物质中抗腐蚀的能力。常见试验方法与耐流体试验相似,是将涂覆后试件按相关技术条件要求浸入或涂上脱漆剂,在一定温度下保持一定时间,将试样用清水清洗后涂层应无气泡,根据相关技术条件要求进行结合力试验和铅笔法测涂层硬度试验。

4.3.12 耐热性试验

耐热性试验主要考核紧固件膜层耐高温的能力。常见试验方法是将涂覆后试件按相关技术条件要求浸在空气中加热到一定温度,然后保持一定时间(根据相关标准而定),在空气中冷却,观察涂覆层质量应无气泡或裂纹等缺陷,不应出现涂覆层与基体金属分离现象。

4.4 膜层耐蚀性试验

4.4.1 盐雾试验

盐雾试验是一种人工模拟高湿度和盐度的大气条件下,在盐雾中试验紧固件相对抵抗腐蚀的方法,从而决定紧固件的相对抗腐蚀能力。盐雾试验箱的组成结构如图4-4-1所示。

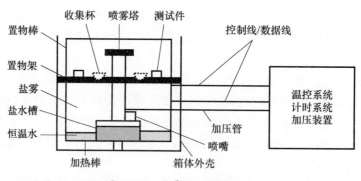

图4-4-1 盐雾试验箱的组成

1. 常见试验方法标准

(1)《紧固件试验方法盐雾》(GJB 715.1—1989)是国家军用标准,该标准规定了紧固件在模拟高湿度和盐度的大气条件下在盐雾中紧固件对抗腐蚀的试验方法。本方法规定了标准适用范围、试验设备、试样、试验程序及试验报告等方面的相关要求,具有很好的实际指导意义。

(2)《紧固件试验方法 盐雾试验》(NASM 1312-1)是美国国家航空标准关于紧固件盐雾试验的标准试验方法。本方法规定了标准使用范围、试验设备、试样、试验细节要求及注意事项等内容,具有很好的实际指导意义。

2. 标准对比分析

对《紧固件试验方法盐雾》(GJB 715.1—1989)及《紧固件试验方法 盐雾试验》(NASM 1312-1)标准做对比分析,两者测试原理相同,操作程序相似,对比如下。

1)试样的准备

(1)除非另有规定,对无金属镀覆层和有金属镀覆层的试样要彻底清除油污、尘垢和油脂,试样用洗涤剂清洗并用去离子水漂洗以获得无水膜破裂的表面,然后用异丙醇清洗并用空气吹干。试样表面不允许有腐蚀的溶剂或任何种类的腐蚀剂,清洗必须在试验前1h进行,处理过程尽量少触摸试样,清洗完成后如要触摸试样必须戴上无绒棉线手套。

(2)试样准备好后应立刻投入试验,架设和支承试样的方式应使盐雾不至于凝聚和积集在紧固件的凹槽或其他类似部位,而且还要使盐雾能均匀地在所在试样的周围自由环流。

2)盐溶液的制备

(1)所用的盐应是不含镍和铜,碘化钠的含量以不含水计算不超过0.01%,杂质总含量不超过0.3%的化学氯化钠结晶盐。5%溶液配制:按质量计算,在95份蒸馏水中溶解(5 ± 1)份盐,蒸馏水也可用每百万份中含有可溶性固体小于200份的去离子水代替。应采用过滤或沉淀的方法去掉固体成分。在35℃的温度下测量时,应调整溶液的密度,使其保持在$1.027\sim1.041kg/m^3$范围内。

(2)盐溶液在35℃下被雾化时的pH值应保持在6.5~7.2的范围内,从试验箱内取出雾化的溶液后,应立刻测量pH值,应通过电测法,采用带有饱和氯化钾桥的玻璃电极来测量pH值或者采用pH试纸或pH计来测量pH值,只允许用化学纯的稀盐酸或化学纯的氢氧化钠来调整pH值。

(3)在室温下配制溶液,并使50mL的样品溶液缓和地沸腾30s,再冷却到室温以后调整其pH值到6.5~7.2,样品溶液的pH值应在冷却后立刻测量,若采用本方法,原先溶液的pH值应低于6.5。

(4)在配制溶液前,将用于配制盐溶液的水加热到35℃以排出二氧化碳,然后在保持这一温度的同时,将pH值调整到6.5~7.2。

3)试样安装

只要有可能,应从试验箱底或侧壁把试样支承起来,若从试验箱顶吊挂试样,则应采用尼龙绳、玻璃挂钩或蜡线作为悬挂工具,不允许采用金属挂钩。试样放置应符合下列要求。

(1)试样不应相互接触,也不应与任何金属材料或能起芯绳吸液作用的任何材料接触;

(2)试样不应遮挡盐雾的自由沉降;

(3)一个试样上的腐蚀产物和冷凝物不应滴落在其他试样上,也不用回到盐液储存器内。

4)温度

试验应在温度为35℃的暴露试验区内进行。最后按以下办法精确地控制温度:将设备放在能准确控制恒温的实验室内,或将设备完全隔热并在雾化前将空气预热到适当的温度,或用外罩将设备罩起来,并控制罩内空气或水的温度。试验箱表面不应过热,以免引起盐雾挥发而又冷凝在其他雾滴上从而稀释雾滴,只要不会引起暴露试验区内温度的变化超出允许的操作温度范围,就可以在较大的试验箱内使用适当的加热器，此外，一律禁止在试验箱内或盐雾储存器内使用浸入式加热器来保持暴露试验区的温度。

5）雾化

在暴露试验区内的所有零件应符合以下条件：在暴露试验区内的任一点上所设置的相应容器，在至少16h的平均工作时间内，其每80cm²的水平收集面积（10cm直径）上，每小时应能收集到0.75~2.0mL的溶液，由此所收集到的溶液，在温度为34~36℃、pH值为6.5~7.2的条件下测量时，其所含氯化钠的成分应为4%~6%，其密度应为1.027~1.041kg/m³。至少应使用两个清洁的盐雾收集容器，一个设置在靠近任意一个喷嘴的地方，另一个像任何试样一样，设置在远离所有喷嘴的地方，容器的设置不应遮挡盐雾的自由沉降，也不应收集来自试样或其他方面的液滴。喷嘴应采用与盐溶液不起反应的材料制成，建议采用带有尼龙过滤器的玻璃喷嘴或甲基丙烯酸甲酯（有机玻璃）喷嘴，在体积小于0.34m³的试验箱内，满足下述条件时，可以获得良好的雾化：

（1）喷嘴压力为0.18~0.21MPa；

（2）喷嘴孔直径为0.51~0.76mm；

（3）试验箱的体积为0.23m³，每24h雾化3.4L盐液。

6）试验持续时间

盐雾试验的持续时间应为96h，在规定的时间内，试验应连续进行或者一直进行到发现明显的缺陷迹象为止，仅在调整设备或检查试样时才可中断试验。对试验操作的安排应使中断试验的时间保持在最低限度内。如果允许对没有通过规定试验的单个或多个试样进行重复试验，则重复试验应以最少的中断时间和开箱时间进行到96h。

7）试样的检查

试验结束时，应立刻检查试样，以确定其是否符合产品技术条件的规定。为方便检查，可在38℃以下的清洁流动温水中轻轻地洗涤或浸泡试样，然后用清洁干燥的空气吹干。在试验过程中，可要求在指定的时间间隔内检查试样。

4.4.2 防变色试验

防变色试验是一种检验镀银层质量的试验方法。试验方法参照《银镀层质量检验》（HB 5051—1993），抽样比例按相应标准要求。在1%的硫化钠溶液中，硫化钠纯度为三级试剂，配制用水采用《金属镀覆和化学覆盖工艺用水水质规范》（HB 5472—1991）中规定的B类水。试验过程中温度应控制在15~25℃内，浸渍时间为30min，试验后银镀层不应变色。

4.4.3 湿热试验

湿热试验是检验紧固件耐腐蚀性能的指标之一，湿热试验可以确定紧固件耐湿热大气影响的能力。试验方法可以参考《军用装备实验室环境试验方法 第9部分：湿热试验》（GJB 150.9A—2009）。试验的温度为60℃，湿度为95%，试验周期为10个周期，每个周期进行24h。试验过程曲线如图4-4-2所示。

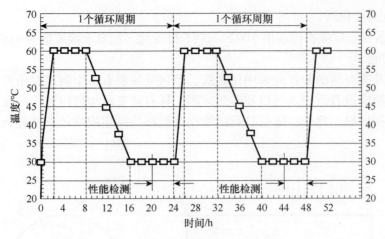

图 4-4-2 循环周期与性能检测

虽然在自然环境中温度为60℃，湿度95%的自然条件几乎不会出现，但是在该温度和湿度下，能够发现紧固件的潜在问题部位。另外，对于试验过程中试验状态的监测，标准中也给出了要求，要在每5个循环后进行一次性能检测。每次性能检测要在每个周期中的20~24h时间段内进行。试验结束后，紧固件表面应没有明显变化。

4.4.4 应力腐蚀试验

应力腐蚀是指在拉应力作用下，金属在腐蚀介质中引起破坏。这种腐蚀一般均穿过晶粒，即穿晶腐蚀。应力腐蚀是由残余或外加应力导致的应变和腐蚀联合作用产生的材料破坏过程。应力腐蚀导致材料的断裂称为应力腐蚀断裂。应力腐蚀是材料、机械零件或构件在静应力（主要是拉应力）和腐蚀共同作用下产生的失效现象，它常出现于黄铜、高强度铝合金和不锈钢中。试验方法一般按照《紧固件试验方法 应力腐蚀》（GJB 715.7—1990）和《紧固件试验方法 应力腐蚀》（NASM 1312-9（1997））进行。

常见应力腐蚀机理：零件或构件在应力和腐蚀介质作用下，表面的氧化膜被腐蚀而受到破坏，破坏表面和未破坏表面分别形成阳极和阴极，阳极处的金属成为离子而被溶解，产生电流流向阴极。由于阳极面积比阴极面积小得多，阳极的电流密度很大，进一步腐蚀已破坏的表面，再加上拉应力作用，破坏处逐步形成裂纹，裂纹随时间逐渐扩散直至断裂。为防止零件应力腐蚀，首先应合理选材，避免使用对应力腐蚀敏感的材料；其次应合理设计零件和构件，减少应力集中。改善腐蚀环境，如在腐蚀介质中添加缓蚀剂，可防止应力腐蚀，采用金属或非金属保护层，也可以隔绝腐蚀介质的作用。此外，采用阴极保护法电化学保护也可减小或停止应力腐蚀。

1. 试验设备要求

1）试验装置

试验圆筒应与图4-4-3所示图基本相符，其中试验圆筒只要没有受上一次试验损伤，经过再次机械加工或者清除了所有影响的腐蚀产物或锈蚀物，尺寸仍在允许范围内，试验圆筒是可重复使用的。试验紧固件所配套使用的连接件应符合相应技术条件规定，其中如试验钉套应采用与圆筒材料相适应的材料制造，以消除电偶腐蚀作用。

2）长度测量仪器

长度测量仪器应能直接读出0.002mm的长度变化，测量准确度应为0.002mm。

3）试验箱

试验箱及所有辅助装置应采用硬橡胶、塑料或涂覆有不影响试验条件的防腐材料制造。试验箱应设有适当通气口和适当体积，具有能支承加载组装件的支架或夹具不应与盐液直接接触。此外，还应具有能使空气循环的风扇或吹风机之类装置，用来干燥试样。

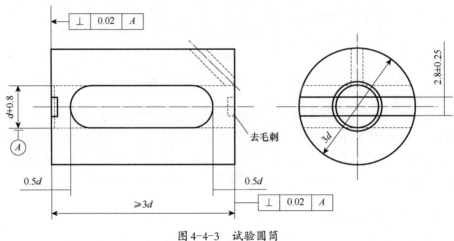

图 4-4-3 试验圆筒

2. 盐溶液（参照《紧固件试验方法 应力腐蚀》（GJB 715.7—1990））

所用的盐基本上应是不含镍和铜，碘化钠的含量以不含水计算不超过0.01%，杂质总含量不超过0.3%的化学纯氯化钠结晶盐。3.5%氯化钠水溶液的配制：按重量计算，在96.5份蒸馏水中溶解（3.5±0.5）份盐。蒸馏水也可以用每百万份中氯化物总含量小于200份的去离子水代替。

盐液的温度为（24±3）℃时，盐液的pH值应保持在6.5~7.5范围内。盐液的pH值每24h检查一次。采用经过国家计量部门指定单位检定合格的酸度计测量pH值或采用比色法，用精密pH试纸测量pH值，只允许用分析纯稀盐酸或化学纯氢氧化钠来调整pH值。

在同一盐液储存器内，每次只能试验一种类型的紧固件系统。每次试验都应采用新鲜的盐液，最长不超过7天就要更换一次盐液。用添加蒸馏水或去离子水的方法来保持3.5%氯化钠水溶液的浓度。溶液的浓度应采用经国家计量部门指定单位检定合格的密度计来检查。

3. 试样要求

除非另有规定，对无金属覆盖层或有金属覆盖层的试样彻底清除油污、尘垢、油脂，以获得湿度和温度一致的无水膜破裂的表面。试样表面不允许有腐蚀的溶剂或任何种类的腐蚀剂。试样清洗必须在试验前1h内完成。清洗完成后如要触摸试样，必须戴上无绒棉手套。

4. 试验要求

安装试样前对试验装置和试样进行加工和清洗。在外螺纹试样的螺纹收尾部位与螺母支撑面之间至少应有两扣完整螺纹不旋合。试验载荷根据相关技术条件要求，一般采用产品相应标准规定的最小破坏拉力的75%。

注意：在安装时，一般不在紧固件头部或螺母支承面下使用垫圈，以及不在试验装置和外螺纹紧固件上使用润滑涂层，除非相关技术要求另有明确规定。

5. 结果评定

试验完成后，取下试样并进行清洗，然后用磁粉探伤和荧光探伤检查是否有裂纹。任何试样出现裂纹或断裂，就认为试样不合格。试验中如若发现圆筒破坏，则认为是失败试验；试验中若出现螺母或钉套破坏，则认为是对外螺纹紧固件的失败试验；若出现外螺纹紧固件破坏，则认为是对螺母或钉套的失败试验。如果出现失败试验，则应采用新的紧固件重新进行试验。

注意：紧固件应力腐蚀试验存在危险性，为避免伤害试验区域附近的工作人员，应将试验区完全隔离。在试验加载和检查时，应戴安全面罩。

第5章 紧固件化学成分检测

5.1 概述

紧固件的基体材料有很多种类,如陶瓷、纯金属、合金、特种金属、有机材料等。其中使用范围最广、生产批量最大的还是金属材料。金属材料的化学组成成分是决定其材料性能的主要因素。在生产活动中,面对一未知金属,需要掌握该金属材料两方面的信息:一是该金属包含哪些成分;二是该金属化学成分的具体含量是否满足相关要求。通过对金属材料的分析,获得该金属成分的具体信息,可对产品质量进行监控。在分析异常产品时,化学分析可以准确发现成分方面的原因。

5.1.1 化学成分检测分类

1. 按检测元素进行分类

按照金属材料检测元素的种类,可以将元素分为气体元素和常规元素。

金属材料中的气体元素,严格来说是指 O、N、H 这 3 种元素,因为这 3 种元素的单质在常温常压下为气态。另外,由于 C、S 的分析原理和检测方法与 O、N、H 相近,于是习惯上也将 C、S 纳入气体元素。金属材料中的气体元素需要控制在一定范围内,否则将会对金属材料的理化性能产生不利影响:过量的 H 会增加金属的脆性,使金属材料发生氢脆断裂现象;O 在金属中以氧化物的形式存在,过多氧化物会降低材料的强度以及疲劳性能;金属中的 N 是以氮化物形式存在的,适宜的 N 能够稳定钢中的奥氏体,但过量的 N 会导致钢的宏观组织稀疏、韧性下降、硬度增加,不锈钢中过量的 N 则会引起晶间腐蚀;钢中的 S 是有害元素,可使钢产生热脆、裂缝,降低机械寿命。

金属中除气体元素之外的其他元素称为常规元素。

2. 按检测方法进行分类

对紧固件金属材料进行化学成分分析,用到的工具便是分析化学知识。在分析化学学科中,根据分析方法的原理,可将分析化学分为化学分析法和仪器分析法两大类。

(1) 化学分析法是以物质的化学反应为基础的分析方法,主要有滴定分析法和重量分析法。重量分析法是将被测组分从试样中分离出来后直接称量其质量,是最早采用的定量分析方法。而滴定分析法则是通过滴定方式来测量组分的质量或浓度。这两种方法历史悠久,又是分析化学的基础,是经典分析方法,适用于含量在 1% 以上的常量组分分析。滴定分析法与重量分析法相比更简便、快速,因此应用比较广泛。根据化学反应的种类不同,滴定分析法又可以细分为酸碱滴定法、络合滴定法、氧化还原滴定法和沉淀滴定法。

(2) 仪器分析法是以物质的物理和物理化学性质为基础的分析方法。使用专门的仪器进行检测,只要物质的某些性质表现出来的测量信号与它的某种参量之间存在函数关系,就可以建立相应的物理分析方法。随着光电技术的不断革新,各种新型的仪器分析方法相继诞生。仪器分析方法已经成为现代分析化学的主体和发展方向,在工业生产和人们的日常生活中发挥着重要的作用。

5.1.2 化学成分检测趋势

金属材料的成分分析测试方法不断发展,由传统的滴定法、分光光度法、原子吸收光谱法不断发展出新型的测试方法,如高频感应炉燃烧后红外吸收法、惰性气体熔融-热导/红外法、电感耦合等离子体发射光谱法、火花放电原子发射光谱法、X射线荧光光谱法等,由传统的逐个元素测试,发展到现在可以同时测试多个元素,效率和准确度都在不断提高。

5.2 高频感应炉燃烧红外吸收法

5.2.1 方法简介

高频感应炉燃烧后红外吸收法是利用高频加热使样品熔融,C和S以CO_2、SO_2的形式释放并运用红外吸收原理进行检测,从而确定材料中碳、硫含量的方法。红外线从发现到应用经历了一段时间。早在1800年就发现了红外电磁波谱,但直到1859年才开始对气体和液体的红外吸收进行研究。红外线作为一门实用技术工程还是在第二次世界大战后,才随着军事、医学、工业和科学领域的应用和发展而逐渐扩大了其应用领域。自此,测定钢、铁、高温合金和其他材料中的碳、硫含量的红外碳硫测定仪的技术水平不断发展和提高,红外碳硫测定仪已成为现代化金属材料成分分析的一种不可缺少的仪器,具有快速、准确、操作简单的特点。

5.2.2 方法原理

存在于金属材料中的碳和硫,形态多样,含量范围宽。其基本原理是在富氧条件下,有交变电流产生的交变磁场,加热陶瓷坩埚内的磁性样品或助熔剂,高温熔融使试样充分燃烧,试样中的C和S分别转化为CO_2、SO_2的形式,以O_2为载气体将两种气体带至红外检测池,并由红外检测器检测。供氧、熔样和检测是C、S测定的三要素。

1. 供氧

该方法的供氧源为高压氧气瓶供氧,其纯度需保证在99.5%以上。氧气的输出端(包括阀和接口)都必须严格禁止污染。因此,为确保仪器的正常运转,所用氧气须有产品合格证书,确保其纯净。由于O还起到载气的作用,其中的杂质含量,特别是CO_2和水汽的含量对于测定影响巨大,因此检测仪器中都带有进气净化装置,并保证流量稳定,以确保检测结果的准确。

2. 熔样

高频炉是目前对金属材料加热效率最高、速度最快、低耗节能环保型的感应加热设备。高频大电流流向被绕制成环形或其他形状的加热线圈,由此在线圈内产生极性瞬间变化的强磁束,将金属等被加热体放置在线圈内,磁束就会贯通整个被加热体,由于存在着电阻,所以会产生很多的焦耳热,使物体自身的温度迅速上升。达到对所有金属材料加热的目的。在规定的参数条件下,使试样熔化,在通氧条件下,析出CO_2、SO_2。高频感应加热炉由整流器、振荡管、电容器和电感(加热线圈)组成。

3. 检测

红外线由英国天文学家赫歇耳于1800年观察太阳时,为寻找保护眼睛的方法而发现的,由于其位于光谱红外端之外,故名红外线,用肉眼不能直接观察到,但它与可见光一样,同是一种电磁波。

试样中含有碳和硫,在通氧条件下,加热熔样,均氧化成CO_2、SO_2。CO_2、SO_2等极性分子具有永久电偶极矩,因而具有振动、转动等结构,按量子力学分成分裂的能级,可与入射的特征波长红外辐射耦合产生吸收,即CO_2在4.26μm、SO_2在7.4μm红外光处具有特征吸收光能的特性,朗伯-比尔定律反映了此吸收规律,即

$$I=I_0 e^{-KpL} \tag{5-2-1}$$

式中:I_0为入射光强;I为出射光强;K为吸收系数;p为该气体的分压强;L为分析池长度。

测量经吸收后红外光的强度便能计算出相应气体的浓度,这就是红外气体分析的理论根据。为使用红外线吸收法进行定量分析,需建立红外能量吸收峰值与所测元素的对应值,用有证参考的标准物质校准仪器和测定方法,绘制标准曲线,求出校准系数K,即

$$K=\frac{M_0 C_0}{A-B} \tag{5-2-2}$$

式中:K为将测定值换算成C、S量的系数;M_0为标准物质的C、S标称值;C_0为标准物质的称取量;A为标准物质测定指示值(或积分面积);B为空白试验指示值(或积分面积)。

金属及无机材料中C、S的百分含量按下式计算,即

$$\omega_{(C,S)}=\frac{K \cdot (A-B)}{W} \times 100\% \tag{5-2-3}$$

式中:K为将测定值换算成C、S量的系数;W为标准物质的称取量;A为标准物质测定指示值(或积分面积);B为空白试验指示值(或积分面积)。

5.2.3 常用标准

C、S元素在钢材中作为主要元素,对产品的物理性能和化学性能影响很大,因此国内外C、S元素的分析方法发展也很快。其中,高频燃烧红外法测定C、S的方法快速、准确,现已成为金属进行C、S分析的主要手段。对于其他金属材料,国标、航标等标准也有相应标准方法。高频红外碳硫仪在金属材料中的定量分析见表5-2-1。

表5-2-1 高频感应炉燃烧红外吸收法常用标准

标准代号	标准全称
GB/T 20123—2006	钢铁 总碳硫含量的测定 高频感应炉燃烧后红外吸收法(常规方法)
GB/T 5121.4—2008	铜及铜合金化学分析方法 碳、硫量的测定

续表

标准代号	标准全称
HB 5220.3—2008	高温合金化学分析方法 第3部分 高频感应燃烧-红外线吸收法测定碳含量
GB/T 4698.14—2011	海绵钛、钛及钛合金化学分析方法 碳量的测定 高频燃烧-红外吸收法
ASTM E1019—2018	通过多样的燃烧和熔化技术测定在钢、铁、镍和钴合金里面的碳、硫、氮和氧

5.2.4 典型标准对比

《钢铁 总碳硫含量的测定 高频感应炉燃烧后红外吸收法（常规方法）》（GB/T 20123—2006）是国标推荐的钢铁中总碳硫含量的测定方法，该方法规定了适用范围、试验原理、试验试剂、试验仪器、试验方法、分析步骤、试验校准、精密度等方面的内容。

《铜及铜合金化学分析方法 碳、硫量的测定》（GB/T 5121.4—2008）是国标推荐的铜及铜合金中碳、硫含量的测定方法，其中方法一为高频红外吸收法，该方法规定了适用范围、试验原理、试验试剂及材料、试验仪器、分析步骤、精密度等。

《高温合金化学分析方法 第3部分 高频感应燃烧-红外线吸收法测定碳含量》（HB 5220.3—2008）是中华人民共和国航空行业标准，该标准提供了高温合金中碳含量的方法，该方法规定了适用范围、试验原理、试验试剂及材料、试验仪器、分析步骤、允许误差等方面的内容。

《海绵钛、钛及钛合金化学分析方法 碳量的测定 高频燃烧-红外吸收法》（GB/T 4698.14—2011）是国标推荐的海绵钛、钛及钛合金中碳含量的测定方法，该方法规定了适用范围、方法原理、试剂及原理、仪器装置、试样、分析程序、精密度等方面的内容。

《通过多样的燃烧和熔化技术测定在钢、铁、镍和钴合金里面的碳、硫、氮和氧》（ASTM E1019—2018）是美国材料试验协会发布的测定钢、铁、镍和钴合金里面的碳、硫、氮和氧的标准试验方法，该方法规定了标准适用范围、方法简介、准确度影响因素、设备校准、仲裁试验、试验程序等方面的内容。

几种高频感应炉燃烧红外吸收法典型标准的对比如表5-2-2所列。

表5-2-2 高频感应炉燃烧红外吸收法典型标准对比

标准号	GB/T 20123—2006	GB/T 5121.4—2008	HB 5220.3—2008	GB/T 4698.14—2011	ASTM E1019—2018
金属材料	钢铁	铜及铜合金	高温合金	海绵钛、钛及钛合金	钢、铁、镍和钴合金
适用元素与范围	C：0.005%~4.3% S：0.0005%~0.33%	C：0.0010%~0.20% S：0.0010%~0.030%	C：0.0010%~8.00%	C：0.004%~0.100%	C：0.005%~4.5% S：0.002%~0.35%
助熔剂	铜、钨锡或钨用于测碳；钨用于测硫	钨锡助熔剂	钨粒、钨锡粒或纯铁	Cu或W：Sn=4：1或Cu：Sn：Fe=2：1：1	铜、钨锡或钨用于测碳；钨、钨锡用于测硫

续表

标准号	GB/T 20123—2006	GB/T 5121.4—2008	HB 5220.3—2008	GB/T 4698.14—2011	ASTM E1019—2018
助熔剂	粒度0.4~0.8mm	粒度400~800μm	粒度0.4~0.8mm	—	铜粒粒度：2.00~0.599mm；钨粒粒度：1.68~0.853mm；钨锡粒粒度：0.853~0.422mm 或 1.68~0.853mm
	一定量	不少于试样质量	用量1.2g	1.0~2.0g	至少1.5g
样品质量	根据高频炉容量和待测物的含量称取适当的试料量	0.4~1.1g	0.10~1.00g	0.3~0.5g	称取适当的试料量（0.5g或1.0g）
	精确到1mg	精确到0.001g	精确到0.001g	精确到0.0001g	精确到1mg
空白要求	空白值不大于0.002%；标准偏差不大于0.0005%	直至稳定	机器扣除	极差为±0.0005%以内	空白值不大于0.002%；极差在±0.0002%以内
标准曲线	按多个分析范围进行校准	用适合的标准样品校准	—	—	3个分析范围，即Ⅰ、Ⅱ、Ⅲ

5.3 惰性气体熔融-热导/红外法

5.3.1 方法简介

金属中气体元素的行为及其对金属性能的影响，是材料科学方面的重要课题。因此，金属中气体元素的含量、相态、分布的检测，对于材料科学的发展、新型材料的开发以及对金属材料的质量控制都具有相当重要的意义。金属中的气体元素只有很少一部分存在于气孔中，其主要部分或成为单独的化合物相（非金属夹杂、氧化物、氮化物），或溶于金属内。这些气体元素的存在，即使数量很少，也会显著影响金属的力学性能。

金属中气体的分析始于20世纪30年代，目前应用较广泛的是惰气熔融法，此外还有气相色谱法、光谱法、质谱法等。惰气熔融法设备简单、操作方便、分析速度快，可单独或同时测定氧、氮、氢含量，因此得到了广泛应用。

5.3.2 方法原理

应用仪器测定金属中的O、N和H，首先需保证充分的熔样温度，并由石墨坩埚供给熔样时的渗碳条件，从而保证金属中的O、N和H以气体状态析出，其反应式如下：

$$MO + C \xrightarrow{\Delta} M + CO \uparrow \tag{5-3-1}$$

$$2MN + 2C \longrightarrow 2MC + N_2 \uparrow \quad (5\text{-}3\text{-}2)$$

$$2MH \xrightarrow{\Delta} 2M + H_2 \uparrow \quad (5\text{-}3\text{-}3)$$

为了检测方法的需要，又将析出的一氧化碳经加热的稀土 CuO 转化为 CO_2，氢气经加热的稀土 CuO 转化为水 H_2O，即

$$CO + CuO \xrightarrow{\Delta} Cu + CO_2 \uparrow \quad (5\text{-}3\text{-}4)$$

$$H_2 + CuO \xrightarrow{\Delta} Cu + H_2O \uparrow \quad (5\text{-}3\text{-}5)$$

由于上述方法的要求，金属中 O、N、H 的测定变为测定 CO_2 以及气态 N_2 和 H_2O。

O、N、H 联测仪主要由载气系统、加热炉、检测系统几部分构成。

1. 载气系统

惰性气体熔融-热导/红外法的试验原理是利用惰性气体的保护，将待测试样熔融，释放试样中的待测元素。为了保证试验结果的准确，载气系统中载气的选择非常重要。由于氮气的热导率与氩气的热导率差异较小，而氮气与氦气的热导率差异明显，所以利用热导率仪来测定金属中氮含量时，需要使用氦气作为载气。若仅测氢含量，则可以使用氩气作为载气。同时，也要求载气的纯度很高，要达到 99.99% 以上。

2. 加热炉

熔融试样所用加热炉一般有两种，即高频感应加热炉和脉冲加热炉。对金属中 O、N 和 H 的测定，目前通常采用脉冲加热方式。脉冲加热炉也称电极炉，以石墨坩埚作为电阻发热体，在设定功率下，以安全变压器的匝（绕组）数调至输出低电压（约 10V）、高电流（约 1000A），使两电极间的石墨坩埚达到瞬间加热，加热温度可达 3500℃。炉头由两个铜电极组成，石墨坩埚放置其间，以高电流进行加热，在高纯惰性载气（通常为 He 气）的气氛中，置于坩埚里的试样充分熔融，直至完全析出 CO、N_2 和 H_2。在 O、N 和 H 分析中，石墨坩埚既是样品的容器，又是供碳的来源，还是直接加热体。因此，它的材料质量、几何形状、加工精度对金属中气体的析出和测定的准确度都有直接影响。

3. 检测系统

金属中所含有的 O、N 和 H，经加热的石墨坩埚熔融后分别析出，经转化后分别变成 CO、CO_2、N_2 和 H_2O。这几种气体由红外检测器和热导检测器检测。

1) 红外检测器

红外检测器的部件有以下几个：

（1）光源。采用电阻丝加热，产生可吸收波段的红外线光源。光源可用镍铬丝、铂金丝或者新型陶瓷材料制成。

（2）切光电动机。选定切光频率，将红外光转换成选定频率的光波，以选择最佳检测限。

（3）气室。气室或称吸收池，吸收池一般由内壁镀金的铜管制成，要求无死角、反射损失小、响应时间短。两端的红外线射入窗口镀以氟化物无机盐，根据 CO、CO_2、H_2O 特征吸收峰的灵敏度选定气室长度。

（4）检测器。目前，仪器常用的检测器属于光检测器，用锑化铟（InSb）加工而成。

此部件是具有光导性的半导体，没有红外光照射时为绝缘体，当有红外光照射时，光子会使InSb中的电子发生移动，使其导电性能发生变化。这种变化与红外光强度变化保持一致。因此，根据InSb的电阻变化可以测出红外光吸收强度。该检测器具有检测效率高、信号响应快、稳定性能良好等特点。当前，定型分析仪器中大都采用光导检测器。

应用红外线吸收法测定金属中氧含量时，需建立红外吸收峰值与所测元素的对应值，即用有证标准物质校准仪器和分析方法。首先求出校准系数，即

$$K_O = \frac{M_0 C_0}{A-B} \quad (5-3-6)$$

式中：K_O 为金属中O的校准系数；M_0 为标准物质O含量；C_0 为标准物质的称取量；A 为标准物质测定指示值（或积分面积）；B 为空白试验指示值（或积分面积）。

金属中O的质量分数按下式计算，即

$$\omega_{[O]} = \frac{K_O(A-B)}{G} \times 100\% \quad (5-3-7)$$

式中：K_O 为校准系数；A 为试样测得指示值；B 为空白试验指示值；G 为试样称取量。

应用红外吸收法测定金属中的氢含量时，计算方法与式（5-3-6）、式（5-3-7）相同。

2）热导检测器

热导检测器主要由池体和热敏元件组成，池体由黄铜不锈钢制成，池体空穴内装热敏元件，热敏元件由铼钨丝制成，它具有电阻温度系数大、机械强度高、化学稳定性好的优点。热导池内装有的等阻值的电阻丝组成惠斯通电桥，其中 R_1 为检测臂，R_2 为参考臂，R_3 和 R_4 为固定电阻。4个相同阻值的铼钨丝组成电桥，有 $R_2/R_1 = R_4/R_3$。

当金属中析出的氮气未进入热导池时，四臂组成的电桥处于平衡状态，无信号输出，这是由于在载气相同的情况下流经4个桥臂，电阻值无差异。而当检测臂带入分析气体（N_2）时，检测臂带走了热量，引起温度变低，电阻值变化使电桥失去平衡，产生输出信号的改变，经数据处理系统计算出组分（N_2）的相应含量。

应用热导法测定金属中N含量，需建立热导器输出峰值和所测元素的对应值。可用有证标准物质求出校准系数，即

$$K_N = \frac{M_0 C_0}{A-B} \quad (5-3-8)$$

式中：K_N 为金属中氮的校准系数；M_0 为标准物质氧含量；C_0 为标准物质的称取量；A 为标准物质测定的指示值（或积分面积）；B 为空白试验指示值（或积分面积）。

金属中氮的百分含量按下式计算，即

$$\omega_{[N]} = \frac{K_N(A-B)}{G} \times 100\% \quad (5-3-9)$$

式中：K_N 为校准系数；A 为试样测得指示值；B 为空白试验指示值；G 为试样称取量。

5.3.3 常用标准

随着对金属质量的需求日益提高，对金属中微量气体元素要求也更加严格，使得对O、N、H元素的分析提出了更高的要求。惰性气体熔融-热导/红外法由于其分析速

度快、检出限低、准确度高等特点被广泛应用于冶金材料中O、N、H元素含量的测定，常用标准见表5-3-1。

表5-3-1 惰性气体熔融-热导/红外法常用标准

标准代号	标准全称
GB/T 223.82—2018	钢铁 氢含量的测定 惰性气体脉冲熔融法
GB/T 20124—2006	钢铁 氮含量的测定 惰性气体熔融热导法
GB/T 11261—2006	钢铁 氧含量的测定 脉冲加热惰气熔融-红外线吸收法
GB/T 4698.15—2011	海绵钛、钛及钛合金化学分析方法 氢含量的测定
GB/T 4698.7—2011	海绵钛、钛及钛合金化学分析方法 氧量、氮量的测定
GB/T 14265—2017	金属材料中氢、氧、氮、碳和硫分析方法通则
ASTM E1019—2018	通过多样的燃烧和熔化技术测定在钢，铁，镍和钴合金里面的碳、硫、氮和氧
ASTM E1447-22	钛和钛合金 氢含量的测定 惰性气体熔融热导法
ASTM E1409-13（2021）	钛和钛合金 氧和氮含量的测定 惰性气体熔融法

5.3.4 典型标准对比

1. 黑色金属标准对比

黑色金属中氧、氮、氢含量的测试方法有《钢铁 氢含量的测定 惰性气体脉冲熔融法》（GB/T 223.82—2018）、《钢铁 氮含量的测定 惰性气体熔融热导法法》（GB/T 20124—2006）、《钢铁 氧含量的测定 脉冲加热惰气熔融-红外线吸收法》（GB/T 11261—2006）、《通过多样的燃烧和熔化技术测定在钢、铁、镍和钴合金里面的碳、硫、氮和氧》（ASTM E1019—2018）。详细方法对比在表5-3-2中列出。

《钢铁 氢含量的测定 惰性气体脉冲熔融法》（GB/T 223.82—2018）是国标推荐的钢铁中氢含量的测定方法，该方法中规定了标准适用范围、规范性引用文件、原理、试剂与材料、仪器、制取样、分析步骤、空白试验、校准、精密度等方面的内容。

《钢铁 氮含量的测定 惰性气体熔融热导法》（GB/T 20124—2006）是国标推荐的钢铁中氮含量的测定方法，该方法中规定了标准适用范围、规范性引用文件、原理、试剂与材料、仪器装置、制取样、分析步骤等方面的内容。

《钢铁 氧含量的测定 脉冲加热惰气熔融-红外线吸收法》（GB/T 11261—2006）是国标推荐的钢铁中氧含量的测定方法，该方法中规定了标准适用范围、规范性引用文件、原理、试剂与材料、仪器装置、制取样、分析步骤等方面的内容。

《通过多样的燃烧和熔化技术测定在钢、铁、镍和钴合金里面的碳、硫、氮和氧》（ASTM E1019—2018）是美国材料试验协会制定的钢、铁、镍和钴合金里面的碳、硫、氮和氧的测定方法，该方法中规定了标准适用范围、规范性引用文件、原理、试剂与材料、仪器装置、制取样、分析步骤等方面的内容。

表 5-3-2 黑色金属惰性气体熔融-热导/红外法测氢典型标准对比

标准	GB/T 223.82—2018	GB/T 20124—2006	GB/T 11261—2006	ASTM E1019—2018
金属材料	钢铁	钢铁	钢铁	钢、铁、镍和钴合金
适用元素与范围	H：0.6~30μg/g	N：0.002%~0.6%	O：0.0005%~0.020%	O：0.001%~0.005%；N：0.0010%~0.2%
助熔剂	—			
样品质量	0.5~1.0g	1.0g（N<0.1%）0.5g（N>0.1%）	0.5~1.0g	1.0g
	精确至0.001g	精确至0.001g	精确至1mg	精确至1mg
空白要求	连续3次空白值相差小于20%	平均值或极差不大于10μg的N	空白值小于0.00005%	氧：连续4次空白值不大于0.0002% 极差±0.0001%；氮：空白值不大于0.0003%
标准曲线	单点校准；多点校准	小于0.1%时，用5个校准点；在0.1%~0.5%时用3个校准点	—	氧：多点校准；氮：两个分析范围Ⅰ、Ⅱ

2. 钛合金标准对比

钛合金中氧、氮、氢含量的测试方法有《海绵钛、钛及钛合金化学分析方法 氢含量的测定》（GB/T 4698.15—2011）、《海绵钛、钛及钛合金化学分析方法氧量、氮量的测定》（GB/T 4698.7—2011）、《钛和钛合金 氢含量的测定 惰性气体熔融热导法》（ASTM E1447-22）、《钛和钛合金 氧和氮含量的测定 惰性气体熔融法》（ASTM E1409-13（2021））。详细方法对比在表5-3-3中列出。

《海绵钛、钛及钛合金化学分析方法 氢含量的测定》（GB/T 4698.15—2011）是国标推荐的海绵钛、钛及钛合金中氢含量的测定方法，该方法中规定了标准适用范围、方法原理、试剂及材料、仪器装置、试样、分析程序、精密度等方面的内容。

《海绵钛、钛及钛合金化学分析方法氧量、氮量的测定》（GB/T 4698.7—2011）是中国国家推荐的海绵钛、钛及钛合金中氧量、氮量的测定方法，其中方法二规定了惰性气体熔融-红外/热导法测氧量和氮量。该方法中规定了标准适用范围、方法原理、试剂及材料、仪器装置、试样、分析程序、精密度等方面的内容。

《钛和钛合金 氢含量的测定 惰性气体熔融热导法》（ASTM E1447-22）是美国材料试验协会制定的钛和钛合金中氢含量的测定方法，该方法中规定了标准适用范围、引用文件、术语、试验方法概述、意义和用途、干扰、仪器装置、试剂和材料、危害、测试条件及仪器准备、试样准备、校准、程序、计算、精度与偏差等方面的内容。

《钛和钛合金 氧和氮含量的测定 惰性气体熔融法》（ASTM E1409-13（2021））是美国材料试验协会制定的钛和钛合金中氧和氮含量的测定方法，该方法中规定了标准适用范围、引用文件、术语、试验方法概述、意义和用途、干扰、仪器装置、试剂、危害、仪器准备、镍助熔剂准备、试样准备、校准、程序、计算、精度与偏差等方面的内容。

表5-3-3 钛合金惰性气体熔融-热导/红外法测氢典型标准对比

标准	GB/T 4698.15—2011	GB/T 4698.7—2011	ASTM E1447-22	ASTM E1409-13（2021）
金属材料	海绵钛、钛及钛合金	海绵钛、钛及钛合金	钛及钛合金	钛及钛合金
适用元素与范围	H：0.0006%~0.0260%	O：0.01%~0.50%；N：0.003%~0.11%	H：0.0006%~0.0260%	O：0.01%~0.5%；N：0.003%~0.11%
助熔剂	锡助熔剂（0.5~1.5g）	镍助熔剂（镍篮质量是试样的7倍）	锡助熔剂	镍（助熔剂质量是试样的7倍）
样品质量	0.1~0.3g 精确至0.001g	0.050~0.140g 精确至1mg	0.15~0.30g 精确至0.001g	0.100~0.150g 精确至0.001g
空白要求	连续3空白值偏差不超过±0.0001%	连续3空白值，氧不超过0.0005%；氮不超过0.00007%	空白值不超过0.0000%±0.0001%	空白值：氧不超过0.00005%；氮不超过0.00007%
标准曲线	单点校准；多点校准	单点校准；多点校准	单点校准；多点校准	多点校准

5.4 电感耦合等离子体发射光谱法

5.4.1 方法简介

电感耦合等离子体发射光谱法（ICP-OES）是一种由传统原子发射光谱法衍生出来的新型分析技术，该技术是以电感耦合等离子炬为激发光源的一类新型原子发射光谱分析方法。

早在1884年Hittorf就注意到，当高频电流通过感应线圈时，装在该线圈所环绕的真空管中的残留气体会发生辉光，这是电感耦合等离子体光源等离子放电的最初观察。1961年，Reed设计了一种从石英管的切向通入冷却气的较为合理的高频放电装置，Reed把这种在大气压下所得到的外观类似火焰的稳定的高频无极放电称为电感耦合等离子炬（ICP）。Reed的工作引起了S. Greenfield、R. H. Wenat和Fassel的极大兴趣，他们首先把Reed的ICP装置用于OES，并分别于1994年和1965年发表了他们的研究成果，开创了ICP在原子光谱分析上的应用历史。

1975年，美国热电佳尔-阿许（Thermo Jarrell-Ash，TJA）公司生产出了世界上第一台商用ICP-OES光谱仪。1977年，法国HORIBA JOBIN-YVON公司研发出顺序型（单道扫描）ICP仪器。1981年，美国利曼-徕伯斯（LEEMAN LABS）推出以中阶梯光栅和棱镜二维色散为基础的商品化ICP-OES。1984年，北京第二光学仪器厂研制出我国第一台ICP多道光电直读光谱仪。此后，各种类型的商品仪器相继出现。至20世纪90年代ICP仪器的性能得到迅速提高，相继推出分析性能好、性价比高的商品仪器，使ICP分析技术成为元素分析常规手段。1991年，采用Echelle光栅及光学多道检测器的新一代ICP商品仪器，开始采用电荷注入器件（charge injection device，CID）或电荷耦合器件（charge couple device，CCD），代替传统的光电倍增管（PMT）检测器，ICP-OES全谱直读型仪器问世。

5.4.2 主要特点

（1）样品范围广，分析元素多。电感耦合等离子体原子发射光谱仪可以对固态、液态及气态样品直接进行分析。应用最广泛且优先采用的是溶液雾化法（液态进样），可以进行70多种元素的测定，不但可测金属元素，还可对很多样品中非金属元素如S、P、Cl等进行测定。

（2）分析速度快，多种元素同时测定。多种元素同时测定是ICP-OES最显著的特点。在不改变分析条件的情况下，可同时进行或有顺序地进行各种不同浓度水平的多元素测定。

（3）检出限低、准确度高、线性范围宽。电感耦合等离子体原子发射光谱仪对很多常见元素的检出限达到$10^{-1}\sim 10^{-5}\mu g/mL$范围，动态线性范围大于$10^6$，与其他分析技术相比，显示了较强的竞争力。ICP-OES已迅速发展成为一种普遍和广泛适用的常规分析方法。

（4）定性及半定量分析。对于未知的样品，等离子体原子发射光谱仪可利用丰富的标准谱线库进行元素的谱线比对，形成样品中所有谱线的"指纹照片"，计算机通过自动检索，快速得到定性分析结果，进一步可得到半定量的分析结果。

（5）等离子体原子发射光谱仪的不足之处是光谱干扰和背景干扰比较严重，对某些元素灵敏度还不太高。

5.4.3 方法原理

1. 原子发射光谱的产生

通常情况下，物质的原子处于最低能量的基态，当受到外界能量的作用时，基态原子被激发到激发态，同时还可能电离并进一步被激发。处于各种激发态的原子或离子很不稳定，在10^{-8}s时间内，按照光谱选择定则，以辐射形式释放出能量，跃迁到较低能级或基态，由此可以获得原子发射光谱。根据国际理论和应用化学联合会（IUPAC）的规定，激发态与激发态之间跃迁形成的光谱线称为非共振线，以基态为跃迁能级的光谱线称为共振线。当基态是多重态时，仅跃迁至能量最低的多重态的光谱线称为主共振线。

原子发射光谱法包括以下两个过程。

（1）激发过程。由光源提供能量使样品蒸发，形成气态原子，并进一步使气态原子激发至高能态。原子发射光谱中常用的光源有火焰、电弧、等离子炬等，其作用是使待测物质激发态转化为气态原子，气态原子的外层电子激发过程获得能量，变为激发态原子。

（2）发射过程。处于高能态的原子十分不稳定，在很短时间内回到基态。由于原子发射光谱与光源连续光谱混合在一起，且原子发射光谱本身也十分丰富，必须将光源发出的复合光经单色器分解成按波长顺序排列的谱线，形成可被检测器检测的光谱，仪器用检测器检测光谱中谱线的波长和强度。

2. 定性原理

元素特征光谱发射机理如图5-4-1所示。

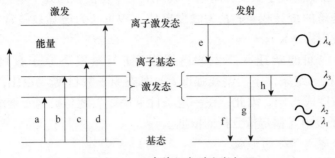

图5-4-1 元素特征光谱发射机理

根据普朗克公式，即

$$\Delta E = h\upsilon = hc/\lambda \quad (5\text{-}4\text{-}1)$$

式中：ΔE为两个能级之间的差；h为普朗克常数；υ为频率；c为光速；λ为波长。

可以知道，当元素被激发后，在不同能级间会释放不同的电磁波，这组电磁波便是该元素的特征光谱。由于不同元素的特征能量水平不同，因此不同元素都拥有一组独特的特征光谱。通过识别特征光谱，便可以知道元素是否存在。

3. 定量原理

电感耦合等离子体工作示意图如图5-4-2所示。

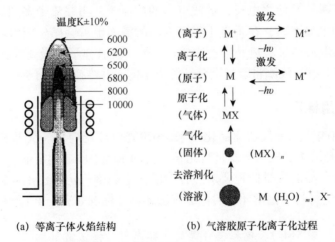

(a) 等离子体火焰结构　　(b) 气溶胶原子化离子化过程

图5-4-2 电感耦合等离子体工作示意图

试样由载气带入雾化系统进行雾化，以气溶胶形式进入轴内通道，在高温和惰性氩气气氛中，气溶胶微粒充分去溶剂化、气化、原子化、激发和电离。被激发的原子和离子发射出很强的原子谱线和离子谱线。各元素发射的特征谱线及其强度经过分光、光电转换、检测和数据处理，最后由打印机输出各元素的含量。

由于在某个恒定的等离子体条件下，分配在各激发态和基态的原子数目N_i和N_0、应遵循统计力学中Maxwell-Boltzmann分布定律，即

$$N_i = \frac{g_i}{g_0} N_0 e^{(-E_i/kT)} \tag{5-4-2}$$

式中：N_i为单位面积内处于激发态的原子数；N_0为单位面积内处于基态的原子数；g_i和g_0为激发态和基态的统计权重；E_i为激发电位（eV）；k为玻耳兹曼常数（8.618×10^{-5} eV/K）；T为激发温度（K）。

i，j两能级之间的跃迁所产生的谱线强度I_{ij}与激发态原子数目N_i成正比，即$I_{ij}=KN_i$。因此，在一定条件下，谱线强度I_{ij}与基态原子数目N_0成正比，而基态原子与试样中该元素浓度成正比。因此，在一定条件下谱线强度与被测元素浓度成正比，即$I_{ij}=KC$，这是原子发射光谱定量分析的依据。

4. 电感耦合等离子体的形成

等离子体是指含有一定浓度阴离子和阳离子、能导电的气体混合物。等离子体是20世纪60年代发展起来的一类新型发射光谱分析用光源。通常用氩等离子体进行发射光谱分析，虽然也会存在少量试样产生的阳离子，但是氩离子和电子是主要导电物质。在等离子体中形成的氩离子能够从外光源吸收足够的能量，并将等离子体进一步离子化，一般温度可达10000K。目前，高温等离子体主要有3种，即电感耦合等离子体（inductively coupled plasma，ICP）、直流等离子体（direct current plasma，DCP）、微波感生等离子体（microwave induced plasma，MIP），其中电感耦合等离子体光源应用最广泛。

电感耦合高频等离子体的工作原理：当有高频电流通过ICP装置中的线圈时，产生轴向磁场，这时若用高频点火装置产生火花，形成的载流子（离子与电子）在电磁场作用下，与原子碰撞并使之电离，形成更多的载流子，当载流子多到足以使气体（如氩气）有足够的电导率时，在垂直于磁场方向的截面上就会感生出流经闭合圆形路径的涡流。强大的电流产生高热又将气体加热，瞬间使气体形成最高温度可达10000K的稳定的等离子炬。感应线圈将能量耦合给等离子体，并维持等离子炬。

5.4.4 常用标准

自20世纪70年代ICP仪器商品化以来，ICP光谱广泛应用于无机样品分析的各个领域。现在ICP光谱法已成为金属材料化学分析的常规手段。测定低含量样品时，精度可完全达到冶金产品的质量监控要求。各国的国家标准机构都已不同程度地开展制定ICP-OES测定金属材料中化学元素的标准方法，部分标准如表5-4-1所列。

表5-4-1 电感耦合等离子体发射光谱法常用标准

标准代号	标准全称
YS/T 1262—2018	海绵钛、钛及钛合金化学分析方法 多元素含量的测定 电感耦合等离子体原子发射光谱法
YB/T 4396—2014	不锈钢 多元素含量的测定 电感耦合等离子体发射光谱法
GB/T 20125—2006	低合金钢多元素含量的测定 电感耦合等离子体原子发射光谱法
GB/T 20975.25—2020	铝及铝合金化学分析方法第25部分：元素含量的测定 电感耦合等离子体原子发射光谱法

续表

标准代号	标准全称
QJ 20942—2020	高温合金化学成分测定电感耦合等离子体原子发射光谱法
GB/T 5121.27—2008	铜及铜合金化学分析方法第27部分：电感耦合等离子体原子发射光谱法
GB/T 23614.2—2009	钛镍形状记忆合金化学分析方法第2部分：钴、铜、铬、铁、铌量的测定电感耦合等离子体发射光谱法
GB/T 12689.12—2004	锌及锌合金化学分析方法 铅、镉、铁、铜、锡、铝、砷、锑、镁、镧、铈量的测定电感耦合等离子体发射光谱法
ASTM E2371-21a	用电感耦合等离子体原子发射光谱法分析钛及钛合金的标准试验方法（基于性能的方法）
ASTM E2594—2020	用电感耦合等离子体原子发射光谱法分析镍基合金的标准试验方法（基于性能的方法）
ASTM E3061-17	用电感耦合等离子体原子发射光谱法分析铝和铝合金的标准试验方法（基于性能的方法）

5.4.5 典型标准对比

1. 钛合金标准方法对比

钛合金使用电感耦合等离子体原子发射光谱法进行化学分析，所涉及的元素较多，分析范围也较广。《海绵钛、钛及钛合金化学分析方法多元素含量的测定电感耦合等离子体原子发射光谱法》（YS/T 1262—2018）、《用电感耦合等离子体原子发射光谱法分析钛及钛合金的标准试验方法（基于性能的方法）》（ASTM E2371-21a）的详细对比在表5-4-2中列出。

《海绵钛、钛及钛合金化学分析方法多元素含量的测定电感耦合等离子体原子发射光谱法》（YS/T 1262—2018）是中华人民共和国有色金属行业标准，本标准规定了标准适用范围、方法原理、试剂及材料、仪器、试样、分析步骤、分析结果的计算、精密度等内容。

《用电感耦合等离子体原子发射光谱法分析钛及钛合金的标准试验方法（基于性能的方法）》（ASTM E2371-21a）是美国材料试验协会制定的钛合金化学成分标准试验方法。本方法规定了标准使用范围、术语、检测方法概述、意义和使用、干扰处理、试验仪器、试剂和材料、仪器校准、操作步骤、质量控制、方法验证等内容。

表5-4-2 钛合金中元素电感耦合等离子体发射光谱法典型标准对比

标准		YS/T 1262—2018	ASTM E2371-21a
金属种类		钛及钛合金	钛及钛合金
测定元素	相同元素	铝、硼、钴、铬、铜、铁、锰、钼、铌、镍、铅、钯、钌、硅、锡、钽、钒、钨、钇	铝、硼、钴、铬、铜、铁、锰、钼、铌、镍、铅、钯、钌、硅、锡、钽、钒、钨、钇
	不同元素	铋、铪、镁、锌、锆	—
浓度范围		YS/T 1262—2018比ASTM E2371-21a适用元素更多，元素可测浓度更宽	
分析谱线		提供	提供

续表

标准	YS/T 1262—2018	ASTM E2371-21a
试剂及材料	除非另有规定，在分析中仅使用优级纯的试剂和实验室二级水	除非另有规定，在分析中使用美国化学协会规定的试剂级化学品。试验用水要符合D1193中二级要求
内标	自由选择	自由选择
仪器	具有耐氢氟酸进样系统的设备	具有耐氢氟酸进样系统的设备
灵敏度	—	大量冲洗，分析空白溶液10次，3倍标准偏差作为检出限（LOD）
	—	分析空白溶液10次，10倍标准偏差作为定量限（LOQ）
试样质量	0.10~1.00g	与校准曲线保持一致
	精确到0.1mg	精确到0.001g
消解	30mL 盐酸（ρ=1.19g/mL 1+1） 2mL 氢氟酸（ρ=1.13g/mL） 2mL 硝酸（ρ=1.42g/mL）	HF+HNO$_3$（2+1）或 HCl+HF+HNO$_3$（1.5+2+1） 或 HCl+HF+HNO$_3$（15+2+1）
标准曲线	不少于4个点，$R \geq 0.999$	$R \geq 0.995$
标准曲线配制表	提供	未提供

2. 钢标准方法对比

由于钢行业发展较早，相应地，分析检测方法多为传统的滴定法、原子吸收法、分光光度法，国内使用电感耦合等离子体发射光谱法进行分析的定型标准不多。现列举两个典型标准在表5-4-3中进行对比。

《低合金钢多元素含量的测定电感耦合等离子体原子发射光谱法》（GB/T 20125—2006）是中华人民共和国国家标准，本方法规定了标准适用范围、方法原理、试剂及材料、仪器与设备、分析步骤、结果计算、精密度等内容。

《不锈钢 多元素含量的测定 电感耦合等离子体发射光谱法》（YB/T 4396—2014）是中华人民共和国黑色冶金行业标准，本方法规定了标准适用范围、方法原理、试剂及材料、仪器与设备、分析步骤、分析结果的计算、精密度等内容。

表5-4-3 钢中元素电感耦合等离子体发射光谱法典型标准对比

标准	GB/T 20125—2006	YB/T 4396—2014
金属材料	低合金钢	不锈钢
测定元素	共11种元素：硅、锰、磷、镍、铬、钼、铜、钒、钴、钛、铝	共10种元素：硅、锰、磷、镍、铜、钼、钛、铝、钒、钴
浓度范围	最低元素浓度为0.001%；最高元素浓度为4.00%	最低元素浓度为0.005%；最高元素浓度为20.00%
分析谱线	提供	提供

续表

标准	GB/T 20125—2006	YB/T 4396—2014
试剂及材料	除非另有规定，在分析中仅使用优级纯的试剂和二次蒸馏水或相当纯度的水	除非另有规定，在分析中仅使用认可的分析纯试剂和符合《分析实验室用水》（GB/T 6682）中规定的二级水
内标	根据仪器使用	根据仪器使用
仪器	无特殊要求	通常的实验室设备
灵敏度	附录中提供	附录中提供
试样质量	0.5g 精确至0.1mg	0.20g或0.1000g（Si＞1.0%；Ni、Mn＞2.0%） 精确至0.1mg
消解 方法1	10mL水 5mL硝酸（ρ=1.42g/mL） 5mL盐酸（ρ=1.19g/mL）	30mL稀王水 （HCl：HNO$_3$：H$_2$O=200：65：735）
消解 方法2（不能测Si）	5mL高氯酸（ρ=1.67g/mL） 10mL水 5mL硝酸（ρ=1.42g/mL） 5mL盐酸（ρ=1.19g/mL）	10mL盐酸（ρ=1.19g/mL） 5mL硝酸（ρ=1.42g/mL） 5mL高氯酸（ρ=1.67g/mL）
空白试验	0.500g高纯铁（大于99.98%）	0.1400g或0.0700g（Si＞1.0%；Ni、Mn＞2.0%）
标准曲线	多点校准 R＞0.999	6点校准 R≥0.999
标准曲线配制表	提供	提供

3. 铝合金标准方法对比

国标和美标对于铝及铝合金使用电感耦合等离子体原子发射光谱法较为积极。标准中所涵盖的元素种类也较多。《铝及铝合金化学分析方法第25部分：元素含量的测定 电感耦合等离子体原子发射光谱法》（GB/T 20975.25—2020）、《用电感耦合等离子体原子发射光谱法分析铝和铝合金的标准试验方法（基于性能的方法）》（ASTM E3061-17）在表5-4-4中进行详细对比。

《铝及铝合金化学分析方法第25部分：元素含量的测定 电感耦合等离子体原子发射光谱法》（GB/T 20975.25—2020）是中华人民共和国黑色冶金行业标准，本方法规定了标准适用范围、方法摘要、试剂、仪器、试样、分析步骤、精密度等内容。

《用电感耦合等离子体原子发射光谱法分析铝和铝合金的标准试验方法（基于性能的方法）》（ASTM E3061-17）是美国材料试验协会制定的铝和铝合金中元素含量的测定方法，该方法中规定了标准适用范围、引用文件、术语、试验方法概述、意义和用途、干扰、仪器装置、试剂和材料、控制材料、危害、抽样、采样试样和测试单元、仪器准备、敏感度和精度、校准、制样程序、控制、试验方法验证等内容。

表5-4-4 铝合金中元素电感耦合等离子体发射光谱法典型标准对比

标准		GB/T 20975.25—2020	ASTM E3061-17
金属材料		铝及铝合金	铝及铝合金
测定元素	相同元素	硅、铁、铜、锰、镁、铬、镍、锌、钛、银、硼、铋、钙、镉、钴、镓、铟、锂、钠、铅、锑、铍、锡、锶、钒、锆、铍	硅、铁、铜、锰、镁、铬、镍、锌、钛、银、硼、铋、钙、镉、钴、镓、铟、锂、钠、铅、锑、铍、锡、锶、钒、锆、铍
	不同元素	钡、铒、铪、钾、钼、钕、磷、钨、钇、镱	砷、铈、镧
浓度范围		除了硅元素以外，GB/T 20975.25—2020比ASTM E3061-17适用元素更多，元素可测浓度更宽	
分析谱线		附录中提供	正文提供
试剂及材料		除非另有规定，在分析中仅使用优级纯的试剂和实验室二级水	试验用水要符合D1193中二级要求
仪器		分光室具有抽真空或驱气功能以保证测试波长在200nm以下元素测试信号稳定。分辨率小于0.005nm（200nm处）	符合ASTM E1479要求
试样质量		按标准中的表格称量	0.5g
消解	方法1	适用元素：铁、铜、镁、锰、镓、钛、钒、铟、锡、铬、锌、镍、镉、铍、锶、钙、钡、钾、钠、钴、钨、钼、铒、锂、磷、钕、钇、镱、铪 25mL盐酸 适量过氧化氢 （当Si>5%时，如有不溶物，过滤，灰化、800℃灼烧5min，5mL氢氟酸，滴加硝酸，1mL高氯酸，蒸干，5mL盐酸，合并溶液）	适用元素：硅（不小于0.5%）、铁、铜、锰、镁、铬、镍、锌、钛、铍、铋、镉、钴、镓、镧、铅、锑、锡、锶、钒、锆 50mL水 5mL硝酸 适量HF（0.2mL HF/Si1%/0.5g/250mL） 10mL HCl 2g H_3BO_3 250mL定容
	方法2	适用元素：铁、铜、镁、锰、镓、钛、钒、铟、锡、铅、铋、铬、锌、镍、镉、铍、硼、锶、钙、银、钡、钴、锂、钼、钕、钇、镱、铪 25mL混合酸（HCl：H_2O：HNO_3=3：4：1） （当Si>5%时，如有不溶物，过滤，灰化、800℃灼烧5min，5mL氢氟酸，滴加硝酸，1mL高氯酸，蒸干，5mL盐酸，合并溶液）	适用元素：硅（不小于0.5%）、铁、铜、锰、镁、铬、镍、锌、钛、铍、铋、镉、钴、镓、锂、钠、铅、锑、锡、锶、钒、锆 6mL NaOH（10.5mol/L） 1~2mL过氧化氢 50mL水 15mL硝酸（1+1） 5mL盐酸（1+1） 500mL定容

续表

标准		GB/T 20975.25—2020	ASTM E3061-17
消解	方法3	适用元素：硅、铁、铜、镁、锰、钛、硼、钒、铬、锌、镍、锆、锶、锡、锑、铅、钙、钨、铋、钇、铒、钕、钪	适用元素：硅（不大于0.5%）、铁、铜、锰、镁、铬、镍、锌、钛、砷、硼、钡、铍、铋、钙、镉、钴、镓、锂、钼、钠、磷、铅、锑、钪、锡、锶、铊、钒、锆
		6mL氢氧化钠（400g/L） 适量过氧化氢 30mL水 稀释至100mL 25mL硝酸（1+1） 25mL盐酸（1+1）	50mL水 5mL硝酸 5.0mL盐酸 滴加2~3滴过氧化氢 5.0mL盐酸 250mL定容
	方法4	适用元素（Si<0.5%）：锆、铪、铁、铜、镁、锰、钛、钒、铬、锌、镍、锶、锡、铅	适用元素：银
		25mL混合酸（HCl:H₂O:HNO₃=3:4:1） 适量氢氟酸	50mL水 25mL硝酸 250mL定容
	方法5	—	适用元素：银
		—	50mL水 30mL盐酸 100mL定容
标准曲线		3~5点校准 $R \geq 0.9995$	至少3个校准点 $R \geq 0.999$
标准曲线配制表		未提供	未提供

5.5 火花放电原子发射光谱法

5.5.1 方法简介

光谱起源于17世纪，1666年物理学家牛顿（Newton）利用三棱镜对太阳光进行研究。他在暗室中引入一束太阳光，让它通过棱镜，在棱镜后面的白屏上看到了红、橙、黄、绿、蓝、靛、紫7种颜色的光分散在不同位置上，这种现象被称为光谱。1802年，英国化学家沃拉斯顿（Wollaston）发现太阳光谱不是一道完美无缺的彩虹，而是被一些黑线所割裂。1814年，德国光学仪器专家弗劳恩霍夫（Fraunhofer）研究太阳光谱中黑斑的相对位置时，采用狭缝装置改进光谱的成像质量把那些主要黑线绘出光谱图。1825年，塔尔伯特（Talbot）研究钠盐、钾盐在酒精灯上的光谱时指出，钾盐的红色光谱和钠盐的黄色光谱都是这个元素的特性。1859年，基尔霍夫（Kirchoff）和本生（Bunsen）为了研究金属的光谱，设计和制造了一种完善的分光装置，这个装置就是世界上第一台实用的光谱仪器，可研究火焰、电火花中各种金属的谱线，从而建立了光谱分析的初步基础。

从测定光谱线的绝对强度转到测量谱线的相对强度，为光谱分析方法从定性分析发展到定量分析奠定了基础，从而使光谱分析方法逐渐走出实验室，在工业部门中得以应用。1928年以后，由于光谱分析成了工业的分析方法，光谱仪器得到了迅速发展，在改善激发光源的稳定性和提高光谱仪器本身性能方面得到了进步。

最早的激发光源是火焰，后来又发展成应用简单的电弧和电火花，在20世纪的30至40年代，采用改进的可控电弧和电火花为激发光源，提高了光谱分析的稳定性。工业生产的发展、光谱学的进步，促使光学仪器得到进一步改善，而后者又反作用于前者，促进了光谱学的发展和工业生产的发展。

20世纪60年代，随着计算机和电子技术的发展，光电直读光谱仪开始迅速发展。20世纪70年代的光谱仪器几乎100%地采用计算机控制，这不仅提高了分析精度和速度，而且实现了对分析结果的数据处理和分析过程自动化控制。

火花放电原子发射光谱分析是用电弧（或火花）的高温使样品中各元素从固态直接气化并被激发而发射出各元素的特征波长，用光栅分光后，成为按波长排列的光谱，这些元素的特征光谱线通过出射狭缝，射入各自的光电倍增管，光信号变成电信号，经仪器的控制测量系统将电信号积分并进行模-数（A/D）转换，然后由计算机处理，并打印出各元素的百分含量。

从技术角度而言，可以说至今还没有比直读光谱能更有效地用于炉前快速分析的仪器。所以世界上冶炼、铸造以及其他金属加工业均采用这类仪器，使之成为一种常规分析手段。

5.5.2 方法原理

光谱分析主要是指定性分析和定量分析。任何元素的原子都包含一个小的、结构紧密的原子核，原子核由质子和中子组成，核外分布着电子，氢原子玻尔模型如图5-5-1（a）所示。

原子由原子核和电子组成，每个电子都处在一定的能级上，具有一定的能量，在正常状态下，原子处在稳定状态，它的能量最低，这种状态称为基态。当物质受到外界能量（电能和热能）作用时，核外电子就跃迁到高能级，处于高能态（激发态）的电子是不稳定的，激发态原子可存在的时间约为10^{-5}s，它从高能态跃迁到基态或较低能态时，把多余的能量以光的形式释放出来，原子能级跃迁示意见图5-5-1（b）。

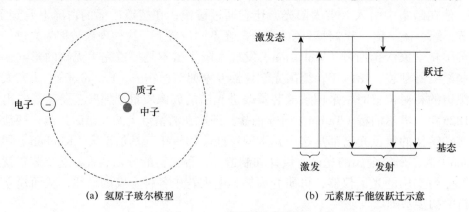

(a) 氢原子玻尔模型　　(b) 元素原子能级跃迁示意

图5-5-1　元素光谱形成机理

释放出的能量 ΔE 与辐射出的光波长 λ 有以下关系，即

$$\Delta E = E_H - E_L = \frac{c \cdot h}{\lambda} \tag{5-5-1}$$

式中：ΔE 为释放出的能量；E_H 为高能态的能量；E_L 为低能态的能量；c 为光速，为 $3 \times 10^8 \text{m/s}$；h 为普朗克常数；λ 为辐射光的波长。

每一种元素的基态是不相同的，激发态也是不一样的，所以每次跃迁发射出的光子能量是不一致的，波长也就不相同。依据波长可以确定是哪一种元素，这就是光谱的定性分析。另外，谱线的强度是由发射该谱线的光子数目决定的，光子数目多则强度大，反之则弱，而光子的数目又由处于基态的原子数目所决定，基态原子数目又取决于某元素含量的多少。这样，根据谱线强度就可以得到某元素的含量，这就是光谱的定量分析。

5.5.3 常用标准

火花放电原子发射光谱法自1950年起开始应用于冶金分析，它在冶金工业的在线分析、移动检测、工艺控制、成品分析等各个环节发挥了重要作用，现已成为冶金分析最主要的手段之一，部分标准如表5-5-1所列。

表5-5-1 火花放电原子发射光谱法常用标准

标准代号	标准全称
GB/T 4336—2016	碳素钢和低合金钢 火花源原子发射光谱分析方法（常规法）
GB/T 7999—2015	铝及铝合金光电直读发射光谱分析方法
GB/T 24234—2009	铸铁 多元素含量的测定 火花放电原子发射光谱法（常规法）
GB/T 38939—2020	镍基合金 多元素含量的测定 火花放电原子发射光谱法（常规法）
GB/T 11170—2016	不锈钢 多元素含量的测定 火花放电原子发射光谱法（常规法）
GB/T 14203—2016	火花放电原子发射光谱分析法通则
YS/T 482—2018	铜及铜合金火花放电原子发射光谱法
ASTM E2994-21	采用火花放电原子发射光谱法和辉光放电原子发射光谱法进行钛及钛合金分析的标准试验方法（基于性能的方法）

5.5.4 典型标准对比

火花源原子发射光谱分析方法在测试过程中，不需要对试样进行溶解操作，降低了化学分析的工作强度。同时，火花源原子发射光谱分析方法的检出限也较低，且可以同时分析C、P、S等元素。火花源原子发射光谱分析方法的对比如表5-5-2所列。

《碳素钢和低合金钢 火花源原子发射光谱分析方法（常规法）》（GB/T 4336—2016）是中国国家推荐标准，本方法规定了标准适用范围、原理、仪器、取样和样品制备、标准样品和再校准样品、仪器的准备、分析条件和分析步骤、精密度等内容。

《不锈钢 多元素含量的测定 火花放电原子发射光谱法（常规法）》（GB/T 11170—2016）是中华人民共和国黑色冶金行业标准，本方法规定了标准适用范围、原理、仪

器、取样和制样设备、仪器的准备、分析条件和分析步骤、精密度等内容。

《镍基合金 多元素含量的测定 火花放电原子发射光谱法（常规法）》（GB/T 38939—2020）是中华人民共和国黑色冶金行业标准，本方法规定了标准适用范围、原理、试验条件、试剂或材料、仪器设备、样品、试验步骤、试验数据处理、精密度、测量结果的可接受性及最终报告结果的确定、实验室测量结果正确度判定等内容。

《采用火花放电原子发射光谱法和辉光放电原子发射光谱法进行钛及钛合金分析的标准试验方法（基于性能的方法）》（ASTM E2994-21）是美国材料试验协会制定的钛和钛合金中氢含量的测定方法，该方法中规定了标准适用范围、引用文件、术语、试验方法概述、意义和用途、推荐分析线与潜在干扰、仪器装置、试剂和材料、危害、采样试样和样品制备、仪器准备、校准、程序、方法验证、精度与偏差等内容。

表5-5-2 火花放电原子发射光谱法典型标准对比

标准		GB/T 4336—2016	GB/T 11170—2016	GB/T 38939—2020	ASTM E2994—21
金属材料		碳素钢、低合金钢	不锈钢	镍基合金	钛及钛合金
测定元素		适用元素19种：碳、硅、锰、磷、硫、铬、镍、钨、钼、钒、铝、钛、铜、铌、钴、硼、锆、砷、锡	适用元素19种：碳、硅、锰、磷、硫、铬、镍、钼、铝、铜、钨、钛、铌、钒、钴、硼、砷、锡、铅	适用元素16种：碳、硅、锰、磷、硫、铬、铜、钼、钴、铝、铁、钛、硼、铌、钒、锆	适用元素11种：铝、铬、铜、铁、锰、钼、镍、硅、锡、钒、锆
浓度范围		元素最低含量：0.0008%；元素最高含量：4.2%	元素最低含量：0.002%；元素最高含量：28.00%	元素最低含量：0.001%；元素最高含量：33%	元素最低含量：0.005%；元素最高含量：7.0%
样品要求		分析样品足够覆盖火花架激发孔径；厚度大于2mm；表面平整、洁净	按照GB/T 20066取制样；厚度不少于3mm；无物理缺陷	按照GB/T 20066取样；直径大于20mm；厚度大于5mm；样品平整、洁净	试样表面必须大于样品孔；试样表面不应有孔洞和夹杂物
分析条件	分析间隙	3~6mm	3~6mm	3~6mm	—
	氩气流量	冲洗：3~15L/min；测量：2.5~10L/min；静止：0~1L/min	冲洗：6~15L/min；测量：2.5~7L/min；静止：0.5~1L/min	冲洗：3~15L/min；测量：2.5~10L/min；静止：0.5~1L/min	—
	预燃时间	3~20s	2~20s	5~20s	—
	积分时间	2~20s	2~20s	5~20s	—
	放电形式	预燃时间高能放电；积分时间低能放电	预燃时间高能放电；积分时间低能放电	预燃时间高能放电；积分时间低能放电	—
分析谱线		提供	提供	提供	提供

续表

标准		GB/T 4336—2016	GB/T 11170—2016	GB/T 38939—2020	ASTM E2994—21
分析步骤	分析工作前	激发一块样品2~5次，确认仪器状态	激发一块样品2~5次，确认仪器状态	激发一块样品5~10次，确认仪器状态	—
	校准曲线标准化	激发标准化样品，每个样品至少激发3次，对校准曲线进行校正	激发标准化样品，每个样品至少激发3次，对校准曲线进行校正	激发标准化样品，每个样品至少激发3次，对校准曲线进行校正	激发标准化样品，每个样品至少激发3次，对校准曲线进行校正
	校准曲线的确认	分析被测样品前，先用至少一个标准样品对校准曲线进行确认	—	至少激发一个标准样品对曲线进行确认	—
	分析样品	每个样品至少激发2次，取平均值	每个样品至少激发2次，取平均值	每个样品至少激发2次，取平均值	样品激发2~4次，取平均值

5.6 X射线荧光光谱法

5.6.1 方法简介

X射线是由高能电子的减速运动或原子内层轨道电子跃迁产生的短波电磁辐射，其波长范围为0.01~10nm。1895年，德国科学家伦琴（Rontgen）在进行阴极射线的研究时发现了一种新的射线。1896年，法国物理学家乔治（Georges S）发现X射线荧光。1912年，德国的劳埃（M.von.Laue）成功进行了X射线晶体衍射试验。1913年，英国的莫赛莱（H.G.J.Moseley）初步进行了X射线定性分析及定量分析的基础研究。

1948年，弗里德曼（H.Frudman）和伯克斯（L.S.Briks）应用盖格（H.Geiger）计数器研制出波长色散X射线荧光光谱仪。自此，X射线荧光光谱（XRF）分析进入了一个蓬勃发展的阶段。经过几代人的努力，现已由单一的波长色散型X射线荧光光谱仪发展成一个拥有波长色散、能量色散、全反射、同步辐射、质子X射线荧光光谱仪和X射线微荧光分析仪等的大家族。

20世纪80年代，电子计算机的引入极大支撑了X射线荧光光谱法的发展。通过电子计算机对基体效应进行数学校正计算，X射线荧光光谱分析速度和准确度都得到了极大提高，同时使无标定量分析的基本参数法（FP法）得以实用化。现在，X射线荧光光谱分析可以对样品内^4Be~^{91}U的所有元素进行定性、定量分析。

5.6.2 X射线荧光光谱法的特点

（1）可分析元素范围广，从^4Be~^{91}U的所有元素都可以直接进行检测，且非破坏分析，随其分析技术的发展已广泛应用于文物、首饰的组分分析。

（2）X射线荧光光谱比原子发射光谱谱线简单，易于解析，由于X射线的特征光谱来自于原子内层电子的跃迁，致使谱线数目大为减少，干扰小，所以可以对化学性质属于同一族的元素进行分析。

（3）由于仪器光源稳定，保证了长期稳定性，因此并不需要频繁地进行标准化即可保证分析数据的可靠性和分析结果的高精度。

（4）工作曲线的线性范围宽，同一试验条件下，在0.0001%~100%都能够进行分析。

（5）样品前处理简单，可以直接对块状、液体和粉末样品进行测量，也可对小区域或微区域样品进行分析。这对于某些难溶样品，如陶瓷、矿物、煤粉等的分析来说特别方便。

5.6.3 方法原理

1. X射线荧光光谱的产生

X射线荧光光谱形成过程示意图如图5-6-1所示。

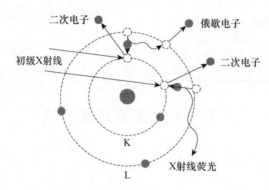

图5-6-1　X射线荧光光谱形成过程示意图

利用初级X射线光子或其他微观粒子激发待测物质中的原子，当一束初级X射线大于待测物质原子中某一个轨道电子的结合能时，就可以在该层原子轨道中逐出轨道电子而形成空穴，此时原子处于激发态。当原子回到基态时，处于较高能级的轨道电子将以一定的规律跃迁填补低能级轨道出现的电子空穴。电子自发地由能量高的状态跃迁到能量低的状态的过程称为弛豫过程。弛豫过程既可以是非辐射跃迁，也可以是辐射跃迁。当较外层的电子跃迁到空穴时，所释放的能量随即在原子内部被吸收而逐出较外层的电子，称为俄歇效应，所逐出的电子称为俄歇电子。如果所释放的能量不在原子内被吸收，而是以辐射形式放出，便产生荧光，其能量等于两能级之间的能量差。

产生X射线最简单的方法是用加速后的电子撞击金属靶。撞击过程中，电子突然减速，其损失的动能会以光子形式放出，形成X光光谱的连续部分，称为韧致辐射（制动辐射）。通过加大加速电压，电子携带的能量增大，有可能将金属原子的内层电子撞出。于是内层形成空穴，外层电子跃迁回内层填补空穴，同时放出波长在0.1nm左右的光子。由于外层电子跃迁放出的能量是量子化的，所以放出的光子波长也集中在某些部分，形成了X射线光谱中的特征线，此称为特性辐射。

此外，放射性核素源、高强度的X射线也可由同步加速器或自由电子雷射产生。放射性核素源具有良好的物理化学稳定性，射线能量单一、稳定，不受其他电磁辐射干扰，但射线能量无法调节，因此，仪器灵敏度较低，主要适合现场或在线分析。同步辐射光源具有高强度、连续波长、光束准直、极小的光束截面积并具有时间脉波性与偏振性，因而成为科学研究的最佳X光光源。

2. 定性原理

因为每种元素原子的电子能级是具有某一特征的，所以它受到激发时产生的X荧光也是具有某种特征的。当高能粒子与原子发生碰撞时，如果能量足够大，可将该原子的某个内层电子驱逐出来而出现一个空穴，使整个原子体系处于不稳定的激发态，激发态原子寿命为$10^{-12}\sim10^{-14}$s，在极短时间内，外层电子向空穴跃迁，同时释放能量。因此，X射线荧光的能量或波长是特征性的，与元素有一一对应的关系。

K层电子被逐出后，其空穴可以被外层中任意一电子所填充，从而可产生一系列的谱线，称为K系谱线：由L层跃迁到K层辐射的X射线称为Kα射线，由M层跃迁到K层辐射的X射线称为Kβ射线。同样，L层电子被逐出可以产生L系辐射。

1913年，莫斯莱（H.G.Moseley）发现，荧光X射线的波长λ与元素的原子序数Z有关，其数学关系式为

$$\lambda = K(Z-S)^{-2} \tag{5-6-1}$$

这就是莫斯莱定律，式中K和S为常数。因此，只要测出荧光X射线的波长，就可以知道元素的种类，这就是荧光X射线定性分析的基础。

3. 定量原理

荧光X射线的强度与相应元素的含量有一定的关系，据此，可以进行元素定量分析。但由于影响荧光X射线强度的因素较多，除待测元素的浓度外，仪器校正因子、待测元素X射线荧光强度的测定误差、元素间吸收增强效应校正、样品的物理形态（如试样的均匀性、厚度、表面结构等）等都会对定量结果产生影响。由于受样品的基体效应等影响较大，因此，对标准样品要求很严格，只有标准样品与实际样品基体和表面状态相似，才能保证定量结果的准确性。

5.6.4 常用标准

X荧光光谱仪测定样品种类广泛，对样品要求简单，且能进行无损分析，可以同时测定样品高、中、低含量的几乎所有元素，广泛应用于地质、冶金、化工、材料等诸多领域，已经成为一种强有力的定性分析和定量分析测试技术，相应的常用标准见表5-6-1。

表5-6-1 X射线荧光光谱法常用标准

标准代号	标准全称
GB/T 223.79—2007	钢铁多元素含量的测定X射线荧光光谱法（常规法）
GB/T 36164—2018	镍、铁、硅、磷、锰、钴、铬和铜含量的测定波长色散X射线荧光光谱法（常规法）
YS/T 806—2020	铝及铝合金化学分析方法元素含量的测定X射线荧光光谱法
YS/T 483—2005	铜及铜合金分析方法X射线荧光光谱法
ASTM E1085-16	用X射线荧光光谱仪测定法分析低合金钢的标准试验方法
ASTM E572-21	用X射线荧光光谱仪测定法分析不锈钢和合金钢的标准试验方法
ASTM E2465—2006	用X射线荧光光谱仪测定法分析镍基合金的标准试验方法
ASTM E539-11	用X射线荧光光谱仪测定法分析钛合金的标准试验方法

5.6.5 典型标准对比

X射线荧光光谱法分析速度快，对样品不会造成永久性损伤，且对于低含量和高含量元素都可测定。但该方法定量分析准确性受限，对于一些含量极低的元素，检测能力也有限。X射线荧光光谱法相关标准在表5-6-2中进行了比较。

《钢铁多元素含量的测定 X射线荧光光谱法（常规法）》（GB/T 223.79—2007）是中国国家推荐标准，本方法规定了标准适用范围、原理、试剂与材料、仪器与设备、取样和样品制备、仪器的准备、分析步骤、结果计算、精密度等内容。

《用X射线荧光光谱仪测定法分析低合金钢的标准试验方法》（ASTM E1085-16）是美国材料试验协会制定的钛和钛合金中氢含量的测定方法，该方法规定了标准适用范围、引用文件、术语、试验方法概述、意义和用途、干扰、仪器装置、试剂和材料、参考物质、危害、参考物质和测试样品的制备、仪器准备、校准和标准化、程序、结果计算、精度与偏差等内容。

表5-6-2 X射线荧光光谱法典型标准对比

标准	GB/T 223.79—2007	ASTM E1085-16
金属材料	钢铁	低合金钢
测定元素	共13种元素：硅、锰、磷、硫、铜、铝、镍、铬、钼、钒、钛、钨、铌	共12种元素：钙、铬、钴、铜、锰、钼、镍、铌、磷、硅、硫、钒
浓度范围	最低元素浓度为0.001%；最高元素浓度为5.00%	最低元素浓度为0.001%；最高元素浓度为3.0%
试样要求	试样表面平整、光洁	试样表面平整、光洁
计数率	一般不超过4×10^5	1%标准不确定度需计数10000；0.5%标准不确定度需计数40000
分析谱线、分光晶体、2θ角等参数	正文提供数据表	正文提供数据表
校准曲线	一系列标准样品，每个标样测量至少2次	使用一系列涵盖目标质量分数范围的标准物质，为每个待测元素建立分析曲线
校准曲线准确度的确认	选定分析条件，用仪器分析与试样接近的有证标准样品，确认标准曲线	使用控制参考材料进行标准化，检验仪器状态
测试样品	每个样品至少分析2次	一个样品仅需测量一次，若想提高准确性，可以重新磨制该样品表面，或者分析一个母体中的多个样品

第6章 紧固件冶金性能检测

紧固件的可靠性在很大程度上决定了产品能否顺利运行。据不完全统计，金属构件的失效有相当一部分原因是紧固件失效造成的。所以，紧固件的检验已成为其质量可靠性的关键因素，在紧固件的整个生产环节中处于重中之重的地位。紧固件的应用特点及应用领域决定了其检验项目的繁多性与复杂性。而紧固件的冶金特性检验在其检验中处于基础性地位，冶金特性、组织的好坏直接关系到紧固件的性能。冶金特性又被称为显微组织检验或金相检验，是紧固件物理性能检测中的基本项目，显微组织形貌、晶粒大小、加工工艺、热处理工艺等均与其物理及力学性能密切相关，可见紧固件冶金特性检验的重要性。冶金特性检验是通过光学显微镜对研磨、抛光和浸蚀处理后的试样进行观察，可以分析试样的真实显微组织形貌特征。随着新材料、新技术的应用，紧固件材料种类繁多，检验范围不断增大，试样种类也在不断增加，需要从业人员有更多的应对措施和技术方法。为此，本章对紧固件冶金特性试样制备的切割、镶嵌、研磨、抛光、浸蚀、观察及典型组织评定等过程进行了总结。

6.1 试样制备

6.1.1 取样位置

应根据产品相关工艺和技术规范要求，选取抽样比例。对于螺栓和螺钉，其截取位置如图6-1-1所示。

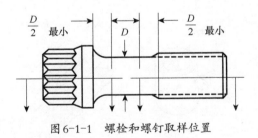

图6-1-1 螺栓和螺钉取样位置

对于螺母，其截取位置如图6-1-2所示。

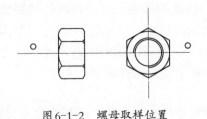

图6-1-2 螺母取样位置

6.1.2 截取方法

试样可用砂轮切割、电火花线切割、机加工（车、铣、刨、磨）、手锯及剪切等方法截取。必要时也可用氧乙炔火焰气割法截取，硬而脆的金属可用锤击法取样。可根据需要进行选择，但选用的试样切割方法不应对试样的显微组织产生影响，如产生变形、过热组织、表面涂层脱落等。试样截取时应尽量避免截取方法对组织的影响（如变形、过热等）。在后续制样过程中应去除截取操作引起的影响层，如通过（打）砂轮磨削等，也可在截取时采取预防措施（如使用冷却液等），防止组织变化。

选用砂轮切割机取样时，有时会出现切割速率过快、冷却不足而使试样切面组织因过热发生改变的情况，需要在后续制样过程中去除切割机截取试样时引起的热影响层。可在砂轮机上磨削，但在磨削过程中要不断将试样放入水中冷却，重复磨削、冷却过程，直至获得真实组织层；也可将试样在研磨机上粗磨，粗磨过程需要保持冷却水的畅通，但在研磨机上研磨速度较慢，需要花费较长的时间。

6.1.3 试样镶嵌

尺寸较小（如薄板、丝带材、细管等），过软、易碎，形状不规则，检验边缘组织，用于自动磨抛机进行标准化制样等的试样需要镶嵌。所选用的镶嵌方法不应改变原始组织，镶嵌时试样检验面一般朝下放置。根据实际需要，可选用机械镶嵌法或树脂镶嵌法镶嵌。

1. 机械镶嵌法

（1）将试样用螺栓、螺钉固定在合适的夹具内，如图 6-1-3 所示。夹具的硬度应接近于试样的硬度，以减小试样研磨和抛光时对边缘产生磨圆作用；夹具的成分宜与试样类似，避免形成原电池反应而影响腐蚀效果。试样固定过程中需使试样与夹具紧密接触，同时应注意，夹紧力过大会损坏软材料试样。

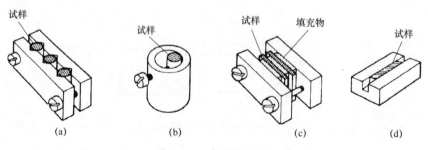

图 6-1-3 机械镶嵌法

（2）为减少抛光剂或腐蚀剂的渗透，可用较软材料制成的薄片填充在试样间，但应确保填充材料与试样在腐蚀过程中不发生电解反应。典型的填充材料有薄的塑料片、铅或铜。为了减少空隙对抛光剂或腐蚀剂的吸收，还可以在夹持前将试样涂上环氧树脂层或将试样浸在熔融的石蜡中使空隙被填充。

2. 树脂镶嵌法

最常用的镶嵌法是将试样镶嵌在树脂内。因树脂比金属软，为避免试样边缘磨圆，可以将试样夹在硬度相近的金属块之间或用相同硬度的环状物包围等；也可用保边型树脂，可根据检验目的不同选择市面上不同质量的树脂。细线材、异型件、断口等试样，可在镶嵌之前电镀铜、铁、镍、金、银等金属，电镀金属应比试样软，同时不应与试样金属基体发生电化学反应。对于扩散层、渗层、镀层较薄的试样，可倾斜镶嵌以便放大薄层在一个方向上的厚度。有时为使镶样导电，可在树脂中加入铜粉或银粉等金属添加剂。树脂镶嵌法主要包括热镶嵌法和冷镶嵌法。金相分析常用的镶嵌方法是热镶嵌法。

在热镶嵌法中，首先将试样检验面朝下放入热镶嵌机的模子中，倒入的树脂应超过试样高度，封紧模子并加热、加压、固化、冷却，再打开模子，完成热镶嵌。热镶嵌的温度、压力、加热及冷却时间根据选用的树脂而定，一般加热温度不超过180℃，压力小于30MPa，建议冷却到30℃后再解除压力。热镶树脂有以下两类。

（1）热固性树脂：丙烯酸、环氧树脂、电木粉、邻苯二甲酸二丙烯等。

（2）热塑性树脂：丙烯酸、聚酯丙烯酸、环氧树脂、聚酯、聚苯乙烯、聚氯乙烯、异丁烯酸甲酯等。

冷镶嵌法中，试样检验面朝下放入合适的冷镶嵌模具中，将树脂及固化剂按合适的比例充分搅拌（搅拌过程中尽量避免出现气泡），注入模具，在室温固化成型。

6.1.4 试样磨制

试样的磨制和抛光应符合《金相试样制备的标准要求》(ASTM E3-11（2017））的规范，金相试样经切割或镶嵌后，需进行一系列的研磨工作，才能得到光亮的磨面。研磨的过程包括磨平、磨光两个步骤。

（1）磨平即粗磨。试样截取、镶嵌后，第一步进行粗磨，粗磨一般用120号水磨砂纸将其磨平；磨料粒度的粗细对试样的表面粗糙度和磨削效率有一定影响，较粗的磨料粒度切削力较大，磨制时应注意安全，以免对人身造成伤害。粗磨时，还应注意冷却，防止过热和过烧造成试样组织状态的改变。粗磨一般需去除1~2mm在机加工过程中产生的影响层。

（2）磨光。经过120号水磨砂纸磨平、洗净、吹干后的试样，将由粗到细依次经过400号、800号、1200号金相砂纸的磨光，每更换一次砂纸，应与上一步试样磨制方向成90°，其目的是覆盖上一步试样在磨制时所产生的划痕，使划痕越来越细腻，便于后续试样的抛光。在试样磨制过程中应注意力度的使用，应避免试样倒角的产生，如产生倒角，应重新制备试样，或者选用精度更高的全自动磨抛机来替代人工操作。

6.1.5 试样抛光

抛光是指抛去试样上的磨痕以达镜面光洁度，且无磨制缺陷。抛光方法可采用机械抛光、电解抛光、化学抛光、振动抛光和显微研磨等。

1. 机械抛光

1）粗抛光

抛光是指经砂纸磨光的试样，可移到装有尼纶、呢绒或细帆布等的抛光机上粗抛光，抛光剂可用微粒的金刚石、氧化铝、氧化镁、氧化铬、氧化铁、金刚砂等，类型有抛光悬浮液、喷雾抛光剂、抛光软膏等。抛光时间为2~5min。抛光后用水洗净并吹干。

2）精抛光

经粗抛光后的试样，可移至装有尼龙绸、天鹅绒或其他纤维细匀的丝绒抛光盘进行精抛光。根据试样的硬度，可选用不同粒度的细抛光软膏、喷雾抛光剂、氧化物悬浮液等。注意抛光时间和所用力度，以避免人为造成试样出现如边角倒圆和浮凸的情况。一般抛光到试样的磨痕完全除去，表面呈镜面时为止。抛光后用水冲洗，再用无水乙醇洗净吹干，使表面不至有水迹或污物残留。精抛光操作可选用手工或自动方法。手工抛光时将试样均匀地轻压在抛光盘上，沿盘的直径方向来回抛光。控制绒布湿度，避免对抛光质量产生影响（湿度太大会产生曳尾，湿度太小会产生黑斑），绒布的湿度以将试样从盘上取下观察时，表面水膜在2~3s内完全蒸发消失为宜。自动抛光设备是将试样固定在夹具上，由夹具带动试样按照一定轨迹在抛光盘内运动，夹具与抛光盘的作用力、转速、转动方向等可根据需要调节，抛光效率较高。初抛光时，一般选用粒度较大的抛光剂（如金刚石微粉粒度为5μm），以便消除粗大的划痕；而后期抛光时，宜选用粒度较小的抛光剂（如金刚石微粉粒度为1.5μm）。抛光操作时，对试样所施加的压力要均衡，且应先重后轻。在抛光初期，试样上的划痕方向应与抛光盘转动的方向垂直，以便较快地抛除划痕；在抛光后期，需将试样缓缓转动，抛光动作呈"8"字形，或者呈"0"字形，这样有利于获得光亮平整的抛光面，同时能防止夹杂物与硬性的相产生曳尾现象。

2. 电解抛光

电解抛光是将金属作阳极插在电解槽中，其表面因电解反应而发生选择性腐蚀，从而使其表面被抛光的一种方法。电解抛光的条件由电压、电流、温度、抛光时间确定，按《金属试样的电解抛光方法》（YB/T 4377）的规定执行。

3. 化学抛光

化学抛光是靠化学试剂对试样表面不均匀溶解，逐渐得到光亮表面的结果。但只能使试样表面光滑，不能达到表面平整度的要求。对纯金属铁、铝、铜、银等有良好的抛光作用。

4. 振动抛光

振动抛光是指螺旋振动系统在工业电源（半波整流后）驱动下，使试样在磨盘上做圆周运动的同时进行自转，从而达到抛光的目的。常用于去除试样表面的应力或残余变形层，最终获得高质量表面。

5. 显微研磨

显微研磨是将显微切片机上的刀片用研磨头代替制成。显微切片机切割下来的试样，再经显微研磨机研磨。显微研磨是把磨光和抛光的操作合并为一步进行。

6. 抛光后试样清洗

抛光好的试样应用自来水流冲洗，去除试样表面残存的抛光剂和抛光布碎屑、绒毛等，以免对试样结果判定造成影响。用自来水冲洗后，应用无水酒精再次冲洗试样表面，然后吹干，以避免试样上残留的水渍对试样结果的观察造成影响。

6.1.6 试样显微组织显示

试样抛光后不经处理直接显示显微组织，或者利用物理或化学方法对试样进行特定处理使各种组织结构呈现良好的衬度，得以清晰显示。常用方法有光学法、浸蚀法和干涉层法。

1. 光学法

用不同组织对光线不同的反射强度和色彩来区分显示金相显微组织。试样可不经其他处理直接观察或者利用显微镜上的偏振光、微分干涉等附件来观察。

2. 浸蚀法

1) 化学浸蚀

化学试剂与试样表面发生化学溶解或电化学溶解的过程，以显示金属的显微组织。

2) 电解浸蚀

试样作为电路的阳极，浸入合适的电解浸蚀液中，通入较小电流进行浸蚀，以显示金属显微组织。浸蚀条件由电压、电流、温度、时间来确定。

3) 恒电位浸蚀

恒电位浸蚀是电解浸蚀的进一步发展，采用恒电位仪来保证浸蚀过程阳极试样电位恒定，可以对组织中特定的相，根据其极化条件进行选择浸蚀（分别浸蚀和相继浸蚀）或着色处理。

4) 热蚀显示法

这是高温金相的一种主要显示手段。在真空（也可在氮气或氩气的惰性气体保护性气氛下）加热时，在没有任何介质作用下晶粒边界和某些相界能获得显示。

试样在真空中加热，由于温度的影响，当各个相或晶粒的热膨胀系数相差很大时会出现浮凸，在普通光和偏振光照明下，因高低差投影或不同位相晶体的不同，其光学特征都能清楚地反映出组织特征。

3. 干涉层法

在金属试样抛光面上形成一层薄膜，通过入射光的多重反射和干涉现象，利用不同相具有不同的光学常数和膜厚，使组织间产生良好的黑白和彩色衬度，以鉴别各种合金相。

1) 化学浸蚀形成薄膜法

这是用化学试剂在金属试样表面形成一层薄膜的方法。金属中不同的相由于电位差异而形成厚度不同的薄膜，从而使各相或位向以及成分不同的晶粒之间、亚晶、枝晶等，由于多重反射和干涉现象产生不同的干涉色而显示出组织差别。常用于相鉴别、晶粒位相观察以及偏析组织。

2) 阳极覆膜法

阳极覆膜法是阳极化或称阳极化处理的结果。在阳极区，电化学阳极金属产生离子化反应和阳极区溶液存在的金属离子与某些阴离子之间的纯化学沉积反应，在试样表面形成一层对光呈各向异性的薄膜。在偏振光下，使用微分干涉或者灵敏片，不同位向的晶粒产生不同的色彩。纯铝、高纯铝、软铝合金以及铸造铝合金一般需要进行阳极覆膜法，在偏振光下显示出清晰晶粒。

3）恒电位阳极化及阳极沉淀法

在恒定阳极电极电位的条件下进行阳极覆膜，由于合金中各相在选定的电位下各自处于极化曲线上的不同阶段，它们发生氧化以及成膜的速度不同，干涉结果会呈现不同色彩，常用于有色金属相的鉴别。

4）真空蒸发镀膜法

在真空室内，用一定的方法（电阻加热方法，还有电子束、激光和电弧等）加热使镀膜材料蒸发或升华，沉积在试样表面凝聚成膜。

5）溅射镀膜法

在真空室内利用气体辉光放电产生离子，其中正离子在电场作用下轰击阴极靶材表面，轰击出的靶材原子及原子团以一定的速度飞向试样表面沉积形成薄膜。

6）热染法

将抛光试样加热（小于500℃）形成氧化薄膜。由于组织中各相成分结构不同，形成厚薄不均的氧化膜。白光在氧化膜层间的干涉，呈现不同的色彩，从而鉴别金属组织中的各相。在鉴定高温合金复杂相组成方面有良好的效果，还可以显示有色金属锌、镁、铜等金属的晶粒位向，铸铁、碳钢合金的偏析带，对于渗碳、渗氮等化学热处理后渗层组织的显示效果较好。

宏观组织常用腐蚀剂见表6-1-1，微观组织常用腐蚀剂见表6-1-2。

表6-1-1　宏观组织常用腐蚀剂

序号	用途	成分	腐蚀方法	附注
1	大多数钢种	1:1（容积比工业盐酸水溶液）	60~80℃热蚀 时间： 易切削钢5~10min 碳素钢等5~20min 合金钢等15~20min	酸蚀后防锈方法： ①中和法：用10%氨水溶液浸泡后再以热水冲洗； ②钝化法：浸入浓硝酸5s再用热水冲洗； ③涂层保护法：涂清漆和塑料膜
2	奥氏体不锈钢、耐热钢	盐酸10份 硝酸1份 水10份 （容积比）	60~70℃热蚀 时间：5~25min	
3	碳素钢 合金钢	10%~40%硝酸水溶液 （容积比）	室温浸蚀 25%硝酸水溶液为通用浸蚀剂	①可用于球墨铸铁的低倍组织显示； ②高浓度，适用于不便作加热的钢锭截面等大试样
4	奥氏体不锈钢	硫酸铜100mL 盐酸500mL 水500mL	室温浸蚀 也可以加热使用	通用浸蚀剂
5	精密合金 高温合金	硝酸60mL 盐酸200mL 氯化铁50g 过硫酸铵30g 水50mL	室温浸蚀	—

续表

序号	用途	成分	腐蚀方法	附注
6	钢的枝晶组织	工业氯化铜铵12g 盐酸5mL 水100mL	浸蚀30~60min后对表面稍加研磨则能获得好的效果	—
7	铁素体及奥氏体不锈钢	重铬酸钾25g($K_2Cr_2O_7$) 盐酸100mL 硝酸10mL 水100mL	60~70℃热蚀 时间：30~60min	—
8	高合金钢 高速钢 铁-钴和镍基高温合金	盐酸50mL 硝酸25mL 水25mL	室温浸蚀	稀王水浸蚀剂
9	钴基高温合金	饱和的氯化铁盐酸溶液	室温浸蚀	在室温下，使用之前添加5%的硝酸，腐蚀之后，用50%的盐酸水溶液进行表面清洗
10	镍基高温合金	氯化铁200g 盐酸200mL 水800mL	在100℃（212℉）下，浸蚀90min	—
11	大多数钛合金	氢氟酸10mL 硝酸5mL 水85mL	室温浸蚀	钛合金一般要求
12	近α钛合金	氢氟酸2mL 水60mL	室温浸蚀	—

表6-1-2 微观组织常用腐蚀剂

序号	用途	成分	腐蚀方法	附注
1	碳钢 合金钢	硝酸1~10mL 乙醇90~99mL	硝酸加入量按材料选择，常用3%~4%溶液，1%溶液适用于碳钢中温回火组织及CN共渗黑色组织	最常用浸蚀剂，但热处理组织不如苦味酸溶液的分辨能力强
2	显示淬火马氏体与铁素体的反差	苦味酸1g 水100mL	70~80℃热蚀 时间：15~20s	也可以使用饱和溶液
3	显示合金钢回火马氏体	1%硝酸乙醇1份 4%苦味酸乙醇1份	室温浸蚀	—
4	用于区分奥氏体、马氏体和回火马氏体	4%硝酸乙醇100mL 4%苦味酸乙醇10mL 硝酸2mL 水20mL	室温浸蚀	
5	显示铁素体晶粒度	过硫酸铵10g 水100mL	室温浸蚀或擦拭 时间：最多5s	有时产生晶粒反差

续表

序号	用途	成分	腐蚀方法	附注
6	显示回火钢	三氯化铁 5g 乙醇 100mL	室温浸蚀	—
7	显示贝氏体钢	三氯化铁 1g 盐酸 2mL 乙醇 100mL	室温浸蚀 浸蚀 1~5s	—
8	显示淬火组织中马氏体和奥氏体	焦亚硫酸钠 10g 水 100mL	室温浸蚀	马氏体显著变黑，奥氏体未腐蚀
9	奥氏体不锈钢	盐酸 30mL 硝酸 10mL 甘油 10mL	室温浸蚀 现配	Glyceregia 试剂，显示晶粒组织及 σ 相和碳化物轮廓
10	奥氏体不锈钢、高镍、高钴合金钢	盐酸 30mL 硝酸 10mL 以氯化铜饱和	擦拭 配好后待 20~30min 再用	Fry 试剂
11	马氏体不锈钢	三氯化铁 5g 盐酸 25mL 乙醇 25mL	室温浸蚀	—
12	沉淀硬化不锈钢	氯化铜 5g 盐酸 40mL 乙醇 25mL 水 30mL	室温浸蚀	Fry 试剂可显示应变线
13	铁素体不锈钢	醋酸 5mL 硝酸 5mL 盐酸 15mL	擦拭 15s	—
14	显示不锈钢中的 σ 相和铁素体奥氏体不锈钢中 α 相	铁氰化钾 10g 氢氧化钾 10g 水 100mL	80~100℃热蚀 时间：2~60min	Murakami 试剂，碳化物—暗色，σ 相—蓝色，奥氏体—白色，α 相—红至棕色
15	铬镍奥氏体不锈钢中的 δ 相（铁素体）的显示	氯化铜 1g 盐酸 100mL 乙醇 100mL	室温浸蚀	该试样对碳化物作用缓慢，而铁素体优先显现出来，适用于有一定量碳化物析出情况
16	检验过热与过烧	硝酸 10mL 硫酸 10mL 水 80mL	浸蚀 30s，然后用棉花蘸水擦拭，反复 3 次，而后再次轻微抛光	过热钢的晶界呈黑色，过烧钢的晶界呈白色
17	适用于检验过烧	苦味酸 1g 盐酸 5mL 乙醇 100mL	室温浸蚀	过烧钢的晶界呈黑色网格
18	检验过烧	硝酸 2~4mL 乙醇 96~98mL	室温浸蚀 时间：30s	过烧钢晶界呈白色网格

续表

序号	用途	成分	腐蚀方法	附注
19	检验铸钢过烧	三氯化铁10g 氯化铜1g 氯化锡0.1g 盐酸100mL	室温浸蚀	奥勃试剂 过热钢：显示铸钢树枝状偏析 过烧钢：白色网格
20	高温合金一般组织和晶粒度	硫酸铜10g 盐酸50mL 水50mL	浸蚀或擦蚀5~60s	使用之前通过添加几滴硫酸使反应更激烈
21	高温合金一般组织和晶粒度	氯化铜2g 盐酸40mL 乙醇40~80mL	浸蚀或擦蚀数秒至数分钟	Kalling's腐蚀铁素体比奥氏体更容易
22	镍基高温合金一般组织	盐酸50mL 双氧水（30%）1~2mL	浸蚀10~15s	显示析出相
23	纯钛金属一般组织	氢氟酸10mL 硝酸5mL 水85mL	擦蚀3~20s	—
24	钛合金一般组织	氢氟酸2mL 盐酸3mL 硝酸5mL 水190mL	浸蚀10~20s	—
25	钛合金一般组织	氢氟酸1.5mL 硝酸4mL 水94mL	室温浸蚀或擦蚀	Kroll's溶剂
26	彩色钛合金组织	氢氟酸20mL 草酸20g 水98mL	室温浸蚀	对Ti-6Al-4V腐蚀15s

6.2 宏观组织

6.2.1 金属流线

金属流线是通过热加工，可以使铸态金属中的枝晶偏析和非金属夹杂的分布发生改变，使它们沿着变形的方向细碎拉长，形成热加工"纤维组织"，又称"流线"，从而使金属的力学性能具有明显的各向异性，纵向的性能显著优于横向的。因此，热加工时应力求工件流线分布合理。

试验目的：检验紧固件产品如头杆结合处、螺纹部位的加工方式及流线是否有外露。

试验方法：试样制备依据《金相试样制备指南》（ASTM E3-11（2017））进行腐蚀，采用方法《金属与合金的宏观腐蚀试验方法》（ASTM E340-15）。

图6-2-1材料名称：ML30CrMnSiA；放大倍数：10倍；腐蚀剂：50%盐酸水。

处理情况：调质处理。

组织说明：头部金属流线，流线沿螺栓头部轮廓流动，无断续，流线显示较为明显，从头部金属流线走向可以看出螺栓头部为镦制成型。

图6-2-2所示为图6-2-1的R处放大50倍的形貌，从图中可以看出R处流线最为密集，过渡流畅，没有出现金属堆积情况，可以有效提高R处的强度，使之不易掉头、断裂。

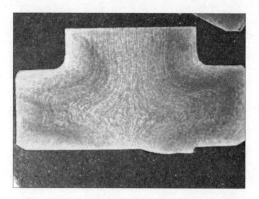 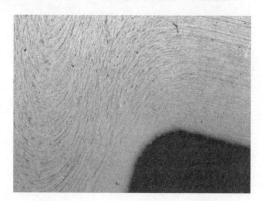

图6-2-1　ML30CrMnSiA头部金属流线图　　　　图6-2-2　ML30CrMnSiA的R处流线形貌

图6-2-3材料名称：35Ni4CrMoA；放大倍数：10倍；腐蚀剂：50%盐酸水溶液。

处理情况：调质处理。

组织说明：螺纹部位金属流线，流线沿螺纹轮廓方向流动，无断续，无露出，沿牙型变形。从流线走势可以看出螺纹为滚丝成型，可以有效地提高螺纹的强度。

图6-2-4所示为图6-2-3螺纹的局部放大图，在牙底部位金属流线达到最大密度。

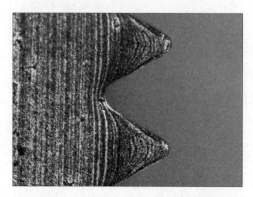 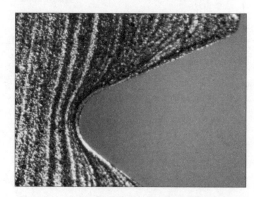

图6-2-3　35Ni4CrMoA螺纹金属流线　　　　图6-2-4　35Ni4CrMoA螺纹金属流线放大图

图6-2-5材料名称：0Cr12Mn5Ni4Mo3Al；放大倍数：20倍；腐蚀剂：50%盐酸水溶液。

处理情况：时效。

组织说明：螺纹部位金属流线，螺纹无断续，无杂乱无章，说明螺纹为滚丝成型。

图6-2-6所示为图6-2-5的局部放大图，从图中可以看出金属流线沿螺纹牙型轮廓

变形，在螺纹牙底达到最大密度，可以有效地提高螺纹的强度。

图6-2-5　0Cr12Mn5Ni4Mo3Al螺纹流线

图6-2-6　0Cr12Mn5Ni4Mo3Al螺纹流线放大图

图6-2-7材料名称：0Cr12Mn5Ni4Mo3Al；放大倍数：10倍；腐蚀剂：50%盐酸水溶液。

处理情况：时效。

组织说明：螺栓头部金属流线，从图中可以看出，金属流线沿着螺栓头部变形，无断续，无外露，螺栓头部成型为镦制成型。

图6-2-8所示为图6-2-7中R处的局部放大图，从放大的图中可以看出，R处金属流线变形不是很顺畅，流线有滞留现象，且此处流线有切断现象，说明R处进行的车加工比较多，破坏了金属流线的连续性，对螺栓的性能产生了一定的影响。

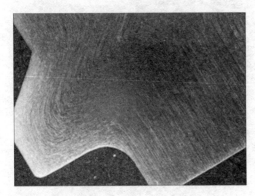

图6-2-7　头、杆结合处流线

图6-2-8　头、杆结合处流线放大图

图6-2-9材料名称：GH4169；放大倍数：10倍；腐蚀剂：50%盐酸水溶液。

处理情况：固溶后时效处理

组织说明：螺纹部位金属流线，金属流线沿螺纹牙型变形，无断续，无外露，螺纹为滚丝成型。

图6-2-10所示为图6-2-9螺纹牙底局部放大图，从图中可以看出，金属流线沿螺纹牙型轮廓变形，在螺纹牙底达到最大密度，可以有效地提高螺纹的强度。

图 6-2-9　GH4169 螺纹　　　　　　　　图 6-2-10　GH4169 螺纹放大图

图 6-2-11 材料名称：GH4169；放大倍数：10 倍；腐蚀剂：50% 盐酸水溶液。

处理情况：固溶后时效处理。

组织说明：螺栓头部金属流线清晰可见，从图中可以看出，金属流线沿着螺栓头部变形，无断续，无外露，螺栓头部成型为镦制成型。

图 6-2-12 材料名称：GH2132；放大倍数：10 倍；腐蚀剂：50% 盐酸水溶液。

处理情况：固溶。

组织说明：镦制后，头部金属流线清晰可见，金属流线沿螺栓头部轮廓变形，无断续，无外露。

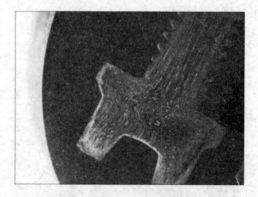 

图 6-2-11　GH4169 螺栓　　　　　　　　图 6-2-12　GH2132 螺栓毛坯

6.2.2　偏析

宏观偏析是指金属铸锭宏观区域化学成分不均匀的现象，可分为正常偏析、反常偏析、比重偏析 3 类。

试验目的：检验紧固件产品在宏观组织方面存在的缺陷。

试验方法：试样制备依据《金相试样制备指南》（ASTM E3-11（2017））进行，宏观腐蚀按照《金属与合金的宏观腐蚀试验方法》（ASTM E340-15）进行，对于碳钢、合金钢及不锈钢来说，其宏观组织检验方法为《钢的低倍组织及酸蚀检验法》（GB/T 226—2015）；钛合金的试验方法为《α-β 钛合金高低倍组织检验方法》（GB/T 5168—

2020）；高温合金的试验方法为《高温合金棒材纵向低倍组织酸浸试验法》（GB/T 14999.1—2012），《高温合金横向低倍组织酸浸试验法》（GB/T 14999.2—2012）；铝合金试验方法为《变形铝及铝制品显微低倍组织检验方法》（GB/T 3246.1—2000）；铜合金试验方法为《铜及铜合金铸造和加工制品宏观组织检验方法》（YS/T 448—2002）。

图6-2-13材料名称：0Cr12Mn5Ni4Mo3Al；放大倍数：100倍；腐蚀剂：Kalling's腐蚀。

处理情况：固溶处理。

组织说明：原材料横向存在较为严重的组织偏析，基本上呈现树枝状分布。

图6-2-14所示为图6-2-13的局部放大500倍后的显微组织，偏析组织呈块状分布，几乎占据整个视野，偏析组织（黑色）上分布细小的δ铁素体，正常组织（灰色）为固溶态的低碳马氏体结构。需要进行均匀化退火处理来消除偏析组织。

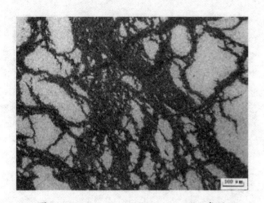

图6-2-13 0Cr12Mn5Ni4Mo3Al腐蚀

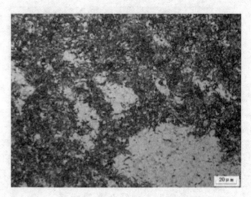

图6-2-14 0Cr12Mn5Ni4Mo3Al腐蚀放大图

6.3 微观组织

6.3.1 过热、过烧

过热组织（overheated structure）是显微组织内部缺陷之一，材料因加热温度过高，或者在高温下保温时间过长而形成的以晶粒粗大为特征的金属组织。

过烧组织（overburning structure）：因加热温度很高、时间很长，金属内部除出现过热组织、晶粒粗大等缺陷外，还发生晶界氧化，并在晶界上出现网状分布的氧化物，使晶间结合力大为降低或完全消失。金属过烧后，塑性加工时会沿晶界氧化物开裂，甚至破碎，金属的断口无金属光泽。过烧的表面呈现鸡爪状和树皮状裂纹，使材料完全报废，无法挽救。

试验目的：检验紧固件在加工过程中的质量，如热镦、热处理及最终产品，控制紧固件的质量。

试验方法：试样制备依据《金相试样制备指南》（ASTM E3-11（2017））进行，钢类的试验方法为《金属显微组织试验方法》（GB/T 13298—2015）；高温合金类的试验方法为《高温合金低、高倍组织标准评级图》（GB/T 14999—2012）；钛合金的试验方法为《α-β钛合金高低倍组织检验方法》(GB/T 5168—2020);铝合金《变形铝及铝制品显微低倍组织检验方法》(GB/T 3246.1—2000);铜合金的试验方法为《铜及铜合金铸造和加工制品显微组织检验方法》(YS/T 449—2002)。

图6-3-1材料名称:ML35;放大倍数:100倍;腐蚀剂:4%硝酸酒精溶液。

处理情况:1100℃加热保温1h后空冷。

组织说明:魏氏组织,钢中先共析铁素体以针状向晶内生长,与片层状珠光体混合存在的复相组织,使金属的韧性急速下降。

图6-3-2材料名称:GH4169;放大倍数:500倍;腐蚀剂:氯化铜+盐酸+酒精。

处理情况:900℃保温16h空冷。

组织说明:晶内大量长针状δ相,δ相为γ″相的稳定结构,形成温度在815~980℃之间。900℃时形成针状,在晶界和晶内析出,大量存在时恶化材料性能。

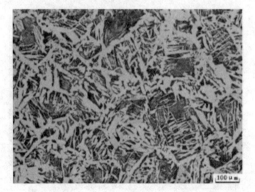 

图6-3-1　ML35显微组织　　　　　图6-3-2　GH4169显微组织

图6-3-3材料名称:GH4169;放大倍数:500倍;腐蚀剂:氯化铜+盐酸+酒精。

处理情况:螺栓镦制过热。

组织说明:加热温度较高,导致热裂纹产生。

图6-3-4材料名称:TC4;放大倍数:100倍;腐蚀剂:氢氟酸+硝酸+水。

处理情况:螺栓热镦过热。

组织说明:魏氏组织,初生α相溶解,次生α相呈长针状,组织粗大,降低材料的塑性。

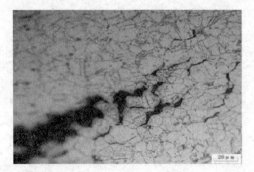 

图6-3-3　GH4169材料螺栓　　　　　图6-3-4　TC4材料螺栓

图6-3-5 材料名称：7075；放大倍数：500倍；腐蚀剂：混合酸水溶液。

处理情况：530℃固溶，1h空冷。

组织说明：合金过烧的组织中出现共晶球体、晶界粗大，并局部呈纺锤形及晶界发毛，在三角交界处呈三角形及菱形和沿晶界淬火裂纹等，有时在产品表面还出现气泡等。

图6-3-6 材料名称：2A12；放大倍数：500倍；腐蚀剂：混合酸水溶液。

处理情况：525℃保温1h，水淬。

组织说明：晶界明显，晶粒粗大，依据《测定平均粒径的标准试验方法》(ASTM E112—13(2021))评级，晶粒度为3级。

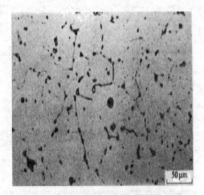

图6-3-5　7075材料显微组织

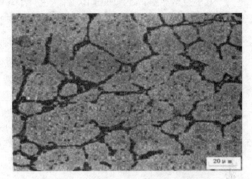

图6-3-6　2A12材料显微组织

图6-3-7 材料名称：GH696；放大倍数：10倍；腐蚀剂：无。

处理情况：螺母热镦过热。

组织说明：螺母六角处出现开裂现象。

图6-3-8 材料名称：GH696；放大倍数：200倍；腐蚀剂：氯化铜+盐酸+酒精。

处理情况：螺母热镦过热。

组织说明：热镦加热温度较高，导致出现晶粒粗大和热裂纹现象。

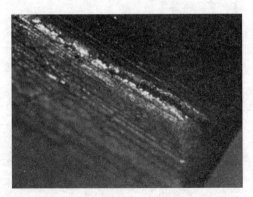

图6-3-7　GH696螺母过热

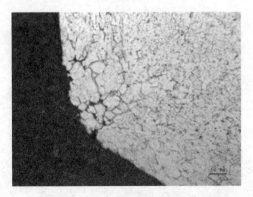

图6-3-8　GH696螺母过热金相图

6.3.2 脱碳、增碳

脱碳是指钢表层上碳的损失，这种碳的损失包括部分脱碳、完全脱碳（即钢试样表层碳含量水平低于碳在铁素体中最大溶解度）。

试验目的：检验碳钢及合金结构钢紧固件在加工过程中的缺陷。

试验方法：试样制备依据《金相试样制备指南》(ASTM E3-11（2017）)进行，腐蚀按照《金属和合金微蚀的标准操作规程》(ASTM E407-07（2015）)进行，试验方法为《钢的脱碳层深度测定法》(GB/T 224—2019)。

增碳是指使基体金属表面增加碳含量的结果。

试验目的：检验碳钢及合金结构钢紧固件在加工过程中的缺陷。

试验方法：试样制备依据《金相试样制备指南》(ASTM E3-11（2017）)进行，腐蚀按照《金属和合金微蚀的标准操作规程》(ASTM E407-07（2015）)进行，试验方法为《紧固件机械性能 螺栓、螺钉和螺柱》(GB/T 3098.1—2010)。

图 6-3-9 材料名称：30CrMnSiA；放大倍数：100倍；腐蚀剂：4%硝酸酒精。

处理情况：820℃保温2h，炉冷。

组织说明：全脱碳组织，脱碳层深度为0.16mm，表层为铁素体组织，晶界明显。

图6-3-10所示为图6-3-9中近表面局部放大500倍的显微组织，表层碳化物析出非常少。

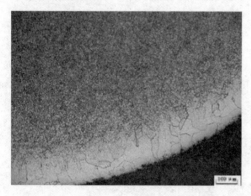

图6-3-9 30CrMnSiA材料脱碳

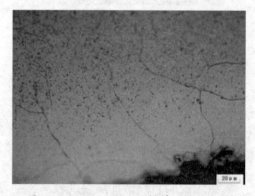

图6-3-10 30CrMnSiA材料脱碳放大图

图6-3-11材料名称：40CrNiMoA；放大倍数：200倍；腐蚀剂：4%硝酸酒精。

组织说明：在热处理过程中，由于炉内碳势较高，使螺栓表层组织含碳量增加。

图6-3-12所示为图6-3-11局部放大1000倍的显微组织，组织为回火索氏体+碳化物+少量残余奥氏体。

图6-3-11 40CrNiMoA材料

图6-3-12　40CrNiMoA材料放大图

6.3.3　晶粒度评级

晶粒度（grain size）可用晶粒的平均面积或平均直径表示。工业生产上采用晶粒度等级来表示晶粒大小。晶粒度的评级可以依据《测定平均粒径的标准试验方法》（ASTM E112-13（2021））或是《金属平均晶粒度测定方法》（GB/T 6394—2017）进行，一般可以使用比较法对其进行评级，截点法为仲裁法。

试验目的：检验紧固件的过热情况，对紧固件进行评级，确保产品质量。

试验方法：试样制备依据《金相试样制备指南》（ASTM E3-11（2017））进行，腐蚀依据《金属与合金微观腐蚀试验方法》（ASTM E407-07）进行，评级方法为《测定平均晶粒度的标准试验方法》（ASTM E112-13（2021））或者《金属平均晶粒度测定方法》（GB/T 6394—2017）。

图6-3-13材料名称：40CrNiMoA；放大倍数：100倍；腐蚀剂：4%硝酸酒精。

处理情况：退火炉冷。

组织说明：铁素体+珠光体组织，晶粒呈等轴状。

图6-3-14材料名称：ML10；放大倍数：100倍；腐蚀剂：4%硝酸酒精。

处理情况：退火炉冷。

组织说明：铁素体+片状珠光体组织，晶粒呈不规则形状。

图6-3-13　40CrNiMoA材料显微组织

图6-3-14　ML10材料显微组织

图6-3-15材料名称：30CrMnSiA；放大倍数：100倍；腐蚀剂：饱和苦味酸溶液。
处理情况：900℃淬火油冷，620℃回火。
组织说明：经饱和苦味酸腐蚀后，晶界显示较为清晰。
图6-3-16所示为图6-3-15的放大图，晶粒显示明显，晶内有回火索氏体组织。

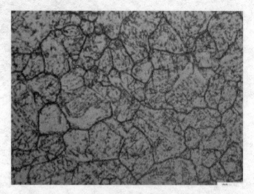

图6-3-15　30CrMnSiA显微组织　　　　　　图6-3-16　30CrMnSiA显微组织放大图

图6-3-17材料名称：GH2132；放大倍数：100倍；腐蚀剂：氯化铜+盐酸+酒精。
处理情况：982℃固溶。
组织说明：存在部分孪晶现象，晶粒不均匀，有个别粗大晶粒。
图6-3-18材料名称：0Cr18Ni9；放大倍数：500倍；腐蚀剂：王水。
处理情况：固溶态。
组织说明：晶内存在孪晶现象，晶界显示较为清晰。

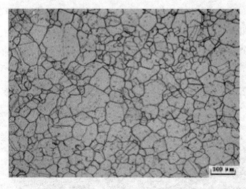

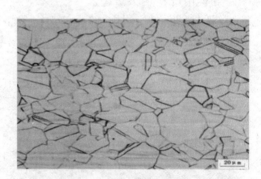

图6-3-17　GH2132材料显微组织　　　　　　图6-3-18　0Cr18Ni9材料显微组织

6.3.4　带状组织

带状组织金属材料内有两种组织，呈条带状，是沿热变形方向大致平行交替排列的组织，带状组织的存在使钢的组织不均匀，并影响钢材性能，形成各向异性，降低钢的塑性、冲击韧性和断面收缩率，造成冷弯不合、冲压废品率高、热处理时容易变形等不良后果。

试验目的：检验紧固件的原材料情况，确保产品质量。

试验方法：试样制备依据《金相试样制备指南》（ASTM E3-11（2017））进行，腐蚀依据《金属与合金微观腐蚀试验方法》（ASTM E407-07）、《金属显微组织检验方法》（GB/T 13298—2015）、《钢的显微组织评定方法》（GB/T 13299—1991）等进行。

图6-3-19材料名称：1Cr17Ni2；放大倍数：100倍；腐蚀剂：硫酸铜、盐酸、水。

处理情况：1020℃淬火油冷，540℃回火。

组织说明：存在带状组织偏析，碳化物呈带状分布。

图6-3-20材料名称：ML25；放大倍数：100倍；腐蚀剂：4%硝酸酒精。

处理情况：退火态。

组织说明：存在带状组织偏析，渗碳体呈带状分布。

图6-3-19　1Cr17Ni2材料显微组织

图6-3-20　ML25材料显微组织

6.3.5　磨削烧伤

磨削时，磨削区域的瞬时高温达到相变温度以上时，形成零件表层金相组织会发生变化（大多表面的某些部分出现氧化变色），使表层金属强度和硬度降低，并伴有残余应力产生，甚至出现微观裂纹。

试验目的：检验紧固件生产过程中产生的缺陷。

试验方法：试样制备依据《金相试样制备指南》（ASTM E3-11（2017））进行，腐蚀按照《金属与合金微观腐蚀试验方法》（ASTM E407-07）进行。

图6-3-21材料名称：TC4；放大倍数：100倍；腐蚀剂：30mL硝酸+10mL氢氟酸+50mL水。

组织说明：螺栓螺纹牙顶磨削烧伤，磨削烧伤层深度为0.06mm，该缺陷为在无心磨调整螺纹大径时冷却不充分造成的。

图6-3-22所示为图6-3-21牙顶部位1000倍局部放大图，无心磨过程中冷却不充分，瞬

图6-3-21　TC4螺纹牙顶烧伤

时温度过高，与空气接触后导致了白亮的磨削烧伤层。

6.3.6 合金贫化

合金贫化，简单说就是基体固溶体中的合金元素消失或者部分消失了，对材料组织性能产生了影响。复杂点说就是基体固溶体中的溶剂合金元素和C、N、B、O等发生反应生成了化合物，并且大部分集结到了晶界或者相界上，导致材料基体的性能发生了巨大变化。

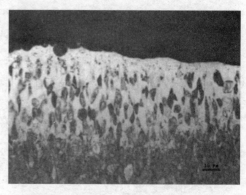

图6-3-22　TC4螺纹牙顶烧伤放大图

试验目的：检验紧固件热处理情况，确保产品质量。

试验方法：试样制备依据《金相试样制备指南》（ASTM E3-11（2017））进行，腐蚀按照《金属与合金微观腐蚀试验方法》（ASTM E407-07（2015））进行。

图6-3-23材料名称：2Cr13；放大倍数：500倍；腐蚀剂：硫酸铜盐酸水。

处理情况：真空炉处理960℃油冷，600℃回火。

组织说明：2Cr13表面产生了合金贫化现象，贫化层厚度大约为0.01mm，合金贫化是Cr元素与C元素形成的$Cr_{23}C_6$和Cr_6C等，$Cr_{23}C_6$为面心立方结构，是不锈钢中常见的化合物，500~950℃沉淀，析出最快时的温度为650~700℃，造成晶内贫Cr，使之容易发生晶间腐蚀、点腐蚀等。

图6-3-24材料名称：0Cr12Mn5Ni4Mo3Al；放大倍数：500倍；腐蚀剂：无腐蚀。

处理情况：毛坯件热镦过热组织。

组织说明：表层组织晶界明显，发生合金贫化现象，加热温度过高所致。

图6-3-23　2Cr13材料显微组织

图6-3-24　0Cr12Mn5Ni4Mo3Al材料显微组织

6.3.7 不连续性

不连续性（discontinuity）：零件结构或者零件普通物理结构的一种打断，如折叠、缝隙、夹杂物、裂纹、加工裂痕或者纵向裂纹等。

试验目的：检验紧固件生产过程中的缺陷，如折叠、裂纹、划伤等。

试验方法：试样制备依据《金相试样制备指南》（ASTM E3-11（2017））进行。

图6-3-25材料名称：ML25；放大倍数：100倍；腐蚀剂：4%硝酸酒精。

处理情况：冷拉态材料。

组织说明：在滚丝过程中，模具存在其他异金属，成型过程中，在外加载荷的作用下，被压入螺纹表面出现的不连续性缺陷。

图6-3-26材料名称：TB3；放大倍数：100倍；腐蚀剂：未腐蚀。

处理情况：830℃固溶，530℃时效。

组织说明：螺纹承载面中径折叠，搓丝时对中效果不好。

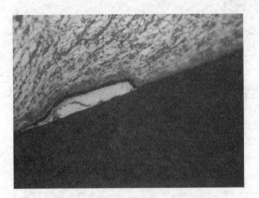

图6-3-25　ML25螺纹显微组织

图6-3-26　TB3螺纹显微组织

图6-3-27材料名称：GH2132；放大倍数：100倍；腐蚀剂：未腐蚀。

处理情况：982℃固溶，620℃时效。

组织说明：在螺母攻螺纹过程中，由于夹持力不足及振动，造成局部过切现象。

图6-3-28材料名称：0Cr18Ni9；放大倍数：100倍；腐蚀剂：硫酸铜盐酸水。

处理情况：冷拉态组织。

组织说明：螺母二次攻螺纹过程中，产生了严重过切现象。

图6-3-27　GH2132螺纹显微组织

图6-3-28　0Cr18Ni9螺纹显微组织

6.3.8　晶间腐蚀（晶间氧化）

晶间腐蚀（intergranular attack）：局部腐蚀的一种，是沿着金属晶粒间的分界面向内部扩展的腐蚀。主要由于晶粒表面和内部间化学成分的差异以及晶界杂质或内应力的存在导致。晶间腐蚀破坏晶粒间的结合,大大降低金属的机械强度。而且腐蚀发生后金属和合金的表面仍保持一定的金属光泽,看不出被破坏的迹象,但晶粒间结合力显著减弱,力学性能恶化,不能经受敲击,所以是一种很危险的腐蚀。

试验目的:检验紧固件在生产过程中的缺陷,检验热处理情况。

试验方法:试样制备依据《金相试样制备指南》(ASTM E3-11(2017))进行。

图6-3-29和图6-3-30材料名称:40CrNiMoA;放大倍数:500倍,1000倍;腐蚀剂:未腐蚀。

处理情况:空气炉中加热1100℃,保温1h,空冷。

组织说明:表层产生了晶间氧化,氧化物不仅沿晶界析出,在基体中也出现了细小的氧化物。

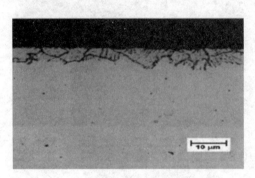
图6-3-29　40CrNiMoA材料显微组织

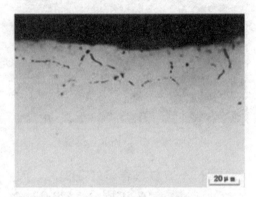
图6-3-30　40CrNiMoA材料显微组织放大图

图6-3-31材料名称:40CrNiMoA;放大倍数:500倍;腐蚀剂:未腐蚀。

处理情况:零件表面处理之前进行了酸洗。

组织说明:试样边缘显示出了晶界,零件在酸洗后发生了晶间腐蚀,深度为0.012mm。

图6-3-32材料名称:1Cr18Ni9Ti;放大倍数:500倍;腐蚀剂:未腐蚀。

处理情况:按照《不锈钢硫酸-硫酸铜腐蚀试验方法》(GB/T 4334.2—2000)处理。

组织说明:表面产生了晶间腐蚀现象,深度约0.03mm。

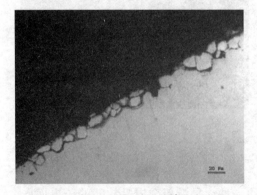
图6-3-31　40CrNiMoA材料晶间腐蚀

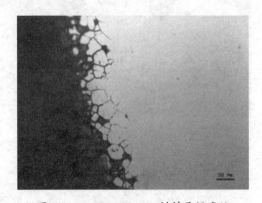
图6-3-32　1Cr18Ni9Ti材料晶间腐蚀

第7章　紧固件力学性能检测

7.1　螺栓、螺钉、螺柱类力学性能检测

7.1.1　拉伸试验

拉伸试验是对材料的各种力学性能指标进行测定、试验研究及评价、表征的一门试验学科，其进行测定和试验研究的对象被称为试样。试样就是经机加工或未经机加工后具有合格尺寸且满足试验要求状态的样品。由于在不同产品或同一产品不同位置取样时，力学性能会有差异，而且大多数力学性能试验都具有破坏性，因此只能抽取其中一批材料或在产品中某一部位进行试验，根据试验结果对这批材料的质量做出某种判别或评价。另外，试样制备的质量对力学性能试验结果的准确性和可比性也会带来某些影响，因此试样的真正意义在于它能代表所在的这一批材料。所以，正确取样和制备就成了准确评定材料性能的重要环节。

力学性能试样的取样可分为以下3种类型。

（1）从原材料上直接取样，即从原材料上直接切取样件，然后加工成标准规定的试样。如型材、棒材、板材、管材和线材等就是根据有关标准，在一定的部位取出一定尺寸的样件，加工成所需的拉伸、弯曲、冲击、疲劳等标准试样。

（2）把实物作为样品，即把结构或零部件作为样品，直接进行力学性能试验，以评价零件在使用条件下的抗拉、抗剪和抗疲劳等性能，如铆接件、弹簧、螺栓、接头、耳片、轴承等。

（3）从产品（结构或零部件）的一定部位上取样，即从产品（结构或零部件）的一定部位（一般是最薄弱、最危险、最具代表性的部位）上切取样件，加工成一定尺寸的标准或非标准试样。例如，从涡轮盘上切取拉伸、疲劳、持久蠕变等试样，通过对这些试样进行力学性能试验，并与试验应力分析相配合，评定材料在使用条件下的力学行为，可进一步校正设计计算的正确性，同时在失效分析和安全评估中有重要的作用。

本书主要以紧固件和紧固件用原材料作为样品做拉伸试验进行介绍，主要分为产品拉伸试验及试棒拉伸试验。

1. *产品拉伸试验*

1）概述

紧固件产品拉伸试验是指紧固件在承受轴向拉伸载荷下测定产品特性的试验方法，是最常用的力学性能检测方法之一，也是检验紧固件产品、表征其内在质量的重要试验项目之一，紧固件的拉伸性能既是评定紧固件的重要指标，又是机械制造和工程设计、选材的主要依据，单向静拉伸试验是在试样两端缓慢地施加载荷，使试样的一部分受轴向拉力，引起试样沿轴向伸长，直至被拉断为止，能清楚地反映出材料受拉伸

外力时表现出的弹性、弹塑性和断裂特征,利用拉伸试验得到的数据可以确定产品的极限破坏载荷、拉伸强度等力学性能指标。常见的测试项目主要是室温拉伸、高温拉伸、低温拉伸等。

(1)室温拉伸。典型的室温拉伸试验夹具如图7-1-1所示。试验夹具的设计要确保载荷通过螺栓的轴线,以避免试样所产生的附加弯曲应力对试验结果的影响。夹具的硬度或者强度都要大于被测紧固件,而且要有较好的韧性。其承载部分的厚度一般等于螺栓的公称直径,以保证夹具具有足够的强度和刚度。

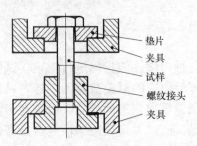

图7-1-1 典型的室温拉伸试验夹具

紧固件室温拉伸试验的试验结果是否准确,不仅与拉伸夹具有关,而且与试验机的精度和加载速率也有直接关系。进行紧固件拉伸试验时,试验机的测量不确定度在±1%范围内即可。试验机的上下夹头要能够自动对中,加载速率按《紧固件试验方法 拉伸强度》(GJB 715.23A—2015)规定执行,拉伸试验的应力速率为(700±70)MPa/min。转换后的加载速率见表7-1-1。

表7-1-1 拉伸试验的加载速率

公称直径/mm	3	4	5	6	8	10	12
加载速率/(kN/min)	5	9	14	20	35	55	80
公称直径/mm	14	16	18	20	22	24	27
加载速率/(kN/min)	108	140	180	220	270	320	400

(2)高温拉伸。本节所介绍的高温拉伸试验通常指温度恒定在1100℃以下,规定加载速率,受载方式为单向的拉伸试验,目前所采用的标准为《金属材料拉伸试验第2部分:高温试验方法》(GB/T 228.2—2015)。高温拉伸试验与常温拉伸相比,试验方法以及得到的拉伸曲线形状大致相似,如性能指标采用下列符号表示:抗拉强度为R_m,规定塑性延伸强度为R_p,断后伸长率为A,断面收缩率为Z等。由于高温拉伸试验增加了温度参数,因此相应就有了温度控制和温度测试的内容;对试验过程和试样夹持装置也提出了特殊要求。在高温下,某些力学性能指标会呈现出与室温不同的规律。例如,超过一定的温度,碳钢的屈服强度会变得不明显,从而难以测定。各种冶金元素对强度的影响随着温度的不同而有所改变等。

高温拉伸试验方法与常温拉伸试验基本一致,这里主要介绍它的特殊部分。进行高温拉伸试验时,需要将试样加热,因此拉力试验机上应配有加热炉、温度测试及控制装置。用绑在试样上的热电偶来测试试样的温度,并通过控制器使加热炉保持试验温度。为了测试试样的变形,通常用引伸杆将变形引至炉外,再通过百分表或差动式引伸计进行测量,也可以通过加热炉上的观察孔用测试放大镜测定试样的伸长,为了安装引伸杆而将试样伸长引出炉外进行测试,还可以采用带凸耳(或凸环)的试样。在施加试验力前,将试件加热至规定的试验温度,保温约10min,在引伸计输出稳定后施加载荷,温度控制要求见测定方法,除上面已介绍的性能指标符号与常温试验不同外,基本上与常温拉伸试验相同。

典型的高温拉伸试验夹具如图7-1-2所示。试验夹具应能在试验温度下承受试验载荷而不产生永久变形。高温试验垫片试样安装孔基本直径为紧固件杆部最大直径加0.025mm,极限偏差为+0.100mm。试样安装孔轴线对夹具承载平面应垂直,偏差应不大于1°。需制沉头孔时,沉头座与孔的同轴度为$\phi 0.05$mm。沉头座的深度应使安装后的试样头部与板面齐平,不得高于板面。试验垫片过渡圆弧应大于紧固件头下支撑面与杆部过渡圆弧,以使试件支撑面与试验垫片充分接触。

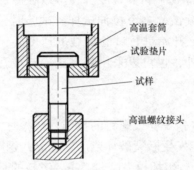

图7-1-2 典型的高温拉伸试验夹具

高温拉伸试验用热电偶要与试样紧密接触,除非试样太短而不能在试样的中部安装热电偶外,应在试样的头部、中部和尾部各绑一只热电偶,以便在整个试验期间保持恒定的试验温度和温度梯度。

试样最长加温时间应符合产品标准的规定,最短加温时间应按每10mm紧固件直径为24min来确定。除非另有规定,施加载荷前30min和加载后的整个试验期间,试验装置应使试样保持规定的试验温度,试样加热不得超过规定的试验温度。

高温拉伸试验用加载速率按《紧固件试验方法高温拉伸》(GJB 715.17—1990)执行。具体加载速率见表7-1-2。

表7-1-2 高温拉伸试验加载速率

公称直径/mm	5	6	8	10	12	14
加载速率/(kN/min)	14	20	35	55	80	108
公称直径/mm	16	18	20	22	24	27
加载速率/(kN/min)	140	180	220	270	320	400

（3）低温拉伸。与高温拉伸试验相类似，低温拉伸试验是在室温拉伸试验的基础上增加低温环境的一种特殊试验。低温拉伸试验目前所采用的标准为《金属材料低温拉伸试验方法》（GB/T 13239—2006）。与常温拉伸试验相比，低温拉伸试验也是通过拉伸曲线来确定各类强度、塑性指标的。增加了降温、保温和测温的内容，在低温条件下，试样和夹持装置与常温相比也有特殊性。低温试验时，有些材料会呈现出与室温不同的规律，如果低于一定的温度，碳钢的强度会大幅度提高，而塑性大幅度降低，断口呈现出脆性破坏的特征，材料的拉伸曲线在超过弹性阶段后会产生锯齿状等。

低温拉伸试验方法与常温拉伸试验基本一致，本节主要介绍它的特殊部分。进行低温拉伸试验时，需要将试样冷却，因此拉力试验机的框架内应配有存放冷却液的制冷装置及温度测量系统。试验时，根据试验温度配置冷却介质，并将其与试样一起置于冷却装置中。制冷时速度不能过快，以免过冷。装夹好的试样应完全浸泡在冷却介质中，封闭式冷却装置应配有液面高度指示器，以便了解试样的浸泡程度。为了测量试样的变形，通常用引伸杆将变形引到冷却装置外，再通过其他辅助测量仪器进行测试。为了提高试验效率和节省冷源，可以在冷却装置内使用多试样装夹装置，以便一次冷却可以连续试验多个拉伸试样。试验时，当测量温度达到试验温度后，保持该温度10~15min，开始进行试验加载的速度要求以及实施方法与常温试验相同。除液体浸泡式冷却外，也可以采用喷淋式冷却或蒸发式冷却，但温度需满足要求。

2）试验原理

外螺纹紧固件拉伸主要指螺栓或螺钉的拉伸。试验时，缓慢施加拉伸载荷，当达到标准规定值时，螺栓不能发生断裂破坏或产生裂纹；否则应以相关产品的验收规范进行判断。用紧固件实物进行破坏拉力试验，主要考核的是紧固件实物的抗破坏能力，紧固件试验多采用此类试验作为验收试验。此类试验是按螺纹的应力截面积A_s计算抗拉强度σ_b的，即

$$A_s = \frac{\pi}{4}\left(\frac{d_2+d_3}{2}\right)^2 \qquad (7\text{-}1\text{-}1)$$

$$d_3 = d_1 - \frac{H}{6} \qquad (7\text{-}1\text{-}2)$$

式中：d_2为螺纹中径的基本尺寸（mm）；H为螺纹原始三角形高度（H=0.866 025P）（mm）；π为圆周率，π=3.1416；d_3为螺纹小径的基本尺寸d_1减去螺纹原始三角形高度H的1/6。

3）常见试验方法标准

（1）室温拉伸常见试验方法。

①《紧固件机械性能—螺栓、螺钉和螺柱》（GB/T 3098.1—2010），本标准为中国国家标准，由中华人民共和国国家质量监督检验检疫总局及中国国家标准化管理委员会发布，本标准规定了测试紧固件拉伸强度的试验方法，但不包括紧固件与任何板件

组装后的强度计算，并列出了试验设备、试验夹具、试验程序、试验报告等相关要求。本标准适用于所有的紧固件。

②《紧固件测验方法 拉伸强度》（GJB 715.23A—2015），本标准为中国国家军用标准，由中国人民解放军总装备部批准，本标准规定了测试紧固件拉伸强度的试验方法，但不包括紧固件与任何板件组装后的强度计算，并列出了试验设备、试验夹具、试验程序、试验报告等相关要求。本标准适用于所有的紧固件。

③《紧固件强度检测》（NASM 1312-8—2011），本标准为美国国家航空标准，由美国航空工业协会提出，国防部批准采用。本标准规定了测试紧固件拉伸强度的试验方法，并列出了试验设备、试验夹具、试验程序、试验报告等相关要求。

（2）高温拉伸常见试验方法。

①《紧固件试验方法 高温拉伸》（GJB 715.17—1990），本标准为中国国家军用标准，由国防科学技术工业委员会编写，本标准参照采用美国军用标准（NASM 1312—18—2012）相关技术要求相迈，规定了测试紧固件高温拉伸的试验方法，并列出了试验设备、试验夹具、试验程序、试验报告等相关要求。

②《紧固件试验方法—高温抗拉强度》（NASM 1312-18—2012），本标准为美国国家航空标准，由美国航空工业协会提出，国防部采用。本标准规定了测试紧固件单剪强度的试验方法，并列出了试验设备、试验夹具、试验程序、试验报告等相关要求。本方法主要用于对不能进行双剪试验的紧固件。

（3）低温拉伸常见试验方法。

《金属材料低温拉伸试验方法》（GB/T 13239—2006)，本标准为中国国家标准，由中国国家标准化管理委员会发布，本标准规定了-196～10℃范围内金属材料拉伸试验方法的原理、定义、符号和说明、试样及其尺寸测量、试验设备、试验要求、性能测定、测定结果数值修约和试验报告。

4）标准对比分析

（1）室温拉伸。国内外紧固件保证载荷试验各标准对试验条件、试验设备、试验结果的区别见表7-1-3～表7-1-5。

表7-1-3　设备要求对比

名称	GJB 715.23A—2015	NASM 1312-8—2011	GB/T 3098.1—2010
试验机精度要求	①试验机应能以可控速率施加载荷，试验机应按《拉力、压力和万能试验机检定规程》（JJG 139-2014）规定的方法检定，检定装置符合国家计量部门的有关规定，紧固件试验载荷应在试验机的加载范围内；	①试验机应能以可控速率施加载荷，试验机应按MIL-STD-45662B标准要求，试验机精度应符合《试验机的力校准与验证标准规程》（ASTM E4—2021规定的方法每6个月校准一次，检定装置在使用前应由国家标准局检定通过，从检定之日起到使用之日的时间不应超过2年。被试紧固件试验载荷应按《试验机的力校准与验证标准规程》（ASTM E4—2021）规定处于试验机的加载范围内；	①试验机应按《拉力试验机的检验》（GB/T 16825—1997）规定的方法检定，并应为1级或优于1级准确度；

续表

名称	GJB 715.23A—2015	NASM 1312-8—2011	GB/T 3098.1—2010
试验机精度要求	②引伸计用于测量试样的伸长，引伸计应符合《金属材料室温拉伸试验方法》（GB/T 228—2002）附录A中对C级引伸计的要求，引伸计与自动记录器	②引伸计应当是一个平均差动变换器式引伸计，或最好是可分式的相当装置。应符合《伸长系统的验证和分类的标准实施规程》（ASTM E83—23）中级B-2的要求。该引伸计应能安装成仅测量紧固件的伸长。使用的载荷和伸长范围应能使载荷-伸长曲线的初始部分形成一个45°~60°之间的斜度	②引伸计用于测量试样的伸长，引伸计应符合《金属材料单轴试验用引伸计系统的标定》（GB/T 12160—2019）相关要求

表 7-1-4　试验要求对比

名称	GJB 715.23A—2015	NASM 1312-8—2011	GB/T 3098.1—2010
工装硬度	插入型夹具：材料为钢，热处理：硬度不小于43HRC；短夹层拉伸试验板及安装成型试验板：材料为合金钢，热处理：硬度不小于48~50 HRC	与GJB715.23A—2015等同	硬度不小于45 HRC
工装尺寸及形位公差要求	①所有锐边均倒钝；②紧固件孔尺寸D应该是试样杆部直径最大直径加0.025mm，极限下偏差为0、极限上偏差为+0.10mm；③未注极限偏差为±0.25mm和±1°	试验夹具的孔支承面积减少都不应超过10%。支承面积是最小支承面外径和紧固件头部-杆部圆角切点处最大直径之间的面积。夹具设计应注意避开紧固件头部-杆部圆角	紧固件孔尺寸D应该是试样杆部直径按《紧固件螺栓和螺钉通孔》（GB/T 5277—1985）中等装配系列
试验速率	加载速率应按双面剪应力速率（700±70）MPa/min计算（计算加载速率时）	加载速率应按应力速率100000 1bf/(min·in²)公称面积计算	试验速率不大于25mm/min

表 7-1-5　试验要求对比

名称	GJB 715.23A—2015	NASM 1312-8—2011	GB/T 3098.1—2010
试验报告	试验报告应包含以下内容：①紧固件状态：代号和紧固件公称直径、炉批号、材料、热处理、夹层长度、试样实测杆部直径；②试验机：型号和编号，校准日期；③拉伸强度；④试验方法	试验报告应包含以下内容：①紧固件状态：代号和紧固件公称直径、炉批号、材料热处理、夹层长度、试样实测杆部直径；②试验机：型号和编号，校准日期；③拉伸强度；④试验方法	试验报告应包含以下内容：①紧固件状态：代号和紧固件公称直径、炉批号、材料、热处理、夹层长度、试样实测杆部直径；②试验机：型号和编号，校准日期；③拉伸强度；④试验方法

（2）高温拉伸。国内外紧固件保证载荷试验各标准对试验条件、试验设备、试验结果的区别见表7-1-6～表7-1-8。

表7-1-6 设备要求对比

名称	GJB 715.17—1990	NASM 1312-18—2012
试验机精度要求	①试验机应能以可控速率施加载荷，试验机应按《拉力、压力和万能试验机检定规程》（JJG 139—2014）规定的方法检定，检定装置符合国家计量部门的有关规定，紧固件试验载荷应在试验机的加载范围内；②引伸计用于测量试样的伸长，引伸计应符合《金属材料高温拉伸试验方法》（GB/T 4338—2006）附录A中对C级引伸计的要求，引伸计传感器应安装在试验夹具的承载平面上，使其仅能测出试样的伸长	①试验机应能以可控速率施加载荷，试验机应按MIL-STD-45662B标准要求，试验机精度应符合《试验机的力校准与验证标准规程》（ASTM E4—2021）规定的方法每6个月校准一次，检定装置在使用前应由国家标准局检定通过，从检定之日起到使用之日的时间不应超过2年。被试紧固件试验载荷应按《试验机的力校准与验证标准规程》（ASTM E4—2021）规定处于试验机的加载范围内；②引伸计应当是一个平均差动变换器式引伸计或最好是可分式的相当装置。应符合《伸长系统的验证和分类的标准实施规程》（ASTM E83-23）中级B-2的要求。该引伸计应能安装成仅测量紧固件的伸长。使用的载荷和伸长范围应能使载荷-伸长曲线的初始部分形成一个45°~60°之间的斜度

表7-1-7 试验要求对比

名称	GJB 715.17—1990	NASM 1312-18—2012
工装硬度	热处理：48~50HRC	未规定
工装尺寸及形位公差要求	①紧固件孔尺寸D应该是试样杆部最大直径加0.025mm，极限下偏差为0，极限上偏差为+0.10mm；②试样安装孔轴线对夹具承载平面应垂直，偏差不大于1°	试验夹具的孔支承面积减少都不应超过10%。支承面积是最小支承面外径和紧固件头部-杆部圆角切点处最大直径之间的面积。夹具设计应注意避开紧固件头部-杆部圆角
试验速率	加载速率应按双面剪应力速率（700±70）MPa/min计算（计算加载速率时）	加载速率应按应力速率100000 lbf/（min·in^2）公称面积计算

表7-1-8 试验要求对比

名称	GJB 715.17—1990	NASM 1312-18—2012
试验报告	试验报告应包含以下内容：①紧固件状态：代号和紧固件公称直径、炉批号、材料、热处理、夹层长度、试样实测杆部直径；②试验机：型号和编号，校准日期；③拉伸切强度；④试验方法	试验报告应包含以下内容：①紧固件状态：代号和紧固件公称直径、炉批号、材料、热处理、夹层长度、试样实测杆部直径；②试验机：型号和编号，校准日期；③拉伸强度；④试验方法

2. 试棒拉伸试验

1）概述

试棒拉伸试验是材料力学性能试验最基本的试验方法，单向静拉伸试验是在试样两端缓慢地施加载荷，使试样的工作部分受轴向拉力，引起试样轴向伸长，直至拉断为止，能清楚地反映出材料受拉伸外力时表现出的弹性、弹塑性和断裂特征。典型塑性金属材料拉伸过程可以分为弹性、屈服、强化、局部变形4个阶段，通过测试材料的应力-应变曲线，获得材料基本的力学性能指标，并作为后续结构设计时选材和强度计算的主要依据。金属的拉伸性能既是评定金属材料的重要指标，也是机械制造和工程设计、选材的主要依据。

拉伸试验可测定材料的一系列强度指标和塑性指标。

强度通常是指材料在外力作用下抵抗产生弹性变形、塑性变形和断裂的能力。材料在承受拉伸载荷时，当载荷不增加而仍继续发生明显塑性变形的现象叫作屈服。产生屈服时的应力，称为屈服点或称物理屈服强度，用σ_S（Pa）表示。工程上有许多材料没有明显的屈服点，通常把材料产生的残余塑性变形为0.2%时的应力值作为屈服强度，称为条件屈服极限或条件屈服强度，用$\sigma_{0.2}$表示。材料在断裂前所达到的最大应力值，称为抗拉强度或强度极限，用σ_b（Pa）表示。

塑性是指金属材料在载荷作用下产生塑性变形而不致破坏的能力，常用的塑性指标是延伸率和断面收缩率。延伸率又称伸长率，是指材料试样受拉伸载荷折断后，总伸长度同原始长度比值的百分数，用δ表示。断面收缩率是指材料试样在受拉伸载荷拉断后，断面缩小的面积同原截面面积比值的百分数，用ψ表示。条件屈服极限$\sigma_{0.2}$、强度极限σ_b、伸长率δ和断面收缩率ψ是拉伸试验经常要测定的4项性能指标。此外，还可测定材料的弹性模量E、比例极限σ_p、弹性极限σ_e等。

2）试验原理

物体因外力作用产生变形，其内部各部分之间因相对位置的变化而引起的相互作用称为内力。众所周知，即使不受外力，物体各质点间也存在相互作用力。通常所称的内力是在外力作用下，上述各作用力的变化量，随着该变化量的逐渐加大，物体内部发生一系列物理变化，当到达某一极限时，物体就会被破坏，该极限与物体的强度有直接关系。

将物体简化为杆件，杆件受到外力F作用，在其任意横截面上均产生内力F。一般截面上的内力并不是均匀分布的，因此，用单位横截面上的内力即应力来表示材料抗破坏与变形的能力。由于横截面积S_0随着构件不断被拉伸而逐渐减小，故一般用初始截面积S_0来计算应力σ，该σ称为工程应力。

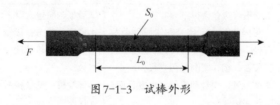

图7-1-3　试棒外形

材料的力学性能指标与试样标距L_0和原始截面积A有关，为了消除试样尺寸对材料力学性能的影响，引入了应力σ和应变ε两个参数，便可以得到与标距L_0和原始截面积A无关的应力σ、应变ε的关系及曲线图。应力σ和应变ε可分别由式（7-1-3）、式（7-1-4）求得。

$$\sigma = \frac{F}{A} \tag{7-1-3}$$

在材料性能测试中，除了要测出应力外，还要了解材料经拉伸后的变形程度。设杆件的初始长度为ΔL，则工程应变ε为

$$\varepsilon = \frac{\Delta L}{L} \tag{7-1-4}$$

ε和σ是拉伸试验中两个最基本的参数，它们相互之间有一定的联系，即

$$E = \frac{\sigma}{\varepsilon} \tag{7-1-5}$$

式（7-1-3）、式（7-1-4）及式（7-1-5）中：F为作用在试样上的拉伸力；ΔL为试样标距的伸长量；E为试样材料的弹性模量，为材料的固有特性，即σ-ε曲线（图7-1-4）中弹性阶段直线的斜率。

对于不同材料的试样，由于其化学成分及组织的不同，在拉伸过程中会体现出不同的物理现象及力学性质，但从外表来看，一般分为以下几个基本过程。以金属试样为例，将试样装夹在材料试验机上，按照有关标准规定选择合适的速率，均匀地对试样施加作用力F，可以观察试样由开始到破坏一般是断裂的几个阶段。

试样初始受力宏观上逐渐被均匀拉长，然后在某一点横截面渐渐变细缩颈直至在该处断裂。塑性较好的材料一般有明显的缩颈现象。但是，也有例外，如奥氏体钢、铝青铜等塑性金属材料不发生缩颈，这类材料通常有圈套的加工硬化能力。而对于较脆弱的材料，一般由伸长到最终断裂前通常无明显缩颈现象发生。

拉伸过程中，材料试验机上的自动记录装置也可自动绘制出拉伸曲线图，该图以力F（N）作为纵坐标，试样的伸长量l（mm）为横坐标，即F-l曲线，习惯上称为拉伸图。现在以20号低碳钢为例具体说明拉伸过程中的几个阶段。

第一阶段为弹性阶段（ob段）。试样变形为弹性变形，一旦取消外力，试样完全恢复原状，不会产生残余伸长，b点对应的外力F为试样产生弹性变形的极限外力，超过b点便会产生塑性变形。在该阶段的一定范围内，oa段试样伸长与载荷之间符合胡克定律，即成正比关系，称为比例变形阶段。a点对应的外力F_p为产生比例变形的极限外力，一旦超过此外力，变形与外力之间比例关系也就破坏了。ab段为弹性变形的非比例阶段，时间很短，要靠很精密的仪器才能测量得出。

第二阶段为屈服阶段（cd段），即试样屈服于外力产生较大塑性变形阶段。此时试样伸长急剧增加，但载荷却在很小的范围内波动，若忽略这一微小的波动，F-l曲线上该段可见一水平线段，该段对应的外力F_s表示这是由弹性变形阶段到塑性变形阶段的分界点。

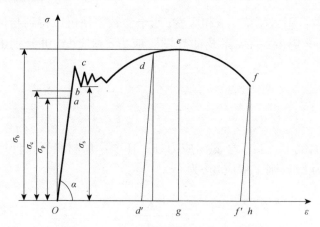

图7-1-4 典型塑性材料的应力-应变曲线

第三阶段为强化阶段（de段），也是均匀塑性变形阶段。试样屈服变形阶段结束后要使之继续变形就要继续施加外力克服试样内部不断增加的抗变形力。因为材料本身在塑性变形中会产生强化，也称为加工硬化。该阶段的塑性变形比弹性变形大得多，所以曲线上可见l有很大增加。由d点开始屈服结束，试样某部位产生塑性变形截面变小，但加工硬化使该部位抗变形力增加，这样下一步变形就转移到试样的其他部位。由此在de段，试样各部位产生较均匀的塑性变形之间近似遵循直线关系，且此直线gh与弹性现阶段内直线oa近似平行。由此可见，试样的变形包括了弹性变形和塑性变形。如卸载时的载荷此后原则上遵循着原来的拉伸曲线。

第四阶段为局部塑性变形阶段（ef段）。在前一阶段试样的变形量越来越大，其强化能力也逐渐减小到了e点，由于其强化能力跟不上变形，终于在某个最薄弱处产生局部塑性变形，这时该处横截面积显著收缩，载荷读数迅速下降，出现前述的"缩颈"现象。此时虽然力F不断下降，但缩颈部位仍不断被拉长直至断裂。出现局部塑性变形的开始点（e点）所对应的力F_b为试样在拉伸过程中所能施加的最大外力。

对于不同的材料，其拉伸时所表现出的物理现象和力学性质不尽相同，因而有着不同的σ-ε曲线。

3）常见试验方法标准

（1）室温试验。

①《金属材料拉伸试验第1部分：室温试验方法》（GB/T 228.1—2021），本标准为中国国家标准，由国家标准化管理委员会批准，本标准规定了测试紧固件拉伸强度的试验方法，但不包括紧固件与任何板件组装后的强度计算，并列出了试验设备、试验夹具、试验程序、试验报告等相关要求。本标准适用于所有的紧固件。

②《金属材料的拉伸试验》（ASTM E8/8M—2011），本标准为美国国家航空标准，由美国航空工业协会提出，国防部批准采用，本标准规定了测试紧固件拉伸强度的试验方法，并列出了试验设备、试验夹具、试验程序、试验报告等相关要求。

③《金属材料抗拉试验 第一部分 常温试验方法》（EN ISO 6892.1—2009）。

④《金属材料拉伸试验方法》（JIS Z2241—2011）。

4）标准对比分析

设备要求对比见表7-1-9，引伸计要求对比见表7-1-10，试样要求对比见表7-1-11。

表7-1-9 设备要求对比

项目	GB/T 228.1—2021	ASTM E8/8M—2011	EN ISO 6892.1—2009	JIS Z2241—2011
设备精度要求	试验机的准确度级别应符合《金属材料静力单轴试验机的检验与校准第1部分：拉力和（或）压力试验机测力系统的检验与校准》（GB/T 16825.1—2022）的要求，并应为一级或优于一级	①为确保试样标距内的轴向拉伸应力，试样轴线应与试验机夹头的中心线相一致。《在轴向拉力的压力作用下试验机框架和试样对准的标准规范》（ASTM E1012—19）给出了对中的方法；②试验机的准确度级别应符合《试验机的力校准与验证标准规程》（ASTM E4—2021）的规定	试验机的准确度级别应符合《金属材料-静态单轴试验机的验证》（ISO 7500-1）的要求，并应为一级或优于一级	试验机的准确度级别应符合JIS B7721的要求，并应为一级或优于一级

表7-1-10 引伸计要求对比

GB/T 228.1—2021	ASTM E8/8M—2011	EN ISO 6892.1—2009	JIS Z2241—2011
引伸计准确度级别应符合《单轴试验用引伸计系统的标定》（GB/T 12160—2019）的要求，测量上、下屈服强度和规定非比例延伸强度应使用不劣于1级准确度的引伸计，测定其他较高延伸的性能时可使用不劣于2级准确度的引伸计	引伸计的准确度级别应符合《伸长计系统的验证和分类的标准实施规程》（ASTM E83—23）引伸计级别要求，引伸计应包括相应于达到屈服强度的应变和断裂时的伸长范围（如果测定此性能）使用和检查；对于用偏置法测定屈服强度，可使用不劣于B2级引伸计；除了对如屈服点延长的测量用C级引伸计较方便外，对于测定延伸用的引伸计和其他装置应满足B2级引伸计要求。如使用C级装置，应在试验报告中说明，对伸长率小于5％的材料，使用B2级或B2级以上的引伸计；对伸长率不小于5％~50％的材料，使用C级或C级以上引伸计；对于伸长率大于50％的材料，使用D级或D级以上引伸计	引伸计的准确度级别应符合《金属材料、单轴向试验用引伸计的校准》（ISO 9513—2012）的要求，测量上、下屈服强度和规定非比例延伸强度应使用不劣于1级准确度的引伸计，测定其他较高延伸的性能时可使用不劣于2级准确度的引伸计	引伸计准确度级别应符合《用于单轴测试的扩展计的验证》（JIS B 7741—1999）的要求，使用不劣于2级准确度的引伸计

表7-1-11 试样要求对比

名称	GB/T 228.1—2021	ASTM E8/8M—2011	EN ISO 6892.1—2009	JIS Z2241—2011
单位制	公制	英制和公制	公制	公制
圆形横截面试样最小尺寸	3mm	2.5mm	3mm	—

续表

名称	GB/T 228.1—2021	ASTM E8/8M—2011	EN ISO 6892.1—2009	JIS Z2241—2011
试样的比例	比例试样 $L_0=K\sqrt{S_0}$，比例系数 K 值为5.65和11.3，对于圆形试样，短比例标距 $L_0=5d$，长比例标距 $L_0=10d$	E8：比例试样为 $L_0=4d$；E8M：比例试样为 $L_0=5d$	同《金属材料拉伸试验第1部分 室温试验方法》（GB/T 228.1—2021）	比例试样 $L_0=K\sqrt{S_0}$，比例系数 K 值为5.65和11.3

按照《金属材料静力单轴试验机的检验与校准第1部分：拉力和（或）压力试验机测力系统的检验与校准》（GB/T 16825.1—2022）的要求，一级试验机最大允许误差：示值相对误差和示值重复性相对误差为±1.0%和1.0%，相对进回程误差1.5%，零点相对误差±0.1%，相对分辨力0.5%。ASTM E4-21规定：在试验机的数据系统上提示的负荷与准确值的偏差不超过±1.0%。ISO 7500-1、JIS B7721中对各级别试验机的要求与《金属材料静力单轴试验机的检验与校准第1部分：拉力和（或）压力试验机测力系统的检验与校准》（GB/T 16825.1—2022）规定的误差量完全相同。只有《金属材料抗拉的标准试验方法》（ASTM E8/8M—2011）对同轴度的影响做出了描述。从以上可以看出《金属材料抗拉的标准试验方法》（ASTM E8/8M—2011）标准对试验机的要求要高于其他几个标准的要求，《金属材料 拉伸试验第1部分：室温试验方法》（GB/T 228.1—2021）、《金属材料 张力测试第1部分：室温测度法》（EN ISO 6892.1—2009）、《金属材料 拉伸试验方法》（JIS Z2241-2011）标准对试验机的要求基本相同。

《单轴试验用引伸计系统的标定》（GB/T 12160—2019）规定，一级引伸计的系统绝对误差为±3.0μm，系统相对误差为±1.0%；《伸长计系统的验证和分类的标准实施规程》（ASTM E83—23）规定，B-2级引伸计的标距测量误差为0.2%+0.0025in（0.0635mm），最大应变示值误差为0.0002；《金属材料 单轴向试验用引伸计的校准》（ISO 9513—2012）和《用于单轴测试的扩展计的验证》（JIS B7741—1999）对引伸计的分级规定内容与《单轴试验用引伸计系统的标定》（GB/T 12160—2019）相同。可以看出，各标准对引伸计精度的要求差别不大。《金属材料拉伸试验方法》（JIS Z2241—2011）未对测定上、下屈服强度和规定非比例延伸强度时引伸计的要求做特别规定，只是笼统规定不劣于2级。

7.1.2 保证载荷试验

1. 概述

保证载荷，简称保载试验，是指螺纹产品实物不产生明显塑性变形所能承受的极限载荷，该值由产品的螺纹应力截面积和保证应力的乘积确定。试验载荷是材料的极限性能指标，通常包括最大载荷、防滑载荷、防松载荷及疲劳载荷等。通常，在应力分析中，可靠性试验或快速试验是确定试验载荷的主要途径。

2. 试验原理

保证载荷试验由两个主要程序组成：施加一个规定的保证载荷；测量由保证载荷

引起的永久伸长量。按标准中给出的保证载荷，在拉力试验机上对试件施加轴向载荷，并保持15s。承受载荷又未旋合的螺纹长度应为一倍螺纹直径（$1d$）。为符合保证载荷试验要求施加载荷后的螺栓、螺钉或螺柱的长度与加载前的相同，其误差 ±12.5μm 为允许的测量误差。为避免试件承受横向载荷，试验机的夹头应能自动定心。试验时，夹头的移动速度不应超过3mm/min。螺栓保证试验示意如图7-1-5所示，全螺纹紧固件未旋合长度示意如图7-1-6所示。

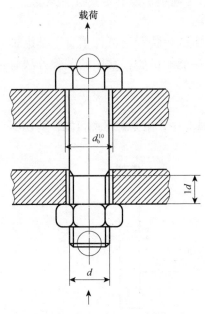

图7-1-5 螺栓保证试验示意图

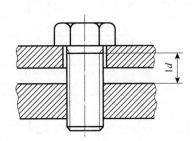

图7-1-6 全螺纹紧固件未旋合长度示意图

3. 常见试验方法标准

《紧固件机械性能螺栓、螺钉和螺柱》（GB/T 3098.1—2010）标准为中国国家标准，由中国机械工业部机械科学研究院专家编写，本标准参考了国际标准《碳钢和合金钢制紧固件的力学性能 第1部分：具有规定性能系统的螺栓、螺钉和螺柱 粗牙螺纹和细齿节螺纹》（ISO 898-1—2013）进行编写，标准列出了粗牙螺母规格M5~M39、细牙螺母规格M8~M39不同强度等级保证载荷值的要求，列出了承受载荷又未旋合的螺纹长度应为一倍螺纹直径（$1d$）要求，以及试验过程中试验速率的控制和结果评定的方式。

7.1.3 剪切试验

1. 概述

在工程实际中，常遇到剪切问题，如用剪切机剪断钢丝或钢板。工程结构件中常用的销、键、铆钉、螺栓等连接件都主要承受剪切力。发生剪切变形的构件，称为剪切构件。工程结构中梁的跨度较小时，结构除受弯曲应力外，还要承受较大的切应力，在这些情况下，构件的设计和制造都需要考虑材料的抗剪强度，需要对材料及零件进行剪切试验。剪切试验也可用来测定复合钢板的基体和覆层之间的结合力。

构件在剪切时受力和变形的特点：作用在构件两侧面上的横向外力的合力大小相等、方向相反、作用线相隔很近，并使各自作用的构件部分沿着与合力作用线平行的受剪面发生错动。剪切试验就是要测定最大错动力和相应的应力，剪切试验有相应的试验标准，也有工艺上的要求方法，工厂中常用到的试验有单剪试验、双剪试验、冲孔式剪切试验、开缝剪切试验、铆钉剪切试验和复合钢板剪切试验。

为使试验结果尽可能接近实际工况，剪切试验常用各种剪切试验装置和相应的试验方法来模拟实际工件的工况条件，对试样施加剪力直至断裂，以测定其抗剪强度。

2. 试验原理

剪切试验，即在静压缩或拉伸力作用下，通过剪切试验装置使试件垂直于其纵轴的一个或两个横截面受剪切直至断裂，以测定其抗剪性能的试验。常用的试验方法有双剪、单剪等试验，如图7-1-7和图7-1-8所示。

1）单剪试验

材料的剪切性能与试样的剪切面积 A 有关。在单剪试验中，由受力平衡可知，剪切面 m—m 上的剪切力 $F_Q=F$。

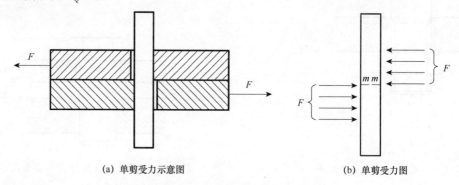

(a) 单剪受力示意图　　　　　　(b) 单剪受力图

图7-1-7　单剪试验受力模型

2）双剪试验

在双剪试验中，剪切面 m—m 上的剪切力 $F_Q=F/2$。

剪切应力为

$$\tau = \frac{F_Q}{A} \tag{7-1-6}$$

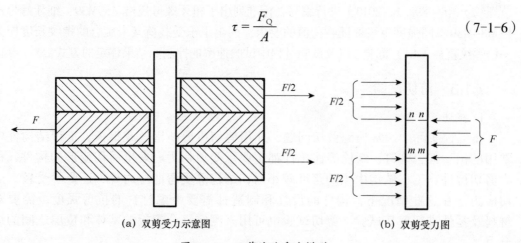

(a) 双剪受力示意图　　　　　　(b) 双剪受力图

图7-1-8　双剪试验受力模型

3）试验装置

（1）单剪试验装置。几种典型的单剪试验装置如图7-1-9和图7-1-10所示。剪切工装中，剪切支承部分采用合金钢材料即可，而切刀部分则要求有较高的硬度（700HV或57~62HRC）。

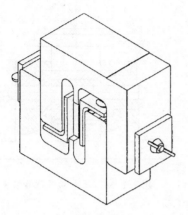

图7-1-9　公称直径不大于12mm规格的单剪试验装置

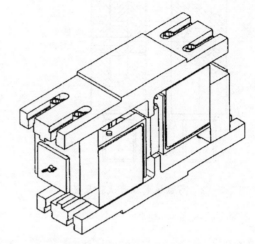

图7-1-10　公称直径为14~20mm规格的单剪试验装置

（2）双剪试验装置。几种典型的双剪试验装置如图7-1-11~图7-1-15所示。剪切工装中，剪切支承部分采用合金钢材料即可，而切刀部分则要求有较高的硬度（700HV或57~62HRC）。

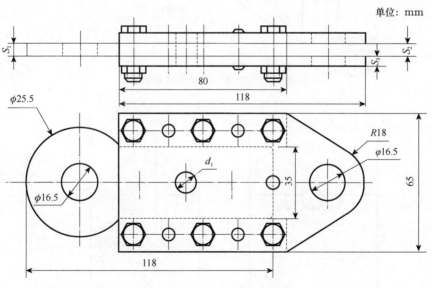

图7-1-11　拉式双剪试验装置

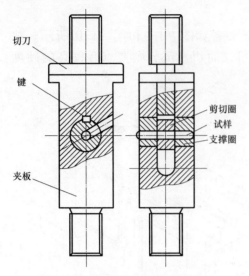

图 7-1-12 高温拉式双剪试验装置

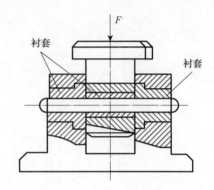

图 7-1-13 压式双剪试验装置

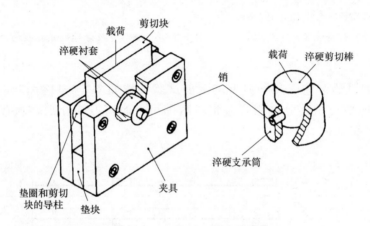

图 7-1-14 压式销双剪试验装置

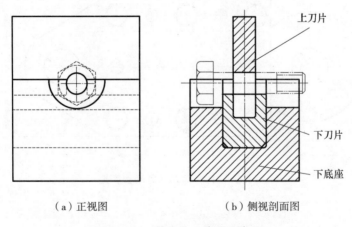

（a）正视图　　　（b）侧视剖面图

图 7-1-15 紧固件双剪试验装置

3. 常见试验方法标准

1）单剪试验

（1）标准《紧固件试验方法 单剪》（GJB 715.24A—2002）为中国国家军用标准，由国防科学技术工业委员会编写，本标准参照采用美国军用标准相关技术要求，规定了测试紧固件单剪强度的试验方法，并列出了试验设备、试验夹具、试验程序、试验报告等相关要求。本方法主要用于因其连接形式或长度不足而不能实施双剪试验的紧固件。

（2）标准《紧固件试验方法 单剪试验》（NASM 1312-20—2022）为美国国家航空标准，由美国航空工业协会提出，国防部采用，本标准规定了测试紧固件单剪强度的试验方法，并列出了试验设备、试验夹具、试验程序、试验报告等相关要求。本方法主要用于对不能进行双剪试验的紧固件，但是如果用于可以进行双剪试验的紧固件，则应以双剪试验为仲裁标准。

2）双剪试验

（1）标准《金属材料线材和铆钉剪切试验方法》（GB/T 6400—2007）为中国国家标准，由中华人民共和国国家质量监督检验检疫总局及中国国家标准化管理委员会发布，本标准代替《金属材料和铆钉高温剪切试验方法》（GB/T 6400—1986），即修订了标准名称，扩大了温度的适用范围，取消了界限值不修约的规定，降低了加工试样的粗糙度要求，增加了室温温度范围的规定，同时本标准规定了金属材料和铆钉双剪试验方法的原理、定义、符号和说明、试样及尺寸测量、试验设备、试验夹具、试验程序、试验结果处理、试验报告等相关规定，本标准仅适用于测定室温（10~30℃）至700℃、直径不大于6mm的金属线材和铆钉的抗剪强度。

（2）标准《销 剪切试验方法》（GB/T 13683—1992）为中国国家标准，由国家技术监督局发布，《销 剪切试验方法》（GB/T 13683—1992）等效采用国际标准《销 剪切试验方法》（ISO 8749—1986），本标准规定了公称直径为0.8~25mm金属销的双剪试验方法，同时本标准规定了试验方法的原理、定义、符号和说明、试样及尺寸测量、试验设备、试验夹具、试验程序、试验结果处理、试验报告等相关规定。

（3）标准《铝及铝合金铆钉线与铆钉剪切试验方法及铆钉线铆接试验方法》（GB/T 3250—2007）为中国国家标准，由中华人民共和国国家质量监督检验检疫总局及中国国家标准化管理委员会发布，本标准代替《铝及铝合金铆钉线铆接试验方法》（GB/T 3250—1982）及《铝及铝合金铆钉线及剪切试验方法》（GB/T 3252—1982），即修订了标准名称，增加了室温温度范围的等规定，同时本标准规定了金属材料和铆钉双剪试验方法的原理、定义、符号和说明、试样及尺寸测量、试验设备、试验夹具、试验程序、试验结果处理、试验报告等相关规定。本标准仅适用于测定室温（10~35℃）、直径不大于10mm的铝及铝合金铆钉线及铆钉。

（4）标准《紧固件试验方法双剪》（GJB 715.26A—2015）为中国国家军用标准，由国防科学技术工业委员会编写，本标准参照采用美国军用标准相关技术要求，规定了测试紧固件双剪强度的试验方法，并列出了试验设备、试验夹具、试验程序、试验报告等相关要求。

（5）标准《紧固件双剪强度检测》（NASM 1312-13—2013）为美国国家航空标准，由美国航空工业协会提出，国防部采用，本标准规定了测试紧固件双剪强度的试验方法，并列出了试验设备、试验夹具、试验程序、试验报告等相关要求。

（6）标准《铆钉、金属丝剪切试验方法》（HB 5148—1996）为中国航空工业标准，由中国航空工业总公司批准发布，本标准规定了铆钉、金属丝剪切试验方法的试样、试验夹具、试验程序、试验结果处理、试验报告等相关规定，本标准仅适用于室温（10~30℃）下用双剪试验测试直径不大于10mm的铆钉、金属丝抗剪强度。

4. 标准对比分析

1）单剪试验

国内外紧固件保证载荷试验各标准对试验条件、试验设备、试验结果的区别见表7-1-12~表7-1-14。

表7-1-12 设备要求对比

名称	GJB 715.24A—2002	NASM 1312-20—2022
试验机精度要求	试验机应能以可控速率施加载荷，试验机应按《拉力、压力和万能试验机检定规程》（JJG 139—2014）规定的方法检定，检定装置符合国家计量部门的有关规定，紧固件试验载荷应在试验机的加载范围内	试验机应能以可控速率施加载荷，试验机应按（MIL-STD-45662B标准要求，试验机精度应符合《试验机的力校准与验证标准规程》（ASTM E4—2021）规定的方法，每6个月校准一次，检定装置在使用前应由国家标准局检定通过，从检定之日起到使用之日的时间不应超过2年。被试紧固件试验载荷应按《试验机的力校准与验证标准规程》（ASTM E4—2021）规定处于试验机的加载范围内

表7-1-13 试验要求对比

名称	GJB 715.24A—2002	NASM 1312-20—2022
刀片工装硬度	材料：CrWMn；热处理：55~62HRC	材料：工具钢；热处理：60~62HRC
刀片尺寸及形位公差要求	①安装成型紧固件的孔径应按产品技术条件的规定，或应等于 $(d+0.025)^{+0.050}_{+0}$，d 为紧固件杆部最大直径；②孔对刀片应垂直，其偏差不大于15′；③孔的一端应倒圆，以容纳试样下圆角；④孔在剪切面一端应倒钝，最小为0.125mm；⑤除非另有规定，刀片与试样接触部位的宽度应为 $0.5d^{+0.025}_{+0}$	①安装成型紧固件的孔径应按产品技术条件的规定，或应等于 $(d+0.025)^{+0.050}_{+0}$，d 为紧固件杆部最大直径；②孔对刀片应垂直，其偏差不大于15′；③孔的一端应倒圆，以容纳试样下圆角；④孔在剪切面一端应倒钝，最小为0.127mm；⑤除非另有规定，刀片与试样接触部位的宽度应为 $0.5d^{+0.025}_{+0}$
试验程序	①应按承制方推荐的安装方法，使用许可的安装工具将试样装到刀片上。除非另有规定，不应施加预载荷，但安装成型紧固件除外；②将试样装在夹具中，并将夹具置于试验的两个压头之间，若使用液压试验机，应注意将夹具置于活塞的中心位置。应注意防止过大的预载荷，建议以不大于0.23N·m的力矩拧紧蝶形螺母；③加载速率应按单剪应力速率（700±70）MPa/min计算，计算加载速率时，设公称剪切面积等于公称杆部面积；也可在弹性范围内按照施加规定的加载速率的恒定应变速率来控制夹头位移速度，应变速率等于应力载荷速率（700±70）MPa/min除以试样材料的剪切弹性模量	①应按承制方推荐的安装方法，使用许可的安装工具将试样装到刀片上。除非另有规定，不应施加预载荷，但安装成型紧固件除外；②将试样装在夹具中，并将夹具置于试验的两个压头之间，若使用液压试验机，应注意将夹具置于活塞的中心位置。应注意防止过大的预载荷，建议以不大于0.23N·m的力矩拧紧蝶形螺母；③加载速率应按单剪应力速率（700±70）MPa/min计算，计算加载速率时，设公称剪切面积等于公称杆部面积；也可在弹性范围内按照施加规定的加载速率的恒定应变速率来控制夹头位移速度，应变速率等于应力载荷速率（700±70）MPa/min除以试样材料的剪切弹性模量

表 7-1-14 试验结果要求对比

名称	GJB 715.24A—2002	NASM 1312-20—2022
试验报告	试验报告应包含以下内容： ①紧固件状态：代号和紧固件公称直径、炉批号、材料、热处理、夹层长度、试样实测杆部直径； ②试验机：型号和编号、校准日期； ③剪切强度； ④试验方法	试验报告应包含以下内容： ①紧固件状态：代号和紧固件公称直径、炉批号、材料、热处理、夹层长度、试样实测杆部直径； ②试验机：型号和编号、校准日期； ③剪切强度； ④试验方法

2）双剪试验

国内外紧固件保证载荷试验各标准对试验条件、试验设备、试验结果的区别见表 7-1-15~表 7-1-17。

表 7-1-15 设备要求对比

名称	GJB 715.26A—2015	NASM 1312-13—2013	GB/T 6400—2007	GB/T 13683—1992	GB/T 3250—2007	HB 5148—1996
试验机精度要求	试验机应能以可控速率施加载荷，试验机应按《拉力、压力和万能试验机检定规程》（JJG 139—2014）规定的方法检定，检定装置符合国家计量部门的有关规定，紧固件试验载荷应在试验机的加载范围内	试验机应能以可控速率施加载荷，试验机应按MIL-STD-45662B标准要求，试验机精度应符合《试验机的力校准与验证标准规程》（ASTM E4—2021）规定的方法每6个月校准一次，检定装置在使用前应由国家标准局检定通过，从检定之日到使用之日的时间不应超过2年。被试紧固件试验载荷应按《试验机的力校准与验证标准规程》（ASTM E4—2021）规定处于试验机的加载范围内	可以使用各种类型的拉力、压力或万能试验机进行试验，试验机应保证夹具的中心线与试验机的加力轴线一致，试验机准确度应为1级或优于1级，并按照QB/T16825.3进行检验或校准	未规定	①试验设备应按照《拉力试验机的检验》（GB/T 16825—1997）进行检验，试验机应为1级或优于1级准确度； ②试验机通过剪切工具对试样施力时，能保证同轴度不大于10%； ③试验机力值度盘的选择，应使其预计最大剪切力F位于试验机量程的20%~80%	①用于剪切试验的试验机必须由计量部门定期检定，符合《拉力、压力和万能试验机检定规程》（JJG 139—2014）或《电子式万能试验机检定规程》（JJG 475—2008）要求； ②试验机应具有准确的加载中心，加载应连续、平稳、无振动

表 7-1-16 试验要求对比

名称	GJB 715.26A—2015	NASM 1312—13—2013	GB/T 6400—2007	GB/T 13683—1992	GB/T 3250—2007	HB 5148—1996
刀片工装硬度	材料：T10A；热处理：硬度不小于60HRC	未规定	剪切材料建议采用高温合金或在试验温度下有足够硬度的材料	硬度不低于700HV	剪刀和夹板选用优质合金钢，硬度达到62~64HRC	剪切夹具应使用高强钢制作，硬度应不低于58HRC，剪切刃口应锋利、无缺损
刀片尺寸及形位公差要求	①试验置于夹具的下刀片半圆孔内，刀片厚度为2倍紧固件公称直径；②刃口倒钝最小0.12mm，磨损至0.25mm时，应重新加工刃口	①试验置于夹具的下刀片半圆孔内，刀片厚度为2倍紧固件公称直径；②刃口倒钝最小0.127mm，磨损至0.254mm时，应重新加工刃口。如果有争议，应以刃口倒钝最大为0.127mm	①剪切圆、支承圈孔径和试样直径之间的间隙不大于0.1mm，剪切圆和支承之间的间隙不大于0.1mm；②切刀、夹板、剪切圆及支承圈表面应光滑，表面粗糙度Ra的最大值为1.6μm，剪切圆与支承圆的刃口应锐利、无缺损；③剪切圆、支承圈的厚度为1.3d~3.0d	①各配合零件应有与销公称直径相等的孔径（公差H6），支撑零件与加载零件之间的间隙不应超过0.15mm；②剪切面与销的每一个末端应有一倍销径的距离，同时剪切面的间隙最少应为2倍销径；③销子应试验到剪断为止，当试验载荷达到最大载荷的同时销子断裂或未达到最大载荷之前销子断裂都认为是销子的双面剪切载荷	①剪刀和夹板之间接触平面应精磨，表面粗糙度$Ra \leq 0.2\mu m$；②剪刀和夹板工作孔的表面应光滑，表面粗糙度$Ra \leq 0.2\mu m$，孔的接触棱边应锋利；③工作孔于施加销孔的轴线应位于工具的中心面上，且剪刀、夹板的表面应垂直	①刀片剪切孔中心线间的距离不小于20mm，剪切孔中心线与刀片边缘距离不小于15mm；②刀片、剪切孔、垫板表面应光滑，表面粗糙度$Ra \leq 0.2\mu m$；③试样装入剪切孔时，与剪切孔的间隙不大于0.1mm，剪刀间的间隙不大于0.05mm，剪刀间的间隙靠加垫板的方法来保证；④剪刀间的摩擦力应尽量小而不至于影响载荷值
试验程序	加载速率应按双面剪应力速率（700±70）MPa/min计算，计算加载速率时，设公称剪切面积等于公称杆部面积	加载速率应按双面剪应力速率100000磅每分钟每平方英寸公称双面剪切面积计算	剪切试验速率不大于5mm/min	剪切试验速率不大于13mm/min	试验机夹头剪切试验速率不大于20mm/min	剪切试验应力速率不大于700MPa/min

表 7-1-17 试验报告要求对比

名称	GJB 715.26A—2015	NASM 1312-113	GB/T 6400—2007	GB/T 13683—1992	GB/T 3250—2007	HB 5148—1996
试验报告	试验报告应包含以下内容：①紧固件状态：代号和紧固件公称直径、炉批号、材料、热处理、夹层长度、试样实测杆部直径；②试验机：型号和编号、校准日期；③剪切强度；④试验方法	试验报告应包含以下内容：①紧固件状态：代号和紧固件公称直径、炉批号、材料、热处理、夹层长度、试样实测杆部直径；②试验机：型号和编号、校准日期；③剪切强度；④试验方法	试验报告应包含以下内容：①紧固件状态：代号和紧固件公称直径、炉批号、材料、热处理、夹层长度、试样实测杆部直径；②试验机：型号和编号、校准日期；③剪切强度；④试验方法	试验报告应包含以下内容：①紧固件状态：代号和紧固件公称直径、炉批号、材料、热处理、夹层长度、试样实测杆部直径；②试验机：型号和编号、校准日期；③剪切强度；④试验方法	试验报告应包含以下内容：①紧固件状态：代号和紧固件公称直径、炉批号、材料、热处理、夹层长度、试样实测杆部直径；②试验机：型号和编号、校准日期；③剪切强度；④试验方法	试验报告应包含以下内容：①紧固件状态：代号和紧固件公称直径、炉批号、材料、热处理、夹层长度、试样实测杆部直径；②试验机：型号和编号、校准日期；③剪切强度；④试验方法

7.1.4 疲劳试验

工程应用上有许多结构件或零部件在服役过程中承受的应力大小、方向呈周期性变化，这种随着时间做周期性变化的应力称为交变应力（也称循环应力）。在交变应力作用下，即使构件所承受的应力低于材料的抗拉强度，甚至低于屈服强度时，经过较长时间工作也会发生断裂，这种现象称为金属的疲劳，疲劳失效是指材料在交变应力的反复作用下经过一定的循环次数后产生破坏的现象。由于疲劳失效前材料往往不会出现明显的宏观塑性变形，这种破坏容易造成严重的灾难性事故。统计表明，在机械失效总数中，疲劳失效占 80% 以上，因此疲劳问题引起了材料研究者和飞机设计者的极大关注。疲劳设计准则建立在结构无初始缺陷的基础上，要求结构在使用寿命期内不出现宏观损伤，一旦发现结构关键部位出现宏观可检裂纹，就认为结构已经破坏。

研究材料在交变载荷作用下的力学行为、裂纹萌生扩展特性、评定材料的疲劳抗力和预测构件的疲劳寿命等成为金属力学性能重要的研究课题。

1. 概述

疲劳按其承受交变载荷的大小及循环次数的高低，通常分为高周疲劳和低周疲劳两大类。前者表征材料在线弹性范围内抵抗交变应力破坏的能力，一般包括疲劳强度、疲劳极限和 S-N 曲线。后者表征材料在弹塑性范围内抵抗交变应变破坏的能力，一般用循环应力-应变曲线和应变-寿命曲线表征。本节主要介绍高周疲劳试验的相关知识。

金属的疲劳可以按不同方法进行分类。

按受力方式，可以分为弯曲疲劳、拉压疲劳、扭转疲劳、复合疲劳、接触疲劳和微动磨损疲劳等。

按载荷和时间的关系，可以分为等幅疲劳和随机疲劳。

按温度、介质环境，可以分为一般疲劳（指在空气中）、腐蚀疲劳、高温疲劳、热疲劳。

按试件破坏的载荷循环次数，可分为高周疲劳和低周疲劳。

一般来说，金属的疲劳破坏可分为疲劳裂纹萌生、疲劳裂纹扩展和失稳断裂3个阶段。疲劳破坏具有以下特征：

（1）疲劳破坏是在交变载荷作用下的破坏；

（2）疲劳破坏必须经历一定的载荷循环次数；

（3）零件或试样在整个疲劳过程中不发生宏观塑性变形，其断裂方式类似于脆性断裂；

（4）疲劳断口上明显地分为3个区域，即疲劳源区、疲劳裂纹扩展区和瞬时断裂区。

构件承受的变动载荷是指载荷大小和方向随时间按一定规律呈周期性变化或呈无规则随机变化的载荷，前者称为周期变动载荷，后者称为随机变动载荷。

周期变动载荷又分为交变载荷和重复载荷两类。交变载荷是载荷大小、方向均随时间做周期性变化的变动载荷，如火车车轴和曲轴轴颈上的一点，在运转过程中所受的应力就是交变应力。重复载荷指载荷大小做周期性变化，但方向不变的变动载荷。随机变动载荷是载荷大小、方向随时间无规律地变化，承受随机载荷的构件很多，如汽车、拖拉机、挖掘机和飞机上的一些部件，汽车在不平坦的路面上行驶，它的许多构件常受到偶然冲击，所承受的载荷就是随机的门循环应力，可以看作由恒定的平均应力和变动的应力半幅相叠加而成。

2. 试验原理

1）高周疲劳试验

国内外高周疲劳试验标准主要有国家标准（GB）、航空工业标准（HB）和美国材料试验标准（ASTM）。目前常用的相关试验标准有《金属材料疲劳试验轴向力控制方法》（GB/T 3075—2008）、《金属材料疲劳试验旋转弯曲方法》（GB/T 4337—2015）、《金属室温旋转弯曲疲劳试验方法》（HB 5152—1996）、《金属高温旋转弯曲疲劳试验方法》（HB 5153—1996）、《金属材料轴向加载疲劳试验方法》（HB 5287—1996）、《金属材料轴向力控制等幅疲劳试验规程》（ASTM E466—2015）。

试验标准的技术条款一般按试样构形、试样加工要求、试验设备要求、载荷要求、试验原理和试验过程等几个方面对试验进行规定。不同标准之间的具体规定会有所不同，但其主要目的都是保证试验的精度、稳定性以及试验数据的可重复性和试验数据间的可比性，旨在揭示材料的本征规律。

试验时需要按试验委托方指定标准要求进行试样设计、试验设备检查、试验参数选择、试验过程控制等。

（1）疲劳试验机。高周疲劳试验标准一般都对试验设备的力传感器精度进行规定，各种标准要求的精度值不完全相同。除了载荷精度外，试验机的夹具还应具有良好的同轴度，以消除由于同轴度不好给试样带来的附加弯曲应力或应变，这一点对低韧性材料更为重要。试验设备要定期检定，以保证试验精度。疲劳试验机如图7-1-16所示。

图 7-1-16 疲劳试验机

（2）疲劳试样。工程构件中一般会存在凸台、拐角、缺口和孔等，这些地方都会产生应力集中。应力集中会使构件的局部应力提高，常常成为构件的薄弱环节。大量的构件疲劳试验表明，疲劳源大多出现在应力集中处，因此在疲劳设计时必须考虑应力集中效应。

应力集中就是在试件外形突然变化或材料不连续的地方所发生的应力局部增大现象，如带有中心圆孔的薄板、带有圆形边缘缺口的薄板、带有圆角的薄板。当这些板件受拉时，在缺口（包括圆孔、圆角等）处存在很大的局部应力集中。但稍微离开缺口的地方，应力的变化就趋于缓和。在离缺口较远处的截面上，应力基本上是均匀分布的。

疲劳试样大体上可分为两类：一类是形状简单、尺寸较小的典型"试样"；另一类是实际零构件或局部细节模拟元件。本节中介绍的试样属于前一类，典型试样又分为光滑试样和缺口试样两种。光滑试样是指在试验段没有应力集中的试样，缺口试样则是在试验段内人为地制造缺口，即有应力集中的试样。

所有设计试样应由试验段、夹持部分及两者之间的过渡区 3 部分组成。夹持部分的形状必须根据试验机夹头的要求进行设计，不宜做统一规定。但有些原则是必须遵守的：为避免在夹持部分破坏，试样夹持端的截面要做得足够大；夹持部分的长度，在试验机夹具允许的情况下应尽可能长些，以减少试样夹持部分和夹具间过大的挤压应力；试样夹持部分必须平直，并且要保证与试验段截面的同轴度，以免试验段或试验过渡段产生附加应力，引起试样过早地破坏；为了防止试样在过渡段发生断裂，需要采用较大的圆角半径以减小应力集中，这一点对光滑试样尤为重要。

疲劳试样的形状、尺寸、表面粗糙度和加工工艺对疲劳性能都有不同程度的影响，因此为了保证疲劳试验结果具有可比性和可重复性，标准中常推荐一些典型试样及其制备方法。高周疲劳试验标准中推荐了不同形式的光滑试样和缺口试样，如等截面、变截面的圆形截面试样，等截面、变截面的矩形截面试样，缺口试样等。典型疲劳试样示意图如图 7-1-17 所示。

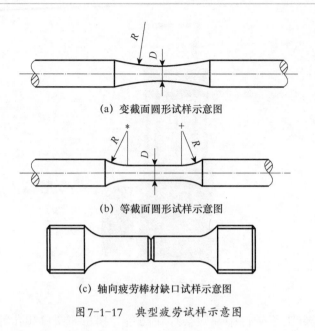

图7-1-17 典型疲劳试样示意图

2）低周疲劳试验

低周疲劳问题与工程上的其他问题一样，始于实践并逐步被人们所认识。在研究飞机、船舶、桥梁、核反应堆装置、建筑物以及一些设备的断裂时发现，在较高应力、循环次数少的情况下也经常发生断裂现象，这种失效模式常常归于低周疲劳破坏。

大多数工程构件都存在应力集中。当构件受到循环载荷的作用时，虽然总体上处在弹性范围内，但在应力集中区材料可能已进入弹塑性状态。因此，即使实际构件的名义应力处于弹性范围，其关键部位也已进入弹塑性状态，处于循环应变的疲劳过程中，这类服役条件下的疲劳寿命一般小于10^5周次，正好与高周疲劳寿命$10^5 \sim 10^7$周次相衔接，通常称为低周疲劳（或低循环疲劳）。低周疲劳和高周疲劳的区分一般以5×10^4循环周次为界，或以是否存在宏观塑性应变来界定。低周疲劳力学是研究关键零部件的拐角、孔边、沟槽、过渡截面等应力或应变集中区材料的循环应力-应变行为，并结合零部件局部应变法描述试样或零部件疲劳寿命的一种方法。

当前，随着计算机技术的应用和断裂力学的发展，设计者为了充分发挥材料的应用潜力，最大可能地减轻零部件的重复劳动并提高产品的性能，越来越多地采用弹塑性设计技术，即允许关键零部件在塑性状态下工作。因此，低周疲劳问题显得尤为重要。材料的低周疲劳性能已成为设计选材、寿命估算的关键力学性能指标。尤其是在航空工业，飞机和发动机零部件的设计迫切需要用低循环应变理论进行分析，采用局部应变法对零部件的低循环疲劳寿命进行估算。

低周疲劳比较复杂，包括的范围也很广，仅以受力方式而言就有轴向拉压、弯曲、扭转、单轴和多轴低周疲劳之分。按控制方式来分，低周疲劳可以分为应力控制和应变控制。但是，当采取应力控制时，由于在施加应力超过材料的屈服强度时，可能出现不稳定的塑性流变，因此，低周疲劳的试验一般采取应变控制的方式。

3. 疲劳极限

试件的疲劳寿命取决于施加的应力水平，这种外加应力水平 S 和标准试样疲劳寿命 N 之间关系的曲线称为材料的 S-N 曲线。因为这种曲线通常都是表示具有 50% 存活率的中值疲劳寿命与外加应力间的关系，所以也称为中值 S-N 曲线。这一曲线通过拟合不同应力水平下中值疲劳寿命估计量和各个指定寿命下中值疲劳强度估计量获得，如图 7-1-18 所示。

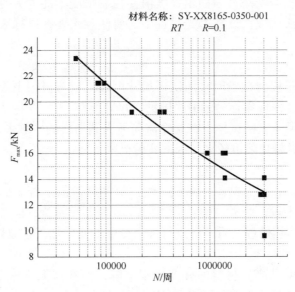

图 7-1-18　典型疲劳 S-N 曲线意图

S-N 曲线的特点如下：
（1）外加应力水平越低，试样的疲劳寿命越长；
（2）曲线右端常有一段水平渐近段；
（3）低于某一应力水平试样不发生断裂。

S-N 曲线上水平部分对应的应力即为材料的疲劳极限。疲劳极限是材料能经受无限次应力循环而不发生疲劳断裂的最大应力，一般认为试样只要经过 10^7 次循环不发生破坏，就可以承受无限次循环而不发生破坏。但现有的研究表明，在 10^7 次循环不发生破坏的试件在经受更长的循环载荷作用后（如 10^8 次或 10^9 次）仍然会发生破坏。

在任一指定寿命下测定的疲劳强度，一般称为条件疲劳极限。如测定 10^6 条件疲劳极限就是测定 10^6 循环次数对应的疲劳强度。前面所说的疲劳极限实际上也是条件疲劳极限，是指定 10^7 循环次数对应的疲劳强度。

4. 常见试验问题及建议

1）表面粗糙度

在交变载荷作用下，金属的不均匀滑移主要集中在金属表面，疲劳裂纹也常常产生在表面，所以构件的表面状态对疲劳极限影响很大。表面的微观几何形状，切削和研磨产生的擦痕，打记号，磨裂等都可能像微小而锋利的缺口一样，引起应力集中，使疲劳极限降低。

一般来说，表面粗糙度值越小，材料的疲劳极限越高；表面加工越粗糙，疲劳极限越低。当表面粗糙度值很小时，构件表面的加工状态已不再能产生应力集中或产生的应力集中非常小可以忽略，此时表面粗糙度对疲劳极限无明显影响。

材料强度越高，表面粗糙度对疲劳极限的影响越显著。同一种材料表面加工方法不同，所得到的表面粗糙度值也不相同，测得的疲劳极限也就不同。

高周疲劳测试标准中都推荐了试样加工的主要步骤，在高周疲劳性能测试时，需要特别关注试样的表面状态，表面粗糙度值要控制得既不能太大也不能过小，以免造成疲劳数据之间无法比较。试样抛光过程中需要注意不要在试样表面产生较大的残余应力。

2) 尺寸因素

弯曲疲劳和扭转疲劳试验时，随试样尺寸增加，疲劳极限下降；强度越高，疲劳极限下降得越多。这种现象称为疲劳极限的"尺寸效应"。它是因为在试样表面上拉应力相等的情况下，尺寸大的试样，在交变载荷下受到损伤的区域大，而且试样尺寸大，其工作段上存在的材料缺陷也较多，因而疲劳极限下降。

3) 表面强化工艺

表面淬火、渗碳、碳氮共渗、渗氮（硬渗氮和软渗氮）等表面热处理都是提高构件疲劳极限的重要手段；喷丸、滚压等表面冷塑性变形加工，也对提高疲劳极限十分有效，特别是在表面热处理之后，再进行表面冷塑性变形加工，效果更为显著。

4) 温度

一般来说，温度升高，材料的疲劳极限下降，而在低温下疲劳极限会有所提高。但也有反常情况，即温度升高，疲劳强度增加，这是由于温度升高时，试样局部塑性变形增加，应力集中的影响减小，故使疲劳缺口应力集中系数减小。

7.1.5 硬度试验

金属硬度试验与轴向拉伸试验一样，也是一种应用广泛的力学性能试验方法。硬度是衡量金属材料软硬程度的一个性能指标。硬度是指金属在表面上的不大体积内抵抗变形或者破裂的能力。表征哪一种抗力，随试验方法不同而异。硬度试验方法有十几种，基本上可分为压入法、回跳法和刻画法三大类。刻画法硬度主要表征金属抵抗表面局部破裂的能力；回跳法硬度则表征金属弹性变形功的大小；而压入法硬度则表征金属抵抗变形的能力。由于在压痕以下不同深度处，金属所承受的应力和所产生变形的程度不同，因此，压入法硬度值综合反映了压痕附近局部体积内金属的弹性、微量塑变抗力、形变强化能力以及大量塑性变形抗力等物理性的大小。在工业生产中广泛应用的布氏硬度、洛氏硬度、维氏硬度和显微硬度等都属于压入法硬度。压入法硬度试验，操作迅速方便，又不损坏零件，适用于日常成批检验，同时又能敏感地反映出材料的化学成分、组织结构的差异，因而被广泛用于检查热处理工艺质量。硬度试验一般仅在金属表面局部体积内产生很小的压痕，通常视为无损检测，因而对大多数样件可用成品进行试验而无须专门加工试样。同时，用硬度试验也易于检查金属表面层情况，如脱碳与渗碳、表面淬火以及化学热处理后的表面质量等。

1. 布氏硬度

1）概述

对一定直径的碳化钨球，施加一定大小的试验力，压入被测金属的表面，经规定的保持时间后，卸除试验力，测试试样表面压痕的直径（图7-1-19）。根据计算的压痕球形表面积，求出压痕单位面积上所承受的平均压力值，以此作为硬度值大小的计量指标，即

$$\text{HBW} = 0.102 \frac{F}{S} = 0.102 \frac{F}{\pi Dh} \tag{7-1-7}$$

式中：F 为试验力（N）；S 为压痕表面积（mm^2）；D 为压头直径（mm）；h 为压痕深度（mm）。

式（7-1-7）中的 πDh 为压痕表面积，可从压痕表面积和球面积之比等于压痕深度和球直径之比的关系得到。

由式（7-1-7）可知，在 F 和 D 一定的情况下，布氏硬度值的高低取决于压痕深度 h 的大小，两者成反比。压痕深度 h 大，说明金属变形抗力低，故硬度值小；反之，则布氏硬度值大。在生产过程中，由于压痕深度 h 的测量比较困难，而测定压痕直径 d 却较为容易，因此，要求将式（7-1-7）中的 h 换成 d，这一换算关系可以从图7-1-20中直角三角形 OAB 的关系中求出。

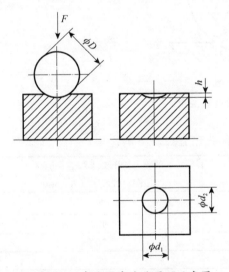

图7-1-19 布氏硬度试验原理示意图

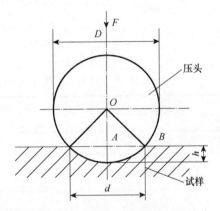

图7-1-20 压痕直径 d 和深度 h 的关系

2）试验原理

布氏硬度试验的基本条件是试验力 F 和球直径 D 必须事先确定，这样所得数据才能进行比较。但由于金属材料有硬有软，被试工件有厚有薄，如果只采用一个标准试验力 F（如3000kgf）和球直径 D（如10mm）时，则对于硬合金（如钢）虽然合适，但对于软合金（如铝、锡）就不合适，这时整个球体都会陷入金属中；同样，这个值对厚的工件虽然合适，但对于薄的工件（如厚度小于2mm）就不合适，这时工件可能被压透，因此，试验力的选择应保证压痕直径为 $0.24D\sim0.6D$。规定压痕直径的下限是必要

的,因为它易损坏球体且测量困难;规定压痕直径的上限是因为随着压痕直径接近球直径时,其灵敏度会降低。

如果采用不同的 F 和 D 的搭配进行试验,对 F 和 D 应该采取什么规定条件才能保证同一材料得到同样的HBW值?为了解决这个问题,需要运用相似原理。图7-1-21所示为两个不同直径的碳化钨球 D_1 和 D_2,在不同试验力 F_1 和 F_2 作用下压入金属表面的状况。由图可知,如果要得到相等的布氏硬度值,就必须使两者的压入角 φ 相等,这就是确定 F 和 D 的规定条件的依据。要保证所得压入角 φ 相等,必须使 $0.102F/D^2$ 为一常数,这样才能保证对同一材料得到相同的HBW值。根据布氏硬度的压痕相似原理,要保证同一材料得到同样的HBW值,就必须使 $0.102F/D^2$ 为一常数,生产上常用的 $0.102F/D^2$ 值规定有30、15、10、5、2.5和1共6种。试验时可根据金属类别和布氏硬度范围,选择表7-1-18中的 $0.102F/D^2$,施加的试验力可按表7-1-19中的规定值选择。

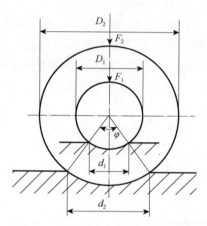

图7-1-21 压痕相似原理的应用

表7-1-18 不同材料的试验力-压头球直径平方的比率

材料	布氏硬度HBW	试验力-压头球直径平方的比率 $0.102F/D^2$（N/mm²）
钢、镍合金、钛合金	—	30
铸铁*	< 140	10
	≥ 140	30
铜及铜合金	< 35	5
	35~200	10
	> 200	30
轻金属及其合金	< 35	2.5
	35~80	5
		10
		15
	> 80	10
		15
铅、锡	—	1

注:*对于铸铁的试验,压头球直径一般为2.5mm、5mm和10mm。

表7-1-19 布氏硬度试验条件和推荐硬度

布氏硬度	球直径 D/mm	$0.102F/D^2$ / (N/mm²)	试验力标准值		推荐硬度 /HBW
			N	kg	
10/3000HBW	10	30	29420	3000	95.5~650
10/1500HBW	10	15	14710	1500	47.7~327
10/1000HBW	10	10	9807	1000	31.8~218
10/500HBW	10	5	4903	500	15.9~109
10/250HBW	10	2.5	2452	250	7.96~54.5
10/125HBW	10	1.25	1226	125	3.98~27.2
10/100HBW	10	1	980.7	100	3.18~21.8
5/750HBW	5	30	7355	750	95.5~650
5/250HBW	5	10	2452	250	31.8~218
5/125HBW	5	5	1226	125	15.9~109
5/62.5HBW	5	2.5	612.9	62.5	7.96~54.5
5/3125HBW	5	1.25	306.5	31.25	3.98~27.2
5/25HBW	5	1	245.2	25	3.18~21.8
2.5/187.5HBW	2.5	30	1839	187.5	95.5~650
2.5/62.5HBW	2.5	10	612.9	625	31.8~218
2.5/31.25HBW	2.5	5	306.5	31.25	15.9~109
2.5/15.625HBW	2.5	2.5	153.2	15.625	7.96~54.5
2.5/7.8125HBW	2.5	1.25	76.61	7.8125	3.98~27.2
2.5/6.25HBW	2.5	1	61.29	6.25	31.8~218
1/30HBW	1	30	294.2	30	95.5~650
1/10HBW	1	10	98.07	10	31.8~2l8
1/5HBW	1	5	49.03	5	15.9~109
1/2.5HBW	1	2.5	24.52	2.5	7.96~54.5
1/1.25HBW	1	1.25	12.26	1.25	3.98~27.2
1/1HBW	1	1	9.807	1	3.18~21.8

3）常见试验方法标准

（1）硬度是金属材料的一项重要力学性能指标，布氏硬度测试法是测量金属材料硬度的一种常用方法，我国金属材料布氏硬度试验国家标准《金属材料 布氏硬度试验第1部分：试验方法》（GB/T 231.1—2018）、《金属材料 布氏硬度试验第2部分：硬度计的检验与校准》（GB/T 231.2—2022）、《金属材料 布氏硬度试验第3部分：标准硬度块的标定》（GB/T 231.3—2022）、《金属材料 布氏硬度试验第4部分：硬度值表》（GB/T 231.4—2009），国标版本较为稳定，变动较少，试验方法标准《金属材料 布氏硬度试验第1部分：试验方法》（GB/T 231.1—2018）分别在2002年、2009年、2018年进行了版本更新，硬度计的检验与校准标准《金属材料 布氏硬度试验第2部分：硬度计的检验与校准》（GB/T 231.2—2022）和硬度块的标定标准《金属材料 布氏硬度试验第3部分：标准硬度块的标定》（GB/T 231.3—2022）分别在2002年、2012年、2022年进行了版本更新。

（2）美国ASTM（美国材料与试验协会）发布的布氏硬度试验标准为《金属标准布氏硬度标准测试方法》（ASTM E10-23），其采用其一贯的体系进行编写，主体部分包含了试验范围、规范引用文件、符号及说明、试验设备、试验程序、试验报告等内容，在附录里规定了硬度计的检验与校准、标准化硬度计、试验压头、标准试样块的标定等。

4）标准对比分析

国内外紧固件布氏硬度试验各标准对压头类型、硬度标尺、试样厚度、试验程序等的区别见表7-1-20和表7-1-21。

表7-1-20 试验要求对比

名称	GB/T 231.1—2018	ASTM E10-23	结论
环境温度	10~35℃，严格要求的试验，温度为（23±5）℃	10~35℃，试验者应确保试验温度不影响硬度试验结果	相同
硬度标尺的选择	HBW压头直径/试验力共21种	HBW压头直径/试验力共25种	不同，美标多了10/125HBW、5/31.5HBW、2.5/7.8125HBW、1/1.25HBW等4种标尺
压痕直径范围	试验力选择应保证压痕直径在（0.24~0.26）d（d为压痕直径）之间	试验力选择应保证压痕直径在（0.24~0.26）d（d为压痕直径）之间	相同
试验力施加/保持时间	加力到全部试验力施加完毕2~8s；试验力保持时间10~15s；对于试验力保持时间长的材料，允许误差为±2s	加力到全部试验力施加完毕1~8s；试验力保持时间10~15s；对于试验力保持时间长的材料，应记录保持时间	基本相同
压痕距离	压痕中心距边缘至少为压痕直径的2.5倍，两相邻压痕中心间距至少为压痕平均直径的3倍	压痕中心距边缘至少为压痕直径的2.5倍，两相邻压痕中心间距至少为压痕平均直径的3倍	相同
试样	平坦、光滑、不能有油脂；建议试样表面粗糙度不大于1.6μm；试样厚度至少为压痕深度的8倍；试验后，试样背部如出现可见变形，则表明试样太薄	试样表面可以用砂纸打磨，以使压痕边缘清晰；试样厚度至少为压痕深度的10倍；试样背部不应出现隆起或其他痕迹	GB/T 231.1—2018对试样表面粗糙度给出了建议值，另外试样厚度要求也不同

续表

名称	GB/T 231.1—2018	ASTM E10-23	结论
布氏硬度计检验周期对比	①直接检验：安装后首次工作以前；经拆卸并重新装配后，如果影响到力、测量装置或试验循环时；间接检验不合格时；间接检验超过14个月； ②间接检验：不应超过12个月并应在直接检验完成后进行； ③日常检验：当天使用硬度计之前，对其使用的硬度标尺或范围进行检查	①直接检验：经拆卸并重新装配后，如果影响到力、测量装置或试验循环时，间接检验不合格时； ②间接检验：建议每隔12个月一次或者更短的时间周期；不应超过18个月的周期内；硬度计安装或移动后，按需要进行间接检验；在直接检验之后； ③日常检验：当进行试验时，建议更换试验载荷或压头后	大致相同
直接检验要求指标对比	①试验力：主轴的整个移动范围内至少3个间隔相等的位置对每个试验力进行检测，使用0.2%精度的测试仪器，要求误差在±1.0%以内； ②压头：不同球径允值误差（mm）如下：10±0.005、5±0.004、2.5±0.003、1±0.003； ③测量系统：压痕直径的0.5%以内； ④试验循环时间：时控误差的最大允许值为±0.5s	①试验力：使用0.25%精度的测力仪器，每个试验力测试3次，可以使用较长施力时间，要求误差在±1%以内； ②压头：不进行直接检验； ③测量系统：使用镜台显微镜对测量系统进行检验，镜台显微镜的精度如下：10mm/5mm压头为0.005mm，2.5mm/1mm压头为0.001mm；A类测量系统，最小分辨率10mm/5mm压头为0.005mm，2.5mm/1mm压头为0.001mm；B类测量系统，当固定测量线不能与相对应的镜台显微镜刻度重合时，则测量系统需要调整； ④试验循环时间：由仪器制造商在生产或维修时进行，非直接检验必需项目	①试验力基本相同； ②压头完全不同； ③测量系统差异大； ④试验循环时间差异大
硬度计的示值重复性与示值误差对比	①HBW≤125时，允许示值误差为3%，允许示值重复性3%； ②125＜HBW≤225时，允许示值误差为2.5%，允许示值重复性2.5%； ③HBW＞225时，允许示值误差为2%，允许示值重复性2%	①HBW≤125时，允许示值误差3%，允许示值重复性3%； ②125＜HBW≤225时，允许示值误差为2.5%，允许示值重复性3%； ③HBW＞225时，允许示值误差为2%，允许示值重复性3%	①HBW≤125时，相同； ②125＜HBW≤225时，有差异； ③HBW＞225时，有差异
总结	经过对布氏硬度试验GB/T 231.1—2018与美标ASTM E10-23的技术对比及实践中的应用问题进行归纳，结论如下： ①布氏硬度试验标准GB/T 231.1—2018与美标ASTM E10-23在结构上差异很大；		

续表

名称	GB/T 231.1—2018	ASTM E10-23	结论
总结	②布氏硬度试验标准GB/T 231.1—2018与美标ASTM E10-23试验方法大体相似，编写内容略有差异及侧重，两者对试验力、试验力保持时间、最小试样厚度等技术指标要求不同； ③对于检验周期、直接检验、间接检验的要求，国标GB/T 231.1—2018与美标ASTM E10-23差异很大，国标更为严苛、量化、具体，美标更为详尽、宽泛； ④在检验过程中，应根据国标GB/T 231.1—2018与美标ASTM E10-23的相关规定，选择合适的试样或试验方法，确保试验结果的有效性		

表7-1-21 试验结果要求对比

名称	GB/T 231.1—2018	ASTM E10-23
试验报告	试验报告应包含以下内容： ①紧固件状态：代号和紧固件公称直径、炉批号、材料、热处理、夹层长度、试样实测杆部直径； ②试验机：型号和编号、校准日期； ③硬度值； ④试验方法	试验报告应包含以下内容： ①紧固件状态：代号和紧固件公称直径、炉批号、材料、热处理、夹层长度、试样实测杆部直径； ②试验机：型号和编号、校准日期； ③硬度值； ④试验方法

5）常见试验问题及建议

（1）压头直径的确定。在试验力-压头直径平方的比（$0.102F/D^2$）保持不变的情况下，按照表7-1-19选择压头直径和试验力的组合。当试样尺寸允许时，应优先选用直径为10mm的压头进行试验。

（2）试验力的选择。试验力的选择应保证压痕直径在$0.24D$~$0.6D$之间，按照表7-1-19选择试验力和压头直径的组合。试验之后，试样的压痕背面不应出现可见的变形痕迹，否则，应使用较小的试验力重新试验。

（3）试样的支承。试样应牢固地放置在测砧上，保证在试验过程中不发生位移。所有测砧的底座和支承面应清洁无杂物。试样的试验面应垂直于加载方向。

（4）施加试验力及试验力保持时间。施加试验力时，要确保压头和试样不出现振动或横向移动。施加试验力的时间应为2~8s，试验力保持时间为10~15s，对于有些材料（施加试验力后表现出极度塑性的材料），可能要求较长的试验力保持时间，这应在产品规范中规定，应记录和报告这一时间。

（5）压痕间距。任意压痕中心距试样边缘的距离至少应为压痕平均直径的2.5倍，两相邻压痕中心之间的距离至少应为压痕平均直径的3倍。

2. 洛氏硬度

1）概述

洛氏硬度和布氏硬度一样，也是一种压入硬度试验。但与布氏硬度不同的是，它不是测定压痕的表面积，而是测定压痕的深度，以压痕深度表示材料的硬度值。一般洛氏试验分两类，即洛氏硬度试验与表面洛氏硬度试验。两类试验的差别是所使用的载荷不同。对于洛氏硬度试验，初载荷是10kgf（98N），总载荷是60kgf（589N）、

100kgf（981N）和150kgf（1471N）；而对于表面洛氏硬度试验，初载荷是3kgf（29N），总载荷是15kgf（147N）、30kgf（294N）和45kgf（441N）。

2）试验原理

将压头压入试样表面，经规定保持时间后，卸除主试验力，测量在初试验力下的残余压痕深度h。根据h值及常数N和S（表7-1-22），用下式计算洛氏硬度值，即

$$洛氏硬度 = N - h/S \tag{7-1-8}$$

式中：h为卸除主试验力后初试验力下压痕残留的深度；N为给定标尺的硬度数；S为给定标尺的单位（0.002mm为一个洛氏硬度单位，0.001mm为一个表面洛氏硬度单位）。

表7-1-22 符号及名称

符号	说明	单位
F_0	初试验力	N
F_1	主试验力	N
F	总试验力，$F=F_0+F_1$	N
S	给定标尺的单位	mm
N	给定标尺的硬度数	—
h	卸除主试验力，在初试验力下压痕残留的深度	mm
HRA HRC HRD	洛氏硬度 = 100−h/0.002	HR
HRBW HREW HRFW HRGW HRHW HRKW	洛氏硬度 = 130−h/0.002	HR
HRN HRTW	表面洛氏硬度 = 100−h/0.001	HR

洛氏硬度是以压痕深度h作为计量硬度值的指标。在同一硬度标尺下，金属越硬压痕深度越小，越软则h越大，如果直接以h的大小作为指标，则出现硬金属的h值小，从而硬度值小，软金属的h值大，从而硬度值大的现象，这和人们的习惯不一致。为此，只能采取一个不得已的措施，即用选定的常数减去所得h值，以其差值来表示洛氏硬度值。此常数N规定为0.2mm（对HRA、HRC、HRD标尺）和0.26mm（对HRB、HRF、HRG等标尺）。此外，在读数上再规定0.002mm为1度，这样前一常数为100度（在试验机表盘上为100格），后一常数为130度（在表盘上再加30格，为130格）因此有

$$HRC = 100 - h/0.002 \tag{7-1-9}$$

$$HRB = 130 - h/0.002 \tag{7-1-10}$$

由式（7-1-9）和式（7-1-10）可知，当压痕深度$h=0$时，HRC=100或HRB=130；

当 $h=0.2$mm 时，HRC=0 或 HRB=30。由此不难理解，为什么 HRC 所测定硬度值的有效范围为 20~70、HRB 的有效范围为 20~100。因为在上述有效范围外，不是压头压入过浅，就是压头压入过深，都将使测得的硬度值不准确。

洛氏硬度所加负荷根据被试金属本身软硬不等做了不同的规定，随不同压头和所加相应不同负荷的搭配出现了各种洛氏硬度标尺，见表 7-1-23。

表 7-1-23 洛氏硬度标尺

洛氏硬度标尺	硬度符号	压头类型	初试验力 F_0/N	主试验力 F_1/N	总试验力 F/N	适用范围
A[①]	HRA	金刚石圆锥	98.07	490.3	588.4	20~95HRA
B[②]	HRBW	直径1.5875mm 球	98.07	882.6	980.7	10~100HRB
C[③]	HRC	金刚石圆锥	98.07	1373	1471	20~70HRC
D	HRD	金刚石圆锥	98.07	882.6	980.7	40~77HRD
E	HREW	直径3.175mm 球	98.07	882.6	980.7	70~100HREW
F	HRFW	直径1.5875mm 球	98.07	490.3	588.4	60~100HRFW
G	HRGW	直径1.5875mm 球	98.07	1373	1471	30~94HRGW
H	HRHW	直径3.175mm 球	98.07	490.3	588.4	80~100HRHW
K	HRKW	直径3.175mm 球	98.07	1373	1471	40~100HRKW
15N	HR15N	金刚石圆锥	29.42	117.7	147.1	70~94HR15N
30N	HR30N	金刚石圆锥	29.42	264.8	294.2	42~86HR30N
45N	HR45N	金刚石圆锥	29.42	411.9	441.3	20~77HB45N
15T	HR15TW	直径1.5875mm 球	29.42	117.7	147.1	67~93HR15TW
30T	HR30TW	直径1.5875mm 球	29.42	264.8	294.2	29~82HR30TW
45T	HR45TW	直径1.5875mm 球	29.42	411.9	441.3	10~72HR45TW

如果在产品标准或协议中有规定时，可以使用直径为 6.350mm 和 12.70mm 的球形压头。

注：①试验允许范围可延伸至 94HRA；
②如果在产品标准或协议中有规定时，试验允许范围可延伸至 10HRBW；
③如果压痕具有合适的尺寸，试验允许范围可延伸至 10HRC。

3）常见试验方法标准

（1）硬度是金属材料的一项重要力学性能指标，洛氏硬度测试法是测量金属材料硬度的一种常用方法，我国金属材料洛氏硬度试验国家标准《金属材料 洛氏硬度试验 第1部分：试验方法（A、B、C、D、E、F、G、H、K、N、T标尺）》（GB/T 230.1—2018）修改采用 ISO 标准。

（2）美国 ASTM（美国材料与试验协会）发布的洛氏硬度试验标准为《金属材料洛

氏硬度的标准测试方法》(ASTM E18-22),其最新版本为2022年修订。

4)标准对比分析

国内外紧固件洛氏硬度试验各标准对压头类型、硬度标尺、试样厚度、试验程序等的区别见表7-1-24和表7-1-25。

表7-1-24 试验要求对比

名称	GB/T 230.1—2018	ASTM E18-22
压头类型选择	允许使用非标准型压头——钢球压头,但GB/T 230.1—2018只规定如果在产品标准或协议中有规定时,允许使用钢球压头,并未提及具体使用条件	ASTM E18-22则明确钢球压头仅用于试验规范B623和B623M中规定的轧制锡箔板产品,原因是在这种产品上试验时,采用硬质合金球头的试验结果与采用钢球的历史数据对比有显著不同,ASTM E18-22基于历史数据给出了明确的规定
硬度标尺的选择	GB/T 230.1—2018对于不同硬度标尺的使用范围,按硬度进行量化划分,并备注了可允许延伸条件	ASTM E18-22列出了每种标尺的典型应用材质,但并未给出量化范围。在不知道试样硬度值而又没有可以依据的操作规程或一定经验的情况下,如果只知道试样的材质,按ASTM E18-22列出的典型应用材质,有助于合理选择标尺,但按材料选择并不是一种严谨的做法,因为每一种材料因采用的热处理工艺不同,硬度值也会有所不同,可能会出现同一种材质试样硬度值不在同一个范围区间内
试样最小厚度	对于试样或试验层厚度的要求,GB/T 230.1—2018与ASTM E18-22在碳素钢方面有显著差异。GB/T 230.1—2018规定了试样或试验层厚度与残余压痕深度的关系,其附图也是以此进行绘制的,这与ASTM E18-22中给出的除碳素钢材质以外的试样厚度的建议是一致的。但是ASTM E18-22对碳素钢试样的厚度进行了单独要求并附有表格,并说明了表格中数据对碳素钢的钢带进行研究测得的可靠结果。以硬度为45HRC的碳素钢为例,当采用C标尺时,按GB/T 230.1—2018规定的最小厚度与残余压痕深度的关系公式:最小厚度=(100-硬度值)×0.02,计算得出最小厚度为1.1mm;按ASTM E18-22中表A5.1的规定,试样最小厚度为0.86mm,此时GB/T 230.1—2018规定的最小厚度覆盖ASTM E18-22的要求。当采用15N标尺时,试样硬度参考转换值为83RH15N,按GB/T 230.1—2018公式计算得出最小厚度为0.17mm,而按ASTM E18-22中表A5.3的规定,试验最小厚度为0.30mm,此时ASTM E18-22规定的最小厚度覆盖GB/T 230.1—2018的要求。由此可见,对于碳素钢试样厚度要求,GB/T 230.1—2018与ASTM E18-22有明显不同,且没有绝对覆盖关系	
试验时间参数要求	①初始试验力保持时间不大于3.0s; ②主试验力施加时间:1.0~8.0s; ③总试验力保持时间:2.0~6.0s; ④弹性恢复保持时间:短时间	①初始试验力保持时间:0.1~4.0s(当试验力施加时间不小于1s时,增加1/2的初始试验力施加时间); ②主试验力施加时间:1.0~8.0s; ③总试验力保持时间:2.0~6.0s; ④弹性回复保持时间:0.2~5.0s
压痕位置要求	①两相邻压痕中心距离不小于4倍压痕直径,并且不小于2mm(薄产品HR30Tm和HR15Tm试验除外); ②压痕中心距试样边缘距离不小于2.5倍压痕直径,并且不小于1mm(薄产品HR30Tm和HR15Tm试验除外)	①两相邻压痕中心距离不小于3倍压痕直径; ②压痕中心距试样边缘距离不小于2.5倍压痕直径

续表

名称	GB/T 230.1—2018	ASTM E18-22
试样支撑物要求	①一般试样：应使用刚性支承物； ②圆柱形试样：应作适当支承； ③厚度小于0.6mm至产品标准中给出的最小厚度的产品、硬度不大于80HR30T的薄件、HR30Tm和HR15Tm试验：应使用直径为4.5mm的金刚石平板进行支承； ④非完全平整的薄材料或试样：无规定； ⑤用球形压头试验薄板金属：无规定	①一般试样：支承座硬度不小于58HRC； ②圆柱形试样：应使用刚性V形槽或一对圆柱体； ③厚度小于0.6mm至产品标准中给出的最小厚度的产品、硬度不大于80HR30T的薄件、HR30Tm和HR15Tm试验：无规定； ④非完全平整的薄材料或试样：应使用具有规定直径并且凸起的平圆点的支承座； ⑤用球形压头试验薄板金属：建议使用金刚石圆点支承座
总结	总体而言，GB/T 230.1—2018与ASTM E18-22在试验程序上差异不大，但在压头类型选择、硬度标尺的选择、试样最小厚度要求、修正值上均存在差异，具体结论如下： ①对于钢球压头的选择条件，ASTM E18-22基于历史数据给出了明确的规定，在数据可靠的情况下，ASTM E18-22更具有指导性，GB/T 230.1—2018则灵活性更高； ②对于硬度标尺的选择，ASTM E18-22在测试者明确试样材质的情况下对于硬度标尺的选择有一定帮助，GB/T 230.1—2018则是测试者了解试样实际硬度值范围时选择硬度标尺的有力依据； ③对于试样厚度的要求，GB/T 230.1—2018与ASTM E18-22中除碳素钢材质以外的试验厚度的建议是一致的。对于碳素钢试验厚度要求，GB/T 230.1—2018与ASTM E18-22有明显的不同，且没有绝对覆盖的关系	

表 7-1-25　试验结果要求对比

名称	GB/T 230.1—2018	ASTM E18-22
试验报告	试验报告应包含以下内容： ①紧固件状态：代号和紧固件公称直径、炉批号、材料、热处理、夹层长度、试样实测杆部直径； ②试验机：型号和编号、校准日期； ③落氏硬度值； ④试验方法	试验报告应包含以下内容： ①紧固件状态：代号和紧固件公称直径、炉批号、材料、热处理、夹层长度、试样实测杆部直径； ②试验机：型号和编号、校准日期； ③落氏硬度值； ④试验方法

5) 常见试验问题及建议

（1）洛氏硬度试验标尺的选择。洛氏硬度各种标尺的有效范围见表7-1-23。对HRB而言，测定的硬度有效范围为20~100 HRB（相当于60~230HBW），当测定的硬度小于20HRB时，压痕深度超过0.22mm。此外，该类材料已有冷蠕变的影响存在，其变形的延续时间很长，故无法获得正确的试验结果，对这种材料应改为测定HRF，最好改做布氏硬度试验；当测定的硬度大于100HRB时，压头压入深度过浅，已不够准确，此时应改为测定HRC；对HRC而言，测定的硬度有效范围为20~70HRC（相当于230~700HBW），当测定的硬度小于20HRC时，压痕深度超过0.16mm，金刚石圆锥压头过深地压入试样，由于圆锥压头底部形状误差较大，测得的结果不够准确，应改为测定HRB；若测定的硬度大于70HRC时，压入深度太浅，仅有0.6mm，圆锥压头压入工件太浅，1471N试验力全部加在金刚石圆锥压头上，压头容易遭到损坏，应改为测定HRA。

（2）试样的支承。应使用适合于待检试样的测砧，通常支承试样的测砧至少应有58HRC硬度，所有测砧的底座及支承表面应清洁、平滑，并且应无坑点、深的划痕及外来物质。若试样太薄，压应力作用在底边（试样被打穿），则会损坏测砧，压头与测砧意外的接触也可能损坏测砧。无论测砧因何种原因损坏，都必须进行更换，有可见凹痕的测砧会导致薄试样硬度测试结果不准确。

（3）施加试验力及试验力保持时间。使压头与试样表面接触，无冲击和振动地施加初试验力F_0，初试验力保持时间不应超过3s。

从初试验力F_0施加至总试验力F的时间应不小于1s且不大于8s。

总试验力F保持时间为（4±2）s，然后卸除主试验力F_1，保持初试验力F_0，经短时间稳定后进行读数。

对于压头持续压入而呈现过度塑性流变（压痕蠕变）的试样，当产品标准中有规定时，总试验力的保持时间可以超过6s。这种情况下，总试验力保持的时间应在试验结果中注明（如65HRF、10s）。

（4）压痕间距。两相邻压痕中心之间的距离至少应为压痕直径的4倍，并且不应小于2mm。任意压痕中心距试样边缘的距离至少应为压痕直径的2.5倍，并且不应小于1mm。

3．维氏硬度

1）概述

维氏硬度的测定原理和布氏硬度相同，也是根据单位压痕面积上承受的试验力，即应力值作为硬度值的计量指标，不同的是维氏硬度采用锥面夹角为136°的正四棱锥体作为压头，由金刚石制成。维氏硬度采用正四棱锥体作为压头，是针对布氏硬度的试验力F和压头球体直径D之间必须遵循F/D^2为定值的这一制约关系而提出来的。

2）试验原理

测定维氏硬度时，以一定的试验力将顶部两相对面具有规定角度的正四棱锥体金刚石压头压入试样表面，保持规定时间后，卸除试验力，测量试样表面压痕对角线长度（图7-1-22），查表或计算得到维氏硬度值。

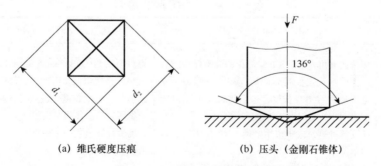

(a) 维氏硬度压痕　　　　(b) 压头（金刚石锥体）

图7-1-22　维氏硬度试验原理

维氏硬度值（HV）与试验力除以压痕表面积的商成正比，压痕被视为具有正方形基面并与压头角度相同的理想形状，即

$$HV = 0.102 \frac{2F\sin\frac{136°}{2}}{d^2} \approx 0.1891\frac{F}{d^2} \qquad (7\text{-}1\text{-}11)$$

式中：F为试验力（N）；d为两压痕对角线长度d_1和d_2的算术平均值（mm）。

采用正四棱锥体作为压头，在各种力值作用下所得到的压痕几何相似，其压入角不变，因此力值可任意选择，这是维氏硬度试验最主要的特点，也是最大的优点。

锥面夹角之所以采用136°，是为了所测数据与布氏硬度值能得到最好的配合，因为一般进行布氏硬度试验时，压痕直径多半为$0.25D \sim 0.5D$，当$d=(0.25D+0.5D)/2=0.375D$时，通过此压痕直径作球体的切线，切线的夹角正好等于136°，所以通过维氏硬度试验所得的硬度值和通过布氏硬度试验所得的硬度值基本相等，这是维氏硬度的第二个特点。此外，采用正四棱锥体压头后，压痕为一具有清晰轮廓的正方形，在测量对角线长度d时误差小，这一点比用布氏硬度试验测量压痕直径d要方便得多。另外，金刚石压头可适用于试验任何金属材料。

3）常见试验方法标准

（1）我国金属材料维氏硬度试验标准是《金属材料 维氏硬度试验》（GB/T 4340.1—2009），源于ISO标准，最初我国维氏硬度试验分为维氏硬度试验、小负荷维氏硬度和显微硬度试验标准两部分，由于其原理相同，只是试验力规范不同，所以现版本将这些进行了合并。

（2）美国维氏硬度试验标准是《标准微压痕硬度测试方法》（ASTM E384-22），它的发展历程与《金属材料 维氏硬度试验》（GB/T 4340.1—2009）相似，其之前版本中只规定了小力值的显微维氏硬度，形成了显微硬度与宏观维氏硬度的统一版本。

4）标准对比分析

国内外紧固件维氏硬度试验各标准对压头类型、硬度标尺、试样厚度、试验程序等的区别见表7-1-26和表7-1-27。

表7-1-26 试验要求对比

名称	GB/T 4340.1—2009	ASTM E384-22
压头类型选择	相对面夹角为136°±0.5°的正四棱锥体金刚石压头，经规定保持时间后，卸除试验力，测量压痕两对角线长度，最后将试验力除以压痕表面积所得的商作为维氏硬度值。 硬度值计算公式中采用牛顿（N）作为试验力的单位。 $HV = 0.1891 \times F/d^2$ F为试验力（N）； d为压痕对角线的平均长度（mm）	相对面夹角为136°±0.5°的正四棱锥体金刚石压头，经规定保持时间后，卸除试验力，测量压痕两对角线长度，最后将试验力除以压痕表面积所得的商作为维氏硬度值。 硬度值计算公式中采用克（g）或千克（kg）作为试验力的单位。 $HV = 1.8544 \times p/d^2$ p为试验力（kg）； d为压痕对角线的平均长度（mm）

续表

名称	GB/T 4340.1—2009	ASTM E384-22
硬度标尺的选择	GB/T 4340.1—2009按试验力的不同将维氏硬度试验分为显微维氏硬度、小力值维氏硬度、维氏硬度3类	ASTM E384—22标准按试验力分为显微维氏硬度和宏观维氏硬度
试验力范围	显微维氏硬度：0.09807~1.961N； 小力值维氏硬度：1.9601~49.03N； 维氏硬度：不小于49.03N	显微维氏硬度：0.009807~9.807N（1~1000gf）； 宏观维氏硬度：9.807~1176.8N（1~120kgf）
试验样品要求	对试样表面，要求表面应平坦无污物，建议对表面进行抛光或其他适当处理	对试样表面，要求表面应平坦无污物，建议对表面进行抛光或其他适当处理。但ASTM E384-22规定试样表面压痕操作前不应进行浸蚀，当测定分相或组分的显微压痕硬度时，可用轻微的浸蚀进行标志，这种差异源于ASTM E384-22认为浸蚀会对硬度测量结果有影响，应尽量避免
试验层厚度	GB/T 4340.1—2009规定试样或试验层最小厚度应至少为压痕对角线长度的1.5倍。根据正四棱锥边角关系，GB/T 4340.1—2009规定的最小厚度与压痕深度关系公式为 $T=1.5\ d=3\sqrt{2}\tan 68°\ h \approx 10.5h$ T为样品最小厚度（mm）； d为压痕对角线的平均长度（mm）； h为压痕深度（mm）	ASTM E384-22规定试样或试验层最小厚度应至少为压痕深度的10倍
试验时间参数要求	①维氏硬度、小力值维氏硬度试验力施加时间不大于10s； ②维氏硬度、小力值维氏硬度加载速率不大于0.2mm/s； ③维氏硬度、小力值维氏硬度保力时为间10~15s； ④显微维氏硬度试验力施加时间为2~8s； ⑤显微维氏硬度加载速率为15~70μm/s； ⑥显微维氏硬度保力时间不大于10~15s	①宏观维氏硬度试验力施加时间不大于10s； ②宏观维氏硬度加载速率不大于0.2mm/s； ③宏观维氏硬度保力时间为10~15s； ④显微维氏硬度试验力施加时间不大于10s； ⑤显微维氏硬度加载速率为15~70μm/s； ⑥显微维氏硬度保力时间为10~15s
压痕位置要求	GB/T 4340.1—2009规定对于铜、钢及铜合金，压痕中心距至少为3倍压痕对角线长度，压痕中心到试样边缘距离至少为压痕对角线长度的2.5倍。对于轻金属、铅、锡及其合金，最小距离分别至少为6倍和3倍	ASTM E384-22规定维氏硬度压痕中心距及压痕中心至试样边缘的距离不应小于2.5倍压痕对角线长度

续表

名称	GB/T 4340.1—2009	ASTM E384-22
总结	总体而言，中美金属材料维氏硬度试验标准GB/T 4340.1—2009和ASTM E384-22的试验原理和试验力精度是完全相同的，试样要求、试验程序、试验设备的大部分规定也是一致的。其中存在差异的各项规定中GB/T 4340.1—2009都不低于ASTM E384-22的规定，有些甚至更严格，具体结论如下： ①GB/T 4340.1—2009和ASTM E384-22的硬度值计算公式中，由于力的单位不同导致常数不同，但通过转换，两公式是完全等效的； ②中美标准对于试样或试验层最小厚度分别从不同角度进行了规定，但通过理论计算，两规定基本上是相同的； ③GB/T 4340.1—2009和ASTM E384-22标准对于测量装置能力的规定中存在一些差异，国标的规定更加严格，通过计算，由此差异可能导致硬度值的最大差别为（$1/100a$）% ④GB/T 4340.1—2009关于压痕位置的规定比ASTM E384—22标准的规定更严谨和全面	

表7-1-27 试验结果要求对比

名称	GB/T 4340.1—2009	ASTM E384—22
试验报告	试验报告应包含以下内容： ①紧固件状态：代号和紧固件公称直径、炉批号、材料、热处理、夹层长度、试样实测杆部直径； ②试验机：型号和编号、校准日期； ③维氏硬度值； ④试验方法	试验报告应包含以下内容： ①紧固件状态：代号和紧固件公称直径、炉批号、材料、热处理、夹层长度、试样实测杆部直径； ②试验机：型号和编号、校准日期； ③维氏硬度值； ④试验方法

5）常见试验问题及建议

（1）试样固定。试样支承面应清洁且无其他污物（氧化皮、油脂、灰尘等）。试样应稳固地放置于刚性支承台上，以保证试验过程中试样不产生位移。

（2）试验力的选择。选择试验力时，应使硬化层或试件的厚度为1.5d。若不知待测的硬化层厚度，则可在不同的试验力下按从小到大的顺序进行试验。若试验力增加，硬度明显降低，则必须采用较小的试验力，直至两相邻试验力得出相同结果为止。当待测试件厚度较大时，应尽可能选用较大的试验力，以减小对角线测试的相对误差和试件表面层的影响，提高维氏硬度测定的精度。但对于硬度大于500 HV的材料，试验时不宜采用490.3N（50kgf）以上的试验力，以免损坏金刚石压头。测很薄试件的维氏硬度时，可选用较小的试验力。

（3）施加试验力及试验力保持时间。使压头与试样表面接触，垂直于试验面施加试验力，加力过程中不应有冲击和振动，直至将试验力施加至规定值。从加力开始至全部试验力施加完毕的时间应为2~8s。对于小力值维氏硬度试验，施加试验力过程不能超过10s且压头下降速度应不大于0.2mm/s。试验力保持时间为10~15s，对于特殊材料试样，试验力保持时间可以延长，直至试样不再发生塑性变形为止，但应在硬度试验结果中注明且误差应在2s以内。在整个试验期间，硬度计应避免受到冲击和振动。

（4）压痕间距。两相邻压痕中心之间的距离，对于钢、铜及铜合金至少应为压痕对角线长度的3倍；对于轻金属、铅、锡及其合金至少应为压痕对角线长度的6倍。如果相邻压痕大小不同，应以较大压痕确定压痕间距。任意压痕中心距试样边缘的距离，对于钢、铜及铜合金至少应为压痕对角线长度的2.5倍；对于轻金属、铅、锡及其合金至少应为压痕对角线长度的3倍。

4. 显微硬度

1) 概述

布氏、洛氏及维氏3种硬度试验法测定载荷较大，只能测得材料组织中各组成相的平均硬度值。如果要测定某个晶粒的硬度、某个组成相或夹杂物的硬度、扩散层组织硬度、硬化层深度内的硬度以及极薄板的硬度等，上述3种硬度法就都不适用了。显微硬度试验为这些领域的硬度测定创造了条件，它在工业生产及科研中得到了广泛的应用。显微硬度试验一般是指测试载荷小于200gf（1.96N）的硬度试验。常用的显微硬度有维氏显微硬度和努氏显微硬度两种。

2) 试验原理

（1）维氏显微硬度。维氏显微硬度就是更小载荷下的维氏硬度，测定原理和维氏硬度一样。已知维氏硬度的负荷可以任意选择而不影响硬度值的测定，若将维氏硬度试验的负荷不是选几千克力、几十千克力，而是减少到千分之一（几克力、几十克力），那么就有可能测定在一个极小范围内，如个别铁素体晶粒、个别夹杂物或其他组成相的维氏硬度值压入法的维氏显微硬度试验正是基于这些而提出来的。当然，由于维氏显微硬度试验正四棱锥金刚石压头的制造上，特别是顶角的制造上要比维氏硬度的角锥要严格得多，金刚石锥体顶端两相对面夹角为$136° \pm 15'$，此外在对压痕对角线d的测量上也要严格得多，压痕对角线长度以μm计量，维氏显微硬度的试验负荷一般从几克力到200 gf。

（2）努氏显微硬度。测定努氏显微硬度时，采用金刚石长菱形压头，两长棱夹角为172.5°，两短棱夹角为130°，在试样上产生长对角线长度L比短对角线长度W大7倍的菱形压痕，如图7-1-23所示。努氏硬度值的定义与维氏硬度值的定义不同，它是用单位压痕投影面积上所承受的力来定义的。已知载荷P，测出压痕长对角线长度L后，可计算努氏硬度值，努氏硬度试验的测试载荷通常为1~50N。测定显微硬度的试件应按金相试样的要求制备。努氏硬度试验由于压痕浅而细长，在许多方面较维氏法优越。努氏法更适于测定极薄层或极薄零件，丝、带等细长件以及硬而脆的材料（如玻璃、玛瑙、陶瓷等）的硬度。此外，其测量精度和对表面状况的敏感程度也更高。

5. 其他硬度

与上述各种静态压入法硬度不同，肖氏

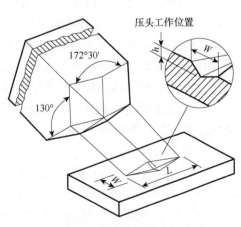

图7-1-23 努氏硬度压头示意图

硬度试验是一种动态力试验法。其原理是用具有一定重量和规定形状的金刚石冲头从一定高度自由下落到试样表面，根据冲头回弹高度来衡量硬度值大小，故也称为弹性回跳硬度试验。

冲头从初始高度 h 下落后，以一定的能量冲击试样表面，使试样产生弹性变形和塑性变形，冲头的冲击能量一部分转为塑性变形能被试样吸收，另一部分弹性变形能储存在试样中。当弹性变形恢复时，弹性能被释放，使冲头回弹到一定高度 h，用 h 和 h_0 的比值计算肖氏硬度。回弹高度与材料硬度有关，材料越硬其弹性极限越高，则冲击后试样中储存的弹性能越大，使冲头回弹高度增加，说明试样的硬度越高。

肖氏硬度用符号HS表示，其硬度值按式（7-1-12）计算，即

$$HS=kh/h_0 \tag{7-1-12}$$

式中：k 为肖氏硬度系数，其值与肖氏硬度计类型有关，见表7-1-28。

表7-1-28　肖氏硬度计的主要技术参数

项目	类型	
	C型	D型
冲头质量/g	2.5	36.2
冲头落下高度/mm	254	19
冲头顶端球面半径/mm	1	1

由式（7-1-12）可知，肖氏硬度值是一个无量纲的值。

肖氏硬度的表示方法是在符号HS后面注明所用硬度计类型，硬度值写在符号之前。例如，25 HSC表示用C型（目测型）肖氏硬度计所测硬度值为25；又如51 HSD表示用D型（指示型）肖氏硬度计所测硬度值为51。

7.1.6　楔负载、缺口敏感及头部坚固性试验

1. 概述

（1）楔负载及缺口敏感试验。楔负载试验主要是考核凸头螺栓的头下圆角处承受（倾斜产生）偏斜拉伸试验载荷的能力；螺栓及螺钉的缺口敏感试验主要分为螺母下和螺栓螺钉头下加斜面垫圈两种情况，即分别在螺母下即头下装4°或8°斜面的斜垫圈考核螺栓头下或螺纹处的缺口敏感性。缺口敏感试验和楔负载试验多用于钛合金螺栓试验等，主要考核紧固件螺栓承受复合载荷的能力。

（2）头部坚固性试验。头部坚固性试验主要考核的是紧固件头部与无螺纹杆部或螺纹过渡圆处的牢固性。

2. 试验原理

对于金属材料来说，缺口总是降低塑性，增大脆性。金属材料存在缺口而造成三向应力状态和应力-应变集中，由此使材料产生变脆的倾向，这种效果称为缺口敏感性。缺口敏感及楔负载试验一般使用微机控制电子拉伸试验机进行。试验设备见图7-1-24，试验装置见图7-1-25，头部坚固性试验装置见图7-1-26。

图 7-1-24　试验设备

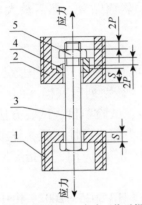

1—卡头（位于头部）；2—卡头（位于螺母端）；
3—试件；4—楔形垫圈；5—螺母。
(a)

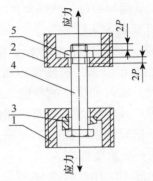

1—卡头（位于头部）；2—卡头（位于螺母端）；
3—斜面垫圈；4—试件；5—螺母。
(b)

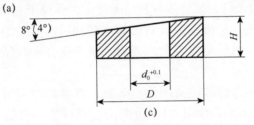

(c)

图 7-1-25　缺口敏感及楔负载试验装置

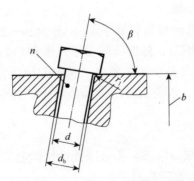

图 7-1-26　头部坚固性试验装置

（1）楔负载试验。楔负载试验如图7-1-25（a）所示，试验时在螺栓头下放置一个楔形垫圈，楔形垫圈的角度由相关标准给定。然后通过拉伸试验机逐步施加拉伸载荷，直至螺栓断裂。断裂时的载荷不能小于标准规定的最小拉伸载荷，而且不能在头杆结合处断裂。

（2）缺口敏感试验。缺口敏感试验及带斜面垫圈的典型结构如图7-1-25（b）所示，根据标准要求选取相应的4°或8°斜垫圈，试验时将斜垫圈放入螺栓头下及螺母下，然后逐步施加拉伸载荷，直至螺栓断裂，断裂时的载荷不小于标准规定的缺口敏感载荷，当试验载荷大于标准规定的最小破坏拉力时，则可不进行拉伸试验。

（3）头部坚固性试验。如图7-1-26所示，将螺栓或螺钉装入带有一定斜面角度的试验工装中，数次锤击螺栓或螺钉的头部，使支承面与斜面贴合。然后放大8~10倍，在头部、支承面与螺杆过渡圆角外，不应产生任何裂缝。

3. 常见试验方法标准

（1）《紧固件机械性能 螺栓螺钉和螺柱》（GB/T 3098.1—2010）系列国家标准，自1982年开始发布以来，已陆续出版了17项。该标准作为该系列国家标准的第1部分，规定了螺栓、螺钉和螺柱的性能等级、材料、力学性能、试验项目、试验方法及标志等技术内容。其中涵盖了紧固件螺栓、螺钉的楔负载及头部坚固性试验，详细描述了试验过程、试验要求、试验工装等。这种方法在国内得到广泛应用，是指导紧固件生产和检验的一项重要标准。

（2）标准《TC16钛合金MJ螺纹螺栓螺钉通用规范》（HB 8025—2002）由中航工业专家编写，并于2003年首次发布，标准涵盖了钛合金螺栓、螺钉缺口敏感试验的试验原理、试验工装类型、试验条件、试验步骤和结果评定。弥补了相较于其他类似试验标准未包含沉头紧固件的缺失。标准主要针对极易出现缺口敏感性的钛合金螺栓、螺钉制定，主要考核紧固件螺栓承受复合载荷的能力，减少钛合金产品因缺口敏感断裂的风险。

（3）标准《测定外部和内部螺纹紧固件、垫圈、直接控力指示器和铆钉力学性能的标准试验方法》（ASTM F606/F606M-21）由美国材料试验学会航空航天和飞机委员会专家编写，本标准与《紧固件机械性能螺栓螺钉和螺柱》（GB/T 3098.1—2010）试验原理相同，同样在楔负载试验的试验原理、试验设备、试验工装、试验条件、试验步骤和结果评定等方面作出了要求。

（4）《外螺纹紧固件的机械和材料要求》（SAE J429—2013）为美国工业标准，由美国机动车工程师学会专家编写，标准所涵盖了汽车和相关工业使用的英制钢制螺栓、螺钉、螺柱的相关检测方法及力学性能要求。其中就包含紧固件的楔负载试验，而本标准规定只有六角头、方头、六角头带法兰面或者十二角头带法兰面的产品能进行楔负载试验。

4. 标准对比分析

国内外紧固件楔负载、缺口敏感、头部坚固性试验各标准对试验条件、试验设备、试验结果的区别见表7-1-29~表7-1-31。

表 7-1-29 设备要求对比

名称	GB/T 3098.1—2010	HB 8025—2002	ASTM F606/F606M-21	SAE J429—2013
示值相对误差	±0.5%	无	±0.5%	±0.5%

表 7-1-30 试验条件对比

名称	GB/T 3098.1—2010	HB 8025—2002	ASTM F606/F606M-21	SAE J429—2013
运行速率	≤25mm/min	无	≤1in/min、≤25mm/min	≤1in/min
楔垫角度	根据产品规格及性能等级分为4°、6°、10°。头部坚固性弯曲角度根据性能等级分为60°、80°	根据产品头型及规格分为4°、8°	根据产品规格分为4°、6°、10°	根据产品规格及性能等级分为4°、6°、10°
工装硬度	≥45HRC	无	≥45HRC	≥45HRC
产品类型	沉头产品不进行楔负载试验	沉头产品也需进行缺口敏感试验	沉头产品也需进行楔负载试验	沉头产品不进行楔负载试验

表 7-1-31 试验结果要求对比

名称	GB/T 3098.1—2010	HB 8025—2002	ASTM F606/F606M-21	SAE J429—2013
评价方法	要求断裂应发生在杆部或未旋合的螺纹长度内,不允许断裂在头杆结合处,试验结果满足标准值要求。头部坚固性试验在头部与无裂纹杆部或螺纹过渡圆外不应发现裂纹,全螺纹螺钉不应出现头部断裂	要求抗拉力满足缺口敏感载荷要求,当抗拉力大于最小破坏载荷要求时,可不进行破坏拉力试验	要求断裂应发生在杆部或未旋合的螺纹长度内,不允许断裂在头杆结合处,试验结果满足标准值要求	要求断裂应发生在杆部或未旋合的螺纹长度内,不允许断裂在头杆结合处,试验结果满足标准值要求

7.1.7 扭矩试验

1. 概述

众所周知,绝大多数螺纹连接在装配时都必须拧紧,即对连接部分施加一定的预紧力,目的在于增强连接的可靠性和紧密性,防止受载后被连接件间出现缝隙或发生相对滑移,并且达到螺纹防松的效果。但是如果拧紧的扭矩过大,螺纹会被损坏,可能会造成螺纹滑牙,即螺牙断裂。安装过程中可以采用限制扭矩或其他常用的办法防止螺纹损坏且达到防松的目的,如严格按照设定的扭矩拧紧、采用弹簧垫圈或自锁螺母等。

2. 试验原理

螺栓的拧紧过程是一个克服摩擦的过程，在这个过程中存在螺纹副的摩擦及端面摩擦。但由于试验过程中不允许有螺栓或螺钉头部和螺纹部分摩擦产生的影响，因此在进行螺栓破坏扭矩试验过程中，需用盲孔工装固定试验件，保证在试验过程中螺栓或螺钉不会因为旋转而产生摩擦力。试验设备见图7-1-27，试验装置见图7-1-28。

如图7-1-28所示，将试验螺栓或螺钉装入螺纹规格对应的盲孔工装内，至少露出两扣完整螺纹，同时夹具和螺栓或螺钉头之间应至少留出一个螺纹直径的长度，然后将盲孔工装夹紧至扭转试验机或者扭矩试验装置中，并连续、平稳地施加扭矩，直至螺栓或螺钉破坏。

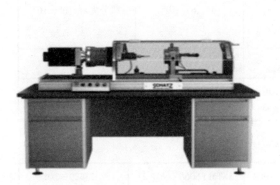

图7-1-27　螺栓破坏扭矩试验设备

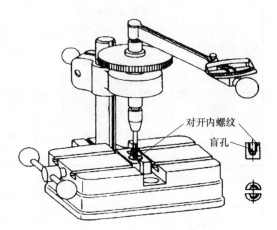

图7-1-28　螺栓破坏扭矩试验装置

3. 常见试验方法标准

（1）中国国家标准《紧固件机械性能 螺栓与螺钉的扭矩试验和破坏扭矩公称直径1~10mm》（GB/T 3098.13—1996），由中国机械工业部机械科学院专家编写，本标准等同采用了国际标准《机电产品制造标准》（ISO 898-7），标准规定了M1~M10（也包括细牙螺纹M8×1、M10×1和M10×1.25）的螺栓和螺钉的最小破坏扭矩，以及试验装置、试验工装及最小破坏扭矩的计算方法，为评定其使用性能提供了依据。目前，此标准仅对8.8~12.9级规定了破坏扭矩，低性能等级的试验结果很分散，因此还需要更多的研究。此标准的破坏扭矩为不考虑摩擦的情况下。

（2）标准《紧固件机械性能 有色金属制造的螺栓、螺钉、螺柱和螺母》（GB/T 3098.10—1993）等效采用国际标准《紧固件机械性能——有色金属制造的螺栓、螺钉、螺柱和螺母》（ISO 8839），延续了《紧固件机械性能 不锈钢螺栓、螺钉和螺柱》（GB/T 3098.6—1986）的测试原理，规定了螺纹直径为1.6~5mm，性能等级为CU1~CU5、AL1~AL6的最小破坏扭矩，试验目的是在规定破坏扭矩下对螺钉、螺栓进行评估。

（3）标准《测定外部和内部螺纹紧固件、垫圈、直接拉力指示器和铆钉机械性能的标准试验方法》（ASTM F606/F606M-21）由美国材料试验学会航空航天和飞机委员会专家编写，与《紧固件机械性能螺栓与 螺钉的扭矩试验和破坏扭矩公称直径

1~10mm》（GB/T 3098.13—1996）试验原理相同，同样从试验装置、试验工装及最小破坏扭矩的计算方法提出了要求，但相比于《紧固件机械性能 螺栓与螺钉的扭矩试验和破坏扭矩公称直径1~10mm》（GB/T 3098.13—1996）对规格为0.375英寸及以下的螺栓也作出了相应要求，规格覆盖更加全面。

（4）标准《紧固件机械性能 不锈钢螺栓、螺钉和螺柱》（GB/T 3098.6—2014）由中国紧固件标准化技术委员会（SAC/TC85）专家编写，于1986年首次发布，试验原理同前，标准规定了螺纹直径为1.6~16mm，性能等级为A2-50、A2-70、A2-80奥氏体钢螺钉、螺栓的最小破坏扭矩，同样从试验装置、试验工装、试验过程方面提出了要求，但区别于《紧固件机械性能 螺栓与螺钉的扭矩试验和破坏扭矩公称直径1~10mm》（GB/T 3098.13—1996）的是未给出最小破坏扭矩的计算方法，但遵循了类似原则。

4. 标准对比分析

国内外紧固件破坏扭矩试验各标准对试验条件、试验设备、试验结果的区别见表7-1-32~表7-1-34。

表7-1-32 设备要求对比

名称	GB/T 3098.13—1996	GB/T 3098.10—1993	ASTM F606/F606M-21	GB/T 3098.6—2014
试验装置示值	测试产品最小破坏扭矩的5倍	测试产品最小破坏扭矩的5倍	无	无
试验装置误差	最小破坏扭矩的±7%	无	无	最小破坏扭矩的±6%

表7-1-33 试验条件对比

名称	GB/T 3098.13—1996	GB/T 3098.10—1993	ASTM F606/F606M-21	GB/T 3098.6—2014
螺纹露出工装要求	一扣完整螺纹	两扣完整螺纹	两扣完整螺纹	两扣完整螺纹
螺纹拧入工装要求	两扣完整螺纹	1倍直径	1倍直径	1倍直径
扭矩施加要求	连续、平稳地施加扭矩	无	无	无

表7-1-34 试验结果要求对比

名称	GB/T 3098.13—1996	GB/T 3098.10—1993	ASTM F606/F606M-21	GB/T 3098.6—2014
评价方法	对被试紧固件施加扭矩，直至断裂，破坏扭矩符合标准中最小破坏扭矩规定	对被试紧固件施加扭矩，直至断裂，破坏扭矩符合标准中最小破坏扭矩规定	对被试紧固件施加扭矩，直至断裂，破坏扭矩符合标准中最小破坏扭矩规定	对被试紧固件施加扭矩，直至断裂，破坏扭矩符合标准中最小破坏扭矩规定

7.1.8 应力持久试验

1. 概述

螺栓在日常使用过程中出现断裂，是因为螺栓在给定温度和一定力作用下发生了脆变，也包括了氢脆的延时断裂。因此，通常采用应力持久来考核螺栓在使用过程中是否会产生脆变。我国也根据准则制定了《紧固件试验方法 应力持久性》（GJB 715.12—1990），规定了测试紧固件脆变的原理、方法及对试验数据的处理。随着近几年我国航天事业的快速发展，这种方法在国内被越来越多地使用。

2. 试验原理

在常温状态下，对螺栓施加一定的预应力。在持久应力作用下，考察螺栓是否会发生脆断。目前应力持久试验采用的方法较多，大致可分为4类，即力矩法、伸长法、加载法、应变计法。力矩法与伸长法试验工装见图7-1-29，加载法试验设备见图7-1-30，应变计法工装见图7-1-31。仲裁方法为加载法，是日常较为常用的试验方法。

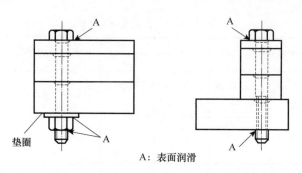

图7-1-29 力矩法与伸长法工装示意图

（1）力矩法。按图7-1-29采用3个或3个以下试验垫块，将试样安装在试验装置上。试样的螺纹、头部支承面和螺母支承面应用航空润滑脂进行润滑，试样至少应有两扣完整螺纹露出螺母顶面，并用扭力设备拧紧到标准规定要求值。在受力状态下置于室温环境，直到产品技术条件规定的时间。拧紧力矩按以下公式计算，即

$$M_t = kdp_0 \tag{7-1-13}$$

式中：M_t 为拧紧力矩（N·m）；k 为拧紧力矩系数（$k=0.1$）；d 为试样螺纹公称直径（mm）；p_0 为试样最小拉力（kN）。

（2）伸长法。图7-1-29采用3个或3个以下试验垫块，将试样安装在试验装置上。试样的螺纹、头部支承面和螺母支承面应用航空润滑脂进行润滑，试样至少应有两扣完整螺纹露出螺母顶面，并用扭力设备拧紧到试验力值对应的伸长量，伸长量采用以下公式计算，即

$$e = \frac{p_0}{E}\left(\frac{L}{A} + \frac{L_t}{A_t}\right) \tag{7-1-14}$$

式中：e 为试样总伸长量（mm）；p_0 为试样最小拉力（N）；E 为弹性模量（MPa）；L 为试样光杆长度（mm）；A 为试样光杆截面积（mm²）；L_t 为支承面之间的螺纹长度（mm）；A_t 为螺纹应力面积（mm²）。

注意：采用螺母时，螺纹长度这一项应加上两个螺距长度。

（3）加载法。将被试试样按规定安装到图7-1-30所示的持久蠕变试验机上，试样至少应有两扣完整螺纹露出螺母顶面。按技术条件的规定施加载荷，施加的载荷应保持恒定，直到产品技术条件规定的时间。

（4）应变计法。将被试试样按规定安装到图7-1-31所示的试验工装上，然后粘贴经过校准的带有应变计的载荷传感器，安装时应进行润滑。整个试验期间应保持技术条件规定的载荷，加载程序按力矩法进行。

图7-1-30 加载法试验设备

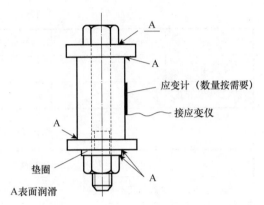

图7-1-31 应变计法工装示意图

3. 常见试验方法标准

（1）标准《航空航天螺栓试验方法》（ISO 7961—1994）由ISO/C20/SC4航空航天紧固件专家编写，此标准汇总了螺栓的各类试验方法，其中就包含了外螺纹紧固件的应力持久试验方法。此标准列举了3种测试方法，分别为力矩法、伸长法与加载法，并未规定测试所需工装的相关结构尺寸与公差，以及力矩和伸长量与加载力值的换算关系，但给出了相关评判标准，该标准没有《紧固件试验方法 应力持久性》（NASM 1312-5—2012）以及《紧固件试验方法 应力持久性》（GJB 715.12—1990）要求严格，但遵循了类似的原则。

（2）标准《紧固件试验方法 应力持久性》（NASM 1312-5—2012）由AIA/NAS美国航空航天紧固件专家编写，适用于各类可能产生各种脆变的所有类型外螺纹紧固件的应力持久试验，列举了测试产品脆变性的4种方法，也明确了存在争议时所采用的仲裁测试方法。标准从测试所需工装的相关尺寸公差，以及力矩和伸长量与加载力值的换算关系，加载力值范围以及评判标准等方面都进行了详细说明。

（3）标准《紧固件试验方法 应力持久性》（GJB 715.12—1990）由航空航天工业部提出并编写，参照美国军用标准《紧固件试验方法 应力持久性》（NASM 1312-5—2012），也同样通过4种测试方法验证产品的脆性，技术指标要求及评判标准等都与美国军用标准《紧固件试验方法 应力持久性》（NASM 1312-5—2012）等效，但此标准更适用于国内公制紧固件的试验，这种方法在国内得到了广泛应用，特别是航空航天行业。

（4）标准《MJ螺纹紧固件螺栓试验方法》(QJ 1750—1989)为航天行业标准，由航空航天工业部专家编写，与《航空航天螺栓试验方法》(ISO 7961—1994)类似，汇总了螺栓的各类试验方法，也包含了3种测试外螺纹紧固件应力持久性的方法与评判标准，不同的是此方法规定了相关试验工装的尺寸与公差，相较于《航空航天螺栓试验方法》((ISO 7961—1994)更为详细，能更好地控制试验过程中的不确定性。

4. 标准对比分析

国内外紧固件应力持久试验各标准对试验条件、试验设备、试验结果的区别见表7-1-35~表7-1-37。

表7-1-35 设备要求对比

名称	ISO 7961—1994	NASM 1312-5—2012	GJB 715.12—1990	QJ 1750—1989
力矩扳手精度	无	±4%	±4%	无
持久试验机精度	无	无	无	无

表7-1-36 试验条件对比

名称	ISO 7961—1994	NASM 1312-5—2012	GJB 715.12—1990	QJ 1750—1989
加载力值	产品技术条件规定	破坏拉力的75%~80%	破坏拉力的75%~80%	产品技术条件规定
加载时间	产品技术条件规定	产品技术条件规定	产品技术条件规定	产品技术条件规定

表7-1-37 试验结果要求对比

名称	ISO 7961—1994	NASM 1312-5—2012	GJB 715.12—1990	QJ 1750—1989
试验检查	剖开放大100	按MIL-I-6868E—1988和MIL-I-6868E—1988检查试样	按HB/Z 5002—1974和HB/Z 261—1994检查试样	剖开放大100倍或渗透探伤
试验结果	有裂纹或者断裂，视为试样失效	有裂纹或者断裂，视为试样失效	有裂纹或者断裂，视为试样失效	有裂纹或者断裂，视为试样失效

注：HB/Z 5002—1974为《磁粉探伤说明书》；
HB/Z 261—1994为《电磁兼容测试报告编写要求》。

7.1.9 应力断裂试验

1. 概述

应力断裂试验也称缺口抗拉试验，它是美国空军和海军以及波音公司、洛克希德·马丁公司广泛采用的方法。他表征了金属材料及金属材料制品在高温长期载荷下反应断裂时的强度及塑性。与常温下的情况一样，材料在高温下的变形抗力与断裂抗力是两种不同的性能指标。因此，对于高温材料还必须测定其在高温长期载荷作用下抵抗断裂的能力，即应力断裂。应力断裂试验实质是蠕变的延续。它随着高温试验时间的推移，紧固件在应力作用下必然会导致断裂，也就是蠕变变形达到加速阶段直到断裂时的应力值，因此，应力断裂试验又称为持久强度试验。其目的主要有：①作为检验产品性能的手段,根据某产品的考核要求,提供该产品的使用温度和试验应力,当持久总时间超过规定的时间后,就被确认这一产品的持久性能合格;②测定产品的持久强度极限,在规定的温度下,达到规定的试验时间而不产生断裂的最大应力,即为产品在规定温度下的持久强度极限。持久强度是结构设计和材料选择的主要依据。

2. 试验原理

紧固件的应力断裂试验是通过持久试验测定的。持久试验与蠕变试验相似,但较为简单,一般不需要在试验过程中测定试样的伸长量,只要测定试样在给定温度和一定应力作用下的断裂时间。对于设计某些在高温运转过程中不考虑变形量的大小,而只考虑在承受给定应力下使用寿命的机件来说,产品的持久强度是极其重要的性能指标。应力断裂主要考核高温下使用的外螺纹紧固件在高温下,承受一定载荷,保持一定试验时间的能力。试验设备见图7-1-32,试验结构见图7-1-33,热电偶安装示意见图7-1-34。

图7-1-32 试验设备

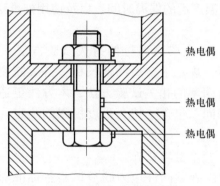

图7-1-33 试验结构

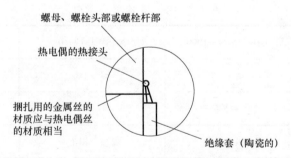

图7-1-34 热电偶安装示意图

将试样装入相应的试验夹具,在试样安装时应注意不要产生非轴向力,试验螺栓安装时应至少有两扣完整螺纹不旋合。然后安装热电偶,应将热电偶接头紧靠试样并牢固地固定住,并在试样的两端和中间分别装上一个热电偶,然后将加热设备安放好,不要因为加热设备影响试验载荷。达到试验温度和所规定的温度梯度后,至少应保温30min,以使温度进一步稳定,并在1min内平稳加载,使试样既不受到冲击,也不产生过载。在整个试验过程中保持试验载荷和试验温度恒定,并按标准规定的试验时间持续试验,如为了研究工作的需要,试验可进行到试样破坏为止。

3. 常见试验方法标准

(1)《紧固件试验方法 应力断裂》(GJB 715.29—1990)标准由航空航天工业部提出并编写,参照了美国军用标准《紧固件试验方法10 应力断裂》(NASM 1312-10),也同样规定了设备的选取和检定、热电偶、温控系统的温度波动要求,以及包含了圆形光滑试样与缺口试样的尺寸要求,但区别于《紧固件试验方法10 应力破裂》(NASM 1312-10)的是增加了试验结果的评判,规定了试验过程中出现超温、安装偏斜或受力不正常等需重新进行试验的要求。

(2)《紧固件试验方法10 应力断裂》(NASM 1312-10)标准由AIA/NAS美国航空航天紧固件专家编写,标准规定了螺栓、螺钉、螺母和相关材料应力断裂试验的要求,列举了试验机示值误差、同轴度误差的要求,规定了热电偶以及温控系统的温度误差,介绍了各种类型试样的特点,并且包含了圆形光滑试样与缺口试样的尺寸要求,确定了达到温度后的保温时间,以及使用外推法/内推法估计不同温度和时间下应力断裂的性能。

(3)《金属高温拉伸持久试验方法》(HB 5150—1996)标准由航空工业部提出并编写,规定了金属的伸长率、持久断裂时间、持久强度极限、持久断后延伸率和断面收缩率的相关试验方法,本方法更适用于评价金属材料的缺口敏感性,但试验原理相同,包含了持久强度极限的测定,也可使用本方法的要求测定紧固件的持久强度。

4. 标准对比分析

国内外紧固件应力断裂试验各标准对试验条件、试验设备、试验结果的区别见表7-1-38~表7-1-40。

表7-1-38 设备要求对比

名称	GJB 715.29—1990	NASM 1312-10	HB 5150—1996
试验机示值误差	≤±1%	≤±1%	≤±1%
试验机同轴度	≤5%	≤10%	≤15%
热电偶精度等级	2级及以上	2级及以上	2级及以上

表7-1-39 试验条件对比

名称	GJB 715.29—1990	NASM 1312-10	HB 5150—1996
温度范围及波动	≤650℃:±3℃ >650℃:±4℃	≤650℃:±3℃ >650℃:±2℃	≤600℃:±2℃ >600~900℃:±3℃ >900~1200℃:±4℃
保温时间	30min	30min	60min

表 7-1-40　试验结果要求对比

名称	GJB 715.29—1990	NASM 1312-10	HB 5150—1996
试验结果	除非另有规定，最长持续时间为24h而不发生破坏，为了研究工作需要可做到破坏为止。如试验过程中出现超温、安装偏斜或受力不正常则需重新进行试验	除非另有规定，最长持续时间为24h而不发生破坏，为了研究工作需要可做到破坏为止	最长持续时间为产品标准规定，而不发生破坏。如试验过程中出现超温、安装偏斜或受力不正常则需重新进行试验

5. 常见试验问题及建议

试验升温过程中，为防止温度过冲，可采用阶段升温的方式，逐步缓慢升温至试验规定温度。试验过程中应确保试验温度和载荷恒定。在试验过程中发生意外停止试验时，应将试样上的负荷卸除，防止试样冷断。当排除故障达到试验温度后保温30~60min，再重新施加原负荷，但试验未受力的时间应从总的持续时间中减去。

7.1.10　氢脆试验

1. 概述

螺栓连接断裂是因为螺栓在使用过程中产生氢脆的结果。所谓氢脆断裂，就是氢渗入金属材料内部后，造成材料损伤，使螺栓在低于屈服强度的静应力作用下发生的延迟断裂。1916年，人们发现了氢在钢中的存在会降低钢的某些力学性能。直到第二次世界大战期间，多次因氢脆断裂导致飞机机毁人亡的重大事故，才使人们真正重视过量的氢对金属材料的危害，促使科学家进行钢的氢脆问题研究。20世纪70年代以来，氢脆研究已经成为国际学术界十分活跃的技术领域，美、日、俄、法、德等国都投入了大量的人力和物力，并取得了显著的研究成果。我国对氢脆的研究起步于20世纪60年代后期。螺栓的氢脆断裂是一种常见的失效形式。由于氢脆断裂具有延迟性和隐蔽性，带来的危害要比其他断裂造成的危害大得多。21世纪以来，合金钢螺栓的氢脆断裂屡见不鲜，严重妨碍航天型号的正常研制秩序，以至于达到了"谈氢色变"的程度。螺栓氢脆引起了各级管理者的高度重视。我国也根据准则制定了航空行业标准《镀覆工艺氢脆试验 第1部分 机械方法》(HB 5067.1—2005)，规定了测试紧固件氢脆性能的原理、方法及对试验数据的处理。随着近几年我国航天事业的快速发展，这种方法在国内被越来越多地使用。

2. 试验原理

氢脆是由于材料所吸收的氢和应力的综合作用，在室温和小于屈服强度的静载荷作用下，持续一定时间发生的材料早期脆性断裂。镀覆工艺过程中吸收的氢可导致材料在使用过程中发生氢脆断裂。氢脆试验就是根据氢脆产生的原理，采用对氢敏感的缺口拉伸试样，镀覆后将试样安装至持久试验机上，然后施加静载荷进行持久拉伸，以评定镀覆工艺氢脆倾向及镀覆产品的氢脆性能。氢脆试验设备见图7-1-35。将被测紧固件按规定的载荷值安装到试验设备上，通过试验机拉杆带动被测紧固件产生恒定的轴向载荷，保持产品技术条件在规定的时间，观察其在达到规定时间前是否发生断裂。

将一组螺栓同时装在试验夹具上，拧紧螺母或螺栓，使螺栓承受的应力在其屈服点以内或者处于破坏扭矩范围内。保持载荷48h以上，也可以无限制地持续下去。保持载荷过程中，每隔24h重新拧紧到初始应力或者初始扭矩。

3. 常见试验方法标准

（1）《镀覆工艺氢脆试验 第1部分 机械方法》（HB 5067.1—2005）标准由中国航空航天工业部专家编写并于1985年首次发布，标准涵盖了镀覆工艺氢脆试验的试验原理、试验设备、试样类型及尺寸、试验数量、试验条件、试验步骤和评定结果。标准针对氢脆断裂的主要因素，规定了镀覆前消除应力与镀覆后除氢的方法，减少了因试样加工导致产品出现氢脆的风险。这种方法在国内得到了广泛应用。

图7-1-35 氢脆试验设备

（2）《电镀涂层氢脆检测机构》（ASTM F519—2018）标准由美国材料试验学会航空航天和飞机委员会专家编写，与《镀覆工艺氢脆试验 第1部分 机械方法》（HB 5067.1—2005）试验原理相同，同样从氢脆试验的试验原理、试验设备、试样类型及尺寸、试验数量、试验条件、试验步骤和评定结果等方面做出了要求。但相较于《镀覆工艺氢脆试验 第1部分 机械方法》（HB 5067.1—2005）对设备的误差、结果评定等要求更加严格，并且增加了试样类型以及涂层工艺的评定。

（3）《航空航天材料标准电镀镉（电沉积）》（AMS-QQ-P-416—2022）标准由美国汽车工程师学会（SAE）委员会专家编写，电镀样品类型、试验方法、评判标准等沿用了《电镀工艺和飞机用化学品的机械氢脆评估试验方法》（ASTM F519—2018）中的规定，但增加了紧固件产品、轴承类产品以及安装在孔中或者杆上的弹簧销、锁环及其他零件的试验方法及评判标准，内容相较于其余氢脆试验标准更加全面。

（4）2000年我国等同采用了《紧固件 检查氢脆用预载荷试验 平行支承面法》（ISO 15330—1999）制定了《紧固件机械性能 检查氢脆用预载荷试验 平行支承面法》（GB/T 3098.17—2000）。平行支承面法是一般用途螺栓常用的氢脆性试验方法。这种方法用于螺栓氢脆程度的比对。将不同材料状态、不同表面处理的螺栓同时装在夹具上，施加相同的应力或扭矩，比较它们的抗氢脆能力。通过比较，改进螺栓的制造工艺。最终目的是评估制造工艺对螺栓氢脆的影响，但它不能判定螺栓是否会发生氢脆。

4. 标准对比分析

国内外紧固件氢脆试验各标准对试验条件、试验设备、试验结果的区别见表7-1-41~表7-1-43。

表7-1-41 设备要求对比

名称	HB 5067.1—2005	ASTM F519—2018	AMS-QQ-P-416—2022
力值误差	±1%	±1%	±1%
同轴度误差	≤15%	≤8%	≤8%

表 7-1-42　试验条件对比

名称	HB 5067.1—2005	ASTM F519—2018	AMS-QQ-P-416—2022	GB/T 3098.17—2000
加载方式	直接拉伸加载	直接拉伸加载	直接拉伸加载	力矩加载
试样数量/件	6	4	4	5
载荷值	最小抗拉强度的75%	最小抗拉强度的75%	最小抗拉强度的85%	小于屈服强度
加载时间/h	≥200	≥200	≥72	≥48

表 7-1-43　试验结果要求对比

名称	HB 5067.1—2005	ASTM F519—2018	AMS-QQ-P-416—2022	GB/T 3098.17—2000
评价方法	是否出现断裂	是否出现断裂	是否出现断裂	是否出现断裂
结果评定	200h未有断样，试验合格；若200h内有1根试样断裂，氢脆性能不合格	200h未有断样，试验合格；若200h内4根试样有1根断裂，则剩余3根试样继续加载至200h后，以每2h增加最小抗拉强度的5%分步递增载荷至最小抗拉强度的90%，3根试样均在90%最小抗拉强度载荷下持续2h，则氢脆性能合格。若2根或多根试样断裂，则氢脆性能不合格	紧固件内产品72h未有断样，试验合格；若72h内有1根试样断裂，氢脆性能不合格	48h未有断样，试验合格；若48h内有1根试样断裂，氢脆性能不合格

7.2　螺母类力学性能检测

7.2.1　非自锁螺母

1. 硬度试验

螺母的布氏、洛氏、维氏等硬度试验见7.1.5节。

2. 轴向载荷试验

1）概述

早在第二次世界大战期间，美国就开始用螺母替代弹簧垫圈，目前，欧美国家已经有了一个相当完整的航空航天螺母系列，国际标准化组织航空航天器标准化技术委员（ISO/TC20）也制定了一套完整的螺母产品的国际标准，我国从20世纪70年代起，螺母也相继广泛用于航空航天型号，而轴向载荷试验是考验螺母性能的一项重要指标。轴向载荷试验就是考核螺母承受轴向载荷的能力，相当于拉伸试验。螺母的承载能力与其材料（含热处理）和螺母的厚薄有关，薄螺母（厚度不大于$0.8D$）的承载能力相当于标准厚度螺母的80%。因此，轴向载荷试验分为80%轴向载荷试验和100%轴向载荷试验两种。

2）试验原理

螺母轴向载荷试验中，80%轴向载荷试验主要是考核螺母材料的屈服强度，相当于国标普通螺母的"保证载荷试验"。100%轴向载荷试验是考核螺母的破坏强度，相当于螺母的破坏拉力试验。轴向载荷试验主要是通过微机控制电子拉伸试验机来进行试验，试验设备见图7-2-1，试验类型分为轴向拉伸试验和轴向压缩试验。轴向拉伸试验的试验结构及原理见图7-2-2，轴向压缩试验的试验结构及原理见图7-2-3。

如图7-2-1所示，将螺母试件拧入到试验芯棒上，拧到螺栓螺纹伸出螺母端面至少2倍螺距（包括倒角），将组件安装至试验机中心位置，沿螺母的轴向方向连续、缓慢地施加标准中规定的轴向载荷，达到标准规定的载荷值后，将载荷卸除。卸除后的螺母进行外观检查，螺母不应出现裂纹、破坏及永久变形。

图7-2-1 微机控制电子拉伸试验机

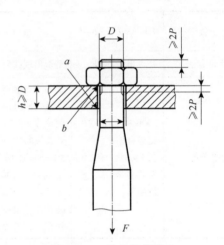

图7-2-2 轴向拉伸试验

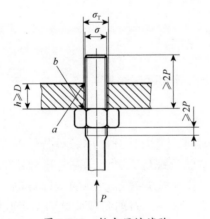

图7-2-3 轴向压缩试验

3）常见试验方法标准

（1）《普通螺母和开槽螺母第1部分通用规范》（QJ 3146.1—2002）标准为中国航天

行业标准，由中国航天标准化研究所专家编写，标准所涵盖的试验用于检查航天产品用普通螺母和开槽螺母的轴向载荷性能，标准制定了不同材料的普通螺母及开槽螺母，规格范围为M4~M24的80%及100%轴向载荷要求，明确了试验工装及试验螺栓的各项性能指标，规定了试验结果的判定标准以及存在争议时的判断方法。

（2）《螺母通用规范》（HB 6443—2008）标准为中国航空行业标准，由中国航空技术研究所专家编写，并于1990年首次发布，目前已更新至2008版。标准规定了螺纹直径3~39mm、强度等级450~1550MPa的M螺纹及MJ螺纹螺母轴向载荷要求，规定了直径小于5mm的螺母允许用硬度试验代替。此标准同样引用了《紧固件试验方法拉伸强度》（GJB 715.23A—2008）作为检测方法，包含试验工装、试验速率、判定依据等各项指标，但试验结果判定描述更加详细，增加了80%轴向载荷螺母不允许出现永久变形、100%轴向载荷允许出现永久变形的相关要求。

4）标准对比分析

紧固件轴向载荷试验各标准对试验条件、试验设备、试验结果的区别见表7-2-1~表7-2-3。

表7-2-1　设备要求对比

名称	QJ 3146.1—2002	HB 6443—2008
试验机精度要求	—	0.5级或更高

表7-2-2　试验条件对比

名称	QJ 3146.1—2002	HB 6443—2008
工装硬度	≥41HRC	≥43HRC
试验螺栓硬度	≥41HRC	—
试验螺栓螺纹精度	6h	—
加载速率	按标准中表17进行加载	按GJB 715.23中表1进行加载

表7-2-3　试验结果要求对比

名称	QJ 3146.1—2002	HB 6443—2008
评价方法	螺母应能承受标准规定的最小轴向载荷值，试验完成后检查螺母，螺母不允许出现任何裂纹以及破坏。必要时，剖开螺母用5~8倍放大镜检查	螺母应能承受标准规定的最小轴向载荷值，试验完成后检查螺母，螺母不允许出现任何裂纹以及破坏。80%轴向载荷螺母不允许出现永久变形，100%轴向载荷允许出现永久变形

5）常见试验问题及建议

当相应的标准未对轴载试验螺栓指标、试验速率未规定时，建议试验螺栓的螺纹精度为6h，强度等级大于被试螺母的强度等级；试验速率应根据试验方法中的速率加载，如试验方法中未规定试验速率，可参考《紧固件试验方法拉伸强度》（GJB 715.23A—2015）中的速率进行加载。

试验注意事项如下：

（1）试验时，试验螺栓螺纹应至少伸出被试螺母端面2倍螺距；

（2）保证载荷试验：每一颗螺母试验后，应检查轴载螺栓的螺纹是否有损坏，如试验过程中轴载螺栓有损坏，则试验作废。

3. 保证载荷试验

1）概述

随着近年来航空航天、轨道交通等行业快速发展，紧固件产品的需求越来越大，而螺栓与螺母连接过程中受内力及外力影响，紧固件时常出现失效的情况，其中螺母的螺纹脱扣、螺母变形开裂等是典型的失效形式。为防止紧固件产品在使用过程中产生明显的塑性变形影响正常使用，越来越多的标准中都对紧固件保证载荷提出了相关要求，包括试验原理、试验方法、结果判定等。

2）试验原理

通过保证载荷试验模拟螺母在实际使用过程中的状态，测出螺母中有害的裂缝、裂纹及承受载荷的能力，防止螺母在实际连接过程中出现裂纹脱扣、螺母破坏的情况。目前保证载荷试验主要是通过微机控制电子拉伸试验机来进行试验，试验设备见图7-2-4，试验类型分为轴向拉力试验、轴向压缩试验及锥形垫圈试验等。轴向拉伸试验的试验结构及原理见图7-2-5，轴向压缩试验的试验结构及原理见图7-2-6，锥形垫圈试验的试验结构及原理见图7-2-7。

按图7-2-7所示将螺母试件拧入到试验芯棒上，安装至试验机中心位置，并且实施轴向拉伸试验或压缩试验，并施加标准中轴向载荷的要求值，保持一定的时间，试验时，超过保证载荷值的情况应限制在最低值。试验过程中螺母不应脱扣或断裂，试验完成后将试验螺母旋出。

图7-2-4　微机控制电子拉伸试验机

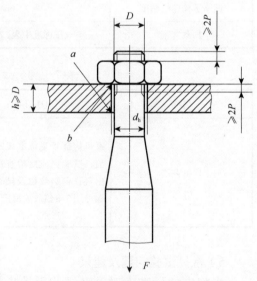

图7-2-5　轴向拉伸试验

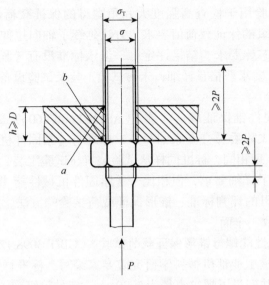

图 7-2-6　轴向压缩试验

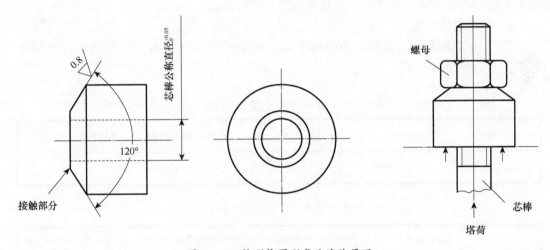

图 7-2-7　锥形垫圈形式及试验原理

3）常见试验方法标准

（1）《紧固件机械性能 螺母》（GB/T 3098.2—2015）标准为中国国家标准，由中国机械工业部机械科学研究院专家编写，本标准参考了国际标准《碳钢和合金钢紧固件机械性能第2部分）（ISO 898-2）进行编写，标准列出了粗牙螺母规格 M5~M39、细牙螺母规格 M8~M39 不同强度等级保证载荷值的要求，列出了试验工装硬度及尺寸要求，列出了试验芯棒尺寸及精度要求，以及试验过程中试验速率的控制和结果评定的方式，并规定了两种试验方式，即轴向拉伸试验和轴向压缩试验。

（2）《钢结构用高强度大六角头螺栓、大六角螺母、垫圈技术条件》（GB/T 1231—2006）标准为中国工业标准，由铁道科学研究院专家编写，并于1976年首次批准发布。标准所涵盖的试验用于检查高强度大六角螺母的保证载荷性能，并制定了规格M12~M30不同强度等级的保证载荷值要求。方法延续了轴向拉伸试验方法，也明确规定了测试方法、测试芯棒要求、结果评定等，但该标准没有《紧固件机械性能 螺母》（GB/T 3098.2—2015）要求严格且详细，未对试验工装及试验设备作出要求，但遵循了类似的原则。

（3）《内螺纹紧固件锥保证载荷检测》（ASTM F606/F606M-21）标准由美国材料试验学会航空航天和飞机委员会专家编写，本标准与《紧固件机械性能 螺母》（GB/T 3098.2—2015）试验原理相同，标准同样从试验装置、试验工装、试验芯棒、最小保证载荷及评判标准做出了详细要求，但相比于《紧固件机械性能 螺母》（GB/T 3098.2—2015）增加了英制螺母的评判标准、锥形保证载荷试验的方法，并列举出载荷值的计算公式，内容更加细致、全面。

（4）《紧固件机械性能螺母锥形保证载荷试验》（GB/T 3098.12—1996）标准为中国国家标准，由中国机械工业部机械科学研究院专家编写，标准详细介绍了螺母锥形保证载荷的试验方法，并列举了螺纹直径为5~39mm、产品等级为A和B级以及性能等级为8~12级螺母的锥形保证载荷要求。主要目的是测出螺母中有害的裂缝或裂纹，采用锥形垫圈的方式来夸大这些缺陷对其承载能力的影响。

4）标准对比分析

国内外紧固件保证载荷试验各标准对试验条件、试验设备、试验结果的区别见表7-2-4~表7-2-6。

表7-2-4　设备要求对比

名称	GB/T 3098.2—2015	GB/T 1231—2006	ASTM F606/F606M-21	GB/T 3098.12—1996
试验机精度要求	1级或更高	—	—	—

表7-2-5　试验条件对比

名称	GB/T 3098.2—2015	GB/T 1231—2006	ASTM F606/F606M-21	GB/T 3098.12—1996
工装硬度	≥45HRC	—	—	—
锥形垫圈硬度	无此方法	无此方法	≥56HRC	≥56HRC
芯棒硬度/HRC	45~50	≥45	≥45	≥45
加载速率	不超过3mm/min	不超过3mm/min	保证载荷不超过25mm/min 锥形保证载荷不超过3mm/min	不超过3mm/min
保载时间/s	15	15	10	10

表7-2-6 试验结果要求对比

名称	GB/T 3098.2—2015	GB/T 1231—2006	ASTM F606/F606M-21	GB/T 3098.12—1996
评价方法	螺母应能承受标准规定的最小保证载荷值，试验完成后应能用手将螺母旋出，或借助扳手松开螺母，但不得超过半扣。检查螺母，螺母不允许出现断裂或螺纹脱扣现象。如在试验过程中试验芯棒的螺纹损坏，则该次试验结果无效	螺母应能承受标准规定的最小保证载荷值，试验完成后应能用手将螺母旋出，或借助扳手松开螺母，但不得超过半扣。检查螺母，螺母不允许出现断裂或螺纹脱扣现象。如在试验过程中试验芯棒的螺纹损坏，则该次试验结果无效	螺母应能承受标准规定的最小保证载荷值，试验完成后应能用手将螺母旋出，或借助扳手松开螺母，但不得超过半扣。检查螺母，螺母不允许出现断裂或螺纹脱扣现象。如在试验过程中试验芯棒的螺纹损坏，则该次试验结果无效	螺母应能承受标准规定的最小保证载荷值。检查螺母，螺母不允许出现断裂或螺纹脱扣现象

4. 扩孔试验

1）概述

螺母的扩孔试验主要是检验螺母由径向扩张到标准规定直径的变形性能，并显示其缺陷的一种方法。例如，热镀锌的紧固件组件在实际使用过程中会涉及匹配问题，一般会采用两种方法来满足要求：一是缩小螺栓/螺柱的杆径；二是扩大螺母的内径。由于缩小螺栓/螺柱的杆径会导致螺栓/螺柱抗拉强度等力学性能的改变，所以国际上一般采用扩大螺母内径的方法。因此，采用扩孔的方式来确定螺母在圆周方向的韧性。

2）试验原理

去除螺母的内螺纹达到螺纹公称直径后，将锥形芯棒推入螺母，然后测量孔径扩张的百分比。螺母的扩孔试验是通过测量螺母扩孔试验后孔径扩张的百分比来检测螺母的力学性能和物理性能。试验芯棒类型分为1.04D和1.06D，见图7-2-8；用于对比检查的芯棒见图7-2-9，试验装置见图7-2-10。

去除螺母螺纹使其等于螺纹的公称直径（公差H12），试验前对芯棒涂以二硫化钼（MoS_2）润滑剂。按图7-2-10所示将芯棒插入螺母孔中，缓慢、连续、同轴地施加载荷，直至芯棒的圆柱部分通过螺母孔。仲裁试验时，芯棒的插入速度不应超过25mm/min。螺母在达到最小扩张量数值之前，螺母不能产生裂缝及断裂。

3）常见试验方法标准

（1）《螺母的扩孔试验》（ISO 10484—2004）标准由ISO/TC2航空航天紧固件专家编写，试验原理同前，标准规定了螺母扩孔的试验方法以及试验时的运行速率，列出了不同强度等级螺母扩孔的具体数值，列出了螺母扩孔后的具体判断标准，规定了试验前先去除螺母的内螺纹达到螺纹公称直径后再将锥形芯棒推入螺母，规定了试验芯棒相关结构的尺寸及公差，规定了试验前需将芯棒涂以二硫化钼进行润滑的要求。

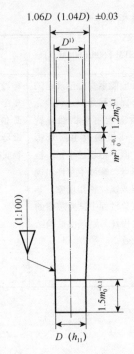

图 7-2-8　1.04D 和 1.06D 试验芯棒

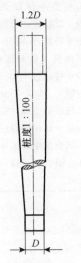

图 7-2-9　用于对比检查的试验芯棒

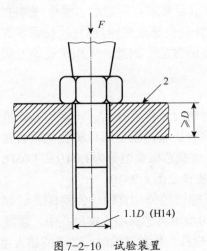

图 7-2-10　试验装置

F—载荷；2-淬硬；D—螺母螺纹公称直径。

（2）《紧固件机械性能 螺母扩孔试验》(GB/T 3098.14—2000)标准由机械科学研究院专家编写，等同采用了国际标准《螺母的扩孔试验》(ISO 10484)，同样分别对螺母的制样、芯棒的要求、试验速率的要求、评判标准及存在争议时的处理办法等做出了详细的规定并给出量化指标。

（3）《紧固件表面缺陷螺母》(GB 5779.2—2000)标准由机械科学研究院专家编写，标准延续了《紧固件机械性能 螺母扩孔试验》(GB/T 3098.14—2000)的测试原理，但测试条件即判定标准都更加详细且严格，标准增加了对比试验的要求，将螺母的最大扩张量增加到了20%，并分别对螺母的单件扩张量及平均扩张量作出了相关规定。

4）标准对比分析

国内外紧固件应力断裂试验各标准对试验条件、试验设备、试验结果的区别见表7-2-7~表7-2-9。

表7-2-7　设备要求对比

名称	ISO 10484—2004	GB/T 3098.14—2000	GB/T 5779.2—2000
试验机要求	—	—	

表7-2-8　试验条件对比

名称	ISO 10484—2004	GB/T 3098.14—2000	GB/T 5779.2—2000
试验芯棒扩张量	4%和6%	4%和6%	4%和6%
芯棒硬度/HRC	≥45	≥45	≥45
芯棒粗糙度/μm	2.5	2.5	2.5
试验速率（mm/min）	≤25	≤25	—
螺母扩张量	性能等级4~12级螺母：6%；性能等级04和05级螺母：4%	性能等级4~12级螺母：6%；性能等级04和05级螺母：4%	性能等级4~10级螺母：6%；性能等级04和05级螺母：4%；易切钢制造性能等级04、05和06级的螺母，扩张量平均值应大于5%，但单件的扩张量不小于3%

表7-2-9　试验结果要求对比

名称	ISO 10484—2004	GB/T 3098.14—2000	GB/T 5779.2—2000
试验结果	在达到最小扩张量数值之前，螺母壁完全断裂，则该螺母判定为不合格。有争议时切开裂缝相对的一边，如螺母分成两半，则判定该螺母不合格	在达到最小扩张量数值之前，螺母壁完全断裂，则该螺母判定为不合格。有争议时切开裂缝相对的一边，如螺母分成两半，则判定该螺母不合格	在达到最小扩张量数值之前，螺母壁完全断裂，则该螺母判定为不合格。有争议时切开裂缝相对的一边，如螺母分成两半，则判定该螺母不合格。在对比检查中，如螺母的塑性很好时，最大扩张量达到20%时，则判定该螺母合格

5. 非自锁螺母氢脆试验

具体详见7.1.10。

7.2.2　自锁螺母

1. 硬度试验

同7.2.1节中的硬度试验内容

2. 轴向载荷试验

1）概述

轴向载荷试验就是考核螺母承受轴向载荷的能力。螺母的承载能力与其材料（含热处理）和螺母的厚薄有关，薄螺母（厚度不大于 $0.8D$）的承载能力相当于标准厚度螺母的80%。

轴向载荷分为80%轴向载荷试验和100%轴向载荷试验两种。80%轴向载荷试验主要是考核螺母材料的屈服强度，相当于国标普通螺母的"保证载荷试验"。100%轴向载荷试验是考核螺母的破坏强度，相当于螺母的破坏拉力试验。

2）试验原理

润滑螺母和螺栓的螺纹，将螺母支靠在支承板上，然后拧入螺母使之与螺母旋合至少伸出2倍螺距（包括倒角），对沉头孔螺母，应放入锥形垫圈，将组合件安装到拉伸试验机，并缓慢均匀地施加载荷，当达到产品标准规定的数值时，缓慢均匀地减少载荷，卸下螺母，进行目视检查，必要时剖开螺母于低倍放大镜下检查，应符合标准的要求。

3）常见试验方法标准

（1）《使用温度不高于425℃的MJ螺纹自锁螺母试验方法》（HB 7596—2011）为航空行业标准，规定了使用温度不高于425℃的MJ螺纹自锁螺母（以下简称螺母）技术要求、质量保证规定及交货准备，适用于螺母的设计、制造与验收。标准规定了锁紧性能试验方法、安装力矩值，规定了试验螺栓的材料、热处理强度、尺寸及表面状态。

（2）《使用温度高于425℃的MJ螺纹自锁螺母试验方法》（HB 7687—2001）适用于航空结构用的使用温度高于425℃的MJ螺纹自锁螺母，并结合高温合金自锁螺母在航空领域的试制、使用情况编制而成。本标准规定了锁紧性能试验方法、试验循环次数、安装力矩值，规定了试验螺栓的材料、热处理强度、尺寸及表面状态。

（3）《自锁螺母技术条件》（GB 943—1988）主要适用于航空航天用自锁螺母的制造、试验和验收。试验原理同前"常温无轴向载荷下锁紧性能试验"，标准规定了锁紧性能试验方法，规定了试验螺栓的材料、热处理强度、尺寸及表面状态。同时，该标准规定了第1次拧入最大力矩和第15次拧出最小力矩的要求值。

（4）《全金属自锁螺母第1部分通用规范》（QJ 3079.1A—2011）为航天工业行业标准，规定了全金属自锁螺母的要求。规定了锁紧性能试验方法、试验设备精度要求，规定了试验螺栓的材料、热处理强度、尺寸及表面状态。

4）标准对比分析

国内外紧固件轴向载荷试验各标准中试验条件、试验设备、试验结果的区别见表7-2-10~表7-2-12。

表7-2-10 设备要求对比

名称	HB 7596—2011	HB 7687—2001	GB 943—1988	QJ 3079.1A—2011
试验装置	热处理硬度不小于40HRC的钢支承板/锥形垫圈（用于试验带沉头孔螺母）	热处理硬度不小于40HRC的钢支承板	—	热处理硬度不小于40HRC的钢支承板

续表

名称	HB 7596—2011	HB 7687—2001	GB 943—1988	QJ 3079.1A—2011
试验螺栓	螺纹按GJB 3.1A—2003、GJB 3.2A—2015、GJB 52—1985，强度等级大于被试螺母强度等级，对材料无特殊要求	螺纹按GJB 3.1A—2003、GJB 3.2A—2015、GJB 52—1985，强度等级大于被试螺母强度等级，材料为合金钢，表面无涂层	—	螺纹按GJB 3.1A—2003、GJB 3.2A—2015、GJB 52—1985，强度等级大于被试螺母强度等级，材料为合金钢，表面无涂层

表7-2-11 试验条件对比

名称	HB 7596—2011	HB 7687—2001	GB 943—1988	QJ 3079.1A—2011
螺栓螺纹伸出量	伸出至少2倍螺距（包括倒角）	伸出至少2倍螺距（包括倒角）	伸出至少2倍螺距（包括倒角）	伸出至少2倍螺距（包括倒角）
加载方式	缓慢、均匀	缓慢、均匀	缓慢、均匀	缓慢、均匀

表7-2-12 试验结果要求对比

名称	HB 7596—2011	HB 7687—2001	GB 943—1988	QJ 3079.1—2011
评价方法	加载达到产品技术规范规定的数值时，卸下螺母，目视检查，必要时剖开螺母在低倍放大镜下检查，应符合规范的要求	加载达到产品技术规范规定的数值时，卸下螺母，目视检查，必要时剖开螺母在低倍放大镜下检查，应符合规范的要求	加载达到产品技术规范规定的数值时，卸下螺母，目视检查，必要时剖开螺母在低倍放大镜下检查，应符合规范的要求	加载达到产品技术规范规定的数值时，卸下螺母，目视检查，必要时剖开螺母在低倍放大镜下检查，应符合规范的要求

3. 锁紧性能试验

1）概述

锁紧性能是保证自锁螺母放松能力的关键指标，同时也是影响自锁螺母安装难易的直接因素。自锁螺母的自锁力矩分为最大锁紧力矩和最小松脱力矩，最大锁紧力矩是在第一次拧入自锁螺母过程中螺栓尾部凸出螺母端面两个完整螺距过程中测量的最大力矩。最小松脱力矩为经过15次重复拆装，螺栓从完成安装位置开始相对转动的最小拆卸力矩。利用最大锁紧力矩和最小松脱力矩来考核自锁螺母的综合锁紧性能，自锁螺母的最大锁紧力矩值越小越好，该值也是影响螺栓安装的主要因素；最小松脱力矩值越大越好，以保证安装和机械锁紧性能的稳定性。主要考核多次使用的螺母，在多次安装与拆卸过程中锁紧力矩能否满足性能规范要求。

2）试验原理

在螺母与螺栓全旋合（至少伸出2倍螺距，包括倒角）并且无轴向载荷时，施加于螺栓或螺母上使之相对转动的力矩。

自锁螺母根据使用的技术条件不同，试验方法也不同，主要有以下性能试验。

（1）常温无轴向载荷下锁紧性能试验。锁紧性能试验方法：自锁螺母在试验螺栓上应拧入、拧出15个完整周期。自锁螺母从拧入起点旋进至拧入终点，为一个完整拧入周期，自锁螺母从拧出起点旋退至拧出终点，为一个完整的拧出周期。

①拧入起点：指试验螺栓开始进入自锁螺母的锁紧部位时，拧入起点是拧出终点。

②拧入终点：指试验螺栓拧入螺母，其末端拧出3倍螺距时，拧入终点是拧出起点。

③第1次拧入最大力矩的测定：在第一次拧入周期中的最大力矩称为第一次拧入最大力矩。

④第15次拧出最小力矩的测定：在第15次拧出周期中，试验螺栓从拧出起点拧出2倍螺距（即转动两圈），这个过程中的最小力矩称为第15次拧出最小力矩。

⑤试验螺栓的拧入和拧出均无轴向载荷，并在试验螺栓（或自锁螺母）螺纹上涂以任何牌号的中性润滑脂。

⑥从第1次拧入到第15次拧出可连续进行，其转动速度要均匀、平稳。

（2）常温有轴向载荷下锁紧性能试验。本试验应在室温下进行。试验期间螺母温度不应超过45℃。

①单周期试验。螺母和螺栓的润滑，在加上衬套之后将螺母安装到螺栓上，当螺栓伸出至少2倍螺距（包括倒角）时，测量锁紧力矩，然后按产品相应标准的要求施加安装力矩。

②多次周期试验。按产品相应标准中规定的次数在同一螺栓上重复标准规定的试验要求，并在相同条件下测量第一次安装和每次拆卸时的锁紧力矩，第一次安装一定要在新螺栓上进行，每次拆卸应完全脱离螺母锁紧装置。

3）常见试验方法标准

（1）《自锁螺母技术条件》（GB 943—1988）主要适用于航空航天用自锁螺母的制造、试验和验收。试验原理同前"常温无轴向载荷下锁紧性能试验"，标准规定了锁紧性能试验方法，规定了试验螺栓的材料、热处理强度、尺寸及表面状态。同时，该标准规定了第一次拧入最大力矩和第15次拧出最小力矩的要求值。

（2）《使用温度不高于425℃的MJ螺纹自锁螺母试验方法》（HB 7596—2011）为航空行业标准，规定了使用温度不高于425℃的MJ螺纹自锁螺母（以下简称螺母）技术要求，质量保证规定及交货准备，适用于螺母的设计、制造与验收。标准规定了锁紧性能试验方法、安装力矩值，规定了试验螺栓的材料、热处理强度、尺寸及表面状态，规定了试验的润滑方式和螺母在拧入和拧出过程中的要求值。

（3）《使用温度不高于425℃的MJ螺纹自锁螺母试验方法》（HB 7687—2001）适用于航空结构用的使用温度高于425℃的MJ螺纹自锁螺母，并结合高温合金自锁螺母在航空领域的试制、使用情况编制而成。本标准规定了锁紧性能试验方法、试验循环次数、安装力矩值，规定了试验螺栓的材料、热处理强度、尺寸及表面状态。

（4）《尼龙圈自锁螺母第1部分：通用规范》（QJ 3078.1A—2011）为航天工业行业

标准,规定了最低工作温度为-50℃、最高工作温度为100℃的尼龙圈自锁螺母的要求,规定了锁紧性能试验方法、试验设备精度要求,规定了试验螺栓的材料、热处理强度、尺寸及表面状态。

(5)《全金属自锁螺母第1部分通用规范》(QJ 3079.1A—2011)为航天工业行业标准,规定了全金属自锁螺母的要求,规定了锁紧性能试验方法、试验设备精度要求,规定了试验螺栓的材料、热处理强度、尺寸及表面状态。

(6)《250°F、450°F和800°F自锁螺母》(NASM 25027—2012)。本标准替代MIL-DTL-25027H,适用于250°F、450°F和800°F使用的自锁螺母。规定了试验方法、试验要求和试验螺栓的要求以及试验设备精度要求。

4)标准对比分析

国内外紧固件锁紧性能试验各标准中试验条件、试验设备、试验结果的区别见表7-2-13~表7-2-15。

表7-2-13 设备要求对比

名称	GB 943—1988	HB 7596—2011	HB 7687—2001	QJ 3078.1A—2011	QJ 3079.1A—2011	NASM 25027—2012
示值误差	扭力试验设备的力矩误差不大于1%	—	—	扭力试验设备的力矩不确定度不大于4%	扭力试验设备的力矩不确定度不大于4%	力矩示值误差不大于±2%

表7-2-14 试验条件对比

名称	GB 943—1988	HB 7596—2011	HB 7687—2001	QJ 3078.1A—2011	QJ 3079.1A—2011	NASM 25027—2012
循环次数	15次	15次	验收按1次循环;检定按15次循环	15次	15次	15次
加载方式	不加载	2次加载13次不加载	全加载	不加载	不加载	不加载
最大锁紧力矩	试验螺栓拧入螺母,其末端拧出3倍螺距时,在第一次拧入周期内的最大力矩	最大力矩出现在螺母无轴向载荷拧入和拧出过程中,在第一次拧入过程中,当螺栓伸出螺母端面至少2倍螺距后,在第三圈拧入过程中测量的力矩最大值	当螺栓伸出最少2倍螺距(包括倒角)时测量的最大力矩	第一次拧入过程中试验螺栓拧入自锁螺母,其末端拧出螺母3倍螺距时的位置,拧入过程中测量的最大力矩	第一次拧入过程中试验螺栓拧入自锁螺母,其末端拧出螺母3倍螺距时的位置,拧入过程中测量的最大力矩	装配进行到螺栓的1~2扣螺纹(不包括螺栓末端),对于螺母末端不可见的场合以及锁紧装置不在螺母末端的场合,螺栓的螺纹应突出螺母锁紧装置最少1扣最多2扣

续表

名称	GB 943—1988	HB 7596—2011	HB 7687—2001	QJ 3078.1A—2011	QJ 3079.1A—2011	NASM 25027—2012
最小拧出力矩	在第15次拧出周期中，试验螺栓从拧出起点拧出2倍螺距（即转动两圈）这个过程中的最小力矩	对于施加拧紧力矩的情况：在组合件拧出半圈去除了轴向载荷并停顿一下后，螺母锁紧装置与螺栓仍处于全旋合状态的情况下，螺栓或螺母相对于组合件开始转动的力矩；对于不施加拧紧力矩的情况，螺母锁紧装置与螺栓仍处于全旋合并无轴向载荷的情况下，螺栓或螺母相对于组合件开始转动的力矩	拧出螺母，卸掉轴向载荷，停顿一下之后，螺母锁紧装置与螺栓仍处于全旋合状态的情况下，测量螺栓相对螺母开始转动的最小力矩	第15次拧出过程中，试验螺栓从拧出起点拧出2倍螺距（即转动两圈）过程中测出的最小力矩	第15次拧出过程中，试验螺栓从拧出起点拧出2倍螺距（即转动两圈）过程中测出的最小力矩	最小松脱力矩应在相应的螺栓或螺柱突出螺母1扣到最多2扣的范围内测量

表 7-2-15 试验结果要求对比

名称	GB 943—1988	HB 7596—2011	HB 7687—2001	QJ 3078.1A—2011	QJ 3079.1A—2011	NASM 25027—2012
评价方法	记录第一次拧入最大值和第15次拧出最小值	记录第一次拧入最大锁紧力矩值和每次拧出最小松脱力矩以及任何其他不符合规范规定的值	每次循环最大、最小力矩值	—	—	—

4. 永久变形试验

1）概述

此试验是为了鉴定自锁螺母与具有不同螺纹偏差的外螺纹紧固件配合使用时的锁紧性能。考核自锁螺母在最大实体状态的螺栓或螺柱上与最小实体状态的螺栓或螺柱上的锁紧性能。试验规定了当螺栓的螺纹偏差达到极限值时，自锁螺母能否重复使用的检查方法。

2）试验原理

用航空润滑油润滑螺母和螺栓的螺纹，将螺母装在最大实体状态的螺栓或螺柱上，当螺栓伸出螺母端面至少2倍螺距（包括倒角）时，在第三圈拧入过程中测量最大拧入力矩，然后拧出螺母。

用航空润滑油润滑螺母和螺栓的螺纹，将螺母装在最小实体状态的螺栓或螺柱上，当螺栓伸出螺母端面至少2倍螺距（包括倒角）时，在拧出方向测量最小拧出力矩。

拧出螺母，提交目视检查，必要时剖开螺母在10倍放大镜下检查，其结果应符合标准的要求。

注意：经过本试验的螺母不应再使用。

3）常见试验方法标准

（1）《使用温度不高于425℃的MJ螺纹自锁螺母试验方法》（HB 7596—2011）标准由中国航空工业集团公司提出，规定了使用温度不高于425℃的MJ螺纹自锁螺母的试验装置、试验程序和试验方法及试验合格判定要求。

（2）《使用温度高于425℃的MJ螺纹自锁螺母试验方法》（HB7687—2001）标准由航空工业第301研究所提出，规定了使用温度高于425℃的MJ螺纹自锁螺母的试验装置、试验程序和试验方法及试验合格判定要求。

（3）《250°F、450°F和800°F自锁螺母》（NASM 25027—2012）标准由美国国家标准协会提出，本标准涵盖在250°F、450°F和800°F温度下使用的自锁螺母。

（4）《MJ螺纹紧固件最高工作温度不大于425℃的自锁螺母试验方法》（QJ 1752—1989）标准由航天工业部708所提出，参照采用国际标准《航空航天紧固件最高工作温度小于或等于425℃的自锁螺母——试验方法》（ISO 7481—2000）。

（5）《自锁螺母试验要求和方法》（HB 5643—1987）标准由航空工业部301所提出，适用于最高工作温度为650℃和230℃标准M螺纹自锁螺母的制造和验收。

4）标准对比分析

各标准中试验条件、试验设备、试验结果的区别见表7-2-16~表7-2-18。

表7-2-16　设备要求对比

名称	HB 7596—2011	HB 7687—2001	NASM 25027—2012	QJ 1752—1989	HB 5643—1987
示值误差	扭力试验设备的力矩误差不大于1%	扭力试验设备的力矩误差不大于1%	扭力试验设备的力矩误差不大于1%	扭力试验设备的力矩误差不大于1%	扭力试验设备的力矩误差不大于1%

表7-2-17　试验条件对比

名称	HB 7596—2011	HB 7687—2001	NASM 25027—2012	QJ 1752—1989	HB 5643—1987
试验芯棒螺纹	按GJB 3.1A—2003、GJB 3.2A—2015和GJB 52—1985，中径、半角和螺距公差按HB 7596—2011中表3的规定	按GJB 3.1A—2003、GJB 3.2A—2015和GJB 52—1985，中径、半角和螺距中径、半角和螺距公差按HB 7687—2001中表4的规定	芯棒螺纹应满足MIL—S—8879—2004的要求，螺纹中径按NASM 25027—2012中表X的规定	螺纹按表5的规定，其余按GJB 3.1A—2003、GJB 3.2A—2015和GJB 52—2011的规定	试验芯棒的螺纹尺寸要求按HB 5643—1987中7.1条试验芯棒的要求

续表

名称	HB 7596—2011	HB 7687—2001	NASM 25027—2012	QJ 1752—1989	HB 5643—1987
试验芯棒材料	钢	工具钢	—	钢	40CrNiMoA 和工具钢
试验芯棒热处理	≥39HRC	≥60HRC	—	≥39HRC	40CrNiMoA芯棒36~40HRC；工具钢芯棒58~64HRC氧化
试验方法	用中性润滑油润滑螺母和最大芯棒，将螺母装到最大芯棒上，当试验芯棒伸出螺母端面至少2倍螺距（包括倒角）时，在第三圈拧入过程中测量最大锁紧力矩，然后拧出螺母。用中性润滑油润滑螺母和最小芯棒，当试验芯棒伸出螺母端面至少2倍螺距（包括倒角）时，在拧出的方向测量最小松脱力矩	用中性润滑油润滑螺母和最大芯棒，将螺母装到最大芯棒上，当试验芯棒伸出螺母端面至少2倍螺距（包括倒角）时，在第三圈拧入过程中测量最大锁紧力矩，然后拧出螺母。用中性润滑油润滑螺母和最小芯棒，当试验芯棒伸出螺母端面至少2倍螺距（包括倒角）时，在拧出的方向测量最小松脱力矩	用同一批产品的3件螺母安装到最大螺栓上并使至少3牙螺纹穿过螺母的顶面，最大自锁力矩应在螺母转动的第三圈内测量和记录；然后将螺母从螺栓上完全拆下，再用同样的3只螺母在最小螺栓上重复上述步骤，测量记录最小松脱力矩	润滑螺母和最大芯棒，将螺母装到最大芯棒上，测量芯棒伸出螺母长度最小为2倍螺距（包括倒角）时的锁紧力矩，然后拆下螺母。润滑螺母和最小芯棒，将螺母装到最小芯棒上，测量芯棒伸出螺母长度最小为2倍螺距（包括倒角），然后沿拧出方向测量拧动锁紧力矩	用大芯棒将自锁螺母进行一次拧入、拧出试验，在拧入的过程中，测量拧入的最大锁紧力矩；然后用小芯棒将自锁螺母进行一次拧入、拧出试验，在拧入的过程中测量拧入的最小锁紧力矩

表 7-2-18 试验结果要求对比

名称	HB 7596—2011	HB 7687—2001	NASM 25027—2012	QJ 1752—1989	HB 5643—1987
评价方法	记录最大试验芯棒和最小试验芯棒测出的锁紧力矩应在标准要求的最大值和最小值范围内	记录最大试验芯棒和最小试验芯棒测出的锁紧力矩应在标准要求的最大值和最小值范围内	记录最大试验芯棒测出的锁紧力矩不应超过标准的最大值；记录最小试验芯棒测出的锁紧力矩不应超过标准的最小值	记录最大试验芯棒测出的锁紧力矩不应超过标准的最大值；记录最小试验芯棒测出的锁紧力矩不应超过标准的最小值	记录最大试验芯棒测出的锁紧力矩不应超过标准的最大值；记录最小试验芯棒测出的锁紧力矩不应超过标准的最小值

5. 振动试验

1）正弦振动试验

（1）概述。正弦振动试验是考核防松紧固件的防松能力的关键项目，用于具有防松性能的内螺纹紧固件。标准只规定了规格5~12自锁螺母振动要求，如果这些规格振动合格，且制造工艺相同，则可认为其他规格也合格。正弦振动试验用于鉴定紧固件的防松性能和比较各类紧固件效果。试验方法一般按照《紧固件试验方法 振动》（GJB 713.3A—2002）和《紧固件试验方法 振动》（NASM 1312-7—1997）执行。

（2）试验原理。按图7-2-11所示组装试样和试验夹具，然后用规定的安装力矩拧紧螺纹紧固件（施加夹紧载荷）；产品技术条件有要求时，试样应按规定加热后进行试验；为模拟产品实际使用情况，有些紧固件应按技术条件要求，需要在试验夹具衬套上反复拆卸和安装到规定的次数后，才可进行试验；产品若以松动判断是否失效，应在试样上划线或作其他标记以确定是否有相对转动，用润滑油轻微地润滑试验夹具在试验时有相对滑动的表面；检查试验夹具衬套，是否能在长圆孔内自由移动。将组装好的试验夹具固定在振动台上开始振动，直到产品技术条件要求的时间或振动循环次数达到再停机，检查试样是否失效。判断失效的准则由产品技术规定，一般是指在所要求的时间或振动循环次数内超过了规定的最大松动量或试样出现裂纹等。

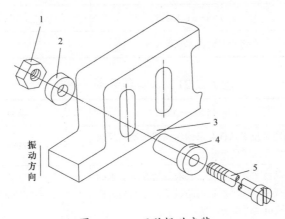

图7-2-11 正弦振动安装

1—试样；2—试验夹具垫圈；3—试验夹具壳体；4—试验夹具衬套；5—试验螺栓。

（3）试验标准。

①《紧固件试验方法 振动》（GJB 715.3A—2002）标准由中国航空工业第一集团公司提出，标准规定了紧固件加速振动的方法。用于鉴定航天航空紧固件在正弦振动下的防松性能。规定了对试验设备的要求、对试验夹具设计的要求以及对试验程序和试验报告的要求。

②《紧固件试验方法7 振动》（NASM 1312-7—1997）标准由美国国防部使用，试验原理同《紧固件试验方法 振动》（GJB 715.3A—2002），规定了对试验设备的要求、对试验夹具设计的要求以及对试验程序和试验报告的要求。

（4）标准对比分析。

国内外紧固件正弦振动试验各标准中试验条件、试验设备、试验结果的区别见表

7-2-19~表7-2-21。

表7-2-19 设备要求对比

名称	GJB 715.3A—2002	NASM 1312-7—1997
振动台	能使试验夹具产生正弦波形的振动	等同于GJB 715.3—2002
试验夹具	试验夹具主要工作部位形式尺寸按标准制造，其余部分由设计确定。试样与试验夹具组装后，可用加垫圈的方法来调整，使其重量分布左右基本对称，以保证组装件轴线在试验过程中与振动台振动方向基本垂直	等同于GJB 715.3A—2002

表7-2-20 试验条件对比

名称	GJB 715.3A—2002	NASM 1312-7—1997
振动方式	正弦波	正弦波
振动频率/Hz	30	30
全振幅/mm	11.43±0.4	11.43±0.4
试验次数	参考产品的技术规范要求	无

表7-2-21 试验结果要求对比

名称	GJB 715.3A—2002	NASM 1312-7—1997
评价方法	直到产品技术条件要求的时间或振动循环次数，检查试样是否失效	与GJB 715.3A—2002的方法相同
失效的准则	由产品技术条件规定，一般是指在所要求的时间或振动循环次数内超过了规定的最大松转量或试样出现裂纹等	与GJB 715.3A—2002的要求相同

2）横向振动试验

（1）概述。螺栓连接松动是因为受到横向、纵向载荷或其综合作用的结果，一般认为螺栓连接松动的主要原因是由横向载荷引起的，所以通常采用横向振动考核螺栓连接防松装置的防松性能。其中，横向振动试验方法是20世纪80年代以来公认效果较理想的防松测试方法，已被制定为国际标准，其试验准则是由美国SAE对已获得的试验结果总结后提出的，我国也根据准则制定了国标《紧固件横向振动试验方法》（GB/T 10431—2008），规定了试验台用于测试紧固件防松性能的原理、方法及对试验数据的处理。这种方法在国内被越来越多地使用，特别是近些年铁路提速中被频繁使用，成为轨道交通行业指定的方法。

（2）试验原理。1969年德国Junker研究发现，往返的横向振动是螺纹紧固件产生松脱的主要原因，发现了容克振动防松原理，目前的横向振动试验设备大部分是由

Junker试验机改进而来,Junker试验机结构与原理见图7-2-12,试验设备见图7-2-13,试验装置见图7-2-14。将试验螺栓按规定扭矩拧紧在工作台上,工作台分为动板和固定工装两部分,借助动力装置使动板产生正弦变化的横向载荷,使螺栓连接的预紧力减小甚至完全松动。通过分析试验过程中预紧力的衰减情况来判定螺栓连接的防松性能,国内外学者利用该试验方法对横向载荷下螺栓连接的松动进行了广泛研究。

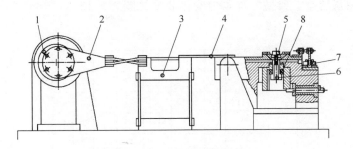

图7-2-12　试验机结构及原理
1—偏心轮;2—连杆;3—横向力传感器;4—连接板;5、6—紧固件测试组件;
7—位移传感器;8—夹紧力传感器。

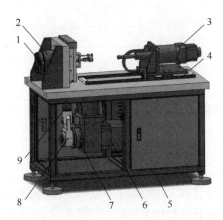

图7-2-13　试验设备
1—螺栓螺母测试夹具;2—轴向力测量传感器;3—预紧力施加装置;4—滑轨;5—主机架;
6—驱动电机;7—偏心轮;8—曲柄连杆机构;9—横向力传感器。

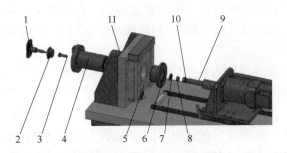

图7-2-14　横向振动试验装置
1—预紧装置;2—六方过渡卡套;3—试验螺栓;4—螺栓夹具;5—振动疲劳板;6—螺母夹具;
7—止动垫片;8—试验螺母;9—传动轴;10—套筒;11—轴向力测量传感器。

按图7-2-14所示将被测紧固件按规定的预紧力值安装到试验设备上，通过试验机带动被测紧固件连接的两金属板产生周期性的相对运动，金属板的周期性运动对被测紧固件有一个周期性的横向动载荷，迫使被测紧固件的松动，在试验过程中采集被测紧固件的预紧力瞬时值，根据预紧力的数据分析判断紧固件的防松性能。紧固件在测试过程中预紧力减小得越慢，测试时间就越长，紧固件的防松性能也就越好；反之紧固件的防松性能就越差。典型的预紧力变化曲线见图7-2-15。

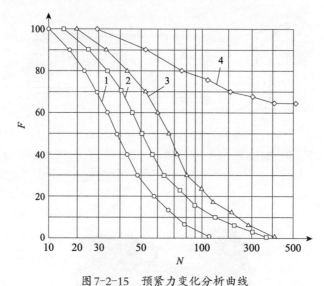

图7-2-15　预紧力变化分析曲线

1—样件1预紧力变化曲线；2—样件2预紧力变化曲线；3—样件3预紧力变化曲线；
4—样件4预紧力变化曲线。

（3）常见试验方法标准

①《航空航天系统螺栓连接的锁定行为在横向载荷条件下的动态试验（振动试验）》（ISO 16130—2015）标准由ISO/TC20航空航天紧固件专家编写，试验原理同前，标准规定了有效恒定振幅确定方法或推荐使用恒定有效振幅，列出了不同强度等级初始预紧力具体数值，列出了衰减率评估表和防松性能优劣，规定了相关结构的尺寸与公差。推荐测试试验件长径比为2.0~2.5。标准将扭矩测试引入该标准，检测测试前的自锁力矩，以及记录测试后的拧紧力矩和锁紧力矩，并设置了3种评价方式，该标准没有《铁道车辆及其组件的设计准则螺栓连接 第4部分》（DIN 25201-4B）要求严格，但遵循了类似的原则。

②《紧固件横向振动试验方法》（GB/T 10431—2008）。20世纪80年代初，为获得公认的防松性能试验方法，ISO/TC2组织美、英、德、日及中国等国家利用横向振动试验机进行验证试验。我国也引进了一台安布内科横向振动试验机，并开展了大量试验验证工作，在此基础上制定并发布实施了国家标准《紧固件横向振动试验方法》（GB/T 10431—1989）。这种方法在国内得到了广泛应用，特别是铁路等行业，《电气化铁路接触网零部件技术条件》（TB/T 2073—2020）、《变牙型防松螺母》（TB/T 3019—2001）等标准中关于螺栓横向振动试验方法均制定此方法。本标准制定了紧固件横向振动试

的相关要求及数据处理方法，方法延续了水平横向位移这一理论标准，也明确了对比试验，给出了推荐12.5Hz的试验频率、测量数量及振动周期，提供了工装图纸尺寸及参考材料，明确了预紧力作为测试条件和评估指标。

③《航空航天系列横向负载条件下紧固件的锁定特性的动态试验（振动试验）》（DIN 65151—2002）标准为德国工业标准，由航空航天标准委员会机械制造专家编写，标准所涵盖的试验用于检查航空航天紧固件在动态横向振动载荷下的防松性能。制定了试验设备原理及结构，明确了预紧力作为测试条件，试验结果受诸多测试参数影响，根据标准进行的试验不能绝对保证螺栓连接在使用条件下的锁紧性能，试验目的是在规定试验条件下对自锁产品进行比较评估。

④《铁道车辆及其组件的设计准则螺栓连接》（DIN 25201—1986）标准由德国铁路车辆标准化委员会编写，标准延续了《航空航天系列横向负载条件下紧固件的锁定特性的动态试验（振动试验）》（DIN 65151—2002）测试原理，但测试条件更严格，标准引入了参考和验证测试，给出了确定振幅的方法，规定不同性能等级螺栓所使用垫片的硬度、粗糙度、平行度等相关要求，规定了测试频率为12.5Hz，给出了螺栓初始预紧力范围、润滑方式及振动周期等规定，规定了螺栓长径比为1.7，提出了评估剩余预紧力80%以上为足够防松保护的量化指标。

（4）标准对比分析。

国内外紧固件横向振动试验各标准中试验条件、试验设备、试验结果的区别见表7-2-22~表7-2-24。

表7-2-22 设备要求对比

名称	ISO 16130—2015	GB/T 10431—2008	DIN 65151—2002	DIN 25201—1986
横向位移	尺寸不超过25.4mm，相对位移可达±1.5 mm	无	无	尺寸不超过25.4mm，相对位移可达±1.5 mm
预紧力测量误差/%	±2	±3	±0.6	±0.6
位移测量误差/%	±3	±1	±3	±3

表7-2-23 试验条件对比

名称	ISO 16130—2015	GB/T 10431—2008	DIN 65151—2002	DIN 25201—1986
横向位移	有效横向位移：0.5mm，不大于M12：0.8mm	推荐空载位移0.1d，最大±2mm	有效横向位移	有效横向位移
初始预紧力	$0.75F_m$	推荐12.9级预紧力范围	无	根据VDI2230计算给出
试验频率	10~15Hz，精度±3%	推荐12.5Hz	推荐12.5Hz	推荐12.5Hz

续表

名称	ISO 16130—2015	GB/T 10431—2008	DIN 65151—2002	DIN 25201—1986
试验次数	参考试验300±100次	1500次	无	参考试验（300±100）次；验证试验2000次或预紧力丧失
测试件长径比	2.0~2.5	无	无	1.7

表7-2-24　试验结果要求对比

名称	ISO 16130—2015	GB/T 10431—2008	DIN 65151—2002	DIN 25201—1983
评价方法	①预紧力完全丧失时的载荷循环次数；②确定载荷循环次数后的残余预紧力；③螺栓疲劳断裂前完成的载荷循环次数	1500次后的残余预紧力	①预紧力完全丧失时的载荷循环次数；②确定载荷循环次数后的残余预紧力；③螺栓疲劳断裂前完成的载荷循环次数	2000次后的残余预紧力
评价自锁行为	良好：85%~100%残余预紧力；可接受：40%~85%残余预紧力；较差：0~40%残余预紧力	无	无	足够的自锁性能：80%~100%残余预紧力

6. 密封试验

1）概述

密封是将液体和气体限制在给定区域内防止其进入不需要它们的区域的工艺。检验紧固件防止液体和气体介质泄漏性能的方法，适用于所有类型的密封紧固件。

2）试验原理

安装板上装上试样后，装在压力罐上，然后将压板与压力罐按产品技术条件的规定安装好，压力罐与试样安装板之间采用O形密封圈。将压力罐充满规定的试验介质，按产品技术条件规定的压力对压力罐充压，整个试验期间，试验介质的温度环境应保持在产品技术条件规定的要求下。

使用气体介质时，试样安装板应浸泡在与气体介质不发生反应的液体中，试验进行到标准规定的时长为止。当试样安装板上出现试验介质或浸没试样安装板的液体中冒出气泡，均判为试样失效。

3）常见试验方法标准

（1）《紧固件试验方法密封》（GJB 715.11—1990）标准由航空航天工业部提出，由航空航天工业部301所归口，规定了检验紧固件防止液体和气体介质泄漏性能的方法，试验设备和试样安装的要求，列出了压力罐和上压板的外形尺寸、材料及表面处理。

（2）《紧固件试验方法》（NASM 1312-19）标准为美国军用标准，其要求和技术指标与《紧固件试验方法密封》（GJB 715.11—1990）等效。

4）标准对比分析

紧固件密封试验各标准中试验设备、试验条件、试验结果的区别见表7-2-25~表7-2-27。

表7-2-25 试验设备对比

名称	GJB 715.11—1990	NASM 1312-19
试验设备	典型的压力罐与压板，设计尺寸按GJB 715.11—1990	典型的压力罐与压板，设计尺寸按GJB 715.11—1990
试验安装板	当试验公称直径在6mm以上的紧固件时，板上试样安装孔数量可以减少，安装孔对板面应垂直，偏差不大于1°，试验沉头紧固件时，沉头座深度应使安装后的试样头部与试验安装板齐平，极限偏差为+0.13mm，除非另有规定，试验安装孔的基本尺寸和基本偏差应按标准规定的要求	等同于GJB 715.11—1990
试样安装	安装螺纹试样，螺母按规定的最小安装力矩拧紧，试样不进行补充润滑	等同于GJB 715.11—1990

表7-2-26 试验条件对比

名称	GJB 715.11—1990	NASM 1312-19
低温下密封试验要求	按规定试验压力的高、低极限值对压力罐反复循环充压，每分钟25~50个循环，整个试验期间介质的温度保持在-7℃以下，试验应进行到试验失效为止	等同于GJB 715.11—1990
常温下密封试验要求（压力试验）	—	—
常温下密封试验要求（强度试验）	—	—

表7-2-27 试验结果对比

名称	GJB 715.11—1990	NASM 1312-19
评价方法	当试样安装板上出现试验介质或浸没试样安装板的液体中冒出气泡，均判为试样失效	当试样安装板上出现试验介质或浸没试样安装板的液体中冒出气泡，均判为试样失效

7. 扩口试验

1）概述

扩口试验是检验金属管端扩口工艺变形能力的一种方法。

2）试验原理

在进行扩口试验时，将具有一定锥度的顶芯压入金属管试样一端，使其均匀地扩张到相关技术条件的要求。

3）常见试验方法标准

目前扩口试验多为企标自锁螺母的试验方法，规定了自锁螺母的扩口处应能用60°锥形工具扩口，扩成原直径的1.05倍、1.2倍不等，合格判定是紧固件扩口处不应产生断裂和破坏。

8. 拧脱试验

1）概述

拧脱试验适用于游动托板螺母、成组槽螺母、用钎焊或抓紧的组合螺母。试验目的是考核（游动托板螺母、成组槽螺母、用钎焊或抓紧的组合螺母）支架的刚度和强度。试验时将支架固定，对螺母体施加标准规定的力矩，要求螺母体不能从支架上脱出。

螺栓拧紧和拧松时螺母支架阻抗螺母旋转的能力，在产品技术条件规定的拧脱力矩范围内，螺母的支架应能经受这一扭矩，螺母不应与支架分离，螺母组件不允许有影响再次使用的裂纹与变形。

2）试验原理

用铆钉将试样牢固地固定在刚性板上，将加载螺栓拧入试样使其凸肩接触螺母本体，通过加载螺栓按顺时针方向对试样施加力矩，在加载螺栓头上安装螺母并拧紧，然后以反方向施加同样大小的力矩，卸下加载螺栓，检查试样的破坏情况和变形。典型试验装置如图7-2-16所示。

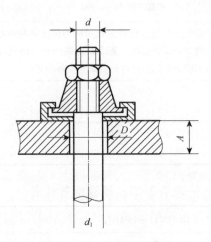

图7-2-16　拧脱试验装置

3）常见试验方法标准

（1）《紧固件试验方法托板自锁螺母拧脱》（GJB 715.5—1990）标准由航天航空工业部专家编写，试验原理同前，标准规定了拧脱力矩的试验要求及试验装置的要求，列出了试验设备的精度要求，列出了拧脱的试验方法及试验报告的要求，规定了不同规格产品的相关结构的尺寸。

（2）《紧固件试验方法24 拧脱试验》（NASM 1312-24—1997）标准由美国国防部使用，试验原理同《紧固件试验方法托板自锁螺母拧脱》（GJB 715.5—1990），规定了试验设备的要求、对试验夹具设计的要求、试验程序和试验报告的要求。

4）标准对比分析

紧固件拧脱试验各标准中试验设备要求、试验条件、试验结果的区别见表7-2-28~表7-2-30。

表7-2-28 试验设备要求对比

名称	GJB 715.5—1990			NASM 1312-24—1997		
加载值/全量程/%	0~20	20~80	80~100	—	—	—
精度/%	±7	±4	±5	—	—	—

表7-2-29 试验条件对比

名称	GJB 715.5—1990	NASM1312-24—1997
试验装置	刚性固定板和一个带凸肩的加载螺栓	与GJB 715.5—1990技术指标等效
试验方法	将加载螺栓拧入试样使其凸肩接触螺母本体，通过加载螺栓按顺时针方向对试样施加扭矩，在加载螺栓头上安装螺母并拧紧，然后以反方向施加同样大小的力矩	与GJB 715.5—1990技术指标等效

表7-2-30 试验结果对比

名称	GJB 715.5—1990	NASM 1312-24—1997
评价方法	卸下加载螺栓，检查试样的破坏情况和变形，如果固定铆钉在试验过程中破坏，不应以此判断为试样破坏	与GJB 715.5—1990等效

9. 推出试验

1）概述

推出试验适用于托板自锁螺母和成组游动托板自锁螺母，但不适用于角形托板自锁螺母。

螺栓拧入时试样所受的轴向力，在产品技术条件规定的推出力范围内，试样不应出现任何裂纹和破坏。游动托板自锁螺母不应脱离其支架，试样的任何轴向变形应小于产品技术条件的规定值。

试验目的是考核（托板螺母和游动托板螺母）托板的刚度和强度。

2）试验原理

典型试验装置如图7-2-17所示，其中带有球形端头的推杆可用与试样材料相同的模拟螺栓代替，试验装置应能对试样施加轴向力。

试验时将托板螺母固定在刚性板上，用球头推杆对螺母施加标准规定的轴向载荷，如螺母的纵向变形符合要求，即判试验合格。

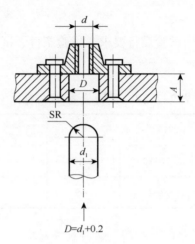

图7-2-17 推出试验装置

3）常见试验方法标准

（1）《紧固件试验方法 托板自锁螺母推出》（GJB 715.4—1990）。本标准由航天航空工业部专家编写，试验原理同前，标准规定了推出力的试验要求及试验装置的要求，列出了试验设备的精度要求，列出了拧脱的试验方法及试验报告的要求，规定了不同规格产品的相关结构的尺寸。

（2）《紧固件试验方法22 托板螺母推出》（NASM 1312-22—1997）标准由美国国防部使用，试验原理同《紧固件试验方法托板自锁螺母推出》（GJB 715.4—1990），规定了试验设备的要求、对试验夹具设计的要求以及对试验程序和试验报告的要求。

4）标准对比分析

紧固件推出试验各标准中试验设备、试验条件、试验结果的区别见表7-2-31~表7-2-33。

表7-2-31 试验设备对比

名称	GJB 715.4—1990	NASM 1312-22—1997
精度	±1%测力计测量轴向力	与GJB 715.4等同
加载力方法	静重加载法施加轴向力	与GJB 715.4等同
轴向变形	精度为0.01mm的百分表测量试样的轴向变形	与GJB 715.4等同

表7-2-32 试验条件对比

名称	GJB 715.4—1990	NASM 1312-22—1997
试验装置	刚性固定板和一个带凸肩的加载螺栓	与GJB 715.4技术指标等效
试验方法	通过球头推杆对试样施加轴向力，或是将长度足够的螺栓拧入螺母并直接对螺栓施加轴向推出力	与GJB 715.4技术指标等效

表7-2-33 试验结果对比

名称	GJB 715.4—1990	NASM1312-22—1997
评价方法	卸下加载螺栓，检查试样的破坏情况和变形，测量并记录试样的轴向变形。如果固定铆钉在试验过程中破坏，不应以此判断为试样破坏	与GJB 715.5—1990等效

10. 扳拧试验

1）概述

扳拧试验只适用于可扳拧的螺母（如六角螺母），目的是考核螺母在扳拧过程中是否会"打滑"。为检查螺母扳拧强度所施加的拧紧拧松力矩，在此力作用下，不应产生影响套筒扳手使用的永久变形。

螺母承受扳拧力矩的大小与其材料及其热处理状态有关，螺母的强度等级越高、厚度越厚，扳拧力矩值越大。标准中的力矩值根据强度的比例关系计算所得。考核具有扳拧结构的螺栓和螺母承受扳拧力矩的能力。

2）试验原理

根据产品做不同试样的试验工装，使其在试验夹具槽内具有0.05~0.10mm的间隙，用中性润滑油润滑螺栓和螺母的螺纹。工具扳拧部分的形状应与紧固件的扳拧结构相适应，施加力矩的速度要均匀，最大不得超过2.26N·m/s，除非另有规定，一般不得对旋具施加轴向力，在不出现下述情况之一的条件下测得的最大力矩，即为扳拧力矩。

（1）紧固件失效；

（2）扳手或旋具发生破坏（失去功能）；

（3）紧固件的扳拧结构发生损坏、失效。

3）常见试验方法标准

（1）《紧固件试验方法 力矩》（GJB 715.14—1990）标准由航天航空工业部专家编写，标准规定了在室温条件下螺纹紧固件各种力矩的试验方法，适用于螺纹紧固件的各种力矩的测定。列出了试验设备的精度、测量范围及示值误差的要求，规定了试验装夹及力矩装置的同轴度和偏差。

（2）《紧固件试验方法31 力矩》（NASM 1312-31—1997）标准由美国国防部使用，试验原理及试验设备要求和试验装置的要求同GJB 715.14—1990，技术指标与其等效。

（3）《使用温度不高于425℃的MJ中螺纹自锁螺母试验方法》（HB 7596—2011）标准由中国航空工业集团公司提出，试验原理同《紧固件试验方法托板自锁螺母推出》（GJB 715.4—1990），细化了试验装置的具体要求，规定了具体的试验方法。

4）标准对比分析

紧固件扳拧试验各标准中试验设备、试验条件、试验结果的区别见表7-2-34~表7-2-36。

表 7-2-34　试验设备对比

名称	GJB 715.14—1990	NASM 1312-31—1997	HB 7596—2011
力矩扳手	±1%测力计测量轴向力	与GJB 715.14—1990等同	与GJB 715.14—1990等同
扭力机	静重加载法施加轴向力	与GJB 715.14—1990等同	与GJB 715.14—1990等同
动力力矩扳手	精度为0.01mm的百分表测量试样的轴向变形	与GJB 715.14—1990等同	与GJB 715.14—1990等同

表 7-2-35　试验条件对比

名称	GJB 715.14—1990	NASM 1312-31—1997	HB 7596—2011
试验装置	刚性固定板和一个带凸肩的加载螺栓	与GJB 715.14—1990技术指标等效	与GJB 715.14—1990技术指标等效
试验方法	通过球头推杆对试样施加轴向力,或是将长度足够的螺栓拧入螺母并直接对螺栓施加轴向推出力	与GJB 715.14—1990技术指标等效	与GJB 715.14—1990技术指标等效

表 7-2-36　试验结果对比

名称	GJB 715.14—1990	NASM 1312-31—1997	HB 7596—2011
评价方法	卸下加载螺栓,检查试样的破坏情况和变形,测量并记录试样的轴向变形。如果固定铆钉在试验过程中破坏,不应以此判断为试样破坏	与GJB 715.14等效	与GJB 715.14等效

11. 扭拉试验

1) 概述

在螺纹紧固件的使用中应用较广泛的是螺栓-螺母连接副的形式,应用较多的是有预紧力的连接方式,预紧力的连接可以提高螺栓连接的可靠性、防松能力及螺栓的疲劳强度,并且能增强螺纹连接体的紧密性和刚度。在螺纹紧固件的连接使用中,没有预紧力或预紧力不够时,起不到真正的连接作用,一般称之为欠拧;但过高的预紧力或者不可避免的超拧也会导致螺纹连接的失败。众所周知,螺纹连接的可靠性是由预紧力来设计和判断的,但是,除了在实验室可以测量外,在装配现场一般不易直观地测量。螺纹紧固件的预紧力则多是采用力矩或转角的手段来达到的。因此,当设计确定了预紧力之后,安装时采用何种控制方法、如何规定拧紧力矩的指标则成为关键问题,这就提出了螺纹紧固件扭(矩)-拉(力)关系的研究课题。螺纹紧固件扭—拉关系,不仅涉及扭矩系数、摩擦系数(含螺纹摩擦系数和支撑面摩擦系数)、屈服紧固轴力、屈服紧固扭矩和极限紧固轴力等一系列螺纹连接副的紧固特性的测试及计算方法,还涉及螺纹紧固件的应力截面积和承载面积的计算方法等基础的术语、符号的规定。

2）试验原理

螺栓的拧紧过程是一个克服摩擦的过程，在这一过程中存在螺纹副的摩擦及端面摩擦。通常情况下，装配扭矩的约90%都由于螺纹副摩擦及端面摩擦消耗掉了，只有约10%转化为螺栓轴向夹紧力。理论上，螺栓拧紧过程中拧紧扭矩T、螺栓轴向力F与摩擦系数及螺纹形状尺寸之间有以下关系，即

$$T = \frac{F}{2}\left\{d_p \frac{\frac{\mu_s}{\cos\alpha'} + \tan\beta}{1 - \frac{\mu_s}{\cos\alpha'}\tan\beta} + d_w \mu_w\right\} \approx \frac{1}{2}F\left\{d_p \frac{\mu_s}{\cos\alpha'} + d_p \tan\beta + d_w \mu_w\right\} \quad (7\text{-}2\text{-}1)$$

式中：μ_s为螺纹副摩擦系数；μ_w为端面摩擦系数；d_p为螺栓有效直径，粗牙螺纹$d_p \approx 0.906d$，细牙螺纹$d_p \approx 0.928d$；d_w为端面摩擦圆等效直径，$d_w = \frac{2}{3}\frac{d_u^3 - d_i^3}{d_u^2 - d_i^2} \approx 1.3d$；$d_u$、$d_i$分别为摩擦圆的外径及内径；$d$为螺纹公称直径；$\beta$为螺纹升角，粗牙螺纹$\beta \approx 2°50'$，细牙螺纹$\beta \approx 2°10'$；$\alpha'$为垂直截面内的螺纹牙形半角，约为$29°58'$。

式（7-2-1）右侧第1、2、3项可分别理解为螺纹副摩擦消耗的扭矩、螺栓伸长（产生轴向预紧力）消耗的扭矩以及端面摩擦消耗的扭矩。若取$\mu_s = \mu_w = 0.15$，则可求得粗牙螺纹与细牙螺纹中各部分的扭矩消耗，如表7-2-37所列。

表7-2-37　螺栓拧紧过程中的扭矩消耗（理论计算）比例

类型	总扭矩	端面摩擦	螺纹摩擦	螺栓伸长
粗牙螺纹/%	100	49.1	39.5	11.4
细牙螺纹/%	100	49.9	41.1	9.0

当然，由于摩擦条件（摩擦系数、几何尺寸等）的不同，螺栓拧紧过程中的扭矩消耗比例会有所区别，如对于镶有尼龙衬垫或具有异形螺纹的紧固件，在拧紧（或松开）时还会消耗一定的自锁扭矩。某8.8级M10普通粗牙螺栓（$\mu_s = 0.11$，$\mu_w \approx 0.16$）在采用普通螺母和具有自锁扭矩的异形螺母时，其拧紧扭矩的消耗比例如表7-2-38所列。

表7-2-38　某螺栓拧紧过程中的扭矩消耗

类型	总扭矩/(N·m)	自锁扭矩/%	端面摩擦/%	螺纹摩擦/%	螺栓伸长/%
普通螺母	53	0	57	30	13
异形螺母	55	19	46	24	10

（1）摩擦系数与扭矩系数。

摩擦系数μ是通常意义上的物理概念，是摩擦力与正压力的比值。在螺纹连接中，摩擦可分为螺纹副摩擦及端面摩擦两部分，这两部分摩擦条件往往不尽相同，因而存在螺纹副摩擦系数μ_s及端面摩擦系数μ_w。摩擦系数根据材质、表面状况及润滑条件的不同而不同。一般钢材结合面的平均摩擦系数如表7-2-39所列，常见螺纹连接副的摩

擦系数如表7-2-40所列。

扭矩系数 K 是宏观上直接反映螺栓拧紧过程中的扭矩与轴向夹紧力之间关系的经验系数，由式（7-2-2）给出，即

$$T=KdF \tag{7-2-2}$$

式中：T 为拧紧扭矩（N·m）；d 为螺纹公称直径（mm）；F 为螺栓轴向夹紧力（kN）。

表7-2-39　一般钢材结合面的平均摩擦系数

表面处理	摩擦系数	表面处理	摩擦系数
未加工（有氧化皮）	0.32	热镀锌	0.19
精加工表面	0.13	冷镀锌	0.30
粗磨光表面	0.28	镀锌后喷砂	0.34
喷丸处理	0.49	涂红丹漆	0.07
喷丸处理后时效	0.53	涂覆聚乙烯	0.28
喷砂处理	0.47	涂防锈漆	0.60
喷砂后涂亚麻籽油	0.26	涂覆铝粉	0.15
喷涂金属	0.48	涂润滑油	0.08

表7-2-40　常见螺纹连接副的摩擦系数

表面状态		润滑状态		
螺栓	螺母	无润滑	润滑油	MoS_2润滑脂
锰磷酸盐	无处理	0.14~0.18	0.14~0.15	0.10~0.11
无处理		0.14~0.18	0.14~0.17	0.10~0.12
锌磷酸盐		0.14~0.21	0.14~0.17	0.10~0.12
镀锌（约厚8μw）		0.125~0.18	0.125~0.17	—
镀镉（约厚8μw）		0.08~0.12	0.08~0.11	—
镀锌（约厚8μw）	镀锌（约厚8μw）	0.125~0.17	0.14~0.19	—
镀镉（约厚7μw）	镀镉（约厚7μw）	0.08~0.12	0.10~0.15	—

对比式（7-2-1）、式（7-2-2）可知，扭矩系数是由摩擦系数和螺纹形状共同决定的参数，对特定的理想的螺纹连接副而言，当摩擦系数确定后，扭矩系数 K 值也就确定了，如下式，即

$$K = \frac{1}{2d}\left\{ d_\mathrm{p} \frac{\frac{\mu_\mathrm{s}}{\cos\alpha'} + \tan\beta}{1 - \frac{\mu_\mathrm{s}}{\cos\alpha'}\tan\beta} + d_\mathrm{w}\mu_\mathrm{w} \right\} \approx \frac{1}{2d}\left\{ d_\mathrm{p}\frac{\mu_\mathrm{s}}{\cos\alpha'} + d_\mathrm{p}\tan\beta + d_\mathrm{w}\mu_\mathrm{w} \right\} \tag{7-2-3}$$

如取 $\mu_\mathrm{s}=\mu_\mathrm{w}=0.15$，则由式（7-2-3）可求得粗牙螺纹和细牙螺纹的扭矩系数 K 都约为0.2。

应该特别指出的是，它们的物理概念和求得的方法是不同的。摩擦系数有明确的物理意义，可理解为一个材料常数，当摩擦面的材质、表面状态和润滑条件确定后，摩擦系数也就随之确定（严格地说，金属间的摩擦系数会随相对滑动速度或温度的升高而降低）；而扭矩系数则是经验参数，它不仅取决于摩擦面的摩擦系数，还取决于螺纹连接副的几何形状。如前所述，对特定的理想的螺纹连接副而言，当摩擦系数确定后，扭矩系数也就确定了，但实际的螺纹连接副不可避免地存在制造公差，有时甚至存在铁屑、螺纹碰伤、螺纹乱扣干涉等缺陷，此时，即使一批螺栓（螺母）的摩擦系数保持恒定，其扭矩系数也将不可避免地存在一定的散差，而并非是与摩擦系数相对应的某一常数。在极端情况下，当发生干涉时，尽管拧紧扭矩足够大，螺栓的轴向力可能很小（$F \to 0$），此时$K \to \infty$。通常情况下，根据螺纹连接方式、表面摩擦条件以及螺纹制造质量的不同，K值通常可在0.1~0.4甚至更宽的范围内变化。

总之，摩擦系数仅仅能反映特定接触面之间的摩擦情况，扭矩系数则是反映螺纹副摩擦性能的综合经验参数。扭矩系数必须结合具体连接条件通过试验实测，不可简单地根据摩擦系数进行推算。

（2）扭拉试验方法。

扭拉试验能测定螺纹连接副的拧紧扭矩与螺栓轴向夹紧力之间的关系，包括摩擦系数、扭矩系数等，通常应用于螺纹紧固件的综合质量鉴定、表面处理、表面涂层质量评定以及确定具体工况下装配工艺参数等。

扭拉试验是按规定的转速向特定螺纹连接副的螺栓头或螺母施加扭矩并记录该连接副的扭矩-轴向力曲线，从而求出给定轴向力下的扭矩范围或给定扭矩下的轴向力范围，计算出扭矩系数K和摩擦系数μ及其散差。

扭矩系数K和摩擦系数μ的简略计算公式为

$$K = \frac{T}{dF} \tag{7-2-4}$$

$$\mu_s = \frac{T_s/F - 0.16P}{0.58d_p} \tag{7-2-5}$$

$$\mu_w = \frac{2T_w}{F \cdot d_w} \tag{7-2-6}$$

当$\mu_s = \mu_w = \mu$时，有

$$\mu = \frac{-0.16P}{0.58d_p + 0.5d_w} \tag{7-2-7}$$

上述式中：T为拧紧扭矩（N·m）；T_s为螺栓杆部受到的扭矩（N·m）；T_w为端面摩擦消耗的扭矩（N·m）；d为螺纹公称直径（mm）；d_p为螺纹有效直径（mm）；d_w为端面摩擦圆等效直径；F为螺栓的轴向预紧力（kN）；P为螺纹牙距（mm）。

螺纹紧固件摩擦性能试验装夹方式如图7-2-18所示。

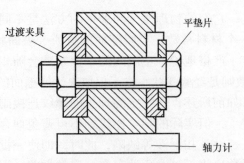

图 7-2-18 螺纹紧固件摩擦性能试验装夹方式

摩擦性能试验一般有以下要求：①轴向力及拧紧扭矩的测量精度均优于1%；②拧紧系统能控制较低的恒定拧紧转速（10～30r/min不等）将螺栓拧紧至屈服，并自动记录扭矩及轴向力曲线；③每件试件要配一套未曾使用过的配用螺纹件及垫片，其材质、性能等级、尺寸公差、表面状态等必须与试验件相匹配；④试验过程中，只有试验件旋转，配用螺纹件及垫片等应固定不动，拧紧套筒不能接触垫片等其他可能导致扭矩消耗的物件；⑤试验时应严格按试验要求控制润滑条件；⑥试验件数的多少根据试验目的不同而异，对于工艺试验及货源鉴定试验，为便于统计分析，一般要求试验件数在25件左右。

（3）预紧力。

螺纹连接，特别是承受动载荷的重要螺纹连接，其根本目的是要利用螺纹紧固件将被连接件可靠地连接在一起，装配拧紧的实质是要将螺栓的轴向预紧力控制在适当的范围。大量研究表明，螺栓的轴向预紧力越大，其抗松动和抗疲劳性能越好，螺栓拧紧至屈服时效果最好；反之，若轴向力小而分散，则必然导致材料浪费、连接结构笨拙而且可靠性差。螺栓轴向力范围取决于结构功能、零件强度、工艺控制方法及控制精度等多方面因素，它们同时都受到连接副的摩擦性能的影响。

7.2.3 高锁螺母

高锁螺母名称中的"高锁"来源是英文 high-lock，是美国高剪公司（Hi-Shear Corporation）专利。高锁螺母需与高锁螺栓配合使用，其主要目的是提高飞机结构的疲劳寿命，主要途径是在安装连接件时，使结构获得稳定而较高的预紧力（夹紧力）。高锁螺母如图 7-2-19 所示，主要分为扳拧部位、断颈槽、螺母体（包含自锁部位），通常与高锁螺栓配套使用。

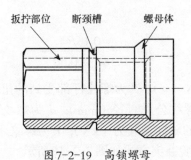

图 7-2-19 高锁螺母

1. 硬度试验

高锁螺母的硬度试验一般进行维氏硬度检测来考核其性能是否满足标准要求,常用的试验方法有《紧固件试验方法硬度》(GJB 715.2—1989)、《金属材料维氏硬度试验第1部分:试验方法》(GB/T 4340.1—2009)和《金属材料维氏硬度和努氏硬度的试验方法》(ASTM E92-23)等。高锁螺母硬度试验制样要求和检测要求详见7.1.5节的"维氏硬度"部分内容。高锁螺母硬度试验各标准中试验条件、试验设备、试验结果的区别见表7-2-41。

表7-2-41 维氏硬度试验对比

名称	GJB 715.2—1989	GB/T 4340.1—2009
负荷(试验力)/N	0.00981~19.61	0.09807~980.7
负荷(试验力)保持时间/s	≥15	10~15
速率	0.03~0.07mm/s	从加力开始至全部试验力施加完毕应在2~8s
计算公式	$HV=0.1891F/d^2$	$HV=0.1891F/d^2$

2. 拧断力矩试验

1)概述

高锁螺母的安装力矩会使高锁螺母的工艺部分(断颈槽)被拧断,即安装力矩的大小等同于高锁螺母的拧断力矩大小。拧断力矩是指在安装过程中,对螺母六方扳拧部位施加拧紧力矩,直至高锁螺母的断颈槽部位发生断裂,六方部位发生分离(拧断六角头),此过程中的最大力矩为拧断力矩。拧断力矩的大小由材料许用应力和拧断槽外圆尺寸、孔径尺寸来确定。通常拧断力矩按产品标准的规定,当拧断力矩与预紧力矛盾时,以预紧力为准。常见的试验方法为《紧固件试验方法 力矩》(GJB 715.14—1990),或用扭力试验机进行测量,但扭力力矩的测试系统精度不得低于《紧固件试验方法 力矩》(GJB 715.14—1990)的要求。

2)试验原理

通过扭力试验机,将高锁螺母安装到试验螺栓上,直至拧断六角头,测量此阶段的最大力矩为拧断力矩,试验示意图见图7-2-20。

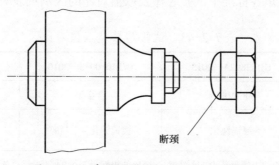

图7-2-20 高锁螺母拧断力矩试验示意图

3）常见试验方法标准

（1）《紧固件试验方法 力矩》（GJB 715.14—1990）标准为航空航天专用标准，由中国航空综合技术研究所参考《紧固件试验方法31 力矩》（NASM 1312-31—1997）进行起草编制，工装结构、技术指标及特殊要求在结合《紧固件试验方法31 力矩》（NASM 1312-31—1997）的技术上进行了具体细化，更具有指导意义。

（2）《紧固件试验方法31 力矩》（NASM 1312-31—1997）标准为美国航空航天标准，主要对美国航空航天用紧固件力矩试验方法进行了规定。

4）标准对比分析

高锁螺母扳拧试验各标准中对试验设备示值误差的区别见表7-2-42。

表7-2-42 试验设备示值误差对比

名称	GJB 715.14—1990	NASM 1312-31—1997
力矩扳手示值误差	±4%	与GJB 715.14—1990等同
扭力机示值误差	±2%	与GJB 715.14—1990等同
动态力矩扳手示值误差	±0.34N·m或测量值的±5%	与GJB 715.14—1990等同

3. 锁紧力矩试验

1）概述

高锁螺母锁紧力矩与普通自锁螺母锁紧力矩原理相同。锁紧力矩试验主要考核产品的防松、抗振性能。需使用芯棒进行该试验，试验芯棒属性按产品标准及技术规范要求。常见的试验方法为《紧固件试验方法 力矩》（GJB 715.14—1990），在室温下进行，在一次拧入拧出过程中测量锁紧力矩，测量结果应符合产品标准及技术规范要求。

2）试验原理

锁紧力矩试验是将高锁螺母、试验芯棒安装到扭力试验机上，通过对高锁螺母施加拧紧力矩，使芯棒穿过螺母自锁区，直至芯棒露出螺母自锁区至少2扣（包括倒角），在此阶段测量的最大力矩为锁紧力矩，此过程应保证在紧固件上没有轴向力。

3）标准对比分析

高锁螺母锁紧力矩各标准中试验芯棒及取值对比的区别见表7-2-43。

表7-2-43 试验芯棒及取值对比

名称	GJB 2892A—2015	Q/J 10-0033—2010	Hi-shear 381
试验芯棒材料	30CrMnSiA	合金钢	Ti-6Al-4V
试验芯棒表面处理	镀镉钝化	镀镉钝化+十六醇	涂铝+十六醇、阳极化+十六醇
取值范围	螺栓伸出螺母至少2倍螺距	螺栓伸出螺母至少2倍螺距	螺栓伸出螺母至少2倍螺距

4. 松脱力矩试验

1）概述

高锁螺母松脱力矩主要考核产品的防松、抗振性能。在高锁螺母完成安装后的拆卸过程中测量，常见的试验方法为《高锁螺母通用规范》（GJB 2892A—2008）、《紧固件系列高锁螺母产品规范》（Hi-shear 381），标准中对松脱力矩试验的方法步骤均一致。

2）试验原理

高锁螺母在完成安装后，去除轴向载荷（卸载过程中不能破坏试验高锁螺母和试验芯棒），然后在拧出方向按《紧固件试验方法 力矩》（GJB 715.14—1990）测量松脱力矩，试验示意图见图7-2-21。

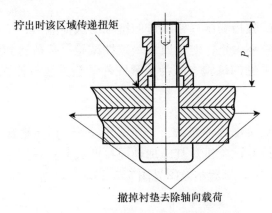

图7-2-21　高锁螺母松脱力矩试验示意图

5. 预紧力试验

1）概述

预紧力指高锁螺母安装成型后，紧固件与被连接件之间产生的沿螺栓轴心线方向的力。预紧力影响着连接的可靠性和精密性，预紧力的大小与拧紧力矩、螺纹副摩擦力、螺母与被连接件之间的摩擦力相关，预紧力的主要影响因素包括拧断力矩、锁紧力矩、支撑面直径和润滑性4个因素。部分高锁螺母表面处理方式还包含涂十六醇润滑层，而十六醇易挥发，对预紧力试验结果影响较大。常见的试验方法为《紧固件试验方法 安装成形紧固件的预紧力》（GJB 715.13—1990）。但该试验方法为传统试验方法，随着试验设备的发展及试验条件的改善，现多使用具备预紧力测量系统的设备进行试验，通过力传感器可以更方便、更准确地测量预紧力。

2）试验原理

将高锁螺母、试验芯棒安装到扭力试验机上，直至拧断工艺六方，测量此时产生的最大轴向载荷为预紧力。

随着试验设备条件的发展，现通常将拧断力矩、锁紧力矩、松脱力矩、预紧力在一次完整的安装拆卸过程中分别测量，试验示意图见图7-2-22。

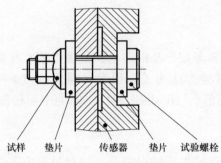

图 7-2-22　高锁螺母预紧力试验示意图
试样　垫片　传感器　垫片　试验螺栓

6. 抗拉力试验

1）概述

高锁螺母抗拉力试验指测试高锁螺母的抗轴向载荷能力，一般对于鉴定试验，载荷应一直加到使螺母破坏为止，对于质量一致性试验，载荷达到标准规定最小拉力值后，可不继续进行。常见的试验方法为《紧固件试验方法拉伸强度》（GJB 715.23A—2008）。

2）试验原理

将高锁螺母拧入双头螺柱任意端，直至露出至少2扣完整螺纹，然后将组件按图7-2-23所示方式放入拉伸试验机对其施加轴向拉伸载荷，直到螺母破坏为止，或载荷达到标准规定最小拉力值，试验示意图见图7-2-23。

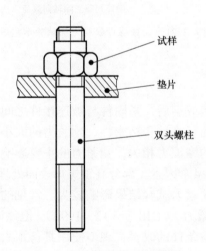

图 7-2-23　抗拉力试验示意图

7. 振动试验

1）概述

振动试验是将安装后的高锁螺母组件放置在振动台上进行正弦振动，用于鉴定产品的防松性能和比较各类产品的防松效果。常见的试验方法有《紧固件试验方法振动》（GJB 715.3A—2002）、《紧固件试验方法7—振动》（NASM 1312-7—1997），通常进行30000个循环，振动频率为30Hz，全振幅为（11.43±0.4）mm。

2）试验原理

将螺母、螺栓组件按图7-2-24所示方式进行安装，螺栓穿过衬套、垫片，将高锁螺母拧紧，直至拧断工艺六方。拧紧后的组件应能在振动夹具体内沿自由轴向（振动方向）移动，随后将振动夹具体安装在振动台上开始试验。螺母在振动试验中不允许出现结构破坏、裂纹、断裂、锁紧元件松动、螺纹破坏或锁紧性能消失，允许螺母相对螺栓转动不超过360°。如螺栓破坏不应认为螺母不合格。

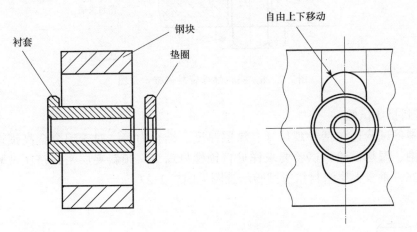

图7-2-24　振动试验示意图

3）标准对比分析

高锁螺母振动试验各标准中试验条件的区别见表7-2-44。

表7-2-44　振动试验条件对比

名称	GJB 715.3A—2002	NASM 1312-7—1997
振动频率	30Hz	1750~1800次/min
全振幅	（11.43±0.4）mm	（11.43±0.4）mm
振动工装	钢，40~45HRC，氧化涂油	钢，40~45HRC

8. 其他试验

1）密封试验（仅针对密封型螺母）

高锁螺母还分为密封型高锁螺母和非密封型高锁螺母，对于密封型高锁螺母则需进行密封试验。常用的试验方法有《紧固件试验方法 密封》（GJB 715.11—1990）。

密封试验夹具为包括一个LY12-CZ铝合金板的密封容器，其中铝板的厚度最小为10mm。螺栓穿过铝板并用被试的密封高锁螺母拧紧（扳拧螺母六角头直至与螺母体断开）。试验螺栓根据高锁螺母相关标准与技术要求进行选择，螺栓与孔间隙配合，间隙量为0.03~0.10mm。试验螺栓轴线必须与安装螺母一侧的夹具表面成92°15′±15′。试验示意图见图7-2-25。

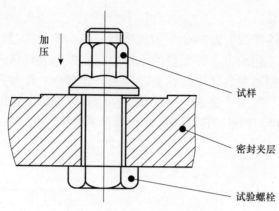

图 7-2-25 高锁螺母密封试验示意图

2）密封挤压试验

高锁螺母试验还包括外观尺寸、涂层厚度、结合力等，对于铝合金高锁螺母还包含应力腐蚀、湿热试验，试验要求详见自锁螺母篇章。倾斜夹层密封挤压试验示意图见图 7-2-26，垂直夹层密封挤压试验示意图见图 7-2-27。

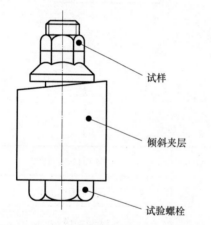

图 7-2-26 倾斜夹层密封挤压试验示意图

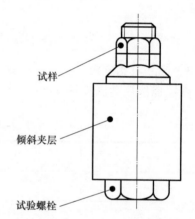

图 7-2-27 垂直夹层密封挤压试验示意图

7.2.4 螺套

钢丝螺套是一种新型的内螺纹紧固件，适用于螺纹连接，旋入并紧固在被连接件之一的螺纹孔中，形成标准内螺纹，螺栓（或螺钉）再拧入其中。钢丝螺套的应用不仅提高了螺纹连接件的强度，而且扩展了螺纹连接结构的功能，具有延长螺纹连接副寿命功能。螺套又分为锁紧螺套和普通螺套，锁紧螺套则是在普通螺套的基础上增加一圈或多圈的多边形锁紧圈。锁紧圈的弹性对螺钉有制动作用。锁紧型钢丝螺套具有普通型钢丝螺套的所有优点，不影响螺钉的安装，仅在安装时增加适当的力矩即可。

1. 硬度试验

部分钢丝螺套标准则要求进行硬度检测，一般进行维氏硬度试验，常用的试验方法有《紧固件试验方法 硬度》(GJB 715.2—1989)、《金属材料维氏硬度试验第1部分：试验方法》(GB/T 4340.1—2009)和《金属材料维氏硬度和努氏硬度的标准试验方法》(ASTM E92—23)等。制样要求和检测要求详见7.1.5节的"维氏硬度"部分。

2. 轴向抗拉强度试验

1) 概述

螺套属于螺纹紧固件，同螺栓、螺钉一样进行轴向抗拉强度试验，以考察螺套的抗拉性能。

2) 试验原理

螺套在进行抗拉强度试验时，需先将螺套安装在规定的孔内，然后再对其内螺纹进行轴向拉伸。

《锁紧型钢丝螺套通用规范》(GJB 5107—2002)中对菱形钢丝性能作出以下规定。

(1) 抗拉强度。对于用1Cr18Ni9或1Cr18Ni9Ti轧制成型的菱形钢丝进行抗拉强度试验，菱形钢丝抗拉强度要求如表7-2-45所列。

表7-2-45 菱形钢丝抗拉强度要求

D/mm	0.5	0.7~0.8	1~2
抗拉强度/MPa	1620~1800	1520~1700	1470~1700

(2) 冷弯曲。菱形钢丝经冷弯曲试验后，表面应无裂纹。

3. 抗拔试验

1) 概述

螺套抗拔试验与抗拉强度试验不同，是指安装在规定孔内的螺套应具有从规定的基体材料中抗拔出的抗拔强度。

2) 试验原理

在图7-2-28所示试验装置中装入试验件，试验在图7-2-28所示的装置内进行，按技术规范规定施加最小抗拔载荷，施加在螺栓光杆上的额定载荷每分钟不超过900MPa，螺套承受最小抗拔载荷后，不应发生失效。当低于规定的抗拔载荷而出现螺栓失效的情况时，只要载荷值达到螺栓的最小抗拉强度值，即可认为试验合格。

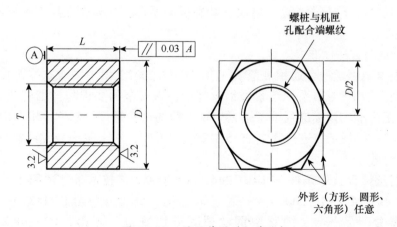

图7-2-28 试验装置（铝基体）

尺寸：T——试验装置内螺纹相配螺套试验件公称直径制造，精度等级为4H或5H；

D——试验装置外圆直径取$4 \times T$（螺纹公称直径小于12）或$3 \times T$（螺纹公称直径不小于12），可制成方形或六方形；

L——试验装置厚度L为螺套拧入机匣端长度加最小1.6mm公差。

4. 抗扭试验

1）概述

螺套的抗扭试验则是对安装后的螺套施加一定的扭矩，来考察螺套的抗扭性能。

2）试验原理

在图7-2-28所示试验装置中装入试验件，划线标记。在无轴向载荷的情况下，对螺套施加技术条件规定的扭矩值。试验中，试验完成螺栓拧出之后，螺套必须保持在试验装置内。如果螺栓失效或螺套损坏之前达到了规定的扭矩值，视该试验合格。

5. 自锁性能试验

1）概述

将钢丝螺套体中的一圈或几圈制成多边形的钢丝螺套，称为锁紧型钢丝螺套。锁紧型钢丝螺套旋入螺孔后除依靠自身弹力将自己固定在螺孔内外，还利用制成的多边形将配合的螺钉锁紧。螺钉拧入锁紧型钢丝螺套的螺孔时，在未进入多边形的锁紧圈时，需将多边形撑开，使锁紧边变形，此时螺钉拧入需克服锁紧边给予螺钉的摩擦力。螺钉拧紧后这一摩擦力能使螺钉自己不会松脱，从而代替了其他锁紧方式。

自锁型钢丝螺套与自锁螺母相似，需进行自锁力矩检测，以考察自锁螺套的防松性能。需使用芯棒和铝基体进行该试验，试验芯棒和铝基体属性按产品标准及技术规范要求，铝基体内螺纹除了常用的米制螺纹、MJ螺纹、英制螺纹外，还包含ST螺纹（安装钢丝螺套用内螺纹）。

2）试验原理

安装试验螺套，用试验螺栓或螺钉检验螺套自锁性能。自锁力矩试验应包括一个15次循环的室温自锁力矩试验。试验中使用的试验螺栓或螺钉，其螺纹长度至少应能超过锁紧区两个螺距。每一15次循环试验都应使用新的螺栓或螺钉和新试验件。试验时，用手指轻松拧入螺栓或螺钉以达到锁紧区。当螺栓或螺钉超过螺套锁紧区两个螺距时，视其为完全安装；当脱开螺套锁紧区时，视其为完全拆卸。螺栓或螺钉在螺套内无轴向载荷情况下通过锁紧区15次安装和拆卸循环。试验应在规定的慢速下进行，避免螺栓发热。

3）常见试验方法标准

（1）《锁紧型钢丝螺套通用规范》（GJB 5107—2002）由中国航空综合技术研究所等单位起草，适用于GJB系列锁紧型钢丝螺套，该规范的要求与详细规范不一致时，应以详细规范为准。该标准列举了锁紧力矩试验的试验螺栓、基体要求，但试验方法描述较为简单，仅规定需进行完整的15次安装、拆卸，并未明确最大锁紧力矩和最小锁紧力矩的测量范围。

（2）《钢丝螺套技术条件》（GB/T 24425.6—2009。该技术条件适用于《普通型钢丝螺套》（GB/T 24425.1—2009）~《钢丝螺套用内螺纹》（GB/T 24425.5—2009）规定的钢丝螺套产品。与《锁紧型钢丝螺套通用规范》（GJB 5107—2002）不同的是，该技术条件的锁紧力矩试验需进行5次完整的安装、拆卸，且需要安装至夹紧力矩。试验方法较为详细，不仅对试验螺栓、试验块及试验垫块作出了要求，还明确了最大锁紧力矩和最小锁紧力矩的测量范围和试验中、试验后钢丝螺套应符合的状态。

4）标准对比分析

螺套自锁性能试验各标准中试验螺栓、试验块、试验条件的区别见表7-2-46~表7-2-48。

表7-2-46 试验螺栓对比

名称	GJB 5107—2002	GB/T 24425.6—2009
材料	30CrMnSiA	—
性能	35~40HRC	≥10.9级
表面处理	镀镉，3~5μm	无
精度	粗牙5h6h，细牙6h	6g公差带靠近下限的1/2范围内

表7-2-47 试验块（基体）对比

名称	GJB 5107—2002	GB/T 24425.6—2009
材料	铸铝	铝合金
螺纹精度	5H	5H
厚度	2D（D为锁紧丝套公称直径）	不小于安装后的丝套的名义长度加上两个螺距
试验垫块（衬套）	不需要	淬硬钢制成，表面光滑平整

表7-2-48 试验条件对比

名称	GJB 5107—2002	GB/T 24425.6—2009
润滑方式	油润滑	油润滑
循环次数	15次	5次
是否加载	否	是

6. 防松性能试验

1）概述

与自锁螺母相似，《锁紧型钢丝螺套通用规范》（GJB 5107—2002）规范中要求锁紧型钢丝螺套需进行振动试验，以考查其防松性能。

2）试验原理

《锁紧型钢丝螺套通用规范》（GJB 5107—2002）规范中振动试验的试验方法基本与《紧固件试验方法 振动》（GJB 715.3A—2002）中的规定一致，所不同的是，前者更加详细地规定了试验螺栓、试验螺母的要求以及装配说明。试验通常按以下步骤进行。

（1）振动试验规格M5~M12，将每种规格的锁紧丝套装在振动试验螺母中，组成锁紧丝套-螺母组件。

（2）将锁紧丝套-螺母组件按规格分别装入图7-2-29规定的试验夹具中，振动试验安装力矩按技术规范规定。

（3）装配时，应在衬套及试验夹具的滑动表面薄薄地涂上一层中性润滑油，以保证衬套在夹具的长圆孔中顺利地上下移动。整个试验过程中，衬套在长圆孔中的全长范围内处于游动状态。

（4）试验螺栓和锁紧丝套-螺母组件装配后，应刻上参考线，用以观察组件的相对运动。

（5）试验时，振动试验台应使试验夹具产生基本上是正弦波的振动。振动频率为29~30Hz，振幅为（11.4±0.4）mm，连续振动30000次为止。

（6）振动试验过程中，任何锁紧丝套-螺母组件脱离试验螺栓，应终止试验。

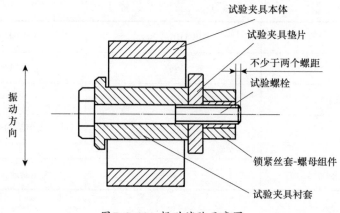

图7-2-29 振动试验示意图

7. 抗拉强度试验（销键）

1）概述

带键螺套的销键常用材料为0Cr18Ni9或1Cr18Ni9Ti，一般对轧制后的销键进行抗拉强度试验。

2）试验原理

该试验原理同材料拉伸强度试验。

8. 其他试验

对于冷作硬化奥氏体不锈钢、GH2132材料制螺套，则需按有关标准进行磁导率检验，通常要求在磁场强度$H=200 O_e$时，最大磁导率为2.0，在空气中为1.0。

7.3 垫圈类性能检测

垫圈主要用在螺栓、螺钉或螺母等支撑面与被连接部位之间，起着保护被连接件表面、防止紧固件松动的作用或其他特殊用途。由此，垫圈根据用途可分为平垫圈、防松垫圈和特殊用途垫圈。不同类型垫圈检测项目及要求如表7-3-1所列。

表7-3-1 常用垫圈性能检测表

类别	名称	产品标准	技术条件	性能等级	试验项目
平垫圈	平垫圈 C 级	GB/T 95—2002	—	钢：100HV	硬度
	大垫圈 A 级	GB/T 96.1—2002	—	钢：200HV、300HV 不锈钢：200HV	硬度
	大垫圈 C 级	GB/T 96.2—2002	—	钢：100HV	硬度
	平垫圈 A 级	GB/T 97.1—2002	—	200HV、300HV	硬度
	平垫圈 倒角型 A 级	GB/T 97.2—2002	—	钢：200HV、300HV 不锈钢：200HV	硬度
	平垫圈 用于螺钉和垫圈组合件	GB/T 97.4—2002	—	钢：200HV、300HV	硬度
	平垫圈 用于自攻螺钉和垫圈组合件	GB/T 97.5—2002	—	钢：180HV	硬度
	小垫圈 A 级	GB/T 848—2002	—	200HV、300HV	硬度
	特大垫圈 C 级	GB/T 5287—2002	—	钢：100HV	硬度
	垫圈	HB 1-521—2002	—	1080~1280MPa（ML30CrMnSiA）	硬度
防松垫圈	标准型不锈钢弹簧垫圈	QJ 2963.2—1997	QJ 2963.1—1997	—	弹性、韧性
	轻型不锈钢弹簧垫圈	QJ 2963.3—1997			弹性、韧性
	弹簧垫圈技术条件 弹簧垫圈	GB/T 94.1—2008	—	—	弹性、韧性
	弹性垫圈技术条件 齿形、锯齿锁紧垫圈	GB/T 94.2—1987	—	—	弹性、韧性
	波形弹性垫圈	Q/QJB 112—2004	—	44~50HRC	弹性

7.3.1 硬度

垫圈硬度试验主要是检测垫圈的硬度是否满足标准或使用要求，一般进行维氏硬度试验，检测结果符合产品标准或技术条件要求的硬度范围，检测方法有《金属材料、维氏硬度试验 第1部分：试验方法》(GB/T 4340.1—2009)、《紧固件试验方法 硬度》

（GJB 715.2—1989）和《金属材料维氏硬度和努氏硬度的标准试验方法》（ASTM E92-23）等，检测部位如图7-3-1所示。

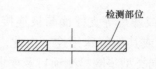

图7-3-1 垫圈硬度检测部位示意图

试样的表面不得有油脂或其他外来污物，除去氧化皮、镀层、涂层等覆盖物或剖开零件。进行维氏硬度试验前要对垫圈进行制样。为了保证试样的平行度，采用镶嵌的方法对试样进行固定。按照《金相试样制备的标准要求》（ASTM E3-11（2017））对试样进行磨制和抛光，磨削过程要加水冷却，防止过热或过烧对试样硬度值的改变；对试样表面进行抛光，表面粗糙度 Ra 达 $0.8\mu m$。

维氏硬度试验在维氏硬度计上进行。其他要求详见本书中7.1.5节的"维氏硬度"部分。

7.3.2 弹性

1. 概述

弹性试验主要是考核弹性垫圈或弹簧垫圈的回弹能力，是弹性垫圈或弹簧垫圈的重要性能指标。

2. 试验原理

进行垫圈弹性试验时，通过万能试验机向弹性垫圈或弹簧垫圈施加一定的压力，并保持一定时间，卸除压力后，测量垫圈高度应不低于规定的最小值，并无裂纹。

3. 常见试验方法标准

几种常见的弹簧垫圈和波形弹性垫圈的弹性试验方法如表7-3-2所列。

表7-3-2 弹性试验方法对比

产品标准/技术条件	弹性试验方法
QJ 2963.1—1997	将弹簧垫圈按照QJ 2963.1—1997中规定的载荷连续加载3次后，测量自由高度应不小于1.67S（S 为弹簧垫圈的公称厚度）
GB/T 94.1—2008	将弹簧垫圈按照GB/T 94.1—2008中表2规定的载荷进行弹性试验，连续加载3次并卸载后，测量其自由高度应不小于1.67S（S 为弹簧垫圈的公称厚度）
GB/T 94.2—1987	将垫圈压缩到 $S+0.12mm$，然后松开，测量其高度
Q/QJB 112—2004	对弹性垫圈施加一定的载荷（参考Q/QJB 112—2004），保持5min后，卸除压力，垫圈高度不应小于产品标准中规定高度的最小值

4. 常见试验问题及建议

1）试验工装的平行度

弹性试验主要在万能试验机上进行，可将弹簧垫圈或波形弹性垫圈用平垫圈隔开，穿在一起进行弹性试验,也可将其直接放在上下平板之间进行弹性试验。进行弹性试验的试验机上下平板间的平行度不超过0.05mm。

2)支撑面或试验工装的硬度

用于弹性试验的平垫圈以及平板硬度一般不小于50HRC,硬度要大于被试件硬度,防止对试验结果造成影响。

7.3.3 韧性

1. 概述

韧性试验主要考核弹簧垫圈抗弯折能力。

2. 试验原理

将弹簧垫圈夹于台钳和扳手之间,台钳和扳手之间的距离等于弹簧垫圈外径的1/2(图7-3-2),将扳手沿顺时针方向缓慢扭转至90°(机械锌锡铝合金弹簧垫圈)或45°(不锈钢弹簧垫圈)时,目测弹簧垫圈表面,弹簧垫圈不得断裂,继续扭转直至断裂,目测断面,断面应齐平。

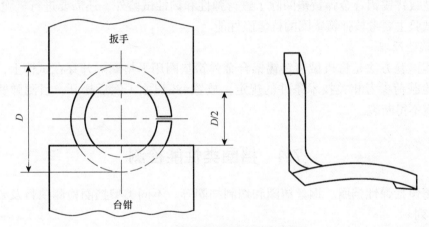

图7-3-2 弹簧垫圈韧性试验示意图

3. 常见试验方法标准

几种常见的韧性试验方法如表7-3-3所列。

表7-3-3 韧性试验方法对比表

产品标准/技术条件	弹性试验方法
QJ 2963.1—1997	将弹簧垫圈夹于台钳和扳手之间,台钳和扳手之间的距离等于弹簧垫圈外径的1/2(图7-3-2),将扳手向顺时针方向缓慢扭转至90°(机械锌锡铝合金弹簧垫圈),或45°(不锈钢弹簧垫圈)时,目测弹簧垫圈表面,弹簧垫圈不得断裂,继续扭转直至断裂,目测断面,断面应齐平
GB/T 94.1—2008	将垫圈夹于虎钳和扳手之间,虎钳和扳手之间的距离等于垫圈外径的1/2(图7-3-2),将扳手沿顺时针方向缓慢扭转至90°时,目测垫圈表面不得断裂
GB/T 94.2—1987	将垫圈齿圈切开,固定一端,拉伸另一端,使其分开的距离约等于垫圈的内径,拉伸方向如图7-3-3所示,然后目测垫圈表面,垫圈不得断裂或有裂纹

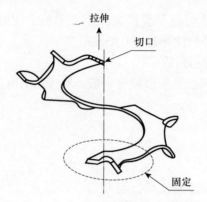

图 7-3-3 锯齿锁紧垫圈韧性试验示意图

7.3.4 氢脆性试验

1. 概述

机械镀锌锡铝合金弹簧垫圈除了进行弹性和韧性试验外，还需要进行氢脆性试验。氢脆性试验主要考核弹簧垫圈的抗氢脆性能。

2. 试验原理

具体试验方法是将机械镀锌锡铝合金弹簧垫圈用平垫圈隔开穿在试棒上，进行压缩，试验载荷参考相关技术条件的规定，放置48h以上，然后松开，目测弹簧垫圈表面，弹簧不得断裂。

7.4 挡圈类性能检测

挡圈包括弹性挡圈、钢丝挡圈和切制挡圈等。不同类型挡圈检测项目及要求如表7-4-1所列。

表 7-4-1 挡圈类性能检测表

类别	名称	产品标准	技术条件	试验项目	（仅适用于经电镀的挡圈）
弹性挡圈	孔用弹性挡圈	GB/T 893.1—1986	GB/T 959.1—1986	弹性、缝规	氢脆性试验
		QJ 3245.1—2005	QJ 3244—2005	弹性、缝规	
	轴用弹性挡圈	GB/T 894.1—1986	GB/T 959.1—1986	弹性、缝规	
		QJ 3245.2—2005	QJ 3244—2005	弹性、缝规	
	开口挡圈	GB 896—1986	GB/T 959.1—1986	弹性、韧性	
钢丝挡圈	孔用钢丝挡圈	GB/T 895.1—1986	GB/T 959.2—1986	弹性、缝规	
	轴用弹性挡圈	GB/T 895.2—1986	GB/T 959.2—1986	弹性、缝规	

7.4.1 弹性试验

1. 概述

弹性试验主要考核挡圈的弹性性能。

2. 试验原理

挡圈弹性试验主要是通过试验工装或夹具对挡圈进行扩张或收缩，试验后测量挡圈的外径或内径尺寸应在规定的范围内。

3. 常见试验方法标准

根据不同技术条件，不同挡圈的弹性试验条件各不相同，具体如表7-4-2所列。

表7-4-2 不同挡圈的弹性试验

产品标准	挡圈种类	弹性试验方法
GB/T 893.1—1986 GB/T 893.2—1986	孔用弹性挡圈	用定位钳夹紧孔用挡圈，使外径缩小至$0.99D_0$（D_0为公称直径），然后放松，连续进行5次，试验后，测量挡圈外径尺寸d，应不小于沟槽直径的最大值
GB/T 894.1—1986 GB/T 894.2—1986	轴用弹性挡圈	用定位钳张开轴用挡圈，使内径扩大至$1.01d_0$（d_0为公称直径），连续进行5次，试验后，测量挡圈内径尺寸D，应不大于沟槽直径的最小值
GB 896—1986	开口挡圈	将开口挡圈装入试验轴上，然后拆卸测量内容d尺寸，试验轴的直径应等于沟槽直径d_2的基本尺寸
GB/T 895.1—1986	孔用钢丝挡圈	将钢丝挡圈装在内径尺寸为$0.99d_0$的套筒内，再用芯轴压出，连续进行3次弹性试验，试验后测量孔用钢丝挡圈外径D及开口尺寸B均应符合标准的规定，如图7-4-1所示
GB/T 895.2—1986	轴用钢丝挡圈	将钢丝挡圈装在尺寸为$1.01d_0$的芯轴上，再用套筒压出，连续进行3次弹性试验，试验后测量孔用钢丝挡圈内径d及开口尺寸B均应符合标准的规定，如图7-4-2所示

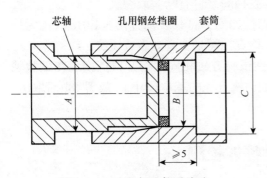

图7-4-1 孔用钢丝挡圈试验

$A—D$；$B—0.99d_{0-0.05}^{\ 0}$；$C—d_{1-0.05}^{\ 0}$。

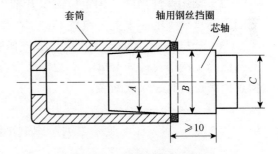

图7-4-2 轴用钢丝挡圈试验

$A—d$；$B—1.01d_{0\ 0}^{+0.05}$；$C—d_{1\ 0}^{+0.05}$。

7.4.2 缝规检测

1. 概述

缝规检测是检测挡圈是否能自由通过缝规。

2. 试验原理

将挡圈放入缝规，试验时，挡圈应能自由地通过缝规，试验方法如图7-4-3所示。

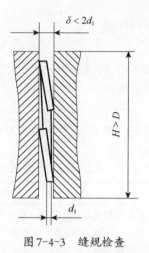

图7-4-3　缝规检查

H—缝规高度；δ—缝规宽度；D、d_1—见产品标准。

7.4.3　氢脆性试验

1. 概述

氢脆性试验主要是考核挡圈的抗氢脆性能，减少挡圈的氢脆风险。

2. 试验原理

氢脆性试验是用工装夹具固定挡圈，放置一定时间后，观察挡圈在工作状态下是否具有氢脆风险。

（1）孔用弹性挡圈。用定位钳夹紧弹性挡圈，将其放入内径为$0.99D_0$（D_0为挡圈的公称直径）的套筒内，放置48h后取出，检查挡圈是否有断裂或裂纹。

（2）轴用弹性挡圈。用定位钳张开轴用弹性挡圈，将其装到直径为$1.01d_0$（d_0为挡圈的公称直径）的芯轴上，放置48h后取出，检查挡圈是否有断裂或裂纹。

（3）开口挡圈的氢脆性试验方法与其韧性试验方法相同。将开口挡圈装在试验轴的沟槽内（沟槽直径为$1.1d_2$，d_2为标准推荐的沟槽直径的基本尺寸），放置48h后取出，检查挡圈是否有裂纹或断裂。

7.5　铆钉类性能检测

铆钉是一种杆部无螺纹的带头零件，装配时将杆部插入连接件的孔内，然后将杆端铆接，起到连接作用。铆钉相对于螺栓而言价格便宜、重量轻，并且还适用于自动化的安装工具，比螺栓与螺母的安装速度更快，在航空航天产品上得到广泛应用，是最常用的紧固件之一，用于预期不可拆的结构连接。

根据铆钉的结构特点，通常将其分为普通铆钉、抽芯铆钉、螺纹空心铆钉、环槽铆钉及高抗剪铆钉等。

7.5.1 普通铆钉性能检测

普通铆钉指实心铆钉,试验项目多为铆接和剪切,部分常用铆钉标准和具体检测项目如表7-5-1所列。

表7-5-1 普通铆钉标准和检测项目

名称	标准	技术条件	试验项目
半圆头铆钉	YC 0894—1988	GBn 248—1985	剪切、铆接
90°沉头铆钉	YC 0895—1988	GBn 248—1985	剪切、铆接
120°沉头铆钉	YC 0898—1988	GBn 248—1985	剪切、铆接
半圆头铆钉	HB 6230—2002	HB 6444—2002	剪切、铆接
半圆头铆钉	HB 6231—2002	HB 6444—2002	剪切、铆接
90°沉头铆钉	HB 6305—2002	HB 6444—2002	剪切、铆接
90°沉头铆钉	HB 6306—2002	HB 6444—2002	剪切、铆接
90°沉头铆钉	HB 6309—2002	HB 6444—2002	剪切、铆接
90°沉头铆钉	HB 6311—2002	HB 6444—2002	剪切、铆接
120°沉头铆钉	HB 6316—2002	HB 6444—2002	剪切、铆接
120°沉头铆钉	HB 6319—2002	HB 6444—2002	剪切、铆接
普通铆钉	QJ 3142—2001	QJ 3143—2001	剪切、铆接
平头铆钉	GB/T 109—1986	GB/T 116—1986	铆接
半圆头铆钉	GB/T 863.1—1986	GB/T 116—1986	铆接
小半圆头铆钉	GB/T 863.2—1986	GB/T 116—1986	铆接
沉头铆钉	GB/T 865—1986	GB/T 116—1986	铆接
半沉头铆钉	GB/T 866—1986	GB/T 116—1986	铆接
半圆头铆钉	GB/T 867—1986	GB/T 116—1986	铆接
沉头铆钉	GB/T 869—1986	GB/T 116—1986	铆接
扁平头铆钉	GB/T 872—1986	GB/T 116—1986	铆接
扁圆头半空心铆钉	GB/T 873—1986	GB/T 116—1986	铆接
扁平头半空心铆钉	GB/T 875—1986	GB/T 116—1986	铆接
空心铆钉	GB/T 876—1986	GB/T 116—1986	铆接

1. 剪切

1)概述

铆钉在航空航天产品的结构连接中主要承受剪力,所以在一般的铆钉标准中,都规定了铆钉的最小破坏剪力指标。根据铆钉承受剪力载荷的不同,可分为单剪和双剪两种。随着试验方法的改进和规范,越来越多的标准规定双剪指标。与单剪相比,双剪试验的结果更加准确、可靠。

2）单剪

（1）试验原理。通过铆接单剪试验工装及试验机，对铆钉施加单面剪切力，进行剪切直至断裂，测得铆钉最大单面剪切力。

（2）常见试验方法标准。铆钉单剪试验方法有《紧固件试验方法 单剪》（GJB 715.24A—2002）。《紧固件试验方法 单剪》（GJB 715.24A—2002）是紧固件试验方法，为压式单剪试验，试验工装图如图7-5-1所示。单剪试验加载速率如表7-5-2所列。

单剪试验工装按照《紧固件试验方法 单剪》（GJB 715.24A—2002）进行加工，剪刀硬度不小于60HRC，表面粗糙度Ra为0.8μm，剪刀刃口为0.12~0.25mm，超过0.25mm则应进行更换。

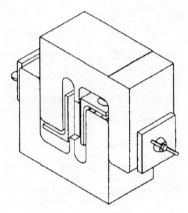

图7-5-1 压式单剪试验工装（GJB 715.24A—2002）

表7-5-2 单剪试验的加载速率

公称直径/mm	加载速率/(kN/min)	公称直径/mm	加载速率/(kN/min)
3	5	14	108
4	9	16	140
5	14	18	180
6	20	20	220
7	27	22	270
8	35	24	320
10	55	27	400
12	80	30	500

3）双剪

铆钉双剪试验分为拉式双剪和压式双剪两种。

（1）压式双剪试验。

①试验原理：压式双剪试验主要是对铆钉施加压向双面剪切力，进行剪切直至铆钉断裂，测得最大双面剪切力值。

②压式双剪常用试验方法为《紧固件试验方法 双剪》（GJB 715.26A—2015），进行

压式双剪试验的试验件承受压向双面剪切载荷，试验工装结构如图7-5-2所示，上下剪刀硬度要求不小于60HRC。进行压式双剪的试验件要求长度最小为2倍光杆直径（不包括铆钉头下圆弧和铆钉尾部马蹄形部分）。

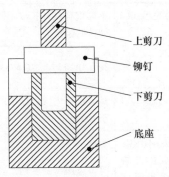

图7-5-2　压式双剪试验示意图

（2）拉式双剪试验。

①试验原理：主要是对铆钉施加拉向双面剪切力，进行剪切直至铆钉断裂，测得最大双面剪切力值。进行拉式双剪试验的试验件承受拉向双面剪切载荷，试验工装结构如图7-5-3和图7-5-4所示。进行拉式双剪的试验件要求长度较长。

②常见试验方法标准为《铝及铝合金铆钉用线材和棒材剪切与铆接试验方法》（GB/T 3250—2017），由东北轻合金有限责任公司负责编写，主要规定了铝及铝合金铆钉与铆钉室温剪切（双剪）试验方法及铆钉线铆接试验方法。试验机通过剪切工具对试样施力，使试样的一个横截面受剪，或相距有限距离的两个横截面对称受剪。通过测定试样发生剪切断裂前所承受的最大力，计算出试样的抗剪强度。《铆钉、金属丝剪切试验方法》（HB 5148—1996）是由航空621所负责起草，主要规定了铆钉和金属丝剪切试验方法。通过相应的剪切夹具，使垂直于试样纵轴的一个横截面受剪，或相距有限的两个横截面受剪，测定其抗剪性能的试验。《普通铆钉通用规范》（QJ 3143—2001）是由中国航天标准化研究所等单位负责起草，主要规定了航天产品用普通铆钉的试验方法。拉式双剪3种不同标准的区别见表7-5-3。

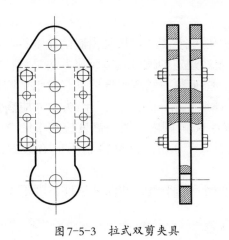

图7-5-3　拉式双剪夹具　　　　　图7-5-4　拉式双剪夹具

表 7-5-3　拉式双剪 3 种不同标准的区别

试验方法	GB/T 3250—2017	HB 5148—1996	QJ 3143—2001
试样类型	铝丝材	铆钉、金属丝	铆钉
试样尺寸	试样长度与直径的关系：$L=(1.4d+10)$ mm	不同直径试样长度不同，具体详见标准	$L=2d$
试验机要求	符合 GB/T 16825 中 I 级，同轴度小于 10%	符合 JJG 139 或 JJG 475 要求	无具体要求
试验速率	不超过 20mm/min	试验过程中应力速率应不大于 700MPa/min	无具体要求
试验工装要求	①剪刀硬度应符合 62~64HRC；②剪刀与夹板之间的接触平面应精密，表面粗糙度 $Ra \leq 0.2\mu m$；③剪刀工作孔 D $D=d+0.05^{+0.025}_{0}$	剪刀应用高强度钢，硬度不小于 58HRC，切刀刀口应锐利，无缺损	①剪刀应用合金钢制造，硬度不小于 530HV30，刃口刀片的表面粗糙度应大于 $0.8\mu m$；②剪刀工作孔 $D=(1.02d+0.075)\pm 0.015$

注：d 为试样直径。

2．铆接

1）概述

将铆钉穿过被铆接件上的预制孔，使两个或两个以上的被铆接件连接在一起，如此构成的不可拆卸连接称为铆钉连接，简称铆接。铆接具有工艺设备简单、抗震、耐冲击和牢固可靠等优点，但结构一般较为笨重，被连接件（或被铆件）上由于制有钉孔，使强度受到较大的削弱，铆接时一般噪声比较大，影响工人健康。因此，目前除了桥梁、建筑、造船、重型机械以及飞机制造等工业部门仍经常采用外，应用已经逐渐减少，被焊接和胶结所代替。

2）试验原理

铆接试验主要利用轴向力将铆钉孔内钉杆镦粗并形成镦头，使两个或多个零件相连接。

3）常见试验方法标准

（1）《铆钉通用规范》（HB 6444—2002）是中国航空工业出版社出版的航空行业标准，对 HB 类系列铆钉铆接方法进行了详细的规定。规定的铆钉具体铆接方法是将长度为 2.2d 的铆接试样放在长度为 1d 的铆接工装内，将工装夹紧后对铆钉进行镦粗（铆钉直径 $d>4$mm 的用压铆机镦粗，$d \leq 4$mm 的用手锤镦粗），形成镦头，镦头尺寸应满足图 7-5-5 中的尺寸要求，即为镦头直径应在 1.5d~1.6d 范围内，镦头高度应在 0.4d~0.5d 范围内，且镦头端面应接近圆形，直径差应不大于 0.1d，目测检查不应有裂纹或裂缝。

试样要求：从铆钉上截取试样，把切断的断面锉修平整，并保证试件长度不小于 2.2d。

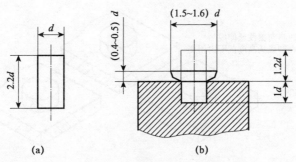

图 7-5-5　HB 6444—2002 铆接前和铆接后试样尺寸要求
（a）镦粗前的试件；（b）镦粗后的试件。

（2）《普通铆钉通用规范》（QJ 3143—2001）是中国航天工业出版社出版的航天行业标准，对 QJ 标准系列铆钉的铆接方法进行了详细的规定。

试样准备按图 7-5-6 进行，图中的尺寸 D_0 按表 7-5-4 中的规定，将试样镦粗到图 7-5-7 所示的尺寸，对于 LY10 铆钉 H 的最大值为 $0.4d$，对于其他材料的铆钉，H 的最大值为 $0.35d$，检查表面裂纹。试验后铆成头允许有图 7-5-8 所示的裂纹，裂纹只允许在铆成头柱面上出现，但不能贯穿至顶面，总数不能超过 3 条，宽度与深度不超过 0.1mm，不允许出现图 7-5-9 所示的裂纹。

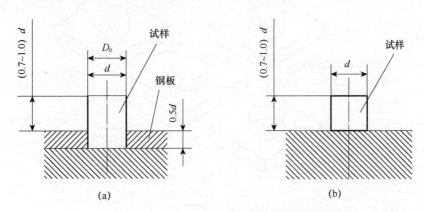

图 7-5-6　QJ 3143—2001 铆接性试验前的准备

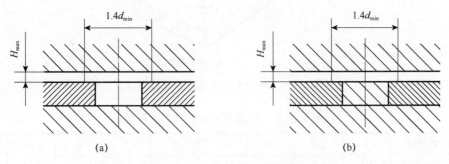

图 7-5-7　QJ 3143—2001 铆接性试验后的尺寸

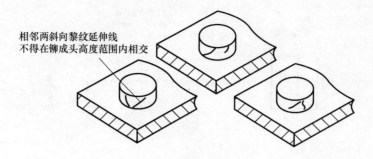

允许的斜向裂纹

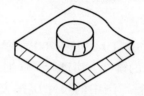

允许的纵向裂纹

图 7-5-8　铆钉头上允许出现的裂纹

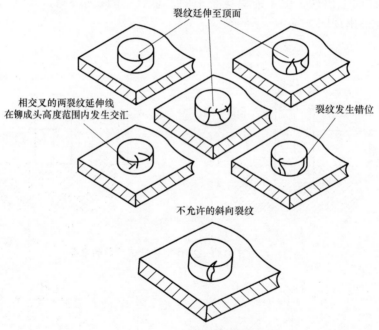

图 7-5-9　铆钉头上不允许出现的裂纹

表 7-5-4　铆接性试验用钉孔直径

铆钉公称直径		2	2.5	3	3.5	4	5	6	8	10
D_0	基本尺寸	2.1	2.6	3.1	3.6	4.1	5.1	6.15	8.15	10.15
	极限偏差	+0.10 0			+0.12 0			+0.15 0		

（3）《钛及钛合金铆钉通用规范》（GJB 120.5A—1999）是国家军用标准，由中航工业301所、708所起草，主要规定了使用温度不高于300℃的钛铆钉及使用温度不高于200℃的钛合金铆钉的技术要求、质量保证规定和交货准备。

铆接性试样截取按图7-5-10所示，试验装置与试验件长度如图7-5-11所示，将伸出部分镦粗到规定尺寸，试验后铆成头允许有图7-5-8所示的裂纹，不允许铆成头有图7-5-9所示的裂纹。

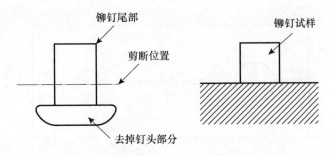

图7-5-10　钛及钛合金铆钉试样截取示意图

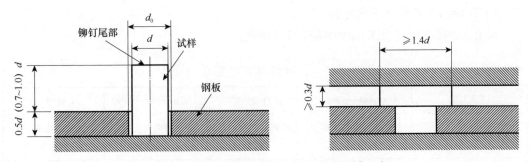

图7-5-11　钛及钛合金铆钉铆接前后试样尺寸

（4）《铝及铝合金铆钉用线材和棒材剪切与铆接试验方法》（GB/T 3250—2017）对于直径不大于10mm的铝及铝合金铆钉的铆接试验方法进行了规定。

铆接试验方法：锤击夹紧于铆接工具孔内的试样，直至试样露出工具孔外的平头高度为0.5倍的试样直径。检查镦粗后的铆钉平头侧面，观察是否出现裂纹、开裂或折叠现象，从而评定铆接性能是否合格。

试样要求：从铆钉上截取试样不允许损伤试样原表面，试样的两个端面应平整，并与中线垂直，周边无毛刺。试样长度应为$1.4d+10$mm。

铆接过程要求：用手锤、汽锤或铆枪对准试样锤击，镦粗到试样露出工具外的平头高度为$0.5d$为止。镦粗后的铆钉平头应呈椭圆形或稍呈椭圆形，如果试样突出部分被锤外或平头靠向一边呈显著的椭圆形，则试验结果无效，应补取试样重做试验。

铆接前后试样尺寸如图7-5-12所示。

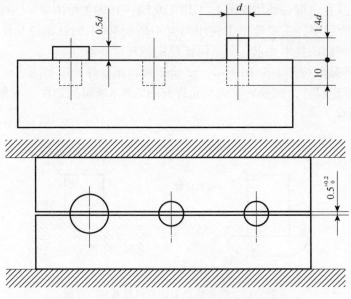

图7-5-12 GB/T 3250—2017铆接前后试样尺寸

4）几种标准铆接要求的比较

以上3种标准铆接要求比较如表7-5-5所列。

表7-5-5 几种标准铆接要求的比较

试验方法	HB 6444—2002	QJ 3143—2001	GJB 120.5—1999	GB/T 3250—2017
试样截取位置	去掉铆钉头部，截取杆部	去掉铆钉头部，截取杆部	去掉铆钉头部，截取杆部	去掉铆钉头部，截取杆部
铆接前试样总长度	$2.2d$	$(1.2 \sim 1.5)d$	$(1.2 \sim 1.5)d$	$1.4d+10$
试验工装内试样长度	$1d$	$0.5d$	$0.5d$	10mm
试样铆接后高度	$0.4d \sim 0.5d$	对于LY10铆接后高度为$0.4d$，对于其他材料为$0.35d$	$\geq 0.3d$	$0.5d$
试样铆接后镦头直径	$1.5d \sim 1.6d$，直径差不大于$0.1d$	$\geq 1.4d$	$\geq 1.4d$	—

注：d为试样直径。

7.5.2 抽芯铆钉性能检测

抽芯铆钉是一种单面铆接用的铆钉，使用专用工具（拉铆枪）进行铆接。铆接时，铆钉钉芯由专用铆枪拉动，使铆体膨胀，起到铆接作用。此类铆钉特别适用于不便采用普通铆钉（须从两面进行铆接）的铆接场合，故广泛用于建筑、汽车、船舶、飞机、机器、电器、家具等产品上。

目前抽芯铆钉有以下几种类型，见表7-5-6。

表7-5-6 抽芯铆钉标准和检测项目

名称	标准	技术条件	试验项目
开口型圆柱头抽芯铆钉	Q/AX 10.0001	GB/T 3098.18—2004	剪切载荷 拉伸载荷 钉芯断裂载荷 钉芯拆卸载荷 钉头保持试验载荷
开口型平圆头抽芯铆钉	GB/T 12618.1—2006 GB/T 12618.2—2006 GB/T 12618.3—2006 GB/T 12618.4—2006 GB/T 12618.5—2006 GB/T 12618.6—2006	GB/T 3098.19—2004	剪切载荷 拉伸载荷 钉芯断裂载荷 钉芯卸载力 钉头保持力
鼓包型机械锁紧100°沉头抽芯铆钉	APPnJ 15.222	—	剪切载荷 拉伸载荷 钉头保持力 钉芯拆卸力

1. 剪切载荷

1）概述

剪切载荷主要考核抽芯铆钉的铆接剪切性能。抽芯铆钉剪切试验一般为单剪试验。

2）试验原理

对固定在试验夹具中的抽芯铆钉试件施加剪切载荷，直至损坏。

将两个相同厚度的试验板或试验衬套用铆钉试件铆接成铆接试件。将铆接试件安装在电子万能试验机上，夹具在试验机上应能自动对中，并应保持沿着剪切试件的剪切平面的中心线施加载荷，应持续地施加载荷，速度为5~13mm/min，直至试件损坏。试验过程中出现的最大载荷值即为最大剪切载荷值，该载荷应不小于规定的最小值，否则判定为不合格。

3）常见试验方法标准

《紧固件机械性能 盲铆钉试验方法》（GB/T 3098.18—2004）是国家质量监督检验检疫总局发布的国家标准，对盲铆钉和抽芯铆钉的剪切试验、拉伸试验、钉头保持能力试验、钉芯拆卸力试验和钉芯断裂载荷试验进行了详细的规定。

2. 拉力载荷

1）概述

拉力载荷主要考核抽芯铆钉的铆接拉伸性能。

2）试验原理

对固定在试验夹具中的抽芯铆钉试件施加拉力载荷，直至损坏。

将两个相同厚度的试验板或试验衬套用铆钉试件铆接成铆接试件。将铆接试件安装在电子万能试验机上，夹具在试验机上应能自动对中，并应保持沿着拉伸试件的中心线持续地施加拉力载荷，速度为5~13mm/min，直至试件损坏。试验过程中出现的最大载荷值即为最大拉力载荷值，该载荷应不小于规定的最小值，否则判定为不合格。

3. 钉芯断裂载荷

1）概述

钉芯断裂载荷主要考核抽芯铆钉承受拉伸载荷的能力。

2）试验原理

对试验夹具中的钉芯施加拉力载荷，直至钉芯断裂。试验夹具应由硬度不低于700HV30的一个钢试验板或衬套组成，试验板或试验衬套中置入钉芯的孔，应等于试件钉芯的公称直径，其公差为$^{+0.4}_{+0.2}$，试验板或试验衬套的厚度不得小于5mm，并应能承受试验载荷而无塑性变形。

将试验夹具安装在电子万能试验机上，将拉力载荷持续而无冲击地沿着钉芯轴线直接施加于钉芯，并持续到钉芯破坏。试验速度为7~13mm/min，出现的最大载荷应予记录，并作为该铆钉的钉芯断裂载荷，如图7-5-13所示。

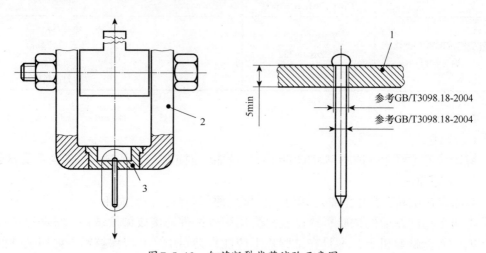

图7-5-13 钉芯断裂载荷试验示意图

1—试验板；2—试验夹具；3—试验衬套；a—孔佐$d_{h5}=d_{m+0.2}^{+0.4}$mm。

4. 钉芯拆卸载荷

1）概述

钉芯拆卸载荷主要考核抽芯铆钉的钉芯拆卸力，本试验不适用于封闭型和击入式盲铆钉。

2）试验原理

从铆钉的钉体头一侧沿钉芯轴向加载，直至推出钉芯。

铆接件可用一块或多块钢板组成，但其总厚度应为$t_{tot} \geq 10$mm。单板厚度不得小于1.5mm。试验板应有一定的宽度，以保证试验件周围最小圆形的直径为25mm。试验板装入铆钉的通孔直径（d_{h2}）应按《紧固件机械性能 盲铆钉试验方法》（GB/T 3098.18—2004）中表2的规定执行。

将试验夹具安装在电子万能试验机上，将载荷持续而无冲击地沿着钉芯轴线直接施加于钉芯末端，直至钉芯对铆钉体开始移动。试验速率为7~13mm/min，出现的最大载荷应予记录，并作为该铆钉的钉芯拆卸载荷，如图7-5-14所示。

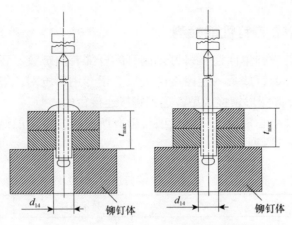

图 7-5-14　钉头拆卸载荷试验示意图

5. 钉头保持试验载荷

1）概述

钉头保持试验主要考核抽芯铆钉的钉头保持能力，本试验不适用于封闭型、击入型、扩口型和开槽型盲铆钉。

2）试验原理

从已经铆接成型的铆钉的钉体头一侧沿钉芯轴向加载，直至钉头移动。

铆接件可用一块或多块钢板组成，但其总厚度应等于铆钉试件规定的最大铆接厚度，单板厚度不得小于1.5mm。试验板应有一定的宽度，以保证试件周围最小圆形的直径为25mm。试验板装入铆钉的通孔直径（d_{h2}）应按《紧固件机械性能 盲铆钉试验方法》（GB/T 3098.18—2004）中表2的规定执行。

将试验夹具安装在电子万能试验机上，将载荷持续而无冲击地沿着钉芯轴线直接施加于钉芯断口，并持续到钉头对铆钉体开始移动。试验速率为7~13mm/min。钉头开始移动之前的最大载荷应予记录，并作为该铆钉的钉头保持载荷。

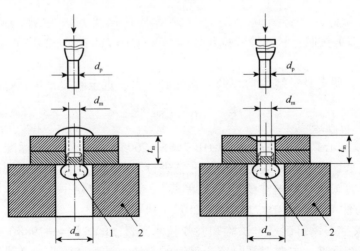

图 7-5-15　钉头保持试验示意图
1—钉芯；2—试验垫板。

7.5.3 螺纹空心铆钉性能检测

螺纹空心铆钉是一种单面连接铆钉，铆钉的杆部有内螺纹，还有一段无内螺纹杆部，通过对螺纹空心铆钉放置一定厚度的夹层，用专用铆枪对内螺纹施加拉力，使螺纹空心铆钉无螺纹杆部变形铆接成型，达到铆接连接目的。

不同标准的螺纹空心铆钉，其试验项目也有所不同。常用的螺纹空心铆钉的标准及试验项目如表7-5-7所列。

表7-5-7 螺纹空心铆钉标准和检测项目

名称	标准	技术条件	试验项目
平锥头螺纹空心铆钉	YC 0872—1988	YS 014—1988	剪切试验 铆接试验
平锥头螺纹空心铆钉 120°沉头螺纹空心铆钉	HB 1-601—2002 HB 1-602—2002	HB 7761—2005	剪切试验 铆接试验
钛合金螺纹空心铆钉	QJ 2901—1997	—	钉杆双剪力 铆接抗拧力矩 铆接转动力矩 螺纹破坏拉力 铆接抗拉力
钛合金平锥头螺纹空心铆钉	Q/Dy 330—2011	QJ 2901—1997	钉杆双剪力 铆接抗拧力矩 铆接转动力矩 螺纹破坏拉力 铆接抗拉力

1. 剪切

1）概述

螺纹空心铆钉的抗剪试验，单剪按照《紧固件试验方法 单剪》（GJB 715.24A—2002）进行，双剪按照《紧固件试验方法 双剪》（GJB 715.26A—2015）进行。

2）试验原理

通过专用剪切夹具对螺纹空心铆钉施加剪切力，直至断裂，得到螺纹空心铆钉单面剪切载荷。

3）常用试验方法

（1）《螺纹空心铆钉通用规范》（HB 7761—2005）是航空工业标准，主要对螺纹空心铆钉的要求、质量保证规定和交货准备进行了规定。此标准规定螺纹空心铆钉的抗剪试验，单剪按照《紧固件试验方法 单剪》（GJB 715.24A—2002）执行，双剪按照《紧固件试验方法 双剪》（GJB 715.26A—2015）执行。

（2）《螺纹空心铆钉制造、试验和验收技术条件》（YS 014—1988）是航空航天工业部第一研究院标准，主要对螺纹空心铆钉的制造、试验和验收要求进行了规定。此标准规定的螺纹空心铆钉的抗剪试验，是在不加螺钉的状态下进行的。

试验工装如图7-5-16所示。

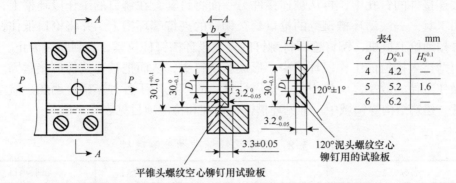

图7-5-16　YS014平锥头螺纹空心铆钉剪切工装示意图

（3）《钛螺纹空心铆钉规范》（QJ 2901—1997）是航天工业标准，主要对TA2工业纯钛制造的螺纹空心铆钉的要求、质量保证规定和交货准备进行了规定。此标准中剪切试验是对铆钉的钉杆进行双剪切试验，试验方法按照《紧固件试验方法 双剪》（GJB 715.26A—2015）执行，试验在不旋入螺钉的情况下进行。

2. 铆接

1）概述

根据螺纹空心铆钉的使用要求，螺纹空心铆钉均要进行铆接试验。

2）试验原理

将螺纹空心铆钉安装适当夹层厚度的铆接板，用铆枪或拉力机直接拉铆成型，观察铆接成型部位是否有裂纹或裂口。夹层厚度按照产品标准或者技术条件的规定执行。

3）常用试验方法

按照《螺纹空心铆钉通用规范》（HB 7761—2005）执行。铆接性试验在专用铆接工具中进行，铆钉孔的极限偏差按H11，铆接试验如图7-5-17所示。铆接件的厚度是相应标准中所规定的最小厚度。铆接后用5~8倍放大镜检查，铆钉的镦头上不允许有裂纹。铆接件为钢制材料时，在镦头一侧的夹具孔上锐边必须倒圆，倒圆半径为0.2~0.3mm。

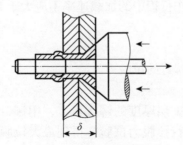

图7-5-17　铆接试验示意图

7.5.4　环槽铆钉性能检测

环槽铆钉指的是一种特殊铆钉，铆接的强度高，而且牢固可靠。环槽铆钉主要用于铆接两个结构使之成为一个整体，由铆钉和钉套两个零件组成。铆接时，先将铆钉插入被连接件的钉孔中，再从被连接件另一面将钉套套在铆钉的工作段环槽上，然后用专用工具——气动环槽铆枪的枪口套在铆钉的夹持端环槽上，并将枪口抵住钉套端面，再扣动枪上扳机，铆钉枪即将铆钉的夹紧段环槽钉杆拉紧，直到断裂为止。此时，钉套内壁挤入铆钉的工作段环槽中，形成新铆钉头，从而把被连接件铆接紧固。其特点是操作方便、效率高、噪声低、抗震性好，故广泛用于各种车辆、船舶、航空、机械设备、建筑结构等领域中。常见环槽铆钉标准和检测项目见表7-5-8。

表 7-5-8　环槽铆钉标准和检测项目

名称	标准	技术条件	试验项目
拉铆型抗剪平圆头钢环槽铆钉	YC 0889—1988	YS 017—1988	剪切、拉脱、结合强度
合金钢拉铆型抗剪型环槽铆钉	QJ 3249.1—2005	QJ 3248—2005	拉脱试验

1. 剪切试验

1）概述

环槽铆钉钉杆应进行双剪试验，如钉杆的光杆长度较短，无法进行双剪试验时，可进行单剪试验。如果因光杆长度短到不能做剪切试验时，允许用同批材料制成光杆较长的同规格的并且与该批零件一起进行热处理的环槽铆钉钉杆进行剪切试验。

2）试验原理

将环槽铆钉钉杆安装在双剪试验工装上，通过试验机对工装施加双面剪切力，直至剪切破坏，得到最大双面剪切力。

3）常用试验方法

《紧固件试验方法 双剪》（GJB 715.26A—2015）主要规定了直径为4~6mm的拉铆型抗剪环槽铆钉和直径为4mm的拉铆型单齿铝环槽铆钉的制造、试验和验收要求。试验工装要求剪切夹具的剪切面应磨光，剪切面之间按H7/K6的过渡配合，剪切孔按H8制造。剪切试验时，试验机工作行程中的加载速率不应大于10mm/min。

2. 拉脱试验

1）概述

拉脱试验主要考核环槽铆钉的拉脱力。

2）试验原理

将环槽铆钉安装在适当夹层厚度的铆接板上，用铆钉枪对其进行铆接成型至断颈槽断裂，在拉伸试验机上进行拉脱力试验，得到最大拉脱力。拉脱试验按照图7-5-18所示进行，试验速率不超过10mm/min。

3）常见问题及建议

实际试验过程中，可能会出现拉脱试验不合格情况，这时要对试验过程进行分析，环槽铆钉的安装是否成功，即环槽铆钉虽从断颈槽断裂，但钉套是否经过挤压成型，且成型是否合格，是造成拉脱试验不合格的主要原因。所以，铆钉枪上的收压模尺寸要严格执行相关标准,目前常见的收压模尺寸标准有《钢环槽铆钉铆接技术要求》(QJ 3148—2002)和《环槽铆钉铆接技术条件》(YS 192—1988)。

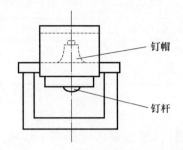

图 7-5-18 环槽铆钉拉脱试验示意图

3. 头杆结合强度试验

1)概述

头杆结合强度试验主要考核环槽铆钉的头杆结合强度。

2)试验原理

将环槽铆钉钉杆装入带15°斜面的检验模中,锤击环槽铆钉的头部,使头部支撑面与检验模斜面贴合,此时结合处不应破坏。如图7-5-19所示,检验模的孔口应有圆弧以容纳环槽铆钉头下圆弧。

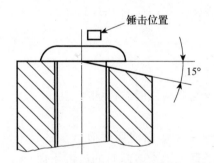

图 7-5-19 环槽铆钉头杆结合试验示意图

7.6 销类性能检测

销,有时称为销子,简而言之就是连接件,有时会起到定位、固定的作用。销根据连接的性质可分为刚性销和弹性销。刚性销就是上下连接后不能动,弹性销是上下连接后留有一定范围的相对运动。销的种类、相关标准以及试验项目见表7-6-1。

表 7-6-1 销类标准和检测项目

名称	标准	技术条件	试验项目
圆柱销	GB/T 119.1—2000 GB/T 119.2—2000	—	硬度

续表

名称	标准	技术条件	试验项目
圆锥销	GB/T 117—2000	—	硬度
销轴	GB 882—1986	GB 121—1986	硬度
开口销	GB/T 91—2000	—	韧性
弹性圆柱销	GB/T 879.1—2000	GB/T 13683—1992	弹性、双剪

7.6.1 硬度

销类紧固件按照《金属材料维氏硬度试验第1部分：试验方法》（GB/T 4340.1—2009）进行维氏硬度测试。具体试验方法参照7.1.5节。

7.6.2 韧性

1. 概述

韧性试验主要针对《开口销》（GB/T 91—2000）类开口销。开口销的每一只脚应能经受反复一次的弯曲，而在弯曲部分不应发生裂纹或裂缝。

2. 试验原理

把开口销拉开，将其任意一只脚部分夹紧在检验模内（不应压扁），然后将开口销弯曲90°，往返一次为一次弯曲，试验速度不应超过60次/min，检验模应制出半圆孔，其直径等于开口销的公称规格，钳口应有$R=0.5\text{mm}$的圆角。

7.6.3 剪切

1. 概述

剪切试验主要考核销承受双剪试验载荷的能力。

2. 试验原理

销剪切试验时，使销子承受双面剪切载荷，在试验工装上用适当的夹具将销子夹住，并施加剪切载荷，记录直至销子剪断时的最大载荷。

3. 常用试验方法

《销剪切试验方法》（GB/T 13683—1992）是机械电子工业标准化研究所起草的国家标准，对0.8~25mm金属销的剪切方法进行了规定。剪切试验夹具如图7-6-1所示。在夹具中销子支撑各个零件，为了施加载荷，各配合零件应有与销公称直径相等的孔径（公差为H6），且硬度不低于700HV。支撑零件与加载零件间的间隙不应超过0.15mm。将弹性销在试验夹具中安装并使槽口向上。对弹性销施加剪切载荷，直至弹性销剪断为止。当试验载荷达到最大载荷时，弹性销断裂或未达到最大载荷之前销子断裂都认为是销子的双面剪切载荷。

当销子太短而不能做双面剪切试验时，应改用两个销子同时做双面剪切试验。销子经剪切强度试验后断口应为没有纵向裂缝的韧性切口。试验速率应不超过13mm/min。

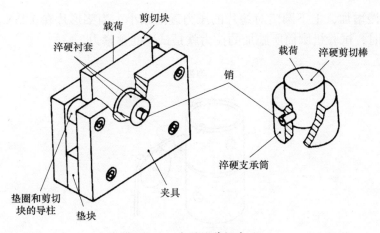

图 7-6-1 典型销剪切夹具

7.7 螺纹抽芯铆钉类性能检测

螺纹抽芯铆钉是一种国外新型复合材料结构所用的标准件，主要用于复合材料结构连接，是通过螺纹对铆钉施加轴向力达到铆接的目的。常见螺纹抽芯铆钉标准及试验项目见表7-7-1。

表7-7-1 复合材料连接用螺纹抽芯铆钉

名称	标准	技术条件	试验项目
钛合金抗剪型130°沉头单面螺栓	BG 2083	BG 2000	预紧力 拉伸强度 双剪强度 锁紧力矩 拉伸疲劳 振动耐久性
钛合金抗剪型100°沉头单面螺栓	BG 2084		
钛合金平头单面螺栓	BG 2085		
带干涉衬套凸头钛合金螺纹抽钉	MRL 3210	MRL 1000	
带干涉衬套100°沉头抗拉型钛合金螺纹抽芯铆钉	MRL 3212		
高强度断槽沉入型盘头单面螺纹抽钉	MBF 2310	MBF 2300	
高强度断槽沉入型100°沉头抗拉单面螺纹抽钉	MBF 2312		
高强度断槽沉入型130°沉头抗剪单面螺纹抽钉	MBF 2313		

7.7.1 预紧力

1. 概述

预紧力试验主要考核螺纹抽芯铆钉铆接装配后的预紧力，主要试验方法为《紧固件试验方法安装成形紧固件的预紧力》（GJB 715.13—1990）、《安装成形紧固件预紧力检测》（NASM 1312-16）中的桨形片法。

2. 试验原理

首先将螺纹抽钉按照规范规定夹层长度（一般为最小夹层长度）在上下套筒以及桨形片上进行安装，安装铆接后桨形片不能自由移动（图7-7-1），对上下圆筒施加拉力,拉力缓慢增加,上下圆筒对垫片的压力逐渐减小,当桨形片在0.25N·m力矩作用下开始转动时,试验机圆筒所施加的拉力就是试样的预紧力。

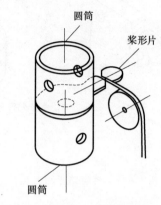

图7-7-1 桨形片法测预紧力示意图

要求桨形片和上下套筒接触面的表面粗糙度均小于$Ra0.8\mu m$,以减小接触面摩擦力。

7.7.2 拉伸强度

1. 概述

拉伸强度试验主要是检测螺纹抽芯铆钉铆成型后的铆接抗拉力。

2. 试验原理

试验方法按《紧固件测试方法8-拉伸强度》(NASM 1312-8(2011))执行,拉伸强度试验也可和预紧力用同一组试样和同一套工装进行试验,先进行预紧力测试,随后继续进行拉伸强度测试,拉伸强度试验的夹层长度一般为最大夹层长度。如果对预紧力无其他要求,可用图7-7-2所示工装进行试验。

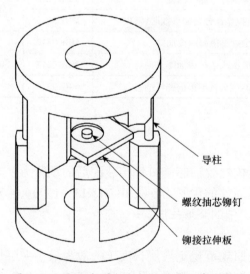

图7-7-2 螺纹抽芯铆钉铆接拉伸工装示意图

7.7.3 双剪强度

1. 概述

对螺纹抽芯铆钉进行双剪试验,主要考核螺纹抽芯铆钉双剪性能。

2. 试验原理

试验方法按《紧固件试验方法 剪切试验》(NASM 1312-13(2013))执行,试验用剪刀形式也为上下开放式剪刀,剪切开始前要求对螺纹抽芯铆钉进行驱动,达到铆接位置后再进行双剪试验,如图7-7-3所示。

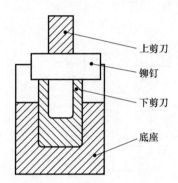

图7-7-3 螺纹抽芯铆钉双剪试验示意图

双剪剪刀的硬度应不小于60HRC,加工精度应符合《紧固件试验方法 剪切试验》(NASM 1312-13(2013))的要求。

7.7.4 锁紧力矩

1. 概述

螺纹抽芯铆钉锁紧力矩试验主要考核螺纹抽芯铆钉自锁试验能力。

2. 试验原理

对于MBF、MR、BG系列紧固件,最小锁紧力矩试验在驱动完成的紧固件上进行,在最小夹层条件下(0~0.002in)局部安装(没有安装至芯杆断裂)紧固件,安装后紧固件盲端直径应不小于相关技术条件要求,将组合件固定,使用扭矩扳手转动紧固件螺套部位,在第二圈的最后90°范围内记录扭矩扳手的最小读数作为锁紧力矩。转动速度应缓慢,防止紧固件温度上升过快,除为保持扳拧表面间的接合所需轴向力外,不应有额外的轴向力作用于扳手,如图7-7-4所示。

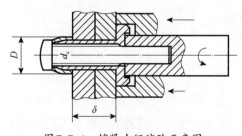

图7-7-4 锁紧力矩试验示意图

7.7.5 拉伸疲劳

1. 概述

拉伸疲劳试验主要考核螺纹抽芯铆钉的疲劳性能。

2. 试验原理

螺纹抽芯铆钉疲劳性能主要按照《紧固件试验方法 拉伸疲劳》(NASM 1312-11(2017))执行，将螺纹抽芯铆钉按照一定夹层厚度安装在疲劳试验机上，施加一定的疲劳载荷，对螺纹抽芯铆钉进行疲劳试验，直至断裂。疲劳夹具组件包括可拆卸的垫片以便可以在试验前消除预紧力，如图7-7-5所示。

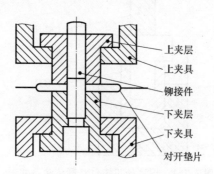

图7-7-5 螺纹抽芯铆钉疲劳试验示意图

7.7.6 振动耐久性

1. 概述

振动耐久性试验主要考核螺纹抽芯铆钉的振动耐久性能。

2. 试验原理

将螺纹抽芯铆钉在适当夹层的振动板上安装成型，放置在图7-7-6所示的振动试验台上，试验前在试验板上划上基准线，以检测紧固件的转动。将试验板安装在夹具

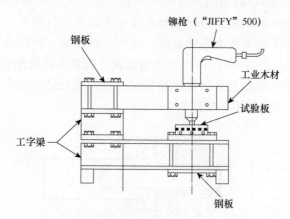

图7-7-6 螺纹抽芯铆钉双剪试验示意图

(注1：MBF、CR系列紧固件钉杆相对钉套转动360°或更大；MRL系列紧固件相对芯杆相对钉套转动180°或更大；BG系列紧固件芯杆相对钉套转动10°或更大。)

中，调节铆枪使试验板表面与铆枪之间的静态间隙为3/32in，在试验过程中维持72psi（1psi=6894.76Pa）的空气压力（在距离工具入气口6in处测量）。振动试验在持续30s、2min、5min和20min时中断，对紧固件进行检测。在20min的试验时间内，任意紧固件锁紧力矩完全丧失或任何部件破裂，或者螺纹抽芯铆钉紧固件钉杆相对钉套转动到一定角度（注1），则判定为紧固件失效。

第8章 紧固件无损检测

8.1 概述

无损检测（non-destructive testing，NDT）是以物理原理为基础，采用相应的试验、分析与测量设备，以不改变、不损害被检对象的状态、未来用途和功能的方式，对原材料、成型零部件和整体结构中存在的缺陷损伤进行探测，进而分析和评价组织完整性（缺陷分析）、质量状态和使用性能的检测技术。首先它不需要从物体上截取试样，因而也就不会破坏被检对象的完整性；其次它不会给被检对象带来任何物理及化学变化，因而它可对试件进行全面的而不是抽样的检测，乃至对生产过程中的产品进行"在线检测"，所以无损检测已成为一种监督产品质量的可靠性方法。

8.1.1 无损检测的常用方法

无损检测的常用方法主要包括渗透检测法、磁粉检测法、超声波检测法、涡流检测法和射线检测法。渗透检测法是以毛细现象的原理工作的，它只适用于非多孔性材料表面开口缺陷的检测。磁粉检测法是以检测缺陷处形成的漏磁通来检测的，所以只适用于检测铁磁性材料的表面及近表面缺陷。超声检测法是利用超声波与物体的相互作用所提供的信息来实现的。超声波在金属中能穿透几米甚至更长距离，所以它能检测到几米深的缺陷，但却受到晶粒大小的限制。涡流检测法是靠电磁感应原理工作的，所以只能检测导电材料表面和近表面的缺陷。射线检测法是利用电离辐射与物质间相互作用所产生的物理效应检测材料内部缺陷的检测法。

8.1.2 紧固件中常存在的缺陷

紧固件原材料（主要是棒材、线材、管材）中普遍存在的缺陷有裂纹、发纹、条痕、拉伤、划伤、夹杂、空洞、折叠等；在加工和制造过程中，经过镦制、拉拔、冲压、磨削、挤压、辗压等机械加工以及淬火、回火等热处理后，可能出现拉痕、拉裂、磨削裂纹、折叠、挤压缩尾、淬火裂纹等缺陷。采用无损检测方法来检查和探测零件是否存在缺陷，可以以此改进制造工艺，降低制造成本，确保产品的安全可靠。无损检测在紧固件产品设计、研制和批量生产中获得了广泛的使用。

为提高无损检测的可靠性，必须选择适合于缺陷部位正确的检测方法、检测技术和检测依据，在最适当的时机进行检测，正确评估检测所获得的信息，即需要预计缺陷可能产生的部位、类型、形状、方向和产生的时机等。任何无损检测方法都有其自身的优点和局限性，不管采用哪一种检测方法，要完全检测出异常部位是十分困难的，而不同的检测方法会得到不同的信息，因此要综合应用几种方法提高产品的可靠性。紧固件常用的5种无损检测方法的适用范围如表8-1-1所列。

第8章 紧固件无损检测

表8-1-1 紧固件常用5种无损检测方法适用性一览表

A表示检测能力优 B表示检测能力中等 C表示检测能力差 N表示不能检出		一般情况				板材		棒材、管材				加工过程中					
		表面微裂纹	一般表面裂纹	内部裂纹	内部孔洞	分层	气孔	裂纹	缩孔	翘皮	夹杂	折叠	夹杂	裂纹	内裂纹	热裂纹	磨削裂纹
渗透检测	荧光法	A	A	N	N	B	C	A	B	N	N	A	N	A	N	A	A
	着色法	N	A	N	N	B	C	A	B	N	N	B	N	A	N	A	A
磁粉检测	交流湿式	A	A	N	N	B	N	A	C	N	C	A	B	N	N	A	A
	直流湿式	A	A	C	N	A	N	A	C	N	A	A	A	A	C	A	A
涡流检测		B	B	N	N	N	N	B	N	C	N	C	N	A	N	A	C
超声检测		N	N	A	A	B	B	A	B	A	B	C	B	A	C	N	
X射线检测		N	B	B	A	N	A	C	A	A	B	N	N	B	B	C	N

8.1.3 无损检测常用方法适用性和局限性的比较

无损检测常用方法适用性和局限性的比较如表8-1-2所列，根据各种无损检测方法的优点及局限性，在紧固件加工制造过程中，采用荧光渗透法检测非铁磁性材料表面开口的缺陷，荧光磁粉检测法检测铁磁性材料表面和近表面缺陷，涡流检测法只能检测导电材料表面和近表面缺陷，超声检测法和射线检测法检测内部缺陷。

表8-1-2 无损检测常用方法适用性和局限性的比较

检测方法	检测原理	适用性	局限性	工序安排	对被检工件的要求
渗透检测	毛细作用	适用于各种表面开口缺陷；不受被检零件的形状、大小、组织结构和缺陷方向的影响	只能检出零件表面开口的缺陷，检测结果受操作者的影响较大；浅而宽的缺陷容易被漏检，检测的过程中对碳钢、合金钢材料易产生锈蚀	一般应安排在焊接、热处理、校形、磨削、机械加工完成之后，吹砂、喷丸、抛光、阳极化、涂层和电镀工序进行之前	零件的表面应清洁、干燥；不能有妨碍渗透剂进入零件的不连续性的、影响渗透剂性能或产生不良本底的表面附着物，如油污、氧化物、化学残留物等均应除
磁粉检测	漏磁场	适用于检测铁磁性材料所产生的各种表面及近表面的缺陷	只能检测出铁磁性材料的表面和近表面缺陷，不能检测埋藏较深的缺陷，灵敏度与磁化方向有关，缺陷方向与磁化方向平行，或夹角小于20°的缺陷就很难显现	磁粉检测工序一般安排在铸造、锻造、热处理、冷成型、焊接、机加工、校正和载荷试验等可能产生表面和近表面缺陷的工序之后进行。对于镀铬、镀锌、镀镉等带镀层的制件，按其强度和镀层厚度确定磁粉检测顺序	被检制件表面应无油污、铁锈、氧化皮、毛刺、金属屑、油漆以及其他影响磁粉在缺陷上集聚的物质

续表

检测方法	检测原理	适用性	局限性	工序安排	对被检工件的要求
超声检测	波的透射、反射、衍射	适用于原材料检测，其最适合于检测具有一定尺寸的面状缺陷，如分层、裂纹等；当缺陷的延伸面垂直于超声波束时，最利于超声检测	被检表面粗糙度应限制在一定的范围内，对具有复杂形状或不规则外形的工件进行超声检测有困难，工件材质、晶粒度对检测有较大影响	被检件一般应在精加工前完成检验；对于不能一次完成所有部位检测的复杂外形锻件，应在原材料、锻件毛坯、机加工各阶段对可以检测的部位分别进行检测。对于紧固件应对原材料进行检测	被检件表面不允许存在影响超声检测的氧化皮、折叠、毛刺、油污等，表面粗糙度与检测灵敏度的要求应相适应
涡流检测	电磁感应	涡流检测特别适用于小直径管材、线材、棒材的探伤	只适用于导电材料的检测，只能检测工件表面和近表面的缺陷	对原材料、形状结构简单或规则外形的紧固件成型后检测，如铆钉、无耳托板螺母等	表面粗糙度、尺寸公差、弯曲度等与检测有关的技术指标应符合技术要求
射线检测	射线强度的衰减	最适宜检验体积性缺陷，即特别适合于铸造缺陷和熔化焊接缺陷的检验	对延伸方向垂直于射线束透照方向（或成较大角度）的薄面状缺陷难以发现。不适合锻造、轧制等工艺缺陷检验	可在有利于缺陷检出的制造或装配阶段进行	应清除妨碍检测和影响底片上缺陷影像辨认的多余物

8.1.4 无损检测常用方法的标准

国内外无损检测的主要标准有国家标准（GB）、机械行业标准（JB）、国家军用标准（GJB）、航空工业标准（HB）、航天工业标准（QJ）、民用航空行业标准（MH）、铁路运输行业标准（TB）、黑色冶金行业标准（YB）、船舶行业标准（CB）、美国材料与试验协会标准（ASTM）。国家军用标准（GJB）是以美国材料与试验协会标准（ASTM）为蓝本，包含其他行业标准的检测方法和质量控制，属于军工领域材料和零、部（组）件无损检测的通用标准，设备、检测用材料、检测方法、技术安全及质量控制等方面充分考虑了军工生产的特点，操作性较强。在此对于未指定检测方法的军用产品优先推荐选用国家军用标准（GJB）。

8.2 荧光渗透检测

8.2.1 概述

渗透检测是基于毛细作用而检测表面缺陷的无损检测方法。检测时先将具有良好渗透能力、由一定染料配制而成的渗透剂喷涂在被检试件表面，待其渗入缺陷内部后，再清除附在被检试件表面上的多余渗透剂并施加显像剂，吸出缺陷内的渗透剂在试件表面上形成缺陷的放大图像，可将微细的表面缺陷显示出来。

渗透检测适用于非多孔性材料的表面开口缺陷的检测，不仅可检测黑色金属和有色金属，而且可以检测陶瓷、粉末冶金、玻璃、塑料、有机合成材料及其制品。渗透检测不能用于多孔性材料的检测，试件表面粗糙也会降低检测效果。

8.2.2　荧光渗透检测的基本原理

液体渗透检测（liquid penetrant testing，LPT）是采用液体的毛细作用（或毛细现象）和固体染料在一定条件下发光的原理。

荧光渗透检测的基本原理：在工件表面施加含有荧光染料的渗透液后，在毛细作用下，经过一定时间，荧光渗透液渗入表面开口缺陷中；去除工件表面多余的渗透液，经干燥后，再在工件表面施加显像剂；同样在毛细作用下，显像剂吸附缺陷中的渗透液，渗透液回渗到显像剂中，在黑光灯下观察，缺陷处发出黄绿色的荧光显示，从而探测出缺陷的形貌及分布状态。

渗透检测操作的基本步骤如图8-2-1所示。

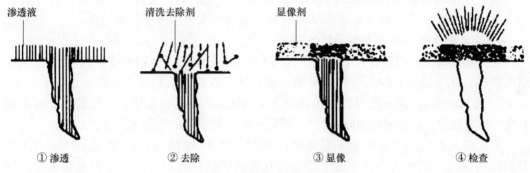

图8-2-1　渗透检测操作基本步骤

1. 仪器设备和标准试块

1）工艺设备

根据紧固件的尺寸、生产批量、检测要求及采用的荧光渗透检测方法等因素，建立适合的手动、半自动或全自动固定式荧光渗透检测生产线。

荧光渗透检测所需的预处理装置、渗透槽、乳化槽、水洗槽、干燥箱、显像装置等工艺设备的结构应协调，有利于操作和控制，并满足下列要求：

（1）乳化槽应配备循环泵；

（2）水洗槽应配备水枪和黑光灯；

（3）干燥箱应具备强制性热空气循环及控温功能，控温范围的上限应不低于70℃，控温精度应不低于±5℃；

（4）各工位的温度、压力和时间等工艺参数的显示、设置、调节、控制和报警等装置，应与设备自动化程度的要求相匹配。

2）废水处理设备

应选择专用的渗透检测废水处理设备，其处理能力应适应生产线产生的渗透废水量，其处理的质量应满足国家（或地方）有关的水排放标准。

3）黑光灯

渗透检测所用黑光灯的波长为320~400nm，峰值波长为365nm，距离黑光灯滤光片380mm处的黑光辐射照度不应低于1000μW/cm^2。

4）光学仪器

黑光灯辐射照度计的波长为320~400nm，峰值波长为365nm，量程上限一般应不低于10000μW/cm^2。白光照度计的量程上限一般应不低于2000lx。荧光亮度计的波长为430~520nm，峰值波长为500nm。

5）标准试块

用于检查渗透处理操作的正确性和定性地检查渗透系统的灵敏度等级，应使用B型试块（不锈钢镀铬试块），使用范围最广的典型试块为PSM-5试块。

标准试块使用后，应按其使用说明书的规定进行清洗和保存。通常是使用超声波清洗机进行清洗，将试块彻底清洗之后，浸入密封容器内的丙酮与无水乙醇混合液体中存放，混合液体积比按1:1配制。当发现试块上有人工缺陷堵塞和灵敏度下降时，应及时修复或更换。

每一条渗透检测线应配备两块相同的试块，一块作为日常的工作试块，另一块作为主试块，通过主试块来验证工作试块是否出现堵塞或灵敏度下降等情况。

2. 荧光渗透检测的优点和局限性

荧光渗透检测可检测各种非疏孔性材料表面开口缺陷，不受被检零件的形状、大小、组织结构、化学成分和缺陷方位的影响，缺陷显示直观，检验灵敏度高（宽0.5μm、深10μm、长1mm左右），一次可检查出各种方向的缺陷；检验速度快，大批量零件可以同时进行批量检验，从而实现100%检验。适用于检测紧固件的各种表面开口缺陷。

荧光渗透检测的主要局限是只能检出零件表面开口的缺陷，不能显示缺陷的深度及缺陷内部的形状和大小，不适于检查多孔性或疏松材料制成的零件和表面粗糙的零件，且只能检出缺陷的表面分布，难以确定缺陷的实际深度，因而很难对缺陷做出定量评价，检测结果受操作者的影响也较大。紧固件表面浅而宽的缺陷容易被漏检，检测的过程中对碳钢、合金钢易产生锈蚀。

3. 工序安排

合理地安排渗透检测工序，选择最有利的时机进行荧光渗透检测，不仅是渗透检测有效性的重要保证，而且是简化预处理、降低生产成本的有效措施。荧光渗透检验应安排在能够显示表面不连续性或产生表面缺陷的所有加工完成之后再进行；机械加工件的渗透检测应在机械加工之后，涂覆、阳极化、氧化、发蓝、磷化或其他表面处理之前进行，另有规定时除外；热处理后有氧化皮的表面，允许在喷砂后进行渗透检验。

4. 检测工艺的选择

在紧固件制造过程中，根据产生缺陷的类型、位置以及被检件的尺寸、形状和材质，应优先选用荧光自乳化、干粉显像检测技术和荧光亲水性后乳化、干粉显像检测技术，并选用高灵敏度等级的荧光渗透液，兼顾了不同等级灵敏度的要求。其操作程序如图8-2-2所示。

8.2.3 渗透检测的常见方法标准

（1）《无损检测渗透检测第1部分：总则》（GB/T 18851.1—2012）标准由全国无损检

测标准化技术委员会（SAC/TC56）提出并归口，主要起草单位为上海材料研究所、上海诚友实业集团有限公司，使用翻译法等同采用《无损检测 渗透检测》（ISO 3452-1）。

（2）《渗透检验》（GJB 2367A—2005）标准由中国航天科技集团公司提出。主要起草单位为中国航天标准化研究所、中国航天科工集团公司159厂、北京航空材料研究院。本标准规定了渗透检测的分类、一般要求、检测程序和质量控制要求，适用于非多孔性金属和非金属零件（半成品、成品和使用过的零件）表面开口不连续性的检测。

（3）《渗透检验》（HB/Z 61—1998）标准由航空工业总公司航空材料、热工艺标准化技术归口单位提出并归口。由航空工业总公司航空材料研究院负责起草，航空工业总公司成都飞机工业公司参加起草。本标准规定了液体渗透检测方法的要点和影响其检测结果可靠性主要因素的质量控制要求，适用于非松孔性的金属和非金属材料或零件表面开口的不连续的渗透检测。

（4）《液体渗透检验的标准实施规程》（ASTM E1417/ E1417M-21）标准由美国材料试验学会标准委员会编制和发布。由技术委员会负责随时修订，每5年必须审查一次，如果不修订，则要重新批准或撤销。该标准已被美国国防部批准使用。本标准规定了对非松孔性金属和非金属零件进行液体渗透检测的最低要求，适用于过程、最终和维护零部件表面开口不连续性的检测。

8.2.4 标准对比分析

1. 相同点

针对紧固件的荧光渗透检测，在各个渗透检测标准中荧光渗透检测工艺流程基本一致，包括预处理、渗透、去除多余的渗透剂、烘干、显像、检测、后处理，如图8-2-2所示。

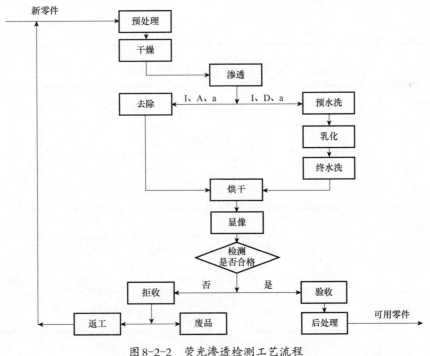

图8-2-2 荧光渗透检测工艺流程

2. 不同点

荧光渗透检测各标准中检测环境、检测设备、检测材料、工艺控制及质量控制的区别见表8-2-1~表8-2-3。

表8-2-1 检测环境、设备、材料要求对比

名称	GB/T 18851.1—2012	GJB 2367A—2005	HB/Z 61—1998	ASTM E1417/E1417M-21
厂房温湿度	无	≥5℃	≥15℃	4~52℃
烘干箱温度	80~110℃	≤70℃，控温精度≤±5℃	≤70℃	≤70℃，烘干箱温度在设定温度的±8.3℃，温度指示器在实际温度的±5.6℃
检测材料	使用前推荐用对比试块进行鉴定	鉴定合格并复验	鉴定合格或批准，并复验	鉴定合格

表8-2-2 工艺控制要求对比

名称	GB/T 18851.1—2012	GJB 2367A—2005	HB/Z 61—1998	ASTM E1417/E1417M-21
渗透时间	15~50℃	≤10℃，≥20min；>10℃，≥10min	15~40℃，≥10min	4~10℃，≥20min；>10℃，≥10min
水温	15~45℃	10~40℃	10~40℃	10~38℃
暗室适应	≥5min	≥1min	≥2min	≥1min

表8-2-3 质量控制要求对比

名称	GB/T 18851.1—2012	GJB 2367A—2005	HB/Z 61—1998	ASTM E1417/E1417M-21
烘干箱	无	每季度校验	无	每半年校验
压力表、温度计、计时器	无	至少每年校验	没明确	压力表、温度表每年校验，计时器不需校准
黑白光照度计、荧光亮度计	无	每半年校验	每年校验	黑白光照度计每半年校验，荧光亮度计不需校验
UV-A灯	无	每天校验	每周校验	每天校验
干粉显像剂污染	无	>10个点则不合格	>10个点则不合格	>9个点则不合格
渗透剂荧光亮度	≥75%	90%~110%	≥85%	≥90%

续表

名称	GB/T 18851.1—2012	GJB 2367A—2005	HB/Z 61—1998	ASTM E1417/E1417M-21
去除性	无	每月检查	每月检查	无
灵敏度	无	每周检查	每月检查	无
校验区清洁度	无	每天检查	无	每天检查
渗透剂的污染	每天检查	每天检查	无	每天检查

8.2.5 常见试验问题及建议

（1）荧光渗透检测只能检出紧固件表面开口的缺陷，不能显示缺陷的深度及缺陷内部的形状和大小，且只能检出缺陷的表面分布，难以确定缺陷的实际深度，很难对缺陷做出定量评价。对缺陷做定量评价时需要进行金相分析。

（2）荧光渗透检测结果受操作者的影响也较大。操作者操作不熟练可能出现过洗或欠洗，操作者经验不足可能出现对不连续性的误判或漏判。从事荧光渗透检测的人员应按相关标准或有关文件进行技术培训和资格鉴定，取得技术资格等级证书，并从事与其技术资格等级相适应的工作。

（3）紧固件表面浅而宽的缺陷容易被漏检。浅而宽的缺陷对渗透剂的截留性能差，渗透剂极易被清洗掉，不能形成荧光显示，造成漏检。必要时需增加目视检查，以防止浅而宽的缺陷被漏检。

（4）检测的过程中对碳钢、合金钢易产生锈蚀。由于预处理及渗透后都需要进行水洗，导致碳钢、合金钢产生锈蚀，锈蚀严重可能会出现腐蚀坑，从而导致产品报废。对碳钢、合金钢类紧固件进行荧光渗透检测时，无法避免出现锈蚀，清洗后吹去拐角、凹槽、空腔等部位的积水，及时快速烘干可以减少锈蚀的产生，渗透检测完成后及时刷防锈油可以阻止锈蚀的进一步产生。

（5）紧固件表面的粗糙度、清洁度和孔隙会产生附加背景，从而对检测结果的识别产生干扰。紧固件在制螺纹时使用黏稠的机油或固体油润滑，渗透前需彻底去除表面的油污，以减少干扰，提高荧光渗透检测的灵敏度；对于热处理后有氧化皮及表面粗糙不洁净的紧固件应进行喷砂，以减少干扰，提高荧光渗透检测的灵敏度；对空隙类紧固件（如尾部密封无耳托板螺母）应进行堵塞，以减少干扰，提高荧光渗透检测的灵敏度。

（6）产品的图纸或技术条件中有指定渗透检测的方法标准时，应按指定的渗透检测方法执行，产品的图纸或技术条件中未指定渗透检测的方法标准时，对于军用产品优先推荐采用国家军用标准（GJB）。

8.3 磁粉检测

8.3.1 概述

磁粉检测是利用磁粉检测已磁化了的铁磁性试件表面及近表面产生的漏磁场，并通过磁痕显示来检查试件表面及近表面缺陷的一种磁性探伤方法。磁粉检测是发展最早且应用最广的一种磁性检测手段。

磁粉检测主要靠手工操作，用肉眼观察缺陷表面的磁痕显示来确定缺陷存在的位置及形态，不能提供缺陷的尺寸（宽度和高度）量值。但是，磁粉检测方法具有检测灵敏度高、设备简单、操作方便、检测成本低，不受试件形状、大小的局限等优点，广泛用于管、板、型材以及锻造毛坯等原材料及半成品检测，也适用于零部件加工制造工序间的检查及磁粉检测，是铁磁性材料中非金属夹杂、白点、折叠、疏松及裂纹等缺陷的常用检测手段。

8.3.2 磁粉检测的基本原理

磁粉检测（magnetic particle testing，MT），又称为磁粉探伤或磁粉检验，是基于缺陷处漏磁场与磁粉的相互作用而显示铁磁性材料表面和近表面缺陷的无损检测方法。当铁磁性材料或零件被磁化后，由于不连续性的存在使材料或零件表面和近表面的磁力线产生局部畸变，这种畸变会造成磁力线溢出材料或零件表面而形成漏磁场。漏磁场吸附施加在材料或零件表面的磁粉或磁悬液，形成缺陷处的磁粉堆积——磁痕，在适当的光照条件下，磁痕指示出缺陷的位置、尺寸、形状和程度。对这些磁粉的堆积加以观察和解释，就实现了磁粉检测。磁粉检测原理如图8-3-1所示。

磁粉检测的灵敏度主要取决于缺陷漏磁场强度，缺陷漏磁通越多，其漏磁场越强，检测灵敏度就越高。缺陷漏磁场强度不仅与试件的材质以及缺陷性质、方向、尺寸等因素有关，而且与磁化试件的磁场强度和方向等因素有关。因此，适当选择磁化方法、磁化规范，确保缺陷产生足够的漏磁场强度是取得理想检测效果的关键。

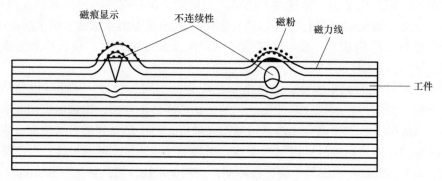

图8-3-1 磁粉检测原理示意图

1. 磁粉检测设备、辅助仪器及材料

1）磁粉检测设备

（1）磁粉探伤机应能满足被检工件磁粉检测的工艺要求，并能满足安全操作的要求。

（2）磁粉检测设备可采用便携式、移动式、固定式或专用设备，所提供的电流值和安匝数应能满足受检制件磁化和退磁的要求。接触夹头应有铜编织衬垫，并给受检制件提供足够的夹持力，保证制件与夹头间有良好的接触。

（3）固定式探伤机应配备有磁悬液槽或磁悬液箱，并有搅拌装置，磁悬液槽或磁悬液箱应安装过滤网，使用浇注法时应有可调节压力的喷嘴和软管。

（4）对于触头法，支杆端头材料推荐采用钢、铝或铜编织垫，不宜使用铜棒。

（5）磁轭设备由一个多匝线圈包住软铁芯片组成，采用可控硅调节磁化电流。磁极应有活动关节，能调整间距，并保证良好接触。极间式磁轭推荐采用整流电流磁化方式。永久磁铁可用于没有电源的检测场地。

（6）探伤机常用电流为交流电（AC）、单相半波整流电（HW）、直流电（DC）和三相全波整流电（FWDC），必要时也可采用单相全波整流电、三相半波整流电和冲击电流。采用剩磁法时，交流探伤机应配备断电相位控制器。磁化设备应有定时装置以控制制件磁化时的通电时间，通电的持续时间一般为0.5~1s。

（7）探伤机的磁化电流和磁化安匝数应能连续可调或断续可调，并有电流表指示。探伤机应具有高、低挡双量程指针式电流表或数字表，对于小型的磁化设备，可使用一个低量程电流表。

（8）为了检测大型和重型制件，检测场所应安装合适吨位的吊车。为了防止用通电法磁化形状复杂的制件时因电流分布不均而烧伤制件，或因其他需要，应根据实际情况设计、加工和使用检测用夹具。

（9）采用非荧光磁粉检测时，探伤机上最好采用日光灯照明。采用荧光磁粉检测时，应备有能产生波长为320~400nm、中心波长为365nm的黑光灯。黑光灯电源线路应有稳压装置。

（10）磁粉检测设备的其他要求应符合《无损检测仪器 磁粉探伤机》（JB/T 8290—2011）的规定。

（11）退磁设备应能对全部受检制件进行良好的退磁，退磁可采用专用退磁机，也可采用交流线圈或设备上的其他退磁装置，退磁设备宜东西向放置。直流退磁设备应配备有既能使电流反向又能使电流降低到零的功能，且应有30个反向点或反向30次以上。在任何情况下退磁线圈中心磁场强度不应小于受检工件纵向磁化时的最大磁场强度，以保证良好的退磁效果。

2）辅助仪器

根据磁粉检测的需要，一般应备有以下辅助仪器：

（1）特斯拉计（高斯计）；

（2）磁强计；

（3）弱磁场测量仪；

（4）白光照度计；

（5）黑光辐照计；

（6）标准试片；

（7）标准试块；

（8）沉淀试管；

（9）标准筛；

（10）放大镜。

各种辅助仪器的要求及用途见表8-3-1。

表 8-3-1 各种辅助仪器的要求及用途

仪器名称	要求	用途
特斯拉计	应能方便、准确地测定被检制件表面和退磁线圈的磁场强度	测定磁粉检验时所施加的磁场强度及磁化方向
磁强计	应能精确测定被检材料和制件退磁后剩磁的大小,表盘刻度每格宜为0.05mT	测定被检材料和制件退磁后剩磁的大小
弱磁场测量仪	应能精确测定被检材料和制件退磁后的极弱剩磁值	测定被检材料和制件退磁后的极弱剩磁值
白光照度计	白光照度计的量程应大于1000lx;紫外辐照计的量程应大于1200μW/cm²	测定检验区域的白光照度和环境光照度
黑光辐照计		测定紫外灯发射的黑光辐照度
标准试块	应符合《无损检测磁粉检测用环形试块》(GB/T 23906—2009)或等效规范的规定;标准试块应经鉴定并带有正式合格证明	校验磁粉检验系统的灵敏度
标准试片	应符合《无损检测磁粉检测用试片》(GB/T 23907—2009)或其他相应规范的规定	估计被检材料和制件磁化时的表面磁场强度大小和方向
沉淀试管	采用100mL梨形玻璃试管,对于荧光磁粉,在1mL范围内以0.05mL分度划分;对于非荧光磁粉,在1~5mL范围内以0.1mL分度划分,也可采用荧光磁粉沉淀用试管	测定磁悬液浓度和检查磁悬液是否受到污染
标准筛	孔径应满足所测磁粉的粒度要求	测定磁粉粒度
放大镜	放大倍数为3~10倍	观察和解释磁痕

3)用于磁粉检测的材料

(1)磁粉。检测用磁粉应具有高磁导率、低矫顽力、合适的粒度与颜色。磁粉分为荧光磁粉和非荧光磁粉。荧光磁粉在黑光照射下能发出黄绿色荧光。非荧光磁粉常用黑色Fe_3O_4和红褐色$\gamma-Fe_2O_3$磁粉。磁粉应具有符合《磁粉检测》(GJB 2028A—2019)规定的质量保证书,并经复验合格后方可使用,复验项目应至少包含灵敏度。

(2)载液。

①油基载液,磁粉检测用的油基载液应具有低黏度、高闪点、无荧光、无臭味和无毒性等特点,油基载液应具有符合《磁粉检测》(GJB 2028A—2019)规定的质量保证书,并经复验合格后方可使用,复验项目应至少包含黏度和闪点。

②水载液,磁粉检测用的水载液应具有合适的润湿性、分散性及防锈性,若有泡沫应添加消泡剂,合适的润湿性应由水断试验确定。

(3)磁悬液。磁悬液浓度一般应符合表8-3-2中的规定。

表 8-3-2 磁悬液的浓度

磁悬液 (油或水)	配制浓度 /g/L	沉淀浓度(每100mL中含固体毫升数)/mL	
		要求	最佳
荧光	0.5~2.0	0.1~0.4	0.15~0.25
非荧光	10~25	1.0~2.4	—

2. 磁粉检测的优点和局限性

磁粉检测可发现表面及近表面缺陷（如裂纹、夹杂、发纹、折叠、气孔、疏松等），能直观显示缺陷的形状、位置、大小，并可大致判断缺陷的性质，具有很高的检测灵敏度，可检出的缺陷最小宽度约为1μm，只要采取合适的磁化方法，几乎可以检测到工件表面的各个部位，检测速度快，操作方便，费用低廉，特别适用于检测铁磁性材料紧固件所产生的各种表面及近表面的纵向缺陷。

其主要局限是只能检测出铁磁性金属材料的试件，不能检测奥氏体不锈钢、铝、铜、镁、钛等非磁性材料，检查时的灵敏度与磁化方向有很大的关系，如果缺陷方向与磁化方向平行，或与工件表面夹角小于20°的缺陷就很难显现，表面浅的划伤、埋藏较深的孔洞也不容易检查出来。另外，如果工件表面有覆盖层、喷丸、漆层等，将会对检测灵敏度产生不良影响，覆盖层越厚，这种影响就越大。不适用于检测紧固件螺纹牙底折叠。

3. 工序安排

（1）磁粉检测应安排在最终热处理、冷成型、锻造、机加工、矫正、磨削等可能产生表面和近表面缺陷的工序之后进行。

（2）在涂层、阳极化、发蓝、磷化等表面处理工序之前进行磁粉检测。

（3）对于镀铬、镀锌、镀镉等带镀层的紧固件，其磁粉检测参见表8-3-3。对于镀铜等带其他镀层的紧固件，其磁粉检测顺序也可参照表8-3-3通过试验确定。

表8-3-3 带镀层紧固件的磁粉检测顺序

镀层厚度/mm	抗拉强度/MPa	
	≤1080	>1080
≤0.020	电镀前或电镀后	电镀后
0.020~0.127	电镀前	电镀前和电镀后
>0.127	电镀前	电镀前

4. 检测工艺的选择

1）检测方法的选择

根据磁粉检测所用的载液或载体不同，磁粉检测方法可分为湿法检测和干法检测。湿法检测是将磁粉悬浮在载液中进行检测的方法；干法检测是以空气为载体将干磁粉施加在零件表面进行检测的方法。根据磁化工件和施加磁粉或磁悬液的时机不同，磁粉检测法分为连续法检测和剩磁法检测：连续法检测是在外加磁场磁化的同时，将磁粉或磁悬液施加在零件上进行的方法；剩磁法检测是在停止磁化后，再将磁粉或磁悬液施加到零件上进行检测的方法。

干法适用于粗糙表面或高温下工件的磁粉检测。湿法对于粗糙度高的工件其表面细微缺陷具有较高的检测灵敏度。连续法广泛用于铁磁性材料及工件的检测，剩磁法适用于剩余磁感应强度大于0.8T的铁磁性工件的检测。

在紧固件磁粉检测过程中，为了发现各种大小不同的缺陷，也要求发现表面和近表面的缺陷，应优先选用湿法、荧光磁粉检验，在黑光下观察时，工件表面呈紫色，只有微弱的可见光本底，磁痕显示呈黄绿色，色泽分明，能提供最大的对比度和亮度，因此，检测灵敏度要比非荧光磁粉高得多，检测速度也快。

对于螺栓螺纹根部的横向缺陷，应采用线圈纵向剩磁法检测，因为紧固件螺栓用的材料经过淬火后，其剩磁和矫顽力值一般都符合剩磁法检测的条件。如果用连续法检测，螺纹本身就相当于横向裂纹，纵向磁化后，螺纹吸附磁粉形成过度背景，使缺陷难以观察，所以宜采用剩磁法检测。

2）磁化电流的选择

磁化电流有交流电、单相半波整流电和三相全波整流电，选择适用的磁化电流类型对工件进行磁化，有利于预期缺陷的检出。交流电湿法检测时，检测工件表面微小缺陷灵敏度较高，特别适用于机加件和服役工件的表面检测。单相半波整流电适用于检测工件表面和近表面缺陷，尤其适用于干粉法检测，因为它能产生单向脉动磁场，有利于磁粉的移动，对表面夹杂、气孔、裂纹类缺陷检测灵敏度较高。三相全波整流电具有最深的可渗透性，采用湿法时，可用它来检测近表面缺陷，尤其适用于检测焊接件、铸钢件和表面覆盖层较厚的工件。

在紧固件磁粉检测中，常采用的磁化电流类型主要有交流电和三相全波整流电。交流电由于趋肤效应，交变电流集中在工件表面，导致磁化的磁通也集中于被检件表面。因此，这种电流对表面缺陷的检出有较高的灵敏度，对近表面缺陷的检出灵敏度反而较低，所以对大多数近表面缺陷不容易被检出。三相全波整流电的磁场具有很大的渗入性，即可以检测表面埋藏较深的缺陷，但对表面缺陷的检测灵敏度较低。当采用中心导体法对中空零件进行磁化时，一般推荐采用三相全波整流电。

3）磁化方向的选择

根据工件的几何形状，可采用不同方法直接或间接地对工件进行周向、纵向或多向磁化。当不连续性的方向与磁力线垂直时，检测灵敏度最高，两者夹角小于45°时，不连续性很难检测出来。选择磁化方法时应遵循下列原则：

（1）磁场方向的选择应尽可能与预计检测的缺陷方向垂直，与检测面平行；

（2）当不能准确地确定不连续性的方向时应至少对工件在两个垂直方向上进行磁化；

（3）磁场的选择应尽可能减少反磁场的影响；

（4）磁化方法的选择应尽可能采用间接的磁化方法。

为了能检出各个方向的缺陷，通常对同一部位应进行互相垂直的两个方向的磁化，不同的磁化方法对不同方向缺陷的检出能力有所不同，周向磁化对纵向缺陷的检测灵敏度较高，纵向磁化对横向缺陷的检测灵敏度较高。在紧固件磁粉检测中，通常采用周向和纵向两个方向进行磁化。

4）磁化方法的选择

（1）直接通电法。

直接通电法是将工件夹持在探伤机两电极之间，使电流通过工件，在工件表面和内部产生一个闭合的周向磁场，使磁场与缺陷成一定角度，对缺陷反应灵敏，具有方便、快速的特点。特别适用于批量检验（尤其采用剩磁法），只要控制好通入工件电流的大小，就可以控制产生磁场的大小。主要适用于螺栓、螺桩、销轴类长径比较大的工件，主要用来发现与磁场方向垂直而与电流方向平行的纵向缺陷。

(2）中心导体法。

中心导体法是将铜或铝的导电芯棒穿入螺母或环形件，使电流从导体上通过，利用导体产生的周向磁场使工件得到感应磁化。中心导体法主要用来检查工件沿轴向（平行于电流方向或小于45°范围内）的缺陷，由于它是感应磁化，工件内外表面的轴向缺陷及两端面的径向缺陷都可以发现。中心导体法在中空工件中得到了广泛应用，如螺母、衬套、管接头、环形件、轴承圈等的检查中。在磁化过程中，工件内、外表面都得到周向磁化，对螺母、衬套类小零件，可在芯棒上一次穿上多个零件进行磁化以提高工作效益，其工艺简单、检测效益高，并具有较高的检测灵敏度。对大型孔状零件，由于大直径工件整体磁化时需要的电流较大，磁粉探伤机又不能提供足够大的磁化电流时，可以采取偏置芯棒法沿工件圆周方向分段进行磁化。

（3）线圈纵向磁化法。

线圈纵向磁化法是在固定线圈（线圈匝数、外形、使用条件都确定的线圈）中通过电流时，线圈中产生的纵向磁场使线圈中的工件得到感应磁化，能发现工件上沿圆周方向上的缺陷，采用快速断电方法可以检查工件端面的周向不连续性，在对螺栓、螺桩、销轴类紧固件产品的检测中，由于工件上的周向缺陷永远比轴向缺陷的危害大得多，因此在对此类紧固件轴类零件周向缺陷的检测中得到了很好的应用。

5）磁场强度的确定

当采用连续法检测时，磁粉检测所需施加的磁场强度沿工件表面的切向分量应不小于2.4kA/m；当采用剩磁法检测时，磁粉检测所需施加的磁场强度沿工件表面的切向分量应不小于8kA/m。应确保磁化时工件受检部位的磁场强度至少达到要求的最小值。磁场强度不应太强，以免磁粉的聚集掩盖相关磁痕显示。

根据所需检测灵敏度的要求、工件的几何形状与磁导率、缺陷类型与位置、磁化技术及磁悬液等，施加产生满意的磁痕显示的磁场强度。足够的磁场强度可以通过以下几种方法来确定：

（1）通过使用霍尔效应探伤（特斯拉计）测定工件表面切向磁场强度；

（2）刻槽缺陷标准试片估计所施加的磁场强度的大小；

（3）对于结构不复杂的工件，可参照相关标准磁化参数公式计算所需施加的磁化电流值或安匝数。

方法（3）计算出的电流值和安匝数仅提供一个磁化指导，使用时应与方法（1）或方法（2）结合使用。

8.3.3 磁粉检测的常见方法标准

（1）《无损检测 磁粉检测 第1部分：总则》（GB/T 15822.1—2005）标准由中国机械工业联合会提出，由全国无损检测标准化技术委员会归口。主要起草单位为上海材料研究所、上海锅炉厂有限公司、上海宇光无损检测设备制造有限公司等，规定了铁磁性材料磁粉检测要求，主要用于检测表面开口的不连续性（尤其是裂纹），也能检测近表面的不连续性，但其灵敏度随深度而迅速降低。

（2）《磁粉检测》（GJB 2028A—2019）标准由中国航空发动机集团公司提出。主要起草单位为中国航发北京材料研究院、成都飞机工业（集团）有限责任公司、上海船舶工艺研究所。本标准规定了铁磁性材料和工件磁粉检测的一般要求、检测程序、质量控制和安全防护，适用于对铁磁性材料和工件表面及近表面不连续性的磁粉检测。

（3）《磁粉检验》（HB/Z 72—1998）被《磁粉检测》（HB 20158—2014）替代。本标准由中国航空工业总公司航空材料、热工艺标准化技术归口单位提出并归口。由航空工业总公司北京航空材料研究院负责编制，一七二厂参加编制。本标准规定了航空工件湿法磁粉检测的一般技术和要求，适用于铁磁性材料航空工件表面和近表面缺陷的磁粉检测。

（4）《航空航天用磁粉检测的标准实施规程》（ASTM E1444-22）标准由美国材料试验学会标准委员会编制和发布。由美国技术委员会负责随时修订，每5年必须审查一次，如果不修订，则要重新批准或撤销。该标准已被美国国防部批准使用。本标准规定了铁磁性材料表面或近表面的表面不连续性磁粉检测的最低要求，适用于原材料、半成品、产品和使用中零件表面及近表面不连续性的检测。

8.3.4 标准对比分析

1. 相同点

针对紧固件的磁粉检测，在各个磁粉检测标准中磁粉检测工艺流程基本一致，包括预处理、磁化和施加磁悬液、显示的解释和不连续的评定、退磁和后处理。连续法是在外加磁场磁化的同时，将磁悬液施加在零件上，当磁痕形成后，立即进行观察和评价，其检验工艺流程如图8-3-2所示。剩磁法是在外加磁化场停止磁化后，将磁悬液施加到工件上，其检验工艺流程如图8-3-3所示。

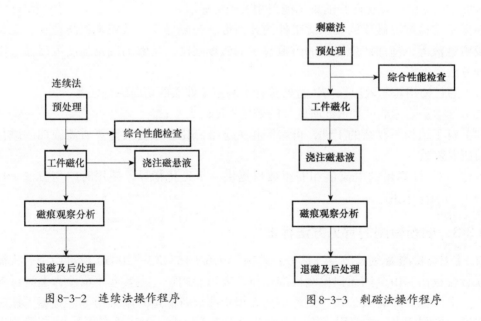

图 8-3-2　连续法操作程序　　　　图 8-3-3　剩磁法操作程序

2. 不同点

（1）荧光磁粉检测各标准中检测环境、检测设备、检测材料的区别如表8-3-4所列。

表 8-3-4　检测环境、设备、材料要求对比

名称	GB/T 15822.1—2005	GJB 2028A—2019	HB 20158—2014	ASTM E1444-22
厂房温湿度	无	≥15℃	≥15℃	无
通电持续时间	≥5s	0.5~1s	0.5~2s	无
UV-A灯	无	320~400nm	无	无
检测材料	验证	合格证并复验	试验证明并复验	符合相关标准要求

（2）荧光磁粉检测各标准中工艺控制的区别如表8-3-5所列。

表 8-3-5　工艺控制要求对比

名称	GB/T 15822.1—2005	GJB 2028A—2019	HB 20158—2014	ASTM E1444-22
磁化时间	没明确	0.5~1s	0.5~2s	≥0.5s
UV-A辐照强度	>1000μW/cm^2	≥1200μW/cm^2	≥1200μW/cm^2	≥1000μW/cm^2
暗室适应	没明确	≥1min	≥1min	≥1min

（3）荧光磁粉检测各标准中质量控制的区别如表8-3-6所列。

表 8-3-6　质量控制要求对比

名称	GB/T 15822.1—2005	GJB 2028A—2019	HB 20158—2014	ASTM E1444-22
系统性能试验	检测前	每班	每天	每天
磁悬液浓度测定	无	每班	每天	每班
磁悬液污染测定	无	每班	每天	每周
黑光辐照度	无	每天	每天	每天
白光照度	无	每周	每周	每周
环境光照度	无	每周	每周	每周
电流载荷试验	无	每月	每月	无
磁悬液粘度	无	无	每月	无
安培计校验	无	6个月	6个月	6个月
时间控制器校验	无	6个月	6个月	6个月
磁场快速断电校验	无	6个月	6个月	6个月
设备内部短路检查	无	6个月	6个月	无

续表

名称	GB/T 15822.1—2005	GJB 2028A—2019	HB 20158—2014	ASTM E1444-22
黑/白光照度计	无	6个月	6个月	6个月
特斯拉计	无	6个月	6个月	6个月
磁强计	无	6个月	6个月	6个月
退磁设备校验	无	6个月	无	无

8.3.5 常见试验问题及建议

（1）磁粉检测只能检出紧固件表面和近表面的缺陷，不能显示缺陷的深度及缺陷内部的形状和大小，故只能检出缺陷的表面分布，难以确定缺陷的实际深度，很难对缺陷做出定量评价。对缺陷做定量评价时需要进行金相分析。

（2）荧光磁粉检测结果受操作者的影响也较大。操作者经验不足可能出现对不连续性的误判或漏判。从事荧光磁粉检测的人员应按相关标准或有关文件进行技术培训和资格鉴定，取得技术资格等级证书，才能从事与其技术资格等级相适应的工作。

（3）周向通电磁化时，紧固件两端面被夹持通电，两端面的缺陷容易被漏检。周向磁化检测后两端面应分别浇注磁悬液进行补充检测，以防止两端面的缺陷被漏检。

（4）国家军用标准（GJB）、航空工业标（HB）等标准中只是要求需进行渗透检测或磁粉检测，未明确指定采用渗透检测还是磁粉检测，由于磁粉检测的灵敏度高于渗透检测，对于碳钢、合金钢等铁磁性材料，在检测条件允许的情况下优先推荐采用磁粉检测。

（5）产品的图纸或技术条件中指定有磁粉检测的方法标准时，应按指定的磁粉检测方法执行，紧固件的图纸或技术条件中未指定磁粉检测的方法标准时，对于军用产品优先推荐采用国家军用标准（GJB）。

8.4 涡流检测

8.4.1 概述

涡流检测是以电磁感应原理为基础的一种无损检测方法，当金属等工件通过或接近交变磁场时，便在工件中感应产生出涡旋状电流，称为涡流。涡流的大小和分布，不仅与原激励磁场和涡流自身建立的磁场有关，而且与试件的电导率、磁导率等电磁特性以及工件有无缺陷等因素有关。因此，涡流可用于发现并评价工件有无不连续性，如裂纹、折叠、夹杂、气孔、凹坑等缺陷。

涡流检测在冶金、机械、航空航天、交通运输等部门已成为不可缺少的检测手段之一，尤其在核电、石化等部门的蒸汽发生器、热交换器、冷凝器等传热管的在役检测，是其他无损检测方法不能替代的。

涡流检测只适用于导电的工件表面及近表面缺陷的检测，具有较高的检测灵敏度，不仅可用于缺陷检测，还可用于与工件电磁特性有关的参数测量，应用面广。由于检测线圈与被检测工件不接触，不需要耦合剂，因此易于实现自动化检测，检测速度快。由于涡流的变化与多种因素有关，因此从多个信号中取出某一所需信号，需要特殊的信号处理技术。

涡流检测系统主要由检测仪器和检测线圈组成，自动化检测系统包括传导、打标记、分选等装置，检测铁磁性工件时，还应有磁饱和与退磁装置。

8.4.2 涡流检测的基本原理

涡流检测（eddy current testing，ET）的基本原理为电磁感应。当载有交变电流的检测线圈接近被检工件时，由于检测线圈磁场的作用，在工件表面和近表面会感应出涡流。其大小、相位和流动轨迹与被检工件的电磁特性、几何尺寸和缺陷等因素有关；该涡流产生的磁场作用又会使线圈阻抗发生变化，通过测定检测线圈阻抗的变化，即可获得被检件有无缺陷的质量信息。

涡流检测时，由于涡流密度随检测线圈离被检工件表面距离的增加几乎呈指数减小，因而较深处的缺陷难以被发现。

在紧固件加工制造过程中，主要用于不同材质的原材料棒材表面及近表面的检测，且以检测原材料中的冶金缺陷为主要目的，也可用于形状结构简单的成品紧固件的检测。

1. 涡流检测的仪器设备

涡流检测所用的仪器设备一般包括探伤仪、检测线圈、机械传动装置、记录装置和磁化及退磁装置。

1）涡流检测仪

涡流检测仪分为便携式和非便携式的单频、双频或多频涡流检测仪。检测仪主要由激励单元、信号处理单元和显示单元组成。

（1）激励单元应能产生足够幅值和适当频率的交变电流。

（2）通过调节信号处理单元，应能明显区分试样上的人工缺陷信号和噪声信号。

（3）显示单元应能监视检测结果，显示缺陷信号的幅值或幅值与相位。当缺陷信号等于或大于验收水平时，需有声音和（或）灯光报警指示。

（4）涡流检测仪应能及时对检测线圈中电磁感应的变化产生响应，对需要检出的缺陷信号有足够的信噪比，具有足够的抗干扰能力，并保持长时间稳定工作。

（5）涡流检测仪使用一年或经维修后应按说明书中规定的技术指标进行鉴定，鉴定不合格的应及时处理或更换。

2）涡流检测线圈

涡流检测线圈分为点式、内插式、外穿过式和扇形线圈。涡流检测线圈应能在被检工件上感应涡流，并能反映出被检工件磁特性的变化，其形式和有关参数应与所使用的涡流检测仪相匹配。

3）机械传动装置

机械传动装置应能保证被检工件与检测线圈之间以规定的方式匀速、平稳地做相对运动，不应造成被检工件表面损伤，不应有影响检测信号的振动。传动速度应可调，在检测过程中传动速度的波动应在±5%范围内。对管、棒、线材进行检测，还应具有保证检测线圈电中心与被检工件中心一致的调节机构。用旋转点式检测线圈时，应能使检测线圈相对被检工件匀速旋转。

4）记录装置

记录装置应能及时记录涡流检测仪输出的相应信号，记录方式应符合检测要求。

5）磁化装置

磁化装置应能连续对检测线圈通过的被检工件区域进行饱和磁化处理。被检工件不允许存在剩磁时，磁化装置还应配备退磁装置，该装置应能有效去除被检工件中的剩磁。

2. 涡流检测的优点及局限性

（1）涡流检测的主要优点是检测速度快，线圈与试件不直接接触，无需耦合剂，对表面无污染和损伤，易于实现现代化的自动检测，特别适合在线普查对管、棒材检测，一般每分钟检测几十米。除了进行探伤外，还可以用于电导率、磁导率测量，材料分选和测量金属覆盖层或非金属覆盖层的厚度。适用于紧固件原材料表面及近表面缺陷的检测。

（2）涡流检测的局限性是只能用于导电材料，对形状复杂的试件难以检查，由于存在趋肤效应，只能检查薄试件或厚试件表面、近表面部位，检测结果还不直观，判断缺陷形状、大小及其形状也难，对于参量敏感时的解释是否正确取决于检测人员的水平。采用外穿过式线圈检测时，线圈覆盖的是棒材、管材上一段长度的圆周，获得的信息是整个圆环上影响因素的累积结果，对缺陷处圆周上的具体位置无法判断。

3. 工序安排

针对紧固件原材料的检测，应在原材料投产前进行涡流检测；针对紧固件成品的检测，应安排在有可能产生表面和近表面不连续性的操作之后进行。

4. 检测工艺的选择

（1）仪器设备的选择。对管、棒、线材的检测，选用非便携性单频、双频或多频涡流检测仪，采用外穿过式检测线圈并配备传动装置，并用自动方式进行。对紧固件产品的检测，选用便携式单频、双频或多频涡流检测仪，采用与被检测部位匹配的各种异形检测线圈，并用自动方式进行，也可用手动方式进行。

（2）检测频率的选择。应根据被检件要求检测的灵敏度、近表面缺陷的深度、表面和近表面缺陷的相位差等条件选择频率，应选择可充分检出参考样件上指定人工缺陷、且有足够大的信噪比的那个频率。

（3）对比试样的选择。应根据被检件的尺寸、状态、检测灵敏度、检测深度等要求按相关标准选择对比试样的类型和规格。

8.4.3 涡流检测的常见方法标准

（1）《无损检测涡流检测》（GB/T 30565—2014）标准由全国无损检测标准化技术委员会（SAC/TC56）提出并归口，主要起草单位为国核电站运行服务技术有限公司、北京航空材料研究院。本标准规定了产品和材料涡流检测的总则，其目的是保证检测符合规定，且可重复再现。

（2）《涡流检测方法》（GJB 2908A—2020）标准由中国航天科技集团有限公司提出，主要起草单位为航天材料及工艺研究所，由中央军委装备发展部颁布。本标准规定了金属材料及零部件表面和近表面缺陷涡流检测的一般要求、检测系统、对比试样、检测程序、检测结果评定等。适用于金属零部件及管材表面和近表面缺陷的涡流检测。金属棒材、线材表面和近表面缺陷的涡流检测可参照使用。

（3）《航空器无损检测涡流检验》（MH/T 3002.5—1997）标准按照《民航标准编写规定》（MH/T 001~MH/T 0003）编写。在编写中，参照并部分采用了美国军用规范和国外航空器制造厂的资料，具有先进性、科学性、可行性。本标准规定了用涡流检测法检测民用航空器所用金属材料及零部件表面和近表面不连续性的基本要求。本标准适用于民用航空器所用金属材料及零部件的涡流检测。

8.4.4 标准对比分析

1. 相同点

针对紧固件原材料棒材、线材及产品的涡流检测，在各个涡流检测标准中涡流检测工艺流程基本一致，包括被检工件的准备、对比试样的制备、线圈的选用、设定仪器检测参数、检测系统调试、检测实施、检测结果的评定与处理等。

2. 不同点

（1）涡流检测各标准中检测环境、检测设备的区别如表8-4-1所列。

表8-4-1 检测环境、设备要求对比

名称	GB/T 30565—2014	GJB 2908A—2020	MH/T 3002.5—1997
厂房温湿度	无	≤40℃，≤80%RH	应控制在仪器设备允许的范围内
厂房环境条件	无	不应有影响仪器设备正常工作的磁场、振动、腐蚀气体及其他干扰	3m以内不得有电动机、发电机、电源车等产生强电磁场干扰的设备运行
探伤仪与探头	能产生感应电流，并能检测电特性变化	探头的形式和有关参数应与所使用的探伤仪相匹配	不同制造厂家的涡流探伤仪和探头不得混用

（2）涡流检测各标准中工艺控制的区别如表8-4-2所列。

表8-4-2 工艺控制要求对比

名称	GB/T 30565—2014	GJB 2908A—2020	MH/T 3002.5—1997
探头扫查速度	无	手动扫查速度一般为4m/min	手动扫查速度不大于20mm/s
机械传动装置	10~80m/min，速度的变化在±10%内	5~30m/min，速度的变化在±5%内	无
检测灵敏度的复验	每次开始和结束前，以及过程中每隔2h	检测开始、结束及检测过程中每隔2h	每连续工作2h或每次检测结束后

（3）涡流检测各标准中质量控制的区别如表8-4-3所列。

表8-4-3 质量控制要求对比

名称	GB/T 30565—2014	GJB 2908A—2020	MH/T 3002.5—1997
涡流检测仪	每年	每年	每年
标准试样	无	无	每3年

8.4.5 常见试验问题及建议

（1）涡流检测只能检出紧固件表面开口的缺陷，不能显示缺陷的深度及缺陷内部的形状和大小，且只能检出缺陷的表面分布，难以确定缺陷的实际深度，很难对缺陷做出定量评价。对缺陷做定量评价时需要进行金相分析。

（2）涡流检测结果受操作者的影响也较大。操作者经验不足可能出现对不连续性的误判或漏判。从事涡流检测的人员应按相关标准或有关文件进行技术培训和资格鉴定，取得技术资格等级证书，才能从事与其技术资格等级相适应的工作。

（3）产品的图纸或技术条件中指定有涡流检测的方法标准时，应按指定的涡流检测方法执行，产品的图纸或技术条件中未指定涡流检测的方法标准时，对于军用产品优先推荐采用国家军用标准（GJB）。

8.5 射线检测

8.5.1 概述

射线检测是利用电离辐射与物质间相互作用所产生的物理效应检查工件内部不连续性的检测方法，通常包括X射线检测、γ射线检测、中子射线检测、工业X射线检测及计算机层析技术。射线检测有3个基本要素，即射线源、受检工件及记录或图像显示介质。射线源可以是X射线、γ射线或中子射线；受检工件可以是金属铸件、焊接件，也可以是非金属材料、复合材料；记录或图像显示介质可以是工业胶片或实时成像系统。利用工业胶片的射线照相法是应用最为广泛和有效的常规检测方法之一。由于电子计算机图像处理技术的发展，基本上可与胶片照相法相当，加之它具有检测效率高、成本低等优点，其应用前景十分广阔。

8.5.2 射线检测的基本原理

射线检测（radiographic testing，RT），又称为射线探伤或射线检验，是基于缺陷处与非缺陷处的厚度差导致透射射线强度的降低不同，检测透射射线强度的分布情况即可实现对工件中存在缺陷的无损检测。当射线入射到物体时，射线的光子将与物质原子发生一系列相互作用，导致透射射线强度减弱，低于入射射线强度，即射线在穿过物体时强度发生了衰减。射线衰减的程度除了与射线的能量相关外，还直接与被透射物体的性质、厚度、密度等相关，如果物体局部区域存在缺陷，它将改变物体对射线的衰减，引起透射射线强度的变化，这样，采用一定的检测器（如射线照相中采用的胶片）检测透射射线强度，就可以判断物体中是否存在缺陷。

1. 射线检测的仪器、设备及材料

1）射线机

（1）所有的射线机均应具有合格证或有关合格的证明文件。

（2）应根据被检工件处理种类、最大可能透射厚度及射线照相技术级别，选择适宜的X射线机、γ射线机或加速器等射线源。当电压波动较大而影响射线机正常工作时，应配备稳压电源。

（3）检测轻金属及低密度非金属材料时，推荐采用铍窗口软X射线机；检测大型环形件时，推荐采用具有轴向辐射能力的周向X射线机或能量适宜的γ射线源。

2）观片灯

使用中的观片灯的主要技术指标应符合相关标准的规定。

3）光学密度计（简称"密度计"）

（1）现场使用的密度计，《射线照相检测》（GJB 1187A—2019）中规是，最大可测密度应不低于4.00。

（2）密度计的标准密度片每年送计量部门检定一次。使用密度计时，应随时用标准密度片进行校验。

4）暗室安全红灯

（1）暗室中的安全红灯应采用安全电压和胶片生产厂家推荐的安全滤光片，安全红灯的亮度要适当。

（2）安全红灯的安全性一般每年检查一次，但当更换灯泡或滤光片时，应同时进行安全性检查。

（3）安全红灯的安全性可按下述方法检查：切一条胶片，放在平时切包胶片距安全红灯最近的位置上，一半用黑纸遮盖，另一半暴露在安全红灯下，暴露时间不短于切包胶片所需的最长时间，然后按实际使用的程序进行暗室处理，测量两边的密度值，其差值应不高于0.05。

5）定时装置

暗室配备的定时钟或其他定时装置应定期进行校验。

6）辐射剂量仪器

（1）射线检测人员佩戴的个人剂量计，应按时送当地防疫部门进行检测。

（2）外场检测配备的辐射剂量仪或辐射剂量报警器，应按检定周期送计量部门进行检定。

7）洗片机（胶片处理器）

宜选用全自动工业射线胶片洗片机。洗片机应具有自动控制传输速度、自动控制温度（处理液温度和干燥液温度）、自动等候、自动循环、自动停水、自动补液等功能。洗片机处理胶片的宽度应不小于350mm。

8）胶片

（1）胶片应在入厂后的一个月内进行验收试验。灰雾度（包括片基密度）D_0测量，其实测值不应高于胶片的出厂标准；对于每个批号的胶片，至少应从任意一盒中抽出3张（两侧和中间）进行试透照，底片上不应存在影响检测质量的气泡、白花、划伤、静电感光、发霉及涂布不匀、脱膜等缺陷。

（2）胶片投入使用前应测定其灰雾度；对已开封的剩余胶片，每月应至少抽查一次灰雾度。当选用A级技术时，使用中胶片的灰雾度不得高于0.35；当选用B级技术时，使用中胶片的灰雾度不得高于0.25。

（3）达到有效期的胶片，应按上述第（1）条和第（2）条的规定进行复验，并满足上述第（1）条和第（2）条的要求。复验合格的胶片可延长使用6个月，在胶片盒上盖上复验合格印记，注明"可使用至某年某月"的字样。复验不合格的胶片不准再用。胶片一旦达到规定的有效期或延长期就应进行复验，直到用完或复验不合格为止。

（4）储存中的胶片应避免光照、受压、过热、潮湿及一切有害气体，并远离任何辐射源。储存温度和相对湿度应分别控制在5~25℃和30%~60%RH。

9）增感屏

（1）分类。增感屏按使用性能分为3类，即金属增感屏、荧光增感屏和金属荧光增感屏。

（2）质量要求。增感屏应平整、光亮、无破损、翘曲、划伤、皱褶及油污不洁等缺陷。

（3）使用要求。在射线源具有足够穿透能力的情况下，不应使用金属荧光屏和荧光增感屏；射线能量不足，致使曝光时间过长时，经委托和检测双方同意也可使用，但应达到规定的像质要求。

10）暗袋（或暗盒）

暗袋（或暗盒）应由不透光、在射线作用下不发光的低吸收材料（如黑纸、黑塑料薄膜等）制成。发现漏光的暗袋应及时修复或剔除。

11）胶片处理用溶液

（1）显影液、停显液、定影液及补充液一般应按胶片生产厂家推荐的配方和方法配制。配制溶液用的化学药品纯度不应低于化学纯。配制或储存溶液的容器应由玻璃、硬橡胶、塑料、搪瓷或不锈钢等材料制成，不准使用锡、铜、钢、铝及锌制容器。

（2）配制好的胶片处理溶液应储存在加盖容器内，且应避免光照，以防氧化。最佳储存温度为4~27℃。新配制的溶液宜放置24h后使用。

（3）显影液、停显液、定影液及补充液除自行配制外，也可以使用经相关部门或机构考核、认证的浓缩套药。

12）像质计

（1）像质计材料应与被检材料的吸收特性相同或相近。

（2）对于金属材料应采用符合相关标准规定的像质计，对非金属材料可使用由委托和检测双方共同商定的像质计。

（3）当没有相应材料的像质计时，可以使用较为接近的其他材料制成的像质计，但必须按相关标准（如《射线检验》（GJB 1187A—2019））给出的等效系数及方法进行等效换算，以确定应发现的像质计最细丝的直径。此方法是一种近似的替代关系，实际使用中需经委托和检测双方共同商定。

2. 射线检测的优点及局限性

射线检测可应用于各种材料（金属材料、非金属材料和复合材料）、各种产品缺陷的检验。检验技术对被检工件的表面和结构没有特殊要求。射线检测可发现被检工件内部各种缺陷（如裂纹、夹杂、缩孔、冷隔、气孔、疏松、偏析、未熔合等），射线检测技术直接获得检测图像,给出缺陷和分布直观显示,容易判断缺陷性质和尺寸。其主要局限是适宜检测体积性缺陷,对延伸方向垂直于射线束透照方向(或成较大角度)的薄面状缺陷难以发现。射线检测特别适合于铸造缺陷和熔化焊接缺陷的检验,不适合锻造、轧制等工艺缺陷检验;适用于紧固件内部裂纹、空心、孔洞等缺陷的检测,不适用于紧固件折叠缺陷的检测。

3. 工序安排

射线检测工序一般应根据制造或装配工艺规范、合同的规定进行安排。在没有明确规定时,可在有利于缺陷检出的制造或装配阶段进行。对于在热处理后需进行渗透检测或磁粉检测的紧固件,可在热处理前进行射线检测,否则应在热处理后进行。

4. 检测工艺的选择

(1)射线照相技术级别的选择。在无特殊指明时,一般应选用A级。A级不能满足像质要求时,应选用B级。由于技术原因,B级所规定的条件之一(如射线源类型或射线源至物体的距离等)不能满足时,经委托和检测双方同意可选用A级所规定的条件,由此而引起的灵敏度损失应通过将底片最小密度提高至3.0或选用平均斜率更高胶片的方法予以弥补。

(2)射线机的选择。应根据被检测材料种类、最大可能透照厚度及射线照相技术级别选择适宜的X射线机、γ射线机。检测轻金属及低密度的非金属材料时,推荐采用铍窗口软X射线机;检测大型环形件时,推荐采用具有周向辐射能力的周向X射线机或能量适宜的γ射线机。在能够使用X射线的情况下,尽量不要用γ射线。针对紧固件,选择适宜的X射线机就可以满足检测要求。

(3)管电压的选择。使用不高于500kV的X射线机进行检验时,应尽可能采用较低的管电压,允许的最高管电压按相关的标准执行。

(4)透照布置的选择。在选择透照布置时,一般采用单壁透照方式,只有在单壁透照存在困难或不能实现的情况下,方可采用双壁透照方式。

8.5.3 射线检测的常见方法标准

(1)《铸件射线照相检测》(GB/T 5677—2018)标准由全国铸造标准化技术委员会提出并归口,主要起草单位为沈阳铸造研究所有限公司、上海航天精密机械研究所。本标准规定了X射线和γ射线照相的基本方法。适用于金属材料各种铸造工艺方法生产的铸件的射线检测。

(2)《射线照相检测》(GJB 1187A—2019)标准由中国航空发动机集团有限公司提出,起草单位为中国航发北京航空材料研究院、航天科工防御技术研究试验中心、中国兵器科学研究院宁波分院、中国船舶工业集团第11研究所。本标准规定了射线照相检测的技术分级及选用、一般要求、工艺技术要求、质量控制、检测记录、检测结果评定与检测报告。适用于金属、非金属材料及其制品的射线照相检测。

(3)《X射线照相检验》(HB/Z 60—1996)标准由航空工业总公司航空材料、热工艺标准化技术归口单位提出并归口,由航空工业总公司第621研究所负责起草,西安飞机工业公司参加起草。本标准规定了航空材料、零部件及构件的X射线照相检测方法及影响检测结果的主要因素的质量控制要求。适用于航空工业生产和科研部门,也适用于为航空产品提供材料、零部件及构件毛坯和产品的其他部门。

（4）《航空器无损检测射线检验》（MH/T 3009—2004）标准由中国民航无损检测人员资格鉴定与认证委员会提出，中国民航科学技术研究院归口，主要起草单位为广州飞机维修工程有限公司、国航工程技术分公司、山东太古飞机工程有限公司、北京飞机维修工程有限公司，采用《射线检测标准》（ASTM E1742-18）修改。为适应我国民航无损检测发展的需要，与国外先进标准保持了一致，在民航无损检测领域起到了重要作用。本标准规定了民用航空器所用材料及零部件射线检测的最低要求，适用于民用航空器所用材料及零部件的射线检测。

8.5.4 标准对比分析

1. 相同点

针对紧固件的射线检测，在各个射线检测标准中射线检测的工艺过程基本一致，包括准备、透照、暗室处理、评片、报告与文件归档等。

2. 不同点

（1）射线检测各标准中检测环境、检测设备、检测材料的区别如表8-5-1所列。

表8-5-1 检测环境、设备、材料要求对比

名称	GB/T 5677—2018	GJB 1187A—2019	HB/Z 60—1996	MH/T 3009—2004
射线机房	无	换风量不少于5次/h	换风量不少于5次/h，白光照度不小于300lx	无
暗室	18~25℃，30%~60%RH	18~25℃，30%~60%RH	(20±5)℃，30%~60%RH	无
评片室	18~25℃，≤75%RH	18~25℃，≤75%RH	(20±5)℃，白光照度25lx	白光照度不小于30lx
X射线机	无	合格证或合格的证明材料	检定合格	无
胶片	无	入厂后的一个月内进行验收试验	购入后应在一个月内进行验收试验	得到认可的工程组织批准

（2）射线检测各标准中工艺控制的区别如表8-5-2所列。

表8-5-2 工艺控制要求对比

名称	GB/T 5677—2018	GJB 1187A—2019	HB/Z 60—1996	MH/T 3009—2004
曝光量	A级像质不小于15mA·min；B级像质不小于20mA·min	无	A级像质不小于20mA·min；B级像质不小于30mA·min	无
底片密度	A级：1.0~3.5 B级：1.5~3.5	A级：1.7~4.0 B级：2.0~4.0	1.5~4.0，最佳值为2.0	1.5~4.0
暗室适应/s	≥30	≥30	≥30	≥30

（3）射线检测各标准中质量控制的区别如表8-5-3所列。

表8-5-3 质量控制要求对比

名称	GB/T 5677—2018	GJB 1187A—2019	HB/Z 60—1996	MH/T 3009—2004
密度计的标准密度片	每2年	每年	每年	每年
安全红灯	每年	每年	每年	无
曝光曲线	每年	每年	每年	无
底片灰雾度	无	每月	每周	每月

8.5.5 常见试验问题及建议

（1）射线检测主要检测紧固件内部的缺陷，紧固件的原材料主要为棒材、丝材等型材，出现孔洞、气孔、夹杂等体积性缺陷的可能性不是很大，射线检测应与渗透检测、磁粉检测相结合，当渗透检测或磁粉检测发现孔洞、夹杂等体积性缺陷时，再进行射线检测。

（2）射线检测结果受操作者的影响也较大。操作者经验不足可能出现对不连续性的误判或漏判。从事射线检测的人员应按相关标准或有关文件进行技术培训和资格鉴定，取得技术资格等级证书，才能从事与其技术资格等级相适应的工作。

（3）检测人员应密切观察日常生产检测的结果，如发现底片密度值或影像质量有较明显的异常时，应随时进行系统的工艺检验。

（4）产品的图纸或技术条件中指定有射线检测的方法标准时，应按指定的射线检测方法执行；产品的图纸或技术条件中未指定射线检测的方法标准时，对于军用产品优先推荐采用国家军用标准（GJB）。

8.6 超声波检测

8.6.1 概述

超声波检测是利用超声波在传播过程中的反射、折射、衍射、散射、波形转换等现象，发生波的衰减、声速、阻抗、谐振频率等的变化来发现材料或工件中的不连续性，并确定其性质、大小和位置的无损检测方法。超声波检测所用的频率一般在0.5~10MHz之间，对钢等金属材料的检测，常用的频率为1~5MHz。超声波波长短，由此决定了超声波具有一些重要特性，使其能广泛用于无损检测。

（1）方向性好。超声波是频率很高、波长很短的机械波，在无损检测中使用的波长为毫米级；超声波像光波一样具有良好的方向性，可以定向发射，易于在被检材料或工件中发现缺陷。

（2）能量高。由于能量（声强）与频率的平方成正比，因此超声波的能量远大于一般声波的能量。

(3) 能在界面上产生反射、折射和波形转换。超声波具有几何声学上的一些特点，如在介质中直线传播以及遇到界面产生反射、折射和波形转换等。

(4) 穿透能力强。超声波在大多数介质中传播时，传播能量损失小、传播距离大、穿透能力强，在一些金属材料中其穿透能力可达数米。

超声波检测是各种无损检测方法中最重要的检测方法之一。与射线检测相比，超声波检测有成本低、速度快、对人体无害等一系列优点，但其直观性不如射线检测。从发现缺陷的能力看，两者具有一定的互补性，射线善于发现体积缺陷（如气孔、夹杂等），而对裂纹不敏感；超声波则相反，对裂纹最敏感。对原材料的检测来说，如棒材、管材，超声波可以检测到内部缺陷，涡流可以检测到表面及近表面缺陷，超声波检测和涡流检测配合使用，可以同时对棒材、管材等内外缺陷一次完成检测。

8.6.2 超声波检测的基本原理

超声波检测（ultrasonic inspection，UT）是基于声波在材料中发生透射、反射、衍射的原理揭示材料内部缺陷的无损检测方法。

超声波在介质中传播时，不同特性介质对超声波的吸收不同，在不同特性介质的界面将发生反射、折射（和复杂的波形转换）等。从获得的反射波、透射波、衍射波情况，可对介质做出判断，实现对缺陷的检测。

完成超声波检测的基本过程是，选择适当的入射方式，向工件施加超声波，用适当方式获取反射波、透射波（或衍射波等），从获得的波形（或转换出的图像）对缺陷做出判断。

图 8-6-1 所示为工业应用中最基本的纵波脉冲反射超声波检测技术原理示意图。图中 F 波是缺陷反射波，B 波是工件底面反射波。从缺陷反射波的位置可确定缺陷深度，从缺陷反射波的幅度可确定缺陷大小，从缺陷反射波的波形特点可估计缺陷性质。

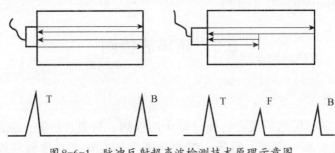

图 8-6-1 脉冲反射超声波检测技术原理示意图

1. 超声波检测的仪器设备、探头、试块及耦合剂

1) 设备

超声波检测仪的脉冲发生器和接收器的频率特性应与所用探头相匹配。超声波检验仪在经过修理后、投入使用前或每年应至少检验一次使用性能，以确认其仍满足要求。校验时按《变形金属超声检验方法》（GJB 1580A—2004）规定的测试方法执行，使用性能的最低要求如表 8-6-1 所列。表中的最低要求数据均为仪器与换能器直径不大于 14mm 的 5MHz 探头匹配时的要求。每次校验的数据均应保存备查。针对每一检测对

象，仪器与探头配用的灵敏度、分辨力和信噪比应满足检验要求。

表 8-6-1　仪器使用性能的最低要求

仪器使用性能	最低要求
垂直极限	满刻度
垂直线性上限	满刻度的 95%
垂直线性下限	满刻度的 10%
水平极限	满刻度
水平线性范围	不小于满刻度的 85%
灵敏度	100%[a]
信噪比	100%/20%[a]
入射面分辨力	优于 10mm[b]

注：a. 铝合金材料中埋深不小于 75mm、直径 0.4mm 平底孔反射波高至少达到满刻度的 100%，同时噪声水平不大于 20%，则视为灵敏度和信噪比满足要求。

b. 入射面分辨力在铝合金标准试块中直径 1.2mm 平底孔上测定。

2）探头

探头在投入使用前均应编号，并测量其回波频率、距离-幅度特性及声束特性。测试方法推荐采用《无损检测超声检验探头及其声场的表征》（GB/T 18694—2002）和《无损检测超声检测测量接触探头声束特性的参考试块和方法》（GB/T 18852—2020），所有的测试记录均应保存备查。对于频率在 2.25~10MHz 范围内的探头，其回波频率与标称值的偏差应在标称值的 ±10% 以内。在用的纵波探头的距离-幅度特性至少每 6 个月检查一次，斜探头及双晶探头至少每 3 个月检查一次，并与原始曲线进行比较，幅度最大偏差超过 20% 的探头不应再使用。

（1）纵波直探头。纵波直探头的换能器直径一般应在 6~25mm 之间。在评定所发现的不连续性尺寸时，应采用换能器直径不大于 20mm 的平圆探头。

（2）斜探头。用于接触法检验的斜探头，应测量入射点和钢中折射角，测量的频次应根据扫查的工作量及工作条件来确定。当斜楔经修理或更换以及在测定不连续的位置时也应检查入射点和折射角。钢中折射角与标称值相差 2° 以上的探头应修正，否则不允许使用。

3）试块

根据检验要求，试块中人工反射体可以选用平底孔、横孔或切槽。其中平底孔是超声纵波检验最基本的反射体。

（1）标准试块。用于纵波和横波检验的钢制 1 号标准试块，其材质、尺寸及加工要求等应符合《超声探伤用 1 号标准试块技术条件》（JB/T 10063—1999）的要求。标准试块每 5 年应送有资质的检定机构检定一次，但使用部门应定期检查试块外观有无影响使用的表面损伤。

（2）对比试块。对比试块材料与受检件的透声性、声速和声阻抗应是相似的。若尺寸、材料等的要求与标准试块相同，则标准试块也可用作对比试块。一般情况下，检查铝合金、镁合金、钛合金及低合金钢时，对比试块的用料可按表8-6-2选定。但不锈钢、镍基合金、钴基合金检验用对比试块应采用被检件材料来制作，钛挤压件检验用试块应采用与受检件相同的挤压材料来制作。

利用垂直入射超声纵波，在检验要求规定的工作频率下进行对比试块材料检验时，不应有任何高于噪声信号幅度的回波显示，且任何部位由材料引起的底反射幅度变化均不应大于3dB。

表8-6-2 对比试块的制作用料

受检件材料	对比试块用料
铝合金	7A09或2A12、淬火、人工时效
镁合金	MB15
钛合金	TC4，退火
低合金钢、低合金高强度钢、碳钢及工具钢	40CrNiMoA，退火

对于每套试块（不少于12块）材料，在制作前应采用液浸法测定其透声特性的一致性。对每一厚度的试块材料测量将一次底面反射信号幅度提高到前表面反射信号幅度所需的增益量，将结果作成分贝值与材料厚度的关系图，通过各数据点画出最佳拟合线。对于可接受的一套试块料，不应有任何点与此拟合线相差大于±1dB。

对比试块在投入使用前，应按图样要求进行检验。检验合格后应进行孔的封堵。使用部门应定期检查试块外观有无影响使用的表面损伤。

① 纵波检测用试块。平表面试块的形状和尺寸按相关标准要求制作。对于成套试块，在制作后应采用液浸法测定其距离-幅度曲线，即测出将每一平底孔回波提高到相同幅度时所需分贝增益值与金属声程的关系，通过数据点画一最佳拟合线。对于一套可接受的试块，不应有任何点与拟合线相差超过±1dB。

曲面试块是在检验曲面时采用的对比试块。曲面试块的形状和尺寸按相关标准要求制作。实心圆柱体应尽量使用与被检件直径相同的棒材制作。通常，曲率半径为125mm或更大的曲面可使用平面试块。

② 横波检测用试块。横波检测用试块有平表面试块、实心圆柱体试块、圆筒形试块。平表面试块用于检测平表面受检件或异型件的平坦部位，实心圆柱体试块用于圆柱体受检件周向的检测，圆筒形试块用于壁厚为3~25mm圆筒形件的检测。横波检测用试块的形状和尺寸按相关标准要求制作。

（3）专用试块。在受检件的几何形状决定了需要用实际零件或零件复制件制作对比试块时，所有人工反射体都应按纵波或横波检测的具体要求制作。

（4）试块的标记。试块均应做出标记，以便识别出材料牌号、孔或槽的尺寸、孔的角度和（或）深度等。

4）耦合剂

液浸法可采用清洁水作为耦合剂，水中应无气泡及其他妨碍超声波检验的外来物。必要时，可在水中加入适量的防蚀剂，但应确认添加的物质不会对受检件及设备造成损害。

接触法所用的耦合剂不应有损于探头和受检件。常用的耦合剂有水、油类、脂类、水溶性凝胶等。耦合剂的黏度及表面润滑性应根据受检件的表面粗糙度来选择,应保证声的能量很好地传入受检件。

2. 超声波检测的优点和局限性

超声波检测主要应用板材、棒材、管材、锻件、焊接件及铸件的缺陷进行检测。其最适合于检测具有一定尺寸的面状缺陷,如分层、裂纹、未熔合、未焊透等。当缺陷的延伸面垂直于超声波束时,最利于超声波检测。由于超声波在一般金属材料中可以传播很大厚度,因此可以检测大厚度工件中存在的缺陷,适用于紧固件原材料内部裂纹、分层、空心等缺陷的检测。

超声波检测需要采用适当的耦合方式,才能将超声波施加到工件中和接收工件给出的超声波信号,因此超声波检测要求工件表面粗糙度应限制在一定的范围内。超声波检测在扫查过程中拾取检测信号,因此常规超声波检测比较适宜较大尺寸工件检测。常规超声波检测从获取的波形判断缺陷,难以简单判断缺陷性质,只能给出缺陷的当量尺寸,不适用于紧固件成品的检测。

3. 工序安排

由于超声波不能对外形结构复杂的材料或工件进行检测,对于外形结构复杂的被检工件,一般应在原材料或精加工前完成检验,对于紧固件,应在原材料镦制变形之前进行检测。

4. 检测工艺的选择

(1)声束入射方向和入射面的选择。入射方向的选择应使声束中心线与不连续性反射面,特别是与最大受力方向垂直的不连续性反射面尽可能垂直。上述不连续性反射面的最大可能取向应根据成型工艺和组织的情况来确定。针对紧固件检测,声束方向应垂直于金属流线方向。

(2)检验频率的选择。对于给定的受检件,超声检验频率应根据要求发现的不连续性的性质、尺寸以及受检件的材质等情况来选择。一般情况下,较高的频率可提高声束指向性、提供较好的纵向和横向分辨力;较低的频率可提供较好的穿透能力和提高探测取向不很有利的平面型不连续性的能力。

(3)扫查速度的选择。采用的扫查速度应保证在所要求检测的金属声程处,规定等级的最小尺寸不连续性能得到可重复的显示,在自动记录时能可靠地启动调定的报警或记录装置。在一般情况下,目视监测时的扫查速度不宜超过50mm/s,其他情况下扫查速度不宜超过100mm/s。

8.6.3 超声波检测的常见方法标准

(1)《铜及铜合金棒材超声波探伤方法》(GB/T 3310—2010)标准由全国有色金属标准化技术委员会(SAC/TC243)归口,主要起草单位为中铝洛阳铜业有限公司、中国有色金属工业无损检测中心。本标准规定了铜及铜合金棒材的超声波检测方法,适用于A型脉冲纵波反射法对直径或对边距为10~280mm的圆形、矩形、方形和正六边形铜合金棒材以及直径或对边距为10~80mm的圆形、矩形、方形和正六边形紫铜棒材的超声波检测。

（2）《变形金属超声检验方法》（GJB 1580A—2004）标准由中国航空工业第一集团公司提出，由中国航空综合技术研究所、北京航空材料研究院归口，由中国航空工业第一集团公司北京航空材料研究院、航天703所、航空430厂负责起草。本标准规定了用超声波脉冲反射技术检测变形金属及其制件的要求，适用于锻坯、锻件、轧坯或板材、挤压或轧制棒材、型材以及由其所制成的零件的超声波检测。

（3）《超声波检验》（HB/Z 59—1997）标准由航空工业总公司航空材料、热工艺标准化技术归口单位提出并归口，由航空工业总公司航空材料研究院负责起草，哈尔滨飞机制造公司参加起草。本标准规定了用超声波脉冲反射技术对航空工业所用变形金属及其制件进行超声波检测的方法及影响检测结果的主要因素的质量控制要求，适用于锻轧坯、板材、挤压或轧制棒材、型材及由其制成的零件的超声波检测。

（4）《航空器无损检测超声检验》（MH/T 3002.4—1997）标准由中国民航无损检测人员资格鉴定与认证委员会提出，由中国民用航空总局航空安全技术中心归口，主要起草单位为北京飞机维修工程有限公司、广州飞机维修工程有限公司、中国南方航空新疆公司乌鲁木齐飞机维修基地。本标准等效采用MIL-STD-2154，为适应我国民航无损检测发展的需要，与国外先进标准保持一致，在民航无损检测领域起到了重要作用。本标准规定了民用航空器所用材料及零部件超声波检测方法的基本要求，适用于民用航空器所用材料及零部件的超声波检测。

8.6.4 标准对比分析

1. 相同点

针对紧固件的超声波检测，在各个超声波检测标准中超声波检测的工艺过程基本一致，包括确定检测方法与检测条件、表面准备、时基线调节、灵敏度调整、扫查、记录与报告。

2. 不同点

（1）超声波检测各标准中检测设备、检测材料的区别如表8-6-3所列。

表8-6-3 检测设备、材料要求对比

名称	GB/T 3310—2010	GJB 1580A—2004	HB/Z 59—1997	MH/T 3002.4—1997
设备	无	2.5~10MHz	无	2.25~10MHz
材料	无	10~35℃	10~35℃	无

（2）超声波检测各标准中工艺控制的区别如表8-6-4所列。

表8-6-4 工艺控制要求对比

名称	GB/T 3310—2010	GJB 1580A—2004	HB/Z 59—1997	MH/T 3002.4—1997
灵敏度等级下降范围	无	无	无	≤10%
被检件表面状态	≤$Ra6.3\mu m$	AAA级，$Ra1.6\mu m$；AA级和A级，$Ra3.2\mu m$；B级，$Ra6.3\mu m$	AAA级，$Ra1.6\mu m$；AA级和A级，$Ra3.2\mu m$；B级，$Ra6.3\mu m$	无

续表

名称	GB/T 3310—2010	GJB 1580A—2004	HB/Z 59—1997	MH/T 3002.4—1997
扫查速度	≤150mm/s	目视监测，≤50mm/s，其他场合不大于100mm/s	目视监测，≤50mm/s，其他场合不大于100mm/s	无

（3）超声波检测各标准中质量控制的区别如表8-6-5所列。

表8-6-5　质量控制要求对比

名称	GB/T 3310—2010	GJB 1580A—2004	HB/Z 59—1997	MH/T 3002.4—1997
超声波检测仪	无	每年	每年	每年
标准试块	无	每年	每5年	每5年
系统性能	检测结束时，连续检测每隔2h	开始前、结束后、每小时	开始前、结束后	开始前、结束后、每小时

8.6.5　常见试验问题及建议

（1）超声波检测主要用于检测紧固件原材料内部的缺陷，紧固件的原材料主要为棒材、丝材，由于紧固件规格所限，原材料棒材、丝材的直径较小。不太适合超声波检测。

（2）超声波检测结果受操作者的影响也较大。操作者经验不足可能出现对不连续性的误判或漏判。从事超声波检测的人员应按相关标准或有关文件进行技术培训和资格鉴定，取得技术资格等级证书，才能从事与其技术资格等级相适应的工作。

（3）检测人员应密切观察日常生产检测的结果，如发现灵敏度有异常时，应随时进行系统灵敏度的检查。

（4）产品的图纸或技术条件中指定有超声波检测的方法标准时，应按指定的超声波检测方法执行；产品的图纸或技术条件中未指定超声波检测的方法标准时，对于军用产品优先推荐采用国家军用标准（GJB）。

第9章 紧固件环境可靠性试验

紧固件环境可靠性试验是一种通过模拟紧固件及紧固连接件在实际使用过程中可能遇到的各种环境条件，如温度、湿度、冲击、盐雾等，对其进行一系列性能测试和评估的方法。可靠性试验的目的是验证紧固件在各种环境条件下的适应性、耐久性、可靠性和安全性，确保在实际应用中能够满足预期的性能要求。目前我国实验室环境试验主要依据的为《军用装备实验室环境试验方法》（GJB 150A—2009）系列标准、《电工电子产品环境试验 第2部分》（GB/T 2423—2022）系类标准，试验项目包含高温试验、低温试验、温度冲击试验、太阳辐射试验、淋雨试验、湿热试验、霉菌试验、盐雾试验、沙尘试验、加速度试验、振动试验、冲击试验等。环境试验涉及紧固件的项目主要有高温试验、低温试验、霉菌试验、温度冲击试验、盐雾试验等，本章仅对紧固件涉及的环境可靠性试验方法进行简要介绍，具体情况还需要参考各个试验项目的相关标准试验方法。

9.1 高温试验

9.1.1 概述

高温试验是确保产品在高温环境下可靠性和稳定性的重要手段之一，通过试验可以评估产品的性能和质量，为产品的开发和改进提供有力支持。高温试验是把试样暴露在高温且空气干燥的环境中进行试验，其目的是确定军民用设备在高温条件下储存和工作的适应性。高温试验作为最常用的试验，用于基础件、元器件和整机的筛选、老化试验、寿命试验、加速寿命试验等评价试验，同时其在失效分析的验证上也起重要作用。高温试验广泛应用于电子、汽车、航空航天、通讯、医疗设备以及船舶等领域，对于确保产品的可靠性至关重要。其技术指标包括温度、时间、上升速率。

9.1.2 试验原理

高温试验通过模拟产品或装备可能遇到的高温环境，以评估其在这种极端环境条件下的性能和可靠性。在高温环境下，材料可能会发生热膨胀、融化、化学反应等变化，同时可能出现紧固件镀层、性能等失效，试验旨在观察这些变化对装备整体性能的影响，也可以验证产品或装备在高温环境下的适应性，确保其在高温下能够正常工作，验证满足使用要求的手段。

9.1.3 常用试验标准

（1）《军用装备实验室环境试验方法 第3部分：高温试验》（GJB 150.3A—2009）适用于军用装备，共分为8个章节，即范围、引用文件、目的与应用、剪裁指南、信息要求、试验要求、试验过程和结果分析。试验的目的在于获取有关数据,以评价高温条件对装备的安全性、完整性和性能的影响。标准适用于评价时间相对较短(数月而不是数年)、整个试件热均匀的热效应,一般不适用于评价长期稳定的暴露高温条件(贮存或工作)期间性能随时间劣化的效应。

高温试验根据具体目的和条件不同,可以分为多种类型:

①高温恒定试验:样品被置于规定的高温环境中,保持一定时间,以测试其在高温下的稳定性。

②温度循环试验:样品在不同高温和低温之间交替暴露,模拟实际使用中的温度变化。

③热冲击试验:样品先置于高温环境中加热,然后迅速转移到低温环境中冷却,以模拟极端温度变化对样品的影响。

高温试验包含两个试验程序,即程序Ⅰ——贮存,程序Ⅱ——工作,两程序介绍如下:

程序Ⅰ:在高温暴露之后进行性能检测,适用于考查贮存期间高温对装备的安全性、完整性和性能的影响。本程序是先将试件暴露于装备贮存可能遇到的高温(适用时还有低湿度)下,随后在标准大气条件下检测性能。

程序Ⅱ:在高温暴露试验期间进行性能检测,适用于评价装备工作期间高温对它的影响。有两种实施方法,一是将试件暴露于试验箱温度循环的条件下,使试件连续工作,或者在温度最大响应(试件达到最高温度)期间工作;二是将试件暴露于恒定温度下,使试件在其温度达到稳定时工作。

(2)《环境工程考虑和实验室试验》(MIL-STD-810G—2008)标准中的高温试验部分,适用于军用装备,共分为8个章节,即范围、引用文件、目的与应用、剪裁指南、信息要求、试验要求、试验过程和结果分析。该试验标准广泛应用于军用设备、户外电子产品、工业设备等领域,确保产品能在各种高温环境下可靠运行。

9.1.4 标准对比分析

高温试验标准对比见表9-1-1。

表9-1-1 高温试验标准对比

名称	《军用装备实验室环境试验方法 第3部分:高温试验》(GJB 150.3A—2009)	《环境工程考虑与实验室试验》(MIL-STD-810G—2008)
模拟环境	程序Ⅰ:贮存状态处于发热设备附近的高温环境; 程序Ⅱ:工作状态暴露某一平台环境中	程序Ⅰ:高温贮存环境,根据产品要求确定; 程序Ⅱ:高温工作环境,根据产品要求确定
恒定贮存试验	33~71℃的日循环	33~71℃的日循环
试验温度	程序Ⅰ:发热设备附近的高温; 程序Ⅱ:工作环境在其安装平台上的某一微环境温度	设计最高温度
循环时间和次数	没有特殊规定,每个循环周期为24h,循环次数: 程序Ⅰ:至少7个循环,受试产品达到温度稳定后加上至少2h; 程序Ⅱ:至少3个循环,至多7个循环,受试产品达到温度稳定至少2h	程序Ⅰ:根据产品特性确定,可能为数小时至数天不等; 程序Ⅱ:根据产品特性确定,模拟产品在实际工作环境中的连续工作时间

9.1.5 高温试验注意事项

（1）在进行高温试验时，应确保试验箱内的温度分布均匀，避免局部过热或过冷对试验结果产生影响。

（2）样品应放置在试验箱内的合适位置，以确保其受热均匀。

（3）注意观察并记录试验过程中的各种现象和数据，以便后续分析和评估。

9.2 低温试验

9.2.1 概述

低温试验目的是评价在贮存、工作和拆装操作期间，低温条件对装备的安全性、完整性和性能的影响，用于考核和确定产品在低温环境下存储和（或）使用的适应性，不用于评价产品在温度变化期间的耐抗性和工作能力。低温几乎对所有的基体材料都有不利的影响。对于暴露于低温环境的产品或装备，由于低温会改变其组成材料的物理特性，因此可能会对其工作性能造成暂时或永久性的损害。所以，只要装备暴露于低于标准大气条件的温度下，就要考虑做低温试验。针对紧固件，在对温度瞬变的响应中，不同材料会产生不同程度的收缩，不同零部件的膨胀率不同，会引起零部件相互咬死，同时可能产生断裂、脆裂、冲击强度改变和强度降低等现象。

9.2.2 试验原理

低温试验通过模拟极端低温环境，检测低温对产品性能的影响，以评估其在这种极端环境条件下的性能和可靠性。低温环境可能导致材料性能变化，如材料变脆、润滑性能下降、尺寸变化等，试验旨在观察这些变化对装备性能的影响。也可以验证产品或装备在低温环境下的适应性，确保其在低温下能够正常工作，验证满足使用要求的手段。

9.2.3 常见试验方法标准

（1）《军用装备实验室环境试验方法 第4部分：低温试验》（GJB 150.4A—2009）基本上等效采用了《环境工程考虑和实验室试验》（MIL-STD-810F）中低温试验部分，适用于军用装备，共分为8个章节，即范围、引用文件、目的与应用、剪裁指南、信息要求、试验要求、试验过程和结果分析。

低温试验包括3个试验程序：程序Ⅰ——贮存、程序Ⅱ——工作和程序Ⅲ——拆装操作。根据对试验数据的需求，确定适用的试验程序、试验程序组合或实施各程序的顺序。在大多数情况下，所有3个程序都要使用。3个程序在性能测试的实际选择和性质方面有根本的不同，区别如下：

程序Ⅰ：用于检查贮存期间的低温对装备在贮存期间和贮存后的安全性，以及贮存后对装备的性能的影响。

程序Ⅱ：用于检查装备在低温工作情况。工作时使装备在人员接触最少的情况下的启动和运行。

程序Ⅲ：用于检查操作人员穿着厚重的防寒服组装和拆卸装备时是否容易。

（2）《环境试验 第2部分：试验方法 试验A：低温》（GB/T 2423.1—2008）是关于电工电子产品环境试验中的低温环境下的试验方法，适用于非散热和散热试验样品。该试验方法用来考核或确定电子产品（元器件、设备或产品）在低温环境条件下的贮存和使用适应性。

9.2.4 标准对比分析

低温试验标准对比见表9-2-1。

表9-2-1 低温试验标准对比

名称	《军用装备实验室环境试验方法 第3部分：低温试验》（GJB 150.4A—2009）	《环境试验 第2部分：试验方法 试验A：低温》（GB/T 2423.1—2008）
试验类型	专注军用装备在低温环境下的性能试验，包括低温贮存、低温工作等试验类型	电工电子产品环境试验的一部分，其中试验A为低温试验，适用于更广泛的电工电子产品
温度范围	根据军用装备要求，设定了特定的低温试验温度点，这些温度点可能远低于常温，模拟极端低温环境	设定了低温温度范围，但是数值会根据产品需要进行调整，低温-40℃或更低
试验时间	低温贮存（推荐24h）、低温工作（至少工作2h）、拆卸操作（一般2h）。	根据产品使用要求确定，几小时或几天不等

9.2.5 常见试验问题及建议

（1）根据试验目的和要求，选择合适的试验设备和测量仪器，如低温恒湿器、温度控制器等。

（2）详细记录试验过程数据，以便后续评估产品在低温下的性能和可靠性。

（3）在试验过程中，严格按操作规程和安全措施，防止冻伤等事故发生。

9.3 霉菌试验

9.3.1 概述

霉菌试验是气候环境试验中的一个重要试验项目，其主要用途是在定型时确定受试产品的防霉设计是否符合规定的要求，是设计工艺定型决策的依据之一。霉菌试验是用来评定产品在湿热环境中的抗霉能力和长霉对产品性能或使用的影响程度。

9.3.2 试验原理

霉菌是在自然界分布很广的一种微生物，它广泛存在于土壤、空气中，在湿度大和温度高的南方湿热地带，霉菌极易生长繁殖，使装备内外表面大量长霉，不仅影响装备外观，更主要的是会造成装备故障，严重影响装备的工作。霉菌试验是确保设计和制造的装备符合防霉要求的最有效手段。尽管设计时已考虑了使用防霉材料，但往往不可能完全避免长霉，必须进行霉菌试验，检验其是否真正能符合要求。霉菌试验对于尚在研制过程中的产品，其结果可作为改进产品耐霉菌设计的依据，对于设计定型的产品，可作为能否符合设计要求、通过设计定型的一个依据，当然也可为日后的改进设计提供信息。

9.3.3 常见试验方法标准

（1）《军用设备实验室环境试验方法 第10部分：霉菌试验》（GJB 150.10A—2009）方法基本上等效采用了《环境工程考虑和实验室试验》（MIL-STD-810F）中霉菌试验部分，共分为8个章节，即范围、引用文件、目的与应用、剪裁指南、信息要求、试验要求、试验过程和结果分析。

（2）《电工电子产品环境试验 第2部分：试验方法 试验J及导则：长霉》（GB/T 2423.16—2022）由中国电器工业协会提出，确定了电子产品上长霉程度和长霉对产品特性及其他相关性能影响的试验方法。

（3）《民用飞机机载设备环境条件和试验方法 第11部分：霉菌试验》（HB 6167.11—2014）规定了民用飞机机载设备霉菌试验条件和试验方法，适用于民用飞机上能收到霉菌严重污染的机载设备。

（4）《机载设备环境条件及试验方法霉菌》（HB 5830.13—1986）的目的主要是确定机载设备抗霉菌能力，必须与《机载设备环境条件及试验方法总则》（HB 5830.1—1984）一起使用。

9.3.4 标准对比分析

霉菌试验标准对比见表9-3-1。

表9-3-1 霉菌试验标准对比

名称	《军用设备实验室环境试验方法 第10部分：霉菌试验》（GJB 150.10A—2009）	《电工电子产品环境试验 第2部分：试验方法 试验J及导则：长霉》（GB/T 2423.16—2022）	《民用飞机机载设备环境条件和试验方法 第11部分：霉菌试验》（HB 6167.11—2014）	《机载设备环境条件及试验方法霉菌》（HB 5830.13—1986）
菌种	菌种1组：黑曲霉、土曲霉、宛氏拟青霉、绳状青霉、赭绿青霉、短柄帚霉、绿色木霉；菌种2组：黄曲霉、杂色曲霉、绳状青霉、球毛壳霉、黑曲霉	黑曲霉、土曲霉、球毛壳霉、树脂子囊菌、宛氏拟青霉、绳状青霉、短帚霉、绿色木霉	黄曲霉、杂色曲霉、绳状青霉、球毛壳霉、黑曲霉	黑曲霉、黄曲霉、杂色曲霉、绳状青霉、球毛壳霉

续表

名称	《军用设备实验室环境试验方法 第10部分：霉菌试验》（GJB 150.10A—2009）	《电工电子产品环境试验 第2部分：试验方法 试验J及导则：长霉》（GB/T 2423.16—2022）	《民用飞机机载设备环境条件和试验方法 第11部分：霉菌试验》（HB 6167.11—2014）	《机载设备环境条件及试验方法 霉菌》（HB 5830.13—1986）
温度/℃	30	28~30	30	24h为一个循环周期。前20h温度为（30±1）℃，相对湿度为95%±5%，后4h，在温度为（25±1）℃、相对湿度为95%以上条件下至少保持2h。用于温度和相对湿度转换的总时数最多为2h，转换期间，温度应为24~31℃，相对湿度大于90%。
相对湿度/%	90~100	90~100	97±2（最小值）	
周期/d	28或84	28或56	28	28或84

9.3.5 常见试验问题及建议

霉菌试验虽然有通用试验标准作为实施指南，但霉菌菌种的老化、衰退和变异等问题还需在实际操作中掌握。灭菌应控制时间且灭菌锅内的空气一定要排尽，试验时间根据不同的材料、不同的目的进行选择，每个菌种保存至少储存两管，菌种一旦污染要立即进行分离。试验结束时，如有非试验菌的生长，要分析对霉菌生长的影响。

9.4 温度冲击试验

9.4.1 概述

温度冲击试验也称为高低温循环冲击或冷热冲击试验，是评估产品在极端温度变化下性能稳定性和适应性的测试方法。该试验是考核产品在贮存、运输、使用的适应性，以及剔除元器件、基础件、部件的早期失效，暴露设计和制造工艺的不足，提高产品的可靠性。

9.4.2 试验原理

通过基于热胀冷缩的物理现象，对产品在短时间内经历极端温度变化的环境，评估其性能稳定性和适应性。在高温环境下，产品材料会膨胀，而在低温环境下，材料会收缩。这种热胀冷缩的变化会对产品产生应力，可能导致结构变形、材料疲劳、焊接松动等问题。在试验过程中，通过观察并记录产品在温度变化前后的外观、功能及性能变化，以评估其耐受温度冲击的能力。温度冲击的恒温冲击典型循环试验运行剖面示意图和试验箱见图9-4-1和图9-4-2。

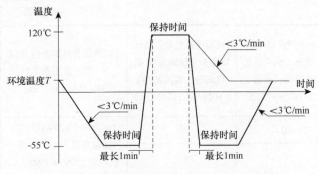

图9-4-1 温度循环试验运行剖面示意图

图9-4-2 温度冲击试验箱

9.4.3 常见试验方法标准

（1）《军用设备实验室环境试验方法 第5部分：温度冲击试验》（GJB 150.5A—2009）规定了军用装备的温度冲击试验的通用要求。实验目的是确定装备在经受周围大气温度的急剧变化（温度冲击）时，是否产生物理损坏或性能下降。

温度冲击试验适用场景：

① 装备在热区域和低温环境之间转换；

② 通过高性能运载工具，从地面高温升到高空（只是热到冷）；

③ 从处在高空和低温条件下热的飞机防护壳体内向外空投。

温度冲击试验包含两个试验程序：程序Ⅰ——恒定、程序Ⅱ——循环。具体描述如下：

程序Ⅰ的每个极值冲击条件采用恒定的温度。因为在许多情况下，温度冲击本身比其他温度效应重要得多，所以试验可以用两个恒定温度进行。特别是在希望采用更严酷的冲击（例如要评价安全性或初始设计）时和在要使用极值温度时要采用恒定温度冲击程序。

程序Ⅱ是温度循环冲击。若要求对真实环境进行仔细模拟时，应使用程序Ⅱ，因为高温是随着相应的日循环出现的。根据有关文件确定装备应达到的功能（工作要求），并确定会引起温度冲击的环境。

（2）《环境试验 第2部分：试验方法 试验N：温度变化》（GB/T 2423.22—2012）是关于电工电子产品环境试验中的温度变化试验方法的标准。通过模拟实际使用中温度变化环境，评估产品的耐久性和可靠性，帮助提升产品质量。

9.4.4 标准对比分析

温度冲击试验标准对比见表9-4-1。

表9-4-1 温度冲击试验标准参数对比

名称	《军用装备实验室环境试验方法 第5部分：温度冲击试验》（GJB 150.5A—2009）	《环境试验 第2部分：试验方法 试验N：温度变化》（GB/T 2423.22—2012）
温度变化范围	根据装备的使用环境和极限要求确定，通常为-55～125℃	从相关标准中选取
试验时间	根据循环次数确定	取决于试验样品的热容量，通常是3h、2h、1h、30min或10min

续表

名称	《军用装备实验室环境试验方法 第5部分：温度冲击试验》（GJB 150.5A—2009）	《环境试验 第2部分：试验方法 试验N：温度变化》（GB/T 2423.22—2012）
转换时间	转换时间应尽可能短，如转换时间大于1min，应证明额外的时间是合理的	样品取放和停顿时间，一般为2min～3min
温度变化速率	≤3℃/min	试验箱温度升降变化速率，（1±0.2）℃/min，（3±0.6）℃/min，（5±1）℃/min
循环数	次数由预计的使用时间来决定；一般每种相应条件只进行1次温度冲击；较好的实验方案，每种相应条件只进行3次或3次以上的温度冲击	无特殊要求，通常为5次循环

9.5 盐雾试验

9.5.1 概述

盐雾试验是一种用于评估材料和产品在恶劣环境条件下耐腐蚀性能的标准化测试方法。该试验主要模拟海洋环境中的盐雾腐蚀条件，通过对受试样品进行一定时间的盐雾暴露来评估其耐腐蚀性能，是军民领域装备广泛采用的一种环境试验方法。

9.5.2 试验原理

盐雾试验原理是将受试样品放在盐雾试验箱内，通过喷雾装置将含有一定浓度盐分的溶液喷洒在样件表面，形成一层盐雾，在盐雾的作用下，样品表面会发生腐蚀反应，从而模拟海洋环境中的腐蚀情况。通过观察和测量样品在盐雾暴露一定时间后的腐蚀程度，可以评估其耐腐蚀性能。盐雾试验过程中需要严格控制试验条件，包括盐雾浓度、温度、湿度等参数，以确保试验结果的准确性和可靠性。

盐雾试验的腐蚀机制是盐雾对金属材料表面的腐蚀，由于盐雾中含有的氯离子穿透金属表面的氧化层和防腐与内部金属发生电化学反应引起的。同时，氯离子还具有一定的水合能，易被吸附在金属表面的孔隙、裂缝中并取代氧化层中的氧，将不溶性的氧化物变成可溶性的氧化物，进一步加速腐蚀过程。

9.5.3 常用试验标准

（1）《军用装备实验室环境试验方法 第11部分：盐雾试验》（GJB 150.11A—2009）适用于军用装备，适用于评价装备及其材料保护性覆盖层和装饰层的质量和有效性，定位潜在的问题区域、发现质量监制缺陷和设计缺陷等；优选材料和评价装备；主要暴露于含盐量高的大气中的装备。如果使用同一试件要完成多种气候试验，在绝大多数情况下，建议在其他试验后再进行盐雾试验，因为盐沉积物会干扰其他试验的效果。同一试件一般不同时进行盐雾、霉菌和湿热试验，但若需要，也应在霉菌和湿热试验之后再进行盐雾试验。

（2）《人造气氛腐蚀试验 盐雾试验》（GB/T 10125—2021）是关于人造气氛腐蚀试验的标准，其中包涵了盐雾试验的具体规定。该规范旨在规范盐雾试验方法，中性盐雾试验适用于评估材料、涂层和产品的耐蚀性能,适用于金属及其合金、金属覆盖层、有机覆盖层、阳极化膜和转化膜等;乙酸盐雾试验适用于铜+镍+铬装饰性镀层,也适用于铝的阳极氧化膜和有机覆盖层;铜加速乙酸盐雾试验适用于铜+镍+铬或镍+铬装饰性镀层,也适用于铝的阳极氧化膜和有机覆盖层。

(3)《盐雾装置操作规程》(ASTM B117-19)是按照世界贸易组织(技术型贸易壁垒(TBT)委员会制定国际标准、指南和建议的原则的决定)中确立的关于标准化的国家公认原则制定的标准。该标准提供了一种受控的腐蚀环境,用于在给定试验箱中暴露的金属和涂覆金属样品的相对耐蚀性的试验。

9.5.4 标准对比分析

盐雾试验标准对比见表9-5-1。

表9-5-1 盐雾试验标准对比

名称	《军用装备实验室环境试验方法 第11部分:盐雾试验》(GJB 150.11A—2009)	《人造气氛腐蚀试验 盐雾试验》(GB/T 10125-2021)	《盐雾装置操作规程》(ASTM 117-19)
溶液及浓度	氯化钠溶液5%±1%	① 中性盐雾试验(NSS):5%氯化钠溶液; ② 乙酸盐雾试验(AASS):冰乙酸的5%氯化钠溶液; ③ 铜加速乙酸盐雾试验(CASS):氯化铜和冰乙酸的5%氯化钠溶液	氯化钠溶液5%±1%
温度	(35±2)℃	① 中性盐雾试验(NSS):35℃±2℃; ② 乙酸盐雾试验(AASS):35℃±2℃; ③ 铜加速乙酸盐雾试验(CASS):50℃±2℃	(35±2)℃
pH值	6.5~7.2	① 中性盐雾试验(NSS):6.5~7.2; ② 乙酸盐雾试验(AASS):3.1~3.2; ③ 铜加速乙酸盐雾试验(CASS):3.1~3.2	6.5~7.2
沉降率	每个收集器在80cm^{2}的水平收集区内(直径10mm)的收集量为每小时1~3mL	80cm^{2}的水平面积的平均沉降率:(1.5±0.5)mL/h	每个收集器在80cm^{2}的水平收集区内(直径10mm)的收集量为1~2mL/h
喷雾周期	喷雾周期通常设定24h喷雾和24h干燥为一个循环,共进行2次循环,总计96h;为了提高测试的置信度,或者采用48h喷雾和48h干燥的测试程序	持续喷雾,周期根据被试材料或产品的有关标准选择,推荐的试验周期为2h、6h、24h、48h、96h、168h、240h、480h、720h、1008h	持续喷雾,周期根据产品标准要求

9.5.5 盐雾试验注意事项

(1)在喷雾期间,需要定期测量盐雾沉降量和沉降溶液的pH值,确保试验条件一致性。

(2)干燥过程中,试验件应置于标准大气条件下,温度15~35℃,相对湿度不高于50%,且干燥期间不得改变试验件的技术状态或对其机械状态进行调节。

(3)有助于检查试验结果,可在标准大气压条件下用流动水轻柔冲洗试验件后再进行检测。

第10章 紧固件安装

紧固件是应用最为广泛的机械基础件,被誉为"工业之米"。紧固件虽小,涉及的安全事大,一旦松动或丢失,再精密的机械也不能正常运转,甚至引发安全事故。据不完全统计,因紧固件安装问题引起的安全事故占紧固件安全事故的比例为70%,本章主要介绍主流紧固件的安装步骤及安装后的质量检测。

10.1 高锁系列

高锁螺栓与高锁螺母相配组成高锁连接副,具有重量轻、体积小、防松性能高、抗疲劳性能好、装配效率高等特点,并可以实现高效的单面装配,大量应用于航空航天领域。

10.1.1 高锁螺栓夹层厚度的选择

公制高锁紧固件体系中,高锁螺栓长度以1mm为增量进行了分级,每一级对应一个夹层代号,该夹层代号下的高锁螺栓可以适应有1mm变化量的夹层材料厚度,夹层代号表示螺栓光杆可适应的最大夹层。例如,夹层代号为-9的螺栓,可以适应的夹层厚度范围为8~9mm。

用夹层刻度尺(示例见图10-1-1)测量夹层厚度,以确定螺栓长度。夹层刻度尺的正确使用方法见图10-1-2,测量被安装处结构材料的总厚度(确定夹层间无间隙、毛刺等),以确定合理长度的高锁螺栓。测量时应注意消除夹层间隙及考虑涂胶厚度的影响。用夹层刻度尺测量夹层总厚度,当测量埋头孔时,应增加使用一把直尺,见图10-1-2(b)。当检查点落在刻度值上时,选用所见刻度值的钉杆夹层长度,如图10-1-2(a)所示,应选用夹层代号为-8的高锁螺栓。当检查点落在刻度值之间时,选离可见刻度值较短的夹层长度钉杆,如图10-1-2(b)所示,应选用夹层代号为-6的高锁螺栓。当实际测量长度与图纸规定的钉杆夹紧长度不一致时,允许加大一级优先选用实际测量长度。

当更改紧固件长度时,建议先与工程部门联系。如果螺栓不具备合适的连接长度,则允许使用连接长度加长或减少一个级别的螺栓,再配上垫圈。(注:当表面不平时,连接层的厚度取孔中心附近的厚度值。)

图10-1-1 夹层刻度尺

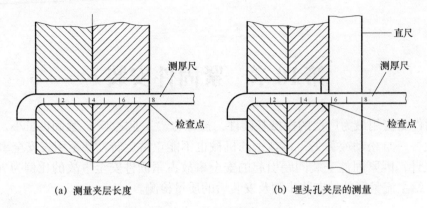

(a) 测量夹层长度　　　　　　(b) 埋头孔夹层的测量

图 10-1-2　夹层厚度测量方法

10.1.2　高锁螺母的选择

根据高锁螺栓头型（抗剪型或抗拉型）选择合适的高锁螺母，以保证高锁螺栓和高锁螺母的设计匹配性。一般而言，使用铝制螺母配合抗剪型合金钢或钛合金螺栓。有些场合适用低拧断力矩型钢制螺母配合抗剪型螺栓。当抗拉强度是一个影响因素时，使用高拧断力矩型螺母配合抗拉型螺栓。高锁螺母均已进行润滑处理，无需再涂油或再润滑。当需要更换螺母时，不应使用冲击法，螺母不能重复使用。

10.1.3　安装孔的要求

1. 孔的尺寸

金属结构上，公制高锁螺栓的安装孔径按表 10-1-1~表 10-1-3 执行。具体配合类型由工程指定，一般在铝合金结构上使用干涉配合，在钢或钛合金结构上使用间隙配合。在铝和钢/钛混合夹层结构上使用高锁螺栓时，采用干涉配合孔的限制是：对于抗剪型紧固件，钢和（或）钛的厚度不大于 0.080in；对于抗拉型紧固件，钢和（或）钛的厚度不大于 0.090in。

表 10-1-1　标准公差干涉配合的公制高锁螺栓的安装孔径（mm）

公称直径	杆径范围（带涂层）	孔的直径		孔径公差
		最小值	最大值	
4	3.965~3.990	3.901	3.965	0.064
5	4.965~4.990	4.876	4.952	0.076
6	5.965~5.990	5.876	5.952	0.076
8	7.965~7.990	7.876	7.952	0.076
10	9.965~9.990	9.876	9.952	0.076
12	11.965~11.990	11.876	11.952	0.076
14	13.965~13.990	13.876	13.952	0.076
16	15.965~15.990	15.876	15.952	0.076
18	17.965~17.990	17.876	17.952	0.076

表 10-1-2　精确公差干涉配合的公制高锁螺栓的安装孔径（mm）

公称直径	杆径范围（带涂层）	孔的直径		
		最小值	最大值	孔径公差
4	3.965~3.990	3.901	3.952	0.051
5	4.965~4.990	4.876	4.927	0.051
6	5.965~5.990	5.876	5.927	0.051
8	7.965~7.990	7.876	7.927	0.051
10	9.965~9.990	9.876	9.927	0.051
12	11.965~11.990	11.876	11.927	0.051
14	13.965~13.990	13.876	13.927	0.051
16	15.965~15.990	15.876	15.927	0.051
18	17.965~17.990	17.876	17.927	0.051

表 10-1-3　间隙配合的公制高锁螺栓的安装孔径（mm）

公称直径	杆径范围（带涂层）	孔的直径		
		最小值	最大值	孔径公差
4	3.965~3.990	3.990	4.041	0.051
5	4.965~4.990	4.990	5.041	0.051
6	5.965~5.990	5.990	6.041	0.051
8	7.965~7.990	7.990	8.041	0.051
10	9.965~9.990	9.990	10.041	0.051
12	11.965~11.990	11.990	12.041	0.051
14	13.965~13.990	13.990	14.041	0.051
16	15.965~15.990	15.990	16.041	0.051
18	17.965~17.990	17.990	18.041	0.051

2. 沉头窝的尺寸

表 10-1-4 列出了各型 100° 沉头紧固件的锪窝直径 D_c 值，除非另有说明，这些值仅供参考，安装后的紧固件必须满足相关工程图样对该部位的齐平度要求。在工件上锪窝和安装紧固件前，应根据钉头齐平度要求调整锪窝工具或设备参数，以确定合适的锪窝尺寸。

注意，为防止工件在锪窝（及倒圆）后的孔内产生刃边，工件在锪窝后的剩余厚度（h）需满足设计要求，如图 10-1-3 所示。零件锪窝前推荐的最小厚度见表 10-1-4。安装加大型紧固件时应注意防止因埋头窝深度的增加而产生拒收。紧固件选用前需考虑工件最小材料厚度（t_{min}）的要求，最小材料厚度指锪窝时锪窝层所在材料的厚度。

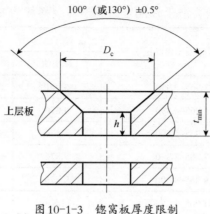

图 10-1-3　锪窝板厚度限制

表 10-1-4　公制 100°高锁螺栓装配孔中的锪窝直径和最小板厚（参考）（mm）

公称直径	100°沉头抗剪型		100°沉头抗拉型	
	D_c（参考）	t_{min}	D_c（参考）	t_{min}
4	6.60	2.20	8	3.36
5	7.83	2.38	10	4.21
6	9.47	2.92	12	5.05
8	12.50	3.78	16	6.73
10	15.63	4.73	20	8.41
12	18.75	5.68	24	10.09
14	21.85	6.60	28	11.77
16	25.00	7.57	32	13.45
18	28.10	8.49	36	15.13

3. 倒角

一般情况下，螺栓、高锁螺栓、环槽钉和盲紧固件的钉头下的孔边缘都需倒角，用以避开钉头和光杆相交处的圆角。孔边倒角包括倒圆角（r）和倒斜角（x）两种方法。对于非沉头紧固件，倒角为90°（单边45°斜角）；对于100°或130°沉头紧固件，倒角为60°（图10-1-4）。倒斜角和倒圆角的推荐值见表10-1-5~表10-1-8。

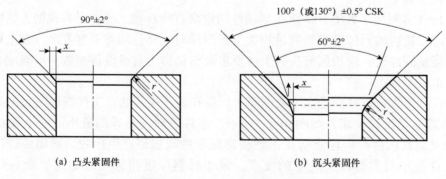

(a) 凸头紧固件　　　　　(b) 沉头紧固件

图 10-1-4　孔入口的倒角或圆角

表 10-1-5　铝及铝锂合金结构上安装公制沉头高锁螺栓的倒斜角或倒圆角推荐值

公称直径	铝合金结构			
	倒斜角 x/mm		倒圆角 r/mm	
	最小	最大	最小	最大
4	0.10	0.20	0.50	0.75
5	0.10	0.20	0.75	1.00
6	0.10	0.20	0.75	1.00
8	0.15	0.25	1.00	1.25
10	0.15	0.25	1.00	1.25
12	0.20	0.30	1.25	1.50
14	0.20	0.30	1.50	1.75
16	0.35	0.45	1.50	1.75
18	0.35	0.45	1.75	2.00

表 10-1-6　钢、钛合金结构上安装公制沉头高锁螺栓的倒斜角或倒圆角推荐值

公称直径	钢/钛合金结构			
	倒斜角 x/mm		倒圆角 r/mm	
	最小	最大	最小	最大
4	0.15	0.25	0.50	0.75
5	0.15	0.25	0.75	1.00
6	0.15	0.25	0.75	1.00
8	0.20	0.30	1.00	1.25
10	0.20	0.30	1.00	1.25
12	0.25	0.35	1.25	1.50
14	0.25	0.35	1.50	1.75
16	0.45	0.55	1.50	1.75
18	0.45	0.55	1.75	2.00

表 10-1-7　公制非沉头孔边缘倒斜角或倒圆角推荐值
（镍和高强度钢以外材质的螺栓、高锁螺栓、环槽钉）

公称直径	铝、铝锂、钢、钛结构			
	倒斜角 x/mm		倒圆角 r/mm	
	最小	最大	最小	最大
4	0.40	0.50	0.75	1.00
5	0.40	0.50	0.75	1.00
6	0.40	0.50	0.75	1.00

续表

公称直径	铝、铝锂、钢、钛结构			
	倒斜角 x/mm		倒圆角 r/mm	
	最小	最大	最小	最大
8	0.50	0.60	1.00	1.25
10	0.50	0.60	1.00	1.25
12	0.50	0.60	1.00	1.25
14	0.50	0.60	1.00	1.25
16	0.65	0.75	1.25	1.50
18	0.65	0.75	1.25	1.50

表10-1-8　公制非沉头孔边缘倒斜角或倒圆角推荐值（镍和高强度钢材质紧固件）

公称直径	铝、铝锂、钢、钛结构							
	铝及铝锂合金材料结构				钢、钛合金结构			
	倒斜角 x/mm				倒圆角 r/mm			
	最小	最大	最小	最大	最小	最大	最小	最大
4	—	—	—	—	—	—	—	—
5	0.40	0.50	0.75	1.00	0.50	0.60	0.75	1.00
6	0.40	0.50	0.75	1.00	0.50	0.60	0.75	1.00
8	0.50	0.60	1.00	1.25	0.75	0.85	1.00	1.25
10	0.50	0.60	1.25	1.50	0.75	0.85	1.25	1.50
12	0.60	0.70	1.50	1.75	1.00	1.10	1.50	1.75
14	0.60	0.70	1.50	1.75	1.00	1.10	1.50	1.75
16	0.80	0.90	1.75	2.00	1.30	1.40	1.75	2.00
18	0.80	0.90	2.00	2.25	1.30	1.40	2.00	2.25

在螺栓等紧固件钉头下的孔边缘倒角，主要是为了适应紧固件钉头与钉杆相交处的过渡圆角，从而使紧固件安装后其钉头能与零件正确地贴合。倒角太浅可能导致钉头贴合不良，影响紧固件的机械强度（表面产生过大的挤压应力以及零件材料蠕变导致紧固件的预紧力下降），并且影响装配件的抗腐蚀性能（由于钉头下面存在间隙），见图10-1-5中的图（a）、图（b）和图（c）。孔口倒角太深则减小了孔的承载深度，也会影响机械强度，见图10-1-5（d）。

对于非沉头紧固件，如果钉头下使用了能避开钉头过渡圆角的埋头窝垫圈，则钉头下不需要倒角。

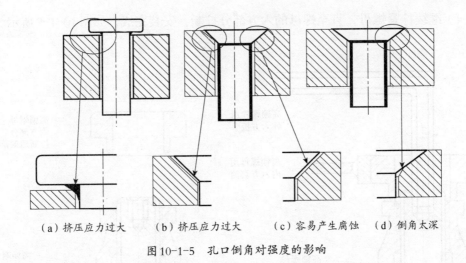

(a) 挤压应力过大　　(b) 挤压应力过大　　(c) 容易产生腐蚀　　(d) 倒角太深

图 10-1-5　孔口倒角对强度的影响

10.1.4　安装及检测工具

高锁系列紧固件安装工具可分为自动工具和手动工具：自动工具即高锁风扳机，安装快速且无噪声；手动工具即内六角扳手、棘轮扳手等。安装及检测工具应按规定进行校准和鉴定。每一件工具均应带上最新有效的校准合格标签。

10.1.5　安装

1. 间隙配合下的安装

间隙配合下的高锁螺栓、螺母安装工具可选择使用风扳机或手动安装工具，安装步骤如下：

（1）将螺栓插入间隙配合孔中，如图 10-1-6 所示；
（2）用手将螺母套入螺栓头部，如图 10-1-7 所示；

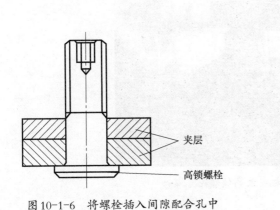

图 10-1-6　将螺栓插入间隙配合孔中

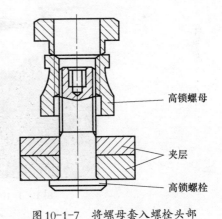

图 10-1-7　将螺母套入螺栓头部

（3）用外六方扳手插入螺栓六方孔，可防止螺栓旋转，内六方套筒套住螺母的六方部分，拧紧螺母，如图 10-1-8 所示；

（4）继续拧紧螺母，直至螺母的六方部分拧断，安装完成，如图10-1-9所示。

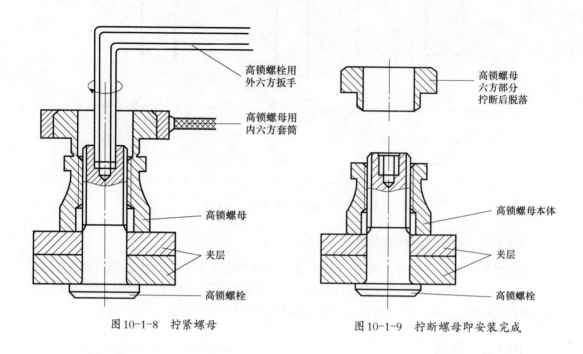

图10-1-8　拧紧螺母　　　　　　　　　图10-1-9　拧断螺母即安装完成

风扳机安装间隙配合下的高锁螺栓、螺母操作顺序为：高锁螺栓插入孔内→套上螺母→将风扳机六角扳手插入高锁螺栓六方孔→风扳机拧断螺母→六角扳手从内六方孔退出。实例如图10-1-10所示。

图10-1-10　风扳机安装高锁螺栓、螺母

手动安装间隙配合下的高锁螺栓、螺母操作顺序为：高锁螺栓插入孔内→套上螺母→将内六角扳手插入高锁螺栓六方孔→手动旋转棘轮扳手拧断螺母→内六角扳手从内六方孔退出。实例如图10-1-11所示。

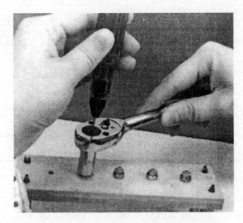

图 10-1-11　手动安装高锁螺栓、螺母

2. 干涉配合下的安装

对于过渡配合及干涉配合螺栓，必须将螺栓打入孔内，直到钉头紧贴结构表面。可用胶木榔头轻敲或用轻型铆枪（中间垫胶木衬块）打入孔内，用胶木垫块和顶把支撑在结构另一面，以防止在螺栓打入时引起结构损伤和变形。打入螺栓时应特别注意保持垂直度，以免螺栓的螺纹部分损伤孔壁。在图纸规定有湿装配要求部分，应在孔内（含沉头窝）或螺栓杆上涂以密封胶，并在规定的活性期内安装螺栓。

当在干涉配合孔中安装高锁螺栓时，配合很紧，其本身足够保证螺栓相对螺母不发生转动，所以无需扳手上的六角扳拧端和螺栓六角底孔的结合来防止螺栓发生转动，可直接使用扭力扳手对高锁螺母进行扳拧，直至拧断螺母，用扭力扳手进行安装实例如图 10-1-12 所示。除了上述这点，干涉配合安装步骤和间隙配合相同。

　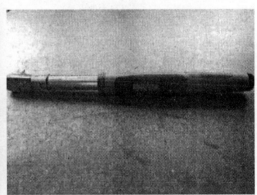

（a）螺母拧入　　　　　　　　　　　（b）数显扭力扳手

图 10-1-12　用扭力扳手进行安装

10.1.6　安装后的检验

1. 基本要求

安装后开裂的螺母为不合格；不允许为了满足气动平整度要求而铣平埋头紧固件头；沉头螺栓凹下的钉头应光滑均匀，呈现明显凹下环的钉头凹下的情况是不可接受

的，参见图10-1-13，剪切型沉头钛高锁螺栓出现钉头凹下的情况不应超过0.10mm。铝螺母扭转部位的边缘发生变色是允许的，但不能对螺母的扭转部位造成永久性变形。

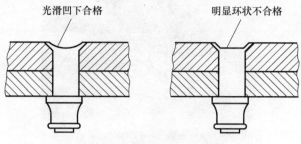

图10-1-13 钉头凹下标准

2. 伸出量要求

安装后螺栓的伸出量参见图10-1-14，伸出量应在表10-1-9所列范围内。当螺母下使用一垫圈时，螺栓的伸出量应从垫圈的顶部处进行测量。当螺母下用代替埋头孔的垫圈时，螺栓的伸出量应从结构表面处进行检查；最小螺纹伸出量应是倒角完全伸出，如图10-1-15所示。

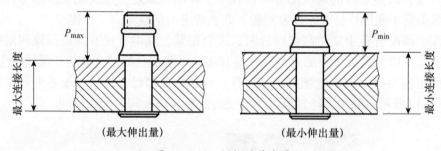

图10-1-14 螺栓的伸出量

图10-1-15 高锁螺栓伸出量测量

表 10-1-9　公制螺栓伸出量

公称直径	P_{min}（最小伸出量）	P_{max}（最大伸出量）
4	7.05	8.45
5	7.50	8.90
6	9.30	10.70
8	10.10	11.50
10	11.68	13.08
12	13.68	15.08
14	16.55	17.95
16	18.05	19.45
18	19.05	20.45

注：1.当工程图样规定在螺母下使用垫圈时，从所规定的垫圈顶部来测量螺栓的伸出量。

2.对于表上未列出的高锁螺栓，用公式计算钉杆伸出量限制：螺纹长度-0.2mm=最小伸出量；螺纹长度+1.2mm=最大伸出量。

3. 间隙评估

高锁螺栓、螺母安装之后，所有的紧固件头、螺母和垫圈应置于圆周上的几个位置点上。如果用标准塞片按表10-1-10所列厚度要求能够插入到紧固件头（或螺母/钉套）和结构件之间，则这一安装是不合格的。在使用贴合面密封剂的部位，如果间隙充填密封剂，则零件间最多可以存在0.10 mm（推荐尺寸）间隙。间隙检查方法见图10-1-16，实例图见图10-1-17。

表 10-1-10　紧固件钉头、钉套和螺母下的最大允许间隙（公制）

适用的紧固件规格（公称直径）	检测间隙用塞片的标称厚度	
	扭力施加后的螺母和垫圈/mm	所有的螺栓头/mm
4、5	0.1	0.1
6、8、10	0.1	0.1
12、14	0.2	0.1
16	0.2	0.1
18	0.2	0.1

注：所有塞片的厚度公差在-0.013~+0.013mm。

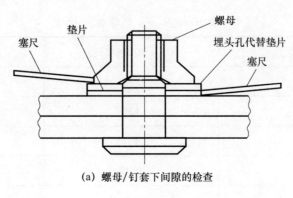

(a) 螺母/钉套下间隙的检查

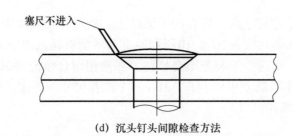

(b) 可接受钉头间隙　　　　　　　(c) 不可接受钉头间隙

(d) 沉头钉头间隙检查方法

图 10-1-16　间隙检查方法

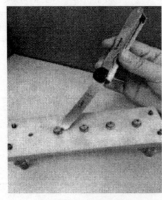 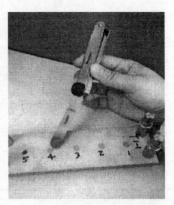

(a) 螺母与安装板间隙检查　　　　(b) 沉头头部间隙检查

图 10-1-17　沉头螺栓间隙检查方法实例

4. 齐平度要求

沉头螺栓头部相对结构的凹凸量应在 ±0.15mm 范围内，齐平度检测采用专用齐平度量规，实例如图 10-1-18 所示。齐平度检测同时需注意以下事项：

（1）齐平度测量应在施加面漆、底漆或做气动平整处理前；
（2）安装后应在紧固件头的顶部最高点处与邻近埋头窝的表面之间来测定齐平度；
（3）紧固件头一般不允许铣平，工程图样上专门允许的除外。

图 10-1-18　齐平度检测

10.1.7　质量控制要求

（1）钛合金高锁螺栓与合金钢螺栓应分别储藏和保管，装配时也不应混合使用。
（2）高锁螺母安装后，若有轴向移动或用手拧能产生旋转，应更换。
（3）安装时，不允许拧螺栓。
（4）装配完成后，按技术文件要求做无损检查装配质量。
（5）紧固件的安装不能对孔造成损坏。

10.1.8　移除和代替

移除后的高锁螺栓和螺母不能再次使用，当被移除的螺栓和螺母是合金钢、不锈钢或者钛制的时，应该使用新的高锁螺栓。如果从已经完成装配和安装装置上移除铝制螺栓或螺母，在安装新的螺栓或螺母之前应该先对高锁螺栓的螺纹损坏程度进行目视检查。如果发现有任何螺纹损伤，应该使用新的高锁螺栓代替。

10.2　抽钉系列

为了满足铆接件的一些特殊要求，如需要进一步提高结构的强度和疲劳寿命，增强密封性，解决单面不开敞区域的连接问题，在飞机铆接装配技术中广泛采用单面铆钉铆接，如抽芯铆钉铆接、高抗剪铆钉铆接、螺纹空心铆钉铆接、环槽铆钉铆接等。

10.2.1　环槽铆钉的铆接

环槽铆钉又称虎克钉，其连接强度高、耐疲劳性能好，被各大主机厂广泛使用。

环槽铆钉由带环槽的铆钉和钉套组成。

1. 技术要求

（1）铆钉孔的直径与铆钉直径相同，公差带为H10，表面粗糙度Ra值不大于1.6μm。

（2）孔的间距极限偏差为±1mm，边距极限偏差为$^{+1}_{-0.5}$mm。

（3）沉头窝的角度和深度与铆钉头的一致，钉头高出零件表面的凸出量应符合设计技术要求。

（4）钉套成型后不得松动，表面应光滑，钉套与夹层之间不允许有间隙。

（5）允许铆钉头与零件表面不完全贴合，其单面间隙应不大于0.08mm。

（6）环槽铆钉适用于在7°以内的斜面或半径不小于50mm的内、外圆弧面上直接进行铆接，此时将钉套放置在斜面上或圆弧面上。当环槽铆钉安装在大于7°的斜面上时，要在钉套一面加垫斜垫片或将端面锪平。

2. 铆钉光杆长度的选择

（1）铆钉光杆的长度应符合：

$$\sum\delta \leq L \leq \sum\delta+1 \quad (10\text{-}2\text{-}1)$$

式中：$\sum\delta$为被连接件总厚度（mm）；L为铆钉光杆长度（mm）。

（2）由于夹层误差而使铆钉光杆露出夹层的长度超过1mm，允许垫上厚度不大于1mm的垫圈，垫圈放置的位置如图10-2-1所示，垫圈材料参见表10-2-1。

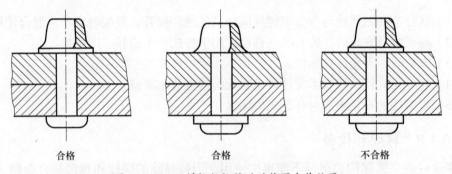

图10-2-1　环槽铆钉铆接时的垫圈安装位置

表10-2-1　环槽铆钉铆接用的垫圈材料

夹层材料		铝合金	合金钢	钛合金	镁合金
环槽铆钉材料	钉杆	合金钢			
	钉套	铝	钢	钢或铝	
垫圈材料		20		1Cr18Ni9	LT21-M

（3）如果钉套安装在斜面上，则应在垂直于倾斜方向，通过钉的轴线用样板检查钉杆凸出量，如图10-2-2所示。如果钉套底部有垫圈，则钉杆凸出量应从垫圈的顶部算起。

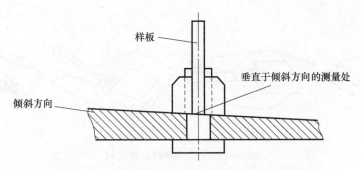

图 10-2-2　环槽铆钉钉杆在斜面上凸出量的检查

3. 工艺方法

（1）制孔方法及制孔过程中的孔径见表 10-2-2。

表 10-2-2　环槽铆钉孔的加工（mm）

环槽铆钉直径	孔径			
	初孔	钻孔	扩口	铰孔（H10）
4	2.5	3	3.8	4
5		4	4.8	5
6		5	5.8	6

（2）拉铆成型。拉铆型环槽铆钉铆接时使用拉枪和专用拉铆头拉铆成型。施铆过程如图 10-2-3 所示。

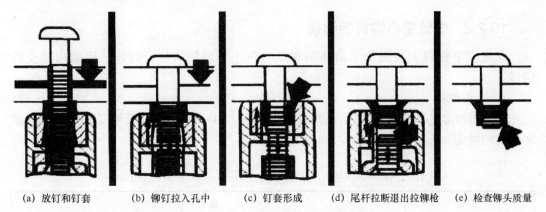

(a) 放钉和钉套　(b) 铆钉拉入孔中　(c) 钉套形成　(d) 尾杆拉断退出拉铆枪　(e) 检查铆头质量

图 10-2-3　拉铆型环槽铆钉施铆过程

4. 铆钉分解方法

分解过程：拆钉套→用锉刀锉掉钉杆上因拆套而产生的毛刺→用铆钉冲将钉杆从孔中冲出。环槽铆钉分解的过程如图 10-2-4 所示。

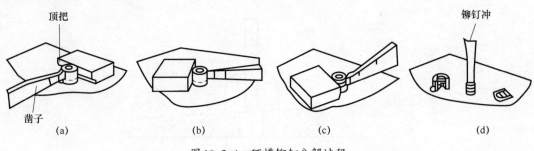

图 10-2-4 环槽铆钉分解过程

拆钉套时还可以用手动拆套钳,如图 10-2-5 所示。将钉套剪开或用空心铣刀(图 10-2-6)将钉套铣掉。

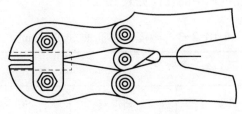

图 10-2-5 手动拆套钳

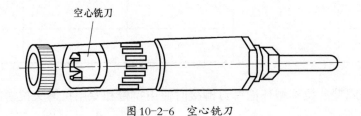

图 10-2-6 空心铣刀

10.2.2 螺纹空心铆钉的铆接

螺纹空心铆钉主要用于单面通路和受力较小部位的铆接,如软油箱槽内蒙皮的铆接。

1. 技术要求

(1)螺纹空心铆钉孔的直径及其极限偏差见表 10-2-3。孔的其他要求应符合普通铆钉孔的规定。

表 10-2-3 螺纹空心铆钉孔的直径及其极限偏差(mm)

名称	数值		
铆钉直径	4	5	6
铆钉孔直径	4.1	5.1	6.1
孔径极限偏差		$^{+0.2}_{0}$	

（2）用于安装凸头铆钉的孔，在铆钉头一侧应制出深为0.2mm的45°倒角。
（3）镦头鼓包位置处的直径见表10-2-4。

表10-2-4　螺纹空心铆钉的镦头直径（mm）

	d	4	5	6
	D_{min}	5.5	6.5	8

2. 铆钉长度的选择

根据夹层厚度选择合适的铆钉长度。可按下列公式确定，即

$$L=\sum\delta+9^{+0.5}_{-0.4}$$

盲螺纹空心铆钉的长度可按下列公式确定，即

$$L=\sum\delta+12^{+0.5}_{-0.4}$$

式中：$\sum\delta$为连接夹层的总厚度（mm）；L为所需要的铆钉长度（mm）。

3. 工艺方法

（1）采用钻孔方法制铆钉孔。

（2）施铆前，根据铆钉的形状、直径和长度选择抽钉工具，如抽钉枪、抽钉钳等。在产品上施铆前应在试片上试铆，检查工具，并确定工具的使用参数。

（3）安装通孔螺纹空心铆钉时，使工作螺钉稍微凸出铆钉的尾部，如图10-2-7（a）所示。安装盲孔螺纹空心铆钉时，使工作螺钉的尾部拧到盲孔底，如图10-2-7（b）所示。

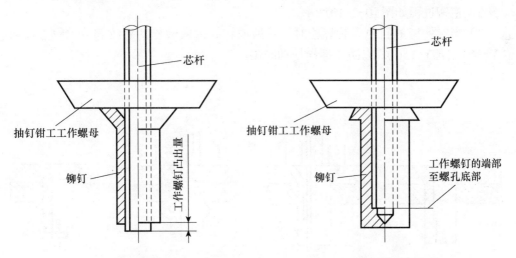

(a) 通孔螺纹空心铆钉的安装　　(b) 盲孔螺纹空心铆钉的安装

图10-2-7　使用抽钉工具安装螺纹空心铆钉

（4）使用抽钉钳抽铆螺纹空心铆钉时（图10-2-8（a）），用调节制动螺母和止动块距离来控制工作螺钉的行程；使用长柄抽钉钳时（图10-2-8（b）），用调节工作头的螺母来控制工作螺钉的行程。

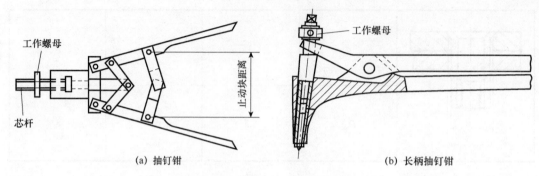

图10-2-8　螺纹空心铆钉抽钉钳

（5）抽钉工具的工作头应垂直且贴紧工作表面，如图10-2-9所示。

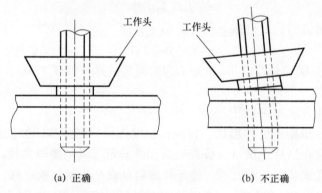

图10-2-9　抽钉工具工作头的工作位置

（6）施铆过程如图10-2-10所示。

（7）当在铆钉的孔内安装螺栓时，一般要在孔内或螺栓的螺纹部分涂一层厌氧胶（GY-340或者Y-150），以防止螺栓松动脱出。

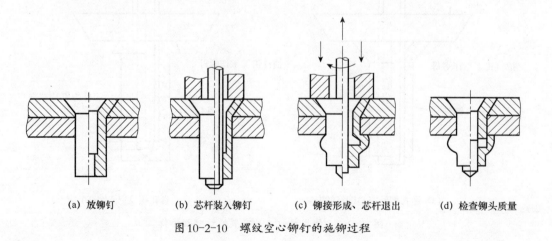

图10-2-10　螺纹空心铆钉的施铆过程

10.2.3 抽芯铆钉的铆接

抽芯铆钉适用于单面通路铆接,它由空心铆钉、芯杆两部分组成。用拉钉钳进行铆接时,它的工作原理是钳头外套顶住铆钉头,钳子内的拉头将芯杆抓住往外拉,直到将芯杆拉断为止,然后把露出钉头外面的多余部分去掉并修平,在修平处涂上防腐剂。这种形式的抽芯钉直到现在仍用于机身和机翼上的非主要受力部位。其主要铆接形式有鼓包型和拉丝型两种。

1. 拉丝型抽芯铆钉铆接

拉丝型抽芯铆钉能提高结构的疲劳寿命,保证连接件本身的密封性,使铆钉孔和铆钉杆之间形成干涉配合,适合于夹层较厚的零件铆接。

1)技术要求

(1)铆钉孔的直径、极限偏差、圆度及表面粗糙度见表10-2-5。

表10-2-5 拉丝型抽芯铆钉孔的尺寸及表面粗糙度

铆钉直径/mm	4	5
孔的基本尺寸/mm	4.1	5.1
极限偏差/mm	$^{+0.10}_{\ 0}$*	
圆度/mm	在孔极限偏差内	
表面粗糙度 Ra/μm	1.6	
孔轴线与零件表面不垂直/(°)	≤0.5	

注:*当在薄夹层(厚度等于2.5mm)铆接沉头铆钉时,孔径极限偏差可取$^{+0.15}_{\ 0}$。

(2)孔的间距极限偏差为±1mm,边距极限偏差为$^{+1}_{-0.5}$mm。

(3)铆接后的芯杆和锁环应平整,芯杆断槽处光滑台肩(B面)不得高于钉套上表面0.5mm,且不得低于钉套上表面0.2mm,如图10-2-11所示。

(4)当芯杆断槽处光滑台肩(B面)高出钉套上表面时,锁环不得高于钉套上表面0.5mm;如果B面与钉套上表面齐平或低于钉套上表面,那么锁环不得高出值A,如图10-2-12所示,数值见表10-2-6。

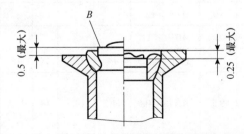

图10-2-11 铆接后芯杆断槽处光滑台阶的位置

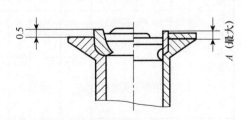

图10-2-12 铆接后锁环的位置

表 10-2-6　锁环铆接位置的凸出量（mm）

抽钉基本直径	4	5
A（最大）	0.5	0.6

（5）位于气动外缘表面的芯杆按设计技术要求铣平高出钉套的凸出量，位于非气动外缘表面的芯杆拉断面不需要铣平。

（6）拉丝型抽芯铆钉镦头的最小直径见表10-2-7。

表 10-2-7　拉丝型抽芯铆钉镦头的最小直径（mm）

抽钉基本直径	4	5
镦头最小直径	4.55	5.60

（7）钉套不允许有开裂和裂纹，锁环不允许有松动现象。

2）铆钉长度选择

依据抽芯铆钉基本直径和夹层厚度确定铆钉的长度，按抽芯铆钉基本直径和夹层型号选取钉套和芯杆的长度，见表10-2-8和表10-2-9。铆接件夹层厚度变化不一，应按各孔最浅处的夹层厚度选择夹层型号。

表 10-2-8　铝抽芯铆钉芯杆长度的选择（mm）

夹层号				1	2	3	4	5	6	7	8	9	10	11	12
抽钉基本直径 d_0	4	1	用于平锥头钉	4.5	6	7.5	9	10	11	12	13.5				
			用于沉头抽钉		4.5	6	7.5	9	10	11	12				
	5		用于平锥头钉	5.5	7	8.5	10	11	12	13	14.5	16	17.5	19	20
			用于沉头抽钉		4	5.5	7	8.5	10	11	12	13	14.5	16	17.5
抽钉组别							A						B		

表 10-2-9　钢抽芯铆钉芯杆长度的选择（mm）

夹层号				1	2	3	4	5	6	7	8	9	10	11	12
抽钉基本直径 d_0	4	1	用于平锥头钉	4.5	6	7	8	9	10	11	12.5				
			用于沉头抽钉		4.5	6	7	8	9	10	11				
	5		用于平锥头钉	5.5	7	8	8.5	9.5	10.5	11.5	12.5	14	15.5	17	18
			用于沉头抽钉		4	5	5.5	7	8.5	9.5	10.5	11.5	12.5	14	15.5
抽钉组别							A						B		

3）制孔、锪窝

（1）抽芯铆钉孔的加工及切削量见表10-2-10。

表10-2-10　抽芯铆钉孔的加工和切削量（mm）

铆钉直径	孔径		
	钻孔	钻头扩孔	铰孔
4	3.1	3.8	$4.1_{0}^{+0.10}$
5	4.1	4.8	$5.1_{0}^{+0.10}$

（2）优先选用风钻绞孔方法，绞孔后锪沉头窝。

4）施铆

（1）将组合好的抽钉放置在拉枪头部的孔内并夹持住。

（2）在试片上调整拉枪行程，保证锁环填充良好，达到固紧力要求和无松环现象。

（3）施铆时抽钉拉枪头部应垂直贴紧工作表面，如图10-2-13所示。

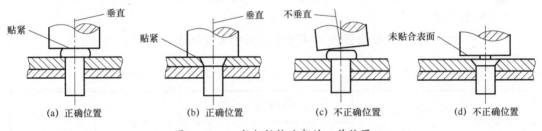

图10-2-13　抽钉拉枪头部的工作位置

（4）将芯杆拉入钉套中，扣动扳机，芯杆被拉向上，使芯杆尾端较粗部分进入钉套内，将钉套由下而上地逐渐胀粗，钉套填满钉孔。当拉铆枪继续抽拉芯杆到一定位置时，结构件被紧紧地贴靠在一起，消除结构件之间的间隙。

（5）继续抽拉抽芯杆，产生了形似拉丝的动作，并完成了孔的填充动作，形成镦头。此时芯杆的断口处已停留在与钉头面齐平处。

（6）压入锁环，拉铆枪的第二个动作，将锁环推入芯杆与钉套的锁紧环槽内。

（7）芯杆被拉断，完成拉铆。

（8）用铣平器铣平芯杆的断口，铣切到符合要求为止，并在断口处涂H06-2环氧锌黄底漆。

5）铆钉的拆解

（1）不合格的铆钉，用工作部分与芯杆直径相同的铆钉冲出芯杆。

（2）用与铆钉直径相同的钻头钻掉铆钉头，此时的钻孔深度不应超过铆钉头高度。

（3）铆接夹层较厚时，用工作部分与钉套外径相同的铆钉冲出钉套；铆钉夹层较薄时，用与钉套直径相同的钻头钻出钉套。

（4）清除结构内部的多余物。

2. 鼓包型抽芯铆钉铆接

鼓包型抽芯铆钉由芯杆、钉套和锁环组成,如图10-2-14所示。

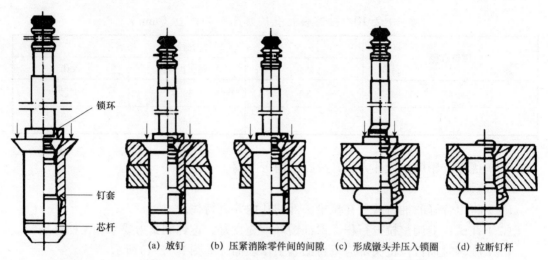

(a) 放钉　(b) 压紧消除零件间的间隙　(c) 形成镦头并压入锁圈　(d) 拉断钉杆

图10-2-14　鼓包型抽芯铆钉的组成及其施铆过程

1）技术要求

（1）铆钉孔的直径、极限偏差、圆度及表面粗糙度见表10-2-11。

表10-2-11　铆钉孔直径、极限偏差、圆度及表面粗糙度

铆钉直径号	铆钉基本直径/mm（in）	孔的极限偏差/mm		圆度	表面粗糙度 $Ra/\mu m$
		最小	最大		
4	3.175（4/32）	3.277	3.353	在孔的极限偏差范围内	≤3.2
5	3.969（5/32）	4.064	4.166		
6	4.763（6/32）	4.877	4.978		

（2）孔的间距极限偏差为±1mm,边距极限偏差为5.2mm。

（3）沉头铆钉窝与钉孔的中心应同轴,窝的直径应符合要求。

（4）铆接后的芯杆和锁环应平整。

（5）铆接后,钉套不允许裂纹,锁环锁紧要牢靠,且不允许松动。

2）施铆

用拉枪拉芯杆,与此同时钉套尾端受压失稳而形成鼓包型铆头,将锁环压入钉套与芯杆之间,防止芯杆松脱。具体施铆过程如下。

（1）将铆钉塞入拉铆枪的拉头内,拉头端面应与钉套上的垫圈相贴合,拉头内的卡爪将铆钉夹住（注意,此时的铆钉不可从拉头内退出,若要退出,必须分解拉头）。将铆钉放入孔内,使拉铆枪垂直于结构件表面并压紧,以消除结构件之间的间隙。

（2）将芯杆拉入钉套,扣动扳机,拉头紧顶住垫圈,芯杆被向上抽拉。

①放入铆钉。
②将芯杆拉入钉套。
③继续拉芯杆,剪切环被剪切。
④压入锁环,形成镦头。

(3)拉铆枪继续抽拉芯杆,钉套尾端失稳,形成鼓包镦头,然后将锁环挤入芯杆与钉套之间的空腔,锁紧芯杆。

(4)拉铆枪再继续抽拉,直到把芯杆拉断,被拉断的残尾杆从拉铆枪中自动弹出,并把露在零件外边的多余部分铣掉。

3)铆钉的分解

由于抽芯铆钉结构较为复杂,有的芯杆和钉套的材料不尽相同,鼓包型抽芯铆钉的干涉量较小,因此,分解铆钉的难度较大,在分解过程中要严格控制多余物。其分解程序如图10-2-15所示。

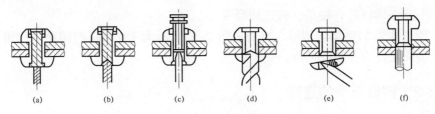

图10-2-15 铆钉的分解

首先,用小钻头钻出中心点。用与芯杆直径相同的钻头钻削芯杆至锁环深度,将锁环钻掉,用专用尖冲头冲出芯杆。然后用与钉套直径相同的钻头钻削钉套的钉头,其深度不能超过钉套的高度,用尖冲头冲掉钉套头,再用柱形销冲掉钉套。

10.3 铆钉系列

普通铆钉分为半圆头、平锥头、90°沉头、120°沉头和大扁圆头铆钉等,还有一种从国外引进的100°沉头铆钉。

10.3.1 技术要求

(1)铆钉孔的直径、极限偏差、圆度及表面粗糙度见表10-3-1。

表10-3-1 铆钉孔直径、极限偏差、圆度及表面粗糙度

铆钉直径/mm	2.0	2.5	2.6	3.0	3.5	4.0	5.0	6.0	7.0	8.0	10.0
铆钉孔直径/mm	2.1	2.6	2.7	3.1	3.6	4.1	5.1	6.1	7.1	8.1	10.1
铆钉孔极限偏差/mm	+0.1 0					+0.15 0				+0.2 0		
更换同号铆钉时孔极限偏差/mm	+0.2 0							+0.3 0			
圆度/mm	在孔的极限偏差范围内										
表面粗糙度Ra/μm	≤6.3										

（2）铆钉孔轴线应垂直于零件表面。允许由于孔的偏斜而引起铆钉头与零件贴合面的单面间隙不大于0.05mm。

（3）在楔形件上铆钉孔轴线应垂直于楔形件两斜面夹角的平分线，如图10-3-1所示。

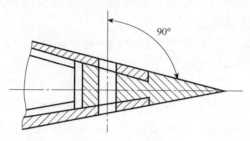

图10-3-1　楔形件上铆钉孔轴线的位置

（4）不允许铆钉孔有棱角、破边和裂纹。

（5）铆钉孔边的毛刺应消除，允许在孔边形成不大于0.2mm的倒角。尽可能分解铆接件，清除贴合面孔边的毛刺。

10.3.2　铆钉长度的选择

铆钉长度的选择应根据铆钉直径、铆接件的总厚度和铆接形式确定，通常情况下在产品图样上注明铆钉的规格。合适的铆钉长度是保证铆接质量的前提，铆钉短会造成铆头偏小，达不到预计的连接强度；反之，铆钉过长会造成铆接缺陷，同样影响连接强度。影响选择铆钉长度的因素很多，在生产中允许根据实际情况选择铆钉长度。国外有些产品在图样上就不注明铆钉长度，而是由工人确定，以保证铆头尺寸符合要求为原则。因此，学会选择铆钉长度是铆工的最基本要求。

铆钉长度计算有以下几种方法。

（1）按公式计算铆钉长度（图10-3-2）：

$$L = d_1 + \frac{d_0^2}{d_1^2} \cdot \sum \delta \qquad (10\text{-}3\text{-}1)$$

式中：d_0为铆钉孔最大直径（mm）；d_1为铆钉孔最小直径（mm）；$\sum\delta$为夹层总厚度（mm）。

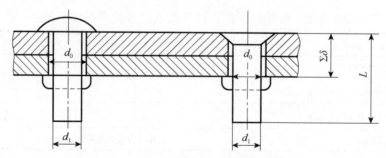

图10-3-2　标准镦头的铆钉长度示意图

(2)按经验公式计算。按经验公式计算铆钉长度见表10-3-2。

表10-3-2 铆钉长度计算公式（mm）

铆钉直径 d	2.5	3.0	3.5	4.0	5.0	6.0	7.0	8.0
铆钉长度 L	$\sum\delta+1.4d$		$\sum\delta+1.3d$		$\sum\delta+1.2d$		$\sum\delta+1.1d$	

（3）压窝件标准镦头的铆钉长度（图10-3-3）为

$$L=\sum\delta_1+\delta_1+1.3d \qquad (10\text{-}3\text{-}2)$$

式中：L为铆钉长度（mm）；$\sum\delta$为铆接件夹层厚度（mm）；δ_1为表面压窝层的厚度（mm）；d为铆钉直径（mm）。

（4）双面沉头铆接的铆钉长度（图10-3-4）。按经验公式计算双面沉头铆接的铆钉长度为

$$L=\sum\delta+(0.6\sim0.8)d \qquad (10\text{-}3\text{-}3)$$

式中：L为铆钉长度（mm）；$\sum\delta$为铆接件夹层厚度（mm）；d为铆钉直径（mm）；0.6~0.8为系数，一般情况下选较小值$0.6d$，如果铆钉材料比被连接件材料的强度高或比被连接件厚而铆钉直径较小时，则选较大值$0.8d$。

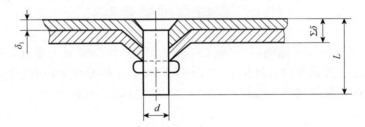

图10-3-3 压窝件标准镦头的铆钉长度示意图

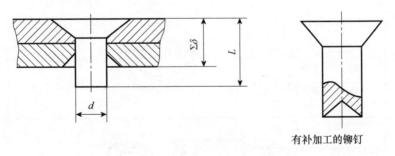

图10-3-4 双面沉头铆接的铆钉长度

10.3.3 工艺方法

（1）采用钻孔方法制铆钉孔。

（2）施铆前，根据铆钉的形状、直径和长度选择合适的顶把和冲头。具体铆接顺序见图10-3-5。

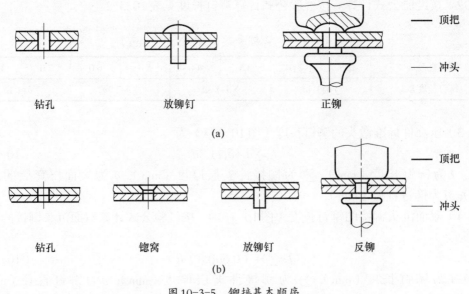

图 10-3-5 铆接基本顺序

10.4 带键螺桩螺套系列

带键螺桩是一种带有销键的外螺纹紧固件,在基体端螺纹上带有2个或4个销键;带键自锁螺套是一种具有内、外标准螺纹的紧固件,在外螺纹上带有2个或4个销键。带键自锁螺套和带键螺桩的规格、产品简图和材料见表10-4-1。

表 10-4-1 紧固件信息

名称	简图	材料	规格
带键自锁螺套		组合件	MJ4~MJ10
带键螺桩		组合件	MJ4~MJ10

10.4.1 安装流程

带键自锁螺套、螺桩的安装流程:制孔→制内螺纹→拧入带键自锁螺套或带键螺桩→压入销键,如图10-4-1和图10-4-2所示。

(a) 制孔　　　(b) 制内螺纹　　　(c) 拧入螺套　　　(d) 压入销键　　　(e) 安装到位

图 10-4-1　带键自锁螺套的安装流程

(a) 制孔　　　(b) 制内螺纹　　　(c) 拧入螺桩　　　(d) 压入销键

图 10-4-2　带键螺桩的安装流程

10.4.2　制孔和制内螺纹

（1）制孔孔位按产品图样上示出的紧固件位置来确定。制孔图示见图10-4-3~图10-4-6。

（2）孔壁粗糙度 Ra 为 $3.2\mu m$；应去除所有毛刺及锐边，因去除毛刺而形成的倒角不超过0.2。

（3）孔应垂直于基体平面，孔轴线相对于基体偏斜不大于0.5°。

（4）带键自锁螺套攻螺纹前孔径尺寸及制内螺纹精度见表10-4-2。

（5）带键螺桩攻螺纹前孔径尺寸及制内螺纹精度见表10-4-3。

（6）其余制孔要求按（HB/Z 233.12—2003）执行。

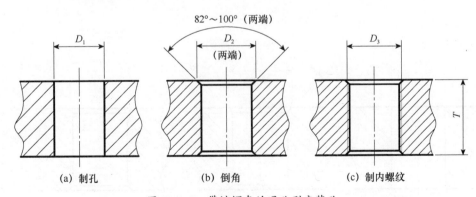

图 10-4-3　带键螺套的通孔型安装孔

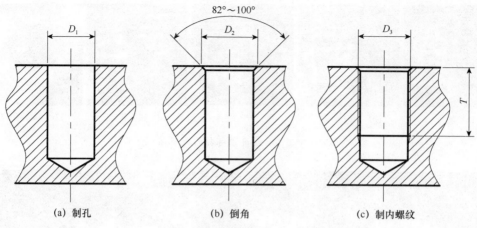

(a) 制孔　　　　(b) 倒角　　　　(c) 制内螺纹

图 10-4-4　带键自锁螺套的盲孔型安装孔

表 10-4-2　带键自锁螺套的安装孔尺寸要求

序号	内螺纹规格	外螺纹规格	钻孔直径 D_1/mm	孔口倒角直径 D_2/mm	螺纹 D_3	最短完整螺纹长度 T/mm
1	MJ4×0.7-4H6H	M6×0.75-6h	$5.50^{+0.080}_{-0.025}$	6.10~6.35	M6×0.75-6H	6.50
2	MJ5×0.8-4H6H	M8×1-6h	$7.00^{+0.100}_{-0.025}$	8.25~8.50	M8×1-6H	9.50
3	MJ6×1-4H5H	M10×1.25-6h	$8.80^{+0.100}_{-0.025}$	10.25~10.50	M10×1.25-6H	11.50
4	MJ8×1-4H5H	M12×1.25-6h	$10.80^{+0.100}_{-0.025}$	12.25~12.50	M12×1.25-6H	13.50
5	MJ10×1.25-4H5H	M14×1.5-6h	$12.80^{+0.130}_{-0.025}$	14.25~14.50	M14×1.5-6H	15.50

注：长度 T 应根据实际螺套总长 L 进行适当调整，一般情况下取 $T=L+0.5$。

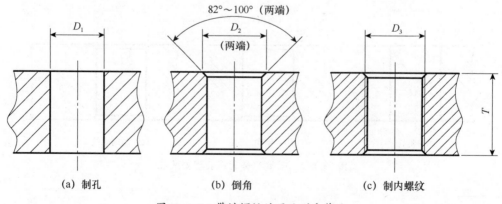

(a) 制孔　　　　(b) 倒角　　　　(c) 制内螺纹

图 10-4-5　带键螺桩的通孔型安装孔

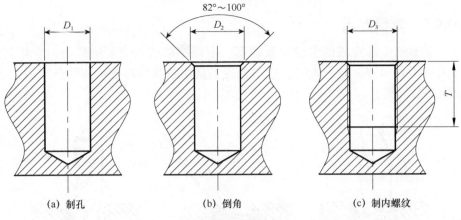

(a) 制孔　　　　　　　　(b) 倒角　　　　　　　　(c) 制内螺纹

图 10-4-6　带键螺桩的盲孔型安装孔

表 10-4-3　带键螺桩的安装孔尺寸要求

序号	螺母端螺纹规格	拧入基体端螺纹规格	钻孔直径 D_1/mm	孔口倒角直径 D_2/mm	螺纹 D_3	最短完整螺纹长度 T/mm
1	M4×0.7-4h	M6×0.75-4h	$5.20^{+0.080}_{-0.025}$	6.00~6.25	M6×0.75-5H	11.0
2	M5×0.8-4h	M7×0.75-4h	$6.20^{+0.100}_{-0.025}$	7.00~7.25	M7×0.75-5H	12.5
3	M6×1-4h	M8×1-4h	$7.00^{+0.100}_{-0.025}$	8.00~8.25	M8×1-5H	17.5
4	M8×1-4h	M10×1.25-4h	$8.70^{+0.100}_{-0.025}$	10.00~10.25	M10×1.25-5H	18.5
5	M10×1.25-4h	M12×1.25-4h	$10.70^{+0.130}_{-0.025}$	12.00~12.25	M12×1.25-5H	20.5

注：长度 T 应根据实际螺桩拧入基体端总长 L 进行适当调整，一般情况下取 $T=L+0.5$。

10.4.3　拧入带键自锁螺套或带键螺桩

手动或使用工具将带键自锁螺套或带键螺桩拧入螺纹孔内，使带键自锁螺套或带键螺桩相对于基体安装面沉入 0.25~0.75mm。

10.4.4　压入销键

（1）采用手动工具或自动工具将销键压入基体内。
（2）依据基体材料硬度选择自动工具工作压力，详见表 10-4-4。

表 10-4-4　气动工具工作压力

序号	基体材料硬度/HRC	自动工具工作压力/MPa
1	≤26.6	0.62~0.68
2	26.6~34.3	0.69~0.86
3	34.3~43.1	0.86~1.03

10.4.5 维修方式

(1) 对于未正常安装的带键自锁螺套、带键螺桩或者需要维修时,应将其拆除,拆除方法见图10-4-7。对于螺桩,应用手持工具切断其相对于基体的凸出段,然后再钻孔去除多余材料。

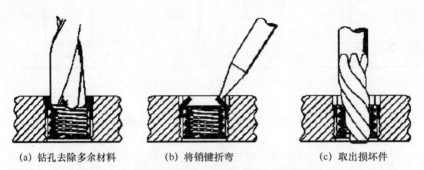

(a) 钻孔去除多余材料　　(b) 将销键折弯　　(c) 取出损坏件

图10-4-7　带键自锁螺套、带键螺桩的拆除方法示意图

(2) 带键自锁螺套的钻孔直径和深度见表10-4-5。

表10-4-5　带键自锁螺套拆除用钻孔直径和深度

序号	内螺纹规格	外螺纹规格	钻孔直径/mm	钻孔深度/mm
1	MJ4×0.7-4H6H	M6×0.75-6h	4.60±0.10	2.50±0.25
2	MJ5×0.8-4H6H	M8×1-6h	5.50±0.10	4.00±0.25
3	MJ6×1-4H5H	M10×1.25-6h	7.50±0.10	4.75±0.25
4	MJ8×1-4H5H	M12×1.25-6h	9.50±0.10	4.75±0.25
5	MJ10×1.25-4H5H	M14×1.5-6h	11.50±0.12	4.75±0.25

(3) 带键螺桩的钻孔直径和深度见表10-4-6。

表10-4-6　带键螺桩拆除用钻孔直径和深度

序号	螺母端螺纹规格	拧入基体端螺纹规格	钻孔直径/mm	钻孔深度/mm
1	M4×0.7-4h	M6×0.75-4h	4.40±0.10	3.20±0.25
2	M5×0.8-4h	M7×0.75-4h	5.40±0.10	3.20±0.25
3	M6×1-4h	M8×1-4h	6.40±0.10	4.00±0.25
4	M8×1-4h	M10×1.25-4h	8.40±0.10	4.00±0.25
5	M10×1.25-4h	M12×1.25-4h	10.40±0.10	4.00±0.25

10.4.6 质量控制要求

(1) 采用垂直度规检查制孔垂直度,孔轴线相对于基体安装面偏斜不超过0.5°。

（2）采用卡尺检查带键自锁螺套或带键螺桩沉入基体安装面深度。

（3）目视检查销键应垂直压入基体，不应出现弯曲、折断。

（4）若有轴向移动或用力矩扳手施加一定标准规定扭矩，保持一定时间后，若有松动则应更换。

（5）安装时，不允许采用旋螺母方式压入销键。

10.4.7 移除和代替

如果从已经完成装配的基体上移除螺套或螺桩，在安装新的螺套或螺桩之前应该先对基体材料的螺纹损坏程度进行目视检查。如果发现有任何的螺纹损伤，应该使用加大件代替。当螺纹未破坏时，将销键压入位置旋转45°，在原安装孔内重新安装一件新的带键自锁螺套或带键螺桩。

10.5 无耳托板螺母系列

无耳托板螺母（图10-5-1）是用于取代原托板螺母的一种新型连接件，其最大作用是减少了原托板螺母所需的制孔，增加了结构件的强度。

图10-5-1　NAS1734、NAS1735无耳托板螺母

10.5.1 安装工艺流程

安装工艺流程框图如图10-5-2所示。

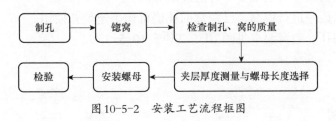

图10-5-2　安装工艺流程框图

10.5.2 制孔

（1）制孔及锪窝位置准确度必须满足产品设计技术要求。

（2）铰制螺母安装孔，制孔工艺流程见表10-5-1。

表 10-5-1　制孔工艺流程

操作		规格			
		3L	4L	5L	6L
制孔	初孔	φ6.0	φ8.0	φ9.7	φ11.8
	扩孔	φ6.2	φ8.2	φ9.9	φ11.9
	铰孔	φ6.31H9	φ8.33H9	φ10.10H9	φ12.0H9
	塞规	φ6.31H9	φ8.33H9	φ10.10H9	φ12.0H9
	垂直度检查	孔的垂直度用零件检查，保证顺利安装且零件贴合无间隙			

10.5.3　锪窝

1. 锪窝刀具材料选择

（1）结构材料为钢或钛合金时，选用碳素钢刀具。

（2）结构材料为复合材料时，建议选用碳素钢或金刚石刀具。

（3）结构材料为高强度铝合金时，选用高速钢刀具。

2. 锪窝步骤

（1）选择与安装产品规格对应的带摇臂锪窝套和锪窝钻，装配好后安装在气钻上。

（2）将摇杆定位销插入已制好的孔中定位，再将锪钻插入邻近需锪窝的孔中，先保持工具与孔轴线一致，锪出60°窝，然后摇动工具使其两斜面均紧贴结构表面以获得76°窝，操作中不得伤及结构。

（3）在结构上正式锪窝之前，需先在试件上试锪。调整锪窝调节器，锪窝后用将要安装的螺母检查窝深，若不能满足要求，应重新调整锪窝器，直至满足要求为止。螺母椭圆头端面低于或凸出结构表面不超过0.08mm；对产品图纸、技术条件有特殊要求时，螺母凹凸量应按产品设计要求执行，试锪合格后方可正式操作。

（4）对于单个或不规则排列安装孔，需利用其他结构孔或用辅助工装等方法确定锪窝工具摇臂定位孔，以保证所锪椭圆窝方向满足产品设计要求。

（5）锪窝的长轴方向应顺着零件的纤维方向。

（6）按要求逐一进行锪窝，已锪窝的孔仍可作为定位孔使用。

（7）螺母制孔、锪窝要求见图10-5-3和表10-5-2。

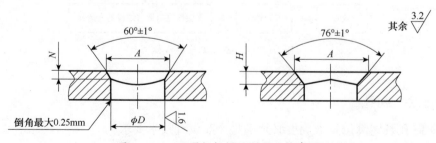

图10-5-3　无耳托板螺母制孔及锪窝图

表10-5-2 NAS1734、NAS1735无耳托板螺母制孔及锪窝尺寸（mm）

直径代码	A ±0.12	B ±0.12	D H9	N （参考）	H （参考）
3	8.46	7.15	6.31	0.79	1.46
4	11.13	9.45	8.33	1.02	1.83
5	13.3	11.3	10.1	1.12	2.03
6	15.9	13.4	12.0	1.22	2.49

10.5.4 安装无耳托板螺母

1. 安装设备

螺母的安装设备为压力源和拉枪的组合，如图10-5-4所示，可以通过按下相应的按钮进行拉拔操作。

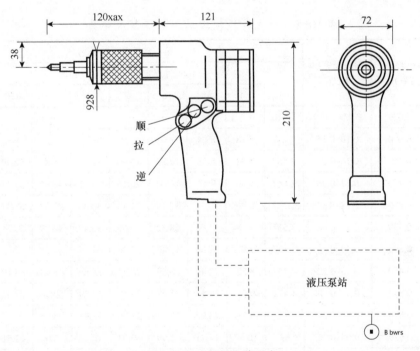

图10-5-4 螺母安装设备

2. 安装前准备

按规范要求正确配套所需的泵站、拉枪、芯棒、卡盘、顶套和固持块。

（1）泵站的气源压力要求达到6.2×10^5Pa（90psi）。

（2）连接泵站与拉枪。使用前需仔细检查拉枪各零件的完好性，并接好气源，验证拉枪工作状况良好后方能进行正式施工。

（3）调节泵站压力，使拉枪获得所需压力（可通过在试件上试拉后获得较精确值），压力参考范围见表10-5-3。

（4）压力调节好后，需要多次开动拉枪，验证压力稳定后方可进行螺母安装。

表10-5-3　螺母安装所需压力表

序号	种类规格	泵站压力/10^5Pa	参考压力范围/psi
1	3	35.50~37.92	515~550
2	4	62.05~65.50	900~950
3	5	68.95~75.84	1000~1100
4	6	103.4~110.3	1500~1600

3．选择螺母长度

（1）螺母安装前，须测量被安装处结构材料的总厚度（可用夹层测厚尺等）。若有配合零件，夹层之间应紧密配合无间隙。

（2）根据实测材料的厚度，按表10-5-4和表10-5-5选择合适夹层代码的螺母进行安装。

表10-5-4　无耳托板螺母夹层厚度及重量

第二破折号后的数字	螺母夹层 $S±0.10$/in	材料厚度范围/in	第一破折号后的数字 1000件规定的大约重量（LBS）								
			-3	-4	-5	-6	-7	-8	-9	-10	-12
-1	0.070	0.08~0.130	2.010	—	—	—	—	—	—	—	—
-2	0.090	0.10~0.16	2.247	5.18	8.04	—	—	—	—	—	—
-3	0.150	0.16~0.22	2.567	5.74	8.78	14.89	18.90	27.55	38.83	52.99	—
-4	0.210	0.22~0.28	2.887	6.30	9.52	16.04	20.16	29.17	40.85	55.43	89.42
-5	0.270	0.28~0.34	3.202	6.86	10.27	17.19	21.43	30.80	42.87	57.87	92.90
-6	0.330	0.34~0.40	3.517	7.41	11.01	18.32	22.69	32.42	44.89	60.31	96.39
-7	0.390	0.40~0.46	3.837	7.97	11.75	19.46	23.96	34.04	46.91	62.75	99.87
-8	0.450	0.46~0.52	4.157	8.52	12.46	20.59	25.22	35.68	48.94	65.19	103.36
-9	0.510	0.52~0.58	4.472	9.08	13.23	21.72	26.49	37.29	50.96	67.63	106.85
-10	0.570	0.58~0.64	—	9.63	13.97	22.85	27.76	38.91	52.98	70.07	110.34
-11	0.630	0.64~0.70	—	10.19	14.71	23.99	29.03	40.53	55.00	72.51	113.82
-12	0.690	0.70~0.76	—	10.75	15.45	25.12	30.29	42.15	57.03	74.95	117.31

表10-5-5　尾部密封无耳托板螺母夹层厚度及重量

第二破折号后的数字	螺母夹层 $S±0.10$/in	材料厚度范围/in	第一破折号后的数字 1000件规定的大约重量（LBS）								
			-3	-4	-5	-6	-7	-8	-9	-10	-12
-1	0.070	0.08~0.130	0.50	—	—	—	—	—	—	—	—
-2	0.090	0.10~0.16	0.52	0.74	1.82	—	—	—	—	—	—

续表

第二破折号后的数字	螺母夹层 $S \pm 0.10$/in	材料厚度范围/in	第一破折号后的数字							
			1000件规定的大约重量（LBS）								
			-3	-4	-5	-6	-7	-8	-9	-10	-12
-3	0.150	0.16~0.22	0.55	0.83	1.89	3.04	4.08	5.62	7.67	10.15	—
-4	0.210	0.22~0.28	0.58	0.92	1.96	3.15	4.20	5.78	7.87	10.40	17.15
-5	0.270	0.28~0.34	0.61	1.03	2.03	3.26	4.32	5.94	8.07	10.65	17.50
-6	0.330	0.34~0.40	0.64	1.09	2.11	3.38	4.45	6.10	8.27	10.89	17.85
-7	0.390	0.40~0.46	0.67	1.14	2.18	3.49	4.58	6.26	8.47	11.14	18.20
-8	0.450	0.46~0.52	0.71	1.20	2.26	3.61	4.70	6.43	8.67	11.38	18.55
-9	0.510	0.52~0.58	0.74	1.25	2.33	3.72	4.83	6.59	8.88	11.62	18.90
-10	0.570	0.58~0.64	—	1.31	2.40	3.83	4.96	6.75	9.08	11.87	19.25
-11	0.630	0.64~0.70	—	1.37	2.48	3.95	5.08	6.91	9.28	12.11	19.59
-12	0.690	0.70~0.76	—	1.42	2.55	4.06	5.21	7.08	9.48	12.36	19.94

4. 安装

（1）将芯棒插入拉枪紧固，利用固持块将螺母套在芯棒上（螺母平头朝向拉枪），直至芯棒旋入螺母部分的自锁特性区（螺母至少套入3扣半）。

（2）调整顶套的位置，必须保证螺母头与拉枪顶套之间为0.010in（0.254mm）~0.35in（8.89mm）。

（3）用拉枪上的锁紧螺母锁紧顶套位置。

（4）将螺母插入安装孔内，螺母头要完全对好已锪窝（无耳托板螺母头的长轴与椭圆锪窝长轴重合）。

（5）启动拉枪拉动螺母，将其安装在结构上，安装后按动拉枪退出钮，将芯棒从螺母旋出，即安装完毕。

需要说明以下几点（安装步骤详见图10-5-5）。

第一步：将螺母套上拉枪，按下"顺"按钮，使钉子沿牵引杆1旋入拉枪；握住椭圆螺母套上拉枪，螺母不需要握紧，旋转至螺母在手中跟转即可。

第二步：调整拉枪枪头2与螺母头部位置时，无需顶实，存在0~0.5mm间隙皆可；将定位螺母向下拧紧（图10-5-5箭头所示），固定拉枪枪头前后位置。

第三步：通过适当的旋转将螺母插入椭圆沉头孔中，并保证螺母的椭圆头部与沉头孔完全贴合。

第四步：按下"拉"按钮，螺母被拉入并铆接成型。

第五步：按下"逆"按钮，拉枪退出螺母，完成螺母的安装。

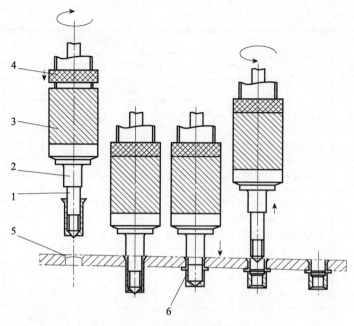

图 10-5-5 螺母安装过程

1—牵引杆；2—枪头；3—定深套；4—定位螺母；5—椭圆沉头孔；6—无耳托板螺母。

（6）螺母安装的结构表面应与孔中心线垂直，如果结构下表面与孔的中心线垂直度超差超过3°，可采用以下两种方法处理（应取得产品设计许可）：

①为了容纳螺母鼓包，需要对基体下表面锪平面，锪平面孔的直径至少比鼓包直径 ϕE 大 1.3mm；

②加斜垫调整，且垫片的直径至少应比螺母成头直径大 0.05in。在油箱区施工时，应保证螺母清洁并按设计要求涂密封胶湿装配。

5. 检验安装质量

（1）用检验量规（或游标卡尺）检查安装好的无耳托板螺母成型尺寸，检验量规能套入无耳托板螺母成型段即为合格，对于同牌号等直径的无耳托板螺母，若数量多于20个，则按不低于15%的比例进行抽样检查，若螺母数量少于20个，则按不低于30%的比例进行抽样检查。检查按图10-5-6所示及表10-5-6和表10-5-7所列尺寸进行。

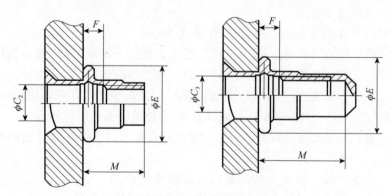

图 10-5-6 安装后的无耳托板螺母

表10-5-6　安装后的无耳托板螺母尺寸表

零件号	最小直径 C_2/in	最大直径 E/in	最小 F/in	最大凸出量 M/in	安装前伸出量 P（参考）/in	最小拉力/LBS	最小拧出力矩/in-LBS	最小冲出力/LBS
NAS1734-3-L	0.192	0.372	0.050	0.310	0.410	2650	60	150
NAS1734-4-L	0.252	0.476	0.062	0.340	0.467	5000	125	450
NAS1734-5-L	0.315	0.565	0.068	0.408	0.548	7390	225	625
NAS1734-6-L	0.377	0.662	0.071	0.487	0.642	11450	450	1200

表10-5-7　安装后的尾部密封无耳托板螺母尺寸表

零件号	最小直径 C_2/in	最大直径 E/in	最小 F/in	最大凸出量 M/in	安装前伸出量 P（参考）/in	最小拉力/LBS	最小拧出力矩/in-LBS	最小冲出力/LBS
NAS1734-3-L	0.192	0.370	0.050	0.686	0.786	2650	60	150
NAS1734-4-L	0.252	0.475	0.062	0.785	0.902	5000	125	450
NAS1734-5-L	0.315	0.565	0.068	0.903	1.043	7390	225	625
NAS1734-6-L	0.377	0.660	0.071	1.049	1.204	11450	450	1200

（2）螺母成型的鼓包段与零件贴合无间隙。

（3）安装后外观不得有明显划伤、损伤等缺陷；允许螺母平头表面有轻微印痕，印痕大小不超出拉枪上顶套直径范围。

（4）螺母平头端面允许低于结构表面但不超过0.1mm。

6. 拆除

（1）若螺母安装不当或其他原因，需对已安装好的螺母进行拆除。拆除方法是采用与螺母规格相当直径的钻头，小心钻通螺母，然后将螺母推出，如图10-5-7所示，拆卸过程中应尽量避免损伤结构孔。

（2）如条件许可，拆除螺母时应在工件的反面加以支撑，以免损坏工件。

（3）螺母拆除后，检查安装孔，如果椭圆沉头孔没有损坏，可以重新安装相同的螺母；否则，必须采用其他措施。

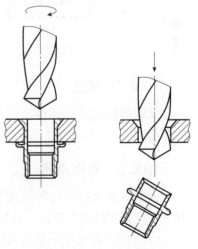

图10-5-7　螺母的拆除

10.6 粘接螺母系列

粘接螺母（图10-6-1）同样是用于取代原托板螺母的一种新型连接件，其最大作用是减少了原托板螺母所需的制孔，增加了结构件的强度。

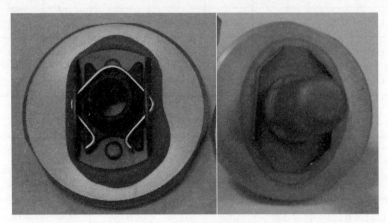

图10-6-1 粘接螺母

10.6.1 安装工艺流程

制孔→表面准备→混胶→涂胶→穿孔→固化→粘接接头检验（图10-6-2）。

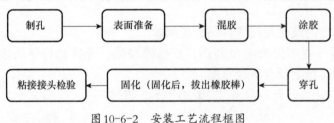

图10-6-2 安装工艺流程框图

10.6.2 制孔

仅制螺栓安装孔即可，不需要制铆钉孔，与型号现用制孔工具、加工和质量控制要求相同。

10.6.3 表面准备

表面准备是粘接过程的重要步骤，对粘接可靠性起到重要作用。表面准备主要是清洗、打磨、清洗等操作，根据机体材料不同，选用不同的专用打磨工具和清洗剂。

清洗时，首先使用吸尘器或吸尘枪去除安装表面的粉尘等多余物，然后用蘸有CB911或相对应清洁剂的擦拭纸对安装表面进行清洁，去除污物。清洁后，应用干净棉布擦拭干净。

10.6.4 混胶

混胶应选用与胶粘剂相配套的混胶枪、混胶推杆、混胶管，混胶，主要步骤见图 10-6-3。

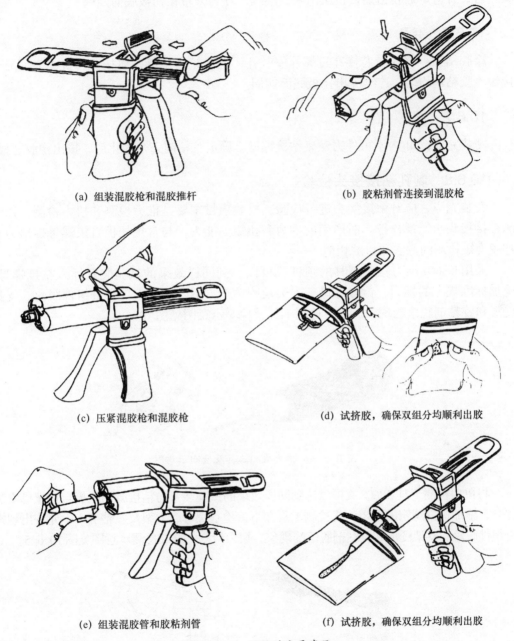

(a) 组装混胶枪和混胶推杆　　(b) 胶粘剂管连接到混胶枪

(c) 压紧混胶枪和混胶枪　　(d) 试挤胶，确保双组分均顺利出胶

(e) 组装混胶管和胶粘剂管　　(f) 试挤胶，确保双组分均顺利出胶

图 10-6-3　混胶的主要步骤

首先按图示连接混胶枪和混胶推杆，然后将胶粘剂管安装在混胶枪上。先在透明塑料袋中试挤少量胶液，观察两个胶管是否可以顺利均匀出胶。待两个胶管可顺利出胶后，装上混胶管，再次试挤。试挤过程中，若发现胶液颜色变黄，应继续试挤，直

到胶液颜色正常，呈现乳白色。连续两次试挤出胶顺利后，在粘接螺母底面涂胶。

10.6.5 涂胶

应均匀挤出胶液，在托板底面沿长度方向涂胶。胶粘剂的用量应保证在粘接螺母安装后，有适量的胶粘剂被挤压出来，连续、均匀分布在托板底面四周。

10.6.6 穿孔

涂胶结束，将橡胶芯棒穿过螺栓安装孔，轻轻拉紧螺母，使托板与机体表面充分接触，胶粘剂均匀、连续溢出托板底面四周。

10.6.7 固化

安装完毕，24h内不可外力触碰粘接螺母。确定胶粘剂完全固化后，拔出橡胶芯棒。

10.6.8 制孔粘接接头检验

安装完毕，应对粘接接头进行检验，检验项目主要是推力检测和扭力检测，以检测粘接接头承受螺栓拧入时产生的推力和扭矩的能力。与常规托板自锁螺母推出力和拧脱力矩检测的方法和目的相似。

采用CB602推力检测工具的顶杆或可以达到同样效果的试验装置插入粘接螺母，施加标准规定的推力，检查螺母、支架及胶粘剂，不要允许出现螺母组件脱落、支架变形和胶粘剂脱落的现象。推力检测工具及检测示意图见图10-6-4。

图10-6-4 推力检测工具及检测示意图

将扭力检测工具CB608或可以达到同样效果的试验装置与粘接游动托板自锁螺母安装配合，施加标准规定的扭矩，将检测工具卸下，检查螺母、支架及胶粘剂，不允许出现螺母组件脱落、支架变形和胶粘剂脱落的现象。扭力检测工具及检测示意图见图10-6-5。

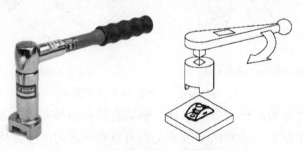

图10-6-5 扭力检测工具及检测示意图

10.7 轻型钛合金自锁螺母系列

钛合金自锁螺母（图10-7-1）一般与五花槽高锁螺栓连接使用。

图10-7-1 轻型自锁螺母

10.7.1 安装

1. 安装设备

自锁螺母的安装设备为风扳机，如图10-7-2所示。

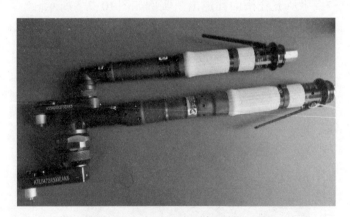

图10-7-2 自锁螺母安装设备风扳机

2. 安装过程

（1）将螺栓插入间隙配合孔中，如图10-7-3所示。

（2）用手将自锁螺母套入螺栓头部，如图10-7-4所示。

（3）用外六方扳手插入螺栓六方孔，可防止螺栓旋转，定力矩扳手工具头五花槽插入高锁螺栓头部的五花槽内，启动工具，安装速度按（150±15）r/min进行，安装力矩按表10-7-1拧紧自锁螺母。

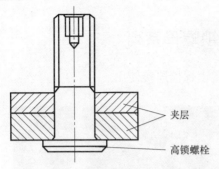

图 10-7-3　将螺栓插入间隙配合孔中

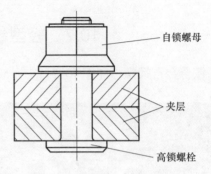

图 10-7-4　将螺母套入螺栓头部

表 10-7-1　安装力矩

直径代码	抗拉型/(N·m)	抗剪型/(N·m)	参考转速/(r/min)
5	3±0.3	2±0.2	150
6	4.5±0.45	2.9±0.29	
8	8.8±0.88	8.1±0.81	
10	14.9±1.49	12.2±1.22	
12	29.1±2.91	24.8±2.48	

五花槽螺栓与自锁螺母安装顺序：高锁螺栓插入安装板孔内→套上自锁螺母→将定力矩扳手工具五花槽头插入高锁螺栓五花槽孔内→定力矩扳手拧紧自锁螺母直到力矩扳手发出响声→扳手从五花槽内孔退出。实例如图 10-7-5 所示。

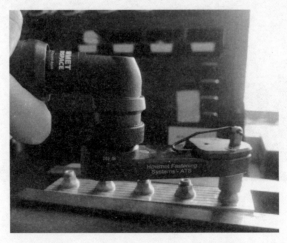

图 10-7-5　用定力矩扳手安装自锁螺母

10.7.2　检验安装质量

测量安装后组件，包括钛合金自锁螺母端面与夹层板之间的端面间隙、螺栓与螺母是否有开裂。测量方法详见图 10-7-6。

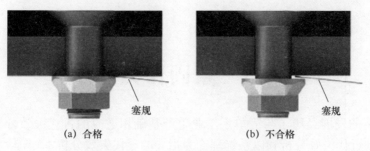

图 10-7-6　螺母与结构间的间隙检查

10.7.3　涂密封胶

在复合材料板与螺栓端接触处及安装孔内涂HM112绝缘密封胶。

第11章　紧固件失效分析

　　失效分析的发展经历了与简单手工业生产基础相适应的古代失效分析、以大机器工业为基础的近代失效分析和以系统理论为指导的现代失效分析3个阶段。

　　早在公元前2025年，由巴比伦国王汉谟拉比撰写的《汉谟拉比法典》就记载了有关产品质量的法律，提出了对制造质量问题的人进行严厉处罚。如果建筑师建造了一栋有质量问题的房子，由于房子倒塌而导致房东死亡，则建筑师会被处死。如果由于房子倒塌而导致房东的儿子死亡，则建筑师的儿子会被处死。如果房子因为不坚固而被损坏，那么建筑师必须自己出资修复。但是由于生产力的落后以及检测技术手段欠缺，对产品质量原因和责任的认定缺少技术依据，因此该法律并没有得到严格的执行。因为生产力的落后和商品供不应求，罗马法律肯定了产品售出概不退换的原则。对产品质量的辨认只能靠经验世代相传，这与简单手工业生产基础相适应的古代失效分析一直持续到两百年前开始的工业革命。

　　以蒸汽动力和大机器生产为代表的工业文明给人类带来了巨大的物质文明，同时产品的失效也给人类带来了灾难，如锅炉爆炸事件频发。在总结这些失效事故的经验教训后，英国在1862年建立了世界上第一个蒸汽锅炉监察局，把失效分析作为仲裁事故的法律手段和提高产品质量的技术手段。这是世界上第一个从事故障诊断、失效原因分析和质量监控的专门技术机构。随后在工业化国家中，对失效产品进行分析的机构相继出现。但是由于这一阶段的失效分析手段仅限于宏观痕迹以及对材质的宏观检验，缺乏微观检测的技术手段，所以不可能揭示产品失效的本质。

　　20世纪50年代末，随着微电子技术的异军突起和材料科学所需的检测仪器迅速发展，失效分析逐渐走上了系统化、综合化、理论化的新阶段。这一时期失效分析的主要特点是集断裂特征分析、力学分析、化学分析和可靠性分析于一体，发展成为一门专门的学科。

11.1　失效分析基本概念

　　各种机械零部件、电子元件和仪器仪表等构件统称为零件，它们都具有一定的功能，如承受载荷、传递能量等。当其丧失应有的功能时，则称之为"失效"。零件失效的含义包括以下3种情况。

　　（1）零件由于断裂、磨损、腐蚀等原因，已经完全丧失其功能。

　　（2）零件在外部环境作用下，失去部分功能，虽然能够继续使用，但是不能实现规定的要求，如由于磨损导致尺寸偏差等。

　　（3）零件能够使用，也能实现规定的要求，但是继续使用不能保证长期安全可靠。例如，某些压力管道内部组织已经发生了变形，继续使用可能存在开裂的可能性。

　　失效分析就是判断零件的失效模式，查找其失效机理和原因，提出预防对策的活动。失效分析的工作主要包括以下几点：

（1）观察是否失效；

（2）判断失效模式；

（3）查找失效原因；

（4）分析失效机理；

（5）失效后果分析；

（6）制定或修改失效判据；

（7）失效的数理统计分析；

（8）模拟失效过程；

（9）明确产品失效责任；

（10）提出预防对策。

失效模式是指失效的外在宏观表现形式和过程规律，是失效的性质和类型。失效模式分为断裂失效和非断裂失效。断裂失效分为韧性断裂失效、脆性断裂失效和疲劳断裂失效；非断裂失效分为磨损失效、腐蚀失效、变形失效、电接触失效、热损伤失效和污染失效。

失效机理是指失效的物理、化学变化本质和微观过程可以追溯到原子、分子尺度和结构的变化，与其对应的是一系列宏观性能、性质变化和联系。失效机理是对失效的内在本质、必然性和规律性的研究，是对失效内在本质认识的理论提高和升华。

失效原因是指导致失效的直接关键性因素。失效原因的判断是整个失效分析的核心和关键。失效原因可分为一级失效原因和二级失效原因。一级失效原因是指造成该失效事故的直接关键因素处于设计、材料、制造工艺、检测和使用的某一环节。在一级失效原因的基础上可以细化二级失效原因。例如，设计原因引起的失效可以细分为设计思想、结构、对载荷分析的准确性、选材等二级失效原因；材料原因引起的失效可以细分为合金成分或者力学性能不合格、组织或者冶金缺陷等二级失效原因。

失效原因的确定也分为定量确定和定性确定，有时还需要采用失效模拟技术来确定失效原因。失效原因的确定是相当复杂的，其复杂性表现在失效原因具有一些特点，如原因的必要性、相关性、多样性、可变性和偶然性。定性分析是前提，定量分析是基础，是失效分析以后发展的方向。

11.2 失效分析方法

紧固件失效的基本类型主要有疲劳失效、过载失效、氢脆失效和应力腐蚀失效等。无论哪种失效类型，采用的失效分析方法都主要包括宏观形貌分析、微观电子显微镜分析、金相分析、无损检测和力学性能测试等。分析的内容涉及裂纹与断口的形貌，损伤区域及其附件的损伤痕迹、特征及其表面的完整性，材料的成分、组织及其缺陷的类别、大小和尺寸等。

11.2.1 宏观形貌分析

采用目视、放大镜和体视显微镜对失效零件进行直接观察和分析的方法，称为宏观分析法。宏观分析首先是目视观察。目视观察方便快捷，具有特别大的景深和视野，对颜色、粗糙度、裂纹走向都有着良好的分析能力，能判断距离远近和尺寸大小，能同时看清光亮程度相差不大的物件。目视对判断裂纹的萌生位置、裂纹扩展途径、沿晶断口或者纤维状断口、二次裂纹等，都能准确地识别出来。目视对部件运转的情况，对原有设计和加工质量也能做出总体评价。宏观分析除目视观察外，还可以利用放大镜、体视显微镜进行观察和分析，其放大倍数通常为50倍以下。

宏观分析法的优点是方便快捷，试样的尺寸不受限制，不需要破坏标准件，观察范围大，能够清晰地观察裂纹和零件形状的关系、断口与变形的关系、断口与受力状态的关系，能够初步判断失效原因。

11.2.2 电子显微镜分析

1. 扫描电镜分析

扫描电子显微镜简称为扫描电镜，是1965年发明的细胞生物学研究工具，现在广泛应用于各种材料的形态结构、界面状况、损伤机制及材料性能预测等各方面的研究。扫描电镜是介于透射电镜和光学显微镜之间的一种微观形貌观察手段。它利用聚焦高能电子束在试样上进行扫描，激发出各种物理信息，然后对这些信息进行接收、放大和显示成像，以便对试样表面形貌进行分析。

扫描电镜有着很大的景深，可以对凹凸不平的金属断口显示得很清楚，并且其放大倍数在20~20万倍之间，可以从宏观到微观观察试样表面，移动试样就可以寻找裂纹的起源，观察裂纹的扩展和最后断裂的全貌。利用扫描电镜可以直接研究晶体缺陷及其产生过程，可以观察金属材料内部原子的集结方式和真实边界，也可以观察在不同条件下边界移动的方式，还可以检查晶体在表面机械加工中引起的损伤和辐射损伤等。

扫描电镜可以配备不同的附件，对试样表面进行微区成分分析。波谱仪利用布拉格方程从试样激发出的X射线经过适当的晶体分光，波长不同的特征X射线将有不同的衍射角。波谱仪的波长分辨率是很高的，但是由于X射线的利用率很低，并且其在使用时探头必须保持在低温状态，所以需要用液氮冷却，故使用范围有限。而能谱仪是利用X光量子的能量不同来进行元素分析的方法，对于某一种元素的X光量子从主量子数为n_1的层跃迁到主量子数为n_2的层上时，有特定的能量。能谱仪的分辨率高、分析速度快，但分辨力差，经常有谱线重叠的现象，并且对于低含量的元素分析准确性较差。

扫描电镜的微区成分分析的准确度受到断口表面粗糙度的影响，只能得到半定量的成分含量数据，但是在断裂分析中用于鉴定裂纹源处可能存在的非金属夹杂物、腐蚀产物和氧化膜等都能满足使用要求。

2. 透射电镜分析

透射电镜用于分析金属薄膜样品。使用透射电镜观察一次复型时分辨率可达2~3 nm，观察二次复型时分辨率达10 nm。在相同倍率下，透射电镜观察二次复型样品时的图像比扫描电镜的二次电子像更清晰。所以，对一些无法解剖破坏的大的结构断裂进行分析时，透射电镜是重要的检测分析工具之一。

透射电镜可以通过改变中间镜的电流值，把样品的形貌像转变为电子衍射像。形貌像可以观察到微观客体的形状、大小及分布，衍射像可以确定晶体结构，进而确定其（如非金属夹杂或者析出相）类别。

透射电镜在失效分析中的应用主要有两个方面：一方面是失效形貌的观察；另一方面是非金属夹杂物及析出物的物相结构分析。透射电镜可以清晰地观察到金相显微镜无法辨认的显微组织、弥散分布的强化相等微细结构，并且透射电镜是目前唯一能够对非金属夹杂物或析出物等微小晶体进行微区结构分析以及对位错等微观组态进行分析的一种仪器设备。

由于透射电镜试样制备过于复杂，在失效分析过程中应用较少。但对于一些微观机理的研究，如长期使用条件下高温合金的组织演变等造成的失效，仍然需要透射电镜进行机理分析。

11.2.3 金相分析

金相分析是失效分析中最常用的一种分析技术，主要是使用光学显微镜观察来研究金属材料显微组织与结构的检测技术。光学显微镜主要由照明系统、成像系统和机械系统组成，极限分辨能力为0.2μm，有效放大倍数为1500倍左右。光学显微镜能提供有关金属材料的基体组织、第二相、晶粒度等参数的观察结果，还能提供关于各种材料微观与宏观缺陷的信息。

宏观分析主要包括金属结晶的大小、形状、气泡、偏析、夹杂、流线、裂纹和其他组织特征等。常用的宏观分析方法有浸蚀法、断口法、印画法和塔形车削发纹试验法。显微分析主要是利用显微镜对金相试样进行观察分析，然后确定材料的结构、组织状态和分布等。分析内容主要包括两个方面：一方面是对特定的微观缺陷进行评级，如晶粒度、非金属夹杂物和显微组织等；另一方面是对材料的微观结构进行分析，如对合金相变的观察等。

虽然金相分析在失效分析中占有重要的地位，作为一种普遍采用、不可缺少的方法，但是它也有一定的局限性。主要是金相显微镜的景深小、分辨率低，导致金相显微镜不适用于高倍断口观察。所以在失效分析过程中，尽量把光学金相技术同其他试验观测技术结合起来，使试验结果更加完善、试验分析更加透彻。

11.2.4 化学成分分析

在失效分析中，常常需要对失效零件的材料成分、表面沉积物、氧化物等进行定性或定量分析，为最终的失效分析结论提供依据。

失效件的化学分析技术主要包括常规分析技术、表面分析及微区分析技术。

微量常规分析方法有原子发射光谱、原子吸收光谱和ICP-OES等方法；表面分析方法有俄歇电子能谱、X射线能谱和二次离子质谱等；微区分析方法有X射线能谱法和电子探针分析法。常规分析方法主要用于分析失效零件或宏观区域的材料成分。微区分析主要用于失效零件的材料表面成分和失效源的微区成分，特别是表面损伤或者夹杂、成分偏析等造成的失效。

11.2.5 力学性能测试

微观组织的变化都会通过宏观的力学性能表现出来，零部件的失效分析都应该测量材料的力学性能，其中硬度的测量方便快捷，是失效分析最常用的手段之一。材料的硬度和拉伸强度有一定关系，可以通过硬度估算材料的拉伸强度。硬度还可以用来判断热处理是否合乎要求，检验由于脱碳、过热、渗氮、渗碳和加工硬化等引起的软化或硬化。

除了硬度外，其他力学性能指标主要包括短时力学性能和疲劳断裂性能等。短时力学性能测试包括拉伸、压缩、剪切、扭转和冲击等；疲劳断裂性能主要包括高周疲劳、低周疲劳和热疲劳等。

11.2.6 无损检测

无损检测技术在失效分析中起着重要作用，对失效件进行无损检测，可以判断存在表面发现不了的裂纹或缺陷等。在检测失效件的同批服役件、库存件时，也需要进行无损检测，防止同样的事故再次发生。无损检测的主要方法有射线检测、磁粉检测、涡流检测、超声检测和渗透检测等。

（1）射线检测分为 X 射线检测和 γ 射线检测等。X 射线检测是利用金属基体与缺陷处对 X 射线的吸收与散射效应不同，根据感光片黑度的变化来判断缺陷的大小、数量和位置。主要适用于检测厚度小于 130mm 的构件内部裂纹和缺陷等。γ 射线检测的原理与 X 射线检测相似，主要适用于检测 30~250mm 的构件内部裂纹和缺陷等。

（2）磁粉检测是通过磁粉在缺陷附近漏磁场中的堆积来检验铁磁材料表面或近表面处的缺陷。检测时，将被测材料置于强磁场中或通过强电流使之磁化，当其表面有缺陷时，磁力线通过的阻力增大，在缺陷附近产生漏磁，将放在材料表面的磁粉吸住，堆积形成可见的磁粉痕迹，缺陷就显现出来了。根据磁粉的图像，可以判断构件表面缺陷的存在、数量、形状和大小。磁粉检测适用于探测铁磁性材料表面与次表面的裂纹等缺陷。

（3）涡流检测是以电磁感应效应为原理的一种无损检测技术。利用金属材料在交变磁场中感应涡流的变化来判断材料的缺陷和物理特性。检测时将通过交流电的线圈置于被测金属板上或套在被测金属管外，线圈内及其附近产生突变磁场，使被测物产生涡流，涡流的分布和大小与金属的物理量及表面有无缺陷有关。使用探测线圈测量涡流引起的磁场变化，可推知被测物中涡流的大小和相应变化，从而获得有关缺陷、材质情况和其他物理量。涡流检测适用于探测几何形状规则的线材、板材、管材和棒材中的裂纹等缺陷。

（4）超声检测是利用材料自身及其缺陷的声学特性对超声波传播的影响，检测材料的缺陷或某些物理特性。其原理是由超声发生器发出超声波，通过由水晶、钛酸钡等压电元件构成的换能器，以纵波、横波、表面波或板波中的任一形式放射到被检物中，并在其中传播。如果传播过程中遇到缺陷，将有部分超声波被缺陷反射回来并被探头接收。超声检测就是根据回波的返回时间和强度，来判断缺陷在零部件中的深度及相对大小。超声检测可检查厚度为 10m 的钢材的内部缺陷及其他缺陷，也可检测表面裂纹。

（5）渗透检测是将渗透剂施加到构件表面，由于毛细现象，渗透剂将渗入存在不连续性的组织结构内，清除附着在构件表面上的多余渗透剂，经干燥、显像后在黑光或白光下，在有不连续性处会发出黄绿色的荧光或呈现红色，通过目视观察就能发现试件的不连续性。渗透检测分为荧光检测和着色检测。荧光检测是利用荧光液渗入裂纹内，并在紫外线照射下显示颜色的特性判断表面裂纹情况。着色检测利用有色的渗透液渗入裂纹内，可不用紫外线照射就能判断表面裂纹情况的方法。渗透检测的构件种类极多，钢铁构件就包括了焊接件、大型锻件、大型及小型铸件等。

除了上述几种常用的无损检测方法外，还有相共振技术、工业CT、激光散斑技术等。

11.2.7 残余应力测试

金属构件经受各种冷热加工之后，内部都存在一定的残余应力。而残余应力的存在对材料的疲劳、耐腐蚀、尺寸稳定性都有影响，机械产品因为残余应力的存在而导致的失效案例非常多。因此，在紧固件失效分析中，必须对失效件的残余应力进行测定。残余应力的测量方法有电阻应变法、光弹性覆膜法、X射线应力测试法和声学法等。但是广泛应用的只有X射线应力测试法。该方法不损坏构件，能够研究特定小区域的局部应力和突变的应力梯度。使用X射线应力测定法的主要缺点是对形状复杂的构件测定准确度不高或者不能测试。

11.3 材料质量造成的常见缺陷

原材料缺陷主要包括裂纹、折叠、疤痕、脱碳、粗晶环、缩孔、夹杂、疏松、偏析、气泡和白点等。

11.3.1 裂纹缺陷

原材料表面存在裂纹，在紧固件加工后裂纹没有去除或在成型过程中导致裂纹扩展，均会造成紧固件表面裂纹。紧固件表面裂纹分为原材料棒材纵向裂纹、棒材横向裂纹和原材料内部裂纹。

紧固件原材料棒材，因钢厂轧制工艺不当，造成棒材表面产生沿轧制方向延伸的纵向裂纹。这类裂纹一般呈直线状，裂纹方向与轧制的主要变形方向基本一致。造成原材料纵向裂纹的原因很多，如轧制胚料表面存在划伤类缺陷，由于应力集中，在冷却时沿划痕开裂；或者原材料内部缺陷沿轧制即流线方向变形并暴露在棒材表面，在应力作用下开裂。同理，紧固件原材料棒材，因钢厂加工过程的切头工艺不当或因挤压工艺参数不当，造成棒材头部切头处表面产生横向裂纹。表面横向裂纹的危害性比纵向裂纹更大。

原材料内部裂纹也是一种常见缺陷。一般表现为裂纹曲折、尾部尖细，并且局部有分叉。例如，裂纹两侧存在脱碳现象，裂纹中有氧化层，则说明在热处理前裂纹已经存在。

11.3.2 折叠缺陷

紧固件用合金棒材，因钢厂生产过程工艺不当，造成棒材表面产生折叠甚至裂纹。折叠通常是由于材料表面在前一道锻、轧中所产生的尖角或耳子，在随后的锻、轧时压入金属本身而形成。钢材表面的折叠可采用机械加工的方法进行去除。

11.3.3 疤痕缺陷

金属锭及型材的表面由于处理不当，往往会造成粗糙不平的凹坑。这些凹坑是不深的，一般只有2~3mm。因其形状不规则且大小不一，故称这种粗糙不平的凹坑为结疤，也称为斑疤。若结疤存在于板材上，尤其是主薄板上，则不仅能成为板材腐蚀的中心，在冲制时还会因此产生裂纹。此外，在制造弹簧等零件用的钢材上，是不允许存在结疤缺陷的。因为结疤容易造成应力集中，导致疲劳裂纹的产生，大大影响弹簧的寿命和安全性。

11.3.4 脱碳缺陷

钢加热时，金属表层的碳原子烧损，使金属表层碳成分低于内层，这种现象称为脱碳，降低碳量后的表面层叫做脱碳层。脱碳层的硬度、强度较低，受力时易开裂而成为裂源。大多数零件，特别是要求强度高、受弯曲力作用的零件，要避免出现脱碳层。因此锻、轧的钢件随后应安排去除脱碳层的切削加工。原材料表面脱碳主要是原材料在钢厂拉拔过程中退火不当造成，原材料表面脱碳层分布在紧固件材料表面，两端的机加端面无脱碳。使用中，脱碳不仅造成紧固件的整体强度降低，而且由于处于表面的脱碳层强度低，易于在脱碳层内产生表面裂纹，使紧固件发生早期断裂失效。特别是对于螺纹来说，表面脱碳导致螺纹强度显著降低，容易发生掉齿和脱扣等故障现象。

11.3.5 原材料表面粗晶环

原材料表面粗晶环是多发生在铝合金和镁合金挤压棒材上的缺陷，在钢和其他材料中也会出现。粗晶环厚度呈现出由挤压时的起始端到最后端逐渐增加的特征。如果挤压时的润滑条件较好，则在热处理后可以减少或避免粗晶环的存在。由原材料表层的粗晶环造成紧固件表层的粗晶环，会显著降低紧固件的性能，特别是在粗晶环和细晶的界面上由于强度的差异导致变形不协调而产生裂纹。

原材料表面存在粗晶时，在冷挤压或墩制成型时还会导致紧固件表面粗糙度变差，严重时呈橘皮状特征，这在铝合金或镁合金等低强度材料的紧固件中最为明显，橘皮状本质上是一种表面沿晶界的网状微观开裂，在使用时微裂纹扩展而成为宏观裂纹。形成粗晶环的主要原因是原材料冷拉变形不当。例如，高温合金冷拉棒材，成品前的最后一次冷拉变形量控制不当，使材料表层的变形量落在临界变形区内，经固溶热处理后临界变形区内的晶粒长大，形成粗晶环。

11.3.6 原材料残余缩孔

金属在冷凝过程中由于体积的收缩而在铸锭或铸件心部形成管状（或喇叭状）或

分散的孔洞，称为缩孔。缩孔的相对体积与液态金属的温度、冷却条件及铸件大小等有关。液态金属的温度越高，则液体与固体之间的体积差越大，而缩孔的体积也越大。向薄壁铸型中浇注金属时，型壁越薄，则受热越快，液态金属越不易冷却，在刚浇完铸型时，液态金属的体积也越大，金属冷凝后的缩孔也就越大。

残余缩孔主要是钢厂对钢锭的帽口未切除干净，在轧制时残留在原材料内部所致。残余缩孔密集的区域一般会出现夹杂物、疏松、偏析等缺陷。有残余缩孔的原材料在变形或加工紧固件后，会使紧固件的心部从头到尾呈现贯通的孔洞和不规则的内裂纹，裂纹的扩展容易造成紧固件的失效。

11.3.7　原材料夹杂缺陷

原材料中杂质元素主要来源于材料冶炼过程中所用的原材料、冶炼过程中大气、炉壁上或坩埚材料的污染、合金锭或母合金以及零件浇铸过程中的污染等。当夹杂物聚焦分布或在成型过程中沿变形方向呈链状分布时，容易导致紧固件在加工和使用过程中沿夹杂物发生开裂。变形中，各类夹杂物变形性不同，按其变形能力可分为3类。

（1）脆性夹杂物。一般指那些不具有塑性变形能力的简单氧化物（如Al_2O_3、Cr_2O_3、ZrO_2等）、双氧化物（如$FeO·Al_2O_3$、$MgO·Al_2O_3$、$CaO_6Al_2O_3$）、碳化物（TiC）、氮化物（TiN、Ti（CN）AlN、VN等）和不变形的球状或点状夹杂物（如球状铝酸钙和含SiO_2较高的硅酸盐等）。钢中铝硅钙夹杂物具有较高的熔点和硬度，当压力加工变形量增大时，铝硅钙被压碎并沿着加工方向而呈串链状分布，严重破坏了钢基体均匀的连续性。

（2）塑性夹杂物。此类夹杂物在钢经受加工变形时具有良好的塑性，沿着钢的流变方向延伸成条带状，属于这类的夹杂物有含SiO_2量较低的铁锰硅酸盐、硫化锰（MnS）、（Fe、Mn）S等。夹杂物与钢基体之间的交界面处结合很好，产生裂纹的倾向性较小。

（3）半塑性变形的夹杂物。一般指各种复合的铝硅酸盐夹杂物，复合夹杂物中的基体，在热加工变形过程中产生塑性变形，但分布在基体中的夹杂物（如$CaO·Al_2O_3$、尖晶石型的双氧化物等）不变形，基体夹杂物随着钢基体的变形而延伸，而脆性夹杂物不变形，仍保持原来的几何形状，因此将阻碍邻近的塑性夹杂物自由延伸，而远离脆性夹杂物的部分沿着钢基体的变形方向自由延伸。

1. 夹杂物对钢性能的影响

大量试验事实说明，夹杂物对钢的强度影响较小，对钢的韧性危害较大，其危害程度又随钢的强度的增高而增加。

2. 夹杂物变形性对钢性能的影响

钢中非金属夹杂物的变形行为与钢基体之间的关系，可用夹杂物与钢基体之间的相对变形量来表示，即夹杂物的变形率v，夹杂物的变形率可在0~1范围内变化，若变形率低，钢经加工变形后，由于钢产生塑性变形，而夹杂物基本不变形，便在夹杂物和钢基体的交界处产生应力集中，导致在钢与夹杂物的交界处产生微裂纹，这些微裂纹便成为零件在使用过程中引起疲劳破坏的隐患。

（1）夹杂物引起应力集中。夹杂物的热膨胀系数越小，形成的拉应力越大，对钢的危害越大。钢在高温下加工变形时，夹杂物与钢基体热收缩的差别，使裂纹在交界面处产生。它很可能成为留驻基体中潜在的疲劳破坏源。危害性最大的夹杂物是来源于炉渣和耐火材料的外来氧化物。

（2）夹杂物与钢的韧性。超高强度钢和碳钢中MnS夹杂物的含量对强度无明显影响，但可使韧性降低。其中断裂韧性随硫含量的增加而降低，具有明显的规律性。从夹杂物类型比较，硫化物对韧性的影响大于氮化物，氮化物中的ZrN对韧性的危害较小，夹杂物类型不同而含量相近的情况下，变形成长条状的MnS对断裂韧性影响大于不变形的硫化物（Ti-S、Zr-S）。串状或球状硫化物对ψ和A_{KV}均不利，就对短横试样的危害而言，串状比球状硫化物更严重。

11.3.8 疏松缺陷

在急速冷却的条件下浇注金属，可避免在铸锭上部形成集中缩孔，但此时液体金属与固态金属之间的体积差仍保持一定的数值，虽然在表面上似乎已经消除了大的缩孔，可是有许多细小缩孔（即疏松）分布在金属的整个体积中。钢材在锻造和轧制过程中，疏松情况可得到很大程度的改善，但若由于原钢锭的疏松较为严重、压缩比不足等原因，则在热加工后较严重的疏松仍会存在。此外，当原钢锭中存在着较多的气泡，而在热轧过程中焊合不良，或沸腾钢中的气泡分布不良，以致影响焊合，也可能形成疏松。

疏松的存在具有较大的危害性，主要有以下几种：①在铸件中，由于疏松的存在，显著降低其力学性能，可能使其在使用过程中成为疲劳源而发生断裂；在用作液体容器或管道的铸件中，有时会存在基本上相互连接的疏松，以致不能通过水压试验，或在使用过程中发生渗漏现象；②钢材中如存在疏松，也会降低其力学性能，但因在热加工过程中一般能减少或消除疏松，故疏松对钢材性能的影响比铸件的小；③金属中存在较严重的疏松，对机械加工后的表面粗糙度有一定的影响。

11.3.9 偏析缺陷

金属在冷凝过程中，由于某些因素的影响而形成的化学成分不均匀现象称为偏析。偏析分为晶内偏析、晶间偏析、区域偏析和比重偏析。

由于扩散不足，在凝固后的金属中，便存在晶体范围内的成分不均匀现象，即晶内偏析。基于同一原因，在固溶体金属中，后凝固的晶体与先凝固的晶体成分也会不同，即晶间偏析。碳化物偏析是一种晶间偏析。

在浇注铸件时，由于通过铸型壁强烈的定向散热，在进行凝固的合金内便形成一个较大的温差。结果必然导致外层区域富集高熔点组元，而心部则富集低熔点组元，同时也富集着凝固时析出的非金属杂质和气体等，这种偏析称为区域偏析。

在金属冷凝过程中，如果析出的晶体与余下的溶液两者密度不同，这些晶体便倾向于在溶液中下沉或上浮，所形成的化学成分不均匀现象，称为比重偏析。晶体与余下的溶液之间的密度差越大，比重偏析越大。这种密度差取决于金属组元的密度差，以及晶体与溶液之间的成分差。如果冷却越缓慢，随着温度降低初生晶体数量的增加越缓慢，则晶体在溶液中能自由浮沉的温度范围越大，因而比重偏析也越强烈。

11.3.10 气泡（气孔）缺陷

金属在熔融状态时能溶解大量的气体，在冷凝过程中因溶解度随温度的降低而急剧减小，致使气体从液态金属中释放出来。若此时金属已完全凝固，则剩下的气体不易逸出，有一部分就包容在还处于塑性状态的金属中，于是形成气孔，称其为气泡。

气泡的有害影响表现在以下几个方面：①气泡减少金属铸件的有效截面，由于其缺口效应，大大降低了材料的强度；②当铸锭表面存在气泡时，在热锻加热时可能被氧化，在随后的锻压过程中不能焊合而形成细纹或裂缝；③在沸腾钢及某些合金中，由于气泡的存在还可能产生偏析导致裂缝。

11.3.11 白点缺陷

在经侵蚀后的横向截面上，呈现较多短小的、不连续的发丝状裂缝，而在纵向断面上会发现表面光滑、银白色的圆形或椭圆形的斑点，这种缺陷称为白点。

白点最容易产生在镍、铬、锰作为合金元素的合金结构钢及低合金工具钢中。奥氏体钢及莱氏体钢中从未发现过白点；铸钢中也可能发现白点，但极为罕见；焊接工件的熔焊金属中偶尔也会产生白点。白点的产生与钢材的尺寸也有一定的关系，横截面的直径或厚度小于30mm的钢材不易产生白点。

通常具有白点的钢材纵向抗拉强度与弹性极限降低并不多，但伸长率则显著降低，尤其是断面收缩率与冲击韧性降低得更多，有时可能接近于零，且这种钢材的横向力学性能比纵向力学性能降低得多。因此，具有白点的钢材一般不能使用。

11.4 成型工艺造成的常见缺陷

紧固件在加工制造过程中，设计不合理，选材、加工工艺、热处理和表面处理工艺不当，都会造成紧固件的质量不好，产生表面或内部缺陷。成型工艺不当造成的工艺缺陷种类较多，如成型工艺不当所致的粗晶或晶粒不均匀、成型工艺不当所致的螺纹流线分布不顺或穿流、螺纹滚压工艺不当造成的缺陷、加工工艺不当造成的缺陷、成型工艺不当导致的裂纹或过烧缺陷以及锻造时出现的热剪切等。

11.4.1 成型工艺不当所致的粗晶或混晶

紧固件镦制成型头部时，头部变形量大小应不在临界变形区内，如果镦制成型的变形比不当，变形量正好处于临界变形区内，经热处理后，头部变形晶粒就会长大，由于紧固件杆部未变形，杆部晶粒不长大，造成头、杆处晶粒不均匀，如图11-4-1所示。导致形成晶粒不均匀的另一个原因是紧固件各处的变形不均匀使晶粒破碎程度不一致。

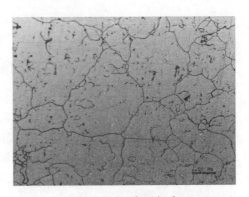

图11-4-1 变形粗晶

11.4.2 成型工艺不当所致的流线分布不顺或穿流

流线分布不顺主要是指流线切断、回流、涡流等流线紊乱现象，主要是由于锻造模具设计不当、锻造方法选择不合理或人工操作不当而使金属产生不均匀的流动等，如图11-4-2所示。不合格的金属流线会造成紧固件包括疲劳在内的多项力学性能降低。穿流也是流线分布不当的一种形式，是由于原先形成一定角度分布的流线汇合在一起形成。但与折叠不同，穿流部分的金属是一个整体。

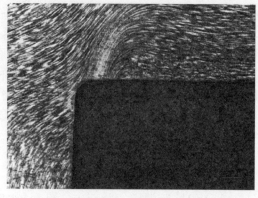

图11-4-2　流线切断、流线紊乱

11.4.3 螺纹滚压工艺不当造成的缺陷

由于工艺参数选择不当，或材质不良，或润滑不当，在搓丝与滚丝过程中螺纹表面易产生细小的折叠裂纹，如图11-4-3所示。因此，在进行螺纹滚压参数选择时，应根据螺纹的螺距、材料、硬度等各种数据选定一定的范围，并通过试验确定最终的工艺参数范围。紧固件搓丝或滚压经常导致的缺陷有折叠、牙根微裂纹、螺纹内部孔洞及开裂。

图11-4-3　滚丝开裂中径处折叠

11.4.4 加工工艺不当造成的缺陷

自锁螺母收口时，收压量较大，在收口应力的作用下，收口端处容易产生微裂纹。装配时，在外部安装应力作用下，微裂纹扩展造成开裂，如图11-4-4所示。也存在由于材质局部粗晶或热处理工艺不当（如增碳、过热等），使残余应力过大导致的收口开裂，如图11-4-5所示。对于合金结构钢，应在退火状态下收口；对于高温合金，应在固溶态收口。

图11-4-4　A286螺母收口开裂

图11-4-5　铝合金外套螺母开裂

11.4.5　成型工艺不当导致的裂纹或过烧缺陷

螺钉（栓）、螺母等紧固件成型常采用热镦或冷镦。如果镦锻温度不当，如镦锻温度高容易产生过热甚至过烧，如图11-4-6所示；当镦锻温度较低时，容易产生裂纹。裂纹一般出现在变形量大或者应力最大、厚度最薄的部位，如图11-4-7所示。镦锻工艺不当或毛坯表面存在未清理干净的氧化皮，也同样会导致折叠裂纹。

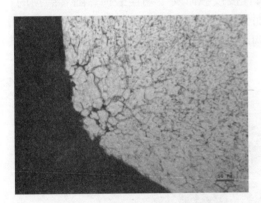
图11-4-6　GH696螺母热镦过热

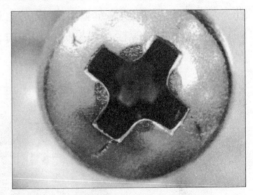
图11-4-7　TB3螺钉十字槽开裂

11.4.6　锻造过程出现的热剪切

钛合金属于绝热敏感材料，特别是当变形量大时，在高速成型过程中，变形功转化为热量且来不及扩散，材料就会发生所谓的"热塑失稳"，使剪切变形在很窄的区域内发生，这一区域与周围基体的变形量相差很大，此变形区域就是绝热剪切带。由于绝热剪切带是一种局部失稳现象，当出现绝热剪切带时，材料承载能力显著下降。因此，在TC4螺栓的头部镦制成型时，尤其是大变形量头型（如沉头和十字槽一体）成型时，应注意适当提升温度和增加保温时间，以免在变形过程中，由于成型速率快，受剪切作用力而形成绝热剪切带和空洞，此种缺陷主要位于螺栓内部，在后续探伤工序中无法准确识别，存在一定的质量风险，如图11-4-8所示。

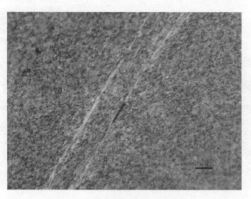

图 11-4-8　钛合金绝热剪切带

11.5　安装造成的常见缺陷

11.5.1　咬死

螺栓和螺母装配时，由于润滑不足、配合间隙较小或装配不同轴，会造成两金属面相对运动，金属表层氧化膜层破裂，使金属直接接触而发生黏连磨损，随着磨损的进一步加剧，碎屑填塞缝隙，造成完全黏连而无法运动，这就是咬死现象，如图11-5-1所示。特别是螺栓、螺母材料相同时，且两者硬度范围差别不大时，在润滑不足情况下更易产生咬死现象。

图 11-5-1　1Cr18Ni9Ti 螺栓咬死

11.5.2　过载

螺栓或螺钉在安装过程中，由于安装力矩过大，超出了螺栓轴向承受载荷，导致螺栓或螺钉出现断裂失效现象，这就是过载，如图11-5-2所示。发生过载的情况主要有螺栓未定安装力矩、螺纹副摩擦系数改变以及安装过程不同轴等。

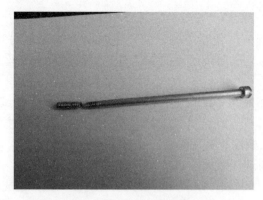

图 11-5-2　安装不同轴摩擦系数改变

11.6　常见失效模式与特征

11.6.1　过载断裂

过载断裂也称为韧性断裂，是指容器、管道在压力作用下，器壁上产生的应力超过材料的强度极限而发生显著的宏观塑性变形的断裂。

过载断裂是一个缓慢的断裂过程，塑性变形与裂纹成长同时进行。裂纹萌生及亚稳扩展阻力大、速度慢，材料在断裂过程中需要不断消耗相当多的能量。随着塑性变形的不断增加，承载截面积减小，至材料承受的载荷超过了强度极限σ_b时，裂纹扩展达到临界长度，发生过载断裂。

过载断裂有两种类型（图 11-6-1）：一种是宏观断面取向与最大正应力相垂直的正断型断裂，又称平面断裂，这种断裂出现在形变约束较大的场合，如平面应变条件下的断裂；另一种是宏观断面取向与最大切应力方向相一致的切断，即与最大正应力约成 45°，又称斜断裂，这种断裂出现在滑移形变不受约束或约束较小的情况，如平面应力条件下的断裂。

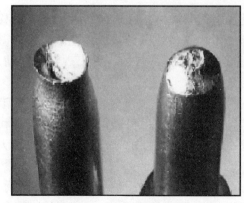
(a) 延性断裂

(b) 脆性断裂

图 11-6-1　过载断裂断口形貌

1. 宏观形貌

在直径大的圆棒钢试样新断裂的金属灰色断口上能观察到3个区，即凹凸不平暗灰色且无光泽的纤维区、放射线纹理的灰色有光放射区及平滑丝光的亮灰色剪切唇区，如图11-6-2所示。

纤维区是材料内部处在平面应变三向应力作用下起裂，在试样中心形成很多小裂纹及裂纹缓慢扩展而形成。纤维区外显示出平行于裂纹扩展的放射线状的纹理，这是中心裂纹向四周放射状快速扩展的结果，该区称为放射区。

当裂纹快速扩展到试样表面附近，由于试样剩余厚度很小，故变为平面应力状态，从而剩余的外围部分剪切断裂，断裂面沿最大切应力面和拉伸轴成45°，称为剪切唇区。

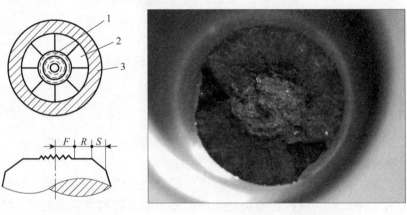

(a) 过载断口三要素示意图　　(b) 过载断裂断口宏观形貌

图11-6-2　过载断裂断口

1—纤维区；2—放射区；3—剪切唇区。

从韧性断裂宏观形貌3个区的特征可分析断口的类型、断裂方式及性质，有助于判断失效机理及找出失效原因。根据纤维区、放射区及剪切唇区在断口上所占的比例，可初步评价材料的性能。如纤维区较大，材料的塑性和韧性比较好；如放射区较大，则材料的塑性降低而脆性增大。

2. 微观形貌

滑断或纯剪切断口微观特征：①蛇行滑动、涟波状花纹；②大的塑性变形后滑移面分离造成；③涟波花样是蛇行滑动花样进一步变形而平滑化的结果；④在缺口、显微裂纹、孔洞等附近区域，在力的作用下可发生纯剪切过程，其内表面出现蛇行滑动、涟波等特征。

在某些金属材料中，尤其是杂质、缺陷少的金属材料，在较大的塑性变形后，沿滑移面剪切分离，因位向不同的晶粒之间互相约束和牵制，不可能仅仅沿某一个滑移面滑移，而是沿着许多相互交叉的滑移面滑移，形成起伏弯曲的条纹形貌，一般称为"蛇行花样"。

微孔聚集型断裂的微观特征是断口上有大量韧窝。材料在塑性变形时，在夹杂物、析出物等第二相粒子周围或有缺陷地区先出现裂纹，形成微孔，进一步塑性变形时，微孔长大、聚集、断裂。

韧窝是指过载断裂断口的微观形貌呈现出韧窝状，在韧窝的中心常有夹杂物或第二相质点。根据受力状态的不同，通常可以出现3种不同形态的韧窝。

（1）在正应力（垂直于断面的最大主应力）的均匀作用下，显微孔洞沿空间3个方向上的长大速度相同，因而形成等轴韧窝。拉伸试样断口的杯形底部和锥形顶部由等轴韧窝组成。

（2）在切应力（平行于断面的最大切应力）的作用下，塑性变形使显微孔洞沿切应力方向的长大速度达到最大，同时显微孔被拉长，形成抛物线状或半椭圆状的韧窝，这时两个韧窝朝着相反的方向，这种韧窝称为剪切韧窝。剪切韧窝通常出现在拉伸断口的剪切唇区。

（3）在撕裂应力作用下出现的伸长或呈抛物线状的韧窝，两个匹配面上的韧窝朝着相同的方向，称为撕裂韧窝。撕裂韧窝的方向指向裂纹源，而其反方向则是裂纹的扩展方向。剪切韧窝与撕裂韧窝的区别在于对应的两个断面上，其抛物线韧窝的方向不同，对剪切韧窝凸向相反，对撕裂韧窝凸向相同。

韧窝的大小和深浅取决于材料断裂时微孔的核心数量和材料本身的相对塑性，如果微孔的核心数量很多或材料的相对塑性较低，则韧窝的尺寸较小或较浅；反之，韧窝的尺寸较大或较深。通常，韧窝越大越深，材料的塑性越好。韧窝尺寸与夹杂物的大小直接相关，当夹杂物呈圆颗粒状时，韧窝呈等轴状；当夹杂物呈条状时，韧窝也呈长条形。

当材料含有较多的第二相质点或夹杂物时，在形成韧窝的过程中，第二相质点或夹杂物往往存在于韧窝底部，形成的韧窝数量较多且较小。

产生过载断裂的影响因素：①零件形状（圆形、板状、光滑与缺口试样）；②温度（随温度的降低，纤维区和剪切唇区减小，放射区增大）；③加载速率（速率越大，放射区越大）。过载断裂断口微观形貌如图11-6-3所示。

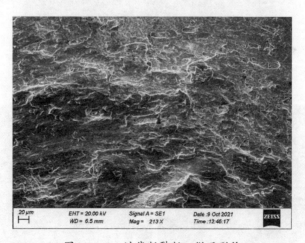

图11-6-3　过载断裂断口微观形貌

11.6.2　应力腐蚀

金属设备和部件在应力和特定的腐蚀性环境的联合作用下，出现低于材料强度极限的脆性开裂现象，称为应力腐蚀开裂（stress corrosion cracking，SCC）。

产生SCC的基本条件：敏感的材料、固定的拉应力、特定的腐蚀介质。

应力腐蚀按机理可分为阳极溶解型和氢致开裂型两类。

如果应力腐蚀体系中阳极溶解所对应的阴极过程是吸氧反应，或者虽然阴极是析氢反应，但进入金属的氢不足以引起氢致开裂，这时应力腐蚀裂纹形核和扩展就由金属的阳极溶解过程控制，称为阳极溶解型应力腐蚀。

如果阳极金属溶解（腐蚀）所对应的阴极过程是析氢反应，而且原子氢能扩散进入金属并控制裂纹的形核和扩展，这类应力腐蚀就称为氢致开裂型应力腐蚀。

应力腐蚀开裂的特征如下：

（1）裂纹出现在设备或构件的局部区域，而不是发生在与腐蚀介质相接触的整个界面上。裂纹的数量不定，有时很多，有时较少，甚至只有一条裂纹。

（2）裂纹一般较深、较窄。裂纹的走向与设备及构件所受应力的方向有很大关系。一般来说，裂纹基本上与所受主应力的方向相垂直，但在某些情况下，也会呈现明显的分叉裂纹，如图11-6-4所示。

（3）设备及部件发生应力腐蚀开裂时，一般不产生明显的塑性变形，属于脆性断裂。

（4）应力腐蚀开裂是在一定的介质条件和拉应力共同作用下引起的一种破坏形式。断口宏观形貌包括逐渐扩展区和瞬断区两部分，后者一般为延性破坏。应力腐蚀开裂可能沿晶，也可能穿晶，其断口上腐蚀产物呈泥状花样等，如图11-6-5所示。

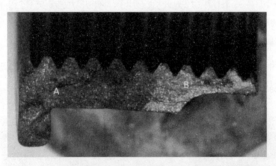

图11-6-4　应力腐蚀宏观图片

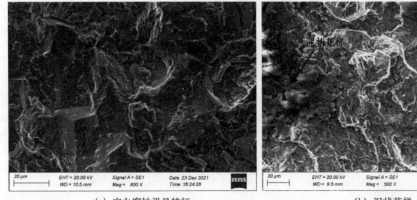

(a) 应力腐蚀沿晶特征　　　　　　　　　　(b) 泥状花样

图11-6-5　应力腐蚀微观特征

11.6.3 疲劳断裂

金属构件在交变载荷的作用下，虽然应力水平低于金属材料的抗拉强度，有时甚至低于屈服极限，但经过一定的循环周期后，金属构件会发生突然断裂，这种断裂称为疲劳断裂。疲劳断裂是脆性断裂的一种形式。

1. 疲劳断裂的现象及特征

（1）疲劳负荷是交变负荷。

（2）金属构件在交变负荷作用下，一次应力循环对构件不产生明显的破坏作用，不足以使构件发生断裂。构件疲劳断裂在负荷经多次循环以后发生，高周疲劳断裂的循环次数 $N_f > 10^4$，而低周疲劳断裂的循环次数较少，一般为 $N_f = 10^2 \sim 10^4$。疲劳断裂应力还小于抗拉强度 σ_b，其值也小于屈服点 σ_s。

（3）疲劳断裂只可能在有使材料分离扯开的反复拉伸应力和反复切应力的情况下出现。纯压缩负荷不会出现疲劳断裂，疲劳起源点往往出现在最大拉应力处。

（4）疲劳断裂过程包括疲劳裂纹的萌生、裂纹扩展和瞬时断裂3个阶段。

①疲劳裂纹的萌生。大量研究表明，疲劳裂纹都是由不均匀的局部滑移和显微开裂引起的，主要方式有表面滑移带形成、第二相、夹杂物或其界面开裂、晶界或亚晶界开裂及各类冶金缺陷、工艺缺陷等。金属构件由于受到交变负荷的作用，金属表面晶体在平行于最大切应力平面上产生无拘束相对滑移，产生了一种复杂的表面状态，常称为表面的"挤出"和"挤入"现象，当金属表面的滑移带形成尖锐而狭窄的缺口时，便产生疲劳裂纹的裂纹源。

②疲劳裂纹的扩展。疲劳裂纹扩展的第一阶段为切向扩展阶段，裂纹尖端将沿着与拉伸轴成45°方向的滑移面扩展。疲劳裂纹扩展的第二阶段为正向扩展阶段。在交变应变作用下，疲劳裂纹从原来与拉伸轴成45°的滑移面，发展到与拉伸轴成90°，即由平面应力状态转变为平面应变状态，这一阶段中最突出的显微特征是存在大量的、相互平行的条纹，称为"疲劳辉纹"。

③疲劳裂纹在第二阶段扩展到一定深度后，由于剩余工作截面减小，应力逐渐增加，裂纹加速扩展。当剩余面积小到不足以承受负荷时，在交变应力作用下，即发生突然的瞬时断裂，其断裂过程同单调加载的情形相似。疲劳断裂与其他一次负荷断裂有所区别，它是一种累进式断裂。

（5）即使是塑性良好的合金钢或铝合金，疲劳断裂构件断口附近通常也观察不到宏观的塑性变形。

2. 疲劳断裂的断裂形貌

1）宏观形貌

典型的疲劳断口按照断裂过程的先后有3个明显的特征区，即疲劳源区、扩展区和瞬断区，如图11-6-6所示。

（1）疲劳源区，即为疲劳裂纹萌生区。这个区域在整个疲劳断口中所占的比例很小，通常是指断面上疲劳花样放射源的中心点或疲劳弧线的曲率中心点。疲劳裂纹源一般位于构件表面应力集中处或不同类型的缺陷部位。一般情况下，一个疲劳断口有一个疲劳源。疲劳区中磨得最亮的地方即是疲劳源（疲劳核心），位于零件强度最低或应力最高的地方。

（2）扩展区。在此区中常可看到有如波浪推赶海岸沙滩而形成的"沙滩花样"，又称"贝壳状条纹"或"疲劳弧带"等，这种沙滩花样是疲劳裂纹前沿线间断扩展的痕迹，每一条条带的边界是疲劳裂纹在某一个时间的推进位置，沙滩花样是由于裂纹扩展时受到障碍，时而扩展、时而停止，或由于开车停车、加速减速、加载卸载导致负荷周期性突变而产生。疲劳裂纹扩展区是在一个相当长时间内，在交变负荷作用下裂纹扩展的结果。拉应力使裂纹扩张，压应力使裂纹闭合，裂纹两侧反复张合，使疲劳裂纹扩展区在客观上是一个明亮的磨光区，越接近疲劳起源点越光滑。如果在宏观上观察到沙滩花样，就可判别这个断口是疲劳断裂。多源疲劳的裂纹扩展区，各个裂源不一定在一个平面上，随着裂纹扩展彼此相连时，同一平面间的连接处形成疲劳台阶或折纹。疲劳台阶越多，表示其应力或应力集中越大。

（3）瞬断区。当疲劳裂纹扩展到临界尺寸时，构件承载截面减小至强度不足而引起瞬时断裂，该瞬时断裂区域是最终断裂区。最终断裂区的断口形貌较多呈现宏观的脆性断裂特征，即粗糙"晶粒"状结构，其断口与主应力基本垂直。只有当材料的塑性很大时，最终断裂区才具有纤维状的结构，并出现较大的45°剪切唇区。

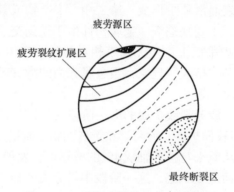

图 11-6-6 典型疲劳宏观断口示意图

2）微观形貌

微观形貌主要分为疲劳辉纹、轮胎压痕花样。

（1）疲劳辉纹是一系列基本上相互平行的条纹，略带弯曲，呈波浪状，并与裂纹微观扩展方向相垂直。裂纹的扩展方向均朝向波纹凸出的一侧。辉纹的间距在很大程度上与外加交变负荷的大小有关，条纹的清晰度则取决于材料的韧性。因此，高应力水平比接近疲劳极限应力下更易观察到疲劳辉纹。

（2）每一条疲劳辉纹表示该循环下疲劳裂纹扩展前沿线在前进过程中的瞬时微观位置。裂纹3个阶段有不同的微观特征：疲劳起源部位由很多细滑线组成，以后形成致密的条纹，随着裂纹的扩展，应力逐渐增加，疲劳条纹的间距也随之增加。

（3）疲劳辉纹可分为韧性辉纹和脆性辉纹两类。脆性疲劳辉纹的形成与裂纹扩展中沿某些解理面发生解理有关，在疲劳辉纹上可以看到把疲劳辉纹切割成一段段的解理台阶，因此脆性疲劳辉纹的间距呈不均匀、断断续续状。韧性疲劳辉纹较为常见，它的形成与材料的结晶之间无明显关系，有较大塑性变形，疲劳辉纹的间距均匀、规则。

（4）疲劳断口的微观范围内，通常由许多大小不同、高低不同的小断片组成。疲劳辉纹均匀分布在断片上，每一小断片上的疲劳辉纹连续且互相平行分布，但相邻断片上的疲劳辉纹不连续、不平行，如图11-6-7所示。

（5）疲劳辉纹中每一条辉纹一般代表一次载荷循环，辉纹的数目与载荷循环次数相等。

（6）轮胎压痕花样是由于疲劳断口的两个匹配断面之间重复冲击和相互运动所形成的机械损伤，也可能是由于松动的自由粒子在匹配断裂面上作用留下的微观变形痕迹。轮胎压痕花样不是疲劳本身的形态，但却是疲劳断裂的一个表征方法。

(a) 宏观形貌

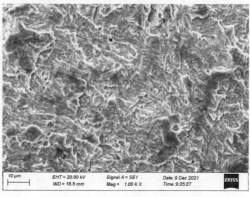
(b) 微观形貌

图11-6-7 疲劳断口形貌

3. 疲劳断裂的影响因素及改善途径

1）构件表面状态

大量疲劳失效分析表明，疲劳断裂多数起源于构件的表面或亚表面，这是由于承受交变载荷的构件在工作时，其表面应力往往较高，典型的是弯曲疲劳构件表面拉应力最大，加上各类工艺程序难以确保表面加工质量而造成。因此，凡是制造工艺过程中产生预生裂纹（如淬火裂纹）、尖锐缺口（如表面粗糙度不符合要求、有加工刀痕等）和任何削弱表面强度的弊病（如表面氧化、脱碳等）都将严重影响构件的疲劳寿命。而且，材料的强度越高，表面状态对疲劳的影响也越大。

2）缺口效应与应力集中

许多构件包含缺口、螺纹、孔洞、台阶以及与其相类似的表面几何形状，也可能有刀痕、机械划伤等表面缺陷，这些部位使表面应力提高、形成应力集中区，且往往成为疲劳断裂的起源。

3）残余应力

如果构件表面存在着残余拉应力，对疲劳极为不利。但是，如果使构件表面诱发产生残余压应力，则对抗疲劳大有好处。因为残余压应力起着削减表面拉应力数值的作用。一些表面热处理工序，如表面淬火、渗碳和氮化；一些机械加工工序，如喷丸、表面滚压、冷拔、挤压和抛光都产生有利的残余压应力。因此，工程上经常采用这些方法来提高构件的疲劳抗力。

4）材料的成分和组织

在各类工程材料中，结构钢的疲劳强度最高。在结构钢中，疲劳强度随着含碳量增加而增高，铬、镍等也有类似的效应。碳是影响疲劳强度的重要元素，既可间隙固溶强化基体，又可形成弥散碳化物进行弥散强化，提高钢材的形变抗力，阻止循环滑移带的形成和开裂，从而阻止疲劳裂纹的萌生和扩展，以及提高疲劳强度。其他合金元素主要通过提高钢的淬透性和改善钢的强韧性来改善疲劳强度。质量均匀、无表面或内在连续性缺陷的材料组织抗疲劳性能好。

5）工作条件

载荷频率对疲劳强度的影响是其在一定范围内可提高疲劳强度。

低于疲劳极限的应力称为次载。金属在低于疲劳极限的应力下先运转一定次数之后，则可以提高疲劳极限，这种次载荷强化作用称为次载锻炼。这种现象可能是由于应力应变循环产生的硬化及局部应力集中松弛的结果。次载应力水平越接近疲劳极限，其锻炼效果越明显；次载锻炼的循环周次越长，其锻炼效果越好，但达到一定循环周次之后效果就不再提高了。

当加载应力低于并接近疲劳极限时，间歇加载提高疲劳效果比较明显，而间歇过载加载对疲劳寿命不但无益，甚至还会降低疲劳强度。这种间歇加载影响疲劳强度的规律，可以指导制定机器运行操作规程和检验规程。

温度对疲劳强度的影响一般是：温度降低，疲劳强度升高；温度升高，疲劳强度降低。

11.6.4 氢脆断裂

1. 氢脆

氢脆可以包括氢压裂纹（钢中白点、H_2S 诱发裂纹、焊接冷裂纹和充氢或酸洗裂纹）和氢致滞后断裂等。

氢致相变导致的氢脆。很多金属能形成稳定的氢化物，氢化物是一种脆性中间相，一旦有氢化物析出，材料的塑性和韧性就会下降，即氢化物析出导致材料变脆。氢化物脆、氢致马氏体相变是一种氢致相变引起的氢脆。

2. 氢致滞后断裂

在恒载荷（或恒位移）条件下，原子氢通过应力诱导扩散富集到临界值后就引起氢致裂纹的形核、扩展，从而导致低应力断裂的现象称为氢致滞后断裂。所谓滞后是指氢扩散富集到临界值需要经过一段时间，故加载后要经过一定时间后氢致裂纹才会形核和扩展。如把原子氢除去后，就不会发生滞后断裂，故它也是可逆的。

11.6.5 腐蚀失效

腐蚀是材料表面与服役环境发生物理或化学的反应，使材料发生损坏或变质的现象，构件发生的腐蚀使其不能发挥正常的功能，则称为腐蚀失效。

腐蚀有多种形式，有均匀遍及构件表面的均匀腐蚀和只在局部区域出现的局部腐蚀，局部腐蚀又分为点腐蚀、晶间腐蚀、缝隙腐蚀、应力腐蚀开裂、腐蚀疲劳等。

1. 电偶腐蚀

异种金属相接触，又都处于同一或相连通的电解质溶液中，由于不同金属之间存在实际（腐蚀）电位差而使电位较低（较负）的金属加速腐蚀，称为电偶腐蚀（或接触腐蚀）。

组成电偶腐蚀的两种金属由于电偶效应，使电位较正的金属由于阴极钝化使腐蚀速率减小得到保护，电位较负的金属由于阳极极化使腐蚀速率增加。

电偶腐蚀特征：腐蚀主要发生在两个不同金属或金属与非金属导体接触边线附近，远离边缘的区域，腐蚀程度较轻。

2. 缝隙腐蚀

金属表面上由于存在异物或结构上的原因而形成缝隙，使缝内溶液中的物质迁移困难所引起的缝隙内金属的腐蚀，称为缝隙腐蚀。缝隙腐蚀多数情况下是宏观电池腐蚀。

缝隙腐蚀的起因是氧浓度差电池的作用，而闭塞电池引起的酸化自催化作用是造成缝隙腐蚀加速腐蚀的根本原因。

工程上，造成缝隙腐蚀的条件很多，如铆接、法兰盘连接面、螺栓连接、金属表面沉积物、腐蚀产物等都会形成缝隙。

缝隙腐蚀的特征如下：

（1）腐蚀发生在缝隙内，缝外金属受到保护；
（2）构成缝隙腐蚀的缝隙宽度在0.025~0.1mm之间；
（3）构成缝隙的材料无特殊性，金属或非金属缝隙都对金属产生缝隙腐蚀；
（4）几乎所有腐蚀介质都会引起金属缝隙腐蚀，以充气含氯化物活性阴离子溶液最容易；
（5）几乎所有金属或合金都会产生缝隙腐蚀，以钝态金属较为严重。

3. 点蚀

金属材料在某些环境介质中，大部分表面不发生腐蚀或腐蚀很轻微，但在个别的点或微小区域内，出现蚀孔或麻点，且随着时间的推移，蚀孔不断向纵深方向发展，形成小孔状腐蚀坑，称为点蚀。

点蚀是一种隐蔽性较强、危险性很大的局部腐蚀。点蚀主要集中在某些活性点上，不断向金属内部深处发展，通常其腐蚀深度大于孔径，严重时可使管道或设备穿孔。点蚀还可诱发其他形式的腐蚀，如应力腐蚀破裂或腐蚀疲劳等。

点蚀的特征如下：

（1）易发生在有自钝化倾向的金属表面；
（2）蚀孔小且深，在表面有一定分布；
（3）孔口有腐蚀产物覆盖；
（4）蚀孔的出现有时间不一的诱导期；
（5）蚀孔常沿重力方向或横向发展。

4. 晶间腐蚀

在某些腐蚀介质中，晶界可能先行被腐蚀。这种沿着金属晶界发生腐蚀的局部破坏现象，称为晶间腐蚀。

晶界是金属中各种溶质元素偏析或金属化合物（如碳化物和 σ 相等）沉淀容易析出的区域。

当金属材料发生晶间腐蚀时，其特点是在宏观上金属的外形尺寸几乎不变，但其强度和延性下降。受强烈的机械碰撞后，表面出现裂缝，严重者稍加外力，晶粒即会脱落。在微观上进行断面金相检查时，可看到腐蚀沿晶界均匀发展。

11.6.6 高温断裂

1. 高温作用下紧固件的变形失效

紧固件在高温长时间作用下，即使其应力值小于屈服强度，也会缓慢产生塑性变形，当该变形量超过规定的要求时，会导致构件的塑性变形失效。此时所称的高温为高于 $0.3T_m$（T_m 是以绝对温度表示的金属材料的熔点），一般情况下，碳钢构件在300℃以上，低合金强度钢构件在400℃以上。

2. 蠕变变形失效

金属在长时间恒温、恒载荷（即使应力小于该温度下的屈服强度）作用下缓慢地产生塑性变形的现象称为蠕变。由蠕变变形导致的材料断裂，称为蠕变断裂。由蠕变变形和断裂机理可知，要提高蠕变极限，必须控制位错攀移的速率；提高持久强度，则必须控制晶界的滑动和空位扩散。

材料的蠕变性能常采用蠕变极限、持久强度、松弛稳定性等力学性能指标。

蠕变极限是金属材料在高温、长时间载荷作用下的塑性变形抗力指标，是高温材料、设计高温下服役机件的主要依据之一。蠕变极限（单位MPa）表示方法有两种：一种是在规定温度下，使试样在规定时间内产生规定稳态蠕变速率的最大应力；另一种是在规定温度和时间下，使试样在规定时间内产生规定蠕变伸长率的最大应力。

持久强度是指材料在高温长时间载荷作用下抵抗断裂的能力，即材料在一定温度和时间条件下，不发生蠕变断裂的最大应力（蠕变极限指材料的变形抗力，持久强度表示材料的断裂抗力）。某些材料与机件，蠕变变形很小，只要求在使用期内不发生断裂（如锅炉的过热蒸汽管）。这时，就要用持久强度作为评价材料、机件使用的主要依据。

11.6.7 冷焊（咬死）

不锈钢产品装配过程中，由于需要反复拆装，在这个过程中螺纹紧固件就会发生咬死现象。咬死机理：不锈钢材料本身具有防腐性能，其表面在受损伤后会产生一层较薄的氧化层来防止进一步腐蚀。当不锈钢紧固件被锁紧时，牙纹间所产生的压力与热量会破坏其氧化层，使金属螺纹间发生阻塞或剪切，进而发生黏着现象；其次，不锈钢延展性较好，在使用时产生的钢屑粘在螺母牙型处，增加了摩擦力，随着克服摩擦力的拧紧力逐步增大，而且反复地拆卸与装配，这一现象会持续发生，最终使不锈钢紧固件完全锁死。

11.6.8 回火脆性断裂

杂质元素在晶界上聚集，降低了晶界的聚合能，最常见的脆性杂质元素有Si、Ge、Sn、P、As、Sb、S、Se、Te等。

1. 第一类回火脆性引起的沿晶断裂

某些钢（主要是高强度合金结构钢）经淬火后在低温（350℃左右）短时间回火后出现的脆化现象称为第一类回火脆性。第一类回火脆性最明显的特征是：冲击值明显下降，断口在宏观呈岩石状，微观上沿原奥氏体晶面断裂，晶面上观察不到第二相粒子，经微区成分分析发现，在晶界面上有杂质元素P、S、As等偏聚，第一类回火脆性又称不可逆回火脆性，即重复回火后即可消除脆性。

2. 第二类回火脆性引起的沿晶断裂

有些钢经淬火后在600℃以上的高温下回火，若冷速缓慢或在500℃左右长时间停留，会引起钢的韧性大幅度下降，而在冲击断口上出现沿晶断裂，这种现象称为第二类回火脆性。由于通过重新热处理不能消除脆性，故又称为可逆回火脆性。第二类回火脆性与第一类回火脆性仅从断口的宏观、微观特征上难以区分。

引起第二类回火脆性的原因是钢中存在有Sb、Sn、P等杂质元素。这些杂质元素在500~600℃下向晶界扩散、偏聚，降低晶界的结合能。钢中的某些合金元素（如Ni、Cr等）促进杂质元素向晶界扩散、偏聚，而另一些元素（如Ti、Mo等）则起抑制作用，将杂质元素钉扎在基体中，阻止杂质元素向晶界偏聚。

由于大多数合金结构钢都经调质处理后使用，所以第二类回火脆性更具危险性。

关于回火脆性的原因有多种理论，如相析出论、碳化物转变论、残余奥氏体分解论和杂质元素偏聚论等。根据用俄歇谱仪、离子探针、电子探针等对各种钢的回火脆性断口表面进行探测分析的结果表明，沿晶断裂面上的Sn、Sb、P等杂质元素的浓度比基体平均浓度高出500~1000倍。这一结果证实了杂质元素在晶界上的偏聚是导致回火脆性的主要原因。

11.6.9 其他

高温合金紧固件部分加工方式，如头部保险孔等深孔的加工，目前大多采用电火花加工。在电火花加工过程中，加工表面会产生残留物，这些残留物即为重熔层。重熔层的产生导致金属表层变得不稳定。高温合金中δ相的析出温度为780~980℃，温度高于980℃时δ相开始溶解，完全溶解温度是1038℃。δ相的析出消耗了周围的Nb元素，从而形成了一个贫γ″相的微塑性区，该微塑性区可以部分地消除应力集中状态，因此一定量的δ相可以起到降低缺口敏感性的作用。在电火花加工过程中，因加热温度较高使表层金属熔化，靠近重熔层区域受高温影响，部分颗粒状δ相溶解，随后的时效过程促进了该区域γ″相的形成，造成该处硬度较高，从而增大了该区的缺口敏感性和应力集中状态，部分重熔层上可形成显微裂纹。在高温服役过程中，显微裂纹在外加应力场和温度场的作用下沿晶界扩展断裂。对于高温合金采用电火花加工后，应充分去除重熔层、显微裂纹及高温影响区。

11.7 典型失效案例

11.7.1 ML25六角头螺钉过载断裂

1. 概述

标准为《普通螺纹螺栓》（GJB 3371/1—1998）、规格为M5×14、材质为ML25的六角头螺栓，在装配过程中发现一件断裂。具体断裂位置与形貌如图11-7-1所示。

(a) 断裂外观（1倍）   (b) 断裂位置（6.7倍）

图 11-7-1   断裂螺栓外观

螺栓断裂位置位于离螺纹末端约第9扣螺纹牙根处，螺栓未见明显宏观塑性变形，螺纹镀层较为完整，表面未见明显机械损伤痕迹。

2. 分析过程及结果

1）宏观断口分析

在体视显微镜下，对断裂螺栓进行宏观断口分析，具体分析结果如图11-7-2所示。

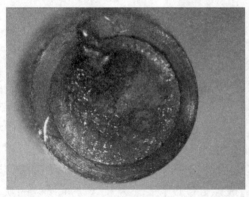
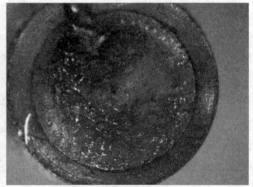

(a) 10倍   (b) 20倍

图 11-7-2   断裂螺栓宏观断口形貌

由宏观断口可知，断口较为平齐，呈扭转形貌，边缘色彩较浅，整体呈灰白色特征，表面存在油污和少量擦伤痕迹。

2）微观断口分析

在扫描电子显微镜下观察安装断裂螺栓微观断口，具体断口形貌如图11-7-3所示。

由断口形貌可知，裂纹源区位于螺纹牙根处，呈剪切韧窝形貌；扩展区局部存在擦伤痕迹，也呈剪切韧窝形貌；瞬断区呈近似等轴韧窝形貌。剪切韧窝形貌约占整个断面面积的2/3。

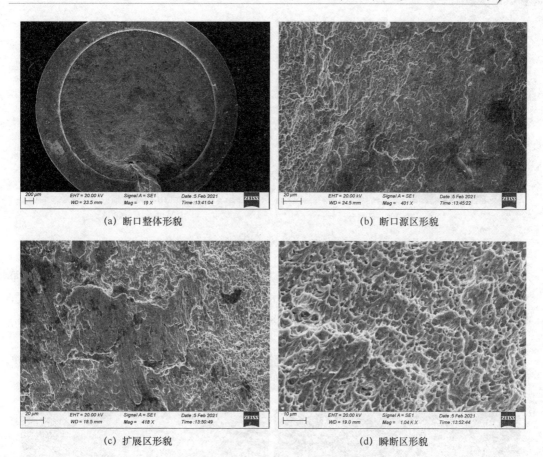

(a) 断口整体形貌　　(b) 断口源区形貌
(c) 扩展区形貌　　(d) 瞬断区形貌

图 11-7-3　断裂螺栓微观断口形貌

3）力学性能验证

用线切割方式在断裂螺纹末端取样，进行维氏硬度试验，试验方法依据《紧固件试验方法 硬度》（GJB 715.2—1989）执行，具体试验结果如表 11-7-1 所列。

表 11-7-1　力学性能数据

取样位置	1	2	3	平均值
螺纹纵向	204	204	200	203HV2

断裂螺栓螺纹部位平均硬度值为 203HV2，硬度值较为均匀，最大值与最小值偏差仅 4HV。依据《黑色金属硬度及强度换算表》（HB0-94—1977），换算成抗拉强度为 686MPa，依据《普通螺纹螺栓、螺钉通用规范》（GJB 3375—1998）中表 6 的规定，M5 螺栓螺纹应力面积为 14.181mm^2。因此，经计算，该断裂螺栓的拉伸破坏载荷为 9.728kN，大于《普通螺纹螺栓、螺钉通用规范》（GJB 3375—1998）中规定的最小抗拉载荷 8.51kN。

4）显微组织分析

对断裂螺栓取样，在金相显微镜下观察其显微组织和不连续性，具体形貌如图 11-7-4 所示。

(a) 断裂件(50倍)　　　　　　　　(b) 断裂件(500倍)

图 11-7-4　断裂螺栓显微组织

由图 11-7-4 可知,断裂螺栓显微组织为铁素体+珠光体,冷拉态组织,螺纹表面未见脱碳现象,螺纹牙型完整,金属流线沿螺纹轮廓变形,在牙根处达到最大密度,牙顶折叠 0.06mm,符合《普通螺纹螺栓、螺钉通用规范》(GJB 3375—1998)要求。

5)人工断口验证分析

选取同批次未用螺栓进行模拟安装试验,通过紧固相似厚度夹层,在扭转试验机下进行扭拉试验直至断裂,其断口形貌如图 11-7-5 所示。

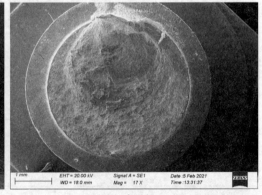

(a) 模拟安装断裂形貌(1倍)　　　　　　　　(b) 宏观断口

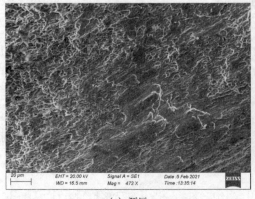

(c) 源区　　　　　　　　(d) 扩展区

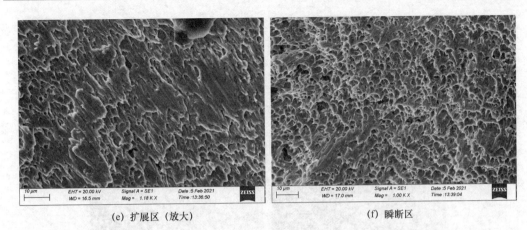

(e) 扩展区（放大）　　　　　　　　(f) 瞬断区

图 11-7-5　模拟安装断口形貌-续

由同批次未用螺栓模拟安装断裂形貌可知，断裂位置和断口形貌与安装断裂螺栓相似，断口呈顺时针方向扭转形貌，裂纹源区和扩展区微观呈剪切韧窝形貌，瞬断区呈近似等轴韧窝特征。

3. 分析与讨论

安装断裂螺栓断口较为平齐呈扭转形貌，断口表面未见陈旧性缺陷，微观断口呈剪切韧窝形貌，与同批次未用螺栓人工模拟安装断口相似。显微组织为铁素体+珠光体，呈拉拔形貌，未见过热、过烧、脱碳等冶金缺陷，螺纹牙型完整，未见裂纹等不连续性缺陷；安装断裂螺栓螺纹部位力学性能满足产品技术条件要求。

该螺栓在安装过程中，受到较大的安装扭矩作用，螺栓受周向的扭转作用力和轴向的拉伸作用力，超出螺栓承受的极限载荷，导致螺栓在螺纹牙根处形成微裂纹，裂纹进一步扩展直至过载断裂。

4. 结论

综上所述，标准为《普通螺纹螺栓》（GJB 3371—1998）、规格为 M5×14、批次为 H2006-1351、材质为 ML25 的六角头螺栓，在装配过程中发现一件断裂：

（1）断裂模式为扭转塑性过载断裂；

（2）力学性能和显微组织满足标准要求；

（3）建议复查安装过程中的安装力矩、润滑情况、安装速度及夹层厚度。

11.7.2　45 钢旋转调整螺栓锥面裂纹分析

1. 概述

材料 45 钢的旋转调整螺栓，在验收时发现一件螺栓锥面存在裂纹，具体裂纹位置如图 11-7-6 所示。

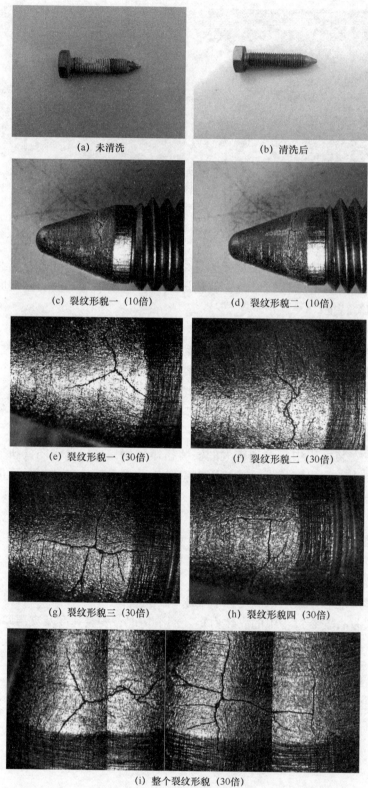

(a) 未清洗　　　　　　　　(b) 清洗后

(c) 裂纹形貌一（10倍）　　　(d) 裂纹形貌二（10倍）

(e) 裂纹形貌一（30倍）　　　(f) 裂纹形貌二（30倍）

(g) 裂纹形貌三（30倍）　　　(h) 裂纹形貌四（30倍）

(i) 整个裂纹形貌（30倍）

图11-7-6　裂纹形貌

裂纹位于螺栓锥面上，裂纹长度约占整个锥面圆周的1/2，锥面车刀纹较大，裂纹分布在圆周方向和轴向，圆周方向裂纹沿车刀纹分布，先形成轴向裂纹，然后沿车刀纹方向形成周向裂纹。中间轴向裂纹左侧3条轴向裂纹近似平行状。裂纹周边镀层呈白色，其余呈草黄色。

2. 分析过程及结果

1）宏观断口分析

人工打开裂纹，观察其裂纹内部形貌，具体形貌如图11-7-7所示。

(a) 断口（6.7倍）　　　　　　(b) 断口（10倍）

(c) 断口（30倍）　　　　　　(d) 断口（45倍）

图11-7-7　宏观断口形貌

由图11-7-7所示断口形貌可知，断口分为A和B两个区域，A区为原始裂纹区，约占整个横截面的2/5，B区为人工打开区；原始裂纹区分为a、b及c区，a区呈白亮色，b区呈灰黑色，c区呈灰黄色，b区呈腐蚀形貌，表面有腐蚀麻坑。

2）金相分析

对裂纹部位进行显微组织分析，试验方法按照《金属显微组织检验方法》（GB/T 13298—2015）执行，其结果如图11-7-8所示。

图11-7-8显示了裂纹部位显微组织。由图可知，裂纹表面明显存在白色镀层，白色镀层与圆锥外表面镀层相似；裂纹扩展区呈腐蚀形貌，裂纹末端裂纹沿晶界扩展，未见明显分叉现象；裂纹附近非金属夹杂物以D类氧化物为主；经4%硝酸酒精溶液腐蚀后，淬火区表面呈铁锈色形貌，显微组织为细小马氏体结构，未淬火区显微组织为铁素体+珠光体形貌。

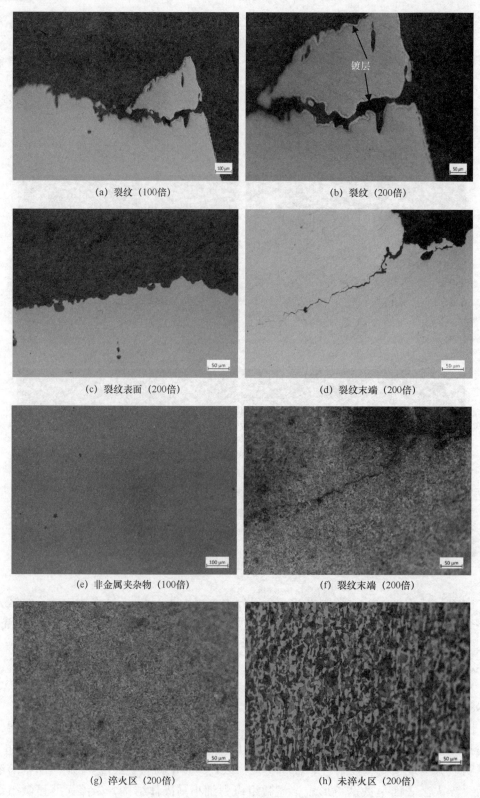

图 11-7-8 显微组织

3）性能验证

对裂纹部位和同批完好螺栓进行力学性能验证，具体试验结果如表11-7-2所列。

表11-7-2　力学性能试验结果

样件	1号	2号	3号	平均值	换算值	标准值
裂纹部位	542	551	549	547HV	52.0HRC	42~48HRC
未淬火区	279	277	280	279HV	29.0HRC	
完好螺栓1	51.8	51.4	51.0	51.4HRC	—	
完好螺栓2	52.3	52.4	51.9	52.2 HRC	—	

裂纹部位平均维氏硬度值为547HV，按照《黑色金属硬度及强度换算值》(GB/T 1172—1999)，换算为52.0HRC，两件完好螺栓表面淬火区硬度值分别为51.4HRC和52.2HRC，裂纹螺栓和同批次完好螺栓表面淬火区硬度值未见明显区别，均超出标准值42~48HRC要求。

3. 分析与讨论

45钢旋转调整螺栓锥面表面淬火区出现裂纹，裂纹表面存在Zn镀层，与螺栓表面镀层一致，表明裂纹在表面处理之前已经产生，扩展区存在腐蚀特征，裂纹末端呈沿晶开裂形貌，淬火区表面呈铁锈色，显微组织为马氏体组织，裂纹区和两件完好螺栓表面淬火区硬度值均超出标准值要求。

由旋转调整螺栓工艺文件可知，该螺栓加工工艺为下料→精车成型→精车高度→热处理→表面处理→检验包装，裂纹在表面处理之前产生，从原材料、车加工和热处理3个工序梳理可能产生裂纹的情况，结合裂纹表面未见脱碳现象，裂纹两侧具有耦合性，且呈沿晶扩展形貌，判断此裂纹为淬火裂纹；经查热处理工艺卡中规定的淬火硬度不小于50HRC，回火硬度为42~48HRC，可以判断该批旋转调整螺栓表面淬火后未进行回火处理，或者回火不充分；淬火时马氏体相变过程中表面周向应力大于材料的抗拉力形成轴向裂纹，由于车加工车刀纹较大，存在应力集中现象，裂纹由轴向朝径向发展沿车刀纹延伸。

4. 结论

综上所述，材料45钢，旋转调整螺栓，在验收时发现一件螺栓锥面存在裂纹，经过分析得出以下结论和建议：

（1）旋转调整螺栓锥面表面裂纹为淬火裂纹；

（2）裂纹螺栓和完好螺栓淬火区硬度值大于标准规定的硬度值，表明该批螺栓表面淬火后未进行回火，或回火不充分；

（3）建议淬火后应及时充分回火，避免淬火裂纹产生。

11.7.3　0Cr17Ni4Cu4Nb不锈钢轴和轴套咬死分析

1. 概述

0Cr17Ni4Cu4Nb不锈钢是一种典型的马氏体型沉淀硬化不锈钢，含有较高的Cr、

Ni、Cu等合金元素，固溶、时效后析出沉淀硬化相ε-Cu，并在低碳马氏体基体中呈弥散分布，因此具有较高的强度、硬度，又具有良好塑性、韧性、耐蚀性和加工性，可使用在400℃以下要求抗氧化性以及耐弱酸、碱、盐腐蚀以及要求高强度的工况，在航天航空、石油化工、核工业和能源领域都有广泛的应用，0Cr17Ni4Cu4Nb不锈钢材料常用于加工紧固件、轴类等工业零部件，相当于美国的17-4PH沉淀硬化不锈钢。

本书对某型0Cr17Ni4Cu4Nb不锈钢轴和轴套装配后手动旋转，使轴在轴套内旋转次数不多于100次后，完成两次Y轴向振动20min后，再手动旋转轴时，发现轴和轴套咬死而无法旋转。具体轴和轴套装配示意图及咬死形貌如图11-7-9所示。

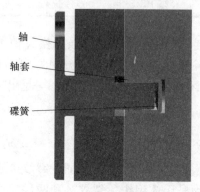

(a) 装配示意图　　　　　　　　(b) 轴和轴套

图11-7-9　装配示意图及实物

2. 分析过程及结果

1）尺寸测量

对咬死的轴和轴套分别进行尺寸测量，轴选用微米千分尺进行测量，其实测值为7.991~7.994mm，满足标准值要求；轴套用不同规格的塞棒进行测量，具体如图11-7-10所示。轴套内孔直径标准值为8.005~8.020mm，选用8.000mm的塞棒，勉强能插入少许；用8.010mm的塞棒根本无法插入。

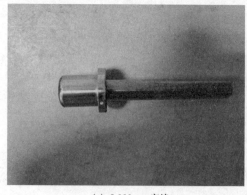
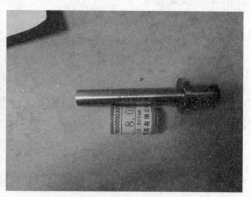

(a) 8.000 mm塞棒　　　　　　　　(b) 8.010 mm塞棒

图11-7-10　塞棒测量

2) 宏观分析

对失效的轴和轴套进行宏观分析,具体分析结果如图11-7-11所示。

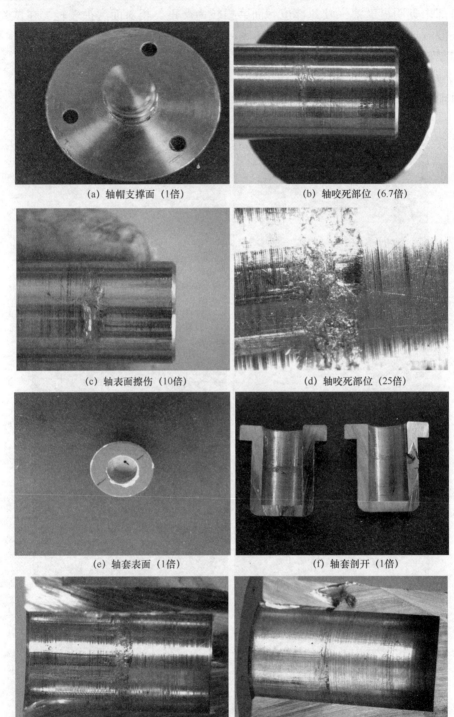

(a) 轴帽支撑面 (1倍)　　(b) 轴咬死部位 (6.7倍)

(c) 轴表面擦伤 (10倍)　　(d) 轴咬死部位 (25倍)

(e) 轴套表面 (1倍)　　(f) 轴套剖开 (1倍)

(g) 轴套内部磨损 (6.7倍)　　(h) 轴套内部磨损 (6.7倍)

图11-7-11　轴和轴套咬死宏观形貌

图 11-7-11 显示了轴和轴套咬死宏观形貌特征。轴套表面支撑面局部存在轻微磨损，轴表面咬死部位磨损较为严重，表面局部划伤严重；轴套表面仅部分油漆脱落，轴套口部未见明显磨痕，咬死部位一面磨损较为严重，相对面磨损较轻，在试验过程中存在偏载现象；轴套内部磨损痕迹离底部约为 1.2mm，轴和轴套底部未见磨损痕迹，说明轴和轴套底部没有接触，表面未见明显润滑痕迹。

3）微观分析

对轴和轴套咬死部位进行扫描电镜观察，其微观形貌如图 11-7-12 所示。

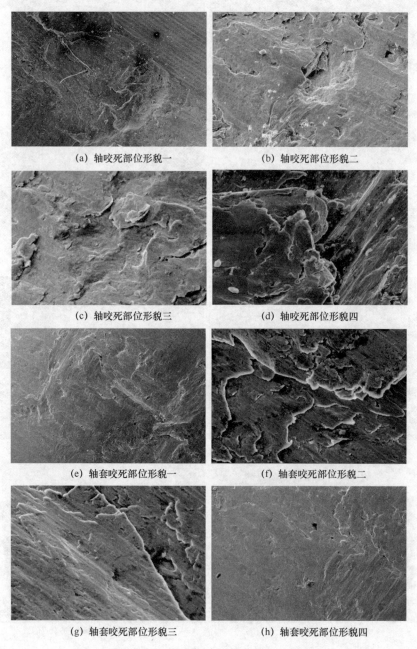

(a) 轴咬死部位形貌一　　(b) 轴咬死部位形貌二

(c) 轴咬死部位形貌三　　(d) 轴咬死部位形貌四

(e) 轴套咬死部位形貌一　　(f) 轴套咬死部位形貌二

(g) 轴套咬死部位形貌三　　(h) 轴套咬死部位形貌四

图 11-7-12　轴和轴套咬死部位微观形貌

轴和轴套咬死部位未见其他金属夹杂、夹渣、碎屑等，磨损痕迹呈旋转形貌。

对轴和轴套咬死部位进行EDS（能谱）分析，具体分析结果如图11-7-13所示。轴和轴套咬死部位化学成分满足0Cr17Ni4Cu4Nb材质要求，未见外来金属元素。

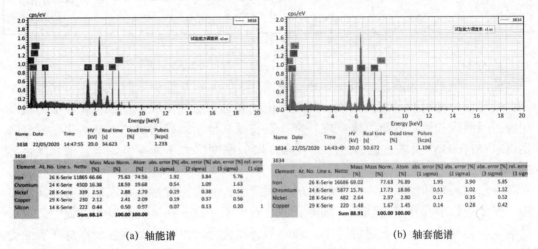

(a) 轴能谱　　　　　　　　　　　　　　(b) 轴套能谱

图11-7-13　轴和轴套能谱分析

4）显微组织分析

对咬死的轴和轴套进行显微组织分析，具体分析结果如图11-7-14所示。轴和轴套显微组织为回火马氏体+强化相+少量δ铁素体，未发现过热、过烧等冶金缺陷。

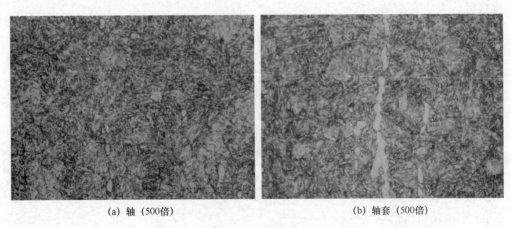

(a) 轴（500倍）　　　　　　　　　　　　(b) 轴套（500倍）

图11-7-14　显微组织

5）力学性能分析

对轴和轴套分别进行洛氏硬度试验，具体结果如表11-7-3所列。轴的平均洛氏硬度值比标准值最大值大2.4HRC，超出标准值范围要求；轴套的平均值比标准值最小值大0.8HRC，满足标准值范围要求。

表 11-7-3　洛氏硬度值

试样	1	2	3	平均值	标准值
轴	44.8	44.3	44.2	44.4	38~42HRC
轴套	38.8	38.9	38.8	38.8	

3. 分析与讨论

轴尺寸测量结果满足标准值要求，轴套用8.000mm塞棒测量间隙较小，仅插入少许；咬死部位未见明显润滑痕迹；咬死部位轴和轴套磨损情况不一致，存在受力偏载现象；经微观和能谱分析，未发现外来夹杂物或其他金属碎屑成分，基体化学成分满足0Cr17Ni4Cu4Nb要求，显微组织无异常，轴的硬度值大于标准值要求，轴套满足标准值要求。

该轴和轴套间隙较小，在安装时应涂润滑脂，而实际观察未发现存在明显润滑痕迹，安装过程中存在受力偏载，且轴和轴套硬度不一致，在旋转及振动过程中造成微动磨损，碎屑进一步填塞进缝隙中，加剧了磨损进程；由于不锈钢合金本身在表面受到破坏时，产生一层薄薄的氧化层来防止进一步更深入的损伤，在旋转和振动过程中氧化膜损伤，使金属直接接触，进而发生黏连现象，当黏连现象持续发生时，就造成不锈钢完全咬死。

4. 结论

综上所述，该0Cr17Ni4Cu4Nb不锈钢轴和轴套配合间隙较小，未见明显润滑迹象，在振动和旋转试验过程中，存在受力偏载现象，造成微动磨损，使氧化膜破裂，金属直接接触，发生表面黏连造成咬死。

11.7.4　0Cr12Mn5Ni4Mo3Al不锈钢自锁螺母开裂失效分析

1. 概述

材料0Cr12Mn5Ni4Mo3Al、规格MJ14的自锁螺母在服役过程中，发现1件螺母开裂，现对开裂螺母进行分析，具体开裂位置如图11-7-15所示。

开裂螺母和配套螺栓表面存在黑色油脂，外观未见明显机械损伤，螺母开裂位置位于六方扳拧面近中间位置，裂纹沿轴向贯穿整个螺母。螺栓光杆受力部位表面存在磨损不一致现象，表明螺栓在图11-7-15使用过程中存在一定的偏载。

2. 分析过程及结果

1）宏观断口分析

人工打开裂纹，在体视显微镜下观察其裂纹及内部形貌，具体形貌如图11-7-16所示。

由图11-7-6所示的宏观断口形貌可知，断口分为A和B两区，A区色彩较暗，表面较为粗糙，呈铁锈色陈旧性形貌，B区颜色呈灰白色；法兰面与螺母体交接处表面有点状锈蚀形貌。

第11章 紧固件失效分析

(a) 螺母和配套螺栓

(b) 螺母和配套螺栓拆解

(c) 配套螺栓

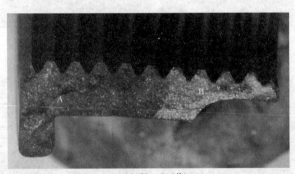

(d) 开裂螺母

图 11-7-15 螺母开裂位置及外观形貌

(a) 断口 (6.7倍)

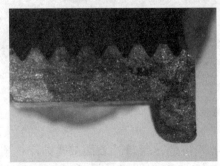

(b) 原始断口 (6.7倍)

(c) 断口外表面 (45倍)

图 11-7-16 宏观断口形貌

2）微观断口分析

对打开的裂纹在扫描电镜下观察其微观断口形貌，如图11-7-17所示。

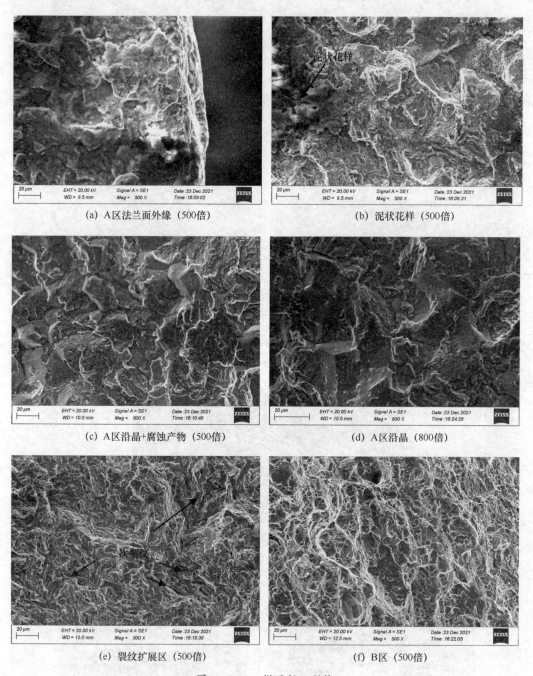

(a) A区法兰面外缘（500倍）

(b) 泥状花样（500倍）

(c) A区沿晶+腐蚀产物（500倍）

(d) A区沿晶（800倍）

(e) 裂纹扩展区（500倍）

(f) B区（500倍）

图11-7-17　微观断口形貌

由图可知，A区域微观断口呈沿晶和准解理特征，断口外表面被腐蚀产物覆盖，局部可见泥状花样，断面沿晶特征明显，扩展区呈准解理特征，断面可见较多二次裂纹；B区域为韧窝形貌，未见明显冶金缺陷。

对A区和B区进行表面能谱分析，具体取样位置如图11-7-18所示，分析结果如表11-7-4所列。A区表面含有较高的O元素和腐蚀性Cl、S元素；B区均为0Cr12Mn5Ni4Mo3Al材料基体元素。

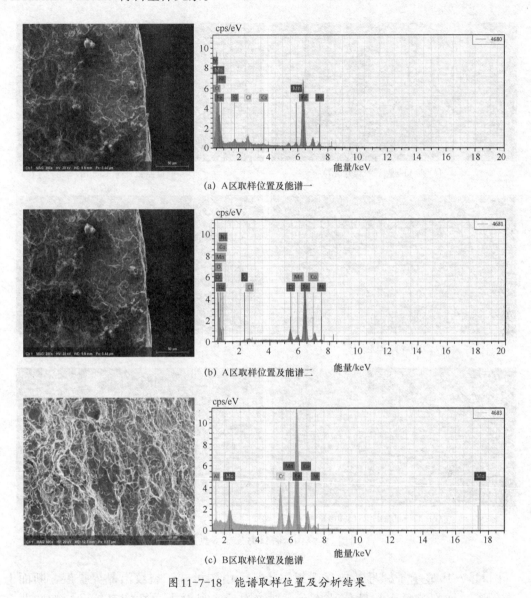

(a) A区取样位置及能谱一

(b) A区取样位置及能谱二

(c) B区取样位置及能谱

图11-7-18　能谱取样位置及分析结果

表11-7-4　断口表面能谱分析结果（质量分数/%）

位置	Fe	O	N	Ni	Cl	Mn	Si	Ca	S	Mo	Cr
A区	51.50	33.0	8.62	3.03	1.65	1.12	0.65	0.44	—	—	—
	79.03	2.71	—	1.20	1.96	3.13	—	—	0.76	—	8.48
B区	73.66	—	—	1.84	—	2.93	—	—	—	4.93	14.21

3)显微组织分析

对裂纹部位取样进行显微组织分析,试验方法按照《金属显微组织检验方法》(GB/T 13298—2015)进行,其结果如图11-7-19所示。

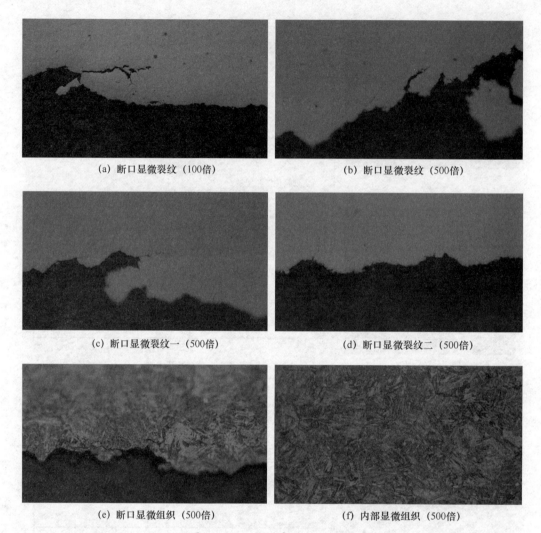

图11-7-19 断口部位显微组织

图11-7-19显示了螺母断口显微组织特征。由图可知,裂纹沿晶界扩展,断面上存在较多二次裂纹且末端呈分叉状态,裂纹附近未见对力学性能有较大影响的非金属夹杂物;显微组织为板条马氏体+沉淀相+少量δ铁素体,未见过热、过烧等冶金缺陷。

4)性能验证

对裂纹部位进行维氏硬度验证,具体试验结果如表11-7-5所列。

A区和B区硬度值未见明显差异,依据《黑色金属硬度及强度换算值》(GB/T 1172—1999),将1500~1750MPa换算为461~520HV,强度和硬度的换算存在一定的误差和测量不确定度影响因素。

表 11-7-5　硬度值

位置	1号	2号	3号	平均值	标准值
A区	526	526	527	526	461~520HV
B区	518	519	525	521	

3. 分析与讨论

开裂螺母和配套安装螺栓外观未见明显机械损伤，螺栓光杆受力部位存在磨损，表明螺栓受到一定的偏载作用；螺母开裂位置位于六方扳拧面近中间部位，呈贯穿形貌，裂纹周围未见明显塑性变形痕迹；人工打开螺母，根据裂纹表面色彩，分为A区和B区，A区断面呈锈蚀特征，断面较为粗糙，可见颗粒状形貌，微观呈沿晶+准解理形貌，局部呈泥状花样，扩展区存在较多二次裂纹；B区呈灰白色，微观形貌为韧窝特征；从A区和B区能谱分析来看，A区含有较多的O元素和腐蚀性Cl、S等元素，B区为材料基体元素；经金相检查，发现A区存在较多的沿晶二次裂纹，且末端呈分叉形貌，显微组织为马氏体+沉淀相+少量δ铁素体，未见过热、过烧等冶金缺陷；A区和B区维氏硬度值未见明显差异。

由断口形貌和表面能谱分析可知，螺母断口表面覆盖腐蚀产物，微观为沿晶+准解理，局部有泥状花样，能谱存在Cl、S腐蚀性元素，存在较多的二次裂纹等典型应力腐蚀特征；螺母和螺栓装配后，螺母受持续的周向拉应力作用，服役过程中可能存在有腐蚀性元素的潮湿环境；经前期验证，0Cr12Mn5Ni4Mo3Al材料对Cl等腐蚀性元素较为敏感。因此，螺母在服役过程中，受到腐蚀性介质的潮湿环境和持续的周向拉应力，产生应力腐蚀，裂纹在法兰面处萌生，随着服役时间的延长，沿轴向逐步扩展，在安装应力作用下过载开裂，形成贯穿性开裂。

4. 结论

材料0Cr12Mn5Ni4Mo3Al、规格MJ14的自锁螺母在服役过程中，发现1件螺母开裂。对开裂螺母经过宏观断口、微观断口、显微组织、力学性能分析与验证，得出螺母开裂原因为应力腐蚀。

11.7.5　35CrMnSiA双头螺柱开裂分析

1. 概述

35CrMnSiA是低合金高强度钢，热处理后有好的综合力学性能，强度高、足够的韧性，焊接性、加工成型性较好，常用在震动载荷下工作的焊接和铆接结构件，如高速高负荷轴类、轴套、螺栓、螺母等。本书对某批次35CrMnSiA双头螺柱，在安装之后，静置约15min后发现2件断裂，具体断裂位置见图11-7-20。

1号螺柱断裂位置位于双头螺柱螺纹长端，约螺纹长度的1/2处，未见宏观塑性变形，螺纹表面存在黑色物质。2号螺柱断裂位置位于双头螺柱长端与光杆交界处，未见宏观塑性变形。

(a) 1号断裂件　　　　　　　　　　　　(b) 2号断裂件

图 11-7-20　断裂件

2. 分析过程及结果

1）化学成分分析

对两件断裂件分别取样进行化学成分分析，具体分析结果见表 11-7-6。

表 11-7-6　材料化学成分及含量

成分	C	Si	Mn	Cr
标准值	0.32%~0.39%	1.10%~1.40%	0.80%~1.10%	1.10%~1.40%
1号	0.36	1.24	0.98	1.31
2号	0.35	1.30	0.88	1.26

通过分析1号开裂件的化学成分，主要元素符合《合金结构钢》（GB/T 3077—2015）中 35CrMnSiA 的要求。

2）宏观断口分析

对1号、2号断裂件进行宏观断口分析，具体情况如图 11-7-21 所示。

(a) 1号宏观断口　　　　　　　　　　　　(b) 2号宏观断口

图 11-7-21　宏观断口

从图11-7-21所示的宏观断口可以看出，1号、2号断裂双头螺柱裂纹源区均呈结晶颗粒状，色泽为亮灰色，位于次表面；断面平齐，结构粗糙，未见腐蚀特征，存在放射状棱线，未见明显塑性变形痕迹，扩展区及瞬断区为灰色，断口边缘存在少量剪切唇。

3）微观断口分析

对1号、2号断裂件进行宏观断口分析，具体情况如图11-7-22所示。

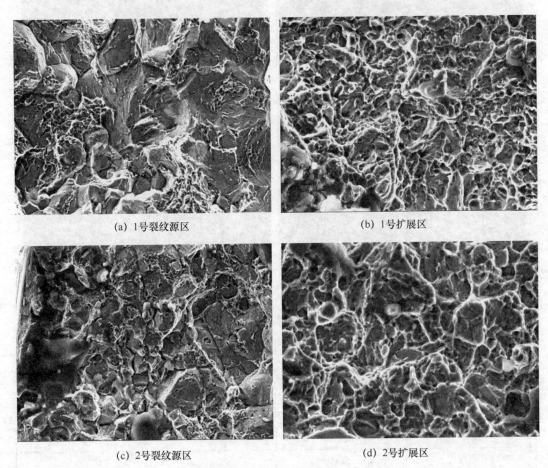

(a) 1号裂纹源区　　　　　　　　(b) 1号扩展区

(c) 2号裂纹源区　　　　　　　　(d) 2号扩展区

图11-7-22　微观断口形貌

图11-7-22中显示了1号、2号断裂双头螺柱微观断口形貌特征。从图中可以看出，两者微观断口相似，裂纹源区均呈沿晶形貌，存在少许二次裂纹，晶界面上存在鸡爪痕；扩展区及瞬断区均呈韧窝形貌。

4）显微组织分析

对断裂件附近取样，进行显微组织分析，具体分析结果如图11-7-23所示。

图11-7-23中显示了1号、2号断裂件显微组织特征。显微组织均为针状和束状马氏体结构，未见过热、过烧现象以及对力学性能影响较大的非金属夹杂物。螺纹部位均存在腐蚀形貌特征。

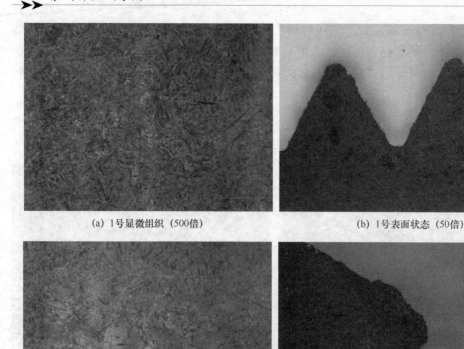

(a) 1号显微组织（500倍）　　　　　　　(b) 1号表面状态（50倍）

(c) 2号显微组织（500倍）　　　　　　　(d) 2号表面状态（50倍）

图 11-7-23　断裂件显微组织

5）性能验证

对1号、2号断裂件进行硬度分析，试验结果如表11-7-7所列。

表 11-7-7　硬度结果统计

编号	平均值/HRC	标准值/HRC	换算强度/MPa
1号断裂件	58.0	28~32	2390
2号断裂件	55.5		2136

由表11-7-7可知，两件断裂产品硬度值均高于标准值要求，依据《黑色金属硬度及强度换算表》（HB 0-94—1977）换算，强度已经达到2000MPa以上。

3. 分析与讨论

1号、2号断裂双头螺柱，化学成分满足《合金结构钢》（GB/T 3077—1999）的要求；从宏观和微观断口分析，断口平齐，未发生塑性变形，断口干净、无腐蚀产物，裂纹源区呈亮灰色，沿晶与韧窝混合形貌，晶界面存在鸡爪痕，具有典型氢脆特征；显微组织主要为针状和束状马氏体结构，螺纹为车制成型，增加了应力集中倾向；从洛氏硬度试验结果来看，失效件硬度值很高，已远远超出标准值要求，抗拉强度达到

2000MPa以上,进一步增加了氢脆的风险。螺纹部位酸洗时间较长,导致螺纹产生了局部腐蚀。

对失效件进行氢含量测试,测试结果如表11-7-8所列。

表11-7-8 氢含量测试

试样编号	氢含量
断裂件1号	6ppm
断裂件2号	6ppm

一般钢中的氢含量在$(5\sim10)10^{-6}$以上时就会产生氢致裂纹,对于高强度钢,即使钢中氢含量小于10^{-6},由于受三向应力的作用,也可产生氢脆。通过对断裂件氢含量测试,其氢含量较高,再加上产品超高强度,在安装后,螺纹部位受力复杂,在氢的作用下,裂纹迅速形成,并快速扩展直至断裂。

4. 结论

综上所述,材质为35CrMnSiA的双头螺柱,在安装后发生断裂:

(1)断裂形式为脆性断裂,断裂原因为氢引起的延迟断裂;

(2)双头螺柱存在酸洗时间过长问题,造成氢含量增高;

(3)建议加强热处理质量控制,降低产品强度,杜绝漏回火情况再次发生;

(4)建议对高强度紧固件,电镀后应及时除氢,降低氢脆风险。

第12章 紧固件试验过程控制与管理

12.1 试验管理目的

紧固件试验管理的目的是保证试验过程的符合性和试验结果的准确性与有效性,从而建立起对试验结果有影响的人、机、料、法、环、测等因素的管理控制,证明试验过程符合《检测和校准实验室能力认可准则》(CNAS/CL01:2018)(ISO/IEC17025:2017),以及《检测实验室和校准实验室能力认可准则》(DILAC/AC01:2018)。紧固件性能试验过程是一个特殊过程,属于(国家NADCAP航空航天和国防合同方授信项目)认证的项目之一,对其控制必须遵循实验室管理体系的要求,确保所从事试验工作符合产品要求,满足客户、法定管理机构或对其提供认可的组织需求。

随着我国国防武器型号的升级换代,用紧固件的机械连接方法将其组成的零件、组件、部件连接成整体的质量可靠性需求越来越高,紧固件作为其中的"细胞"单元,保证其性能可靠,必须规范紧固件试验的管理。

紧固件试验过程管理可分为实验室通用管理和技术管理,这里主要论述技术管理部分。技术管理可分为技术基础管理和试验流程管理,技术基础管理一般为试验人员的管理、试验设备的管理、试验工装的管理、试验标样的管理、试验方法的确认、原始记录及报告的管理、试验件留样管理、质量监控管理等;试验流程管理一般为试验合同、委托单的评审、样品的验收和标识、样品的分发和流转、试验(包括设备、工装、方法等选择确认等)、原始记录的编制与审核、报告的编制审核和批准等管理。数据处理管理会在第14章详细描述。

12.2 管理主要项目和内容

12.2.1 试验人员

实验室需对从事试验活动的人员的能力、技术水平和实践经验等素质要求做出规定,并进行能力培训和鉴定,以满足试验工作的需求。

1. 试验人员培训

人员培训方式、培训内容、培训机构要求见表12-2-1。

表12-2-1 人员培训方式、内容及机构

人员类别	培训方式	培训机构	培训内容	资质
技术负责人/质量负责人/体系内审员	外/内培	认可委等外部培训机构/本公司	ISO/IEC 17025:2017、DILAC/AC01:2018标准要求、实验室体系	培训证书/培训记录

续表

人员类别	培训方式	培训机构	培训内容	资质
力学、化学金相试验员	外/内培	具备培训资格单位/本公司	试验方法、实验室体系、工作流程、本专业知识	上岗证证书、培训记录、外培结业证书
无损探伤试验员	外/内培	国防等具备培训资质单位或机构/本单位	试验方法、实验室体系、工作流程、无损对应专业知识	国防Ⅱ、Ⅲ级证/NAS410 Ⅱ、Ⅲ级
尺寸、热学等计量人员	外培	国防科工局授权单位	本专业计量相关知识、数据处理知识	国防计量员证书

2. 培训对象、频次及评价

1）培训对象

（1）新上岗员工。

（2）岗位变化员工（其中包括岗位中断两年以上回岗人员）。

（3）岗位有标准换版、知识更新的员工。

2）内、外培训频次

（1）内部培训：人员在本岗持续工作5年时应重新培训、考核。

（2）外部培训：按国家行业培训机构或考核部门规定的频次执行。

3）培训评价

实验完应评价培训的有效性，内培评价的方式有提问、试卷考试、实际操作、人员内外部比对、能力验证活动等；外培评价需取得合格的证书。

3. 人员监督

实验室应安排相应专业的质量监督员对培训期内的员工、签约和其他技术人员、关键的支持人员、刚取证人员实施监督，确保他们是可以胜任的，并按管理体系要求进行工作。

4. 人员档案

实验室应建立员工档案，档案应能如实反映个人简历、专业资格、职称、教育、技能、经验及培训记录，并将实验室专业资质证书等证书的原件或复印件统一保管，以便有序管理、查询。

12.2.2 试验设备的管理（包括溯源管理）

实验室应规范设备管理，使之技术指标能够满足标准和使用要求且能经常处于良好状态；按试验设备的溯源要求对设备进行检定、校准和期间核查，保证设备符合实验室运行要求。

1. 试验设备的管理

1）设备采购及验收

紧固件试验设备的提出组织相关人员结合本单位使用需求来确定设备的技术指标，并形成采购技术协议/合同，作为采购的输入。

设备采购到位并正确安装后，需要对设备进行验收，验收一般由具备检定/校准资质的单位进行，合格后纳入公司试验设备周期管理台账。

2）建立设备档案

设备验收合格后，应对设备进行编号，在设备上标识清楚，并建立设备档案。设备档案主要内容包括以下几项：

（1）设备及软件的编号；

（2）制造商名称、形式标识、系列号或其他唯一性标识；

（3）对设备是否符合规范的核查/校准（检定、校准结果，期间核查情况、性能核查情况）；

（4）制造商的说明书；

（5）设备的维护计划以及已进行的维护；

（6）设备的任何损坏、故障、改装或修理情况。

3）设备的使用管理

（1）设备由具备相关资质并经授权的人员使用、维护保养，按保养周期填写保养维护计划，每年对维护记录进行统计分析，评价设备运行状态，识别改进机会。

（2）对结果有重要影响的仪器的关键量或值，应按要求进行检定、校准。

（3）设备的维修管理。设备因过载或处置不当、给出可疑结果，或已显示出缺陷、超出规定限度的设备，均应停止使用，并加贴红色"禁用"标志；对设备进行维修，维修结果需登记于如表12-2-2所示的"设备档案卡"中，维修后的设备在使用前应进行核查和校准；搬迁设备需登记于"设备档案卡"中，对试验结果有影响的搬运或移动，试验设备应核查和校准；对于失效设备先前的检测结果，应对其进行评估并记录。

表12-2-2　设备档案卡

设备名称		设备编号		设备型号	
制造商名称		出厂编号		产地	
购进日期		启用日期		接收时的状态及验收记录	
序号	档案名称		份数	页码	归档日期
序号	校准（核查）日期	证书（记录）编号	校准（核查）单位	判定	校准（核查）有效期	日期	处理方式	备注

2. 试验设备的溯源管理

检定是查明和确认计量器具是否符合法定要求的程序，它包括检查、加标记和（或）出具检定证书，通过测验并提供证据来确认规定的要求是否得到满足。

校准是在规定条件下，为确定计量器具示值误差的一组操作。它是在规定条件下，为确定计量器具或测量系统的示值、或实物量具或标准物质所代表的值，与相对应的被测量之间的已知关系的一组操作。

从定义可以得出，校准的测试方只是给出被测项目的值，不给出合格结论，由设备使用单位根据自身使用需求进行确认是否能合格使用或限用，而检定是要检定方给出合格结论的。

1）溯源管理

（1）检定/校准计划。

①实验室按照量值溯源关系，每年年底编制下年度试验设备检定/校准计划，经批准后实施。

②紧固件测试设备一般为工作标准器具，溯源按图12-2-1执行。

③国防单位有证标准物质按《国防专用标准物质管理办法》进行有效管理，专用测试设备按《国防科技工业专用测试设备计量管理办法》进行管理。

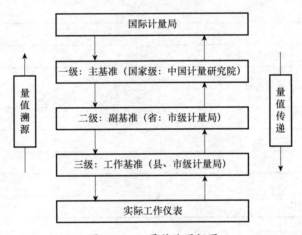

图12-2-1 量值溯源框图

（2）设备校验服务商的选择。

①服务商的要求：

a. 该检定或校准项目具备检验资质，如已通过国家实验室认可或有计量授权；

b. 其检定或校准溯源到国家基准或国际标准；

c. 能给出检定或校准的测量不确定度。

②服务商资质调查：

a. 在收集服务供应商有关资料时，采取发调查表、电话沟通或通过现场考察、网络等多种渠道进行；

b. 每季度对服务供应商的资质和能力通过发调查表、电话沟通或通过现场考察、网络等多种渠道进行评估，并将变更情况予以记录；

c. 对临时新增采购供应商未得到评估、未确认为合格供应商的,经对采购产品进行验收合格后方可使用;

d. 实验室要保持调查记录,形成合格供应商汇总表,并由实验室管理层审批;

e. 实验室应对供应商的动态进行考评,考评内容包括机构资质、测试能力、服务质量、报告的准确性等,根据考评结果确认是否保留合格供应商资格。

(3) 设备检定/校准报告的确认。

①报告确认:验证试验设备校验后是否满足测试要求的活动。

②确认依据:设备的检定规程、试验规范、客户的特殊要求。

③确认结论:经相关技术人员按表12-2-3所示的"试验设备检定/校准结果确认表",确认检定/校准证书,符合确认依据时,在已确认的报告上加盖"已确认"章,确认能满足要求的设备方可投入使用。

表12-2-3 试验设备检定/校准结果确认表

设备名称:		设备编号:	
检定/校准单位:		检定/校准证书编号:	
设备型号:		设备精度:	
设备依据试验方法:			
确认目的:			
确认内容	测量不确定度:		
	其他内容:		
设备有效使用范围:			
设备有效使用周期:			
确认结论:			
备注:			
确认:		批准:	

(4) 试验设备状态管理。

试验设备经检定/校准后,要进行状态标识,状态标识有合格、限用、封存、禁用,其使用要求见表12-2-4。

表12-2-4 设备状态标识

要求	状态			
	合格	限用	封存	禁用
合格证颜色	绿色	浅绿色	蓝色	红色
使用范围	检定、校准合格设备	部分功能、区域经检定、校准合格	封存不用设备	检定/校准出现不合格的设备
特殊要求	—	明示限用范围	注明封存日期	—

3. 试验设备的选择

选择试验设备时，应合理选择设备，使之技术指标能够满足标准和使用要求，必须充分考虑以下因素。

（1）根据测试的样件选择合适吨位的试验设备。应在设备量程的10%~90%范围内进行试验，保证试验数据的准确性。例如，M5规格拉伸选择10T拉力机，不宜选择20T的拉力机。

（2）对试验设备检定方法的识别。客户要求的试验方法是国标、国军标时，一般选择用JJG规程检定的设备便可满足要求；客户要求的试验方法是国际标准时，选用按国际标准校验的设备；当顾客有特殊要求时，按客户指定（如GE公司、中国商飞）要求进行，如按ASTM、NAS1312系列标准检定的设备。

12.2.3 试验工装的管理

紧固件试验工装对试验结果的影响非常大，对试验工装如何管理和控制很重要。现从紧固件试验工装的设计管理、使用管理、报废管理来进行阐述。

1. 工装的设计管理

1）试验工装工艺

试验工装的设计应按相关产品标准、图纸、技术条件及试验方法标准要求编制工装图纸和加工工艺，签署或评审后生效。对于不同标准、规格的工装图纸及加工工艺，应编制唯一性图纸编号，方便工装的查阅和追溯性管理。

2）工装工艺、图纸内容

工装图纸包括工装图号、材料牌号、规格、性能等级、检验方法、适用范围、标记方法等内容。

3）工装的验收

工装检验员按工装加工工艺及图纸要求进行，图纸中的关键尺寸（如剪切工装刃口处圆弧值、永久变形芯棒的单一中径等）进行100%检验。未标注关键尺寸的按紧固件抽样比例进行抽样检验。若关键尺寸不符合，必须拒收，需进行返工，返修合格后接收，否则报废；若不是关键尺寸不符合，需经技术确认是否让步接收，否则工装需进行返工、返修或报废。

2. 工装的使用管理

对于紧固件的性能试验，试验工装合格与否，直接关系试验结果的正确性，所以实验室必须对试验工装进行管理，建立在用试验工装的台账，进行周期或使用次数管理。

（1）建立在用试验工装的台账。由工装管理人员建立"在用试验工装周期台账"，包含工装的图号、唯一性编号、检定周期及有效期。台账应做到账物相符，并实施动态管理。

（2）在用工装的质量控制。使用前对试验工装有效性检查，一次性使用的以入库合格证为准。标准允许多次使用的试验工装除第一次外，试验员使用前要对工装进行合格性确认。确认内容：试验螺栓为螺纹通、止、单一中径等，工装为剪刀的圆弧、螺纹通止等；使用次数到期进行周期检测。

3. 试验工装的返修、报废

（1）试验工装返修、报废。在用试验工装经检查出现锈蚀、磨损或其他形式的损坏，经设计人员确认可以返修的，由其开具返修单进行返修，不能返修的直接做报废处理，报废时填写报废单，并进行隔离。

（2）日常维护。试验人员负责所领用工装的日常维护，做到标识清楚、分类摆放、资料齐全等。

12.2.4 试验标样的管理

1. 试验标样的定义

本章中的试验标样分为标准物质标样和判定用比对标样，两者分别定义如下。

（1）标准物质标样是具有一种或多种足够均匀和很好地确定了的特性值，用以校准设备、评价测量方法或给材料赋值的材料或物质。标准物质是一种计量标准，一般具有标准物质证书，对每一个标准值都具有给定置信水平的不确定度。

（2）判定用比对标样是采取特殊的处理方式制作一只样件的特性，用已知标样的特性与被测试件进行对比，从而得出被测试件的该特性测试结果。

2. 标准物质的管理

紧固件实验室标准物质一般包括以下几项。

（1）化学测试：元素分析用金属元素和非金属元素分析用标样，化学用标准溶液、基准试剂，天平的砝码等。

（2）金相分析及硬度：标准硬度块、显微镜标尺等。

（3）力学性能测试：扭力、持久机砝码，引伸计、带值的标准测试样等。

1）标准物质的采购和验收

实验室应对实验室使用标准物质的供应商进行有效的资质管理，再对实验室测试要求进行识别，根据需求对供应商进行资质调查，取得供应商满足实验室文件规定的指标要求的材料，纳入实验室供应商管理，形成"实验室供应商采购目录"。应在"实验室供应商采购目录"中进行采购活动；如果试验任务紧急，供应商采购目录中又未涉及，需办理临时采购审批，审批时质量负责人需确定其资质材料。

实验室应对采购的标准物质进行验收，验收项目一般为检查标准物质质量证明书、合格证等质量证明，必要时还需对其进行检定或分析。

2）标准物质的使用

对标准物质进行有效控制和规范管理，以保证试验结果的准确性、可靠性和可追溯性。

（1）标准物质作为量值溯源的物质，实验室应妥善管理，建立"标准物质台账"，主要内容包括名称、规格、型号、生产批号、产地、有效期、数量等。

（2）用于校准的参考标准在任何调整之前或之后均应予以校准。

（3）确认实验室使用的标准为有证标准物质，并在合格证书有效期内使用。

（4）试验人员在使用标准物质时，应严格按照相应的技术要求进行，保持标识清晰、完整，严禁使用超过期限的标准物质。

（5）实验室监督员应对标准物质的使用过程进行监督检查，保证试验人员正确使用标准物质。消耗性的标准物质在使用完毕仍有剩余时，不得放回原瓶，以免影响标准物质的质量。

（6）标准物质要进行定期校准或检定，不符合要求或到期的标准物质应及时清理，保证标准物质的有效性。

（7）所用标样应覆盖被测样品的浓度范围。

3）标准物质的储存

（1）标准物质保存环境应根据标准物质的特点配置相应的设施，如应考虑温度、湿度、通风、避光等要求。

（2）标准管理人员对保存环境进行监测，以保证标准物质不变质、不损坏、不降低性能。

（3）化学试剂和标准物质在储存和使用过程中，应关注其毒性，对热、空气和光的稳定性，与其他化学试剂的反应，储存环境；化学试验用水应满足相应规范的要求。

3. 判定用对比标样的管理

1）判定用对比标样的制作与选取

判定用对比标样一般多为金相分析用，如钛合金污染层、合金贫化等对比标样。金相用对比判定用标样一般采取特殊的热处理方式，使之产生已知的缺陷，按标准方法进行腐蚀后能够观察到这些缺陷的存在，那么这些试样就可以保存起来作为标样使用，这类标样可重复使用；也可以从平时试验件中收集制作成标样。用于判定用的标样须经过评审和确认。

2）判定用标样的作用

判定用标样一般用于试验员容易出现误判的情况，如金相分析所用标样一般用于因腐蚀不当而造成缺陷的比对、显示结果的参照。例如，金相分析进行的双相钛合金表面污染（α层）的测定，为证明待测试样显微腐蚀的有效性，就必须通过参照一个标样来验证，待测试样与标样经过相同的粗磨、细磨、精磨、抛光等制备过程，再用相同的腐蚀剂进行腐蚀，根据标样和待测试样的结果判定操作过程是否符合要求和达到预期的结果。

3）判定用标样的保存

（1）建立标样台账，方便试验员取用。

（2）判定用标样的保存，应该标识好材料、参照类型、相关尺寸，放于密闭的干燥皿中，下层铺干燥剂并定时更换。

12.2.5 试验方法的管理

对试验方法进行控制，以保证使用的试验方法科学、合理和有效，而且其准确度、可靠性和适用性应能满足客户的要求。

1. 试验方法的种类

（1）国际、国家、地区性、行业的标准、规范规定采用的标准试验方法。

（2）非标准方法。

（3）知名的技术组织或有关科学书刊公布的方法。

（4）设备商指定的方法。

2. 试验方法的选择原则

当客户指定试验方法时按其要求执行，但是当客户提供的方法不适合或已过期时应通知客户；实验室选定试验方法后需告知客户，并在委托单上注明，且由客户代表签字确认。

1）实验室试验方法选择原则

（1）选择国际标准方法、国际区域性标准方法。

（2）国家标准方法、军用标准方法、行业标准方法。

（3）知名的技术组织或有关科学书籍和期刊公布的标准方法。

2）军品试验方法选择原则

实验室开展军工产品的试验工作时，应优先选择国家军用标准，且优先选用实验室通过国防实验室认可的检测项目，非认可项目按产品标准执行。

3. 标准试验方法的查新

实验室为保证使用的试验方法的有效性，每半年一个周期，确认试验方法是否为最新有效版本，查新可按表12-2-5所示的"试验方法查新记录表"执行。

表12-2-5　试验方法查新记录表

序号	标准/规范名称	标准/规范号	版次	发布日期	查新时间	
					变更后版次	发布日期
1						

4. 试验方法的确认

1）确认试验方法

试验方法为标准方法或外文标准方法，开展试验时应对标准方法或外文标准方法进行确认试验，按照方法的规定配备试验条件，按方法步骤进行证实，并填写表12-2-6，确认符合标准方法的要求后方可投入使用。

表12-2-6　试验方法确认表

试验方法类别：□标准方法　□外文标准方法　□其他方法			
试验方法名称：标准号：			
确认内容	人员	培训	□是　　□否：
		资质	□具备　□不具备
	机	配置	□齐全　□不齐全：
		检定/校准	□是　　□否：
		精度等级	□满足　□不满足：
		有效范围	□满足　□不满足：
	料	是否满足试验要求	□满足　□不满足：
	法	最新有效	□是　　最近查新/评审时间： □否：
		标准规定的方法	□全部采用　□部分采用（章节）：
		有无不确定度要求	□有　　最近评定时间： □无
		外文标准	□有中文版本　　技术确认：□是 □否 □无
	环	是否满足试验条件	□满足　　标准要求：现有条件： □不满足标准要求：现有条件：
技术负责人：		确认时间：	

2）试验方法的重新确认

试验方法由实验室每半年跟踪查新一次，及时将已失效的版本废止，将发行新的有效版本纳入管理；当试验方法发生涉及试验方法原理、仪器设施、操作方法的变更时，通过技术验证重新证明正确运用新标准的能力。

12.2.6 试验样件管理

对试验样件的接收、流转、储存、处置及识别等各个环节实施有效的管理，确保试验样件的代表性、有效性和完整性，从而保证试验结果的准确度。

1. 试验样件的收发

实验室在接收客户送检的试验样件时，应根据客户试验要求，查看试验样件状态质量（外观、数量、批次号或编号、来源、试验项目等），认真检查试验样件的状态是否适宜进行要求的试验，若能满足试验要求，与客户签订试验合同或试验委托书；否则应及时通知客户；同时与客户确认样件试验后的处理方式（保存周期、客户取回等）。

2. 试验样件的识别

试验样件的识别包括不同试验样件的区分识别和不同试验状态的识别。

（1）试验样件放"试样袋"进行识别，"试样袋"识别标签信息至少包括批次号或编号、报告编号（本次试验）、材料牌号。

（2）试验样品状态：试验样件应放置在标识有"待检""已检""留样"的产品袋中流转，且流转过程中不能分离。

（3）单个样件标识：用不同于样件基体颜色的记号笔标识，试验前后标识字迹均应清晰、完整，每一试件均用阿拉伯数字进行唯一性编号，对于断裂试件其两端均应有同一编号，对于小规格样件在分装的样袋上标识编号，破坏的样件放入同一编号的样袋。

3. 试验样件流转、储存、处置

样件在流转过程中，为保证试验样件的可追溯性，应保持标识的清晰和完整，且防止跌落、碰伤、划伤等损伤，并保证样件的可追溯性。不具备试验能力或样品不符合试验要求退回过程中应保持样品原有的可追溯性。

4. 试验样件保存或储存

（1）测试样件应在干燥、通风、避光、防氧化的环境条件下保存或储存，样品处置前标识字迹均应清晰、完整，始终保持可识别状态，确保样件不发生退化、丢失和损坏；如有需要，应按客户特殊要求保存或储存。

（2）化学试验中由于试验过程已被燃烧、熔样完毕的检测物品（样品）不需要储存。

（3）失效、断口异常、无效试验的样件应在干燥、避光、防氧化的环境条件下保存或储存，样件断口处应保持失效时原貌，以便对可疑试验结果进行检查。

5. 试验样件储存周期

（1）力学性能、金相、化学等检测试验的样件留样期建议为2年，不包括化学领域（结合力试验、抗硫试验、盐雾试验、氢含量测试等）的样品。

（2）对无特殊要求的剩余送检物品（样品）保留15天。
（3）客户若有特殊要求，则样品按客户规定的保留期限储存。
6. 样件的保密与安全
实验室严格按与客户签订协议或有关保密规定进行管理，对客户的样品、技术资料及有关信息负有保密责任。

12.2.7 试验环境条件管理

对实验室设施和环境进行有效管理和控制，确保试验工作的正确实施。
1. 设施和环境条件的识别来源
（1）试验项目中试验方法的要求。
（2）所用仪器设备的要求。
（3）样品对环境的要求。
（4）试验人员的人机工程要求。
2. 实验室设施和环境条件的配置要求
实验室环境条件必须满足以下几点：
（1）动力和照明电按380V和220V供给；
（2）对试验过程中产生油烟及有害气体，需安装通风排风系统；
（3）长度精密计量和量具检定的实验室要安装空调机和去湿机；
（4）对电磁干扰、灰尘、振动、电源电压等要严格控制；
（5）对发生较大噪声的疲劳、振动试验项目、敏感性电气设备与腐蚀环境采取隔离措施；
（6）相邻区域的工作不相容时，应采取有效的隔离措施，如振动试验和精密测试要进行空间隔离；
（7）化学分析实验室应配备相应的安全防护设施，如个人防护装备、烟雾报警器、毒气报警器、洗眼及紧急喷淋装置、灭火器等；
（8）实验室的设施、场地以及能源、照明、采暖和通风等，应便于试验工作的正常进行；
（9）有温、湿度要求的实验室均应配置温、湿度表，以便于控制环境温、湿度。

12.2.8 质量监控

采用测量审核、能力验证、外部实验室间比对、内部比对（人员、设备、试验方法）等方法监控试验结果的有效性，保证试验工作质量，为客户提供可靠的试验结果。
1. 定义
（1）能力验证：利用实验室间比对确定实验室的校准、检测能力或检查机构的检测能力。
（2）能力验证活动：用于监控实验室能力的任何实验室间比对或测量审核，如有国家或区域的认可机构、合作组织、政府、行业组织或提供正式能力验证计划的商业提供者运作的实验室间比对和测量审核。
（3）实验室间比对：按照预先规定的条件，由两个或多个实验室对相同或类似被测样品进行试验的组织、实施和评价。

（4）测量审核：实验室对被测物品（材料或制品）进行实际测试，将测试结果与参考值进行比较的活动。

（5）不满意结果：通过能力验证活动，利用统计技术或专家公议等技术手段，判定参加者的能力为不满意的结果。

（6）可疑结果：通过能力验证活动，利用统计技术或专家公议等技术手段，判定参加者的能力可能出现问题的结果。

2. 质量监控计划

实验室每年年底制订下一年度质量监控计划，明确监控内容，并经实验室管理层审批实施。监控计划内容具体如下：

（1）试验项目；

（2）试验人员；

（3）监控时间；

（4）监控的方式，包括测量审核、能力验证、外部实验室间比对、内部比对；

（5）内部比对根据实验室涉及试验项目，制定相应的人员比对、设备比对（具体到设备编号）、试验方法。

3. 内部比对

（1）同一样品、相同设备、不同试验人员的试验结果对比。

（2）同一样品、相同试验人员、不同设备（相同型号设备、不同型号设备）的试验结果对比。

（3）同一样品、相同试验人员、相同设备、不同检测方法的试验结果对比。

4. 监控频次

实验室比对与验证的项目和频次见表12-2-7。

表12-2-7 质量监控项目及频次表

类别	比对内容	比对频次
化学	原子发射光谱	1次/2年*
	元素分析	1次/年*◇
	原子吸收	1次/2年*
力学	室（高）温拉伸	1次/年
	应力断裂	1次/年
	力矩	1次/2年
	双剪	1次/2年
	单剪	1次/2年
	高周疲劳	1次/年；不少于3个试验室，3年；不少于4个试验室，5年
	断裂韧性	不少于3个试验室，3年；不少于4个试验室，5年
	低周疲劳	不少于3个试验室，3年；不少于4个试验室，5年

续表

类别	比对内容	比对频次
硬度	布氏硬度	1次/2年◇
	洛氏硬度	1次/年◇
	维氏硬度	1次/2年◇
金相或微硬度	金相（一般微观）	1次/2年
	显微硬度	1次/2年
	金相（宏观）	1次/2年
	镀层厚度	1次/2年
	接近表面检查	1次/2年
几何量	工程参数	1次/2年
无损检测	液体渗透	1次/2年
	磁粉	1次/2年
	X射线	1次/2年
	超声波	1次/2年

注：1. 只有一台试验设备且一名人员的实验室应参加实验室间比对。
2. "*"表示在最多6年内包括所有合金系列（Ni、Co、Al、Ti、Fe-高合金、Fe-低合金、Cu和Mg）的循环法R/R程序。
3. 对表中所列同一项目的试验，如使用了不同比对方法，均应独立满足频次要求。
4. "◇"表示该试验项目可开展能力验证活动。
5. 在没有适当能力验证的领域，合格评定机构应当通过强化内部质量控制和自行开展与其他实验室的比对等措施来确保其能力。
6. 质量监控频次要与最新版本要求动态更新。

5. 监控时机

（1）对新开展的项目、方法的论证、数据准确性进行的监控。
（2）由于人员、环境、设备、方法等因素的变化进行的监控。
（3）客户对报告的准确性提出异议后进行的比对。
（4）通过ISO 17025的实验室按表12-2-7规定的频次进行的监控。

6. 内、外部比对监控的评判准则

在对比对监控结果进行分析时，对参与比对单元结果进行统计分析，分析依据执行正态总体均值的假设检验T检验和总体标准差的假设检验F检验。

1）T检验

总体均值的假设检验T检验：未知σ_1及σ_2，但假设$\sigma_1=\sigma_2$，可得表12-2-8。

表12-2-8 T检验计算表

原假设H0	备择假设H1	统计量及其分布	在显著性水平$\alpha=0.05$下关于H0的拒绝
$\mu_1=\mu_2$	$\mu_1 \neq \mu_2$	$T=\dfrac{\bar{x}-\bar{y}}{\sqrt{(\dfrac{1}{n_1}+\dfrac{1}{n_2})S_w}}$ $\sim t(n_1+n_2-2)$	$\|T\|>t_{\alpha/2}$

注：$S_w=\sqrt{\dfrac{n_1 s_1^2+n_2 s_2^2}{n_1+n_2-2}}$，$s_1$、$s_2$为方差，即$s=\sqrt{\dfrac{\sum_{i=1}^{n}(x_1-\bar{x})^2+\cdots+(x_n-\bar{x})^2}{n}}$

2）F检验

总体均值的假设检验F检验：未知μ_1及μ_2，但假设$\mu_1=\mu_2$，可得表12-2-9。

表12-2-9　F检验计算表

原假设H0	备择假设H1	统计量及其分布	在显著性水平$\alpha=0.05$下关于H0的拒绝
$\sigma_1=\sigma_2$	$\sigma_1\neq\sigma_2$	$F=\dfrac{\max\{s_1^{\star 2},s_2^{\star 2}\}}{\min\{s_1^{\star 2},s_2^{\star 2}\}}$ ~F（n分子-1，n分母-1）	$F>F\dfrac{\alpha}{2}$

注：$s_1^{\star 2}$、$s_2^{\star 2}$为标准差，即$s^{\star}=\sqrt{\dfrac{\sum\limits_{i=1}^{n}(x_1-\overline{x})^2+\cdots+(x_n-\overline{x})^2}{n-1}}$。

3）T检验及F检验的评价顺序

先用F检验来检验两组数据的标准差σ_1和σ_2无显著差异，然后再进一步检验原假设$\mu_1=\mu_2$。若结果满意则认为比对成功；反之则失败。失败的比对应查找原因并采取纠正措施，比对与验证的人员应重新比对与验证，直至符合要求为止。

F检验合格后，再用T检验来检验两组数据的标准差σ_1及σ_2无显著差异，假设$\sigma_1=\sigma_2$。若结果满意则认为比对成功；反之则失败。失败的比对应查找原因并采取纠正措施，比对与验证的人员应重新比对与验证，直至符合要求为止。

7. 监控注意事项

（1）外部实验室之间的比对最好选择经国家实验室认可的实验室，并能涵盖本实验室拟监控的试验项目。

（2）比对发现结果可疑或不满意时，实验室分析原因并提出改善措施，防止报告错误的结果。

（3）对质量监控的试验结果进行比对、分析，并将结果予以记录。所有数据的记录方式应便于发现其发展趋势。

（4）用于相同试验的不同试验设备进行内部比对时，同一试验项目测试多个特性指标时，应对每个特性指标测试能力进行测试和评估。

（5）质量控制计划的评审结果作为管理评审输入的内容之一。

12.2.9　试验合同、委托单的评审

为了明确客户要求并确保实验室有能力满足这些要求，应及时与客户沟通。

1. 定义

（1）标书：指客户的招标文件。

（2）合同：指实验室与客户之间以书面方式确认的、双方同意的要求（包括委托单）。

（3）客户：实验室所提供产品或服务的接受者。

（4）评审：合同签订前，实验室对拟参与的投标项目、合同草案、书面或口头的订单草案进行的系统的评估和审查活动，以及对正式合同文本的确认。

2. 与试验项目有关的要求的确定

（1）客户明示的要求，明示的要求可以是书面的，也可以是口头的，对客户口头提出的要求，实验室应记录并由客户确认。

（2）客户虽然未明示，但是众所周知的、不言而喻的要求，即通常所说的隐含的要求。

（3）合同签定时应执行有关产品质量、安全、卫生、环保等方面的法律、法规要求。

（4）为满足客户要求，实验室确定的附加要求。

（5）必要时，实验室承担军工产品试验任务能力的评审应按军工产品试验的有关规定进行。

3. 与试验项目有关要求的评审

1）评审时机

在接受合同之前，合同签定部门必须组织对客户确定的要求进行评审。

2）评审分类

（1）对新的、复杂的、先进的、重大的项目、合同、投标文件和新项目进行评审，同时填写《合同/标书评审记录》，并附齐相关的文件资料。

（2）常规例行任务由客户以委托单形式提出，实验室对《检测委托书》予以评审，在委托书上签署评审意见。

3）评审内容

（1）合同中使用方的资信。

（2）合同中试验项目的技术指标（等级、精度、范围等）要求、执行标准的有效性及正确性。

（3）合同中试验项目所需材料或试样（名称、外观、数量、条件）、材料状态、标准物质、仪器设备、计量器具的要求。

（4）合同中试验项目名称、周期、费用要求。

（5）合同中试验记录、分析结果报告单要求。

（6）合同中对试验样品的处理要求。

（7）合同对试验费用结算方式、结算期限的要求。

（8）合同的规范性、合理性、合法性、准确性、完整性。

（9）需要在合同中明确的要求。

（10）试验项目的各项技术要求及时间要求是否明确，实验室能否满足客户的要求。

（11）是否有满足客户要求并适用于要求所进行试验的方法、试验或检验的规范或说明书、设备、人员。

4）评审方式

（1）会议评审。参加会议评审的人员根据各自的职责提出意见，并在"合同评审会签记录"上填写评审意见并签字。

（2）口头订单的评审。客户口头或通过打电话、发传真、寄信函等方式需对产品进行试验项目时，由实验室工作人员记录清楚时间、需要试验的单位、产品名称、试验项目、执行标准、数量等，并及时与客户沟通确认，保存传真或信函，电话记录、传真、信函作为合同评审的依据。

5）评审记录

（1）合同、投标文件的评审实验室应给出明确的评审结论，并保存合同评审的记录，评审记录包括评审各阶段的记录、合同重大变化和修改的记录以及所做的再评审记录。

（2）常规例行简单任务或客户要求不变的重复性例行任务，由实验室按照客户的委托要求填写委托单，并经客户签字确认，同时保存委托单。

（3）如接到客户的口头试验通知，由实验室工作人员负责填写委托单，确认后交客户认签。

（4）在合同执行期间，就客户的要求或工作结果与客户进行讨论的有关记录等都应保存。

6）评审更改

试验工作开始后，如果甲、乙双方任何一方需要对合同进行变更，实验室与客户协商，确定合同更改内容，做好记录，然后重复进行同样的合同或试验委托书评审。

12.2.10　原始记录管理

对记录进行管理，保证记录符合工作要求，为试验工作符合要求提供证据，为试验工作的改进提供依据。这里所指的记录一般为技术性记录。

1. 记录内容

（1）有关合同评审的记录。

（2）有关设备使用状况及校准的记录。

（3）有关检测/校准的原始记录及检测/校准报告。

（4）有关供应商的记录。

（5）有关服务和工作符合性检查的记录。

2. 记录要求

（1）手写记录必须用黑色或蓝黑色签字笔填写，要清晰、完整。电子原始记录须有电子签名。

（2）手写技术记录如出现错误，不应擦改、描改和用涂改液涂改，而应划改，在旁边标上正确值，并在旁边签名且注明日期；电子技术记录如出现错误，需履行电子信息更改程序，若是样品信息错误，则由样品信息录入人员进行更改，并留下电子更改信息；若是试验结果有误，则由试验审核人员进行更改，并留下电子更改信息。

（3）试验原始记录应包含足够的信息，并保证该检测在尽可能接近原条件的情况下能复现。

（4）原始记录必须经过监督（或校核）人员的核验；记录中应包括客户、订单号（若有一揽子订单，则为其订单号码）、零件或试件的标识、技术规范/试验方法、试验结果，以确保复现的实现。

（5）原始记录中应注明试验过程中发生的各类异常情况（如材料拉伸试验引伸计出错、疲劳试验载荷保护停机等）。

（6）如果客户合同/委托单要求某项试验"转发数据"（如"剪切转发1108-148数据"），试验人员应在相应的原始记录的备注栏中填写"转发**"（如"转发1108-148"），应在数据后面用符号标识。

3. 记录的归档、保存与销毁

1）记录的归档、保存

（1）实验室应对试验记录进行归档。

（2）依据不同类别记录明确保存期限，若相关法律法规对记录保管期限有要求，按相关要求执行，若无特殊要求，则记录保管期。试验记录保存期一般为5年，测量标准（设备、装置或系统）的技术记录（如溯源证书、质控数据、维修记录等）应长期保存，保存期一般为15年，即使在标准设备报废后，也应至少保留3年。涉及军工产品的检测/校准记录要长期保存，保存期一般为15年。当客户有特殊要求时，在合同规定的最短时间内，保存符合客户要求的记录。

2）记录的保存及流转

（1）记录保存需分类存放，并注意防潮、变质、火灾、丢失。

（2）如果客户要求提供所需记录，用电话、图文传真或其他电子或电磁设备传送，在3个工作日内提供。当客户有特殊要求时，按客户的要求办理。

3）记录的销毁

记录销毁由实验室记录保存部门负责人提出，实验室管理层批准实施。

12.2.11　产品试验报告管理

对试验报告/证书的编制、签发、修改和原始记录进行控制，保证试验报告/证书的正确有效。

1. 试验报告/证书中至少应包括的信息

（1）标题：试验报告（包括检测报告、检测证书）。

（2）实验室名称。

（3）试验报告的唯一性编号、"第×页 共×页"，以确保能够识别报告/证书的唯一性和完整性，并打印"以下空白"作为报告/证书的结束语。

（4）客户的名称或地址。

（5）所用试验方法标识，给出检测/校准所采用的标准/图纸及标注、试验方法、规范及相应版次或客户要求的方法编号。

（6）试验样品的标识，包括样品名称及规格、炉号/质保单号/零件序列号、型号等。

（7）试验样品的委托日期和进行试验日期。

（8）应给出抽样的相关信息，如规格、等级/热处理条件等。

（9）给出试验条件（温度、持久载荷）、规范中的标准值、试验结果（应带有法定计量单位）。

（10）试验报告应有试验人员、审核人、批准人的签字。

（11）客户要求证书给出结论时，应显示试验结果符合相应规范的要求。

（12）同一试验不允许将合格和不合格的结果分开签发。

（13）有关声明，如试验结果仅对试验样品或批次有效及报告/证书不得复印等声明。

（14）试验报告由授权签字人批准后加盖实验室试验专用章；需要加盖CNAS认可标识的试验报告，除由授权签字人签发实验室试验专用章外，再加盖CNAS认可标识，CNAS认可标识加盖在试验报告首页上部左侧的位置。

2. 报告的签批

（1）报告必须经编制、审核人员审核后报授权签字人批准。报告签名必须是手写签名或有密码控制的电子签名。

（2）签批完整的报告应加盖实验室试验专用章。

3. 试验报告/证书修改、传送及标识

1）报告修改

（1）已发出的试验报告/证书需要修改时，实验室应对报告收发进行登记，修改需登记修改原因，发布新的试验报告/证书，用原报告/证书编号后面加上标识。建议标识方法：首次更改在原报告号后加-1，第二次更改在原报告号后加-2，依次类推。如需注明替代某报告/证书，则原报告应收回、注销、归档。

（2）试验报告发现错误时，按客户规定的时间通知客户。

2）报告的传送

（1）当客户要求用图文传真或其他电子或电磁设备传送结果时，实验室应确认接收人的姓名、接收号码、接收时间，并作记录。

（2）必要时应加密处理，为客户保密。

3）报告的标识

（1）替代/重复试验的报告，应在推荐报告编号后面加上TD/CF，且报告内容必须包含失败试验数据、替代/重复试验数据，以及做替代/重复试验的原因。

（2）如果报告/证书中有分包商所进行的检测数据，应有标识，并能清楚地区别出来。

4. 试验报告的其他要求

（1）试验报告中的试验项目应包括规范/图纸或客户所要求的未进行的某些试验项目，同时应对已进行的试验项目给出符合性结论。

（2）不同的方向/部位对检测结果有影响或规范中规定在特定的方向时，报告中应注明检测方向/部位，如晶粒流线检查。

（3）报告中硬度标尺与规范指定的不同（如要求布氏硬度，结果为洛氏硬度），但规范允许硬度等价转换时，报告中应注明（如382HB相当于42HRC）。

（4）试验报告中的技术术语应与规范中保持一致。

（5）如果有必要解释试验结果，应在试验报告适当和需要之处写出意见和解释。

（6）报告中应注明试验过程中发生的各类异常情况（如材料拉伸试验引伸计出错、疲劳试验载荷保护停机等）。

（7）由于任何原因导致对试验报告及其修正值的有效性产生疑问时，实验室应立即书面通知客户。

12.2.12 产品试验结果管理

对于紧固件产品的试验结果，由于其受试验过程、试验工装的影响较大，当试验结果出现不合格或异常时，需要对影响试验结果的过程进行试验分析，确认试验过程和结果的有效性。

1. 定义

（1）无效试验：基于被识别出来的，不同于被测试材料的特性的原因而确定的结果不具代表性的试验（如试样加工或试验误差）。

（2）无效试验值：由于与其他群体从同一个样品上所测得的多数值不一致且被认为不具真实性的试验值，这种无效性需要进行评估并按照AC7101附录B的要求进行报告。

（3）替代试验：由于所识别出现的原因不同于被测试材料的特性，使结果被认为不真实的试验（如试样加工或试验误差）。注：替代试验应参照引用原始试验（可能替换个别样件或重新获取样本）。

（4）重复试验：由同一家实验室采用同样的方法、设备（或相关精度或更好的设备）、样品重复同一个试验；通常由于对原试验的怀疑或原试验出现不符合要求的结果时，进行再次试验。（注：只有在规范或客户允许时才能做重复试验。）

2. 失败试验分析程序

1）失败试验分析流程图

试验结果不合格则为试验失败，一旦试验失败，启动试验过程分析，即失败试验分析，分析的流程见图12-2-2。

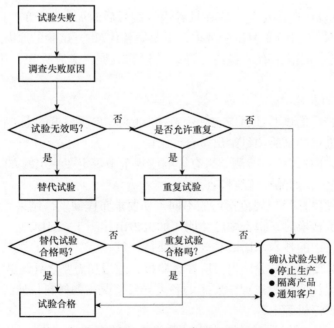

图12-2-2 失败试验管理流程框图

2）失败试验分析

（1）试验结果出现了不合格，启动失败试验分析。实验室人员一起分析试验过程/方法、试验样件是否存在问题，如试验过程/方法、试验样件没有问题，则判定试验有效（即试验过程和结果有效，试验数据真实、可靠），实验室出具不合格试验数据，给出不合格结论，或启动重复试验流程，同时对不合格产品进行隔离，停止生产。当试验过程/方法、试验样件任一有问题时，则判试验无效（试验过程和结果无效，试验数据不可靠），启动替代试验流程。

（2）通过分析确认试验无效进行替代试验流程时，必须先消除影响的原因，再进行替代试验，替代试验方法参照原始试验进行。替代试验由于是试验过程存在问题试验结果无效，所以一般情况下向委托方申请替代试验样件，进行替代试验，不需要征得客户的同意；但是当客户有要求时，替代试验需按要求得到委托方批准。替代试验的试验件保存时，应与同批次无效试验样件存放在一起，并分别进行标识为无效样件和替代样件。

（3）通过分析确认试验无效试验结果不合格时，实验室应书面通知客户或委托方。如果启动重复试验，试验前先确认相关规范是否允许，如果不允许，则必须征得客户的同意后才可进行。重复试验的试验样件保存时，与同批次第一次试验的样件存放在一起，分别标识第一次试验样件和重复试验样件。

（4）替代试验样件和重复试验样件的补充，应按照试验方的实验室管理程序要求执行。如是样件的缺陷，在整批产品中剔除此类缺陷产品，筛选后重新组批，返工后也应重新组批等，保证所取样件能代表整批产品的质量状况。

（5）替代试验和重复试验应在其报告和记录的编号前增加标识，以保持可追溯性，如替代试验加"TD"、重复试验加"CF"。当客户有要求时，报告内容必须包含失败试验数据、替代/重复试验数据，以及为什么做替代/重复试验的原因。

（6）试验失败有效时，实验室签发不合格试验报告。实验室每季度对失败试验进行一次统计分析，判定测试程序、方法、加工、设备的有效性和变化趋势，有明显趋势时应分析原因、采取纠正措施，并保持记录。

3. 异常试验件的处理

（1）异常试验件的来源，包括试验前来样检查时发现，试验过程中发现。

（2）试验前来样检查发现的异常样件一般为外观缺陷、外观尺寸超差、样件表面的镀层与标准不符等，这类异常样件是无效试验件，退回给委托方并说明。

（3）试验过程中发现的异常试验件一般为样件被破坏后发现的缺陷，通常为断口异常（空洞、晶界偏析等），这类异常试验件的试验数据为无效数据，启动失败试验流程。

（4）无论试验前还是试验中发现异常试验件，退回委托方或客户后，客户需要查找产品不合格的原因并采取措施，消除不合格后重新组批，抽取试验件重新提交。

4. 数据标识

（1）当记录、报告有不合格数据时，在不合格数据后标识"☆"，在注释中给予注释。当试验结果为异常数据时，在异常数据后标识"◇"，在注释中注释"◇"为观察数据；试验过程的全部偏差及异常应在备注栏中给予说明。

（2）当记录、报告使用的为非标准方法时，应在备注栏中给予说明。

（3）当记录、报告中有重复或替代试验的数据时，重复或替代试验的数据后应用"△"清晰标明，并在注释中说明为重复或替代试验的数据。

（4）当记录、报告引用分包方报告的数据时，分包数据应用"*"清晰标明，在注释中说明为分包数据，有分包数据时注明分包商名称，同时对分包数据负责。

12.2.13 试验安装的经验分享

1. 安装注意事项

试验件的安装正确与否，直接影响试验结果的准确性，试验员进行试验时，必须正确把握安装要求及检查正确性的一些技巧，下面介绍螺母及螺栓的安装实例。

1）螺母试验的安装及正确性检查

被试验螺母与螺栓安装时符合技术条件要求。例如：

（1）《自锁螺母技术条件》（GB 943—1988）要求试验螺栓末端拧出螺母需要3倍螺距；

（2）《使用温度不高于425℃的MJ螺纹自锁螺母通用规范》（HB 7595—2011）要求试验螺栓末端拧出螺母至少3倍螺距；

（3）《自锁螺母技术条件》（HB 5642—1987）要求试验螺栓末端露出螺母2倍螺距（包括倒角）；

（4）《尼龙圈自锁螺母第1部分：通用规范》（QJ 3078.1—2011）要求试验螺栓末端拧出螺母需要3倍螺距。

螺母试验安装正确性检查：首先将螺栓拧入螺母，直至拧到收口部位；其次用游标卡尺测量螺栓端部距离螺母顶端的高度 H；最后用测量的高度除以螺距，计算值（通常所讲的扣数）为 $H/$ 螺距。

2）螺栓试验的安装及正确性检查

以GJB715系列试验方法为例。

（1）拉伸试验。没有特定夹层范围的螺纹试样，其夹层长度应使螺母支撑面以下至少有两扣未旋合螺纹（或未旋入螺纹接头的螺纹至少有两扣未旋合螺纹）。

（2）疲劳试验。安装抗拉螺栓时，应使螺母支撑面与螺栓螺尾之间保留2~3扣完整螺纹；安装抗剪螺栓时，应使螺母支撑面与螺栓螺尾之间保留0.5~1扣完整螺纹；安装沉头螺栓时，应检查螺栓头部与试验夹具沉头窝之间是否贴合均匀，螺栓头下圆角区不应发生接触。

（3）应力断裂试验。安装试样时应注意不要产生非轴向力。试验时，至少应有2扣完整螺纹不旋合。

螺栓安装正确性检查：首先将螺栓拧入试验夹具，直至螺栓收尾。将试验夹具外圆平分成4份，然后做上标记，试验时以标记处来保证未旋合螺纹。

第13章 紧固件试验数据处理

13.1 试验数据的采集与记录

13.1.1 定义

数据是指通过观察、实验或计算得出的结果，它可以是数字、文字、图像、声音等。数据可由人工或自动化装置进行处理。

数据处理是指从获得数据开始到获得最后结论的整个过程，它包括数据记录、整理、计算与分析、拟合等，从而达到方便计算、比对分析、正确判定、准确报告的目的，以及寻找出测量对象的内在规律，正确地给出试验结果。数据处理是对数据的采集、存储、检索、加工、变换和传输。

13.1.2 紧固件数据的记录和处理

试验过程一开始便按规范要求（如按规定的时间、状态、频次等）收集试验中输出的产品试验数据。记录方法及要求如下。

1. 数据的记录

（1）人工采集和使用带刻度的仪器设备进行记录，需要人工读取数据并记录数据时，通常记录至最小值的1/2。

（2）仪器设备自动采集记录位数按设备自动输出执行，数字式仪器设备记录至最后一位显示数字。

2. 记录的要求

（1）当数据需要进行数据处理和计算过程时，记录数据可多保留一位小数。

（2）数据的计量单位必须使用我国法定计量单位，标有非法定计量单位的仪器设备，应编制计量单位换算表，记录以原计量单位和经换算后的法定单位表示的数据。

（3）试验数据需要转换到记录表格和试验数据报告中去时，应由采集试验数据的人员进行。

（4）仪器设备自动采集和打印的数据包括图谱、试验数据时，数据单中应有样品标识的编号和产生数据的日期。

13.2 试验数据处理

13.2.1 数据有效位数和判定

（1）计算结果的有效位数按标准检测数据方法的规定执行。

（2）检测数据方法标准未明确规定时，可参照产品标准的技术指标，与产品技术指标规定的数值位数一致。位数的修约按相应方法标准或规范规定执行，试验方法或产品标准没有规定的，数据修约按《数值修约规则》（GB/T 8170—2008）或《数值修约准则》（ASTM E29-22）执行。

13.2.2 试验数据处理方法

试验中测量得到的许多数据需要处理后才能表示测量的最终结果。对试验数据进行数据处理常用的方法有列表法、作图法（如约翰逊三分之二法）、图解法、逐差法、最小二乘法。但紧固件试验的常用方法为列表法、约翰逊三分之二法和最小二乘法，下面简单介绍这3种方法。

1. 列表法

1）列表法定义

列表法是将一组试验数据和计算的中间数据依据一定的形式和顺序形成表格的方法。列表法可以简单明确地表示出各物理量之间的对应关系，便于分析和发现资料的规律性，也有助于检查和发现试验中的问题，这就是列表法的优点。

2）设计记录表格时的注意事项

（1）表格设计应合理，便于记录、检查、运算和分析。

（2）表格中涉及的各种参数或物理量，其符号、单位及量值的数量级均要表示清楚，但不要把单位写在数字后。

（3）表中的数据要正确反映测量结果的有效数字和不确定度。除原始数据外，计算过程中的一些中间结果和最后结果也可以列入表中。

（4）表格要加上必要的说明。实验室所给的数据或查得的单项数据应列在表格的上部，说明写在表格的下部。

3）列表法使用案例

钛合金紧固件要用仪器测试氢含量，需要验证氢含量仪器的范围和精度是否满足要求，还要作氢含量仪器校准曲线，该曲线采用图表法，首先取5组不同范围的标准样品（5组标样包括全量程），每组标准样品分别测试5次，然后计算出每组数据的标准偏差，最后将所取得的数据在趋势图中表现出来。趋势线的线性系数值决定该仪器的精度是否在可接受范围内。如表13-2-1及图13-2-1所示。

表13-2-1 氢含量仪器校准数据

氢含量曲线图							
标准值 精度范围/10^{-6}	标准值/10^{-6}	测量值/10^{-6}					标准偏差
		1	2	3	4	5	
7.3 ± 0.3	7.3	6.9	7.6	7.4	7	7	0.303315018
29 ± 2	29	31	28	30	31	30	1.224744871
58 ± 2	58	55	57	57	59	57	1.414213562
147 ± 10	147	150	154	150	152	155	2.28035085
180 ± 7	180	176	185	182	185	179	3.911521443

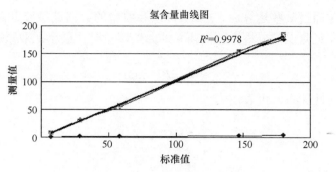

图 13-2-1　测氢仪校准曲线

2. 约翰逊三分之二法

此方法常用于测定紧固件的屈服强度。读取数据方法：在载荷-伸长曲线上作一直线，其斜率为曲线弹性短斜率的2/3，然后引出另一条平行于该直线并与载荷-伸长曲线相切的直线，其切点即为屈服点，该点的强度即为屈服强度，如图13-2-2所示。

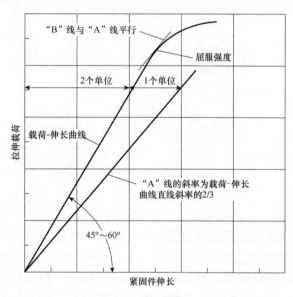

图 13-2-2　确定屈服强度的约翰逊三分之二近似法

3. 最小二乘法

1）定义

最小二乘法（又称最小平方法）是一种数学优化技术。它通过最小化误差的平方和寻求数据的最佳函数匹配。利用最小二乘法可以简便地求得未知的数据，并使这些求得的数据与实际数据之间误差的平方和为最小。最小二乘法可以用于曲线拟合，其他一些优化问题也可以通过最小能量或最大化熵使用最小二乘法。

2）基本原理

求 c，使 $\delta = \sum_{i=0}^{n}(f(x)-y_i^2)^2$ 达到最小值。曲线拟合的实质就是找到一个所需的函数

$y=f(x)$，使得在通过某些运算后，$f(x)$ 可以和原始的数据点最接近，也即拟合曲线最接近原函数。在观测误差分量为随机独立的偶然误差时，最小二乘原理可表述为

$$V^T PV = \min \tag{13-2-1}$$

对于一阶线性关系，可表述为

$$V = BX - Y \tag{13-2-2}$$

其中：

$$Y = \begin{bmatrix} y_1 \\ y_2 \\ \vdots \\ y_n \end{bmatrix}, \quad B = \begin{bmatrix} 1 & x_1 \\ 1 & x_2 \\ \vdots & \vdots \\ 1 & x_n \end{bmatrix}, \quad X = \begin{bmatrix} a \\ b \end{bmatrix}, \quad V = \begin{bmatrix} v_1 \\ v_2 \\ \vdots \\ v_n \end{bmatrix}$$

由原理可知，最小二乘法拟合的目的是使各个离散点拟合曲线的距离平方和最小。所以，当拟合函数为全域函数时，对应的拟合方法也是全域的，其光滑性相对较好，但局部逼近能力较差。用简化图解法可将最小二乘模型图表述为图13-2-3。

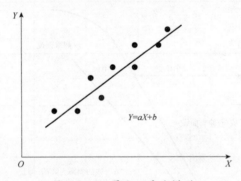

图13-2-3 最小二乘法模型

由图13-2-3可以看出，在对参数进行估计时，要使得到的参数 a、b 满足线性方程"最佳"拟合于各个观测值。而这个"最佳"通常有两种不同的理解：一种观点认为各观测点对直线最大距离取最小值时直线是最佳的；另一种观点认为各观测点到直线的偏差的绝对值之和取最小值时直线是最佳的。两种针对"最佳"的理解可用图13-2-4表示。

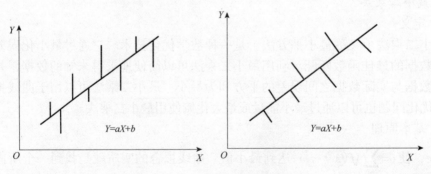

图13-2-4 两种最佳逼近模型

3）整体最小二乘法

由上述可知，采用传统最小二乘法对误差方程求解时，默认了测量过程偶然误差只存在于观测向量中，而忽略了系数矩阵中也可能存在误差的情况。如果系数矩阵中存在误差，那么直接使用传统最小二乘法求得的参数估计将不再是无偏估计值，而是有偏估计值。在图13-2-3所示的波形处理中，测量点的曲线拟合更易放大此问题，曲线的局部拟合将不再是最优值，进而导致曲线总体偏离原始真值。此时需引入整体最小二乘法求解。

整体最小二乘法是一类同时考虑函数模型观测向量和系数矩阵误差的非线性平差方法。虽然整体最小二乘估计不再具有最小二乘估值良好的统计性质，但是当函数模型的系数矩阵含有随机误差时，总体最小二乘的精度能获得比最小二乘更严密和合理的参数估值。目前常用基于partial EIV模型的整体最小二乘法求解。查相关计算文献，在处理如本书所讨论的高速数据采集的运算问题时，奇异值分解法求解存在较大局限性，引入整体最小二乘平差模型进行深度推导能极大地简化运算过程。本书引用该过程推导后相关的解算步骤如下。

（1）$\hat{V}=0, \hat{X}=N^{-1}c, N=A^{\mathrm{T}}A, c=A^{\mathrm{T}}L$

（2）$\hat{V}^{(i)}=(L-A\hat{X}^{(i)})^{\mathrm{T}}(L-A\hat{X}^{(i)})/(1+(\hat{X}^{(i)})^{\mathrm{T}}\hat{X}^{(i)})$

（3）当满足 $\left\|\hat{X}^{(i+1)}-\hat{X}^{(i)}\right\| \leq \varepsilon$ 时，迭代结束。

协方差矩阵为

$$D(\hat{X}) \approx \sigma_0^2 = (N-\hat{V}I_m)^{-1}N(N-\hat{V}I_n)^{-1}$$

此外，常用的整体最小二乘法的衍生算法包括加权整体最小二乘法、精度评定的近似函数法、移动最小二乘法等。本书在处理曲线拟合计算中使用了Matlab、LabView等软件集成的整体算法，此处不予详述。

4）最小二乘法使用案例

智能螺栓使用的超声测量仪测量软件，自动捕捉声时使用了LabView中的数组特殊值提取办法来实现回波波峰功能，自动判读回波首波并确定首波起点，在停止采样后即可自动读取声时值并保存对应的波幅值。读数精度对首波起始点的判定偏差小于±2个采样点，对应的声时读数偏差则与采样频率相关。采样频率越高，相邻采样点的时间间隔越短，则声时偏差越小。为满足超声测量仪测量声时精度0.1ns的要求，则采样频率应为200MHz，如图13-2-5所示，此时波形已被拉宽，首波弯曲的弧度增大，其波幅较小时可能导致自动读数产生较大误差。波形图局部放大如图13-2-6所示。

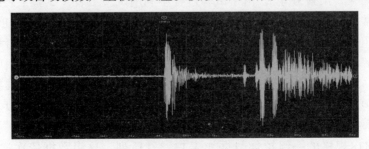

图13-2-5　$f=250\mathrm{MHz}$时的波形图信号总貌

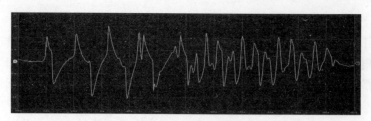

图 13-2-6　f=250MHz 时的波形图局部放大

使用传统最小二乘法及其衍生的移动最小二乘法、整体最小二乘法的组合方法，结合平滑滤波、零点漂移去除、包络提取和样条插值等手段，可有效解决该问题。

根据智能螺栓的声弹性理论，螺栓标定曲线符合一阶线性关系，在标定其载荷-声时差关系曲线时，在实现算法中按直线拟合模型处理，其模型为

$$\begin{bmatrix} y_{t1} \\ y_{t2} \\ \vdots \\ y_{tn} \end{bmatrix} - \begin{bmatrix} e_{yt1} \\ e_{yt2} \\ \vdots \\ e_{ytn} \end{bmatrix} = \left\{ \begin{bmatrix} x_{t1} \\ x_{t2} \\ \vdots \\ x_{tn} \end{bmatrix} - \begin{bmatrix} e_{xt1} \\ e_{xt2} \\ \vdots \\ e_{xtn} \end{bmatrix} \right\} \xi$$

全范围拟合效果如图 13-2-7 所示，可明显发现拟合后的波形更直观，便于读取峰值。

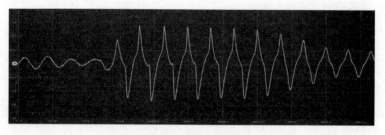

图 13-2-7　整波拟合效果

13.3　试验数据的检查与处理

13.3.1　数据趋势

试验员进行紧固件的螺栓典型试验（如拉伸、剪切、持久等）、螺母典型试验（如锁紧性能、轴载、预紧力等），由于试验过程中利用试验工装，试验工装的磨损对试验结果影响非常大。在进行这类试验时，试验员将一批紧固件的某一试验项目进行完毕，先记录好该组数据，发出报告之前应对这组数据进行趋势检查，看是否存在依次呈递增、递减趋势，如果发现存在这一现象，则这组数据可能为失效数据，应立即停止编制试验报告，并对试验过程进行检查，着重检查试验工装是否符合标准要求，如进行剪切试验时剪切工装刃口圆弧是否损坏。对紧固件性能试验来说，一般多为试验工装或试验芯棒磨损、失效导致试验结果为失效数据。

例如，M18 规格的一组拉伸数据如表 13-3-1 所列，这组数据依次递减。经分析，

该批产品的材料是钛合金，该材料强度高，大规格拉伸载荷较大，在进行拉伸试验时，由于载荷大，拉伸工装螺纹接头的强度偏低，试验时孔口损坏，随着试验数量的增加，损坏程度越来越严重，试验件出现缺口敏感，导致试验数据呈依次递减趋势。试验员进行失败试验分析后，判定此次试验为失败试验，数据无效，需要重新取样进行替代试验，替代试验时要对每一个样件试验完后对螺纹接头进行测试，发现有螺纹接头口部倒角损失，更换一件新的螺纹接头进行试验。替代试验数据如表13-3-2所列。

表 13-3-1　拉伸失败试验数据

标准值： ≥293kN	序号	1	2	3	4	5
	试验结果	305.873	303.297	298.720	294.562	292.720

表 13-3-2　替代试验数据

标准值： ≥293kN	序号	1	2	3	4	5
	试验结果	305.273	305.697	304.892	305.103	304.520

13.3.2　异常数据

1. 异常数据概述

一组数据中，如果个别数据偏离平均值很远，那么这个（这些）数据称为"可疑值"。对于紧固件试验数据，出现了"可疑值"就要对该数据的样件、试验过程进行原因分析，找出原因后，将"可疑值"从试验数据中剔除，那么该"可疑值"就称为异常数据。

2. 紧固件异常数据分析和处理

当一组数据产生后，试验员经检查发现一个或几个数据明显高于或低于其他数据，记录这类数据时，要对其进行标识并对试验件及试验过程进行分析。一般而言，异常数据产生的原因多为试验件造成的，常发生的几种情况如下：

（1）排查试验过程时发现异常数据的试验件断口异常、晶界缺陷或空洞等缺陷；

（2）试验件断口正常的情况下，试验员提交异常数据的试验件进行元素分析，会发现异常件的元素分析结果与其他产品不同，也就是常说的批产品中出现"混料"或取样出错；

（3）试验件经排查未出现以上（1）和（2）条两种情况时，多为热处理的状态不一致造成。

试验数据出现"异常数据"，经分析确定原因是试验件出现了上述试验件质量缺陷、混料混批等原因，那么该批次紧固件产品，试验结论判为不合格，并向委托单位告知异常数据分析的证据。

13.3.3　试验失败的分析与判定

当一组数据中有超差数据且差异较大时，经分析试验过程/方法、试验样件其中任一因素有问题，则判试验过程和数据无效。当出现试验无效时，实验室应记录和说明原因并向委托方申请替代试验。经分析试验过程/方法、试验样件均没有问题，则判定试验过程和数据有效，这时试验人员须签发不合格报告；如果是实验室想做进一步分析，实验室可申请再次取样，但再次获得的试验结果仅用于试验分析；如果是委托方要进行重复试验，在相应规范允许或得到客户认可的情况下，实验室才接受重新取样进行重复试验，但在记录和报告中应注明是重复试验数据。

13.4 试验数据的修约

对某已知数（或称为拟修约数）根据保留数位要求，将多余位数的数字进行取舍，按照一定的规则，选取一个其值为修约间隔整数倍的数（称为修约数）代替已知数，这一过程称为数据修约。检测原始数据通常是很长的一串数字，报出结果时，就需要进行数据修约。它是确定修约保留位数的一种方式，修约数只能是修约间隔的整数倍。

测量只能不断接近真实值，但不可能得到真实值。保留过多的数字位数，并不能表示测量结果的准确性很高，相反还可能使人误认为是具有很高的准确度。但若保留的数字位数过少，则会损失测量准确度。数据修约就是通过一定的规则使测量结果保留适当的数字位数，既便于计算和保证数据的准确性，又与规范中的标准值的有效位数据相同，以便分析和判定。

紧固件试验修约原则如下：

1.标准中规定了修约方法

（1）ASTM E18规定按E29进行数据修约，对于一般的商业行为，数据应修约至整数即个位数，其进舍规则如下：

①拟舍去数字的最左一位数字小于5时，则舍去，保留其余各位数字不变。例如：37.426修约整数为37。

②拟舍去数字的最左一位数字大于5时，则进1，保留数字的末位数加1。例如：37.61修约整数为38。

③拟舍去数字的最左一位数字是5时，且其后又非0数字时则进1，保留数字的末位数加1。例如：36.502修约整数为37。

④拟舍去数字的最左一位数字是5时，且其后无数字或都为0时，若保留的末位数字为奇数时（1，3，5，7，9）则进1，若保留的末位数字为偶数时（2，4，6，8），则舍去。例如：36.50修约整数为36；37.5修约为38。

（2）洛氏硬度试验方法标准《金属材料洛氏硬度试验第1部分：试验方法》（GB230.1—2018）中规定："试验结果，洛氏硬度值至少应精确至0.5HRC"，即修约是0.5单位间隔。试验数据就要按该方法规定进行修约。

0.5单位间隔修约，将拟修约的数据x乘以2，按指定修约间隔对$2x$用上述（1）中的4种方法进行修约，所得的数值再除以2。

36.26　36.26×2=72.52　72.52按上述（1）中的方案③进行修约，修约为73，73/2=36.5。

35.25　35.25×2=70.5　70.5按上述（1）中的方案④进行修约，修约为70，70/2=35。

2. 标准中未注明修约方法

试验方法或产品标准没有规定的，可参照产品标准或技术条件，与产品技术指标规定的数值有效数字一致或多保留一位有效数字，数据修约按《数值修约规则》（GB/T 8170—2008）执行。

例如，标准号GB/T 70.1—2000、M5×25的内六角圆柱头螺钉拉伸强度测试结果如表13-4-1所列，试验结果位数跟标准值保持一致，为整数位；标准号GB/T 819.1—2000、M2.5×4的十字槽沉头螺钉，破坏扭矩测试结果如表13-4-2所列，试验结果的位数与标准多保持一位有效数字。

表13-4-1 拉伸强度试验结果位数保留

标准值：≥700MPa	序号	1	2	3	4	5
	试验结果	810	813	817	812	814

表13-4-2 破坏扭矩试验结果位数保留

标准值：≥0.9N·m	序号	1	2	3	4	5
	试验结果	0.97	0.98	0.98	0.99	0.99

3. 经计算获得结果

紧固件试验过程中数据需要经计算才能得到结果的，记录数据时可比最终结果多保留一位有效数字，最终结果按修约原则进行修约。

例如：强度=最大载荷/原始横截面积；断面收缩率=断后横截面积/原始横截面积×100%；弹性模量=应力/应变；冲击韧性值=冲击功/缺口处的横截面积。

13.5 测量不确定度的评定

13.5.1 定义与表示符号

1. 测量不确定的几个定义及表示符号

（1）测量误差，简称误差，是指测得的量值减去参考量值。

（2）系统测量误差，简称系统误差，是指在重复测量中保持恒定不变或按可预见的方式变化的测量误差的分量。系统测量误差的参考量值是真值，或是测量不确定度可忽略不计的测量标准的测量值，或是约定量值。系统测量误差及其来源可以是已知的或未知的。对于已知的系统测量误差，可以采用修正来补偿。系统测量误差等于测量误差减随机测量误差。

（3）随机测量误差，简称随机误差，是指在重复测量中按不可预见的方式变化的测量误差的分量。随机测量误差的参考量值是对同一个被测量由无穷多次重复测量得到的平均值。随机测量误差等于测量误差减系统测量误差，见图13-5-1。

（4）测量不确定度，简称不确定度，是指表征合理的赋予被测量之值的分散性，与测量结果相联系的参数。测量不确定度一般由若干分量组成。其中一些分量可根据一系列测量值的统计分布，按测量不确定度的A类评定（随机效应引起的）进行评定，并用标准偏差表征；而另一些分量则可根据基于经验或其他信息所获得的概率密度函数，按测量不确定度的B类评定（系统效应引起的）进行评定，也用标准偏差表征。

（5）标准不确定度是指以标准偏差表示的测量不确定度。标准不确定度（全称为标准测量不确定度）可采用A类标准不确定度、B类标准不确定度及合成标准不确定度、相对合成标准不确定度等表示。

（6）测量不确定度的A类评定，简称A类评定，是指对在规定测量条件下测得的量值用统计分析的方法进行的测量不确定度分量的评定，用符号μ_A表示，用试验标准偏差来表征。

（7）测量不确定度的B类评定，简称B类评定，是指用不同于测量不确定度A类评定的方法进行的测量不确定度分量的评定，用符号μ_B表示，用试验或其他信息来估计，含有主观鉴别的成分。

（8）合成标准不确定度，全称为合成标准测量不确定度，是指由在一个测量模型中各输入量的标准测量不确定度获得的输出量的标准测量不确定度。它是测量结果标准偏差的估计值，用符号μ_C表示，合成标准不确定度仍然是标准偏差，它表征了测量结果的分散性，表征所评定的可靠程度。

（9）相对标准不确定度，全称为相对标准测量不确定度，是指标准不确定度除以测得值的绝对值。

（10）扩展不确定度，全称为扩展测量不确定度，是指合成标准不确定度与一个大于1（k值）的数字因子的乘积，通常用符号U表示，k一般为2，有时为3。扩展不确定度是确定测量结果区间的量，合理赋予被测量之值分布的大部分可望含于此区间，而测量结果的取值区间在被测量值概率分布中所包含的百分数，被称为该区间的置信概率或置信水准或置信水平。

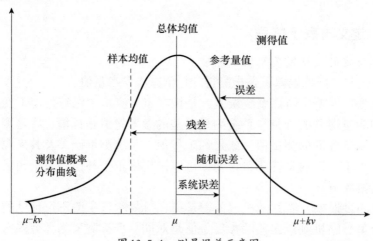

图13-5-1　测量误差示意图

（11）包含区间是指基于可获信息确定的包含被测量一组值的区间，被测量值以一定概率落在该区间内。

（12）包含概率是指在规定的包含区间内包含被测量的一组值的概率。

（13）包含因子是指为获得扩展不确定度，对合成标准不确定度所乘的大于1的数。包含因子有时也称为扩展因子，用符号k表示。

2. 表示符号

表示测量不确定度常用的名称及符号详见表13-5-1。

表13-5-1　表示测量不确定度常用的名称及符号

名称	符号	说明
标准不确定度	μ 或 $\mu(x_i)$	
相对标准不确定度	μ_{rel}	rel是"相对"的英文字母的缩写
测量不确定度的A类评定	μ_A 或 $\mu_A(x_i)$	
测量不确定度的B类评定	μ_B 或 $\mu_B(x_i)$	
合成标准不确定度	μ_C 或 $\mu_c(y)$	
相对合成标准不确定度	μ_{crel} 或 $\mu_{crel}(y)$	
扩展不确定度	U 或 U_p	U_p 为包含概率为 p 的扩展不确定度
相对扩展不确定度	U_{rel} 或 U_{prel}	
包含因子	k 或 k_p	k_p 为包含概率为 p 的包含因子
包含概率	p	如 $p=95\%$ 或 $p=99\%$

注：表中大写U表示扩展不确定度；小写μ表示标准不确定度。例如，标准不确定度A类评定μ_A；标准不确定度B类评定μ_B；合成标准不确定度μ_C或$\mu_C(y)$；扩展或相对扩展不确定度：U或U_p、U_{rel}或U_{prel}。

13.5.2　报告给出测量不确定度的条件

试验工作中出现以下情况时，需对试验结果的不确定度进行评定。

（1）客户有要求时。

（2）试验方法中有规定时，如《金属材料洛氏硬度试验第1部分：试验方法》（GB/T 230.1—2009）紧固件硬度测试方法中明确规定了不确定度的评价方法。

（3）报告值与合格临界值接近时，测量不确定度影响产品是否合格时。例如，某种药品残留限量是100，超出限量即判断产品为不合格，现在测出某样品的残留量为100.4μg/kg，实验室所出测试报告必须给出测量不确定度，如果测量不确定度为（100±0.5）μg/kg，就不能判定该样品不合格。

上述3种情况，测试报告中测量结果应该给出测量不确定度。

13.5.3　测量不确定度评价步骤及内容

1. 测量的数字模型

给出被检测参数（输出量）与直接测量参数（输入量）的关系式。

建立测量模型，即被测量与各输入量之间的函数关系。若Y的测量结果为y，输入量X_i的估计值为x_i，则$y=f(x_1, x_2, \cdots, x_i)$。

在建立模型时要注意，有一些潜在的不确定度来源不能明显地呈现在上述函数关系中，它们对测量结果本身有影响，但由于缺乏必要的信息而无法写出它们与被测量的函数关系，因此在具体测量时无法定量地计算出它们对测量结果影响的大小，在计算公式中只能将其忽略而作为不确定度处理。

2. 分析不确定度的来源

测量不确定度来源的识别应从分析测量过程入手，即对测量方法、测量系统和测量程序做详细研究，为此必要时应尽可能画出测量系统原理或测量方法的方框图和测量流程图。检测和校准结果不确定度可能来自以下几点：

（1）对被测量的定义不完善；

（2）实现被测量的定义的方法不理想；

（3）取样的代表性不够，即被测量的样本不能代表所定义的被测量；

（4）对测量过程受环境影响的认识不全面，或对环境条件的测量与控制不完善；

（5）对模拟仪器的读数存在人为偏移；

（6）测量仪器的计量性能（如最大允许误差、灵敏度、鉴别力、分辨力、死区及稳定性等）的局限性，即导致仪器的不确定度；

（7）赋予计量标准的值或标准物质的值不准确；

（8）引用于数据计算的常量和其他参量不准确；

（9）测量方法和测量程序的近似性和假定性；

（10）在表面上看来完全相同的条件下，被测量重复观测值的变化。

综合上述不确定度来源，除了定义的不确定度外，还可从测量仪器、测量环境、测量人员、测量方法等方面考虑，特别是要对测量结果影响较大的不确定度来源，应尽量做到不遗漏、不重复。

3. 不确定度评定原则

不确定度评定的基本原则：做到不遗漏、不重复，又恰如其分地评定每一个不确定度分量，特别是重要的不确定度分量。A类评定、B类评定是不确定度评定的两种方法，都用标准偏差表示标准不确定度。采用两种评定方法时应注意以下几点。

（1）与误差的关系。不确定度A类评定、B类评定方法均与随机误差和系统误差不存在对应关系，即不确定度与误差不能也无法对应。为区分不确定度性质，通常表述"由随机效应或系统效应导致的不确定度分量"。

（2）确定不确定度来源。在进行不确定度评定时，应先确定不确定度来源，即标准不确定度的分量，然后确定各分量的评定方法。不应根据A类评定方法或B类评定方法寻找不确定度来源，根据实际情况，有时可能既有A类分量又有B类分量，有时可能仅有A类分量，亦或仅有B类分量。

（3）A、B不确定度方法的界定。有些不确定度分量既可以采用A类评定方法，又可以采用B类评定方法，并且A类与B类可以转化。如当引用某一测量结果时，该测量结果可以在短时间内重复测量，并采用统计方法计算试验标准偏差，则属于A类评定方法，如果采用以前由统计方法得到的测量结果，并说明其在某范围内变化，本次引用则可以使用B类评定方法，属于从A类转为B类。A类评定方法具有统计学的严格性，但要求有充分的测量次数，重复观测值应相互独立，并且确认重复性条件，防止遗漏或重复计算某些测量不确定度分量。如某一分量在A类评定中已经包含，则不应再考虑该分量的B类评定；反之，B类评定中没有或无法评定某一分量，则A类评定时的重复性测量条件中应考虑该分量的变化。

4. 不确定度的A类评定

（1）用符号μ_A表示，在重复性条件下或复现条件下对同一被测量（一个被测件）独立重复观测n次，得到n个观测值x_i（$i=1,2,3,\cdots,n$，一般$n \geq 8$），被测x的最佳估计值是n个独立测得值的算术平均值。

通过观察到的数据用贝塞尔公式计算样本标准偏差$s(x)$，即

$$s(x) = \sqrt{\frac{\sum_{k=1}^{n}(x_k - \overline{x})^2}{n-1}} \qquad (13\text{-}5\text{-}1)$$

（2）A类不确定度μ_A计算式为

$$\mu_A = \frac{s(x)}{n^{1/2}} \qquad (13\text{-}5\text{-}2)$$

例如，测量重复性引入的不确定度分量即是A类不确定度，取10个试样，测量10组数据，所得10组数据列于表13-5-2中。

表13-5-2 重复测量数据（mm）

序号	1	2	3	4	5	6	7	8	9	10
x_i/HRC	26.6	26.5	26.4	26.6	26.6	26.5	26.5	26.6	26.5	26.6

平均值为

$$x_{平均} = (x_1 + x_2 + \cdots + x_{10}) = (26.6 + 26.5 + \cdots + 26.6) = 26.54$$

将表13-5-2所列的数据当作一个观测列，单组测量的试验标准偏差按式（13-5-1）计算，即

$$s(x) = \sqrt{\frac{\sum_{k=1}^{n}(x_k - \overline{x})^2}{n-1}} = 0.070$$

A类不确定度计算式为。

$$\mu_A = \frac{s(x)}{n^{1/2}} = 0.070/9^{1/2} = 0.023$$

5. 不确定度的B类评定

（1）用符号μ_B表示，用不同于对观测列进行统计分析的方法来评定标准不确定度，称为不确定度的B类评定，它用根据经验或资料及假设的概率分布估计的标准偏差来表征，也就是说，其原始数据并非来自观测到的数据处理，而是基于试验或其他信息来估计，含有主观鉴别的成分。

（2）常用的B类不确定度的概率分布有3种，即正态分布、矩形分布和三角分布，见表13-5-3。

表 13-5-3　分布、k 值和 μ_B 值

分布函数	区间宽度（$\pm U$ 或 $\pm a$）	概率 p/%	k 值	μ_B 值	μ_B 近似值
正态	$-3\sigma \sim +3\sigma$	99.73	3	$U/3$	$0.33U$
	$-2\sigma \sim +2\sigma$	95.45	2	$U/2$	$0.5U$
矩形	$-a \sim +a$	100	$3^{1/2}$	$a/3^{1/2}$	$0.6a$
三角	$-a \sim +a$	100	$6^{1/2}$	$a/6^{1/2}$	$0.4a$

（3）上述 3 种分布中，矩形分布的 k 值最小（$a/3^{1/2}$），μ_B 值最大（$U/3^{1/2}$）。在没有分布信息和 k 值的情况下，为保证评估的可靠性，均假定为矩形分布。

μ_B 的获得有以下几种常用途径。

途径 1：明确给出 U 值和 k 值（校准证书中给出），则：$\mu_B = U/k$。

例如，$U(y) = 0.8$，$k = 2$。$\mu_B = U/k = 0.8/2 = 0.4$。

途径 2：正态分布情况。给出了扩展不确定度 μ_p，其中下标概率 $p \neq 100\%$。查正态分布表中 p（100%）对应的 k_p（表 13-5-4），则 $\mu_B = \mu_p/k_p$。

例如，$U_{0.95} = 1.4$，查表 $k_{0.95} = 1.960$。$\mu_B = \mu_p/k = 1.4/1.960 = 0.71$。

表 13-5-4　p（%）和 k_p 值

p/%	68.25	95	95.45	99	99.73
k_p	1	1.960	2	2.567	3

途径 3：只给区间 $\pm a$，没有其他信息，只能假设为矩形分布，取半宽 a，则：$\mu_B = a/3^{1/2}$。

例如，最大允许误差为 ± 0.2，假定为矩形分布，$\mu_B = a/3^{1/2} = 0.2/3^{1/2} = 0.115$。示值误差为 ± 0.06，假定为矩形分布，$\mu_B = a/3^{1/2} = 0.06/3^{1/2} = 0.035$。

途径 4：修约间隔或读数取整间隔为 δ_x（全宽），服从矩形分布，半宽 $a = \delta_x/2$，则 $\mu_B = (\delta_x/2)/3^{1/2} = 0.29\delta_x$。

例如，石油产品闪点测量要求温度值取整。温度计分度为 1℃（全宽 δ_x），半宽为 0.5℃。则取整导致的 B 类标准不确定度 $\mu_B = (\delta_x/2)/3^{1/2} = 0.5℃/3^{1/2} = 0.29℃$。

途径 5：给出上界和下界 a，但不对称，半宽 $a = (a_+ - a_-)/2$，再除以 $3^{1/2}$（即服从矩形分布），则 $\mu_B = (a_+ - a_-)/2 \times 3^{1/2}$。

例如，回收率为 90%~105%；上界 $a_+ = 105\%$，下界 $a_- = 90\%$，则 $\mu_B = (a_+ - a_-)/(2 \times 3^{1/2}) = (105\% - 90\%)/(2 \times 3^{1/2}) = 4.33\%$。

途径 6：中心的概率比两边概率大，三角分布：$\mu_B = a/6^{1/2}$。化学试验中容量瓶定容服从三角分布，进而对移液管、滴定管等所有玻璃容器均服从三角分布。但也可合理地认为是矩形分布。

例如，100mL A 级容量瓶，允许为 ± 0.10 mL，三角分布：$\mu_B = a/6^{1/2} = 0.10/6^{1/2} = 0.041$ mL；矩形分布：$\mu_B = a/3^{1/2} = 0.10/3^{1/2} = 0.058$ mL。

途径 7：已知重复性限 r，则 $\mu_B = r/2.83$。已知重现性限 R，则 $\mu_B = R/2.83$。

6. 灵敏系数

灵敏系数用 c_i 表示，灵敏系数是为 $u(x_i)$ 转化成 $u_i(y)$ 准备。

（1）灵敏系数正规计算，即 $c_i=\alpha/\alpha_{x_i}$（α 表示求导数符号），也可用近似方法计算，即 $c_i=\Delta_y/\Delta_{x_i}$。

（2）对间接测量 $y=f(x_1、x_2、\cdots、x_n)$，可以先测各分量 x_j，根据间接测量公式计算得到一个 y（即 y_1）。若测量 n 次，如10次，共有10个 y_i。对这10个 y_i，可以按贝塞尔公式（式（13-5-1））计算 y 的标准差 y_i，则无需计算灵敏系数 c_i。间接测量中的总重复性就是如此计算，它包含了整个测量过程中所有影响因素随机微小的综合作用。

7. 标准不确定度及分量 $\mu(y_i)$

标准不确定度：以标准偏差（s）表示的不确定度有3种，即A类不确定度 μ_A、B类不确定度 μ_B、合成不确定度。

将 μ_A 或 μ_B 为 $\mu(x_i)$ 乘以其灵敏系数的绝对值，转变成对应的各 y_i 的标准不确定度分量 $\mu(y_i)$。各 $\mu(y_i)$ 的概率保持在68%左右。

$\mu(y_i)=$（c_i 的绝对值）$\times\mu(x_i)$，$\mu(x_i)$ 为 μ_A 或 μ_B。

8. 合成不确定度 $\mu_c(y)$

当测量结果是由若干个其他分量求得时，按其他各分量的方差或（和）协方差计算的标准不确定度称为合成不确定度。

用方和根法将各 $\mu_i(y)$ 分量变成合成标准不确定度 $\mu_c(y)$，其概率保持在68%左右。

$$\mu_c(y)=[\mu_1^2(y)+\mu_2^2(y)+\cdots+\mu_c^2(y)]^{1/2}$$
$$=[c_1^2\mu(x_1)^2+c_i^2\mu(x_2)^2+\cdots+c_i^2(x_j)^2)]^{1/2}$$

9. 扩展不确定度

扩展不确定度是确定测量结果区间的量，合理赋予被测量之值分布的大部分有望含于此区间。扩展不确定度是由合成标准不确定度的倍数表示的测量不确定度，通常用符号 U 表示，它是将合成标准不确定度扩展了 k 倍得到的，即 $U=k\mu_c$。

对于检测实验室，取 $k=2$，$U=k\mu_c=2\mu_c$，扩展不确定度 U 的概率扩大到95%。给出 U 的同时，必须给出 k 值（因为有些情况下 k 可以为其他数值，如 $k=3$，此时的概率约99%）。

13.5.4　测量不确定度的评定实例

1. 洛氏硬度测量不确定度评定

1）试验准备及过程

（1）测量依据：《金属材料洛氏硬度试验第1部分：试验方法》（GB/T 230.1—2009）。

（2）环境温度：（23±5）℃。

（3）测量仪器：北京时代TH300型洛氏硬度计。

（4）测量试样：批次号H1203-04458的产品，抽样8件。

（5）测量过程：该法属于直接测量，硬度计直接显示试样洛氏硬度值，在《金属材料洛氏硬度试验第1部分：试验方法》（GB/T 230.1—2009）规定的环境条件下，先用洛氏硬度标准块检查硬度计的HRC标尺示值，如果示值不超过允许误差，则无需调节即可测定。每个试块测定4次，舍弃第一数值，取后3个数据的平均值报告结果。

2）测量结果

本测量为直接测量，因为仪器示值偏差较小，不对仪器示值进行修正，每个试样的测量结果按式（13-5-3）计算，即

$$x_i = \frac{1}{3}(x_{i2}+x_{i3}+x_{i4}) \tag{13-5-3}$$

式中：x_{i2}、x_{i3}、x_{i4} 为测量仪器对第 i 个试样的第2、3、4次测量结果的示值；x_i 为第 i 个试样第2、3、4次测量结果的平均值。

3）不确定度的主要来源和分析

测量过程引入的不确定度的主要来源如下：

（1）测量的重复性；

（2）仪器校准的不确定度。

4）数学模型

测量的重复性评估应视为相对影响，用系数 f_{rep} 表示，该数值等于1，其相对标准不确定度等于测量的相对标准偏差。因此，评定不确定度的完整数学模型应为

$$x = x_i \cdot f_{\text{rep}} \tag{13-5-4}$$

5）测量不确定度来源的分析

试验在标准规定的条件下进行，不考虑温度效应所引起的不确定度分量，洛氏硬度测量结果的不确定度主要来源于以下几个方面。

（1）测量重复性引入的不确定度分量，该分量包含了硬度计的测量重复性和样品的不均匀性两方面的随机影响。

（2）硬度计校准所引入的不确定度分量。

6）各分量的标准不确定度评定

（1）测量重复性引入的标准不确定度。

取8个试样（$i=8$），用HRC标尺共测量8组数据，每组数据测定4次，舍弃第一数值，取后3个数据的平均值，所得8组数据如表13-5-5所列。

表13-5-5　硬度示值

序号	1	2	3	4	5	6	7	8
x_i/HRC	34.3	33.7	33.6	33.1	33.7	33.6	33.7	33.4

其平均值为

$$\bar{x} = \frac{1}{n}\sum_{i=1}^{8} x_i = 33.64\,\text{HRC} \tag{13-5-5}$$

将表13-5-5所列的数据当作一个观测列，单组测量的试验标准偏差按下式计算，即

$$S(x) = \sqrt{\frac{\sum_{j=1}^{n}(x_i - \bar{x})^2}{n-1}} = 0.206\,\text{HRC} \tag{13-5-6}$$

由于通常情况下每次测量3个样品,取其平均值报告结果,平均值的标准偏差应按下式计算,即

$$s(\bar{x}) = \mu(\bar{x}) = \frac{0.206}{\sqrt{3}} = 0.118 \tag{13-5-7}$$

测量值的相对标准偏差,即测量的重复性系数f_{rep}的不确定度$\mu(f_{rep})$按下式计算,即

$$\mu(f_{rep}) = \text{RSD}(\bar{x}) = \frac{s(x)}{\bar{x}} = \frac{0.118}{33.64} = 0.0035 \tag{13-5-8}$$

(2)硬度计校准引入的标准不确定度。

校准证书说明HRC的硬度计的扩展不确定度为0.3HR,所以校准引入的标准不确定度$\mu(x_c)$为

$$\mu(x_c) = \frac{A_{\max}}{k} = \frac{0.3}{1.96} = 0.15 \text{ HRC} \tag{13-5-9}$$

校准引入的相对标准不确定度$\mu_{rel}(x_c)$为

$$\mu_{rel}(x_c) = \frac{\mu(x_c)}{\bar{x}} = \frac{0.15}{33.64} = 0.0045 \tag{13-5-10}$$

7)合成标准不确定度的评定

因为测量重复性引入的不确定度分量与硬度计校准引入的不确定度分量是相互独立的,所以合成不确定度可以按下式计算,即

$$\mu_c(x) = x \cdot \sqrt{\mu(f_{rep}) + \mu_{rel}^2(x_c)} = 33.64 \times \sqrt{0.0035^2 + 0.0045^2} = 1.11 \text{ HRC} \tag{13-5-11}$$

8)扩展不确定度评定

在本检测试验中,包含因子取$k=2$,扩展不确定度U为

$$U(x) = k\mu_c(x) = 2 \times 1.11 = 2.2 \text{ HRC} \tag{13-5-12}$$

9)结果报告

当依据《金属材料洛氏硬度试验第1部分:试验方法》(GB/T 230.1—2009)测量硬度时,测量3个样品,取其平均值报告结果,平均值的扩展不确定度$U(x)$=2.2HRC,包含因子$k=2$。

2. 抗拉强度不确定度的评定

1)数学模型

$$R_m = \frac{F_m}{S_o} \tag{13-5-13}$$

式中:R_m为抗拉强度;F_m为最大力;S_o为原始横截面积。

$$\mu_{crel}(R_m) = \sqrt{\mu_{rel}^2(F_m) + \mu_{rel}^2(S_o) + \mu_{rel}^2(\text{rep}) + \mu_{rel}^2(S_{mv})} \tag{13-5-14}$$

式中:rep为重复性;S_{mv}为拉伸速率对抗拉强度的影响。

2）A类相对标准不确定度分项 $\mu_{rel}(rep)$ 的评定

它为3个试样平均值的不确定度，所以应该除以 $3^{1/2}$。

$$\mu_{rel}(rep) = \frac{s}{\sqrt{3}} = \frac{0.625\%}{\sqrt{3}} = 0.361\%$$

3）最大力 F_m 的B类相对标准不确定度分项 $\mu_{rel}(F_m)$ 的评定

（1）试验机测力系统示值误差带来的相对标准不确定度 $\mu_{rel}(F_1)$。

0.5级的拉力试验机示值误差为 ±0.5%，按均匀分布考虑 $k=\sqrt{3}$，则

$$\mu_{rel}(F_1) = \frac{0.5\%}{\sqrt{3}} = 0.289\%$$

（2）标准测力仪的相对标准不确定度 $\mu_{rel}(F_2)$。

使用0.3级的标准测力仪对试验机进行检定，重复性 $R=0.3\%$。可以看成重复性极限，则其相对标准不确定度为

$$\mu_{rel}(F_2) = \frac{R}{2.83} = \frac{0.3\%}{2.83} = 0.106\%$$

（3）计算机数据采集系统带来的相对标准不确定度 $\mu_{rel}(F_3)$。

计算机数据采集系统所引入的B类相对标准不确定度为 0.2×10^2，有

$$\mu_{rel}(F_3) = 0.2\%$$

（4）最大力的相对标准不确定度分项 $\mu_{rel}(F_m)$。

$$\mu_{rel}(F_m) = \sqrt{\mu_{rel}^2(F_1) + \mu_{rel}^2(F_2) + \mu_{rel}^2(F_3)} = \sqrt{(0.577\%)^2 + (0.106\%)^2 + (0.2\%)^2} = 0.620\%$$

4）原始横截面积 S_o 的B类相对标准不确定度分项 $\mu_{rel}(S_o)$ 的评定

测定原始横截面积时，测量每个尺寸应准确到 ±0.5%。

$$S_o = \frac{1}{4}\pi d^2$$

$$\mu_{rel}(d) = \frac{0.5\%}{\sqrt{3}} = 0.289\%$$

$$\mu_{rel}(S_o) = 2\mu_{rel}(d) = 2 \times 0.289\% = 0.578\%$$

5）拉伸速率影响带来的相对标准不确定度分项 $\mu_{rel}(R_{mv})$

试验得出，在拉伸速率变化允许范围内，抗拉强度最大变化10MPa，所以拉伸速率变化对抗拉强度的影响为 ±5MPa，按均匀分布考虑，有

$$\mu(R_{mv}) = \frac{5}{\sqrt{3}} = 2.887$$

$$\mu_{rel}(R_{mv}) = \frac{2.887}{1232.7} = 0.234\%$$

6）抗拉强度的相对合成不确定度

抗拉强度的相对合成不确定度的分量汇总见表13-5-6。

表 13-5-6　抗拉强度的相对标准不确定度分量汇总

标准不确定度分项	不确定度来源	相对标准不确定度
$\mu_{rel}(rep)$	测量重复性	0.361%
$\mu_{rel}(F_m)$	最大力	0.620%
$\mu_{rel}(S_o)$	试样原始横截面积	0.578%
$\mu_{rel}(R_{mv})$	拉伸速率	0.234%

$$\mu_{crel}(R_m)=\sqrt{\mu_{rel}^2(F_m)+\mu_{rel}^2(S_o)+\mu_{rel}^2(rep)+\mu_{rel}^2(R_{mv})} \quad (13\text{-}5\text{-}15)$$

$$=\sqrt{(0.361\%)^2+(0.620\%)^2+(0.578\%)^2+(0.376\%)^2}=0.995\%$$

7）抗拉强度的相对扩展不确定度

取包含概率 $p=95\%$，按 $k=2$ 计算，相对扩展不确定度为

$$U_{rel}(R_m)=k\mu_{crel}(R_m)$$

$$U_{rel}(R_m)=2\times 0.995\%=1.99\%$$

3. 规定塑性延伸强度不确定度的评定

1）数学模型

$$R_p=\frac{F_p}{S_o} \quad (13\text{-}5\text{-}16)$$

式中：R_p 为规定塑性延伸强度；F_p 为规定塑性延伸力；S_o 为原始横截面积。

$$\mu_{crel}(R_p)=\sqrt{\mu_{rel}^2(F_p)+\mu_{rel}^2(S_o)+\mu_{rel}^2(rep)+\mu_{rel}^2(R_{pv})} \quad (13\text{-}5\text{-}17)$$

式中：rep 为重复性；R_{pv} 为拉伸速率对规定塑性延伸强度的影响。

2）A类相对标准不确定度分项 $\mu_{rel}(rep)$ 的评定

它为3个试样平均值的不确定度，所以应该除以 $\sqrt{3}$。

$$\mu_{rel}(rep)=\frac{s}{\sqrt{3}}=\frac{0.582\%}{\sqrt{3}}=0.336\%$$

3）规定塑性延伸力 F_p 的B类相对标准不确定度分项 $\mu_{rel}(F_p)$ 的评定

（1）规定塑性延伸力是按在力-延伸曲线图上，作一条与曲线的弹性直线段部分平行，且在延伸轴上与此直线的距离等效于规定塑性延伸率0.2%的直线。此平行线与曲线的交截点给出相应于所求规定塑性延伸强度的力值。

（2）由于无法得到力-延伸曲线的数学表达式，因此不能准确地得到引伸计测量应变的相对标准不确定度 $\mu_{rel}(\Delta L_e)$ 与力值的相对不确定度 $\mu_{rel}(F_e)$ 之间的关系。为了得到两者之间的近似关系，通过交截点与曲线作切线，与延伸轴的交角为 α，则引伸计测量应变的相对标准不确定度 $\mu_{rel}(\Delta L_e)$ 与引伸计对力值带来的相对标准不确定度 $\mu_{rel}(F_e)$ 近似符合下式，即

$$\mu_{rel}(F_e)=\tan\alpha\cdot\mu_{rel}(\Delta L_e)$$

1级引伸计的相对误差为±1%，按均匀分布考虑。

$$\mu_{rel}(\Delta L_e) = \frac{1\%}{\sqrt{3}} = 0.577\%$$

则在实际操作中α角与坐标的比例有关，$\tan\alpha = \frac{\Delta F}{\Delta L}$，而交截点$\frac{\Delta F}{\Delta L} \approx 0$。

$$\mu_{rel}(F_e) = \frac{\Delta F}{\Delta L} \cdot \mu_{rel}(\Delta L_e) \approx 0$$

$$\mu_{rel}(F_p) = \sqrt{\mu_{rel}^2(F_1) + \mu_{rel}^2(F_2) + \mu_{rel}^2(F_3) + \mu_{rel}^2(F_e)} = \sqrt{(0.577\%)^2 + (0.106\%)^2 + (0.2\%)^2} = 0.620\%$$

4）原始横截面积S_o的B类相对标准不确定度分项$\mu_{rel}(S_o)$的评定

测定原始横截面积时，测量每个尺寸应准确到±0.5%。

$$S_o = \frac{1}{4}\pi d^2 \tag{13-5-18}$$

$$\mu_{rel}(d) = \frac{0.5\%}{\sqrt{3}} = 0.289\%$$

$$\mu_{rel}(S_o) = 2\mu_{rel}(d) = 2 \times 0.289\% = 0.578\%$$

5）拉伸速率影响带来的相对标准不确定度分项$\mu_{rel}(R_{pv})$

试验得出，在拉伸速率变化范围内规定塑性延伸强度最大相差10MPa，所以拉伸速率的变化对规定塑性延伸强度的影响为±5MPa，按均匀分布考虑，有

$$\mu(R_{pv}) = \frac{5}{\sqrt{3}} = 2.887$$

$$\mu_{rel}(R_{pv}) = \frac{2.887}{1160.1} = 0.249\%$$

6）规定塑性延伸强度的相对合成不确定度

规定塑性延伸强度的相对合成不确定度的分量汇总见表13-5-7。

表13-5-7　规定塑性延伸强度的相对标准不确定度分项汇总

标准不确定度分项	不确定度来源	相对标准不确定度
$\mu_{rel}(rep)$	测量重复性	0.336%
$\mu_{rel}(F_p)$	规定塑性延伸力	0.620%
$\mu_{rel}(S_o)$	试样原始横截面积	0.578%
$\mu_{rel}(R_{pv})$	拉伸速率	0.249%

$$\mu_{crel}(R_p) = \sqrt{\mu_{rel}^2(F_p) + \mu_{rel}^2(S_o) + \mu_{rel}^2(rep) + \mu_{rel}^2(R_{pv})}$$

$$= \sqrt{(0.336\%)^2 + (0.620\%)^2 + (0.578\%)^2 + (0.249\%)^2} = 0.945\%$$

7）规定塑性延伸强度的相对扩展不确定度

取包含概率 $p=95\%$，按 $k=2$，相对扩展不确定度为

$$U_{\text{rel}}(R_p) = k\mu_{\text{crel}}(R_p)$$

$$U_{\text{rel}}(R_p) = 2 \times 0.945\% = 1.89\%$$

4. 断后伸长率不确定度的评定

1）数学模型

$$A = \frac{L_\text{u} - L_\text{o}}{L_\text{o}} \tag{13-5-19}$$

式中：A 为断后伸长率；L_o 为原始标距；L_u 为断后标距。

断后伸长（$L_\text{u}-L_\text{o}$）的测量应准确到 ± 0.25 mm。在评定测量不确定度时的公式应表达为

$$A = \frac{L_\text{u} - L_\text{o}}{L_\text{o}} = \frac{\Delta L}{L_\text{o}} \tag{13-5-20}$$

ΔL 与 L_o 彼此不相关，则有

$$\mu_{\text{crel}}(A) = \sqrt{\mu_{\text{rel}}^2(L_\text{o}) + \mu_{\text{rel}}^2(\Delta L) + \mu_{\text{rel}}^2(\text{rep}) + \mu_{\text{rel}}^2(\text{off})}$$

2）A 类相对标准不确定度分项 $\mu_{\text{rel}}(\text{rep})$ 的评定

它为 3 个试样平均值的不确定度，所以应该除以 $\sqrt{3}$。

$$\mu_{\text{rel}}(\text{rep}) = \frac{s}{\sqrt{3}} = \frac{2.288\%}{\sqrt{3}} = 1.321\%$$

3）原始标距 L_o 的 B 类相对标准不确定度分项 $\mu_{\text{rel}}(L_\text{o})$ 的评定

根据标准规定，原始标距的标记 L_o 应准确到 $\pm 1\%$。按均匀分布考虑 $k=\sqrt{3}$，则

$$\mu_{\text{rel}}(L_\text{o}) = \frac{1\%}{\sqrt{3}} = 0.577\%$$

4）断后伸长的 B 类相对标准不确定度分项 $\mu_{\text{rel}}(\Delta L)$ 的评定

断后伸长（$L_\text{u}-L_\text{o}$）的测量应准确到 ± 0.25 mm。试验中平均伸长为 4.896 mm，按均匀分布考虑 $k=\sqrt{3}$，则

$$\mu_{\text{rel}}(\Delta L) = \frac{0.25}{\Delta L \sqrt{3}} = \frac{0.25}{4.896 \times \sqrt{3}} = 2.95\%$$

5）修约带来的相对标准不确定度分项 $\mu_{\text{rel}}(\text{off})$

断后伸长率的修约间隔为 0.5%。按均匀分布考虑，修约带来的相对标准不确定度分项为

$$\mu_{\text{rel}}(\text{off}) = \frac{0.5\%}{2 \times \sqrt{3} \times 15.3\%} = 0.943\%$$

6）断后伸长率的相对合成不确定度

断后伸长率的相对合成不确定度的分量汇总见表 13-5-8。

表13-5-8 断后伸长率的相对标准不确定度分项汇总

标准不确定度分项	不确定度来源	相对标准不确定度	平均值
$\mu_{\text{rel}}(\text{rep})$	测量重复性	1.321%	15.3%
$\mu_{\text{rel}}(L_o)$	试样原始标距	0.577%	L_o=32mm
$\mu_{\text{rel}}(\Delta L)$	断后伸长	2.95%	$\overline{\Delta L}$ 4.896mm
$\mu_{\text{rel}}(\text{off})$	修约	0.943%	

相对合成不确定度为

$$\mu_{\text{cre}}(A) = \sqrt{\mu_{\text{rel}}^2(L_o) + \mu_{\text{rel}}^2(\Delta L) + \mu_{\text{rel}}^2(\text{rep}) + \mu_{\text{rel}}^2(\text{off})}$$
$$= \sqrt{(1.321\%)^2 + (0.577\%)^2 + (2.95\%)^2 + (0.943\%)^2} = 3.416\%$$

7）断后伸长率的相对扩展不确定度

取包含概率p=95%，按k=2，相对扩展不确定度为

$$U_{\text{rel}(A)} = k\mu_{\text{crel}}(A) = 2 \times 3.416\% = 6.832\%$$

5. 断面收缩率不确定度的评定

1）数学模型

$$Z = \frac{S_o - S_u}{S_o} \tag{13-5-21}$$

式中：Z为断面收缩率；S_o为原始横截面积；S_u为断后最小横截面积。

式（13-5-21）中S_u不独立，与S_o相关性显著。近似按S_o与S_u相关系数为1考虑。符合下式关系，即

$$\mu_c^2(y) = \left[\sum_{i=1}^N c_i \mu(x_i)\right]^2 = \left[\sum_{i=2}^N \frac{\partial f}{\partial x_i} \mu(x_i)\right]^2 \tag{13-5-22}$$

$$\mu_c(S_o, S_u) = \left|\frac{S_u}{S_o^2} \cdot \mu_c(S_o) - \frac{1}{S_o} \cdot \mu(S_u)\right| \tag{13-5-23}$$

$$\mu_c(Z) = \sqrt{\mu_c^2(S_o, S_u) + \mu^2(\text{rep}) + \mu^2(\text{off})} \tag{13-5-24}$$

2）A类标准不确定度分项$\mu(\text{rep})$的评定

它为3个试样测量平均值的不确定度，故应除以$\sqrt{3}$。

$$\mu(\text{rep}) = \frac{s}{\sqrt{3}} = \frac{1.746\%}{\sqrt{3}} = 1.008\%$$

3）原始横截面积的标准不确定度分项$\mu(S_o)$的评定

测量每个尺寸应准确到 ±0.5%。

试样公称直径 d=6.35mm，$S_o = \frac{1}{4}\pi d^2$ =31.67mm²。

$$\mu_{rel}(d) = \frac{0.5\%}{\sqrt{3}} = 0.289\%$$

$$\mu_{rel}(S_o) = 2\mu_{rel}(d) = 0.578\%$$

$$\mu_{rel}(S_o) = 3.67 \cdot \mu_{rel}(S_o) = 31.67 \times 0.578\% = 0.183 \text{mm}^2$$

4）断裂后横截面积的标准不确定度分项 $\mu(S_u)$ 的评定

标准中规定断裂后最小横截面积的测定应准确到 ±2%，按均匀分布考虑，有

$$\mu_{rel}(S_o) = \frac{2\%}{\sqrt{3}} = 1.155\%$$

根据计算断后缩颈部位的最小直径处横截面积平均为 S_u=14.57mm²，有

$$\mu(S_u) = 14.57 \times 1.55\% = 0.168 \text{mm}^2$$

5）修约带来的相对标准不确定度分项 $\mu(\text{off})$

根据《金属材料拉伸试验第1部分：室温试验方法》（GB/T 228.1—2010）第22条中的规定，断面收缩率的修约间隔1%，按均匀分布考虑，修约带来的相对标准不确定度分项为

$$\mu(\text{off}) = \frac{1\%}{2\sqrt{3}} = 0.289\%$$

6）断面收缩率的相对合成不确定度

断面收缩率的标准不确定度分项汇总见表13-5-9。

表13-5-9 断面收缩率的相对标准不确定度分项汇总

标准不确定度分项	不确定度来源	相对标准不确定度	平均值
$\mu(\text{rep})$	测量重复性	1.008%	$\overline{Z}$=54%
$\mu(S_o)$	试样原始横截面积	0.183 mm²	$\overline{S_o}$=31.67mm²
$\mu(S_u)$	断裂后横截面积	0.168 mm²	$\overline{S_u}$=14.57mm²
$\mu(\text{off})$	修约	0.289%	

$$\mu_c(S_o, S_u) = \left| \frac{S_u}{S_o^2} \cdot \mu(S_o) - \frac{1}{S_o} \cdot \mu(S_u) \right|$$

$$= \left| \frac{14.57}{31.67^2} \times 0.183 - \frac{0.168}{31.67} \right| = 0.265\%$$

$$\mu_c(Z)=\sqrt{\mu_c^2(S_o,S_u)+\mu^2(\text{rep})+\mu^2(\text{off})}$$

$$=\sqrt{0.265\%^2+1.008\%^2+0.289\%^2}=1.082\%$$

7）断面收缩率的相对扩展不确定度

取包含概率 $p=95\%$，按 $k=2$。

相对扩展不确定度为

$$U(Z)=k\mu_c(Z)=2\times1.082\%=2.164\%$$

$$U_{\text{rel}}(Z)=4.3\%$$

6. 相对扩展不确定度结果汇总

相对扩展不确定度分项汇总见表13-5-10。

表13-5-10 相对扩展不确定度分项汇总

抗拉强度 $U_{\text{rel}}(R_m)$	规定塑性延伸强度 $U_{\text{rel}}(R_p)$	断后伸长率 $U_{\text{rel}}(A)$	断面收缩率 $U_{\text{rel}}(Z)$
1.99%	1.89%	6.832%	4.328%

第14章 紧固件统计过程控制及检测数据信息化管理

为建设制造强国,推动制造业转型升级,国家制定了自动化、数字化、智能化等战略举措。作为基础工业件的紧固件制造,需要加强加工过程数字化监控和检测数据信息化,以适应企业向"互联网+智能制造"转变。

目前武器型号用紧固件制造特点为多品种、小批量、工序多、流程长,需要检测的产品质量特性多,传统的人工生产经营管理方式很难满足市场需求,为提高产品质量和市场占有率,降低生产成本,提高工作效率,为企业建立良好的经济效益和质量品牌,建立数字化过程监控和检测数据信息化管理势在必行。

14.1 统计过程控制

14.1.1 统计学的概念

1. 计量值与计数值

(1)计量值是指凡是可以连续取值的,或者说可以用测量工具具体测量出小数点以下数值的这类数据,如长度、容积、质量、化学成分、温度、产量、职工工资总额等。计量数据一般服从正态分布。

(2)计数值是指凡是不能连续取值的,或者说即使使用测量工具也得不到小数点以下数值,而只能得到0或1,2,3,…自然数的这类数据。计数数据还可细分为记件数据和记点数据。记件数据是指按件计数的数据,如不合格品数、彩色电视机台数、质量检测项目数等;记点数据是指按缺项点(项)计数的数据,如疵点数、砂眼数、气泡数、单位(产品)缺陷数等。记件数据一般服从二项式分布,记点数据一般服从泊松分布。

2. 总体与样本

(1)总体是指由具有某种共同特性的单位个体组成的较大数量的整体,具备3个特性,即同质性、大量性和差异性。

(2)样本是指由整体里的一定数量(部分或全部)个体组成的群体。

3. 统计过程控制

统计过程控制(statistical process control,SPC)就是对过程中的各个阶段进行评估和监控,建立并保持过程处于可接受的且稳定的水平,从而保证产品与服务符合规定要求的一种质量管理技术。

4. 正常波动和异常波动

正常波动是由随机原因（普通原因）引起的产品质量波动；仅有正常波动的生产过程称为处于统计控制状态，简称控制状态或稳定状态。

异常波动是由系统原因（特殊原因）引起的产品质量波动；有异常波动的生产过程称为处于非统计控制状态，简称失控状态或不稳定状态。

引起产品波动的原因主要来自以下6个方面（5M1E）。

（1）人（man）：操作者的质量意识、技术水平、文化素养、熟练程度、身体素质等。

（2）机器（machine）：机器设备、工夹具的精度、维护保养状况等。

（3）材料（material）：材料的化学成分、物理性能和外观质量等。

（4）方法（method）：加工工艺、操作规程和作业指导书的正确程度等。

（5）测量（measure）：测量设备、试验手段和测试方法等。

（6）环境（environment）：工作场地的温度、湿度、含尘度、照明、噪声、震动等。

14.1.2 质量管理中常用的统计方法

下面介绍的工具和方法是现代质量管理常用的方法，对于大批量生产的紧固件来说同样离不开这些方法，因为这些工具和方法具有很强的适用性，详情如下。

（1）控制图用来对过程状态进行监控，并可度量、诊断和改进过程状态。

（2）直方图是以一组无间隔的直条图表现频数分布特征的统计图，能够直观地显示出数据的分布情况。

（3）排列图又叫帕累托图，它是将各个项目产生的影响从最主要到最次要的顺序进行排列的一种工具。可用其区分影响产品质量的主要、次要、一般问题，找出影响产品质量的主要因素，识别进行质量改进的机会。

（4）散布图是以点的分布反映变量之间相关情况，是用来发现和显示两组数据之间相关关系的类型和程度，或确认其预期关系的一种工具。

（5）过程能力指数（C_{pk}）用来分析工序能力满足质量标准、工艺规程的程度。

（6）频数分析用来形成观测量中变量不同水平的分布情况表。

（7）描述统计量分析，如平均值、最大值、最小值、范围、方差等，用来了解过程的一些总体特征。

（8）相关分析用来研究变量之间关系的密切程度，并且假设变量都是随机变动的，不分主次，处于同等地位。

（9）回归分析用来分析变量之间的相互关系。

1. 统计过程控制（SPC）的起源和发展

工业革命以后，随着生产力的进一步发展、大规模生产的形成，如何控制大批量产品质量成为一个突出问题，单纯依靠事后检验的质量控制方法已不能适应当时经济发展的要求，必须改进质量管理方式。于是，英、美等国开始着手研究用统计方法代替事后检验的质量控制方法。

1924年，美国的休哈特博士提出将3σ原理运用于生产过程中，并发表了著名的

"控制图法",对过程变量进行控制,为统计质量管理奠定了理论和方法基础。

1950年,戴明博士把SPC技术引入日本,它在日本工业界的大量推广应用对日本产品质量的崛起起到了至关重要的作用。

20世纪80年代以后,世界许多大公司纷纷在自己内部推广和应用SPC,同时对其供应商也提出了相应的要求,SPC为质量管理五大核心工具之一。经过近70年在全世界范围的实践,SPC理论已经发展得非常完善,其与计算机技术的结合日益紧密,其在企业内的应用范围、程度也已经非常广泛、深入。

2. SPC技术原理

当过程仅仅有正常变异时,过程的质量特性是呈现正态分布的,其分布状态见表14-1-1。

表14-1-1　正态分布状态表

界限	界限内概率/%	界限外概率/%
±0.67σ	50.00	50
±1σ	68.26	31.74
±1.96σ	95.00	5.00
±2σ	95.45	4.55
±2.58σ	99.00	1.00
±3σ	99.73	0.27
±4σ	99.9937	0.0063

休哈特建议用界限±3σ来控制过程,也就是说,在10000个产品中不超过27个不合格出现,就认为生产过程是正常的,若达到27个以上,就认为生产过程失控。

利用统计的方法来监控过程的状态,确定生产过程在管制的状态下,以降低产品品质的变异。SPC是过程控制的一部分,一是利用控制图分析过程的稳定性,对过程存在的异常因素进行预警;二是计算过程能力指数分析稳定的过程能力满足技术要求的程度,对过程质量进行评价。通过对生产过程进行控制、分析和评价,及时发现系统性因素出现的征兆,并采取措施消除其影响,使过程维持在仅受随机性因素影响的受控状态,以达到控制质量的目的。当过程仅受随机因素影响时,过程处于统计控制状态(简称受控状态);当过程中存在系统因素的影响时,过程处于统计失控状态(简称失控状态)。由于过程波动具有统计规律性,当过程受控时,过程特性一般服从稳定的随机分布;而失控时,过程分布将发生改变。SPC正是利用过程波动的统计规律性对过程进行分析控制。因而,它强调过程在受控和有能力的状态下运行,从而使产品和服务稳定地满足客户的要求。

3. SPC的特点

1)管理特点

(1)全员参与,而不仅仅是依靠少数质量管理人员。

(2)强调使用统计学的方法来保证预防原则的实现。

(3)SPC不是用来解决个别工序采用什么控制图的问题,SPC强调从整个过程、整个体系出发来解决问题。

（4）能判断整个过程的异常，及时报警。

（5）确定管制项目的标准值的目的是希望以该值制造出来的各种产品的实际值，能以该标准值为中心，呈左右对称的常态分配，而制造时也应以标准值为目标。

2）技术特点

（1）分析功能强大，辅助决策作用明显。在众多企业的实践基础上发展出繁多的统计方法和分析工具，在这一过程中，SPC的辅助决策功能越来越得到强化。

（2）体现全面质量管理思想。随着全面质量管理思想的普及，SPC在企业产品质量管理上的应用也逐渐从生产制造过程质量控制扩展到产品设计、辅助生产过程、售后服务及产品使用等各个环节的质量控制，强调全过程的预防与控制。

（3）与计算机网络技术紧密结合。现代企业质量管理要求将企业内外更多的因素纳入考察监控范围，企业内部不同部门管理职能同时呈现出分工越来越细与合作越来越紧密两个特点，这都要求可快速处理不同来源的数据，并做到最大程度的资源共享。为适应这种需要，SPC与计算机技术尤其是网络技术的结合越来越紧密。

3）使用特点

（1）原则上，应该用于有数量特性或参数和持续性的所有工艺过程。

（2）SPC使用的领域是大规模生产。

（3）在多数企业中，SPC用于生产阶段。

（4）对于强调预防的企业，在开发阶段也用SPC。

4. 实施SPC前应具备的现场管理方法及主要因素

1）人员方面

（1）人人有足够的质量意识：了解质量的重要性；了解自己工作质量的重要性；并有责任感，愿意将质量做好；进行自我检查。

（2）人人有品管的能力（作业者）：给予完整的检验说明、适当的仪器、设备、工具；给予清楚的质量判断基准；要重视新进人员培训。

（3）提高检查精度：检具标准化，自动检查多应用、多能工训练。

2）材料方面

（1）要有优良的供应厂商。

（2）交货质量要有保证：要有清楚、明确的质量要求；采购合同中，要有"质量要求"条款，如构造、尺寸、试验项目、方法、规格、不合格处理、包装方法、运送方法等；厂商应做自我质量保证，交货时应附"检查报告"。

（3）交货后质量的保证：良好的储运管理，先进先出、整理整顿、ABC分类管理。

3）工装设备方面

（1）适当的设备：精度要满足要求，性能要稳定。

（2）设备保养：要有完善的设备管理规定，制订年度保养计划；保养作业标准化；易损零件的备件管理。

（3）正确的操作：完整的操作说明，操作者做好岗前培训。

4）工作方法

（1）具备完整的作业指导书：指导书和作业完全相符，定期评审，确认是否需要修订。

（2）作业人员了解作业指导书内容：定期培训、考试，严格执行作业指导书内容。

5. 控制图

1）概述

控制图又叫管制图，它是用来区分由异常原因引起的波动，或是由过程固有的随机原因引起的偶然波动的一种工具。

控制图建立在数理统计学的基础上，它利用有效数据建立控制界限。控制界限一般分为上控制限（UCL）和下控制限（LCL）。

2）控制图种类

控制图按数据的性质分为计量值控制图、计数值控制图两大类，详见表14-1-2。

表14-1-2　两类控制图特点及适合场合

类别	名称	控制图符号	特点	适用场合
计量值控制图	平均值-极差控制图	$\bar{X}$	最常用，判断工序是否正常的效果好，但计算工作量很大	适用于产品批量较大的工序
	中位数-极差控制图	x-R	计算简便，但效果较差	适用于产品批量较大的工序
	单值-移动极差控制图	x-R_S	简便省事，并能及时判断工序是否处于稳定状态；缺点是不易发现工序分布中心的变化	因各种原因（时间、费用等）每次只能得到一个数据或希望尽快发现并消除异常原因
计数值控制图	不合格品数控制图	P_n	较常用，计算简单，操作工人易于理解	样本容量相等
	不合格品率控制图	P	计算量大，控制线凹凸不平	样本容量不等
	缺陷数控制图	c	较常用，计算简单，操作工人易于理解	样本容量相等
	单位缺陷数控制图	u	计算量大，控制线凹凸不平	样本容量不等

控制图按用途可分为控制用控制图、分析用控制图，内容分别如下。

（1）控制用控制图用途：追查不正常原因；迅速消除此项原因；研究采取防止此项原因重复发生的措施。

（2）分析用控制图用途：决定方针用；过程分析用；过程能力研究用；过程控制准备。

3）控制图的阶段

（1）分析用控制图（初始能力研究阶段）。主要是进行初始能力研究并确定过程控制阶段用控制图。

需注意以下事项：

①初始能力研究时需抽取足够的数据，便于将过程调整到稳定状态；

②一般当过程能力指数 $C_{pk} \geq 1.33$（部分过程要求 $C_{pk} \geq 1.67$）时才认为能进入过程控制阶段。

（2）控制用控制图（过程控制阶段）：由分析用控制图转化而来，一般等过程调整到稳态后，延长分析用控制图的控制线作为控制用控制图。

需注意的事项是当有因素变化时需重新进行初始能力研究。

4）绘制 SPC 控制图的步骤与方法

（1）分析用控制图。

①识别关键过程，选择控制图拟控制的质量特性，如重量、不合格品数等。

②根据质量特性及适用场合选取合适的控制图种类。

③确定合适的样本组、样本量大小和抽样间隔。

④收集并记录至少 20~25 个样本的数据，或使用以前所记录的数据。通常每组数据 $n=4~5$ 个，这样保证控制过程的检出率为 84%~90%。

⑤计算各个样本的统计量，如样本平均值、样本极差、样本标准差等。

⑥计算各统计量的控制界限（中心线和控制线）。

⑦绘制控制图，标出各样本的统计量（画坐标轴、中心线和上下控制线，根据样本值打点，记入相关事宜）。

⑧分析样本点的排列形状，研究在控制线以外的点和在控制线内排列有缺陷的点以及标明异常（特殊）原因的状态。

⑨决定下一步行动。

（2）控制用控制图。

当分析用控制图中的点均在控制限之内或排列无缺陷时，能表明生产过程稳定，无系统因素影响生产过程，还不能说明不合格率小于允许值。在分析用控制图基础上需要绘制控制用控制图，步骤如下。

①消除系统因素。依据分析用控制图提供的信息判断生产过程是否稳定，即是否有系统因素在起作用。如果存在系统因素，应设法消除。

②重新计算控制限。剔除分析用控制图中无代表性的数据（如落在界限外的点的数据）后，重新计算中心线和控制上、下限。

③确认分布范围位于公差界限之内。只有当生产过程稳定且产品质量特性值分布范围位于公差界限之内时，才能保证不出现批量不合格。因此，应利用分析控制网的数据汇总直方图，并与公差界限相比较，或直接计算工序能力指数，进而采取相应措施。

④控制用控制图的使用。在确认过程稳定并具备足够的工序能力后，便可开始批量生产，用控制用控制图进行批量生产的过程，即根据控制图类型抽取样本进行计算、绘图和分析。

5）SPC 控制图异常的判断及处理

（1）有以下几种情况属于管制图异常：

①有点超出管制上、下限；

②连续 7 点出现在管制中心线的一侧；

③连续 7 点出现持续上升或下降；

④连续3点中有2点靠近管制上、下限；
⑤管制图上的点（7点以上）出现规律性变化。
（2）处理控制图异常的方法步骤如下
①生产线工人或班组长发现SPC管制异常时，先进行自我检查，是否按作业文件（工艺或SOP）操作，相邻操作者交叉检验。若情况严重或无法查找到原因的必须停止操作，并通知品质工程师或制造工程师。
②品质工程师或制造工程师进行现场分析后，用4M1E分析无法找到根本原因的，报告上交主管，召集相关部门开会讨论，寻找根本原因（制造、设计、材料或其他）。
③找到SPC产生异常的原因并实施纠正预防措施后，SPC控制图向控制图相反的方向转变，说明对策有效，恢复生产。此过程必须严密监控。

6）SPC在紧固件企业的实施

SPC已经成为许多国际性企业广泛采用的质量管理和改善的技术和方法，也非常适合紧固件这种大批量生产的零件的质量控制。它是通过运用控制图对生产过程进行分析评价，通过反馈信息及时发现系统性因素出现的征兆，并采取措施消除，以达到控制产品生产过程质量稳定性的目的。

（1）企业实施SPC的效益。

企业通过有效实施SPC控制，可以获取以下效益：
①提高产品质量水平；
②降低质量成本；
③降低不良率，减少返工和浪费；
④提高劳动生产率；
⑤提高客户满意度，赢得更多客户；
⑥实物质量和管理质量的持续改进；
⑦以科学的理论依据和量化管理保证最终输出；
⑧提高整个供应链的信心。

（2）企业不能有效实施SPC控制的原因。

国内许多企业也开始逐步认识和推广SPC，但并没有达到预期的效果，究其原因可归纳为以下几点。

①不能全员参与。企业未能形成或明确质量管理在企业总体发展中的重要位置，并且未能在领导层达成共识；在日趋激烈的竞争中，品质优异永远是不败的一大优势，但是要想达到优异的品质，还需要操作层和管理层共同努力，特别是管理层重视和支持尤为重要。

②企业对SPC缺乏足够的全面了解。SPC作为一种过程控制方法，运用的是数理统计和概率论原理，不是简单的几个控制图或统计量，而是要以这些图形和数值为基础建立一个以过程为核心的质量管理体系。

③企业对实施SPC的前期准备工作重视不够。所谓前期工作，除了对企业质量管理现状有一定程度的把握外，还包括对员工进行SPC有一定的了解和计划。只有参与者都对SPC有一定了解和认识，才能激发他们的热情和信心。

④未能有效地总结和借鉴其他企业的经验。即使企业对可能导致不能有效实施SPC

的原因有所认识，仍然会在实践中碰到一些实际问题，这时有效总结和借鉴非常重要。

（3）企业达到SPC有效控制的因素。

针对以上原因，要保证SPC实施成功，企业应重视以下5个方面。

①管理层的认识和重视。不少企业领导者认为产品质量差是由于有关工作人员素质差或不负责任造成的。事实上，如果采用先进的质量管理技术和工具，在原有条件不变的情况下，质量也可以明显改进。SPC正是这种行之有效的工具。在实施SPC的各阶段都要得到管理层的支持，如在实施的初级阶段，需要培训和资金等得到管理层的协调安排。在实施过程中有些过程需要作较大调整，有的甚至要更改工艺、更换设备等，这些都需要管理层的支持和认可。

②加强培训。对相关人员先期进行SPC培训是实施的重要前提，因为SPC是基于数理统计和概率论的管理方法，要想在生产过程中正确运用，必须要有一定的理论基础。采取不同形式的培训，如走出去、请进来的方式，采取现场培训更加切合工厂实际，能更好地提升培训效果。

③重视数据。实施SPC本身就是一种量化管理，数据的质量是非常重要的，数据的准确度、可信度直接影响到我们是否在适当的时候采取合适的行动。影响数据质量的因素主要有两个方面：一方面是测量系统的影响；另一方面是记录数据、计算等人为的影响。对于测量系统的影响，需要定期进行测量系统分析，来确认测量系统是否是可用的，从而保证数据质量，同时要尽量减少人为失误。

④借助专业的SPC软件。在实施SPC的过程中，由于要运用大量的数据，同时要对这些数据进行计算，并用多种统计方法分析，这中间的工作量是很大的。如未能及时计算出结果，作出相应的统计图，就会错过最佳改进时机。在实施SPC活动中，如果能借助专业的SPC软件，这些问题就可迎刃而解了。

⑤实施PDCA循环，达到持续改进。戴明博士提出了PDCA循环的概念，这是按照计划（plan）—执行（do）—检查（check）—行动（action）逻辑程序来实施持续改进目的的。

（4）SPC的应用误区。

①误区一：没能找到正确的控制点。

不知道哪些点要用控制图进行控制，从而花费大量的时间与人力却在不必要的点上进行控制。SPC只应用于重点尺寸（特性的），重点尺寸（特性）通常应用FMEA的方法开发重要控制点，一般严重度为8或以上的点，都是需要考虑的对象。如果客户有特殊要求，也需将客户的要求纳入控制范围。

②误区二：没有适宜的测量工具。

计量型控制图需要用测量工具取得控制特性的数值，控制图对测量系统有很高的要求。通常要求测量系统（MSA）的误差不大于10%，而在进行测量系统分析之前，要事先确认测量仪器的分辨力，要求测量仪器具有能够分辨出过程变差的1/10~1/5的精度，方可用于过程的分析和控制。而很多公司忽略了这一点，导致做出来的控制图无法有效应用，甚至造成误导。

③误区三：没有进行初始能力研究，直接用于控制。

控制图的应用分为两个阶段：初始能力研究阶段和过程控制阶段。在进行过程控制之前，一定要进行初始能力研究。初始能力研究的目的是确定过程是否稳定、是否可预测，并且看过程能力是否符合要求，从而了解过程是否存在特殊原因，普通原因的变差是否过大等至关重要的过程信息。过程只有在稳定且过程能力可以接受的情况下，才可进入控制状态。

④误区四：初始能力研究与控制脱节。

在完成初始能力研究后，如果认为过程是稳定的且过程能力可接受，就可以进入过程控制状态。过程控制时，应先将控制限画在控制图中，控制图中的控制限是通过初始能力研究得来的，初始能力研究成功后，控制限要沿用下去，用于过程控制。很多公司没能沿用分析得来的控制限，这样，控制图就不能表明过程是稳定与受控的，应用也就没有意义。

⑤误区五：控制图没有记录重大事项。

控制图反映的是"过程"的变化。生产过程输入的要素为5M1E（人、机、料、法、环、量），5M1E的任何变化都可能对生产出来的产品造成影响。如果产品的变差过大，那是由5M1E中的一项或多项变动引起的。发现有变异就是改善的契机，而改善的第一步就是分析原因，可以查找控制图中记录的重大事项。所以，在使用控制图时，5M1E的任何变化都要记录在控制图中相应的时段上。

⑥误区六：不能正确理解X_{BAR}图与R图的含义。

当把X_{BAR}-R控制图画出来之后，到底能否从图上得到有用的信息呢？下面就来介绍。R反映的是每个子组组内的变差，它反映了在收集数据的这个时间段，过程所发生的变差，它代表了组内固有的变差；X_{BAR}图反映的是每个子组的平均值的变化趋势，其反映的是组间的变差。组内变差可以接受时，表明分组是合理的；组间变差没有特殊原因时，表明在一段时间内对过程的控制是有效的、可接受的。所以，一般要先看R图的趋势，再看X_{BAR}图。

⑦误区七：控制限与规范界限混为一谈。

当产品设计出来之后，规范界限就已经定下来了。当产品生产出来后，经过初始能力研究，控制图的控制限也定出来了。规范界限是由产品设计者决定的，而控制限是由过程的设计者决定的，是由过程的变差决定的。控制图上点的变动只能用来判断过程是否稳定受控，与产品规格没有任何联系，它只决定于生产过程的变差。当δ小时，控制限就变得比较窄，反之就变得比较宽，但如果没有特殊原因存在，控制图中的点超出控制限的机会只有3‰。而有些公司在画控制图时，往往画蛇添足，在控制图上再加上上、下规格限，并以此来判别产品是否合格，这很没有道理且完全没有必要的。

⑧误区八：不能正确理解控制图上的点变动所代表的意思。

我们常常以7点连线来判定过程的异常，也常用超过2/3的点在C区等法则来判断过程是否出现异常。如果是作业员，只要了解判定准则就好了。但作为质量工程师，如果不理解其中的原因，就没有办法对这些情况作出应变处理。那么这样判定的理由是什么呢？其实，这些判定法则都是从概率原理作出推论而来的。比如，众所周知，如果一个产品特性值呈正态分布，那么点落在C区的概率约为4.5%，现在有2/3的点出现在4.5%的概率区域里，那就与正态分布的原理不一致了，不一致也就是我们所说的异常。

⑨误区九：没有将控制图用于过程改善。

大部分公司的控制图都是应客户的要求而建立的，所以，最多也只是用于监视与预防过程特殊原因变异的发生，很少有用于过程改善的。其实，当控制图的点显示有特殊原因出现时，正是过程改善的契机。如果这时从异常点切入，能追溯到造成异常发生的5M1E的变化，问题的症结也就找到了。用控制图进行过程改善时，往往与分组法、层别法相结合使用，会取得很好的效果。

⑩误区十：控制图是品管的事情。

SPC成功的必要条件是全员培训。每个人员都要了解变差、普通原因、特殊原因的观念，与变差有关的人员都要能看懂控制图，技术人员一定要了解过度调整的概念等。如果缺乏必要的培训，控制图最终只会被认为是品管人员的事，而过程的变差及产品的平均值并不由品管决定，变差与平均值更多的是由生产过程设计人员及调机的技术人员所决定的。如果不了解变差这些观念，大部分人都会认为：产品只要符合要求就行了！显然，这并不是SPC的意图。所以，只有品管在关注控制图是远远不够的，还需要全员对控制图的关注。

14.1.3 控制图的制作及应用案例

1. 控制图制作流程

1）收集数据

在过程基本条件相同的情况下，按一定的时间抽取一组样本（测定样本中每一个体的特性值）。需要至少收集25组样本的特性数据，若每组样本有4个样品，也就是需要至少收集100个数据（即$N=4$、$K=25$）。计算每组样本的均值X和极差R。

2）画图

将X、R分别画到X图和R图上。

3）计算试验控制限

（1）计算平均极差R和平均均值X，即

$$R = (R_1 + R_2 + \cdots + R_K)/K$$
$$X = (X_1 + X_2 + \cdots + X_K)/K$$

（2）极差图控制限，即

上限 $UCLR = D_4 R$；下限 $LCLR = D_3 R$

（3）均值图控制限，即

$$UCLX = X + A_2 R;\quad LCLX = X - A_2 R$$

（4）常数D_4，D_3，A_2，d_2可按n查表14-1-3得到。

表14-1-3 X-R控制图常数表

n	2	3	4	5	6	7	8	9	10
D_4	3.27	2.57	2.28	2.11	2.00	1.90	1.86	1.82	1.78
D_3	—	—	—	—	—	0.08	0.14	0.18	0.22
A_2	1.88	1.02	0.73	0.58	0.48	0.42	0.37	0.34	0.31
d_2	1.13	1.69	2.06	2.33	2.53	2.70	2.85	2.97	3.08

（5）分别将试验控制限及中心线画在极差图与均值图上。

4）分析极差图和均值图

分别分析极差图和均值图，找出特殊原因变差数据。判断原理如下：

（1）超出控制限的点；

（2）连续7点全在中心线一侧；

（3）连续7点呈上升或下降趋势；

（4）明显的非随机图形，相对中心线，数据过于集中或过于分散（一般情况下大约有2/3数据分布在中心线周围1/3控制限范围内）。

5）分析特殊原因变差信息并采取措施消除

找出产生特殊原因变差数据的零件，标出其发生时间。按以下顺序查找原因：

（1）是否有记录、计算和描点的错误；

（2）测量系统是否有问题；

（3）人、机、料、法、环各输入因素；

（4）查出异因，采取措施，保证消除，不再出现，纳入标准。

6）修正数据或重新采集数据

（1）只有肯定是记录、计算或描点的错误，才能修正数据。

（2）如果重新进行测量系统分析和纠正，对过程的输入采取了措施，均要重新进行试验。

7）重新画图和计算控制限

（1）当新的控制图表明不存在上述的特殊原因变差信息时，所计算得到的控制限有可能作为过程控制用。

（2）过程控制图的目的不是追求"完美"，而是保持合理、经济的控制状态。

8）计算过程能力指数和性能指数

计算过程能力指数之前，要先看过程均值$\bar{X}$和技术规范目标值是否重合？是否有必要和可能做必要的调整？在计算C_{PK}、C_P的同时，也计算P_{PK}、P_P值。

9）分析过程能力

对受控过程分析C_{PK}值（C_{PK}反映的能力见表14-1-4），判断C_{PK}值是否满足顾客要求（PPAP手册规定$C_{PK} \geq 1.67$），对于尚未完全受控但客户批准的过程，C_{PK}值需满足客户要求。

表14-1-4 C_{PK}值对应的能力

序号	C_{PK}值	过程能力
1	$C_{PK} \geq 1.33$	说明过程能力较好，需继续保持
2	$1.33 \geq C_{PK} \geq 1$	说明过程能力一般，需改进加强
3	$C_{PK} \leq 1$	说明过程能力差，急需改进

10）保持过程、改进过程

保持过程：当出现特殊原因变差时，采取措施消除之。

改进过程：不断研究过程，减少普通原因变差，提高质量，降低成本。

2. 绘制分析用控制图实例

某工具公司生产一种紧固件，其杆直径的规格要求为 $\phi 6.2_{-0.005}^{-0.034}$ mm，即直径的规格界限为 6.166~6.195mm，采用 X-R 控制图分析过程质量。

1）收集数据

在过程加工条件基本相同的情况下，每隔一小时随机抽取4件加工产品，测定其直径，组成一组样本，先抽取25组样本，共100个数据，为方便计算，数据均以产品规格要求的小数点后最末两位（6.1XX）记录和计算。

2）计算每组样本的均值 X 和极差值 R（以第1组样本为例）

$$X=(72+78+81+74)/4=305/4=76.25; \quad R=81-72=9$$

其余各组依此类推。

3）计算所有样本均值 X 和极差均值 R

$X=(76.25+79.25+\cdots+83)/25=1988/25=79.25; \quad R=(9+6+13+\cdots+12)/25=251/25=10.04$

4）计算控制界限

（1）X 图控制界限：

$$CL=X=79.52;$$
$$UCL=X+A_2R=79.52+0.73 \times 10.04=86.84;$$
$$LCL=X-A_2R=79.52-0.73 \times 10.04=72.20$$

（2）R 图控制界限：

$$CL=R=10.04$$
$$UCL=D_4R=2.28 \times 10.04=22.89$$
$$LCL=D_3R=0$$

当 $n<6$ 时，D_3 不考虑，所以此时 R 图无下控制界限。

5）绘制分析用控制图

6）计算过程能力指数

本实例中，螺栓的质量要求是双侧规格，即规格上限 T_u=6.195mm 通过计算：

T（规格范围）$=T_u-T_L=6.195-6.166=29\mu m$；

M（规格中心）$=(T_u+T_L)/2=(6.195+6.166)/2=6.1805$mm

M 不等于样本总均值 X=6.17952

$$\varepsilon=|M-X|=|6.1805-6.17952|=0.00098 \approx 1\mu$$

$$C_{PK}=(T-2\varepsilon)/[6(R/d_2)]=(29-2 \times 1)/[6 \times (10.04/2.06)]=0.923$$

此实例的过程能力属四级，过程能力不足需分析原因，采取措施。

14.2 实验室信息化管理系统

实验室信息化管理系统（laboratory information management system，LIMS）是将以数据库为核心的信息化技术与实验室管理需求相结合的信息化管理工具，如图14-2-1所示。以《检测和校准实验室能力的通用要求》（ISO/IEC 17025：2017CNAS-CL01）（国标为 GB/T 27025—2018）规范为基础，结合网络化技术，将实验室的业务流程和一切

6. 质量改进

可以实现实验室内部质量体系审核活动、管理评审活动、质量信息反馈和纠正预防活动的管理、质量文档等管理；质量文档管理可以将质量手册、程序文件、作业指导书等放到台账中进行管理，便于质量文档的使用和换版工作。

7. 条形码（一维码）

实现条码扫描功能，依据编码规则设计条形码（一维码），并能够应用在该项目的样品室。

8. 系统管理

1）用户权限

（1）分别对用户的模块进入权、按钮操作权、信息访问权、信息写入和修改权定义。

（2）每个用户拥有自己的用户名和密码。

2）电子签名的管理

可以给特定岗位的人员实施电子签名管理，电子签名可以设置签名密码，更安全、方便；用户可自己维护、更新电子签名图章。

3）分配功能权限

可按照机构、部门、岗位、人员等不同层级进行功能授权。功能授权包括业务功能、管理权限、数据权限、代理权限、操作权限等几个方面。

9. 辅助决策

软件为企业决策者提供了灵活的决策信息提取能力，建立查询和输出报表，满足协作和统一决策的需求。

14.2.3　实验室信息化管理系统在紧固件行业的应用优势

实验室信息化管理系统（LIMS）是实验室管理科学与现代信息化技术相结合的产物，是利用计算机网络技术、数据存储技术、快速数据处理技术等，对实验室进行全方位管理的平台，其应用作用和优势有以下几个方面。

（1）实验室信息化管理系统能提高管理水平。针对紧固件每个标准试验项目的多样性、差异性，LIMS在试验项目的规范化方面有显著优势。

（2）数据可实现网上调度、自动判定、快速发布、信息共享，报告无纸化、原始记录及电子报告的电子保存。

（3）提高样品测试效率。测试人员可以随时在LIMS上查询自己所需的信息；分析结果输入LIMS后，自动汇总产生最终报告。

（4）提高数据分析结果可靠性。分析人员可以及时了解与样品相关的全面信息，系统自动报错功能可以降低出错的概率。另外，LIMS提供的数据自动上传功能、特定的计算和自动判定功能，可消除人为因素，保障分析结果的可靠性。

（5）提高对复杂问题的分析和处理能力。LIMS将整个实验室的各类资源有机地整合在一起，工作人员可以方便地对实验室曾做过的全部样品和结果进行查询和调用。因此，通过对LIMS存储的历史数据的检索，能得到对实验室实际问题处理有价值的信息。

（6）协调实验室各类资源。管理人员可以通过LIMS平台，实时了解实验室内各台设备和人员的工作状态、不同岗位待检样品数量信息，能及时协调有关方面的力量，化解分析流程中出现的"瓶颈"环节，缩短样品检测周期，调节实验室内不同部门富余资源，最大程度地减少资源的浪费。

（7）实现量化管理。LIMS可以提供对整个实验室各种信息的统计分析，得到诸如设备使用率、维修率、不同岗位人员工作量、出错率、委托样品测试项目的各自特点，以及实验室全年各类任务在各个时间的状态，很好地实现实验室工作的全面量化管理。

第15章 紧固件检测体系管理

15.1 术语和定义

质量管理体系的术语和定义执行《质量管理体系基础和术语》（GB/T 19000）标准。检测和校准实验室认可准则要求使用ISO/IEC 17000和VIM中给出的相关术语和定义。

质量管理体系所使用的供应链为：供方（分包方）—实验室—客户。

校准：在规定条件下，为确定计量仪器示值误差的一组操作。

检定：通过测验并提供证据来确认规定的要求得到满足。

检测实验室：从事检测工作的实验室。检测是指按照规定的程序，确定给定产品、过程或服务的一个或多个特性所组成的技术操作（ISO/IEC指南2：1996）。

校准实验室：从事校准工作的实验室。校准是指在规定条件下，为确定测量仪器或测量系统所指示的量值或实物量具或标准物质所代表的量值，与对应的由标准所复现的量值之间关系的一组操作（VIM）。

15.2 实验室体系过程控制与管理的要求

15.2.1 紧固件行业的实验室管理体系

检测和校准实验室管理体系一般指《检测和校准实验室能力的通用要求》（GB/T 27025—2019）（CNAS/CL01：2018，ISO/IEC17025：2018，IDT）、《检测实验室和校准实验室能力认可准则》（DILAC/AC01：2018）、《实验室资质认定评审准则》（CMA）、《美国NADCAP材料实验室认证准则》（AC7101）、《GE-A材料测试实验室认证准则》（S-400）等。

15.2.2 实验室体系介绍

1. 国家实验室认可

1）概述

国家实验室认可执行的标准是《检测和校准实验室能力的通用要求》（ISO 17025），该标准是由国际化组织制定的实验室管理标准。该认可是由中国合格评定国家认可委员会（CNAS）组织实施，是根据《中华人民共和国认证认可条例》的规定，由国家认证认可监督管理委员会（CNCA）批准成立并确定的认可机构，统一实施对认证机构、实验室和检验机构等相关机构的认可工作。CNAS是国际认可论坛（IAF）的正式全权成员和多边互认协议方。国家实验室认可的资质全球互认，证书两份，一份中文、一份英文。

2）审核流程

按照《检测和校准实验室能力的通用要求》（GB/T 27025—2019）（CNAS/CL01：2018，ISO/IEC17025：2018，IDT）建立实验室质量体系，并有效运行6个月后可以向CNAS提交申请，评审流程见图15-2-1。

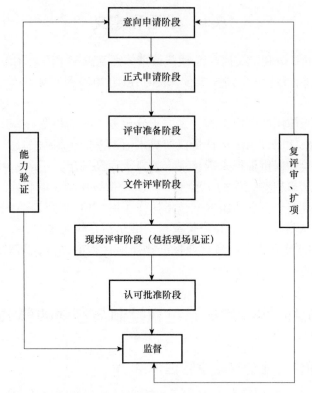

图15-2-1　国家实验室申请与审核流程

3）作用和意义

（1）表明具备了按相应认可准则开展检测和校准服务的技术能力。

（2）增强市场竞争能力，赢得政府部门、社会各界的信任。

（3）获得签署互认协议方国家和地区认可机构的承认。

（4）有机会参与国际间合格评定机构认可双边、多边合作交流。

（5）可在认可的范围内使用CNAS国家实验室认可标志和国际实验室认可合作组织（ILAC）国际互认联合标志。

（6）列入获准认可机构名录，提高知名度。

2. 国防实验室认可

1）概述

国防实验室认可执行的标准是《检测实验室和校准实验室认可准则》（DILAC：2018），该标准由中国国防科技工业实验室认可委员会（DILAC）于2004年4月正式成立，DILAC是由原国防科工委计量主管部门和国家计量认证国防评审组成立的"国家计量认证国防评审组办公室",作为国家计量认证国防评审组日常办事机构,在国防科工委计量主管部门和国家计量认证国防组领导下开展工作。同时,办公室派员担任国家认可委的项目负责人,全面负责国防系统检测机构计量认证和国家实验室认可工作。国防实验室认可在覆盖国家实验室认可的基础上,突出国防科技工业对检测和校准实验室的特殊要求,特别是保密要求。该资质在国防系统中使用,通过后,DILAC发放证书或通过审核的说明。

2)评审流程

国防实验室认可的标准在国家实验室认可标准条款中增加了国防武器型号要求的保密等条款,申请通常与CNAS一并提交,由DILAC委派专家按国防实验室标准进行,国家实验室(CNAS)审核委托国防实验室专家同时进行。审核流程同国家实验室,见图15-2-1。

3)作用和意义

(1)具备了按国防实验室认可准则开展军工产品的检测和校准服务能力。

(2)实验室可以按照国防要求开展检测业务,提升军品检测技术能力和管理水平。

(3)列入获准国防实验室认可机构名录中,提高实验室在军工单位的认可度和知名度。

3. 计量认证

1)概述

计量认证(CMA)执行的标准是《检验检测机构资质认定评审准则》,发证机关是国家质量监督检验总局或省技术监督主管部门,分为"国家级"和"省级"。认证对象是所有对社会出具公正数据的产品质量监督检验机构及其他各类实验室,如各种产品质量监督检验站、环境检测站、疾病预防控制中心等。取得计量认证合格证书的检测机构,将授予CMA计量认证标志,此标志可加盖在检测报告的左上角。有CMA标记的检验报告可用于产品质量评价、成果及司法鉴定,具有法律效力。计量认证是中国特色的由政府机构承认的第三方检测机构,该资质只有在中国承认,但需要实验室具备独立法人才具备申请条件。

2)审核流程

对检测机构的认证是严格按照省或国家计量认证工作程序规定进行。大致可以分为以下几个主要步骤:

(1)向省或国家计量认证办公室提交计量认证申请资料(包括质量手册、程序文件等);

(2)省或国家计量认证办公室对申请资料进行书面审查;

(3)通过书面审查,依据计量认证的评审准则,由省或国家计量认证办公室安排委托技术评审组进行现场核查性评审;

(4)通过现场评审,符合准则要求的检测机构,由省或国家质量技术监督局核发计量认证证书、计量认证机构印章,并上互联网公布。

3)作用和意义

(1)可以发放CMA标识的检验报告,可以用来对产品进行质量评价、成果及司法鉴定,具有法律效力。

（2）与CNAS相比，报告的公正性更强。

（3）可以证明实验室具备独立法人，能够独立承担法律责任。

4. 美国材料实验室认证（NADCAP）

1）概述

美国材料实验室认证（NADCAP）执行的标准是AC7101系列标准。发证机关是美国PRI组织，是美国航空航天和国防工业对航空航天工业的特殊产品和工艺认证，认证的前提是实验室通过AS 9100或ISO 17025审核。该资质是以通用的美国PRI第三方认证机构进行的供应商审核，注重实验室过程操作的特种工艺审核，该资质多为做国际转包业务的企业申请，适用于美国航空航天和国防工业涉及的特殊过程，认可的标准在美国航空航天企业中互认。

2）审核流程

NADCAP认证基本流程如下。

（1）认证单位首先应通过登录NADCAP网站或其管理机构PRI的网站获得关于NADCAP项目认证的基础知识，然后认证单位应指定一名内部的NADCAP审核联系人。由联系人登录NADCAP网站在eAuditNet上进行注册，并下载材料测试项目认证的初步调查问卷表，填写拟认证的审核范围，包括要认证的工艺标准等。问卷填写完毕后发送PRI亚洲办公室（中国）。

（2）PRI审核安排人员在eAuditNet网站里建立认证单位的记录，并给予认证单位联系人相应的系统权限，用于后续申请审核、回复不合格等工作。需要注意的是，NADCAP审核的很多工作都是在eAuditNet网站进行的，因此认证单位一定要牢记在该网站注册的账号和秘密。

（3）上述工作完成后，认证单位在eAuditNet网站上下载相关NADCAP认证规则文件及相关工艺的认证标准文件，应仔细阅读这些文件并按要求进行工艺管理及技术改进。按审核标准完成后可在eAuditNet网站上申请审核，一般认证单位根据计划至少需提前6~9个月申请审核，PRI工作人员将正式在eAuditNet网站上安排审核并通知认证单位。

（4）按计划的时间，审核员将到达认证单位进行审核，现场审核的流程与大多数质量审核流程一样，包括首次会议、现场审核、每日小结和末次会议等。

（5）认证单位按规定的时间要求进行不符合项的整改和回复，依据审核总体情况和不符合项的整改情况，PRI将决定认证单位是否通过认证，通过认证后PRI将给认证单位发放相应的认证证书。

（6）根据每次审核情况制定每一个审核周期。

3）NADCAP认证要点

（1）认证单位必须获得AS 9100认可或ISO 17025审核，且审核范围能覆盖NADCAP认证的申请范围。

（2）应下载适用有效版本的认证规则文件和认证标准文件。基于持续改进原则，PRI和其他各专业工作组对其认证规则和标准文件修订的频次非常高，认证单位一定要关注有效版本，避免审核时为失效文件，开出不符合项。

（3）认证单位至少应具有一名精通英语的人员。一是因为审核员的审核语言为英语，二是会涉及翻译现场文件和记录表格等工作，翻译不准确可能会出现不符合项。

（4）组织相关人员参加PRI组织的培训课程。NADCAP认证的相关规则和标准文件多，为顺利通过审核，一定要做好学习和理解工作。例如，无损检测、化学检测等至少有一名参加由NADCAP培训讲师进行的培训，再进行内部培训，掌握运行要点。

（5）认证单位要特别注意检测仪器设备的校准工作。NADCAP认证对检测仪器设备的校准工作要求非常严格，包括校准方法、校准项目、校准间隔（周期）、精度等级要求、证书的确认等都有各种明确的规定，认证单位要按标准要求执行，对于NADCAP认证，有关检测仪器设备校准问题的不符合项基本上都是严重不符合项。

（6）现场审核包括工艺审核和工件审核。工艺审核是审核员在现场从委托单开始，处理零件、记录到最终检验报告出具完成的全流程审核。工件审核是审核员对相关工艺以往已完成的任务的全流程审核，一般至少为3批。

（7）不符合项整改一定要采取问题根源纠正措施。PRI对于NADCAP审核不符合项的整改有着严格的要求，不仅对不符合项的回复轮次及时间有明确的规定，而且对不符合项的整改一定要对产生问题的根本原因进行整改有规定，认证单位如在不符合项的整改工作中未能找到根源问题并采取相应措施，将会导致整改失败，如认证单位在规定的回复轮次及时间要求内未能完成不符合项的整改，将导致NADCAP审核失败。

4）作用和意义

（1）满足特定顾客和对外贸易业务的需求，一般来说，大多数公司寻求NADCAP认证，是因为客户要求才开展的。

（2）通过NADCAP审核，可以提高试验过程控制能力和产品质量，提升操作一致性和客户满意度。

（3）通用质量体系不足以满足实验室、无损检测和其他过程的要求，NADCAP能更深入、更准确地实现基于最佳实践的特定操作质量。

5. GE-A材料测试实验室认证

1）概述

美国GE公司独立实验室（S400）执行的标准是AC 1系列标准，是美国GE公司的二方实验室认证，申请该资质前，实验室必须先通过ISO 17025和美国NADCAP审核。该资质适用于GE公司的供应商。

2）S400审核流程

（1）认证单位先按相关流程承担若干GE公司的产品项目，与GE公司产品质量经理建立联系。

（2）根据承担GE产品的相关试验项目以及公司资源确定审核的试验项目，与GE公司的产品质量经理确认后，登录GE公司网站，获取GE公司相关的审查单AC 1及S400标准要求。

（3）学习S400认证相关文件及相关工艺的认证标准文件，并按要求进行工艺管理及技术改进。按审核标准完成后通过产品质量经理向GE公司申请审核，一般认证单位根据计划至少需提前6个月申请审核，GE公司确定审核时间。

（4）GE公司委派S400实验室的技术工程师或专家进行现场审核。现场审核的流程与实验室其他体系审核流程相同,包括首次会议、现场审核、末次会议等。

(5)认证单位按规定的时间要求进行不符合项的整改和回复,依据审核总体情况和不符合项的整改情况,GE公司将决定认证单位是否通过认证,通过认证后,GE公司将给认证单位发放相应的认证证书。

(6)S400实验室审核按照发放证书的周期时间进行下一次审核。

3)作用和意义

(1)通过S400实验室审核后,在GE网站上可以查询到公司申请通过的试验项目及标准。交付给GE公司的产品,内部实验室可以检测,附带检测报告后,GE公司及其供应商对交付的产品直接认可,不用再复验而是直接装机使用。

(2)有利于对产品标准及规范更好地理解,有利于提升产品质量。

15.2.3 各实验室体系的区别

实验室通用管理体系有CNAS实验室认可、DILAC实验室认可、CMA计量认证、NADCAP材料实验室认证、GE-S400材料测试实验室认证等几种,各体系的主要区别详见表15-2-1。

表15-2-1 实验室体系的主要区别

类别	CNAS实验室认可	DILAC实验室认可	CMA计量认证	NADCAP材料实验室认证	GE-S400材料测试实验室认证
目的	管理水平和技术能力评定	管理水平和技术能力评定	管理水平和技术能力评定	管理水平和技术能力评定	管理水平和技术能力评定
法律依据	《检测和校准实验室能力的通用要求》(GB/T 27025—2019)	《检测实验室和校准实验室能力认可准则》(DILAC/AC01:2018)	《计量法》第22条	—	—
评审依据	《检测和校准实验室能力认可准则》(CNAS/CL01:2018)	《检测实验室和校准实验室能力认可准则》(DILAC/AC01:2018)	《实验室资质认定评审准则》、评审补充要求、申请标准等	AC 7101系列审查单	AC 1系列审查单
性质	自愿	自愿	强制	供应商要求	GE公司要求
评审对象	社会各界第一、二、三方检测/校准实验室	国防科技工业第一、二、三方检测/校准实验室	向社会出具公正数据的第三方检测/校准实验室	美国航空航天和国防工业对航空航天工业的特殊产品和工艺认证	GE公司对其供应商实验室认证
类型	中国合格评定国家认可委员会(CNAS)	中国国防科技工业实验室认可委员会(DILAC)	国家和省两级认定	美国PRI组织	GE公司
实施机构	中国合格评定认可委员会进行评审和管理	中国国防科技工业实验室认可委员会委派审核专家	省级以上质量监督部门及国家计量认证行业评审组	美国PRI评审组	GE公司审核专家

续表

类别	CNAS实验室认可	DILAC实验室认可	CMA计量认证	NADCAP材料实验室认证	GE-S400材料测试实验室认证
考核结果	发证书，使用CNAS标志	发证书或通过审核通知	发证书，使用CMA标志	发证书，使用NADCAP标志	发证书，检测报告GE供应商均认可
使用范围及特点	在通过认定的范围内，CNAS已与亚太地区实验室认可和国际实验室认可合作组织签订了互认协议（APLAC-MRA）	在通过认定的范围内，国防科技工业范围内军品通用	在通过认定的范围内，可提供公正数据，国内通用	在通过认定的范围内，美国航空航天和国防工业内通用	在通过认定的范围内，美国GE公司及其供应商通用
其他	按标准建立体系运行半年后，实验室可申请国家实验室认可	按标准建立体系运行半年后，实验室可申请国防实验室认可	实验室具备独立法人才可以申报计量认证	通过AS 9100或ISO 17025审核后才能申报NADCAP认证	通过ISO 17025或NADCAP审核后才能申报GA-S400认证

15.3 实验室内部审核和管理评审

15.3.1 综述

审核：为获得审核证据并对其进行客观评价，以确定满足审核准则的程度所进行的系统的、独立的并形成文件的过程。

内部审核：实验室自身必须建立的评价机制，对策划的体系、过程以及运行的符合性、适宜性和有效性进行系统的、定期的审核，以保证管理体系的自我完善和持续改进的过程。

管理评审：实验室最高管理者为评价管理体系的适宜性、充分性与有效性所进行的活动。

内部审核和管理评审是实验室的重要质量活动，是实验室改进质量管理的重要手段。为维护质量体系有效运行，不断完善和改进质量体系，实验室每年必须开展内部审核和管理评审活动。

内部审核是实验室自身必须建立的评价机制，对所策划的体系文件、过程及其运行的符合性、适宜性和有效性进行系统的、定期的审核，确保管理体系的自我完善和持续改进。管理评审为实验室管理者就质量方针和目标，对质量体系的现状和适应性进行的正式评价。

内部审核和管理评审实验室应分别编制文件化的程序。内部审核应该依据程序文件，每年至少实施一次，确保体系的每一个要素至少每12个月被检查一次，内部审核最好安排现场试验；内部审核中关键要查的是体系文件是否符合标准，实际的运行记录是否按体系文件规定做到。管理评审每12个月内应开展一次，管理评审输入共有六要素（人、机、料、法、环、测），管理评审依据审核结果修改程序文件，确保质量管理体系的持续改进，可以就提出的资源改进产品质量。

15.3.2 内部审核和管理评审的区别

内部审核和管理评审对实验室体系有效运行的重要性显而易见，相同点是可对实验室的运行持续改进。两者的区别详见表15-3-1。

表15-3-1 内部审核和管理评审的主要区别

类别	内部审核	管理评审
目的	检验质量管理体系运行的持续符合性和有效性	评价质量管理体系现状对环境的持续适用性和有效性，并进行必要的改动和改进
依据	涉及实验室资质的相关标准（ISO 17025等）、相关法律法规及实验室管理体系	考虑顾客或受益者的期待
程序	内部审核员按照一套系统的方法对体系所涉及的部门、活动进行现场审核，得到符合或不符合体系文件、标准、法律法规的依据	研究来自内部审核、外部审核、客户、能力验证等各方面的信息，解决体系适应性、充分性、有效性方面的问题
组织者和执行者	质量代表或主管组织与被审核无直接关系的内部审核员实施	最高管理者主持实施，技术管理层人员、质量主管、各部门负责人等参与
输出	对双方确认的不符合项，由被审核方提出并实施纠正措施，由审核组长编写内部审核报告，内部审核输出是管理评审的输入	涉及文件的修改、机构或职责调整、资源增加，其输出是实验室计划系统的输入，是对实验室质量体系以及过程有效性和与客户要求有关的检测活动的改进